中国建筑防水堵漏修缮加固定额标准

（2025版）

《中国建筑防水堵漏修缮加固定额标准》编委会　编

中国建筑工业出版社

图书在版编目（CIP）数据

中国建筑防水堵漏修缮加固定额标准 : 2025 版 / 中国建筑防水堵漏修缮加固定额标准编委会编. -- 北京 : 中国建筑工业出版社, 2025. 4. -- ISBN 978-7-112-30962-7

Ⅰ. TU723.34-65

中国国家版本馆 CIP 数据核字第 2025LQ2787 号

责任编辑：张　瑞　刘颖超

责任校对：张　颖

中国建筑防水堵漏修缮加固定额标准（2025 版）

《中国建筑防水堵漏修缮加固定额标准》编委会　编

*

中国建筑工业出版社出版、发行（北京海淀三里河路 9 号）

各地新华书店、建筑书店经销

国排高科（北京）人工智能科技有限公司制版

北京中科印刷有限公司印刷

*

开本：880 毫米 × 1230 毫米　1/16　印张：28¼　字数：764 千字

2025 年 4 月第一版　2025 年 4 月第一次印刷

定价：**218.00** 元

ISBN 978-7-112-30962-7

（44703）

编委会名单

参编单位名单

1. 北新集团建材股份有限公司
2. 北新防水有限公司
3. 中建材苏州防水研究院有限公司
4. 辽宁九鼎宏泰防水科技有限公司
5. 吉林省名扬防水工程有限公司
6. 北京圣洁防水材料有限公司
7. 河南阳光防水科技有限公司
8. 苏州市越球建筑防水材料有限公司
9. 辽宁亿嘉达防水科技有限公司
10. 福建中意铁科新型材料有限公司
11. 安徽东方佳信建材科技有限公司
12. 南通睿睿防水新技术开发有限公司
13. 郑州赛诺建材有限公司
14. 京德益邦（北京）新材料科技有限公司
15. 云南欣城防水科技有限公司
16. 上海豫宏（金湖）防水科技有限公司
17. 寿光市防水行业协会
18. 南京康泰建筑灌浆科技有限公司
19. 广州市台实防水补强有限公司
20. 北京优固思科技有限公司
21. 上海克雨盾防水工程有限公司
22. 江西天翔建设工程有限公司
23. 山东联创建筑节能科技有限公司
24. 河南中豫涂料科技有限公司
25. 苏州金东海防水堵漏工程有限公司
26. 河北锐赢防水科技有限公司
27. 顺缔新材料（上海）有限公司

28. 河南东方雨虹建材科技有限公司
29. 深圳市新柏森防水工程有限公司
30. 福建水不漏建筑工程服务有限公司
31. 山东汇源建材集团有限公司
32. 江苏匠业防水科技有限公司
33. 郑州郑赛工程防护有限公司
34. 江苏邦辉化工科技实业发展有限公司
35. 山东鑫达鲁鑫防水材料有限公司
36. 海南东海防腐防水技术工程有限公司
37. 北京金盾建材有限公司
38. 北京建海中建国际防水材料有限公司
39. 淮安市博隆防水材料有限公司
40. 北京恒建博京防水材料有限公司
41. 河南红牡丹防水有限公司
42. 宁夏双玉防水防腐材料集团公司
43. 佛山市福地斯建筑防水材料有限公司
44. 郑州铁路局旧城改造管理办公室
45. 吉林省宏大防水材料有限公司
46. 绿城（贵安新区）建筑工程有限公司
47. 苏州奥立克防水堵漏工程有限公司
48. 大连创智天邦灌浆堵漏科技有限责任公司
49. 天津市天大天海新材料科技有限公司
50. 北京卓越金控高科技有限公司
51. 微纳立威（无锡）防水科技有限公司
52. 陕西快堵王防水科技有限公司
53. 江苏朗科建材科技有限公司
54. 湖北碱克新材料有限公司
55. 淮安市洪泽区审计局
56. 四川承华胶业有限责任公司
57. 潍坊市宏源防水材料有限公司
58. 北京交通大学
59. 四川省承华建固防水材料有限公司

60. 苏州市建筑科学研究院集团股份有限公司
61. 湖南爱因新材料有限公司
62. 深圳市新黑豹建材有限公司
63. 江西卓禹防水建材有限公司
64. 青岛格林沃德新材料科技有限公司
65. 河北金坤工程材料有限公司
66. 湖南五彩石防水防腐工程技术有限责任公司
67. 北京立高立德工程技术有限公司
68. 深圳飞扬骏研新材料股份有限公司
69. 苏州佳固士新材料科技有限公司
70. 广东碧通百年科技有限公司
71. 吴江市梅堰中兴建筑防水材料厂
72. 潍坊百汇特新型建材有限公司
73. 沧州市临港隆达化工有限公司
74. 安徽米兰士装饰材料有限公司（建秀防水）
75. 浙江永盛防水材料有限公司
76. 嫩江市清华防水有限责任公司北京分公司
77. 盐城市直人防堵漏工程有限公司
78. 江西省盛三和防水工程有限公司
79. 湖南省湘潭市大禹高新建材有限公司
80. 北京东方宝红建筑防水材料有限公司
81. 广州天捷建设发展有限公司
82. 河南天下无漏科技集团有限公司
83. 天地不漏建筑修缮技术有限公司
84. 洛阳立军建筑防水工程有限公司
85. 滇东北科技防水新材料推广应用中心
86. 云南赛柏永固防水材料有限公司
87. 南京永丰化工有限责任公司
88. 三亚天衣防水工程有限公司
89. 湖南美汇巢防水集团有限公司
90. 苏州同济材料科技股份有限公司
91. 河南涵宇特种建筑材料有限公司

92. 湖北宇虹防水科技有限公司
93. 宁波华高科防水技术有限公司
94. 武汉天衣新材料有限公司
95. 深圳市优加防水工程有限公司
96. 福州爱因新材料有限公司
97. 北京京禹达建筑装饰集团有限公司
98. 北京市政路桥管理养护集团有限公司
99. 项城市雨霞防水材料有限公司
100. 河南宏达新防水材料有限公司
101. 阿尔法新材料江苏有限公司
102. 潭星恒防水有限公司
103. 江西玉龙防水科技有限公司
104. 盱眙天宇特种防水科技有限公司
105. 湖南欣生沸石科技有限公司
106. 仪征市金美林建设材料有限公司
107. 河南蒙胜防水防腐工程有限公司
108. 广东能辉新材料科技有限公司
109. 深圳市欧名朗实业发展有限公司
110. 辽宁德美斯装饰工程有限公司
111. 北京东联化工有限公司
112. 房大夫建筑修缮技术有限公司
113. 北京北海伟业防水科技有限公司
114. 云南曼昭建筑工程有限公司
115. 南京春城防水工程有限公司
116. 湖北固天下建筑防水工程有限公司
117. 海南红杉科创实业有限公司
118. 北京澎内传国际建材有限公司
119. 云南昆明雨霸建筑防水材料有限公司
120. 上海东大化学有限公司
121. 四川童燊防水工程有限公司
122. 榆林市榆阳区堵王防水保温工程有限公司
123. 安徽德淳新材料科技有限公司

124. 国家建材检验认证集团（CTC）苏州公司
125. 四川博奕通建设工程有限公司
126. 广东坚派新材料有限公司
127. 江门市万兴佳化工有限公司
128. 吉林省亨通防水材料有限公司
129. 昆山长绿环保建材有限公司
130. 上海恩缔实业有限公司
131. 科洛结构自防水技术（深圳）有限公司
132. 国控基业（北京）科技有限公司
133. 巴德富集团有限公司
134. 江苏凯伦建材股份有限公司
135. 辽宁立威防水科技有限公司
136. 益阳天地防水发展有限公司
137. 海南省三联建筑材料有限公司
138. 福建省宁德市新建工防水材料科技有限公司
139. 四川有晴建筑修缮技术有限公司
140. 四川省祥源恒防水工程有限公司
141. 四川丰兆建设工程有限公司
142. 一宁居堵联平台
143. 广东睿明建设工程有限公司
144. 贝瑞斯（北京）科技有限公司
145. 河南东骏建材科技有限公司
146. 金华市欣生沸石开发有限公司
147. 山东倍耐新能源科技有限公司
148. 北京可立特科技发展有限公司
149. 湖北宗源材料有限公司
150. 南京晶磊兴建材有限公司
151. 广州鸿晟建材科技有限公司
152. 吉士达建设集团有限公司
153. 建天下建筑修缮设备有限公司
154. 四川玄三易道建筑工程有限公司
155. 菏泽市鲁班新型建材有限公司

156. 江苏光跃节能科技有限责任公司
157. 上海建科检验有限公司
158. 大连伊田新材料科技有限公司
159. 天津华汇工程设计有限公司
160. 郑州市建文特材科技有限公司

前　言

为了满足我国广大建筑防水修缮工作者对建筑防水堵漏修缮加固工程费用结算的需求，本书编委会组织国内相关专家编写了《中国建筑防水堵漏修缮加固定额标准（2025版）》，供全国从事建筑防水堵漏修缮加固工程的技术经济管理人员和施工人员等使用。目前，在全国许多建筑防水堵漏修缮加固工程实施招标投标的过程中，采用了住房和城乡建设部及国家市场监督管理总局颁布的现行国家标准《建设工程工程量清单计价标准》GB/T 50500的计价做法，但在执行过程中许多工程项目还要结合防水堵漏修缮工程的具体情况，依据本定额标准进行详细计算。本定额标准制定过程中，得到了全国各地防水堵漏修缮界同仁的支持，有关企业技术人员和修缮堵漏专家提供了第一手防水堵漏修缮方面的技术经济资料，并参与编制了《中国建筑防水堵漏修缮加固定额标准（2025版）》，在此表示深切的谢意。各省、市、自治区近年来制定发布的目前正在实施中的有关建筑防水工程定额、防水材料消耗量定额和取费标准仍然有效，具体定额标准可参照2017年6月由中国质检出版社、中国标准出版社出版的《全国建筑防水堵漏工程定额手册（第三版）》，并与本定额标准配套实施。编写本定额标准的目的是给我国建筑防水堵漏修缮加固业界人士与甲方的项目洽谈和工程结算提供全国统一的定额标准。

本书中不注日期的引用标准，均指其现行最新版本。

本定额标准在编制过程中可能存在疏漏和不足之处，请广大读者提出批评意见和建议，以便今后修订时改正（地址：江苏省苏州市姑苏区广济路284号，邮编：215008，中建材苏州防水研究院沈春林教授收，手机：13306211108，邮箱：SCL1217@126.com）。

编委会

2025年3月18日

目　　录

1 中华人民共和国住房和城乡建设部《建筑门窗工程、防水工程、地源热泵工程造价指标（试行）》（防水工程部分摘要）

（2018 年 8 月 1 日起实施）

编 制 说 明

一、为贯彻创新、协调、绿色、开放、共享的发展理念，落实《中共中央 国务院关于进一步加强城市规划建设管理工作的若干意见》中有关推进节能城市建设、推广绿色建筑和建材、推广应用地源热泵技术的决策部署以及《国务院办公厅关于促进建筑业持续健康发展的意见》（国办发〔2017〕19 号）提出的“适用、经济、安全、绿色、美观”和“实现建筑舒适安全、节能高效”的要求，为建筑门窗工程、防水工程、地源热泵工程建设项目投资控制提供服务，编制《建筑门窗工程、防水工程、地源热泵工程造价指标（试行）》（以下简称本指标）。

二、本指标分为三个部分，包括建筑门窗工程造价指标、防水工程造价指标和地源热泵工程造价指标。建筑门窗工程、防水工程造价指标按东北华北、华东中南、西南和西北四大地区编制；地源热泵工程造价指标按典型工程造价指标编制。

三、本指标可作为建筑门窗工程、防水工程和地源热泵工程投资参考。

四、本指标通过采集、分析符合国家现行设计规范、施工及验收规范、技术操作规程、质量评定标准、产品标准和安全操作规程、工程量清单计价规范、计算规范等的实际项目价格进行编制，包括近三年新建项目的合同价和结算价等数据。

五、本指标为全费用指标，包含人工费、材料费、机械费和综合费用。建筑门窗工程和防水工程是全费用的分部分项建安造价指标，地源热泵工程是全费用的单位工程建安造价指标。

六、建筑门窗工程：

1. 建筑门窗工程造价指标按保温性能、传热系数、材质和开启方式进行分类统计。

2. 为推动建筑节能，建筑门窗工程造价指标按照保温性能五～十级，传热系数 1.0～3.0 编制。

3. 建筑门窗均按成品安装考虑。

4. 应用建筑门窗工程造价指标时需结合建设项目门窗工程传热系数，对应相同保温性能级别的门窗，根据材质、型材规格和开启方式以及各项费用所占百分比等因素参考使用。

七、防水工程：

1. 防水工程造价指标按防水部位、材质类别和厚度进行分类统计。

2. 防水工程按照 30 年的使用年限编制造价指标。

3. 防水工程一体化项目包括保温层和防水层，种植屋面项目仅含防水层。

4. 防水工程造价指标应用时需结合建设项目防水工程等级，对应不同施工部位，根据材质类别和厚度以及各项费用占比等因素参考使用。

八、地源热泵工程：

1. 地源热泵工程包括地源热泵机房系统、能量采集及外线系统等，包括总造价和单位指标。

2. 地源热泵工程造价指标应用时需结合建设项目土质情况、打孔深度、管径以及机房系统的设备配置等因素参考使用。

2 防水工程造价指标

2.1 东北、华北地区

序号	指标编码	部位	材质类别	厚度（mm）	指标（元/m²）	其中							
						费用（元）				百分比（%）			
						人工费	材料费	机械费	综合费用	人工费	材料费	机械费	综合费用
1	2-1-1	地下室	涂膜＋卷材防水	2＋4	128.11	22.10	82.81		23.20	17.25	64.64		18.11
2	2-1-2		卷材防水	2＋3	120.83	14.62	88.21		18.01	12.10	73.00		14.91
3	2-1-3		卷材防水	3＋3	129.73	15.22	93.53		20.98	11.73	72.10		16.17
4	2-1-4		卷材防水	4＋3	152.93	15.29	107.95		29.69	10.00	70.59		19.41
5	2-1-5		卷材防水	4＋4	196.87	18.07	141.56		37.24	9.18	71.91		18.92
6	2-1-6	室内	涂膜防水	1.5	65.64	11.98	42.72		10.94	18.25	65.08		16.67
7	2-1-7		涂膜防水	2	71.94	13.02	44.76		14.16	18.10	62.22		19.68
8	2-1-8	外墙面	卷材防水	3	79.63	10.20	56.23		13.20	12.81	70.61		16.58
9	2-1-9		卷材防水	3＋3	122.15	19.90	77.85		24.40	16.29	63.73		19.98
10	2-1-10	坡屋面	涂膜防水	2	92.09	12.00	62.44		17.65	13.03	67.80		19.17
11	2-1-11		卷材防水	3＋3	143.80	20.90	95.60		27.30	14.53	66.48		18.98
12	2-1-12	平屋面	涂膜＋卷材防水	2＋3	123.20	19.80	81.30		22.10	16.07	65.99		17.94
13	2-1-13		涂膜＋卷材防水	2＋4	140.80	22.10	93.40		25.30	15.70	66.33		17.97
14	2-1-14		卷材防水	3＋3	138.42	18.50	93.82		26.10	13.37	67.78		18.86
15	2-1-15		卷材防水	3＋4	143.50	19.50	96.90		27.10	13.59	67.53		18.89
16	2-1-16	平屋面（一体化）	卷材防水	4＋1.2＋80	280.00	50.40	166.13	9.17	54.30	18.00	59.33	3.28	19.39
17	2-1-17	种植屋面	涂膜＋卷材防水	2＋4	158.00	23.00	111.30		23.70	14.56	70.44		15.00
18	2-1-18		卷材防水	3＋4	151.20	19.80	105.53		25.87	13.10	69.79		17.11
19	2-1-19	种植屋面（一体化）	涂膜＋卷材防水	3＋4＋70	322.00	51.50	207.30	8.50	54.70	15.99	64.38	2.64	16.99

2.2 华东、中南地区

序号	指标编码	部位	材质类别	厚度（mm）	指标（元/m²）	其中							
						费用（元）				百分比（%）			
						人工费	材料费	机械费	综合费用	人工费	材料费	机械费	综合费用
1	2-2-1	地下室	卷材防水	1.5＋1.5	84.43	13.21	55.85		15.37	15.65	66.15		18.20
2	2-2-2		卷材防水	2＋2	92.06	11.89	69.56		10.61	12.93	75.54		11.53

续表

序号	指标编码	部位	材质类别	厚度（mm）	指标（元/m²）	其中							
						费用（元）				百分比（%）			
						人工费	材料费	机械费	综合费用	人工费	材料费	机械费	综合费用
3	2-2-3	地下室	卷材＋涂膜防水	4＋2.5	139.55	14.56	101.51		23.48	10.43	72.74		16.82
4	2-2-4		卷材防水	4＋3	161.53	15.79	128.42		17.32	9.78	79.50		10.72
5	2-2-5	室内	涂膜防水	1.5	34.97	7.63	20.65		6.69	21.62	60.12		18.26
6	2-2-6		涂膜防水	2	48.53	6.59	35.05		6.89	13.37	72.34		14.28
7	2-2-7	外墙面	涂膜防水	2	54.86	5.36	43.52		5.98	9.77	79.32		10.91
8	2-2-8	坡屋面防水	卷材防水	1.5＋1.5	93.15	13.74	61.88		17.53	14.75	66.43		18.82
9	2-2-9		卷材＋涂膜防水	2＋3	125.06	12.65	94.95		17.46	10.12	75.92		13.96
10	2-2-10		卷材＋涂膜防水	4＋3	134.88	12.65	103.80		18.43	9.38	76.96		13.66
11	2-2-11	平屋面防水	卷材防水	1.5＋1.5	72.47	16.20	41.26		15.01	22.35	56.93		20.71
12	2-2-12		卷材防水	2＋2	89.59	11.89	67.30		10.40	13.27	75.12		11.61
13	2-2-13		卷材防水	3＋3	111.74	11.07	85.57		15.10	9.91	76.58		13.51
14	2-1-14	种植屋面	卷材防水	3＋4	185.85	12.24	150.39		23.22	6.59	80.92		12.49
15	2-1-15	平屋面防水（一体化）	卷材防水	1.5＋1.5	290.26	62.49	186.83		40.94	21.53	64.37		14.10
16	2-1-16		卷材＋涂膜防水	3＋1.5	249.20	40.18	177.86		31.16	16.12	71.37		12.50

2.3 西南地区

序号	指标编码	部位	材质类别	厚度（mm）	指标（元/m²）	其中							
						费用（元）				百分比（%）			
						人工费	材料费	机械费	综合费用	人工费	材料费	机械费	综合费用
1	2-3-1	地下室	涂膜＋卷材防水	1.5＋1.5	103.93	15.48	69.89		18.56	14.89	67.25		17.86
2	2-3-2		卷材＋卷材防水	1.5＋2.0	106.28	15.00	72.78		18.50	14.11	68.48		17.41
3	2-3-3		卷材＋卷材防水	2.0＋4.0	121.57	17.00	82.75		21.82	13.98	68.07		17.95
4	2-3-4		卷材＋卷材防水	3.0＋3.0	129.27	16.00	90.27		23.00	12.38	69.83		17.79
5	2-3-5		卷材＋卷材防水	1.5＋4.0	136.86	20.44	94.24		22.18	14.93	68.86		16.21
6	2-3-6		涂膜＋卷材防水	2.0＋4.0	155.79	24.65	104.56		26.58	15.82	67.12		17.06
7	2-3-7		卷材＋卷材防水	4.0＋4.0	187.49	29.58	126.00		31.91	15.78	67.20		17.02
8	2-3-8	室内	涂膜防水	1.5	53.19	9.45	34.54		9.20	17.77	64.94		17.30
9	2-3-9		涂膜防水	2.0	59.42	9.89	39.58		9.95	16.64	66.61		16.75
10	2-3-10	坡屋面	涂膜＋涂膜防水	1.5＋2.0	107.95	16.55	72.45		18.95	15.33	67.11		17.55
11	2-3-11	平屋面	涂膜＋卷材防水	1.5＋1.5	110.14	16.35	74.64		19.15	14.84	67.77		17.39
12	2-3-12		涂膜＋卷材防水	1.5＋3.0	117.73	18.24	78.51		20.98	15.49	66.69		17.82
13	2-3-13		涂膜＋卷材防水	2.0＋3.0	120.68	18.57	80.57		21.54	15.39	66.76		17.85
14	2-3-14		涂膜＋卷材防水	1.5＋4.0	138.05	22.52	93.15		22.38	16.31	67.48		16.21
15	2-3-15		涂膜＋卷材防水	1.5＋4.0	139.49	23.50	93.81		22.18	16.85	67.25		15.90

续表

序号	指标编码	部位	材质类别	厚度（mm）	指标（元/m²）	其中							
						费用（元）				百分比（%）			
						人工费	材料费	机械费	综合费用	人工费	材料费	机械费	综合费用
16	2-3-16	平屋面（一体化）	涂膜＋卷材防水	2＋4＋60	274.08	32.15	189.35	2.00	50.58	11.73	69.09	0.73	18.45
17	2-3-17		涂膜＋卷材防水	1.5＋3＋80	307.27	47.99	199.47	2.00	57.81	15.62	64.92	0.65	18.81
18	2-3-18		涂膜＋卷材防水	1.5＋1.5＋70	346.48	48.77	230.68	2.00	65.03	14.08	66.58	0.58	18.77
19	2-3-19		涂膜＋卷材防水	1.5＋1.2＋90	364.81	51.18	243.67	2.00	67.96	14.03	66.79	0.55	18.63
20	2-3-20	种植屋面	卷材＋卷材防水	2.0＋4.0	156.14	17.59	115.73		22.82	11.27	74.12		14.62
21	2-3-21		卷材＋卷材＋卷材防水	1.5＋1.5＋4.0	217.12	25.00	151.62		40.50	11.51	69.83		18.65

2.4 西北地区

序号	指标编码	部位	材质类别	厚度（mm）	指标（元/m²）	其中							
						费用（元）				百分比（%）			
						人工费	材料费	机械费	综合费用	人工费	材料费	机械费	综合费用
1	2-4-1	地下室	涂膜＋卷材防水	1.5＋4	130.30	15.78	85.47		29.05	12.11	65.59		22.29
2	2-4-2		卷材防水	3＋3	105.62	13.37	67.23		25.02	12.66	63.65		23.69
3	2-4-3		卷材防水	1.5＋1.5	104.00	16.00	69.21		18.79	15.38	66.55		18.07
4	2-4-4		卷材防水	1.5	64.35	10.00	38.94		15.41	15.54	60.51		23.95
5	2-4-5		卷材防水	3＋3	174.75	16.00	128.01		30.74	9.16	73.25		17.59
6	2-4-6		卷材防水	4	76.27	10.00	51.14		15.13	13.11	67.05		19.84
7	2-4-7		卷材防水	4＋1.5	202.77	16.00	140.85		45.93	7.89	69.46		22.65
8	2-4-8		卷材防水	4＋4	136.44	16.57	89.23		30.64	12.14	65.40		22.46
9	2-4-9	室内	涂膜防水	1.5	49.91	11.58	28.81		9.52	23.20	57.72		19.07
10	2-4-10		涂膜防水	2	49.77	12.20	26.26		11.31	24.51	52.76		22.72
11	2-4-11	外墙面	卷材防水	1.5	65.16	14.53	35.82		14.82	22.30	54.97		22.74
12	2-4-12		卷材防水	1.5＋1.5	112.49	19.00	73.16		20.33	16.89	65.04		18.07
13	2-4-13		卷材防水	3＋3	136.42	16.47	86.35		33.61	12.07	63.29		24.64
14	2-4-14		卷材防水	4	70.80	13.69	43.74		13.37	19.34	61.78		18.88
15	2-4-15		卷材防水	4＋4	125.61	19.19	78.02		28.41	15.28	62.11		22.62
16	2-4-16	坡屋面	卷材防水	3＋3	102.14	8.35	68.91		24.88	8.18	67.47		24.36
17	2-4-17	坡屋面（一体化）	卷材＋涂膜防水	1.5＋1.5	261.54	39.59	168.90		53.04	15.14	64.58		20.28
18	2-4-18		卷材＋涂膜防水	3＋2	354.28	31.00	237.57		85.71	8.75	67.06		24.19
19	2-4-19	平屋面	卷材＋涂膜防水	1.5＋1.5	120.63	39.00	58.20		23.43	32.33	48.25		19.42
20	2-4-20		卷材＋涂膜防水	4＋1.5	84.01	26.00	44.99		13.02	30.95	53.55		15.50
21	2-4-21		卷材防水	3＋3	130.03	30.69	75.11		24.23	23.60	57.76		18.63

续表

序号	指标编码	部位	材质类别	厚度（mm）	指标（元/m^2）	其中							
						费用（元）				百分比（%）			
						人工费	材料费	机械费	综合费用	人工费	材料费	机械费	综合费用
22	2-4-22	平屋面	卷材防水	4 + 3	130.61	26.00	86.50		18.11	19.91	66.23		13.87
23	2-4-23		卷材防水	4 + 4	139.58	26.00	90.00		23.58	18.63	64.48		16.89
24	2-4-24		涂膜防水	1.5	38.65	9.50	21.97		7.18	24.58	56.84		18.58
25	2-4-25	平屋面（一体化）	卷材 + 涂膜防水	1.5 + 1.5	358.87	63.05	214.54		81.28	17.57	59.78		22.65
26	2-4-26		卷材 + 涂膜防水	1.5 + 3	380.32	70.93	251.29		58.10	18.65	66.07		15.28
27	2-4-27		卷材防水	3 + 3	193.25	38.78	121.38		33.09	20.07	62.81		17.12
28	2-4-28	种植屋面	卷材防水	3 + 4	142.65	28.00	85.30		29.35	19.63	59.80		20.57
29	2-4-29		卷材防水	4 + 1.5	210.00	16.00	156.05		37.95	7.62	74.31		18.07

2　中华人民共和国住房和城乡建设部《房屋修缮工程消耗量定额》TY 01-41-2018（屋面及防水工程部分摘要）

（2018年12月1日起实施）

总 说 明

一、《房屋修缮工程消耗量定额》共分七册，包括：

第一册　结构工程

第二册　装饰工程

第三册　给水排水、采暖工程

第四册　通风空调工程

第五册　消防工程

第六册　电气工程

第七册　建筑智能化工程

二、《房屋修缮工程消耗量定额》（以下简称本定额）是完成规定计量单位分项工程所需的人工、材料、施工机械台班的消耗量标准，是各地区、部门工程造价管理机构编制房屋修缮工程定额确定消耗量，编制国有投资工程投资估算、设计概算、最高投标限价的依据。

三、本定额适用于一般工业厂房、公共建筑及民用建筑的拆除、维修、改装、安装工程。

四、本定额以国家和有关部门发布的国家现行设计规范、施工及验收规范、技术操作规程、质量评定标准、产品标准和安全操作规程，现行工程量清单计价规范、计算规范和有关定额为依据编制，并参考了有关地区和行业标准、定额以及典型工程设计、施工和其他资料。

五、关于人工：

1. 本定额的人工以合计工日表示，并分别列出普工、一般技工和高级技工的工日消耗量。

2. 本定额的人工包括基本用工、超运距用工、辅助用工和人工幅度差。

3. 本定额每工日按8小时工作制计算。

六、关于材料：

1. 本定额采用的材料（包括构配件、零件、半成品、成品）均为符合国家质量标准和相应设计要求的合格产品。

2. 本定额中的材料包括施工中消耗的主要材料、辅助材料、周转材料和其他材料。

3. 本定额中材料消耗量包括净用量和损耗量。损耗量包括：从工地仓库、现场集中堆放地点（或现场加工地点）至操作（或安装）地点的施工场内运输损耗、施工操作损耗、施工现场堆放损耗等。

4. 本定额中的周转性材料按不同施工方法，不同类别、材质，计算出一次摊销量进入消耗量定额。

5. 对于用量少、低值易耗的零星材料，列为其他材料。

七、关于机械：

1. 本定额中的机械按常用机械、合理机械配备和施工企业的机械化装备程度，并结合工程实际综合确定。

2. 本定额的机械台班消耗量是按正常机械施工工效并考虑机械幅度差综合取定。

3. 凡单位价值 2000 元以内、使用年限在一年以内的不构成固定资产的施工机械，不列入机械台班消耗量，作为工具用具在建筑安装工程费中的企业管理费考虑，其消耗的燃料动力等列入材料。

八、关于仪器仪表：

1. 本定额的仪器仪表台班消耗量是按正常施工工效综合取定。

2. 凡单位价值 2000 元以内、使用年限在一年以内的不构成固定资产的仪器仪表，不列入仪器仪表台班消耗量。

九、水平和垂直运输除各册另有规定外，均包括：

1. 设备水平运距取定为 100m，材料、成品、半成品取定为 300m。

2. 垂直运输基准面：室内以楼地面为垂直基准面，室外以自然地坪为基准面，操作高度综合取定为 3.6m，超过部分可以按各册规定单独计算。

十、本定额未考虑施工与生产同时进行、有害身体健康环境中施工时降效增加费，发生时另行计算。

十一、本定额适用于海拔 2000m 以下地区，超过上述情况时，由各地区、各部门结合高原地区的特殊情况，自行制定调整办法。

十二、本定额注有“××以内”或“××以下”者，均包括××本身；注有“××以外”或“××以上”者，则不包括××本身。

十三、凡本说明未尽事宜，详见各册、章说明和附录。

第一册说明

一、《房屋修缮工程消耗量定额　第一册　结构工程》（以下简称本册定额）包括拆除工程、土石方工程、砌筑工程、混凝土及钢筋混凝土工程、金属结构工程、木结构工程、屋面及防水工程、保温工程和措施项目，共九章。

二、本册定额是在调查各地的施工环境、气候条件等情况的基础上，依据正常的施工条件，合理的施工组织设计、施工工期、施工工艺、劳动组织和合格的建筑材料、成品、半成品为基础进行编制的；考虑了房屋修缮工程施工现场狭窄、维修内容零星分散、连续作业差、材料运输困难、保护原有建筑物及环境设施等造成的不利因素的影响。

三、本册定额中包括必要的支顶保护等措施、利用旧料、成品保护、清理现场等工作。

四、本册定额各项目均包括了搭拆 3.6m 以内的简易脚手架，超过上述高度需要支搭脚手架时，执行脚手架工程相应定额。

五、本册定额未包括加固工程的相关项目，如发生时按《房屋建筑加固工程消耗量定额》执行。

六、关于材料：

1. 混凝土、砌筑砂浆、抹灰砂浆及各种胶泥等均按半成品消耗量以体积（m^3）表示，其配合比由各地区、各部门按现行规范及当地材料质量情况进行编制。

2. 本册定额中的混凝土养护是按自然养护编制的。

3. 本册定额中木材不分板材与方材，均以××（指硬木、杉木或松木）板方材取定。

4. 本册定额中所使用的砂浆均按干混预拌砂浆编制，若实际使用现拌砂浆或湿拌预拌砂浆时，按以下方法调整。

（1）除人工拌和外调整方法：

1）使用现拌砂浆的，除将定额中的干混预拌砂浆调换为现拌砂浆外，砌筑定额按每立方米砂浆增加：一般技工 0.396 工日、200L 灰浆搅拌机 0.167 台班，同时，扣除原定额中干混砂浆罐式搅拌机台班；其余定额按每立方米砂浆增加一般技工 0.396 工日，同时将原定额中干混砂浆罐式搅拌机调换为 200L 灰浆搅拌机，台班含量不变。

2）使用湿拌预拌砂浆的，除将定额中的干混预拌砂浆调换为湿拌预拌砂浆外，另按相应定额中每立方米砂浆扣除普工 0.20 工日，并扣除干混砂浆罐式搅拌机台班数量。

（2）人工拌和调整方法：人工拌和若实际使用现拌砂浆时，除将定额中的干混预拌砂浆调换为现拌砂浆外，砌筑定额按每立方米砂浆增加一般技工 0.475 工日。

七、本册定额措施项目中的脚手架工程、垂直运输、建筑物超高施工增加、其他措施，依据修缮工程特点按本册定额措施项目中相关说明进行计算。

八、建筑垃圾外运按各地造价管理部门有关规定执行。

九、本册定额中的工作内容已说明了主要的施工工序，次要工序虽未说明，但均已包括在内。

第七章　屋面及防水工程

说　明

一、本章包括修补屋面、挑修工程、新做屋面、修补防水工程、新做防水工程、修补排水工程、新做排水工程、变形缝盖板。

二、屋面工程：

1. 水泥瓦、波形瓦屋面定额未包括脊瓦、斜脊、斜沟及披水檐的工料；实际发生时，另行套取相应定额。

2. 青瓦屋面定额未包括清水脊、排山脊的工料；实际发生时，另行套取相应定额。

3. 石板瓦、干岔瓦、仰瓦灰梗屋面已包括屋脊、边梢垄的工料。

4. 檐头揭瓦指宽度在 80cm 以内的范围，如超出上述宽度时，按局部挑修定额执行。

5. 金属板屋面中一般金属板屋面，执行彩钢板和彩钢夹心板项目；装配式单层金属压型板屋面区分檩距不同执行定额项目。

三、防水工程：

1. 修补防水工程除包括新做防水工程定额规定工作内容以外，还包括拆除清理破损部位的防水层及清理基层等工作。

2. 本章的修补防水工程定额系指工程量单块面积在 $10m^2$ 以内的项目；如超过 $10m^2$ 时，分别执行拆除和新做防水工程定额。

3. 定额内已综合连接处边角部位的附加防水层的工料，以及立墙防水层铺贴高度小于 0.5m 的增加工日因素。

4. 屋面防水工程，防水层的立墙高度超过 0.5m 时，其工程量应单独计算面积，按相应的屋面防水定额人工费乘以系数 1.2 调整，材料用量不变。

四、排水工程：

1. 修补工程包括：拆换、整理、修补、安装旧活等工作内容。

2. 水落管、水口、水斗均按材料成品、现场安装考虑。

3. 铁皮屋面及铁皮排水项目内已包括咬口和搭接的工料。

4. 采用不锈钢水落管排水时，执行镀锌钢管项目，材料按实换算，人工乘以系数 1.1。

工程量计算规则

一、屋面工程：

1. 新做、翻挑屋面面积均按设计图示尺寸以面积计算，坡屋面面积按屋面的斜面积计算。设计无规定时，按实做面积计算。不扣除屋脊、斜沟、烟囱、风帽底座等所占的面积。

2. 同一幢房屋的屋面遇有做法不同时，应分别计算面积，执行相应的定额。

3. 屋面查补面积率不同的工程，按其单间（单坡）的面积分别列项计算，执行相应的定额。

4. 抹水泥泛水、补抹青灰背、补抹泥背等均按实际面积计算。

5. 拔水檐及揭瓦檐头、边梢等项均按实做长度以“m”计算。

6. 抽换瓦件、包和尚头等按实做数量，分别以“块”“个”为单位计算。

二、防水工程：

1. 各种防水做法的屋面工程量均以实做面积按“m^2”计算，斜屋面按斜面积计算，不扣除 $0.3m^2$ 以内的孔洞所占的面积；平台面连接处的立墙防水层高度在 0.5m 以内者，按展开面积计算，并入屋面防水项目的工程量；立墙防水层高度超过 0.5m 的，按立墙防水层的面积计算。

2. 装配式墙板缝的空腔防水项目，其工程量按实做的横竖缝长度计算。

3. 屋面防水搭接、拼缝、压边、留槎用量已综合考虑，不另行计算。

三、屋面排水工程：

1. 水落管、檐沟按修补尺寸以长度计算。

2. 屋顶铁皮铅油补眼、屋顶铁皮焊锡补眼、水落管檐沟配铁件按“个”计算。

3. 水落管、镀锌铁皮天沟、檐沟按设计图示尺寸以长度计算。设计无规定时，按实做长度计算。

4. 水斗、下水口、雨水口、弯头等均以“个”为单位计算。

5. 排气帽以“个”为单位计算。

四、变形缝盖板按实际发生面积计算。

一、修补屋面

工作内容：屋面部位的整修，铲除灰皮、更换破碎瓦件、找补抹灰、赶光压实等工序。

定额编号				1-7-1	1-7-2	1-7-3	1-7-4	1-7-5	1-7-6
项目				合瓦、仰瓦灰梗屋面查补			筒瓦屋面查补		
				30%以内	60%以内	60%以外	30%以内	60%以内	60%以外
名称			单位	消耗量					
人工	合计工日		工日	0.077	0.177	0.287	0.100	0.277	0.474
	其中	普工	工日	0.023	0.053	0.086	0.030	0.083	0.142
		一般技工	工日	0.046	0.106	0.172	0.060	0.166	0.285
		高级技工	工日	0.008	0.018	0.029	0.010	0.028	0.047

续表

名称			单位	消耗量					
材料	深月白中麻刀灰		m^3	0.003	0.007	0.011	0.003	0.007	0.011
	水		m^3	0.010	0.012	0.014	0.010	0.012	0.014
	其他材料费		%	2.00	2.00	2.00	2.00	2.00	2.00

定额编号				1-7-7	1-7-8
项目				合瓦揭瓦盖瓦	修补石板瓦顶
名称			单位	消耗量	
人工	合计工日		工日	0.618	0.220
	其中	普工	工日	0.185	0.066
		一般技工	工日	0.371	0.132
		高级技工	工日	0.062	0.022
材料	掺灰泥 4：6		m^3	0.031	0.012
	石板瓦		m^2	—	0.110
	深月白中麻刀灰		m^3	0.016	—
	素月白灰		m^3	—	0.002
	水		m^3	0.006	0.014
	其他材料费		%	2.00	2.00

注：作业计量单位为 m^2。

工作内容：1. 灰、泥背的铲除清理、剔槎、补抹灰、赶平轧实等全部操作过程。
2. 屋面部位的整修，铲除灰皮、更换、找补抹灰、赶光压实等工序。

定额编号				1-7-9	1-7-10	1-7-11	1-7-12
项目				补、衬泥背		青灰顶查补	
				麦秸泥拍砂	掺灰泥	苫背	锯缝
计量单位				m^2	m^2	m^2	m
名称			单位	消耗量			
人工	合计工日		工日	0.143	0.121	0.353	0.220
	其中	普工	工日	0.043	0.036	0.106	0.066
		一般技工	工日	0.086	0.073	0.212	0.132
		高级技工	工日	0.014	0.012	0.035	0.022
材料	掺灰泥 4：6		m^3	0.057	0.057	—	—
	麦秸		kg	4.120	0.520	—	—
	砂子		kg	16.100	—	—	—
	深月白大麻刀灰		m^3	—	—	0.022	0.005
	水		m^3	0.012	0.012	0.007	0.010
	其他材料费		%	2.00	2.00	2.00	2.00

工作内容：拆换瓦件、归安固定瓦件等工作。

定额编号				1-7-13	1-7-14	1-7-15	1-7-16	1-7-17	1-7-18
项目				抽换瓦件					
				干岔瓦	水泥瓦	石棉瓦	石板瓦	玻璃钢瓦	瓦垄铁
名称			单位	消耗量					
人工	合计工日		工日	0.022	0.022	0.220	0.033	0.220	0.154
	其中	普工	工日	0.007	0.007	0.066	0.010	0.066	0.046
		一般技工	工日	0.013	0.013	0.132	0.020	0.132	0.093
		高级技工	工日	0.002	0.002	0.022	0.003	0.022	0.015
材料	水泥平瓦 420×330		块	—	1.050	—	—	—	—
	小波石棉瓦 1820×720		块	—	—	1.040	—	—	—
	玻璃钢瓦小波 1800×720		张	—	—	—	—	1.040	—
	板瓦 2#		块	1.050	—	—	—	—	—
	石板瓦		m^2	—	—	—	0.080	—	—
	瓦垄铁皮 26#		m^2	—	—	—	—	—	1.700
	镀锌螺钉带垫圈		个	—	—	4.100	—	4.100	—
	镀锌瓦钉带垫		个	—	—	—	—	—	4.100
	其他材料费		%	2.00	2.00	2.00	2.00	2.00	2.00

注：作业计量单位为块。

工作内容：拔草、铲青苔、清垄等工序。

定额编号				1-7-19
项目				清垄拔草
名称			单位	消耗量
人工	合计工日		工日	0.011
	其中	普工	工日	0.009
		一般技工	工日	0.002

注：作业计量单位为 m^2。

工作内容：屋脊部位的整修，铲除灰皮、更换破碎瓦件、找补抹灰、赶光压实等工序。

定额编号				1-7-20	1-7-21	1-7-22	1-7-23
项目				檐头、屋脊修补			
				修补檐头	脊瓦查补	整修檐头	堵抹燕窝椽档
名称			单位	消耗量			
人工	合计工日		工日	0.143	0.067	0.552	0.121
	其中	普工	工日	0.043	0.020	0.166	0.036
		一般技工	工日	0.086	0.040	0.331	0.073
		高级技工	工日	0.014	0.007	0.055	0.012
材料	花边瓦		块	3.150	—	—	—
	深月白中麻刀灰		m^3	0.002	0.001	0.004	—
	掺灰泥 4：6		m^3	—	—	0.007	—

续表

名称		单位	消耗量			
材料	麻刀混合灰	m^3	—	—	—	0.005
	碎砖	m^3	—	—	—	0.004
	水	m^3	0.010	0.010	0.010	0.010
	其他材料费	%	2.00	2.00	2.00	2.00

注：作业计量单位为m。

工作内容：清理檐头、补换瓦头、锯缝等工作。

定额编号			1-7-24
项目			瓦头修补
名称		单位	消耗量
人工	合计工日	工日	0.043
	其中 普工	工日	0.013
	其中 一般技工	工日	0.026
	其中 高级技工	工日	0.004
材料	深月白中麻刀灰	m^3	0.001
	水	m^3	0.010
	其他材料费	%	2.00

注：作业计量单位为个。

工作内容：1. 拆除及新包和尚头等全部工序。

2. 拆除屋面檐边，砌抹沟嘴，稳放瓦件，修复屋面等工作。

定额编号			1-7-25	1-7-26
项目			包和尚头	新开沟嘴
名称		单位	消耗量	
人工	合计工日	工日	0.177	0.232
	其中 普工	工日	0.053	0.070
	其中 一般技工	工日	0.106	0.139
	其中 高级技工	工日	0.018	0.023
材料	花边瓦 2#	块	—	1.050
	板瓦 2#	块	—	5.250
	深月白中麻刀灰	m^3	0.001	0.006
	水	m^3	0.010	0.010
	其他材料费	%	2.00	2.00

注：作业计量单位为个。

二、挑修工程

工作内容：拆除屋面，归安连檐瓦口、添配瓦件及新做屋面等工序。

定额编号				1-7-27	1-7-28	1-7-29	1-7-30	1-7-31	1-7-32
项目				屋面挑顶					
				合瓦顶	干岔瓦顶	青灰顶	水泥瓦顶	石板瓦顶	仰瓦灰梗
名称			单位	消耗量					
人工	合计工日		工日	1.170	0.850	0.618	0.110	0.430	0.828
	其中	普工	工日	0.351	0.255	0.185	0.033	0.129	0.248
		一般技工	工日	0.702	0.510	0.371	0.066	0.258	0.497
		高级技工	工日	0.117	0.085	0.062	0.011	0.043	0.083
材料	水泥平瓦 420×330		块	—	—	—	4.380	—	—
	板瓦 2#		块	13.080	30.400	1.970	—	—	30.180
	板瓦 3#		块	16.390	—	—	—	—	—
	筒瓦 10#		块	1.740	—	—	—	3.080	1.740
	石板瓦		m^2	—	—	—	—	0.770	—
	深月白中麻刀灰		m^3	0.021	0.003	0.037	—	0.008	0.031
	掺灰泥 4：6		m^3	0.214	0.104	0.059	—	0.110	0.110
	苇席		m^2	1.150	1.150	1.150	—	1.150	1.150
	苇箔		m^2	1.180	1.180	1.180	—	1.180	1.180
	板条 1000×30×8		百根	0.032	0.032	0.032	—	0.032	0.032
	圆钉		kg	0.038	0.030	0.030	—	0.030	0.030
	水		m^3	0.014	0.010	0.016	—	0.010	0.016
	其他材料费		%	2.00	2.00	2.00	2.00	2.00	2.00

注：作业计量单位为 m^2。

工作内容：拆除旧式瓦顶，清理运输，归安连檐瓦口、添配瓦件及铺装水泥瓦屋面等工序。

定额编号				1-7-33	1-7-34	1-7-35	1-7-36
项目				旧式瓦顶改水泥瓦顶			
				挂水泥瓦	瓦笆泥瓦水泥瓦	苇箔泥瓦水泥瓦	泥背不动改水泥瓦
名称			单位	消耗量			
人工	合计工日		工日	0.220	0.463	0.397	0.243
	其中	普工	工日	0.066	0.139	0.119	0.073
		一般技工	工日	0.132	0.278	0.238	0.146
		高级技工	工日	0.022	0.046	0.040	0.024
材料	水泥平瓦 420×330		块	17.510	17.510	17.510	17.510
	板瓦 2#		块	—	37.170	—	—
	素月白灰浆		m^3	—	0.004	—	—
	掺灰泥 4：6		m^3	—	0.110	0.110	0.077
	混合麻刀灰		m^3	0.007	0.007	0.007	0.007
	苇席		m^2	—	—	1.150	—
	苇箔		m^2	—	—	1.180	—

续表

名称		单位	消耗量			
材料	板条 1000×30×8	百根	—	—	0.032	—
	圆钉	kg	—	—	0.030	—
	水	m^3	0.010	0.016	0.012	0.010
	其他材料费	%	2.00	2.00	2.00	2.00

注：作业计量单位为 m^2。

工作内容：拆除屋面，归安连檐瓦口、添配瓦件及新做屋面等工序。

定额编号			1-7-37	1-7-38
项目			揭瓦边梢垄	
			瓦顶边梢	灰顶边梢
名称		单位	消耗量	
人工	合计工日	工日	0.696	0.353
	其中 普工	工日	0.209	0.106
	其中 一般技工	工日	0.417	0.212
	其中 高级技工	工日	0.070	0.035
材料	板瓦 2#	块	4.470	—
	板瓦 3#	块	5.740	—
	深月白中麻刀灰	m^3	0.013	0.013
	掺灰泥 4：6	m^3	0.039	0.031
	水	m^3	0.012	0.012
	其他材料费	%	2.00	2.00

注：作业计量单位为 m。

工作内容：拆除屋面，归安连檐瓦口、添配瓦件及新做屋面等工序。

定额编号			1-7-39	1-7-40	1-7-41	1-7-42	1-7-43	1-7-44
项目			檐头揭瓦					
			灰背檐头	石板瓦檐头	合瓦檐头	筒瓦檐头	改水泥瓦檐头	改灰背檐头
名称		单位	消耗量					
人工	合计工日	工日	0.417	0.309	1.457	1.523	0.729	0.562
	其中 普工	工日	0.125	0.093	0.437	0.457	0.219	0.169
	其中 一般技工	工日	0.250	0.185	0.874	0.914	0.437	0.337
	其中 高级技工	工日	0.042	0.031	0.146	0.152	0.073	0.056
材料	水泥平瓦 420×330	块	—	—	—	—	17.510	—
	掺灰泥 4：6	m^3	0.057	0.045	0.110	0.105	0.093	0.057
	苇席	m^2	1.150	—	0.920	0.920	0.920	0.920
	苇箔	m^2	1.180	—	0.950	0.950	0.950	0.950
	板条 1000×30×8	百根	0.032	—	0.032	0.032	0.032	0.032

续表

名称		单位	消耗量					
材料	圆钉	kg	0.037	—	0.037	0.037	0.030	0.030
	板瓦 2#	块	6.200	—	10.460	—	—	—
	板瓦 3#	块	—	—	13.120	12.860	—	—
	筒瓦 10#	块	—	—	1.740	—	—	—
	筒瓦 3#	块	—	—	—	3.780	—	—
	石板瓦	m^2	—	0.330	—	—	—	—
	深月白大麻刀灰	m^3	0.032	—	—	—	—	—
	深月白中麻刀灰	m^3	—	0.007	0.018	0.020	—	—
	麻刀混合灰	m^3	—	—	—	—	0.029	—
	水	m^3	0.016	0.010	0.012	0.012	0.012	—
	其他材料费	%	2.00	2.00	2.00	2.00	2.00	2.00

注：作业计量单位为 m。

三、新做屋面

工作内容：调制砂浆，安脊瓦、檐口梢头坐灰，铺瓦。

定额编号				1-7-45	1-7-46	1-7-47	1-7-48	1-7-49	1-7-50	1-7-51	1-7-52
项目				挂水泥瓦	瓦笆泥瓦水泥瓦	席箔泥瓦水泥瓦	石棉瓦顶	仰瓦灰梗	干岔瓦	青灰	石板瓦
名称			单位	消耗量							
人工	合计工日		工日	0.079	0.320	0.264	0.056	0.718	0.607	0.530	0.387
	其中	普工	工日	0.025	0.096	0.079	0.017	0.215	0.182	0.159	0.116
		一般技工	工日	0.046	0.192	0.159	0.033	0.431	0.364	0.318	0.232
		高级技工	工日	0.008	0.032	0.026	0.006	0.072	0.061	0.053	0.039
材料	水泥平瓦 420×330		块	17.510	17.510	17.510	—	—	—	—	—
	小波石棉瓦 1820×720		块	—	—	—	1.010	—	—	—	—
	板瓦 2#		块	—	61.880	—	—	86.210	101.310	1.970	—
	筒瓦 10#		块	—	—	—	—	1.740	1.740	—	3.080
	石板瓦		m^2	—	—	—	—	—	—	—	2.180
	掺灰泥 4：6		m^3	—	0.110	0.110	—	0.110	0.110	0.059	0.110
	深月白中麻刀灰		m^3	—	—	—	—	0.030	0.003	—	0.007
	深月白大麻刀灰		m^3	—	—	—	—	—	—	0.040	—
	素月白浆		m^3	—	0.004	—	—	—	0.001	—	—
	苇席		m^2	—	—	1.150	—	—	1.150	1.150	1.150
	苇箔		m^2	—	—	1.180	—	—	1.180	1.180	1.180
	板条 1000×30×8		百根	—	—	0.032	—	—	0.032	0.032	0.032
	圆钉		kg	—	—	0.030	—	—	0.030	0.030	0.030
	镀锌螺钉带垫圈		个	—	—	—	5.000	—	—	—	—

续表

名称		单位	消耗量							
材料	水	m^3	—	0.012	0.012	—	0.012	0.012	0.010	0.012
	其他材料费	%	2.00	2.00	2.00	2.00	2.00	2.00	2.00	2.00

注：作业计量单位为 m^2。

工作内容：截料，制作、安装铁件，吊装安装，安装防水堵头，屋脊板。

定额编号				1-7-53	1-7-54
项目				玻璃钢瓦顶	镀锌瓦垄铁顶
名称			单位	消耗量	
人工	合计工日		工日	0.043	0.053
	其中	普工	工日	0.013	0.013
		一般技工	工日	0.026	0.026
		高级技工	工日	0.004	0.014
材料	玻璃钢瓦小波 1800 × 720		张	0.970	—
	瓦垄铁皮 26#		m^2	—	1.260
	镀锌螺钉带垫圈		个	5.000	—
	镀锌瓦钉带垫		个	—	5.000
	其他材料费		%	2.00	2.00

注：作业计量单位为 m^2。

工作内容：调制砂浆，铺瓦，修界瓦边，安脊瓦、檐口梢头坐灰，固定，清扫瓦面。

定额编号				1-7-55	1-7-56	1-7-57	1-7-58	1-7-59
项目				普通黏土瓦	小青瓦	西班牙瓦	瓷质波形瓦	英红瓦
名称			单位	消耗量				
人工	合计工日		工日	0.074	0.131	0.080	0.082	0.080
	其中	普工	工日	0.022	0.039	0.024	0.025	0.024
		一般技工	工日	0.045	0.079	0.048	0.049	0.048
		高级技工	工日	0.007	0.013	0.008	0.008	0.008
材料	预拌地面砂浆（干拌）DSM15		m^3	0.001	0.003	0.031	0.026	0.026
	黏土平瓦 387 × 218		千块	0.018	—	—	—	—
	黏土脊瓦 455 × 195		块	0.282	—	—	—	—
	小青瓦 200 × 130		千块	—	0.156	—	—	—
	西班牙瓦无釉 310 × 310		块	—	—	15.765	—	—
	瓷质波形瓦无釉 150 × 150 × 9		块	—	—	—	55.550	—
	英红主瓦 420 × 332		块	—	—	—	—	10.680
	镀锌钢丝ϕ1.2		kg	—	—	0.144	—	—
	扣钉		kg	—	—	0.009	—	—
	素水泥浆		m^3	—	—	—	0.001	—
	108 胶		kg	—	—	—	0.022	—
	其他材料费		%	2.00	2.00	2.00	2.00	2.00

续表

名称		单位	消耗量				
机械	干混砂浆罐式搅拌机	台班	0.001	0.001	0.004	0.004	0.004

注：作业计量单位为 m^2。

工作内容：固定钉固定，粘结铺瓦，满粘加钉脊瓦，封檐。

定额编号				1-7-60
项目				沥青瓦
名称			单位	消耗量
人工	合计工日		工日	0.057
	其中	普工	工日	0.017
		一般技工	工日	0.034
		高级技工	工日	0.006
材料	烟煤		t	0.001
	油毡钉		kg	0.062
	沥青瓦 1000×333		块	6.900
	冷底子油 30∶70		kg	0.840
	其他材料费		%	2.00

注：作业计量单位为 m^2。

工作内容：截料，制作、安装铁件，吊装安装屋面板；安装防水堵头，屋脊板。

定额编号				1-7-61	1-7-62
项目				金属板屋面	
				单层彩钢板	彩钢夹芯板
名称			单位	消耗量	
人工	合计工日		工日	0.075	0.134
	其中	普工	工日	0.022	0.040
		一般技工	工日	0.045	0.081
		高级技工	工日	0.008	0.013
材料	圆钉		kg	0.001	0.001
	压型彩钢板δ0.5		m^2	1.283	—
	彩钢夹芯板δ100		m^2	—	1.050
	彩钢脊瓦		m	0.047	0.047
	低合金钢焊条 E43 系列		kg	0.040	0.040
	板枋材		m^3	0.001	0.001
	固定螺栓		百套	0.042	0.042
	铝拉铆钉		百个	0.070	0.070
	铁件综合		kg	0.097	0.097
	其他材料费		%	0.80	0.80
机械	交流弧焊机 32kV·A		台班	0.011	0.011
	汽车式起重机 8t		台班	0.016	0.016

续表

定额编号				1-7-63
项目				金属压型板屋面
名称			单位	消耗量
人工	合计工日		工日	0.207
	其中	普工	工日	0.062
		一般技工	工日	0.124
		高级技工	工日	0.021
材料	压型屋面板 W-550		m^2	1.165
	中间固定架 WG-2		个	0.548
	端部固定架 WG-3		个	0.015
	单面固定螺栓 ML-850R		个	1.111
	单面连接螺栓 R-8		个	1.434
	六角螺栓 M8		套	17.778
	檐口堵头板 WD-1		块	0.593
	屋脊堵头板 WD-2		块	0.593
	屋脊挡雨板 WD-3		块	0.593
	屋脊板δ2		m^2	0.043
	沿口包角板δ0.8		m^2	0.011
	密封膏		kg	0.200
	低合金钢焊条 E43 系列		kg	0.052
	镀锌钢丝ϕ2.8		kg	0.030
	拉铳钉 LD-1		个	0.303
	橡胶密封条		m	0.164
	其他材料费		%	0.80
机械	交流弧焊机 32kV · A		台班	0.011
	汽车式起重机 8t		台班	0.016

注：作业计量单位为 m^2。

工作内容：基层清理，调、运砂浆，抹砂浆找平层。

定额编号				1-7-64	1-7-65
项目				砂浆找平层	
				厚度（mm）	
				20	每增减 5
名称			单位	消耗量	
人工	合计工日		工日	0.077	0.016
	其中	普工	工日	0.023	0.005
		一般技工	工日	0.046	0.009
		高级技工	工日	0.008	0.002
材料	预拌地面砂浆（干拌）DSM15		m^3	0.023	0.006
	素水泥浆		m^3	0.001	—

续表

名称		单位	消耗量	
材料	水	m^3	1.127	0.300
	其他材料费	%	2.00	2.00
机械	干混砂浆罐式搅拌机	台班	0.002	0.001

注：作业计量单位为 m^2。

四、修补防水工程

工作内容：1. 拆除清理破损部位的防水层及清理基层等工作。
2. 基底处理及新做防水等全部操作过程。

定额编号				1-7-66	1-7-67	1-7-68	1-7-69	1-7-70
项目				沥青油毡屋面	改性沥青卷材屋面	高分子卷材屋面	修补天沟、檐沟	伸缩缝修补
计量单位				m^2	m^2	m^2	m^2	m
名称			单位	消耗量				
人工	合计工日		工日	0.090	0.049	0.062	0.077	0.121
	其中	普工	工日	0.027	0.015	0.019	0.023	0.036
		一般技工	工日	0.054	0.029	0.037	0.046	0.073
		高级技工	工日	0.009	0.005	0.006	0.008	0.012
材料	石油沥青油毡 400g		m^2	2.240	—	—	2.150	0.630
	SBS 改性沥青防水卷材		m^2	—	1.156	—	—	—
	改性沥青嵌缝油膏		kg	—	0.060	—	—	—
	液化石油气		kg	0.523	0.270	—	0.502	0.147
	SBS 弹性沥青防水胶		kg	—	0.289	—	—	—
	FL-15 胶黏剂		kg	—	—	1.171	—	—
	聚氯乙烯防水卷材		m^2	—	—	1.156	—	—
	石油沥青		kg	5.760	—	—	4.640	1.150
	油麻丝		kg	—	—	—	—	0.550
	其他材料费		%	1.50	1.50	1.50	1.50	1.50

工作内容：1. 拆除清理破损部位及清理基层等工作。
2. 基底处理及新做等全部操作过程。

定额编号				1-7-71	1-7-72	1-7-73	1-7-74	1-7-75
项目				乳化沥青		大板缝空腔防水		伸缩缝堵建筑油膏
				单刷一油	一毡二油	4cm 宽	每增 2cm 宽	
计量单位				m^2	m^2	m	m	m
名称			单位	消耗量				
人工	合计工日		工日	0.033	0.067	0.220	0.088	0.116
	其中	普工	工日	0.010	0.020	0.066	0.026	0.033

续表

名称			单位	消耗量				
人工	其中	一般技工	工日	0.020	0.040	0.132	0.053	0.072
		高级技工	工日	0.003	0.007	0.022	0.009	0.011
材料	乳化沥青		kg	1.170	4.750	—	—	—
	玻璃棉毡δ20		m^2	—	1.480	—	—	—
	密封膏		kg	—	—	0.510	0.250	—
	建筑油膏		kg	—	—	—	—	2.070
	其他材料费		%	1.50	1.50	1.50	1.50	1.50

五、新做防水工程

工作内容：基层清理，配制涂刷冷底子油、熬制沥青，铺贴沥青玻璃纤维布。

定额编号				1-7-76	1-7-77	1-7-78	1-7-79
项目				沥青玻璃纤维布			
				二布三油		每增减一布一油	
				平面	立面	平面	立面
名称			单位	消耗量			
人工	合计工日		工日	4.945	8.525	1.739	2.920
	其中	普工	工日	1.483	2.561	0.522	0.876
		一般技工	工日	2.968	5.124	1.043	1.752
		高级技工	工日	0.494	0.84	0.174	0.292
材料	冷底子油 30：70		kg	48.480	48.480	—	—
	石油沥青 10#		kg	485.100	519.750	150.150	150.150
	玻璃纤维布		m^2	238.596	238.596	115.909	115.909
	其他材料费		%	0.80	0.80	0.80	0.80
机械	沥青熔化炉 XLL-0.5t		台班	0.119	0.121	0.032	0.032

注：作业计量单位为 $100m^2$。

工作内容：基层清理，配制涂刷冷底子油、熬制玛琋脂，铺贴玛琋脂玻璃纤维布。

定额编号				1-7-80	1-7-81	1-7-82	1-7-83
项目				玛琋脂玻璃纤维布			
				二布三油		每增减一布一油	
				平面	立面	平面	立面
名称			单位	消耗量			
人工	合计工日		工日	4.964	8.539	1.746	2.920
	其中	普工	工日	1.489	2.561	0.523	0.876
		一般技工	工日	2.978	5.124	1.048	1.752
		高级技工	工日	0.497	0.854	0.175	0.292
材料	冷底子油 30：70		kg	48.480	48.480	—	—
	石油沥青玛琋脂		m^3	0.510	0.540	0.160	0.170
	玻璃纤维布		m^2	238.596	238.596	115.909	115.909
	其他材料费		%	0.80	0.80	0.80	0.80
机械	沥青熔化炉 XLL-0.5t		台班	0.129	0.137	0.038	0.040

注：作业计量单位为 $100m^2$。

工作内容：基层清理，铺设防水层，收口、压条等全部操作。

定额编号				1-7-84
项目				铝箔复合防水层
名称			单位	消耗量
人工	合计工日		工日	3.680
	其中	普工	工日	1.104
		一般技工	工日	2.208
		高级技工	工日	0.368
材料	铝箔改性沥青防水卷材		m^2	115.635
	冷底子油 30：70		kg	48.480
	其他材料费		%	0.80

注：作业计量单位为 $100m^2$。

工作内容：基层清理，刷基层处理剂，收头钉压条等全部操作过程。

定额编号				1-7-85	1-7-86	1-7-87	1-7-88
项目				改性沥青卷材			
				热熔法一层		热熔法每增一层	
				平面	立面	平面	立面
名称			单位	消耗量			
人工	合计工日		工日	2.934	5.093	2.517	4.373
	其中	普工	工日	0.880	1.529	0.755	1.313
		一般技工	工日	1.760	3.055	1.510	2.623
		高级技工	工日	0.294	0.509	0.252	0.437
材料	SBS 改性沥青防水卷材		m^2	115.635	115.635	115.635	115.635
	改性沥青嵌缝油膏		kg	5.977	5.977	5.165	5.165
	液化石油气		kg	26.992	26.992	30.128	30.128
	SBS 弹性沥青防水胶		kg	28.920	28.920	—	—
	其他材料费		%	0.80	0.80	0.80	0.80

定额编号				1-7-89	1-7-90	1-7-91	1-7-92
项目				改性沥青卷材			
				冷粘法一层		冷粘法每增一层	
				平面	立面	平面	立面
名称			单位	消耗量			
人工	合计工日		工日	2.679	4.982	2.300	3.985
	其中	普工	工日	0.804	1.495	0.690	1.195
		一般技工	工日	1.607	2.989	1.380	2.392
		高级技工	工日	0.268	0.498	0.230	0.398
材料	SBS 改性沥青防水卷材		m^2	115.635	115.635	115.635	115.635
	改性沥青嵌缝油膏		kg	5.977	5.977	5.165	5.165
	聚丁胶粘合剂		kg	53.743	53.743	59.987	59.987

续表

名称			单位	消耗量			
材料	SBS 弹性沥青防水胶		kg	28.920	28.920	—	—
	其他材料费		%	0.80	0.80	0.80	0.80

定额编号				1-7-93	1-7-94	1-7-95	1-7-96
项目				高聚物改性沥青自粘卷材			
				自粘法一层		自粘法每增一层	
				平面	立面	平面	立面
名称			单位	消耗量			
人工	合计工日		工日	2.439	4.244	2.089	3.640
	其中	普工	工日	0.732	1.273	0.626	1.092
		一般技工	工日	1.463	2.546	1.254	2.184
		高级技工	工日	0.244	0.425	0.209	0.364
材料	高聚物改性沥青自粘卷材		m^2	115.635	115.635	115.635	115.635
	冷底子油 30：70		kg	48.480	48.480	—	—
	其他材料费		%	0.80	0.80	0.80	0.80

定额编号				1-7-97
项目				耐根穿刺复合铜胎基改性沥青卷材
名称			单位	消耗量
人工	合计工日		工日	3.323
	其中	普工	工日	0.997
		一般技工	工日	1.994
		高级技工	工日	0.332
材料	复合铜胎基 SBS 改性沥青卷材		m^2	115.635
	改性沥青嵌缝油膏		kg	5.977
	液化石油气		kg	26.992
	SBS 弹性沥青防水胶		kg	28.920
	其他材料费		%	0.80

定额编号				1-7-98	1-7-98	1-7-100	1-7-101
项目				聚氯乙烯卷材			
				冷粘法一层		冷粘法每增一层	
				平面	立面	平面	立面
名称			单位	消耗量			
人工	合计工日		工日	3.719	6.160	2.982	4.934
	其中	普工	工日	1.116	1.848	0.894	1.481

续表

名称			单位	消耗量			
人工	其中	一般技工	工日	2.231	3.696	1.789	2.960
		高级技工	工日	0.372	0.616	0.299	0.493
材料	FL-15 胶黏剂		kg	117.100	117.100	117.100	117.100
	聚氯乙烯防水卷材		m^2	115.635	115.635	115.635	115.635
	其他材料费		%	0.80	0.80	0.80	0.80

定额编号				1-7-102	1-7-103	1-7-104	1-7-105
项目				聚氯乙烯卷材			
				热风焊接法一层		热风焊接法每增一层	
				平面	立面	平面	立面
名称			单位	消耗量			
人工	合计工日		工日	4.106	6.823	3.287	5.461
	其中	普工	工日	1.232	2.046	0.986	1.638
		一般技工	工日	2.464	4.094	1.972	3.277
		高级技工	工日	0.410	0.683	0.329	0.546
材料	聚氯乙烯防水卷材		m^2	115.635	115.635	115.635	115.635
	聚氯乙烯薄膜		m^2	12.500	12.500	12.500	12.500
	水泥钉		kg	0.060	0.060	0.060	0.060
	防水密封胶		支	15.000	15.000	15.000	15.000
	粘合剂		kg	20.650	20.650	20.650	20.650
	焊剂		kg	1.500	1.500	1.500	1.500
	焊丝ϕ3.2		kg	8.500	8.500	8.500	8.500
	电		kW · h	20.000	20.000	20.000	20.000
	其他材料费		%	0.80	0.80	0.80	0.80

定额编号				1-7-106	1-7-107	1-7-108	1-7-109
项目				高分子自粘胶膜卷材			
				自粘法一层		自粘法每增一层	
				平面	立面	平面	立面
名称			单位	消耗量			
人工	合计工日		工日	3.373	5.591	2.693	4.466
	其中	普工	工日	1.012	1.678	0.809	1.340
		一般技工	工日	2.024	3.354	1.615	2.680
		高级技工	工日	0.337	0.559	0.269	0.446
材料	高分子自粘胶膜卷材		m^2	115.635	115.635	115.635	115.635
	冷底子油 30：70		kg	48.480	48.480	—	—
	其他材料费		%	0.80	0.80	0.80	0.80

注：作业计量单位为 100m^2。

工作内容：1. 清理基层，配置涂刷冷底子油。

2. 清理基层，刷石油沥青，撒砂。

定额编号				1-7-110	1-7-111	1-7-112
项目				冷底子油		防水层表面撒砂砾
				第一遍	第二遍	
名称			单位	消耗量		
人工	合计工日		工日	1.827	1.487	1.338
	其中	普工	工日	0.548	0.446	0.402
		一般技工	工日	1.097	0.892	0.802
		高级技工	工日	0.182	0.149	0.134
材料	冷底子油 30：70		kg	48.480	36.360	—
	石油沥青 10#		kg	—	—	147.000
	砂粒		m^3	—	—	0.550
	其他材料费		%	0.80	0.80	0.80
机械	沥青熔化炉 XLL-0.5t		台班	0.010	0.012	0.035

注：作业计量单位为 $100m^2$。

六、修补排水工程

工作内容：拆换、整理、修补、安装旧活等。

定额编号				1-7-113	1-7-114	1-7-115	1-7-116	1-7-117
项目				水落管整修	檐沟整修	屋顶铁皮铅油补眼	屋顶铁皮焊锡补眼	水落管沿沟配铁件
计量单位				m	m	100 个	100 个	个
名称			单位	消耗量				
人工	合计工日		工日	0.110	0.154	0.441	1.324	0.043
	其中	普工	工日	0.033	0.046	0.132	0.397	0.013
		一般技工	工日	0.066	0.093	0.265	0.795	0.026
		高级技工	工日	0.011	0.015	0.044	0.132	0.004
材料	镀锌薄钢板δ0.6		m^2	0.560	0.450	—	—	—
	铁件综合		kg	0.540	0.540	—	—	0.260
	螺钉		个	2.000	—	—	—	—
	镀锌垫圈 M2～M12		10 个	0.200	—	—	—	—
	焊锡		kg	0.010	0.010		0.860	—
	盐酸		kg	0.002	0.003	—	0.030	—
	圆钉		kg	—	0.020	—	—	—
	木炭		kg	—	0.060	—	—	—
	铅油（厚漆）		kg	—	—	0.110	—	—
	其他材料费		%	1.10	1.10	1.10	1.10	1.10

七、新做排水工程

工作内容：埋设管卡，成品水落管安装。

定额编号				1-7-118	1-7-119	1-7-120
项目				镀锌铁皮水落管	镀锌铁皮	
					檐沟	天沟、泛水
名称			单位	消耗量		
人工	合计工日		工日	4.307	2.587	4.471
	其中	普工	工日	1.292	0.776	1.341
		一般技工	工日	2.584	1.552	2.683
		高级技工	工日	0.431	0.259	0.447
材料	镀锌铁皮水落管 26#		m^2	105.000	—	—
	镀锌铁皮檐沟		m	—	102.000	—
	镀锌铁皮天沟		m	—	—	102.000
	铁件（综合）		kg	15.444	17.453	—
	圆钉		kg	—	0.566	2.060
	其他材料费		%	0.80	0.80	0.80

定额编号				1-7-121
项目				铸铁水落管
名称			单位	消耗量
人工	合计工日		工日	34.570
	其中	普工	工日	10.371
		一般技工	工日	20.742
		高级技工	工日	3.457
材料	铸铁排水管 $DN100$		m	104.737
	水泥 P · O42.5		kg	116.280
	镀锌钢丝 $\phi2.8$		kg	8.160
	砂子中粗砂		m^3	0.204
	六角螺栓 M4 × 30		套	210.000
	麻丝		kg	1.836
	金属膨胀螺栓 M6		套	105.000
	石棉绒		kg	17.368
	石油沥青 30#		kg	6.930
	铁件综合		kg	14.421
	铸铁三通		个	36.050
	水		m^3	2.940
	其他材料费		%	0.80

定额编号				1-7-122
项目				塑料水落管
名称			单位	消耗量
人工	合计工日		工日	3.910
	其中	普工	工日	1.173
		一般技工	工日	2.346
		高级技工	工日	0.391

续表

名称			单位	消耗量
材料	塑料水落管ϕ110 以内		m	105.000
	塑料管卡子ϕ110 以内		个	61.200
	铁件（综合）		kg	31.694
	伸缩节		个	27.000
	其他材料费		%	0.80

定额编号				1-7-123
项目				玻璃钢水落管
名称			单位	消耗量
人工	合计工日		工日	27.615
	其中	普工	工日	8.284
		一般技工	工日	16.569
		高级技工	工日	2.762
材料	玻璃钢排水管 110 × 1500		m	105.242
	玻璃钢排水管检查口ϕ110		个	10.100
	玻璃钢排水管伸缩节ϕ110		个	11.110
	卡箍膨胀螺栓ϕ110		套	71.400
	密封胶		kg	1.162
	其他材料费		%	0.80

定额编号				1-7-124
项目				镀锌钢管水落管
名称			单位	消耗量
人工	合计工日		工日	6.882
	其中	普工	工日	2.065
		一般技工	工日	4.129
		高级技工	工日	0.688
材料	镀锌弯头 90° *DN*100		个	10.000
	低合金钢焊条 E4303ϕ3.2		kg	12.400
	镀锌钢管*DN*100		m	102.000
	镀锌钢丝ϕ4.0		kg	8.160
	黄砂（过筛中砂）		m^3	2.060
	六角螺栓 M4 × 30		套	210.000
	金属膨胀螺栓 M6		套	105.000
	铁件（综合）		kg	14.400
	氧气		m^3	17.400
	乙炔气		m^3	5.900
	水		m^3	2.940
	其他材料费		%	0.80
机械	管子切断机 150mm		台班	0.600
	交流弧焊机 32kV · A		台班	6.900
	电动弯管机 108mm		台班	1.300

注：作业计量单位为 100m。

工作内容：排水零件制作、安装。

定额编号				1-7-125	1-7-126	1-7-127	1-7-128	1-7-129	1-7-130	1-7-131	1-7-132
项目				镀锌铁皮水斗	镀锌铁皮水口	铸铁雨水口	铸铁落水斗	铸铁弯头落水口（含箅子板）	塑料落水斗	塑料弯头落水口	塑料落水口
名称			单位	消耗量							
人工	合计工日		工日	2.205	2.091	0.408	2.091	1.033	0.503	0.508	0.408
	其中	普工	工日	0.661	0.627	0.122	0.627	0.310	0.151	0.152	0.122
		一般技工	工日	1.323	1.255	0.245	1.255	0.620	0.302	0.305	0.245
		高级技工	工日	0.221	0.209	0.041	0.209	0.103	0.050	0.051	0.041
材料	镀锌铁皮排水水斗		个	10.000	—	—	—	—	—	—	—
	镀锌铁皮排水水口		个	—	10.000	—	—	—	—	—	—
	铸铁雨水口（带罩）*DN*100		套	—	—	10.100	—	—	—	—	—
	铸铁水斗*DN*100		个	—	—	—	10.100	—	—	—	—
	铸铁雨水弯头		个	—	—	—	—	10.100	—	—	—
	塑料落水斗		个	—	—	—	—	—	10.200	—	—
	塑料管卡子ϕ110		个	—	—	—	—	—	10.000	—	—
	塑料弯头落水口		个	—	—	—	—	—	—	10.100	—
	塑料落水口		个	—	—	—	—	—	—	—	10.100
	圆钉		kg	0.015	1.017	—	—	—	—	—	—
	铁件（综合）		kg	—	—	—	10.830	2.424	5.760	—	—
	石油沥青油毡 350#		m^2	—	—	2.424	—	—	—	—	—
	石油沥青玛琋脂		m^3	—	—	0.010	—	0.070	—	0.070	0.070
	防腐油		kg	—	—	—	—	0.399	—	—	—
	板枋材		m^3	—	—	—	—	0.036	—	0.037	0.037
	其他材料费		%	0.80	0.80	0.80	0.80	0.80	0.80	0.80	0.80

定额编号				1-7-133	1-7-134
项目				玻璃钢落水斗	玻璃钢弯头 90°
名称			单位	消耗量	
人工	合计工日		工日	2.091	0.508
	其中	普工	工日	0.627	0.152
		一般技工	工日	1.255	0.305
		高级技工	工日	0.209	0.051
材料	预拌细石混凝土 C20		m^3	0.030	—
	玻璃钢雨水斗带罩ϕ110		个	10.100	—
	玻璃钢弯头ϕ50		个	0.303	10.100
	密封胶		kg	—	0.101
	其他材料费		%	0.80	0.80

注：作业计量单位为 10 个。

工作内容：排气帽制作、安装。

定额编号				1-7-135
项目				排气帽
名称			单位	消耗量
人工	合计工日		工日	0.100
	其中	普工	工日	0.030
		一般技工	工日	0.060
		高级技工	工日	0.010
材料	排气帽		套	1.000

注：作业计量单位为个。

八、变形缝盖板

工作内容：制作盖板，埋木砖；铺设，钉盖板。

定额编号				1-7-136	1-7-137	1-7-138	1-7-139	1-7-140	1-7-141	1-7-142	1-7-143
项目				木板盖板		镀锌铁皮盖板		铝合金盖板		不锈钢盖板	
				平面	立面	平面	立面	平面	立面	平面	立面
名称			单位	消耗量							
人工	合计工日		工日	6.098	13.537	15.566	15.478	17.468	17.331	17.468	17.331
	其中	普工	工日	1.829	4.061	4.670	4.643	5.240	5.200	5.240	5.200
		一般技工	工日	3.659	8.122	9.340	9.287	10.481	10.398	10.481	10.398
		高级技工	工日	0.610	1.354	1.556	1.548	1.747	1.733	1.747	1.733
材料	XY-508 胶		kg	1.515	—	—	—	—	—	—	—
	板枋材		m^3	0.617	1.097	0.252	0.303	0.252	0.303	0.252	0.303
	防腐油		kg	5.949	10.565	11.171	5.313	11.171	5.313	11.171	5.313
	圆钉		kg	—	1.809	2.097	0.703	2.097	0.703	2.097	0.703
	镀锌薄钢板（综合）		m^2	—	—	60.180	51.000	—	—	—	—
	铝合金方板δ0.8		m^2	—	—	—	—	61.950	52.500	—	—
	不锈钢板δ1.0		m^2	—	—	—	—	—	—	61.950	52.500
	焊锡		kg	—	—	4.064	3.444	4.064	3.444	4.064	3.444
	盐酸		kg	—	—	0.861	0.735	0.861	0.735	0.861	0.735
	其他材料费		%	0.60	0.60	0.60	0.60	0.60	0.60	0.60	0.60
机械	沥青熔化炉 XLL-0.5t		台班	—	—	0.011	0.086	0.011	0.086	0.011	0.086

注：作业计量单位为 $100m^2$。

3 《中国建筑防水堵漏修缮加固定额标准》T/CCSW 1006-2025

关于发布《中国建筑防水堵漏修缮加固定额标准》的通知
（中硅防字〔2025〕5号）

根据中华人民共和国住房和城乡建设部关于发布和贯彻执行《建设工程工程量清单计价标准 GB/T 50500》的若干规定和通知精神，结合全国建筑防水堵漏工程实际情况，我委组织有关专家编制了《中国建筑防水堵漏修缮加固定额标准》。经审定批准，团体标准号为 T/CCSW 1006-2025。并就有关执行事项通知如下：

一、本定额标准是编制施工图预算、拨付工程款、办理工程结算的依据；是招标承包工程编制招标标底造价的依据和投标报价的基础；是编制建筑防水堵漏修缮加固工程计价定额的基础。

二、本定额标准中的基价，是指未计取间接费、计划利润、税收等费用的基础价。各地定额（造价）管理站发布的材料价差不作为取费的基础，但应计增或冲减计税前的总造价，并作为计取税金和劳保基金的基础。

三、一次性的补充定额估价表由各建设、施工单位协商编制，报建筑防水堵漏修缮加固工程所在地的定额（造价）站备案。

四、费率、取费标准按当地定额（造价）管理站发布的现行规定执行。如当地没有防水堵漏修缮定额费率取费标准的则按本定额标准中的基价（人工、材料、机械）直接费的46.67%计取综合费率。

五、本定额标准可与广联达《全国建筑工程造价云计价平台》计算软件（2020）配套使用，如有价差可按本定额标准调整。

六、本定额标准从2025年5月18日起实施。从实施之日起，凡新施工的建筑防水堵漏修缮加固的单位工程以及在修未修完工程量均按本定额标准执行。

七、本定额标准由我委负责解释。

各地在执行本定额标准中有何问题和意见、建议，请及时与我委联系。

中国硅酸盐学会防水材料专业委员会

2025年3月18日

1 屋面修缮堵漏工程量计算标准

1.1 屋面混凝土基层堵漏修缮施工

1-1-1 工作内容：

1. 清理基层；2. 涂刷基层处理剂；3. 细部节点处理；4. 测量弹线；5. 刮或喷非固化橡胶沥青防水涂料；6. 铺贴单面自粘防水卷材。

1-1-2 工作内容：

1. 清理基层；2. 涂刷 1.5mm 聚合物水泥防水涂料；3. 涂刷基层处理剂；4. 细部节点处理；5. 测量弹线；6. 铺贴单面自粘防水卷材。

1-1-3 工作内容：

1. 清理基层；2. 涂刷 1.5mm 高聚物改性沥青防水涂料；3. 细部节点处理；4. 测量弹线；5. 铺贴单面粘自粘防水卷材。

1-1-4 工作内容：

1. 清理基层；2. 涂刷基层处理剂；3. 细部节点处理；4. 测量弹线；5. 刮或喷非固化橡胶沥青防水涂料；6. 铺贴 1.5mm 强力交叉层压膜自粘防水卷材。

1-1-5 工作内容：

1. 清理基层；2. 涂刷 1.5mm 聚合物水泥防水涂料；3. 涂刷基层处理剂；4. 细部节点处理；5. 测量弹线；6. 铺贴 1.5mm 强力交叉层压膜自粘防水卷材。

1-1-6 工作内容：

1. 清理基层；2. 涂刷 1.5mm 高聚物改性沥青防水涂料；3. 细部节点处理；4. 测量弹线；5. 铺贴 1.5mm 强力交叉层压膜自粘防水卷材。

1-1-7 工作内容：

1. 清理基层；2. 细部节点处理；3. 涂基层处理剂；4. 铺贴 1.2mmBG-N 黑将军耐候型丁基橡胶自粘防水卷材。

定额编号				1-1-1	1-1-2	1-1-3	1-1-4	1-1-5	1-1-6	1-1-7
项目				2mm 非固化橡胶沥青防水涂料、4mm 自粘聚合物改性沥青防水卷材	1.5mm 聚合物水泥防水涂料、4mm 自粘聚合物改性沥青防水卷材	1.5mm 高聚物改性沥青防水涂料、4mm 自粘聚合物改性沥青防水卷材	2mm 非固化橡胶沥青防水涂料、1.5mm 强力交叉层压膜自粘防水卷材	1.5mm 聚合物水泥防水涂料、1.5mm 强力交叉层压膜自粘防水卷材	1.5mm 高聚物改性沥青防水涂料、1.5mm 强力交叉层压膜自粘防水卷材	1.2mmBG-N 黑将军耐候型丁基橡胶自粘防水卷材
基价（元）				126.8	115.3	107.8	114.15	102.65	95.15	139.16
其中	人工费（元）			36	36	36	36	36	36	36
	材料费（元）			85.8	74.3	66.8	73.15	61.65	54.15	98.16
	机械费（元）			5	5	5	5	5	5	5
人工	名称	单位	单价（元）	数量						
	综合工日	工日	360	0.1	0.1	0.1	0.1	0.1	0.1	0.1

续表

	名称	单位	单价（元）	数量						
材料	基层处理剂	kg	5	1	1		1	1		1
	石油液化气	kg	10	—	—	—	—	—	—	—
	1.5mm 聚合物水泥防水涂料	kg	11	—	2.5	—	—	2.5	—	—
	1.5mm 高聚物改性沥青防水涂料	kg	10	—	—	2.5	—	—	2.5	—
	2mm 非固化橡胶沥青防水涂料	kg	13	3	—	—	3	—	—	—
	4mm 自粘聚合物改性沥青防水卷材	m^2	32	1.15	1.15	1.15	—	—	—	—
	1.0mm BG-N 黑将军丁基橡胶自粘防水卷材	m^2	76	—	—	—	—	—	—	1.16
	1.5mm 强力交叉层压膜自粘防水卷材	m^2	21	—	—	—	1.15	1.15	1.15	—
	辅助材料	元	5	1	1	1	1	1	1	1
机械	机械	台班	1	5	5	5	5	5	5	5

注：作业计量单位为 m^2。

1-1-8 工作内容：

1. 清理基层；2. 连续喷涂水性持粘涂料；3. 铺贴自粘防水卷材。

1-1-9 工作内容：

1. 清理基层；2. 先做第一道丙纶粘结料；3. 贴第一道丙纶卷材；4. 做第二道丙纶粘结料；5. 贴第二道丙纶卷材；6. 覆盖保护砂浆（定额中未包括此材料人工价）。

1-1-10 工作内容：

1. 清理基层；2. 涂 DPU-E 底涂料；3. 施工聚氨酯防水涂料；4. 施工 DPU-E 耐候型聚氨酯防水涂料。

1-1-11 工作内容：

1. 清理基层；2. 涂 DPU-E 底涂料；3. 施工聚氨酯防水涂料；4. 施工 DPU-E 耐候型聚氨酯防水涂料。

1-1-12 工作内容：

1. 清理基层；2. 涂改性环氧防水底涂料；3. 施工有机硅橡胶防水涂料。

1-1-13 工作内容：

1. 清理基层；2. 分五遍施工水性三元乙丙防水涂料。

1-1-14 工作内容：

1. 清理基层；2. 分三遍施工聚脲防水涂料。

1-1-15 工作内容：

1. 清理基层；2. 分四遍施工 ZH 丙烯酸聚合物防水涂料。

1-1-16 工作内容：

1. 清理基层；2. 分三遍施工改性环氧防水涂料。

1-1-17 工作内容：

1. 清理基层；2. 分三遍施工天冬聚脲防水涂料。

定额编号				1-1-8	1-1-9	1-1-10	1-1-11	1-1-12	1-1-13	1-1-14	1-1-15	1-1-16	1-1-17
项目				1.0mm 水性持粘防水涂料、3mm 自粘防水卷材	1.3mm 两道丙纶粘结料、0.7mm 两道丙纶卷材	1.2mmDPU-E 耐候型聚氨酯防水涂料	1.5mmDPU-E 耐候型聚氨酯防水涂料	1.5mm 有机硅橡胶防水涂料	1.5mm 水性三元乙丙防水涂料	1.5mm 聚脲防水涂料	1.5mmZH 丙烯酸聚合物防水涂料	1.5mm 改性环氧防水涂料	1.5mm 天冬聚脲防水涂料
基价（元）				136.85	126.6	124.8	142.6	154.8	106	128.8	114	128.8	196
其中	人工费（元）			36	36	36	36	36	36	36	36	36	36
	材料费（元）			95.85	85.6	83.8	101.6	112.5	65	87.8	77	87.8	155
	机械费（元）			5	5	5	5	5	5	5	5	5	5
人工	名称	单位	单价（元）	数量									
	综合工日	工日	360	0.1	0.1	0.1	0.1	0.1	0.1	0.1	0.1	0.1	0.1
材料	水性持粘涂料	kg	27	2.3	—	—	—	—	—	—	—	—	—
	3mm 自粘卷材	m²	25	1.15	—	—	—	—	—	—	—	—	—
	丙纶粘结料	kg	10	—	3	—	—	—	—	—	—	—	—
	丙纶卷材	m²	22	—	2.3	—	—	—	—	—	—	—	—
	聚氨酯防水涂料	kg	24	—	—	1.2	1.2	—	—	—	—	—	—
	DPU-E 聚氨酯防水涂料	kg	89	—	—	0.4	0.6	—	—	—	—	—	—
	有机硅橡胶防水涂料	kg	40	—	—	—	—	2.5	—	—	—	—	—
	水性三元乙丙防水涂料	kg	15	—	—	—	—	—	4	—	—	—	—
	ZH 丙烯酸聚合物防水涂料	kg	24	—	—	—	—	—	—	—	3	—	—
	改性环氧防水涂料	kg	46	—	—	—	—	0.3	—	—	—	1.8	—
	聚脲防水涂料	kg	46	—	—	—	—	—	—	1.8	—	—	—
	DPU-E 底涂料	kg	48	—	—	0.3	0.3	—	—	—	—	—	—
	天冬聚脲防水涂料	kg	150	—	—	—	—	—	—	—	—	—	1
	辅助材料	元	5	1	1	1	1	1	1	1	1	1	1
机械	机械	台班	1	5	5	5	5	5	5	5	5	5	5

注：作业计量单位为 m²。

1.2 屋面彩钢瓦基层堵漏修缮施工

1-2-1 工作内容：

1. 清理基层，铲除锈蚀空壳，刷锈蚀转化剂，用密封胶处理螺栓孔洞，带无纺布层的丁基胶带处理封口，刷防锈涂料；2. 涂刷基层处理剂；3. 细部节点处理；4. 涂刷 1.5mm 防水隔热反射涂料。

1-2-2 工作内容：

1. 清理基层，铲除锈蚀空壳，刷锈蚀转化剂，用密封胶处理螺丝孔洞，带无纺布层的丁基胶带处理封口，刷防锈涂料；2. 涂刷基层处理剂；3. 细部节点处理；4. 涂刷 1.5mm ZH 丙烯酸聚合物防水涂料。

1-2-3 工作内容：

1. 清理基层；2. 刷底涂料；3. 施工聚氨酯防水涂料；4. 施工 DPU-E 耐候型聚氨酯防水涂料。

1-2-4 工作内容：

1. 清理基层；2. 刷底涂料；3. 施工聚氨酯防水涂料；4. 施工 DPU-E 耐候型聚氨酯防水涂料。

1-2-5 工作内容：

1. 清理基层；2. 施工改性环氧防水涂料。

1-2-6 工作内容：

1. 清理基层；2. 接缝处贴丁基胶带；3. 铺贴 1.0mm BG-N 黑将军耐候型丁基橡胶自粘防水卷材。

定额编号				1-2-1	1-2-2	1-2-3	1-2-4	1-2-5	1-2-6
项目				1.5mm 防水隔热反射涂料	1.5mm ZH 丙烯酸聚合物防水涂料	1.2mm DPU-E 耐候型聚氨酯防水涂料	1.5mm DPU-E 耐候型聚氨酯防水涂料	1.5mm 改性环氧防水涂料	1.5mm BG-N 黑将军耐候型丁基自粘防水卷材
基价（元）				147.5	214.7	120	157.8	128.8	124.56
其中	人工费（元）			36	36	36	36	36	36
	材料费（元）			106.5	173.7	79	116.8	87.8	83.56
	机械费（元）			5	5	5	5	5	5
人工	名称	单位	单价（元）	数量					
	综合工日	工日	360	0.1	0.1	0.1	0.1	0.1	0.1
材料	基层处理剂	kg	2	1	1	—	—	—	1
	锈蚀转化剂	kg	80	0.15	0.15	—	—	—	—
	密封胶	kg	60	0.1	0.1	—	—	—	—
	丁基胶带	m	25	0.1	0.1	—	—	—	—
	防锈涂料	kg	15	0.6	0.6	—	—	—	—
	1.5mm 防水隔热反射涂料	kg	35	2	2	—	—	—	—
	1.5mm ZH 丙烯酸聚合物防水涂料	kg	24	—	2.8	—	—	—	—
	聚氨酯防水涂料	kg	24	—	—	1.2	1.2	—	—
	DPU-E 聚氨酯防水涂料	kg	89	—	—	0.4	0.6	—	—
	改性环氧防水涂料	kg	46	—	—	—	—	1.8	—
	1.2mm BG-N 黑将军丁基自粘防水卷材	m^2	66	—	—	—	—	—	1.16

续表

	名称	单位	单价（元）	数量					
材料	DPU-E 底涂料	kg	48	—	—	0.2	0.2	—	—
	辅助材料	元	5	1	1	1	5	1	1
机械	机械	台班	1	5	5	5	5	5	5

注：1. 作业计量单位为 m^2。2. 按 m^2 计算，不满 $1m^2$ 以 $1m^2$ 计。

1.3 屋面防水堵漏修缮施工

工作内容：1. 清理基层；2. 天沟（平面）找平层处理；3. 混凝土基层或瓦（彩钢）破损（松动）修复固定；4. 异形（特殊）部位细部处理；5. 涂刷（喷）界面剂；6. 附加层处理；7. 铺设中核 ZH 防水涂料；8. 喷刷颜色（自选）面层两遍。

注：干膜厚度允许偏差±0.10mm。

定额编号				1-3-1		1-3-2		1-3-3		1-3-4	
项目				无布四涂（1.5mm）		一布四涂（1.5mm）		二布六涂（2.0mm）		一布四涂两道（3.0mm）	
				厚度 1.5mm	彩色面层两遍	厚度 1.5mm	颜色面层两遍	厚度 2.0mm	彩色面层两遍	厚度 3.0mm	每增一遍面层
基价（元）				14788.8	3120	12961.2	3120	17784.2	3120	23446.8	1740.16
其中	人工费（元）			1800	1080	1980	1080	1320	1080	3600	720
	材料费（元）			12751.6	1992	10708.4	1992	16088.4	1992	19417.6	996.16
	机械费（元）			237.20	48	272.80	48	375.80	48	429.20	24
人工	名称	单位	单价（元）	数量							
	综合工日	工日	360	5	3	5.5	3	6	3	10	2
材料	基层专用处理剂	kg	5.00	30	—	30	—	30	—	30	—
	聚合物防水砂浆	kg	7.00	300	—	30	—	300	—	300	—
	喷涂基层界面剂	kg	6.00	30	—	30	—	30	—	30	—
	中核 ZH 防水涂料（1.5mm）	kg	24.00	305	—	—	—	—	—	—	—
	中核 ZH 防水涂料（1.5mm）	kg	24.00	—	—	350	—	—	—	—	—
	中核 ZH 防水涂料（2.0mm）	kg	24.00	—	—	—	—	470	—	—	—
	中核 ZH 防水涂料（3.0mm）	kg	24.00	—	—	—	—	—	—	620	—
	100g 专用聚酯布	m^2	4.00	—	—	112.50	—	225.00	—	112.50	—
	辅材	m^2		—	—		—		—	—	—
	中核 ZH 彩色专用面层	kg	32.00	93.80	62.25	41.20	62.25	46.20	62.25	51.80	31.13
机械	喷涂机	台班	1	237.20	48	272.80	48	375.80	48	429.20	24

注：1. 作业计量单位为 $100m^2$。2. 表中中核 ZH 防水涂料是与丙烯酸聚合物防水涂料同类产品。3. 本定额工法也适用于混凝土基层的修缮堵漏。

2 外墙修缮堵漏工程量计算标准

2.1 外墙堵漏修缮施工（防水胶工法）

2-1-1～2-1-5 工作内容：

1. 清理基层；2. 修补基层面；3. 嵌密封胶；4. 施工外墙防水胶两遍。

2-1-6 工作内容：

1. 清理基层；2. 修补基层；3. 嵌密封胶；4. 涂 DPU-E 底涂料；5. 施工 DPU-E 耐候型聚氨酯防水涂料。

定额编号				2-1-1	2-1-2	2-1-3	2-1-4	2-1-5	2-1-6
项目				瓷砖基层	涂料基层	混凝土水泥砂浆基层	石材基层	清水砖基层	通用基层
基价（元）				153	131	121.5	107.5	97.5	160.85
其中	人工费（元）			108	72	72	72	72	54
	材料费（元）			33	47	37.5	25.5	13.5	94.85
	机械费（元）			12	12	12	12	12	12
人工	名称	单位	单价（元）	数量					
	综合工日	工日	360	0.3	0.2	0.2	0.2	0.2	0.15
材料	清洗剂	kg	20	0.1	0.1	0.1	0.15	0.15	0.15
	密封胶	支	15	—	—	0.3	0.3	0.3	0.3
	基层孔洞裂缝修补	m^2	1	5	5	5	—	—	5
	瓷砖石材外墙防水胶勾缝	kg	20	1	—	—	0.5	—	—
	墙面裂缝处理	kg	20	—	0.2	—	—	—	—
	外墙防水胶	kg	20	—	1.5	1.0	—	—	—
	DPU-E 耐候型聚氨酯防水涂料	kg	89	—	—	—	—	—	0.75
	DPU-E 底涂料	kg	48	—	—	—	—	—	0.2
	辅助材料	元	6	1	1	1	1	1	1
机械	机械	台班	1	12	12	12	12	12	12

注：1. 作业计量单位为 m^2。2. 机械费中含脚手架、吊篮、吊板费用及喷雾设备费用。

2.2 外墙堵漏修缮施工（防水剂工法）

工作内容：1. 清洗基层；2. 修补基层面；3. 嵌密封胶；4. 喷洒防水剂两遍。

定额编号		2-2-1	2-2-2	2-2-3	2-2-4
项目		瓷砖基层	陶瓷锦砖基层	混凝土、水泥砂浆基层	清水砖基层
基价（元）		109	107.5	111	105.5
其中	人工费（元）	72	72	72	72
	材料费（元）	27	25.5	29	23.5
	机械费（元）	10	10	10	10

续表

	名称	单位	单价（元）	数量			
人工	综合工日	工日	360	0.2	0.2	0.2	0.2
材料	清洗剂	kg	20	0.1	0.1	0.1	0.15
	密封胶	支	15	0.6	0.5	0.4	0.3
	防水剂	kg	50	0.2	0.2	0.3	0.2
	辅助材料	元	6	1	1	1	1
机械	机械	台班	1	10	10	10	10

注：1. 作业计量单位为 m^2。2. 机械费中含脚手架或吊板费用及喷雾设备费用。

2.3 外墙裂缝、窗框渗水堵漏修缮施工

工作内容：1. 清洗基层；2. 修补基层；3. 嵌密封胶；4. 刷弹性外墙防水胶；5. 聚氨酯灌浆（仅用于门窗框灌浆）。

定额编号				2-3-1	2-3-2	2-3-3	2-3-4
项目				墙面裂缝	外墙窗框边	幕墙窗边	门窗框灌浆
基价（元）				73	63.5	63.5	134
其中	人工费（元）			33	33	33	44
	材料费（元）			30	20.5	20.5	80
	机械费（元）			10	10	10	10
人工	名称	单位	单价（元）	数量			
	综合工日	工日	220	0.15	0.15	0.15	0.2
材料	清洗剂	kg	20	0.1	0.1	0.1	—
	密封胶	支	15		0.5	0.5	—
	墙面裂缝开槽修补处理	m	1	10	—	—	—
	外墙防水胶	kg	20	0.5	0.3	0.3	—
	压力注浆管	m	5	—	—	—	1
	注浆嘴	个	5	—	—	—	1
	聚氨酯灌浆材料	kg	70	—	—	—	1
	辅助材料	元	5	1.6	1	1	—
机械	机械	台班	1	10	10	10	10

注：1. 作业计量单位为 m。2. 机械费中含脚手架、吊篮、吊板费用及喷雾设备费用。

3 室内修缮堵漏工程量计算标准

3.1 厨房间、卫生间、浴室堵漏修缮施工（免砸砖工法）

工作内容：1. 清理基层；2. 处理管根；3. 清理地砖缝隙；4. 渗透或灌注结晶型防水剂（DPS、SZJ）；5. 再次清理基层；6. 表面处理。

定额编号				3-1-1		3-1-2		3-1-3	
项目				一般渗水堵漏		严重漏水堵漏		地砖下积水注浆堵漏	
				地面面积 $6m^2$	每增加地面面积 $1m^2$	地面面积 $6m^2$	每增加地面面积 $1m^2$	地面面积 $6m^2$	每增加地面面积 $1m^2$
基价（元）				1498	236	2098	336	3172	555.06
其中	人工费（元）			720	108	720	108	720	108
	材料费（元）			778	128	1378	228	2392	437.06
	机械费（元）			—	—	—	—	60	10
人工	名称	单位	单价（元）	数量					
	综合工日	工日	360	2	0.3	2	0.3	2	0.3
材料	厨卫浴免砸砖渗透防水剂 SZJ（Ⅲ型）	kg	100	6	1	12	2	—	—
	渗透结晶防水剂（DPSⅡ型）	kg	80	—	—	—	—	27	5
	密封胶	kg	80	0.3	0.05	0.3	0.05	0.3	0.05
	无机防水堵漏材料	kg	18	3	0.5	3.0	0.5	4.0	0.67
	注浆嘴	个	3	—	—	—		12	2
	辅助材料	元	1	100	15	100	15	100	15
机械	灌浆机	台班	1	—	—	—	—	60	10

注：1. 作业计量单位为个。2. 厨房间、卫生间、浴室地面面积按 $6m^2$ 计算，不满 $6m^2$ 按标准 $6m^2$ 计。

3.2 粮库防潮修缮施工

工作内容：1. 清洗基面层；2. 防水抗渗浆料和快速堵漏浆料施工；3. 高压喷洗清洁、湿润基面；4. 节点加强、准备卷材；5. 涂布防水粘结料，粘贴特种高分子防水卷材，压实；6. 搭接、收口密实封边。

定额编号				3-2-1
项目				粮库防潮施工
基价（元）				501
其中	人工费（元）			180
	材料费（元）			301
	机械费（元）			20
人工	名称	单位	单价（元）	数量
	综合工日	工日	360	0.5
材料	防水抗渗浆料	kg	20	5
	快凝堵漏浆料	kg	20	2
	高分子防水卷材胶黏剂	kg	15	3
	特种高分子防水卷材（1.5mm）	m^2	80	1.2
	辅助材料	元	1	20
机械	机械	台班	1	20

注：作业计量单位为 m^2。

3.3 厨房、沉降式卫生间不砸砖堵漏修缮施工

工作内容：1. 划开地板之间的缝隙；2. 处理管道根部缝隙；3. 堵塞地漏口；4. 按照说明施工防水剂（自然渗透或机械注浆）；5. 封堵地板之间的缝隙并清理地板表面的产品残留。

定额编号				3-3-1		3-3-2		3-3-3	
项目				渗水堵漏		漏水堵漏		注浆堵漏（严重漏水）（回填层 300mm）	
				地面面积 $4m^2$	每增加地面面积 $1m^2$	地面面积 $4m^2$	每增加地面面积 $1m^2$	地面面积 $4m^2$	每增加地面面积 $1m^2$
基价（元）				3794	1025	8474	1435	4548	971
其中	人工费（元）			720	72	720	72	720	72
	材料费（元）			3254	953	7754	1363	3768	889
	机械费（元）			—	—	—	—	60	10
人工	名称	单位	单价（元）	数量					
	综合工日	工日	360	2	0.2	2	0.2	2	0.2
材料	卫厨间修补专用防水剂	kg	150	5	2	15	3	—	—
	防水剂	kg	150	—	—	10	0.2	12	3
	堵漏剂	kg	80	20	4	20	5	22	5
	无机堵漏材料	kg	18	3	1	3	1	4	1
	注浆嘴	个	3	—	—	—	—	12	2
	其他辅助材料	元	1	100	15	100	15	100	15
	卫厨间修补专用防水剂	kg	150	5	2	15	3	—	—
机械	双液灌浆机	台班	1	—	—	—	—	60	10

注：1. 作业计量单位为 m^2。2. 施工区域不足 $4m^2$ 按 $4m^2$ 计算。

4 地下修缮堵漏工程量计算标准

4.1 地下工程顶板结构裂缝和不密实堵漏修缮施工

工作内容：1. 清理基层；2. 开 V 形槽，打磨基面；3. 埋注浆管；4. 封缝引水；5. 注化学浆液；6. 割管；7. 基层再次清理；8. 施工密封胶。

定额编号		4-1-1		4-1-2		4-1-3	
项目		结构裂缝渗漏		结构面不密实渗漏		结构裂缝严重渗漏	
		宽度 3mm	每增加 1mm	面积 $1m^2$	每增加 $0.1m^2$	宽度 3mm	每增加 1mm
基价（元）		1100	475	675	49.5	1182.5	469
其中	人工费（元）	720	360	360	18	720	360
	材料费（元）	305	85	240	24	387.5	94
	机械费（元）	75	30	75	7.5	75	15

续表

人工	名称	单位	单价（元）	数量					
	综合工日	工日	360	2.0	1.0	1	0.05	2.0	1.0
材料	压力注浆管	m	5	—	—	—	—	1.5	—
	注浆嘴	个	3	—	—	—	—	5	—
	快凝堵漏材料	kg	20	7	2	5	0.5	2	1
	化学注浆液	kg	100	—	—	—	—	2	0.5～3
	顶板内防水浆料	kg	20	3	1	3	0.3	1	0.2
	裂缝背压一涂灵	kg	100	0.25	0.1			0.25	0.05
	密封胶及辅助材料	元	1	80	15	80	8	80	15
机械	喷涂机、灌浆机	台班	1	75	30	75	7.5	75	15

注：1. 作业计量单位为 m^2（m）。2. 缝宽度不满 3mm 按标准宽 3mm 计。3. 不密实面积不满 $1m^2$ 按标准 $1m^2$ 计，增加部分按实际计算。4. 化学注浆液选择其中一种：赛诺注浆液，单价为 100 元/kg；锢水止漏胶，单价为 128 元/kg；环氧灌缝胶为 120 元/kg；聚脲注浆液，单价为 120 元/kg，耐潮湿高渗透环氧树脂胶泥单价为 125 元/kg。

4.2 地下工程顶板大面积堵漏施工

工作内容：1. 清理基层；2. 渗水部位化学注浆；3. 去除针头及清理基层；4. 涂刷基层处理剂；5. 编号 4-2-1 需在顶板背水面刷 1.0mm 水泥基渗透结晶型防水涂料；定额编号 4-2-2 项目需涂刷 1.0mm 抗背水压防水涂料，定额编号 4-2-3 需喷涂二遍 DPS 水性渗透型无机防水剂。

定额编号				4-2-1	4-2-2	4-2-3
项目				水泥基渗透结晶抗压防水涂料	抗背水压防水涂料	DPS 防水剂
基价（元）				456	496	330
其中	人工费（元）			36	36	36
	材料费（元）			420	460	294
	机械费（元）			20	20	20
人工	名称	单位	单价（元）	数量		
	综合工日	工日	360	0.1	0.1	0.1
材料	基层处理剂	kg	5	1	1	
	化学注浆液	kg	100	1	0.5	0.5
	堵漏宝	kg	10	10	10	10
	抗背水压防水涂料	kg	100	0.5	2	
	水泥基渗透结晶型防水涂料	kg	30	2	—	—
	DPS 防水剂	kg	80	—	—	0.8
	注浆嘴	个	5	5	5	—
	辅助材料	元	80	1	1	1
机械	喷涂机、灌浆机	台班	1	—	—	—

注：1. 作业计量单位为 m^2。2. 地下室顶板面积按 $1m^2$ 计算，不满 $1m^2$ 按 $1m^2$ 计。3. 化学注浆液选择其中一种：赛诺注浆液，单价为 100 元/kg；锢水止漏胶，单价为 128 元/kg；DZH 堵漏剂，单价为 80 元/kg；CH-18 环氧树脂灌浆料，单价为 120 元/kg；聚脲注浆液，单价为 120 元/kg；潮湿粘结环氧胶泥，单价为 125 元/kg。

4.3 地下工程侧墙堵漏修缮施工

工作内容：1. 清理基层，刨除疏松面；2. 裂缝开 V 形槽，打磨基面；3. 埋注浆管；4. 速凝堵漏封缝引水；5. 注化学浆液或水泥基灌浆料；6. 割管；7. 基层再次清理；8. 喷防水抗渗浆料；9. 施工密封胶；10. 施工聚合物水泥防水砂浆层。

定额编号				4-3-1		4-3-2		4-3-3	
项目				结构裂缝渗漏		结构墙根渗漏		大面积砖结构渗漏	
				宽度 3mm	每增加 1mm	宽度 3mm	每增加 1mm	面积 $1m^2$	每增加 $0.1m^2$
基价（元）				660	136	874.5	219	1093.9	305.5
其中	人工费（元）			360	36	360	36	360	36
	材料费（元）			225	70	439.5	153	583.5	194.5
	机械费（元）			75	30	75	30	150	75
人工	名称	单位	单价（元）	数量					
	综合工日	工日	360	1.0	0.1	1.0	0.1	1.0	0.1
材料	压力注浆管	m	5	—	—	1.5		4.5	1.5
	注浆嘴	个	3	—	—	4	1	12	4
	快凝堵漏材料	kg	20	7	2	10	3	15	5
	化学注浆液	kg	100	—	—	2	0.5	—	—
	防水抗渗浆料	kg	20	3	1	1	2	6	2
	快干防水浆料	kg	20	—	—	—	—	—	
	裂纹背压一涂灵	kg	100	0.25	0.1	—	—	—	—
	渗透结晶防水剂（DPS）	kg	80	—	—	—	—	0.57	0.19
	水泥基灌浆料	kg	15	—	—	—	—	3	1
	P·O42.5 水泥	kg	0.6	—	—	—	—	12	4
	黄砂	kg	0.4	—	—	—	—	18	6
机械	喷涂机、灌浆机	台班	1	75	30	75	30	150	75

注：1. 作业计量单位为 m^2（m）。2. 结构裂缝宽度不满 3mm 按标准宽 3mm 计。3. 裂缝开 V 形槽规格：宽 30～50mm，深 30～50mm。4. 砖结构大面积不满 $1m^2$ 按标准 $1m^2$ 计，增加部分按实际计算。5. 聚合物特种抗渗防水砂浆层按厚 6mm 计。6. 化学注浆液：赛诺注浆液，单价为 100 元/kg；锢水止漏胶，单价为 128 元/kg；DZH 堵漏剂，单价为 80 元/kg；聚脲注浆液，单价为 120 元/kg；潮湿粘结环氧胶泥单价为 125 元/kg。

4.4 地下工程底板堵漏修缮施工

工作内容：1. 清理基层；2. 裂缝开 V 形槽，打毛、高压水清洗基面；3. 钻孔、埋注浆管；4. 速凝堵漏封缝引水；5. 注化学浆液或水泥基灌浆料；6. 基层再次清理；7. 喷防水抗渗浆料。

定额编号		4-4-1		4-4-2		4-4-3	
项目		结构裂缝渗漏		结构不密实渗漏		大面积砖混结构渗漏	
		开凿宽、深为 30mm	每增加 10mm	面积 $1m^2$	每增加 $0.1m^2$	面积 $1m^2$	每增加 $0.1m^2$
基价（元）		839.5	226	660	106	977.5	114
其中	人工费（元）	360	108	180	36	360	36
	材料费（元）	429.5	93	430	65	587.5	73
	机械费（元）	50	25	50	5	30	5

续表

	名称	单位	单价（元）	数量					
人工	综合工日	工日	360	1	0.3	0.5	0.1	1	0.1
材料	压力注浆管	m	5	1.5	—	—	—	4.5	1
	注浆嘴	个	3	4	—	—	—	5	1
	快凝堵漏材料	kg	20	5	1.5	5	1	10	1
	化学注浆液	kg	100	0.4	0.1	—	—	—	—
	防水抗渗浆料	kg	20	6	1	4	1	5	1
	水泥基灌浆料	kg	15	—	—	10	1	10	1
	环氧树脂胶泥	kg	100	0.5	—	—	—	—	—
	辅助材料	元	1	100	33	100	10	100	10
机械	喷涂机、灌浆机	台班	1	50	25	50	5	30	5

注：1. 作业计量单位为 m^2（m）。2. 结构裂缝开凿宽度按标准宽 30mm 计。3. 不密实、起拱龟裂面积不满 $1m^2$ 按标准 $1m^2$ 计，增加部分按实际计算。4. 裂缝开 V 形槽规格：宽 30～50mm，深 30～50mm。5. 水泥基灌浆固结 20mm 厚。6. 化学注浆液选择其中一种：赛诺注浆液，单价为 100 元/kg；锢水止漏胶，单价为 128 元/kg；DZH 堵漏剂，单价为 80 元/kg；CH-18 环氧树脂灌浆料，单价为 120 元/kg；聚脲注浆液，单价为 120 元/kg；潮湿粘结环氧胶泥为 125 元/kg。

4.5 地铁盾构法隧道管片对接缝堵漏修缮施工

工作内容：1. 清理径向环形槽；2. 设置注浆空腔体；3. 安装注浆管或止水针头；4. 局部埋管引水；5. 封闭环形槽口；6. 注化学浆液后施工非定型遇水膨胀止水胶；7. 去除注浆嘴；8. 修补、清理槽口；9. 烘干基层；10. 施工聚合物水泥砂浆。

定额编号				4-5-1	4-5-2	4-5-3	4-5-4	4-5-5	4-5-6
项目				水溶性聚氨酯注浆	丙烯酸盐注浆	环氧树脂注浆	非定形遇水膨胀止水胶压注浆	锢水胶注浆	DZH 堵漏剂注浆
基价（元）				821.4	821.4	841.4	861.4	877.4	841.4
其中	人工费（元）			360	360	360	360	360	360
	材料费（元）			381.4	381.4	401.4	381.4	437.4	401.4
	机械费（元）			80	80	80	120	80	80
	名称	单位	单价（元）	数量					
人工	综合工日	工日	360	1	1	1	1	1	1
材料	注浆嘴	个	5	3	3	3	3	3	3
	压力注浆管	m	5	1	1	1	1	1	1
	防水堵漏材料	kg	20	3	2	2	2	3	3
	水溶性聚氨酯注浆材料	kg	70	2	—	—	—	—	—
	丙烯酸盐注浆材料	kg	80	—	2	—	—	—	—
	环氧树脂注浆材料	kg	120	—	—	1.5	—	—	—
	锢水胶注浆	kg	128	—	—	—	—	1.53	—

续表

	名称	单位	单价（元）	数量					
材料	DZH 堵漏剂注浆	kg	80	—	—	—	—	—	2
	遇水膨胀止水胶	kg	80	—	—	—	2	—	—
	聚合物乳液或丙乳	kg	60	1	1	1	1	1	1
	P·O42.5 水泥	kg	0.6	1	1	1	1	1	1
	黄砂	kg	0.4	2	2	2	2	2	2
	辅助材料	元	1	100	100	100	100	100	100
机械	灌浆机	台班	1	80	80	80	120	80	80

注：作业计量单位为 m。

4.6 高铁、地铁隧道标准断面套衬补强施工

工作内容：1. 清理基层；2. 凿毛；3. 植筋；4. 锚杆打设；5. 钢筋绑扎；6. 喷射混凝土；7. 表面处理。

定额编号				4-6-1
项目				套衬补强施工
基价（元）				197986
其中	人工费（元）			164520
	材料费（元）			11356
	机械费（元）			22110
人工	名称	单位	单价（元）	数量
1	凿毛	工日	360	25
2	打孔植筋	工日	360	225
	锚杆打设			
	钢筋绑扎			
3	喷射混凝土	工日	360	189
	表面打磨			
	涂刷水泥渗透结晶材料			
4	防护	工日	360	18
材料	喷射钢纤维混凝土	m^3	1000	6
	水泥基渗透结晶防水材料	kg	30	40
	钢钎钉	t	4200	0.1
	锚杆	t	4200	0.08
	套衬钢筋	t	4200	0.5
	植筋胶	支	200	4
	其他材料费	项	500	1
机械	发电机	台班	500	23
	冲击钻	台班	90	44
	混凝土喷射设备	台班	300	18
	其他机械费	项	1250	1

注：1. 作业计量单位为 m。2. 人工日和机械台班中已经考虑了营业线施工的各种延误。

4.7 地下工程主体结构和围护结构之间回填灌浆堵漏施工

工作内容：1. 钻孔和安装注浆嘴；2. 压水试验；3. 先进行普通水泥灌浆；4. 水泥基无收缩灌浆材料灌浆；5. 超细水泥灌浆；6. 水中不分散灌浆材料；7. 化学灌浆材料；8. 注浆孔封闭；9. 恢复表面，清理卫生。采用低压、慢灌、快速固化、间歇性分序控制灌浆工法，按照灌浆材料的干粉质量或胶水质量。说明：先用普通水泥灌浆进行粗灌，然后采用水泥基灌浆材料、水中不分散灌浆材料、超细水泥灌浆材料进行精灌，最后采用化学灌浆材料进行精细灌。

定额编号				4-7-1	4-7-2	4-7-3	4-7-4	4-7-5	4-7-6	4-7-7	4-7-8	4-7-9
项目				P·O42.5普通水泥灌浆	水泥基无收缩微膨胀灌浆材料	改性耐水环氧灌浆材料	丙烯酸盐灌浆材料	聚氨酯灌浆材料	超细水泥基灌浆材料	水中不分散水泥基灌浆材料	锢水胶注浆	DZH堵漏剂注浆
基价（元）				40.28	59.4	141.2	94.4	97.8	61.96	99.64	184.36	165.8
其中	人工费（元）			36	36	36	36	36	36	72	72	72
	材料费（元）			4.05	11.6	71.6	45.6	51.6	12.6	14.6	102.16	83.6
	机械费（元）			0.23	11.8	33.6	12.8	10.2	13.36	13.04	10.2	10.2
人工	名称	单位	单价（元）	数量								
	综合工日	工日	360	0.1	0.1	0.1	0.1	0.1	0.1	0.2	0.2	0.2
材料	注浆嘴	个	20	0.1	0.1	0.1	0.1	0.1	0.1	0.1	0.1	0.1
	钻头	根	160	0.01	0.01	0.01	0.01	0.01	0.01	0.01	0.01	0.01
	P·O42.5普通水泥	kg	0.45	1	—	—	—	—	—	—	—	—
	水泥基无收缩微膨胀灌浆材料	kg	8	—	1	—	—	—	—	—	—	—
	改性耐水环氧灌浆材料	kg	68	—	—	1	—	—	—	—	—	—
	丙烯酸盐灌浆材料	kg	42	—	—	—	1	—	—	—	—	—
	聚氨酯灌浆材料	kg	48	—	—	—	—	1	—	—	—	—
	超细水泥基灌浆材料	kg	9	—	—	—	—	—	1	—	—	—
	水中不分散水泥基灌浆材料	kg	11	—	—	—	—	—	—	1	—	—
	锢水胶注浆	kg	128	—	—	—	—	—	—	—	0.77	—
	DZH堵漏剂注浆	kg	80	—	—	—	—	—	—	—	—	1
机械	钻机、注浆机	台班	1	0.23	11.8	33.6	12.8	10.2	13.36	13.04	10.2	10.2

注：1. 作业计量单位为kg。2. 高铁、地铁堵漏修缮施工要等天窗点时间才能施工，要考虑等待补偿工时，还有材料、设备、工艺要适应抢修、抢险的要求，综合费用是此基准费用的 2.5 倍。3. 如果需要对围护结构和围岩之间进行深孔固结注浆和帷幕注浆，应加固围岩和增加围岩的抗渗等级，因为施工难度增加综合单价是此基价的1.5倍。特种水泥基灌浆材料的性能指标需要达到：1）无收缩；2）微膨胀，2%～3%膨胀系数；3）自流平；4）自密实；5）强度高，固化后强度等级达到C30～C50，根据施工需要的情况可以调；6）超细，可以灌注到 0.8～1.0mm 的缝隙和裂隙中去；7）在水中不分散，就是灌浆料配好以后，在水中不再被稀释和溶解，提高有效使用率；8）粘结强度高，里面掺了聚合物建筑用胶，与围岩粘结效果好；9）灌浆料内还掺进了结构自防水母料和水泥基渗透结晶母料，可提高结构的抗渗等级和抗盐分抗腐蚀等级；10）根据主体结构和围护结构的空腔大小，灌浆材料内还需要添加抗开裂的树脂纤维。

4.8 地下盾构隧道工程管片结构后面补充灌浆（三次注浆、四次注浆）堵漏修缮施工

工作内容：1. 在盾构管片原来注浆孔（同步注浆、二次注浆）上钻孔和安装注浆嘴；2. 压水试验；

3. 先进行硫铝酸盐水泥灌浆；4. 水泥基早凝早强无收缩灌浆材料灌浆；5. 超细水泥灌浆；6. 水泥基水中不分散灌浆材料；7. 化学灌浆材料；8. 注浆孔封闭；9. 恢复表面，清理卫生。采用低压、慢灌、快速固化、间歇性分序控制灌浆工法，按照灌浆材料的干粉质量或出厂的胶水原厂质量。说明：先用硫铝酸盐水泥灌浆进行粗灌，然后采用水泥基灌浆材料、水中不分散灌浆材料、超细水泥灌浆材料进行精灌，最后采用化学灌浆材料进行精细灌。

定额编号				4-8-1	4-8-2	4-8-3	4-8-4	4-8-5	4-8-6	4-8-7	4-8-8	4-8-9
项目				硫铝酸盐水泥灌浆	特种水泥基无收缩微膨胀灌浆材料	改性耐水环氧灌浆材料	丙烯酸盐灌浆材料	聚氨酯灌浆材料	超细水泥基灌浆材料	水中不分散水泥基灌浆材料	铟水胶注浆	DZH堵漏剂注浆
基价（元）				5.11	30.16	138.36	74.56	92.96	33.16	36.16	143.52	124.96
其中	人工费（元）			3.6	18	36	18	36	18	18	36	36
	材料费（元）			1.48	8.36	68.76	42.76	48.76	9.36	11.36	99.32	80.76
	机械费（元）			0.03	3.8	33.6	13.8	8.2	5.8	6.8	8.2	8.2
人工	名称	单位	单价（元）	数量								
	综合工日	工日	360	0.01	0.05	0.1	0.05	0.1	0.05	0.05	0.1	0.1
材料	注浆嘴	个	20	0.01	0.01	0.03	0.03	0.03	0.01	0.01	0.03	0.03
	钻头	根	160	0.0005	0.001	0.001	0.001	0.001	0.001	0.001	0.001	0.001
	硫铝酸盐普通水泥	kg	1.2	1	—	—	—	—	—	—	—	—
	特种水泥基无收缩微膨胀灌浆材料	kg	8	—	1	—	—	—	—	—	—	—
	改性耐水环氧灌浆材料	kg	68	—	—	1	—	—	—	—	—	—
	丙烯酸盐灌浆材料	kg	42	—	—	—	1	—	—	—	—	—
	聚氨酯灌浆材料	kg	48	—	—	—	—	1	—	—	—	—
	超细水泥基灌浆材料	kg	9	—	—	—	—	—	1	—	—	—
	水中不分散水泥基灌浆材料	kg	11	—	—	—	—	—	—	1	—	—
	铟水胶注浆	kg	128	—	—	—	—	—	—	—	0.77	—
	DZH 堵漏剂注浆	kg	80	—	—	—	—	—	—	—	—	1
机械	钻机、注浆机	台班	1	0.03	3.8	33.6	13.8	8.2	5.8	6.8	8.2	8.2

注：1. 作业计量单位为 kg。2. 高铁、地铁盾构隧道堵漏修缮施工要等天窗点时间才能施工，要考虑等待补偿工时，还有材料、设备、工艺要适应抢修、抢险的要求，综合费用是此基准费用的 2.5 倍。3. 如果需要对围护结构和围岩之间进行深孔固结注浆和帷幕注浆，应加固围岩和增加围岩的抗渗等级，因为施工难度增加综合单价是此基价的 1.5 倍。特种水泥基灌浆材料的性能指标需要达到：1）无收缩；2）微膨胀，2%～3%膨胀系数；3）自流平；4）自密实；5）强度高，固化后强度等级达到 C30～C50，根据施工需要的情况可以调；6）超细，可以灌注到 0.8～1.0mm 的缝隙和裂隙中去；7）在水中不分散，就是灌浆料配好以后，在水中不再被稀释和溶解，提高有效使用率；8）粘结强度高，里面掺了聚合物建筑用胶，与围岩粘结效果好；9）灌浆料内还掺进了结构自防水母料和水泥基渗透结晶母料，可提高结构的抗渗等级和抗盐分抗腐蚀等级；10）根据盾构管片壁后的空腔大小，灌浆材料内还需要添加抗开裂的树脂纤维等。

4.9 地下盾构隧道工程管片螺栓孔堵漏修缮施工（工法一）

工作内容：1. 在盾构管片螺栓孔相邻的拼接缝上做，以螺栓孔连接螺栓为中心，前后封闭堵漏各 0.5m（共 1m 左右范围），先进行封堵，参照盾构管片拼接缝堵漏工艺；2. 在螺栓结构的表面垂直钻 10mm 孔径到螺栓，安装注浆嘴；3. 螺栓孔两侧骑孔钻孔和安装注浆嘴；4. 采用聚合物快速堵漏胶泥封堵螺栓孔；5. 先灌注 KT-CSS-8 高弹性耐潮湿的改性环氧结构胶；6. 分序分次进行灌注工艺；7. 采用非固化密封胶封闭螺栓孔根部；8. 采用环氧改性聚硫密封胶封闭螺栓孔根部；9. 手孔侧边植筋，用环氧砂浆封平螺栓孔所在的手孔。

定额编号				4-9-1	4-9-2
项目				改性耐水环氧灌浆材料	锢水止漏胶
基价（元）				4465.16	770.64
其中	人工费（元）			180	180
	材料费（元）			4251.56	557.04
	机械费（元）			33.6	33.6
人工	名称	单位	单价（元）	数量	
	综合工日	工日	360	0.5	0.5
材料	注浆嘴	个	0.6	3	3
	钻头	根	160	0.02	0.02
	聚合物快速堵漏胶泥	kg	2.8	1.2	102
	非固化橡胶密封胶	kg	18	0.5	0.5
	改性高弹性环氧灌浆材料	kg	88	2.0	—
	锢水止漏胶	kg	128	—	1.53
	聚硫密封胶	kg	42	0.5	0.6
	改性环氧砂浆	kg	48	0.1	0.5
	植筋用钢筋	kg	4	0.1	0.1
	耐潮湿植筋胶	kg	120	33.6	0.1
机械	钻机、注浆机	台班	1	33.6	33.6

注：1. 作业计量单位为个。2. 螺栓孔附近的拼接缝封堵参照盾构管片的拼接缝工艺和单价另外计算。高铁、地铁盾构隧道堵漏修缮施工要等天窗点时间才能施工，要考虑等待补偿工时，还有材料、设备、工艺要适应抢修、抢险的要求，综合费用是此基准费用的 2.5 倍。3. 目前是针对通常的盾构管片厚度在 40cm 以内的结构，如果盾构管片结构为厚度大于 40cm 的结构，螺栓孔堵漏是因为施工难度增加、材料费用增加，综合单价是此基价的 1.5 倍。KT-CSS-8 高弹性耐潮湿的改性环氧结构胶性能指标需要达到：1）无收缩；2）低黏度；3）无溶剂，固含量在 95%以上；4）强度高，固化后强度等级达到 C60～C80，根据施工需要的情况可以调；5）固化时间可以调节；6）固化后有 25%左右的延伸率，有弹性；7）耐潮湿，潮湿基面可以固化粘结。

4.10 地下盾构隧道工程管片注浆孔堵漏修缮施工（工法二）

工作内容：1. 在盾构管片原来注浆孔（同步注浆、二次注浆）上垂直钻孔、注浆孔两侧骑孔钻孔和安装钢筋、安装注浆嘴；2. 压水试验；3. 先灌注 KT-CSS-4F 高渗透耐潮湿的改性环氧结构胶；4. 钻孔分为浅孔、深孔分序分次进行灌注工艺。

定额编号		4-10-1	4-10-2	4-10-3	4-10-4	4-10-5	4-10-6	4-10-7	4-10-8
项目		特种水泥基无收缩微膨胀灌浆材料	改性耐水环氧灌浆材料	丙烯酸盐灌浆材料	聚氨酯灌浆材料	超细水泥基灌浆材料	水中不分散水泥基灌浆材料	锢水止漏胶	DZH 堵漏剂注浆
基价（元）		275.8	319	405.8	435.8	285.8	305.8	1197.4	1191.8
其中	人工费（元）	144	144	144	144	144	144	144	144
	材料费（元）	98.2	141.4	228.2	258.2	108.2	128.2	1014.2	818.2
	机械费（元）	33.6	33.6	33.6	33.6	33.6	33.6	1019.8	33.6

续表

人工	名称	单位	单价（元）	数量							
	综合工日	工日	360	0.4	0.4	0.4	0.4	0.4	0.4	0.4	0.4
材料	注浆嘴（含植筋钢筋）	个	1	1	1	1	1	1	1	1	1
	钻头	根	160	0.1	0.02	0.1	0.1	0.1	0.1	0.2	0.1
	普通水泥	kg	1.2	1	1	1	1	1	1	1	1
	特种水泥基无收缩微膨胀灌浆材料	kg	8	10	—	—	—	—	—	—	—
	改性耐水环氧灌浆材料	kg	68	—	2	—	—	—	—	—	—
	丙烯酸盐灌浆材料	kg	42	—	—	5	—	—	—	—	—
	聚氨酯灌浆材料	kg	48	—	—	—	5	—	—	—	—
	超细水泥基灌浆材料	kg	9	—	—	—	—	10	—	—	—
	水中不分散水泥基灌浆材料	kg	11	—	—	—	—	—	10	—	—
	铟水止漏胶	kg	128	—	—	—	—	—	—	7.7	—
	DZH 堵漏剂注浆	kg	80	—	—	—	—	—	—		10
机械	钻机、注浆机	台班	1	33.6	33.6	33.6	33.6	33.6	33.6	33.6	33.6

注：1. 作业计量单位为个。2. 高铁、地铁盾构隧道堵漏修缮施工要等天窗点时间才能施工，要考虑等待补偿工时，还有材料、设备、工艺要适应抢修、抢险的要求，综合费用是此基准费用的2.5倍。3. 目前是针对通常的盾构管片厚度在40cm以内的结构，如果盾构管片结构为厚度大于40cm的结构，因为施工难度增加、材料费用增加，综合单价是此基价的1.5倍。KT-CSS-4F高渗透耐潮湿的改性环氧结构胶性能指标需要达到：1）无收缩；2）低黏度；3）高渗透；4）无溶剂，固含量在95%以上；5）强度高，固化后强度等级达到C50～C60，根据施工需要的情况可以调；6）固化时间可以调节；7）固化后有20%左右的延伸率，有韧性；8）耐潮湿，潮湿基面可以固化粘结。

4.11 地下工程主体结构离析、不密实加固、堵漏修缮施工

工作内容：1. 清理基层；凿除 5～6cm 深度，采用高强度聚合物砂浆表面封闭；2. 采用间距 15～20cm，针孔法梅花形布置注浆孔；3. 灌注 KT-CSS-18 和 4F 高渗透改性环氧结构胶；4. 分次、分序进行钻孔和控制灌浆工法；确保灌浆饱满度达到 95%以上；5. 拆除注浆嘴，封闭注浆嘴孔；6. 施工水泥基渗透结晶材料；7. 最后养护（按照注浆嘴的数量来计量，注浆扩散半径在 15～20cm）。

定额编号				4-11-1	4-11-2	4-11-3	4-11-4
项目				轻微离析、不密实	一般离析、不密实	严重离析、不密实	特别严重离析、不密实
基价（元）				384.2	490.2	596.2	702.2
其中	人工费（元）			108	144	180	216
	材料费（元）			246.2	311.2	376.2	441.2
	机械费（元）			30	35	40	45
人工	名称	单位	单价（元）	数量			
	综合工日	工日	360	0.3	0.4	0.5	0.6
材料	水泥基渗透结晶型防水材料	kg	30	0.2	0.3	0.4	0.5
	快凝无机堵漏材料	kg	20	1	1.5	2.0	2.5
	改性环氧结构胶	kg	88	2.0	2.5	3.0	3.5
	无机防水抗渗材料	kg	20	0.5	0.6	0.7	0.8

续表

	名称	单位	单价（元）	数量			
材料	聚合物乳液或丙乳胶水	kg	60	0.5	0.6	0.7	0.8
	注浆嘴	个	0.6	1	1	1	1
	钻头	根	160	0.01	0.01	0.01	0.01
	辅助材料	元	1	2	2	2	2
机械	钻机、注浆机	台班	1	30	35	40	45

注：1. 作业计量单位为个。2. 高铁、地铁隧道等地下结构离析、不密实等加固、堵漏修缮施工要等天窗点时间才能施工，要考虑等待补偿工时，还有材料、设备、工艺要适应抢修、抢险的要求，综合费用是此基准费用的2.5倍。3. 目前是针对通常的地下工程结构厚度在40cm以内的结构，如果地下结构为厚度大于40cm的结构，因为施工难度增加、材料费用增加，综合单价是此基价的1.5倍。KT-CSS-18、KT-CSS-4F高渗透耐潮湿的改性环氧结构胶性能指标需要达到：1）无收缩；2）低黏度；3）高渗透；4）无溶剂，固含量在95%以上；5）强度高，固化后强度等级达到C50～C60，根据施工需要的情况可以调；6）固化时间可以调节；7）KT-CSS-18固化后有8%左右的延伸率，有韧性；KT-CSS-4F固化后有20%左右的延伸率，有韧性；根据结构不同的使用环境来选择性使用；8）耐潮湿，潮湿基面可以固化粘结。

5 水池修缮堵漏工程量计算标准

工作内容：1. 清洗基层；2. 基层找平；3. SKD陶瓷堵漏材料施工；4. 防水抗渗浆料喷涂施工。

定额编号				5-1-1
项目				堵漏施工
基价（元）				1010
其中	人工费（元）			360
	材料费（元）			570
	机械费（元）			80
人工	名称	单位	单价（元）	数量
	综合工日	工日	360	1
材料	防水抗渗浆料	kg	20	20
	SKD陶瓷堵漏材料	kg	10	7
	辅助材料	元	1	100
机械	机械	台班	1	80

注：作业计量单位为m^2。

6 混凝土结构自防水工程量计算标准

6.1 立威LV-6混凝土复合防水液结构施工

产品名称		立威LV-6混凝土复合防水液（掺0.2%～0.4%，防水等级：一级）						
定额编号		6-1-1	6-1-2	6-1-3	6-1-4	6-1-5	6-1-6	6-1-7
项目（板厚）		0.25m	0.30m	0.35m	0.40m	0.45m	0.50m	0.55m
基价（元/m^2）		73.75	88.5	103.25	118	132.75	147.5	162.25
其中	人工费（元/m^2）	15.6	18	21	24	27	30	33
	材料费（元/m^2）	53.47	65.1	75.95	86.8	97.65	109.5	119.35
	机械费（元/m^2）	4.68	5.4	6.3	7.2	8.1	8	9.9

注：作业计量单位为m^2。

6.2 清华 QHBQ 混凝土综合防水液结构自防水材料施工

产品名称		清华 QHBQ 混凝土综合防水液（防水等级：一级）						
单价		18000 元/t						
定额编号		6-2-1	6-2-2	6-2-3	6-2-4	6-2-5	6-2-6	6-2-7
项目（板厚）		0.25m	0.30m	0.35m	0.40m	0.45m	0.50m	0.55m
基价（元/m^2）		77.82	90	105	120	135	149	165
其中	人工费（元/m^2）	15.6	18	21	24	27	30	33
	材料费（元/m^2）	57.54	66.6	77.7	88.8	99.9	111	122.1
	机械费（元/m^2）	4.68	5.4	6.3	7.2	8.1	8	9.9

注：作业计量单位为 m^2。

6.3 FDS 无机硅结构自防水材料施工

产品名称		FDS 无机硅结构自防水材料（粉剂）		
防水设计		地下混凝土结构自防水与建筑同寿命，防水等级：一级		
构造做法（2～3 层）		结构混凝土掺 FDS-A6% + 2 厚 FDS 无机渗透结晶 + 细石混凝土掺 FDS-B8%		
定额编号		6-3-1	6-3-2	6-3-3
平均结构厚度（m）		0.30	0.40	0.50
基价（元/m^2）		79.50	93.00	105.50
其中	人工费（元/m^2）	20.00	18.00	15.00
	材料费（元/m^2）	55.00	70.00	85.00
	机械费（元/m^2）	4.50	5.00	5.50
说明	1. 由设计参照图集选择结构自防水，任意做法均按一级防水质量验收。 2. 当结构混凝土厚度超过 500mm 时，平均厚度每增加 100mm 厚，材料基价增加 18 元/m^2。			

注：作业计量单位为 m^2。

6.4 QZQ 无机硅结构自防水材料施工

产品名称		QZQ 纳米自愈合硅质防水剂（粉剂）		
防水设计		地下混凝土结构自防水与建筑同寿命，防水等级：一级		
构造做法（2 层）		结构混凝土掺 QZQ-15%纳米自愈合硅质防水剂 + 20 厚 QZQ-2 纳米自愈合硅质防水剂		
定额编号		6-4-1	6-4-2	6-4-3
平均结构厚度（m）		0.25	0.30	0.35
基价（元/m^2）		85.0	98.0	111.0
其中	人工费（元/m^2）	20.00	22.00	24.00
	材料费（元/m^2）	60.00	70.00	80.00
	机械费（元/m^2）	5.0	6.0	7.0
说明	1. 由设计参照图集选择结构自防水，构造做法均按一级防水质量验收。 2. 当结构混凝土厚度超过 500mm 时，平均厚度每增加 100mm 厚，材料基价增加 18 元/m^2。			

注：作业计量单位为 m^2。

6.5 WPF 无机硅结构自防水材料施工

产品名称		WPF 纳米无机自愈合防水材料（粉剂）		
防水设计		地下混凝土结构自防水与建筑同寿命，防水等级：一级		
构造做法（2～3 层）		结构混凝土掺 WPF6%纳米无机自愈合防水材料 + 20 厚 WPF-25%纳米无机自愈合防水材料		
定额编号		6-5-1	6-5-2	6-5-3
平均结构厚度（m）		0.25	0.30	0.35
基价（元/m^2）		84.0	101.0	116.0
其中	人工费（元/m^2）	20.00	22.00	24.00
	材料费（元/m^2）	62.00	73.00	85.00
	机械费（元/m^2）	2.0	6.0	7.0
说明	1. 由设计参照图集选择结构自防水，构造做法均按一级防水质量验收。 2. 当结构混凝土厚度超过 500mm 时，平均厚度每增加 100mm 厚，材料基价增加 18 元/m^2。			

注：作业计量单位为 m^2。

6.6 立威 LV-8 无机纳米结晶防水剂施工

产品名称		立威 LV-8 无机纳米结晶防水剂（粉剂）		
防水设计		地下混凝土结构自防水与建筑同寿命，防水等级：一级		
构造做法（2～3 层）		结构混凝土掺 0.8%～2.0%LV-8 无机结晶防水剂 + 20 厚 LV-2 砂浆复合防水液防水砂浆		
定额编号		6-6-1	6-6-2	6-6-3
平均结构厚度（m）		0.30	0.35	0.40
基价（元/m^2）		86.0	93.0	100.0
其中	人工费（元/m^2）	20.00	22.00	24.00
	材料费（元/m^2）	61.00	65.00	69.00
	机械费（元/m^2）	5.0	6.0	7.0
说明	1. 由设计参照图集选择结构自防水，构造做法均按一级防水质量验收。 2. 当结构混凝土厚度超过 500mm 时，平均厚度每增加 100mm 厚，材料基价增加 18 元/m^2。			

注：作业计量单位为 m^2。

7 其他部位修缮堵漏该工程量计算标准

7.1 阳台堵漏修缮施工（免砸砖工法）

工作内容：1. 清理基层；2. 处理管根、墙角等节点；3. 清理地砖缝隙；4. 渗透或灌注结晶性防水剂（DPS、SZJ）；5. 再次清理基层；6. 表面处理。

定额编号		7-1-1		7-1-2		7-1-3	
项目		一般渗水堵漏		严重漏水堵漏		地砖下积水注浆堵漏	
		地面面积 6m^2	每增加地面面积 1m^2	地面面积 6m^2	每增加地面面积 1m^2	地面面积 6m^2	每增加地面面积 1m^2
基价（元）		1318.0	200.0	1918.0	300.0	3232	605
其中	人工费（元）	540	72	540	72	540	72
	材料费（元）	778.0	128.0	1378.0	228.0	2632.0	523
	机械费（元）	—	—	—	—	60.0	10.0

续表

人工	名称	单位	单价（元）	数量					
	综合工日	工日	360	1.5	0.2	1.5	0.2	1.5	0.2
材料	免砸砖防水剂（SZJ）Ⅲ型	kg	100	6.0	1.0	12.0	2.0	—	—
	渗透结晶防水剂（DPS）Ⅱ型	kg	80	—	—	—	—	30.0	6.0
	自愈合防水密封胶	kg	80	0.3	0.05	0.3	0.05	0.3	0.05
	无机防水堵漏材料	kg	18	3.0	0.5	3.0	0.5	4.0	1
	注浆嘴	个	3	—	—	—	—	12.0	2.0
	辅助材料	元	1	100.0	15.0	100.0	15.0	100.0	15.0
机械	灌浆机	台班	1	—	—	—	—	60	10

注：1. 作业计量单位为个。2. 地面面积不满 6m² 按标准 6m² 计，地板砖下砂浆垫层厚度不大于 100mm，超出按比例增加。

7.2 电梯井（集水井）堵漏修缮施工

工作内容：1. 清理基层；2. 细部裂缝处化学注浆；3. 涂刷基层处理剂；4. SKD 陶瓷堵漏宝或快速堵漏材料封堵注浆嘴；5. 根部使用密封胶后涂刷水性环氧界面剂；6. 刮涂水泥基渗透结晶型防水涂料；7. 施工聚合物水泥防水砂浆。

定额编号				7-2-1		7-2-2		7-2-3	
项目				渗水堵漏		漏水堵漏		涌水堵漏	
				底部面积 4m² 周围面积 16m²	每增加底部 1m²	底部面积 4m² 周围面积 16m²	每增加底部 1m²	底部面积 4m² 周围面积 16m²	每增加底部 1m²
基价（元）				10715	3620	15720	5605	19720	7140
其中	人工费（元）			2520	720	2880	1080	3240	1080
	材料费（元）			7695	2740	12340	4325	15980	5830
	机械费（元）			500	160	500	200	500	230
人工	名称	单位	单价（元）	数量					
	综合工日	工日	360	7	2	8	3.0	9	3
材料	压力注浆管	m	5	6	2	6	2	6	2
	注浆嘴	个	5	50	17	50	17	50	17
	化学注浆液	kg	55	60	20	80	30	100	40
	SKD 陶瓷堵漏宝或快凝堵漏材料	kg	20	30	10	50	18	90	30
	聚合物防水砂浆	kg	12	120	40	240	80	300	100
	水泥基渗透结晶型防水涂料	kg	30	30	15	60	20	80	30
	节点密封胶	kg	35	20	7	40	13	50	17
	基层处理剂	kg	35	5	2	8	3	10	4
	辅助材料	元	1	300	100	300	100	300	100
机械	机械	台班	1	500	160	500	200	500	230

注：1. 作业计量单位为个。2. 电梯井底部面积不满 4m² 按标准面积 4m² 计，侧墙高度按 3m 计，面积为 24m²。3. 化学注浆液选择其中一种：赛诺注浆液，单价为 100 元/kg；锢水止漏胶，单价为 128 元/kg；DZH 堵漏剂，单价为 80 元/kg；CH-18 环氧树脂灌浆料，单价为 120 元/kg；聚脲注浆液，单价为 120 元/kg；潮湿粘结环氧胶泥为 125 元/kg。

7.3 通风口密封堵漏修缮施工

工作内容：1. 清理基层，环风管周围开凹槽；2. 打毛、高压水清洗基面；3. 快速堵漏材料封堵止水做规则凹槽；4. 凹槽内填补密封材料，速凝料固定；5. 基层再次清理；6. 喷防水抗渗浆料；7. 涂刷耐候防水涂料。

定额编号				7-3-1
项目				地下室通风管口密封堵漏
基价（元）				2170
其中	人工费（元）			360
	材料费（元）			1660
	机械费（元）			150
人工	名称	单位	单价（元）	数量
	综合工日	工日	360	1
材料	防水抗渗浆料	kg	20	15
	快凝堵漏材料	kg	20	15
	密封胶	kg	80	5
	耐候防水涂料	kg	100	5
	辅助材料	元	1	160
机械	机械	台班	1	150

注：1. 作业计量单位为m。2. 嵌缝密封材料凹槽规格为宽30mm，深25mm。

7.4 变形缝（伸缩缝、沉降缝）及后置橡胶止水带堵漏修缮施工

工作内容：1. 清理基层；2. 开槽；3. 埋注浆管；4. 封缝引水；5. 注化学浆液；6. 割管；7. 烘干基层；8. 基层再次清理；9. 涂底涂料；10. 施工密封胶；11. 设置引水槽；12. 粘贴不锈钢板饰面（高铁、地铁线内不贴）。

定额编号				7-4-1		7-4-2		7-4-3		7-4-4	
项目				水溶性聚氨酯注浆		油溶性聚氨酯注浆		环氧树脂注浆		丙烯酸盐注浆	
				宽度30mm	每增加10mm	宽度30mm	每增加10mm	宽度30mm	每增加10mm	宽度30mm	每增加10mm
基价（元）				3379.5	1300.3	3650	1320.3	4129.5	1400.3	3649.5	1320.3
其中	人工费（元）			1440	720	1440	720	1440	720	1440	720
	材料费（元）			1759.5	520.3	2030	540.3	2509.5	620.3	2029.5	540.3
	机械费（元）			180	60	180	60	180	60	180	60
人工	名称	单位	单价（元）	数量							
	综合工日	工日	360	4	2	4	2	4	2	4	2
材料	压力注浆管	m	5	1.5	0.5	1.5	0.5	1.5	0.5	1.5	0.5
	注浆嘴	个	5	5	1	5	1	5	1	5	1
	防水堵漏材料	kg	20	15	5	15	5	15	5	15	5
	水溶性聚氨酯注浆	kg	70	12	2	—	—	—	—	—	—
	油溶性聚氨酯注浆	kg	80	—	—	12	2	—	—	—	—

续表

	名称	单位	单价（元）	数量							
材料	环氧树脂注浆	kg	120	—	—	—	—	12	2	—	—
	丙烯酸盐注浆	kg	80	—	—	—	—	—	—	12	2
	非固化橡胶注浆	kg	64	—	—	—	—	—	—	—	—
	锢水胶注浆	kg	128	—	—	—	—	—	—	—	—
	DZH堵漏剂注浆	kg	80	—	—	—	—	—	—	—	—
	聚脲注浆液	kg	120	—	—	—	—	—	—	—	—
	密封胶	kg	80	5	2	5	2	5	2	5	2
	聚合物乳液或丙乳	kg	60	3	1	3	1	3	1	3	1
	P·O42.5 水泥	kg	0.6	5	2	5	2	5	2	5	2
	黄砂	kg	0.4	10	4	10	4	10	4	10	4
	橡胶止水带	m	220	—	—	—	—	—	—	—	—
	不锈钢螺栓	个	20	—	—	—	—	—	—	—	—
	不锈钢板	m	50	—	—	—	—	—	—	—	—
	辅助材料	元	1	—	50	150.5	50	150	50	150	50
机械	灌浆机	台班	1	180	60	180	60	180	60	180	60

定额编号				7-4-5		7-4-6	7-4-7		7-4-8		7-4-9	
项目				非固化橡胶注浆		后置橡胶止水带	锢水胶注浆		DZH 堵漏剂注浆		聚脲注浆液	
				宽度30mm	每增加10mm	缝宽 30mm，带宽 300mm	宽度30mm	每增加10mm	宽度30mm	每增加10mm	宽度30mm	每增加10mm
基价（元）				4389.5	1628.3	2050	3649.5	1356.14	3649.5	1320.3	3182.5	1117.5
其中	人工费（元）			1800	720	1080	1440	720	1440	720	1440	720
	材料费（元）			2349.5	828.3	790	2029.5	576.14	2029.5	540.3	1562.5	337.5
	机械费（元）			240	80	180	180	60	180	60	180	60
人工	名称	单位	单价（元）	数量								
	综合工日	工日	360	5	2	3	4	2	4	2	4	2
材料	压力注浆管	m	5	1.5	0.5	—	1.5	0.5	1.5	0.5	1.5	0.5
	注浆嘴	个	5	5	1	—	5	1	5	1	5	1
	防水堵漏材料	kg	20	15	5	—	15	5	15	5	15	5
	水溶性聚氨酯注浆	kg	70	—	—	—	—	—	—	—	—	—
	油溶性聚氨酯注浆	kg	80	—	—	—	—	—	—	—	—	—
	环氧树脂注浆	kg	120	—	—	—	—	—	—	—	—	—
	丙烯酸盐注浆	kg	80	—	—	—	—	—	—	—	—	—
	非固化橡胶注浆	kg	64	20	7	—	—	—	—	—	—	—

续表

	名称	单位	单价（元）	数量								
材料	铟水胶注浆	kg	128	—	—	—	9.19	1.53	—	—	—	—
	DZH堵漏剂注浆	kg	80	—	—	—	—	—	12	2	—	—
	聚脲注浆液	kg	120	—	—	—	—	—	—	—	9	1.5
	密封胶	kg	80	5	2	1	5	2	5	2	—	—
	聚合物乳液或丙乳	kg	60	3	1	—	3	1	3	1	—	—
	P·O42.5 水泥	kg	0.6	5	2	—	5	2	5	2	—	—
	黄砂	kg	0.4	10	4		10	4	10	4		
	橡胶止水带	m	220	—	—	1	—	—	—	—	—	—
	不锈钢螺栓	个	20	—	—	12	—	—	—	—	—	—
	不锈钢板	m	50	—	—	2	—	—	—	—	—	—
	辅助材料	元	1	150	50	150	150	50	150	50	150	50
机械	灌浆机	台班	1	240	80	180	180	60	180	60	180	60

注：1. 作业计量单位为 m。2. 缝宽度不满 30mm 宽按标准宽 30mm 计，增加部分按实际计算。3. 高铁、地铁变形缝堵漏修缮施工要等天窗点时间才能施工，要考虑等待补偿工时，综合工日是标准工日的 2.5 倍。4. 缝深度超过 500mm 按基价的 1.5 倍计算定额造价。

7.5 诱导缝堵漏修缮施工

工作内容：1. 清理基层；2. 开槽；3. 埋注浆管；4. 封缝引水；5. 注化学浆液；6. 割管；7. 烘干基层；8. 基层再次清理；9. 涂底涂料；10. 施工密封胶；11. 设置引水槽；12. 粘贴不锈钢板饰面（高铁、地铁线内不贴）。

定额编号				7-5-1		7-5-2		7-5-3		7-5-4		7-5-5		7-5-6		7-5-7	
项目				水溶性聚氨酯注浆		油溶性聚氨酯注浆		环氧树脂注浆		丙烯酸盐注浆		非固化橡胶注浆		铟水胶注浆		DZH堵漏剂注浆	
				宽度15mm	每增加5mm	宽度15mm	每增加5mm	宽度15mm	每增加5mm	宽度15mm	每增加5mm	宽度15mm	每增加5mm	宽度15mm	每增加5mm	宽度15mm	每增加5mm
基价（元）				1918.8	816.4	1968.8	836.4	2168.8	916.4	1968.8	836.4	2619	1312.4	2059.04	972.24	1968.8	836.4
其中	人工费（元）			720	360	720	360	720	360	720	360	1080	720	720	360	720	360
	材料费（元）			1048.8	406.4	1098.8	426.4	1298.8	506.4	1098.8	426.4	1339	522.4	1189.04	462.24	1098.8	426.4
	机械费（元）			1918.8	816.4	1968.8	836.4	2168.8	916.4	1968.8	836.4	2619	1312.4	2059.04	972.24	1968.8	836.4
人工	名称	单位	单价（元）	数量													
	综合工日	工日	360	2	1	2	1	2	1	2	1	3	2	2	1	2	1
材料	压力注浆管	m	5	3	1	3	1	3	1	3	1	3	1	3	1	3	1
	注浆嘴	个	5	3	1	3	1	3	1	3	1	3	1	3	1	3	1
	防水堵漏材料	kg	20	5	2	5	2	5	2	5	2	5	2	5	2	5	2
	水溶性聚氨酯注浆	kg	70	5	2	—	—	—	—	—	—	—	—	—	—	—	—
	油溶性聚氨酯注浆	kg	80	—	—	5	2	—	—	—	—	—	—	—	—	—	—

续表

	名称	单位	单价（元）	数量													
材料	环氧树脂注浆	kg	120	—	—	—	—	5	2	—	—	—	—	—	—	—	—
	丙烯酸盐注浆	kg	80	—	—	—	—	—	—	5	2	—	—	—	—	—	—
	非固化橡胶注浆	kg	64	—	—	—	—	—	—	—	—	10	4	—	—	—	—
	铟水胶注浆	kg	128	—	—	—	—	—	—	—	—	—	—	3.83	1.53	—	—
	DZH 堵漏剂注浆	kg	80	—	—	—	—	—	—	—	—	—	—	—	—	5	2
	密封胶	kg	80	5	2	5	2	5	2	5	2	5	2	5	2	5	2
	聚合物乳液或丙乳	kg	60	1.5	0.5	1.5	0.5	1.5	0.5	1.5	0.5	1.5	0.5	1.5	0.5	1.5	0.5
	P·O42.5 水泥	kg	0.6	3	1	3	1	3	1	3	1	3	1	3	1	3	1
	黄砂	kg	0.4	5	2	5	2	5	2	5	2	5	2	5	2	5	2
	辅助材料	元	1	75	25	75	25	75	25	75	25	75	25	75	25	75	25
机械	灌浆机	台班	1	150	50	150	50	150	50	150	50	200	70	150	150	150	50

注：1. 作业计量单位为 m。2. 缝宽度不满 15mm 宽按标准宽 15mm 计，增加部分按实际计算。3. 高铁、地铁诱导缝堵漏修缮施工要等天窗点时间才能施工，要考虑等待补偿工时，综合工日是标准工日的 2.5 倍。4. 缝深度超过 500mm 按基价的 1.5 倍计算定额造价。

7.6 施工缝堵漏修缮施工

工作内容：1. 清理基层；2. 封缝处理；3. 打注浆孔 4. 埋注浆针头；5. 注化学浆液；6. 去除针头；7. 打磨处理；8. 基层再次清理；9. 贴纤维布。

定额编号				7-6-1		7-6-2		7-6-3		7-6-4		7-6-5		7-6-6		7-6-7	
项目				水溶性聚氨酯注浆		油溶性聚氨酯注浆		丙烯酸盐注浆		环氧树脂注浆		铟水胶注浆		DZH 堵漏剂注浆		聚脲注浆	
				宽度 2mm	每增加 1mm	宽度 2mm	每增加 1mm	宽度 2mm	每增加 1mm	宽度 2mm	每增加 1mm	宽度 2mm	每增加 1mm	宽度 2mm	每增加 1mm	宽度 2mm	每增加 1mm
基价（元）				1652.8	781.4	1702.8	801.4	1702.8	801.4	1902.8	881.4	1891.6	837.4	1702.8	801.4	1902.8	881.4
其中	人工费（元）			720	360	720	360	720	360	720	360	720	360	720	360	720	360
	材料费（元）			852.8	381.4	902.8	401.4	902.8	401.4	1102.8	481.4	1091.6	437.4	902.8	401.4	1102.8	481.4
	机械费（元）			80	40	80	40	80	40	80	40	80	40	80	40	80	40
人工	名称	单位	单价（元）	数量													
	综合工日	工日	360	2	1	2	1	2	1	2	1	2	1	2	1	2	1
材料	压力注浆管	m	5	2	1	2	1	2	1	2	1	2	1	2	1	2	1
	注浆嘴	个	5	2	1	2	1	2	1	2	1	2	1	2	1	2	1
	防水堵漏材料	kg	20	5	2	5	2	5	2	5	2	5	2	5	2	5	2
	水溶性聚氨酯注浆	kg	70	5	2	—	—	—	—	—	—	—	—	—	—	—	—

续表

	名称	单位	单价（元）	数量													
材料	油溶性聚氨酯注浆	kg	80	—	—	5	2	—	—	—	—	—	—	—	—	—	—
	丙烯酸盐注浆	kg	80	—	—	—	—	5	2	—	—	—	—	—	—	—	—
	环氧树脂注浆	kg	120	—	—	—	—	—	—	5	2	—	—	—	—	—	—
	铟水胶注浆	kg	128	—	—	—	—	—	—	—	—	4.6	1.53	—	—	—	—
	DZH堵漏剂	kg	80	—	—	—	—	—	—	—	—	—	—	5	2	—	—
	聚脲注浆	kg	120	—	—	—	—	—	—	—	—	—	—	—	—	5	2
	密封胶	kg	80	2	1	2	1	2	1	2	1	2	1	2	1	2	1
	聚合物乳液或丙乳	kg	60	2	1	2	1	2	1	2	1	2	1	2	1	2	1
	P·O42.5水泥	kg	0.6	2	1	2	1	2	1	2	1	2	1	2	1	2	1
	黄砂	kg	0.4	4	2	4	2	4	2	4	2	4	2	4	2	4	2
	辅助材料	元	1	100	50	100	50	100	50	100	50	100	50	100	50	100	50
机械	灌浆机	台班	1	80	40	80	40	80	40	80	40	80	40	80	40	80	40

注：1. 作业计量单位为m。2. 裂缝宽度不满2mm按标准宽2mm计。3. 高铁、地铁施工缝堵漏修缮施工要等天窗点时间才能施工，要考虑等待补偿工时，综合工日是标准工日的2.5倍。4. 缝深度超过500mm按基价的1.5倍计算定额造价。

7.7 不规则裂缝堵漏修缮施工

工作内容：1. 清理基层；2. 封缝处理；3. 打注浆孔 4. 埋注浆嘴；5. 注化学浆液；6. 去除注浆嘴；7. 打磨处理；8. 基层再次清理；9. 施工聚合物水泥防水浆。

定额编号				7-7-1		7-7-2		7-7-3		7-7-4		7-7-5		7-7-6		7-7-7	
项目				水溶性聚氨酯注浆		油溶性聚氨酯注浆		丙烯酸盐注浆		环氧树脂注浆		铟水胶注浆		DZH堵漏剂注浆		聚脲注浆	
				宽度1mm	每增加0.5mm	宽度1mm	每增加0.5mm	宽度1mm	每增加0.51mm	宽度1mm	每增加0.5mm	宽度1mm	每增加0.5mm	宽度1mm	每增加0.5mm	宽度1mm	每增加0.5mm
基价（元）				1501.4	740.7	1541	760.7	1541.4	760.7	1701.4	840.7	1613.08	796.54	1541.4	760.7	1701.4	840.7
其中	人工费（元）			720	360	720	360	720	360	720	360	720	360	720	360	720	360
	材料费（元）			721.4	350.7	761.4	370.7	761.4	370.7	921.4	450.7	833.08	406.54	761.4	370.7	921.4	450.7
	机械费（元）			60	30	60	30	60	30	60	30	60	30	60	30	60	30
人工	名称	单位	单价（元）	数量													
	综合工日	工日	360	2	1	2	1	2	1	2	1	2	1	2	1	2	1
材料	压力注浆管	m	5	2	1	2	1	2	1	2	1	2	1	2	1	2	1
	注浆嘴	个	5	2	1	2	1	2	1	2	1	2	1	2	1	2	1
	防水堵漏材料	kg	20	5	2	5	2	5	2	5	2	5	2	5	2	5	2
	水溶性聚氨酯注浆	kg	70	4	2	—	—	—	—	—	—	—	—	—	—	—	—

续表

	名称	单位	单价（元）	数量													
材料	油溶性聚氨酯注浆	kg	80	—	—	4	2	—	—	—	—	—	—	—	—	—	—
	丙烯酸盐注浆	kg	80	—	—	—	—	4	2	—	—	—	—	—	—	—	—
	环氧树脂注浆	kg	120	—	—	—	—	—	—	4	2	—	—	—	—	—	—
	锢水胶注浆	kg	128	—	—	—	—	—	—	—	—	3.06	1.53	—	—	—	—
	DZH堵漏剂注浆	kg	80	—	—	—	—	—	—	—	—	—	—	4	2	—	—
	聚脲注浆	kg	120	—	—	—	—	—	—	—	—	—	—	—	—	4	2
	密封胶	kg	80	2	1	2	1	2	1	2	1	2	1	2	1	2	1
	聚合物乳液或丙乳	kg	60	1	0.5	1	0.5	1	0.5	1	0.5	1	0.5	1	0.5	1	0.5
	P·O42.5水泥	kg	0.6	1	0.5	1	0.5	1	0.5	1	0.5	1	0.5	1	0.5	1	0.5
	黄砂	kg	0.4	2	1	2	1	2	1	2	1	2	1	2	1	2	1
	辅助材料	元	1	100	50	100	50	100	50	100	50	100	50	100	50	100	50
机械	灌浆机	台班	1	60	30	60	30	60	30	60	30	60	30	60	30	60	30

注：1. 作业计量单位为m。2. 裂缝宽度不满2mm按标准宽2mm计。3. 高铁、地铁不规则缝堵漏修缮施工要等天窗点时间才能施工，要考虑等待补偿工时，综合工日是标准工日的2.5倍。4. 缝深度超过500mm按基价的1.5倍计算定额造价。

7.8 后浇带堵漏修缮施工

工作内容：1. 清理基层；2. 打注浆孔；3. 埋注浆嘴；4. 注化学浆液；5. 去除注浆嘴及清理基层；6. 防水堵漏材料封堵注浆；7. 聚合物水泥砂浆处理。

定额编号				7-8-1	
项目				宽度5mm	每增加1mm
基价（元）				2640	665
其中	人工费（元）			1080	360
	材料费（元）			1460	285
	机械费（元）			100	20
人工	名称	单位	单价（元）	数量	
	综合工日	工日	360	3	1
材料	压力注浆嘴	m	5	2	1
	环氧树脂注浆	kg	120	5	1
	防水堵漏材料	kg	20	30	6
	聚合物水泥砂浆	kg	10	10	2
	辅助材料	元	1	150	20
机械	机械	台班	1	100	20

注：1. 作业计量单位为m。2. 每条后浇带与原混凝土浇筑会产生两条接缝，上述表内计算是单条缝定额。3. 高铁、地铁堵漏修缮施工要等天窗点时间才能施工，要考虑等待补偿工时，综合工日是标准工日的2.5倍。4. 缝深度超过500mm按基价的1.5倍计算定额造价。5. 化

学注浆选择其中一种：赛诺注浆液，单价为 100 元/kg；锢水止漏胶，单价为 128 元/kg；DZH 堵漏剂，单价为 80 元/kg；CH-18 环氧树脂灌浆料，单价为 120 元/kg；聚脲注浆，单价为 120 元/kg；潮湿粘结环氧胶泥为 125 元/kg。

7.9 穿墙管堵漏修缮施工

工作内容：1. 开凿管口周边，铲除锈蚀空壳，刷锈蚀转化剂，用密封胶处理螺丝孔洞，丁基胶带处理封口，刷防锈涂料；2. 埋注浆嘴；3. 注化学注浆液；4. 封闭；5. 面层处理。

定额编号				7-9-1	
项目				直径 100mm	每增加 20mm
基价（元）				1663	329.2
其中	人工费（元）			360	72
	材料费（元）			1223	237.2
	机械费（元）			80	20
人工	名称	单位	单价（元）	数量	
	综合工日	工日	360	1	0.2
材料	压力注浆管	m	5	1	0.2
	注浆嘴	个	5	3	1
	防水堵漏材料	kg	20	6	1
	特种树脂	kg	200	1	0.2
	水泥、黄砂	kg	0.5	20	3
	化学注浆液	kg	100	1	0.2
	堵漏剂	kg	32	15	2.6
	锈蚀转化剂	kg	80	0.3	0.1
	节点密封膏	kg	30	0.3	0.1
	丁基胶带	m	25	0.2	0.1
	防锈涂料	kg	15	1	0.2
	辅助材料	元	1	240	50
机械	机械	台班	1	80	20

注：1. 作业计量单位为个。2. 穿墙管直径按 100mm 计，不满 100mm 宽度以 100mm 计。3. 化学注浆液选择其中一种：赛诺注浆液，单价为 100 元/kg；锢水止漏胶，单价为 128 元/kg；DW-Ⅰ堵漏剂，单价为 80 元/kg；CH-18 环氧树脂灌浆料，单价为 120 元/kg；聚脲注浆，单价为 120 元/kg；潮湿粘结环氧胶泥为 125 元/kg。

7.10 电缆管（穿墙管）堵漏修缮施工

工作内容：1. 清洗基面层；2. 封堵或引水；3. 预埋注浆嘴；4. 混合料封堵洞口；5. 灌注化学注浆液；6. 割管；7. 喷涂防水抗渗浆料。

定额编号				7-10-1	7-10-2
项目				地下室电缆管穿墙密封堵漏	锢水胶注浆
基价（元）				1343	2774
其中	人工费（元）			720	720
	材料费（元）			573	2004
	机械费（元）			50	50
人工	名称	单位	单价（元）	数量	
	综合工日	工日	360	2	2

续表

	名称	单位	单价（元）	数量	
材料	防水抗渗浆料	kg	20	8	
	快速堵漏材料	kg	20	2	3
	压力注浆管	m	5	2	2
	注浆嘴	个	3	1	2
	化学注浆液	kg	200	1	1
	铟水胶注浆	kg	128	—	12.25
	辅助材料	元	1	160	160
机械	机械	台班	1	50	50

注：1. 作业计量单位为个。2. 电缆管断面面积按 25cm² 计，不满 25cm² 按 25cm² 计。

7.11 预埋件堵漏修缮施工

工作内容：1. 清理基层；2. 埋注浆嘴；3. 封缝引水；4. 注化学浆液；5. 去除注浆嘴；6. 烘干基层；7. 基层再次清理；8. 涂底涂料；9. 施工密封胶；10. 施工聚合物水泥砂浆。

定额编号				7-11-1		7-11-2		7-11-3		7-11-4		7-11-5	
项目				水溶性聚氨酯注浆		油溶性聚氨酯注浆		环氧树脂注浆		铟水胶注浆		DZH 堵漏剂注浆	
				面积 25cm²	每增加 5cm²	面积 25cm²	每增加 5cm²	面积 25cm²	每增加 5cm²	面积 25cm²	每增加 5cm²	面积 25cm²	每增加 5cm²
基价（元）				1186.4	218	1226.4	228	1266.4	208	1298.08	246.6	1226	228
其中	人工费（元）			540	72	540	72	540	72	540	72	540	72
	材料费（元）			596.4	136	636.4	146	676.4	126	708.08	164.6	636.4	146
	机械费（元）			50	10	50	10	50	10	50	10	50	10
人工	名称	单位	单价（元）	数量									
	综合工日	工日	360	1.5	0.2	1.5	0.2	1.5	0.2	1.5	0.2	1.5	0.2
材料	压力注浆管	m	5	2		2		2		2		2	
	注浆嘴	个	5	1		1		1		1		1	
	防水堵漏材料	kg	20	2	0.5	2	0.5	2	0.5	2	0.5	2	0.5
	水溶性聚氨酯注浆	kg	70	4	1								
	油溶性聚氨酯注浆	kg	80			4	1						
	环氧树脂注浆	kg	120					3	0.5				
	铟水胶注浆	kg	128	—	—	—	—	—	—	3.06	0.77	—	—
	DZH 堵漏剂注浆	kg	80	—	—	—	—	—	—			4	1
	密封胶	kg	80	1.5	0.3	1.5	0.3	1.5	0.3	1.5	0.3	1.5	0.3
	聚合物乳液或丙乳	kg	60	1	0.2	1	0.2	1	0.2	1	0.2	1	0.2
	P·O42.5 水泥	kg	0.6	1		1		1		1		1	
	黄砂	kg	0.4	2		2		2		2		2	
	辅助材料	元	1	80	20	80	20	80	20	80	20	80	20
机械	灌浆机	台班	1	50	10	50	10	50	10	50	10	50	10

注：1. 作业计量单位为个。2. 预埋件埋入断面面积不满 25cm² 按断面面积 25cm² 计。

7.12 孔洞堵漏修缮施工

工作内容：1. 清理基层；2. 埋注浆嘴；3. 封缝引水；4. 注化学浆液；5. 去除注浆嘴；6. 烘干基层；7. 基层再次清理；8. 涂底涂料；9. 施工密封胶；10. 施工聚合物水泥砂浆。

定额编号				7-12-1		7-12-2		7-12-3		7-12-4		7-12-5	
项目				水溶性聚氨酯注浆		油溶性聚氨酯注浆		环氧树脂注浆		锢水胶注浆		DZH 堵漏剂注浆	
				直径10mm	每增1mm	直径10mm	每增1mm	直径10mm	每增1mm	直径10mm	每增1mm	直径10mm	每增1mm
基价（元）				776.4	78	796.4	80	876.4	88	832.24	128	796.4	80
其中	人工费（元）			360	36	360	36	360	36	360	36	360	36
	材料费（元）			396.4	40	416.4	42	496.4	50	452.4	90	416.4	42
	机械费（元）			20	2	20	2	20	2	20	2	20	2
人工	名称	单位	单价（元）	数量									
	综合工日	工日	360	1.0	0.1	1.0	0.1	1.0	0.1	1.0	0.1	1.0	0.1
材料	压力注浆管	m	5	2	—	2		2		2		2	
	注浆嘴	个	5	1	—	1		1		1		1	
	防水堵漏材料	kg	20	2	0.3	2	0.3	2	0.3	2	0.3	2	0.3
	水溶性聚氨酯注浆	kg	70	2	0.2	—	—	—	—	—	—	—	—
	油溶性聚氨酯注浆	kg	80	—	—	2	0.2	—	—	—	—	—	—
	环氧树脂注浆	kg	120	—	—	—	—	2	0.2				
	锢水胶注浆	kg	128	—	—	—	—	—	—	1.53	0.5	—	—
	DZH 堵漏剂注浆	kg	80	—	—	—	—	—	—	—		2	0.2
	密封胶	kg	80	1	0.1	1	0.1	1	0.1	1	0.1	1	0.1
	聚合物乳液或丙乳	kg	60	1	0.1	1	0.1	1	0.1	1	0.1	1	0.1
	P·O42.5 水泥	kg	0.6	1	—	1	—	1	—	1	—	1	—
	黄砂	kg	0.4	2		2		2		2		2	
	辅助材料	元	1	60	6	60	6	60	6	60	6	60	6
机械	灌浆机	台班	1	20	2	20	2	20	2	20	2	20	2

注：1. 作业计量单位为个。2. 孔洞直径不满 10mm 按直径 10mm 计。

7.13 变形缝粘贴式止水带堵漏修缮施工

工作内容：1. 清洗基面层；2. 涂刷高渗透环氧树脂涂料；3. 清洗止水带；4. 向燕尾槽涂刷环氧粘结剂；5. 粘结临时固定止水带；6. 对接止水带；7. 铺设隔离层；8. 施工聚合物水泥防水砂浆。

定额编号		7-13-1
项目		粘贴止水带
基价（元）		805
其中	人工费（元）	360
	材料费（元）	395
	机械费（元）	50

续表

人工	名称	单位	单价（元）	数量
	综合工日	工日	360	1
材料	临时固定装置	套	200	0.5
	高渗透环氧树脂涂料	kg	120	0.5
	清洗剂 500mL	瓶	20	0.3
	高分子材料预制止水带	m	87	1
	环氧胶黏剂	支	82	1
	接缝夹具	套	200	0.2
	辅助材料	元	1	20
机械	机械	台班	1	50

注：作业计量单位为 m。

7.14 混凝土基层大面积堵漏修缮施工（包括地下工程混凝土结构底板漏水治理）

1. 通用堵漏修缮做法

工作内容：1. 清理基层；2. 对漏水量较大处先注化学浆液；3. 施工快凝无机堵漏材料；4. 施工水泥基渗透结晶型防水材料；5. 中间养护；6. 施工聚合物水泥防水砂浆；7. 最后养护。

定额编号				7-14-1	7-14-2	7-14-3	7-14-4
项目				微渗水堵漏	渗水堵漏	漏水堵漏	严重漏水堵漏
				涂层 10mm 其中乳液砂浆 6mm	涂层 12mm 其中乳液砂浆 8mm	涂层 15mm 其中乳液砂浆 10mm	喷涂抗渗浆料 2～5mm
基价（元）				602.8	849.2	925	1720.2
其中	人工费（元）			360	540	540	540
	材料费（元）			212.8	274.2	345	1135.2
	机械费（元）			30	35	40	45
人工	名称	单位	单价（元）	数量			
	综合工日	工日	360	1	1.5	1.5	1.5
材料	水泥基渗透结晶型防水材料	kg	30	2	2.5	3	3.5
	快凝无机堵漏材料	kg	20	2.5	3	4	
	化学注浆液	kg	100	—	—	—	8
	防水抗渗浆料	kg	20	1	1	1	2
	聚合物乳液或丙乳	kg	60	1	1.5	2	2.5
	P·O42.5 水泥	kg	0.6	2	3	3	2
	黄砂	kg	0.4	4	6	8	10
	辅助材料	元	1	20	25	30	35
机械	喷涂机	台班	1	30	35	40	45

注：1. 作业计量单位为 m^2。2. 化学注浆液选择其中一种：赛诺注浆液，单价为 100 元/kg；锢水止漏胶，单价为 128 元/kg；DZH 堵漏剂，单价为 80 元/kg；CH-18 环氧树脂灌浆料，单价为 120 元/kg；聚脲注浆，单价为 95 元/kg。

2. 再造防水层做法（微创堵漏工法）

工作内容：1. 清理基层；2. 对一般渗漏水情况注水泥基灌浆材料，对漏水量中等情况注丙烯酸盐灌浆材料，对漏水量较大处先注水泥基材料，再注丙烯酸盐灌浆材料；3. 施工快凝无机堵漏材料；4. 施工水泥基渗透结晶材料；5. 中间养护；6. 施工聚合物水泥防水砂浆；7. 最后养护。

定额编号				7-14-5	7-14-6	7-14-7	7-14-8	7-14-9	7-14-10
项目				水泥基注浆	丙烯酸盐注浆	先注水泥基材料再注丙烯酸盐	锢水胶注浆	堵漏剂注浆	DZH 无机盐注浆
				涂层 10mm 其中乳液砂浆 8mm	涂层 12mm 其中乳液砂浆 10mm	涂层 15mm 其中乳液砂浆 12mm	涂层 15mm 其中乳液砂浆 12mm	涂层 15mm 其中乳液砂浆 12mm	涂层 15mm 其中乳液砂浆 12mm
基价（元）				722.8	1034.2	1145.6	1098.6	1044.2	1084.2
其中	人工费（元）			360	540	540	540	540	540
	材料费（元）			332.8	459.2	565.6	523.6	469.2	509.2
	机械费（元）			30	35	40	35	35	35
人工	名称	单位	单价（元）	数量					
	综合工日	工日	360	1	1.5	1.5	1.5	1.5	1.5
材料	水泥基渗透结晶型防水材料	kg	30	1	2	3	2	2	2
	快凝无机堵漏材料	kg	20	1	2	3	2	2	2
	水泥基注浆材料	kg	5	40	—	20	2	2	2
	丙烯酸盐注浆材料	kg	80		3	2	—	—	—
	锢水胶注浆	kg	128	—	—	—	2.3	—	—
	堵漏剂注浆	kg	80	—	—	—	—	3	
	DZH 无机盐注浆	kg	40	—	—	—	—	—	7
	聚合物乳液或丙乳	kg	60	1	1.5	2	1.5	1.5	1.5
	P·O42.5 水泥	kg	0.6	2	3	4	3	3	3
	黄砂	kg	0.4	4	6	8	6	6	6
	辅助材料	元	1	20	25	30	25	25	25
机械	喷涂机	台班	1	30	35	40	35	35	35

注：作业计量单位为 m^2。

4 建筑防水堵漏修缮施工工法

4.1 屋面混凝土基层防水堵漏工法

4.1.1 推荐工法一

（1）工程渗漏原因分析

本工程渗漏水的主要原因是：原屋面防水年久失修，原有防水层上的膨胀螺栓破坏了材料的防水功能，同时排水口处有很多青苔和杂物堵塞，导致雨水排水不畅，形成积水，积水达到一定深度后形成强大的水压致使水从螺钉处小裂缝处渗入，长时间未处理导致渗漏，且逐步扩大。水塔下方因出水管漏水，长期积水形成渗透漏水。楼面受应力作用而产生裂缝，防水材料老化，导致漏水。

根据现场工况、渗漏水产生原因等相关要求，特编制如下方案。

（2）方案编制依据

1）建筑设计图纸及修改通知单。

2）《屋面工程质量验收规范》GB 50207。

3）《平屋面建筑构造（一）》12J201。

（3）施工工法

1）工法一

①清理基层。②涂刷基层处理剂。③细部节点处理。④测量弹线。⑤刮非固化橡胶沥青防水涂料。⑥铺贴单面粘自粘防水卷材。

2）工法二

①清理基层。②涂刷 1.5mm 聚合物水泥防水涂料。③涂刷基层处理剂。④细部节点处理。⑤测量弹线。⑥铺贴单面粘自粘防水卷材。

3）工法三

①清理基层。②涂刷 1.5mm 高聚物改性沥青防水涂料。③细部节点处理。④测量弹线。⑤铺贴单面粘自粘防水卷材。

4）工法四

①清理基层。②涂刷基层处理剂。③细部节点处理。④测量弹线。⑤刮非固化橡胶沥青防水涂料。⑥铺贴 1.5mm 强力交叉层压膜自粘防水卷材。

5）工法五

①清理基层。②涂刷 1.5mm 聚合物水泥防水涂料。③涂刷基层处理剂。④细部节点处理。⑤测量弹线。⑥铺贴 1.5mm 强力交叉层压膜自粘防水卷材。

6）工法六

①清理基层。②涂刷 1.5mm 高聚物改性沥青防水涂料。③细部节点处理。④测量弹线。⑤铺贴 1.5mm 强力交叉层压膜自粘防水卷材。

7）工法七

①清理基层。②细部节点处理。③测量弹线。④铺贴 1.2mm BG-N 黑将军丁基橡胶外露自粘卷材。

（4）主要防水堵漏材料性能简介

1）聚合物水泥防水涂料：丙烯酸酯乳液和多种添加剂组成的有机液料，再以高铝高铁水泥及多种添加剂组成的无机粉料，经科学配方加工制成的双组分水性防水涂料。

2）非固化橡胶沥青防水涂料：由高性能弹塑性高聚物为改性剂、优质沥青为基料、高活性液态增黏树脂、功能性聚合物和稳定剂为助剂配制而成的一种新型环保、高固含量橡胶沥青涂料。其不含溶剂，并具有长期不成膜的可蠕变性（自愈合性能）和粘附性，以及持久保持黏滞状态（即非固化状态）的防水材料，所形成的防水层不会因结构变形产生应力应变而破坏，不会因涂层与基层的粘结不牢而产生窜水。

3）自粘聚合物改性沥青防水卷材：以合成橡胶和树脂改性沥青中加入适量活性助剂制成的特殊防水胶料，面层覆以聚乙烯膜（铝箔或彩砂）为表面材料，底面采用硅油防粘隔离纸的卷材或双面无表面材料的（双面）自粘卷材为防水层，其表面材料高密度聚乙烯（HDPE）、铝膜可起到辅助防水作用。双面自粘卷材是以防水胶料为防水粘结层，覆以硅油隔离纸的两面可粘结的防水卷材。按胎体分为有胎体和无胎体两种。

4）SBS 弹性体改性沥青防水卷材：以性能优良的玻纤毡或聚酯毡为胎体，采用热塑弹性体（如苯乙烯-丁二烯嵌段聚物 SBS）改性沥青为浸渍材料（单位面积质量小于或等于 $100g/m^2$ 的玻纤毡不须浸渍），表面撒以细砂、矿物粒料、聚乙烯（PE）膜、金属箔等为防粘隔离饰布，制成的一类优质型防水卷材。其最大的优越性是解决了传统纸胎油毡的耐老化性。使用寿命长，抗张拉力大，延伸率高，低温柔性好，粘结性良好，施工方便。

5）强力交叉层压膜自粘防水卷材：是一种高性能、冷施工的无胎防水卷材。它是以合成橡胶、优质沥青、增黏剂、抗老化剂为基料，以强力交叉层压膜为表面材料，采用防粘隔离纸/膜作为隔离层的自粘防水卷材，具有耐撕裂及尺寸稳定等特点。

以上工法由下列公司提供：

1）南通睿睿防水新技术开发有限公司

联系人：王继飞（13962768558）

地址：江苏省南通市海安市李堡工业园区

2）辽宁九鼎宏泰防水科技有限公司

联系人：高岩（13940386188）

地址：辽宁省盘锦市大洼区临港经济区汉江路

3）江苏邦辉化工科技实业发展有限公司

联系人：冯永（13305141022）

地址：江苏省南京市玄武区长江后街 6 号东南大学科技园 4 号楼

4）北京圣洁防水材料有限公司

联系人：杜昕（13601119715）

地址：北京市海淀区苏家坨镇柳林村东 7 号

5）辽宁亿嘉达防水科技有限公司

联系人：刘振平（15941219388）

地址：辽宁省海城市白杨小区

6）上饶市天佳新型材料有限公司

联系人：徐文海（13879312000）

地址：江西省上饶市经济技术开发区福田大道 9 号

4.1.2 推荐工法二

（1）工程渗漏原因分析

本工程位于佛山市三水区大塘商业中心广场，渗漏水的主要原因是：混凝土浇捣不密实，产生疏松、蜂窝等现象，形成了渗漏水的通道；基层产生不均匀沉降；温度变化产生干缩裂缝。根据现场工况、渗漏水产生原因等相关要求，特编制如下方案。

（2）方案编制依据

1）现场观测的现状及图文资料等。

2）《屋面工程技术规范》GB 50345。

3）《屋面工程质量验收规范》GB 50207。

4）《房屋渗漏修缮技术规程》JGJ/T 53。

5）《建筑工程施工质量验收统一标准》GB 50300。

6）《混凝土裂缝用环氧树脂灌浆材料》JC/T 1041。

7）《混凝土结构加固设计规范》GB 50367。

（3）施工工法

1）设计原则：刚柔性材料，多道防水。

2）因房屋结构变化且屋面未做防水，必须重新设计做防水。

3）施工程序：楼板整体防水工艺流程：沿顶棚裂缝开 V 形槽，灌油溶性聚氨酯（PU）发泡胶，渗透结晶型防水材料修复 V 形槽，楼面加网格布喷涂聚合物水泥防水涂料，“源水通”结构自防水材料 FDS-B 型防水抗渗砂浆挂钢丝网批挡做防水加强保护层，保持坡度均匀，切割伸缩缝，填补硅酮耐候密封胶。

（4）安全措施

1）严格执行国家安全施工条例及规范，组织参加施工人员认真学习贯彻安全法规，施工人员必须接受甲方安全部门的安全教育、高空作业等安全作业知识，合格持证上岗。

2）施工人员必须服从安全监督人员的指挥，听从分配。安全监督人员必须全部负责认真监督，不得有任何迁就行为，如出现安全问题，视情节轻重追究其责任。

3）现场施工应填写工作票由甲方办理并负责安全教育。

4）施工现场必须随时接受安全主管部门的监督检查和批评指导。

5）坚持班前安全交底，并做好施工日记。

6）施工现场必须有明显的安全标志，各种安全消防器材必须齐全，各种安全用具经过检验合格后方可使用。

7）规范安全用电秩序，电气设备必须由专业人员负责。

8）对违反施工安全操作规程和规定的人员，由安检人员根据规定进行处罚。

9）施工现场、储备仓库、临时设施配备相应的消防器材。

（5）施工周期

施工周期为 40 个日历天，阴雨天及大风天气和特殊情况例外。以上工法由广东省佛山市佛地斯防水材料有限公司提供：

联系人：刘少东（13078432878）

地址：广东省佛山市南海区狮山镇狮山工业园 C 区兴业中 13 号 4 楼

4.2 彩钢板基层防水堵漏工法

（1）工程渗漏原因分析

本工程渗漏水的主要原因是：

1）生产和运输过程、施工过程中的操作不慎造成彩钢瓦变形。彩钢瓦质量差，上人屋面施工造成彩钢瓦变形。

2）风、雨等外力的作用，造成彩钢瓦屋面长时间颤动，使钉眼处及铁皮接缝处长时间磨损，遇到雨水生锈，然后就再磨损再生锈，越来越严重。

3）自攻钉有橡胶垫为何还会渗水？第一：施工时用力过猛已经把橡胶垫破坏。第二：橡胶垫老化快，很快就失去了防水功效。

4）彩钢瓦屋面变形的主要原因：第一：屋面跨度大，时间久了造成中间积水，中部重力加大，雨水次数越多变形越严重，甚至出现塌顶。第二：带矿棉的屋面，矿棉有吸水作用，遇到阴雨天，屋面渗漏的雨水全部聚集在矿棉内，重量加大。第三：夏季屋面高温时，突降大雨，造成彩钢瓦温度骤降，彩钢瓦急速收缩，造成彩板变形，钉子松动。

5）高低跨屋面墙脚水冲部位渗水：采用水泥抹八字角、密封胶或者防水涂料做防水保护。水泥与金属不结合出现裂缝，涂料或密封胶延伸率小也会出现较大裂缝。

6）用耐候密封胶为何还会渗水？耐候密封胶在凝固时必定要收缩，收缩时就可能会在胶与框体之间产生分离，如果框体有尘土，这种情况会更严重。彩钢屋面长时间高温加速了耐候胶的老化，金属材料多次热胀冷缩，导致耐候胶很快失去功效。

7）防水涂料修补两年后为何还会漏水？防水涂料的可流动性造成施工时涂料厚度的不均匀，有缝隙不易被发现，再加上屋面的颤动，涂料的延伸率低出现裂缝。防水涂料施工时偷工减料，涂料厚度过薄，很快就老化龟裂。

8）为何雨水会倒流？倒流水现象是彩钢瓦屋面特有的现象，其形成的必要条件是：倒流水处里外通风。第一：雨天室内与室外有气压差，里面的低气压把雨水吸了进去。第二：外面的大风已把通风处形成一个风道，强风硬把雨水吹了进去。根据现场工况、渗漏水产生原因等相关要求，特编制如下方案。

（2）方案编制依据

1）《建筑工程施工质量验收统一标准》GB 50300。

2）《建筑装饰装修工程质量验收标准》GB 50210。

（3）施工工法

1）工法一

①清理基层，铲除锈蚀空壳，刷锈蚀转化剂，用密封胶处理螺丝孔洞，带无纺布层的丁基胶带处理封口，刷防锈涂料。②涂刷基层处理剂。③细部节点处理。④涂刷 1.5mm 隔热反射涂料。

2）工法二

①清理基层，铲除锈蚀空壳，刷锈蚀转化剂，用密封胶处理螺丝孔洞，带无纺布层的丁基胶带处理封口，刷防锈涂料。②涂刷基层处理剂。③细部节点处理。④涂刷 1.5mm 彩色丙烯酸防水涂料。

3）工法三

①清理基层。②涂刷底中间 DPU-E 聚氨酯防水涂料。

4）工法四

①清理基层。②多遍涂刷金刚罩防水涂料。

5）工法五

①清理基层。②铺贴 1.0mm BG-W 丁基橡胶自粘卷材。

（4）主要防水堵漏材料性能简介

1）FLW-618：采用水性丙烯酸防锈功能乳液、纳米功能材料、防锈颜料、缓蚀剂及助剂制备，不含有机溶剂，不添加汞、铅等重金属含量高的防腐颜料。

2）FLW-616：一种水基防锈溶液，可有效保护钢、铁等材料，防止生锈。根据防锈期要求的不同，与水按一定比混合使用。

3）FLW 彩色丙烯酸防水涂料：一种高弹性彩色高分子防水涂料，以防水专用的自交联纯丙乳液为基础原料，配以一定量的改性剂、活性剂、助剂及颜色填料等加工而成。

以上工法由下列公司提供：

1）南通睿睿防水新技术开发有限公司

联系人：王继飞（13962768558）

地址：江苏省南通市海安市李堡工业园区

2）江苏邦辉化工科技实业发展有限公司

联系人：冯永（13806165356）

地址：南京市玄武区长江后街 6 号东南大学科技园 4 号楼 103 室

3）辽宁九鼎宏泰防水科技有限公司

联系人：高岩（13940386188）

地址：辽宁省盘锦市大洼区临港经济区汉江路

4）山东汇源建材集团有限公司

联系人：程文涛（15053626789）

地址：山东省寿光市台头工业园丰台路 1 号

5）上饶市天佳新型材料有限公司

联系人：徐文海（13879312000）

地址：江西省上饶市经济技术开发区福田大道 9 号

4.3　外墙防水堵漏工法

（1）工程渗漏原因分析

1）设计原因：防水结构设计不合理，考虑不全面，如板缝接缝部位设计不当；窗结构安排不合理，不具备防水功能的外墙未设计防水措施等。

2）材料原因：①选材不当，材料脱落。②防水密封材料老化、脱落。③钢筋混凝土外墙受湿度变化及硬化收缩影响，出现裂缝。

3）施工原因：①外墙防水层未按有关要求施工。②防水构造在施工时被破坏。根据现场工况、渗漏水产生原因等相关要求，特编制如下方案。

（2）方案编制依据

1）施工现场条件和实地勘察资料。

2）《建筑防水工作手册》。

3）《新型建筑材料实用手册》。

4）《建筑工程质量检验评定标准》。

（3）施工工法

①清洗基层；②修补基层面；③嵌密封胶；④喷涂防水材料。（瓷砖基层：水不沾、FLW-99 硅烷防水剂；涂料基层：一刷灵、FL-8 万可涂；混凝土、水泥砂浆基层：一刷灵、水不沾、FL-8 万可涂、FLW-99 硅烷防水剂；清水砖基层：一刷灵、FLW-99 硅烷防水剂）。

（4）主要防水堵漏材料性能简介

1）一刷灵（又名一刷不漏、漏天敌）——丙烯酸酯透明防水胶：以丙烯酸酯共聚物为基料的高分子水乳型冷施工防水材料。能与各种复杂结构的屋面、墙面等相结合，形成连续无缝、致密、高弹、柔软的橡胶膜，施工简单，涂刷、喷、滚均可。产品使用后具有无色透明、反光散热、无毒无污染、耐老化、附着力强等优异性能，使用寿命达到 15 年，是绿色环保型防水材料。

2）FL-8 万可涂：一种有机硅浓缩乳液型建筑憎水剂。防水性能优异：经万可涂处理的墙面，雨水呈水珠滚落，墙面始终处于干燥状态。透气性好：不透气的防水涂料，阻隔了建筑材料内部潮气的散发，使建筑表面涂层起泡（鼓）、龟裂、剥落，而万可涂憎水剂既防水又透气。防潮、防霉不长青苔，使用本品后墙表面和内部始终保持干燥状态，因而墙体不发霉。防污染、抗风化且保色耐久性好，施工方便，使用安全。

3）水不沾——渗透结晶型防水剂：以高分子聚合物为主体的新型水性绿色防水材料，能在基体表面形成一层稳定的防水透气膜，具有良好的防水、防潮、抗渗、抗老化、抗污染和耐候性等功效。可直接喷刷在建筑物内外墙、地下室、隧道、水渠、游泳池等处，也可配制成防水砂浆，适用于屋面、卫生间、水塔、水箱、游泳池等处。

4）FLW-99 硅烷防水剂：一种无色透明液体。与基材作用时，释放出乙醇并与基材结合转化为有机硅树脂聚合物，最终渗透到基材的毛细孔表面形成一层憎水的硅树脂膜，从而阻止水分和有害物离子渗透到基材内部，达到防水保护的目的。

（5）安全措施

1）防水材料进场后，存放在远离火源的安全地点，易燃易爆油料专库存放，设置严禁烟火警告标志，配备灭火器材。

2）高压输电线路下方严禁堆放防水材料。

3）施工前对防水作业人员进行消防专项安全教育，使之了解并掌握防水材料的性能特点及防火、灭火常识，会使用灭火器材，会扑救初起火灾。

4）施工时设置防火警戒区域及防火警示标识，配备灭火器材，设专人监管；警戒区域周围严禁一切明火作业。

5）防水作业人员按规定佩戴和使用劳动防护用品，穿着防静电的衣物和软底鞋，防止产生静电火花，夜间施工照明设施一律采用防爆灯。

6）患皮肤病、眼病、刺激性过敏者，不得参加防水作业，施工过程中，发生恶心、头晕、过敏者立即停止作业。

7）施工中只存放当班使用数量的防水材料。吊运油桶及防水材料使用吊斗，装放物品不得超过吊斗边沿，防止落物伤人。

8）使用汽油喷灯，点火时火嘴不得对人，汽油喷灯加油不得过满，打气不得过足。

9）防水卷材采用热熔粘结，使用喷灯明火操作时，必须开动火证，方可明火作业，并设专人监护，配备灭火器材。防水作业区严禁电气焊施工在此交叉作业。

10）装卸汽油容器时，配备软垫，不得猛推、猛撞。使用后及时盖严。

11）当天施工结束后，将剩余易燃材料及喷灯及时入库，不随意放置。

12）包装材料及时收集放入垃圾池，防止留下火险隐患。

13）休息时严禁在槽内边坡下方停留，作业中发现危险征兆时，立即停止作业，撤至安全区域，并立即上报生产主管或安全员处理，未经许可严禁恢复作业。

（6）施工周期

施工周期根据工程进度计划和甲方要求协商确定。

以上工法由下列公司提供：

1）南通睿睿防水新技术开发有限公司

联系人：王继飞（13962768558）

地址：江苏省南通市海安市李堡工业园区

2）江苏邦辉化工科技实业发展有限公司

联系人：冯永（13806165356）

地址：南京市玄武区长江后街6号东南大学科技园4号楼103室

3）辽宁九鼎宏泰防水科技有限公司

联系人：高岩（13940386188）

地址：辽宁省盘锦市大洼区临港经济区汉江路

4.4 厨房间防水堵漏工法

（1）工程渗漏原因分析

本工程渗漏水的主要原因是：上下水管道周边渗漏、墙地砖缝隙渗漏。根据现场工程情况、渗漏水产生原因等相关要求，特编制如下方案。

（2）方案编制依据

《房屋渗漏修缮技术规程》JGJ/T 53。

（3）施工工法

1）清理基层：堵地漏口，清理杂物，打扫地面。

2）处理管根、墙角等节点：对穿楼板及穿墙管道，绕管道四周开凿深30mm、宽20mm的环形槽，槽底部嵌入自愈合防水密封胶，厚度约10mm，用堵漏剂封闭槽口；墙角大于2mm的缝隙用堵漏剂批缝。

3）清理地砖缝隙：用批刀等工具清理缝内的污渍。

4）渗透或灌注结晶性防水剂：按照地面每平方米0.5kg厨卫浴不砸砖防水剂A组分，加3倍的清水稀释后，倒在地板砖上自然渗透2h，然后清理残留液，将地面清扫干净；紧接着按上述程序施工B组分防水剂，3h后墙地面清扫干净。如果地板砖下有大量积水，采用双液灌浆机灌注渗透结晶无机注浆料施工。

5）割去注浆管并再次清理基层地面。

6）表面处理：堵漏剂封堵地砖缝隙，对未固化的防水剂临时保护。

（4）主要防水堵漏材料性能简介

1）厨卫浴不砸砖防水剂：专利名称为建筑室内深层渗透固化无损伤防水剂，发明专利号为201310511829.3。包含渗透A组分和结晶B组分。渗透A组分主要功能为：首先，清理地面缝隙油腻污渍及地板砖下水泥结构内缝隙的渗漏水通道，有利于后续防水剂通行；其次，激活水泥结构中活性离子成分，促进水泥二次水化反应，产生结晶体，堵塞水泥结构毛细孔。结晶B组分的功能为：首先，与渗透A组分相遇后发生聚合反应而成为不透水的胶体和晶体混合物；其次，未参与反应的剩余B组分防水剂与处于休眠中的水泥活性离子持续发生二次水化反应，生成不溶于水的结晶体，彻底堵塞水泥结构毛细孔渗漏水通道，实现永久性防水。产品的A、B组分及反应后的生成物均为无毒无害无气味的环境友好型物质，不会对室内造成环境污染。

2）渗透结晶无机注浆料：包含甲、乙两组分，均含有促进水泥二次水化反应的活性物质，当分别与水泥接触时，与水泥结构中活性离子反应产生结晶体，堵塞毛细孔；甲、乙组分相遇后发生聚合反应生成不透水的胶体和晶体混合物，填实结构内的大孔隙，使水泥结构体成为具有自防水功能的整体，实现永久性防水。产品的甲、乙组分及反应后的生成物均为无毒无害无气味的环境友好型物质，不会对室内环境造成污染。

3）自愈合防水密封胶：是特种功能双组分遇水膨胀建筑防水密封材料，粘结力强，耐老化耐候性良好，广泛用于能够密闭被约束状态下的沉降缝、伸缩缝等较宽缝隙。

（5）施工设备及工具

电锤、双液灌浆机、锤子、錾子、笤帚、拖把、毛刷、劈刀、泥盆、水桶。

（6）安全措施

①施工人员戴好防护眼镜、橡胶手套、胶靴、穿好工作服，无关人员远离施工现场。②严格按规程用电及电动设备。③对施工现场的设备、设施及装饰面做好防护。

（7）施工周期

施工周期为1个日历天/6m²，特殊情况例外。

以上工法由下列公司提供：

1）河南阳光防水科技有限公司

联系人：王文立（15538086111）

地址：河南郑州高新区瑞达路96号创业中心2号楼

2）江苏邦辉化工科技实业发展有限公司

联系人：冯永（13806165356）

地址：南京市玄武区长江后街6号东南大学科技园4号楼103室

3）北京中联天盛建材有限公司

联系人：王天星（13321190129）

地址：北京市丰台区新发地阳光大厦

4.5 卫生间不砸砖堵漏工法

（1）工程渗漏原因分析

卫生间的防水层损坏，导致漏水现象的发生。漏水可以通过防水层、混凝土层等，在管道根部、墙角、顶棚等处，出现潮湿及漏水。根据不砸地板砖的要求，依据复杂的漏水情况，特编制如下方案。

（2）方案编制依据

1）该工法使用的卫生间修补专用防水剂：①符合现行行业标准《建筑防水涂料中有害物质限量》JC 1066，材料使用后不会对人体和环境造成危害；②符合北京市地方标准《界面渗透型防水涂料质量检验评定标准》DBJ-54-2001，保证产品堵漏效果的质量，防水的耐久性和堵漏效果的持续性。

2）该工法采用的工序：符合国家现行标准《混凝土结构设计标准》GB/T 50010、《建筑给水排水设计标准》GB 50015、《给水排水管道工程施工及验收规范》GB 50268、《房屋渗漏修缮技术规程》JGJ/T

53 等相关标准。

3）一种标本兼治的堵漏工法，增加建筑结构的强度，利用材料与建筑结构中的物质发生反应后的无机物胶凝体填充水泥结构的密实度。不损害建筑物的质量，不损害人体健康，是环境友好的材料和施工工法。

（3）主要防水堵漏材料性能简介

卫生间修补专用防水剂：在不改变建筑物外观的情况下，进行堵漏处理。在施工过程中不砸地砖，只需把地板砖之间的缝隙划开，产品通过该缝隙渗入地板砖下方，以胶体的状态存在于干黏层中。由于漏水现象的存在，随着漏水的流动，把产品活性物质带到混凝土结构层的漏水处，与水泥的水化产物反应生成胶体和晶体，堵塞漏水通道，达到防水的目的。该产品还具有二次自动修复的功能，如果建筑物再次发生漏水，产品中的活性物质析出，随着水的流动，到达新的漏水点发生化学反应，生成胶体和晶体，再次堵塞漏水通道，达到防水的目的。该工法使用的产品标本兼治，彻底堵塞漏水通道，二次自动修复功能保证了防水效果的永久性。

（4）适用范围

已经铺设（或装修以后）地砖发生漏水现象，在不砸地砖情况下的堵漏处理。适用于卫生间、厨房等富水环境的漏水处理。

（5）操作要点及工艺流程

1）操作要点：本产品双组分的材料，使用时先施工渗透组分，后施工结晶组分，产品充分渗入水泥结构中。与地砖下的水泥水化产物发生化学反应，从而起到防水的目的。在施工中掌握以上原理，尽量使产品多渗入地砖下，生成更多的胶体和晶体来堵塞漏水通道，使防水效果达到最佳。本产品还可以用到卫生间初次做防水时管根部位涂刷的预处理，能大大提高管根部位的防渗漏效果。

2）工艺流程：施工时提前两天，不要把水溅到地砖上，保证砂浆内的干燥。

① 把卫生间内全部的地砖用批刀或钢锯条划开（利于防水剂渗入），深度 10mm 左右，把污物清扫干净。

② 堵住地漏口。

③ 把渗透组分搅拌均匀，用 3 倍的清水稀释后，倒在地砖上，用扫帚从低处向高处扫 1h 左右，使该组分通过砖缝漏入地板砖下。该组分在房间内静止存放 3～6h 后（全部渗入地砖下效果最好），把剩余未渗入地砖下的组分通过地漏口彻底排净，用干布擦净残留物方可进行下道工序（结晶组分）施工。

④ 把结晶组分用 3 倍的清洁水稀释后，倒在地砖上，从低处向高处扫（渗入后与水泥水化产物起反应生成不溶于水的胶体或晶体，达到防水目的）1h 左右，以该组分的液面不再下降为准。该组分在房间内静止存放 6～24h 后（全部渗入地砖下效果最好），把剩余未渗入地板砖下的该组分通过地漏口彻底排净。用干布打扫卫生，施工结束。

⑤ 施工结束 3d 内，尽量不要把水溅到地砖上，但洗漱和如厕不受影响。

⑥ 施工结束 3d 后，房间即可正常使用；7d 后，方可蓄水试验（做蓄水试验时，水的液面不能高出该产品施工时的液面）。

（6）施工设备及工具

针对卫生间结构的复杂程度，可以采取注浆的方式进行施工。由于材料是水性的，因此采用水性的双液注浆机，采取低压的方式，通过注浆机把产品注入地板砖下方的结构层中，可以免除划地板砖的工序直接注浆施工。优点是节约自然渗透的等待时间，施工一个卫生间（$4m^2$ 以下）的工作时间减少到 2h 左右，提高了工作效率。

（7）安全措施

1）在产品施工过程中，本着用料充足、渗透均匀的原则，对地砖进行浸润。产品充分与建筑结构接触，生成更多的生成物堵塞漏水通道，保证维修的堵漏效果。

2）施工安全措施：施工过程中，施工人员穿戴防护用具，如手套、防护眼镜、工服、雨鞋等。

（8）施工周期

施工周期为 1d（$4m^2$ 以下的卫生间），特殊情况例外。

4.6　厨房、沉降式卫生间不砸砖堵漏工法

（1）工程渗漏原因分析

由于后厨、沉降式卫生间的复杂程度，一般的回填层厚度为 300～600mm。防水层损坏，导致沉降的箱体进入大量的水，产生了漏水现象。漏水可以通过防水层、混凝土层，在管道根部、墙角、顶棚等处，出现潮湿及漏水。根据不砸地板砖的要求，依据复杂的漏水情况，特编制如下方案。

（2）方案编制依据（见 4.5）

（3）主要防水堵漏材料性能简介（见 4.5）

（4）适用范围

适用于沉降式卫生间铺设地砖（或装修以后），发生漏水现象，在不砸地砖的情况下的堵漏处理。

（5）施工工法

1）自然渗透施工法

①把地砖之间的缝隙划开。②堵塞地漏口。③甲组分（原液经过搅拌后是乳白色悬浊液，加水稀释后，变为无色透明的液体）使用 2～3 倍的清水稀释，并搅拌均匀待用；乙组分使用 2～3 倍的清水稀释，搅拌均匀待用。④把稀释后的甲、乙双组分材料混合，并搅拌均匀，立即倒在地板上，从低处向高处不停地扫，做到地板砖下方结构要浸透饱和。⑤施工 5～30min，待材料凝固后（颜色由半透明液体变为乳白色胶状体），清理地板表面的残留。⑥封堵地板砖之间的缝隙，打扫卫生，施工结束。

2）注浆施工

① 使用冲击钻在地板砖中央位置钻孔，钻孔深度到达结构最下方的混凝土层。

② 安装注浆针头，将针头的黑色橡胶膨胀部分通过旋转针头固定在地板砖的位置。

③ 甲、乙双组分分别使用 1～3 倍的清水稀释，用两个容器分别盛放。

④ 使用双液注浆机，把注浆机的吸水管分别放入甲、乙组分的容器内，开动注浆机进行注浆施工（注浆过程中，会在注浆孔以外的地板砖的缝隙处，先冒出清水，然后浑浊，最后是乳白色原浆。待冒出原浆后，该注浆孔立即停止注浆）。

⑤ 注浆施工中，注浆孔的“孔间距”在 50cm 左右，实际施工中也可以按照冒出原浆的位置，钻注浆孔。

（6）施工设备及工具

腻子刀、美工刀、毛刷、水桶、扫把、毛巾、双液注浆机、钳子、板子、冲击钻等。

（7）安全措施

施工过程中，施工人员穿戴防护用具，比如手套、防护眼镜、工服、雨鞋等。

（8）施工周期

施工周期为 1d（$4m^2$ 以下的卫生间），特殊情况例外。

4.7 阳台、露台不砸砖堵漏工法

（1）工程渗漏原因分析

阳台、露台铺设地板砖后，热胀冷缩、防水层老化破损、外力损坏、沉降等原因，导致漏水现象的发生。根据不砸地板砖的要求，依据复杂的漏水情况，特编制如下方案。

（2）方案编制依据（见 4.5）

（3）主要防水堵漏材料性能简介（见 4.5）

（4）适用范围

阳台、露台发生漏水现象时，在不砸地砖的情况下进行堵漏处理。

（5）施工工法

该产品是双组分的堵漏材料。A 组分是淡黄色、略有沉淀的半透明液体，B 组分由灰白色粉料和乳白色液料组成。适用于阳台、露台渗漏水的治理（免砸砖），地下室、电梯井、隧道、地铁、水池、卫生间等的注浆堵漏。具有生成物较多、产物难溶于水、憎水、渗透力强等技术特点。施工简单，不需要砸地砖就可再造防水层，防水寿命长，环保无污染。

1）自然渗透方法

① 切缝。使用切割机把地砖之间的缝隙切成宽 2mm 左右，深度大于 20mm 的缝隙，并打扫垃圾。

② 施工 A 组分。A 组分用 1 倍的清水稀释、搅拌均匀后，倒在施工的基面上，从低处向高处不停地扫 1h 左右，地板砖缝隙处的材料呈饱和状态（3min 之内液面不下降），并即时打扫卫生，擦干地砖表面残留的材料（防止结膜，污染地砖表面的美观）。

③ 风干 2d。A 组分施工后自然风干 2d 左右（地板砖下方的水分蒸发，空间增多，利于 B 组分的渗入）。

④ 施工 B 组分。打开 B 组分包装内的粉料和液料，分别倒入包装桶中搅拌均匀，然后加入清水（15kg 左右）直到满桶为止，搅拌均匀后，倒在 A 组分已施工的基面上，从低处向高处不停地扫 1h 左右，地板砖缝隙处的材料呈饱和状态（3min 之内液面不下降），并即时打扫卫生，擦干地砖表面残留的材料（防止结膜，污染地砖表面的美观）。

⑤ 封堵缝隙。B 组分施工 3～24h 后，地板砖缝隙处的材料通过蒸发，液面下降。封堵缝隙，恢复美观。

2）双液注浆机灌浆方法

① 打注浆孔。在阳台或露台的边缘部位，在一块地板砖中间位置打孔，孔的深度到达干黏层下方的结构层，安装注浆针头并把针头下方的橡胶部位固定在地板砖位置（可以防止冒浆）。

② 调配 B 组分。打开 B 组分包装桶，把袋装的粉料和液料取出，然后把液料全部倒入包装桶中，再把粉料（粉料添加量越多，固化时间越短，为了保证材料的充分渗透，应减少粉料的使用量）的三分之一或二分之一倒入包装桶中，与液料搅拌均匀后，倒入约 15kg 的清水搅拌均匀即可。

③ 过滤 A、B 组分的溶液。由于 A 组分原液和 B 组分的溶液含有颗粒物，需要过滤后才能使用，以免堵塞注浆机管道。

④ 放置注浆机吸管。把双液注浆机的两个吸水管分别放入 A 组分原液和 B 组分的溶液中。

⑤ 连接注浆针头与注浆管，开动注浆机（B 组分是不溶于水的物质，在施工中要不停地搅拌），向地板砖下方注浆，直到邻近部位冒出原浆，该注浆孔停止注浆，移向下一个注浆孔，以此类推，循序渐进地向一个方向推进，直到全部完成注浆为止。

⑥注浆孔间距大约50cm，根据实地情况，也可按照冒出原浆位置打孔注浆。

（6）施工设备及工具

腻子刀、美工刀、毛刷、水桶、扫把、毛巾、双液注浆机、钳子、板子、冲击钻等。

（7）安全措施

施工过程中，施工人员穿戴防护用具，如手套、防护眼镜、工服、雨鞋等。

（8）施工周期

施工周期为7d，特殊情况例外。

4.8 阳台防水堵漏工法

（1）工程渗漏原因分析

本工程渗漏水的主要原因是：洗手池及洗衣机处上下水管道、地漏周边、墙地砖缝隙渗漏。根据现场工程情况、渗漏水产生原因等相关要求，特编制如下方案。

（2）方案编制依据

《房屋渗漏修缮技术规程》JGJ/T 53。

（3）施工工法

1）清理基层：堵地漏口，清理杂物，打扫地面。

2）处理管根、墙角等节点：对穿楼板及穿墙管道，绕管道四周开凿深30mm、宽20mm的环形槽，槽底部嵌入自愈合防水密封胶，厚度约10mm，用堵漏剂封闭槽口；墙角大于2mm的缝隙用堵漏剂批缝。

3）清理地砖缝隙：用批刀等工具清理缝内的污渍。

4）渗透或灌注结晶性防水剂：按照地面面积每平方米0.5kg厨卫浴不砸砖防水剂A组分，加3倍的清水稀释后，倒在地板砖上自然渗透2h，然后清理残留液，将地面打扫干净；紧接着按上述程序施工B组分防水剂，3h后将墙地面清扫干净。如果地板砖下有大量积水，采用双液灌浆机灌注渗透结晶无机注浆料施工。

5）割去注浆管并再次清理基层地面。

6）表面处理：堵漏剂封堵地砖缝隙，对未固化的防水剂临时保护。

（4）主要防水堵漏材料性能简介（见4.4）

（5）施工设备及工具

电锤、双液灌浆机、锤子、錾子、笤帚、拖把、毛刷、劈刀、泥盆、水桶。

（6）安全措施

1）施工人员戴好防护眼镜、橡胶手套，穿好胶靴、工作服，无关人员远离施工现场。

2）严格按规程用电及电动设备。

3）对施工现场的设备、设施及装饰面做好防护。

（7）施工周期

施工周期为1个日历天/6m^2，特殊情况例外。

以上工法由下列公司提供：

1）河南阳光防水科技有限公司

联系人：王文立（15538086111）

地址：河南郑州高新区瑞达路96号创业中心2号楼

2）贵州维修大师科技有限公司

联系人：吴冬（13115166777）

地址：贵州省贵阳市花溪区天利机电城财源楼万通防水

3）江苏邦辉化工科技实业发展有限公司

联系人：冯永（13806165356）

地址：南京市玄武区长江后街6号东南大学科技园4号楼103室

4）北京中联天盛建材有限公司

联系人：王天星（13321190129）

地址：北京市丰台区新发地阳光大厦

4.9 卫生间、浴室防水堵漏工法

（1）工程渗漏原因分析

本工程渗漏水的主要原因是：上下水管道周边渗漏，墙地砖缝隙渗漏，便器下面渗漏。根据现场工程情况、渗漏水产生原因等相关要求，特编制如下方案。

（2）方案编制依据

《房屋渗漏修缮技术规程》JGJ/T 53。

（3）施工工法

1）清理基层：堵地漏口，清理杂物，打扫地面。

2）处理管根、墙角等节点：对穿楼板及穿墙管道，绕管道四周开凿深30mm、宽20mm的环形槽，槽底部嵌入自愈合防水密封胶，厚度约10mm，用堵漏剂封闭槽口；墙角大于2mm的缝隙用堵漏剂批缝。

3）处理便器下面渗漏：起吊便器，对下水管周边进行开槽密封处理，对蹲便的便坑进行防水处理，安装便器，连接好供水管。

4）清理地砖缝隙：用批刀等工具清理缝内的污渍。

5）渗透或灌注结晶性防水剂：按照地面面积每平方米0.5kg厨卫浴不砸砖防水剂A组分，加3倍的清水稀释后，倒在地板砖上自然渗透2h，然后清理残留液，将地面清扫干净；紧接着按上述程序施工B组分防水剂，3h后将墙地面清扫干净。如果地板砖下有大量积水，采用双液灌浆机灌注渗透结晶水剂注浆料施工。

6）割去注浆管及再次清理基层地面。

7）表面处理：堵漏剂封堵地砖缝隙，对未固化的防水剂临时保护。

（4）主要防水堵漏材料性能简介（见4.4）

（5）施工设备及工具

电锤、双液灌浆机、锤子、錾子、笤帚、拖把、毛刷、劈刀、泥盆、水桶。

（6）安全措施

1）施工人员戴好防护眼镜、橡胶手套，穿好胶靴、工作服，无关人员远离施工现场。

2）严格按规程用电及电动设备。

3）对施工现场的设备、设施及装饰面做好防护。

（7）施工周期

施工周期为1个日历天/6m²，特殊情况例外。

工法提供单位：河南阳光防水科技有限公司

联系人：王文立（15538086111）

4.10 地下室顶板防水堵漏工法

4.10.1 推荐工法一

（1）工程渗漏原因分析

本工程渗漏水的主要原因是：防水施工不当造成渗漏；或混凝土浇筑振捣不密实，产生孔洞和裂纹渗漏和毛细孔出汗渗漏。根据现场工况、渗漏水产生原因等相关要求，特编制如下方案。

（2）方案编制依据

1）《建筑工程施工质量验收统一标准》GB 50300。

2）《地下工程防水技术规范》GB 50108。

3）《地下防水工程质量验收规范》GB 50208。

4）《民用建筑设计统一标准》GB 50352。

5）《建筑室内防水工程技术规程》CECS 196。

6）《种植屋面工程技术规程》JGJ 155。

7）《聚合物水泥防水涂料》GB/T 23445。

8）《聚合物水泥防水浆料》JC/T 2090。

9）《无机防水堵漏材料》GB 23440。

（3）施工工法

1）南方非冰冻区顶板渗漏的治理：

① 裂纹渗漏的治理：

用无尘角磨机沿裂纹方向磨削，清理基面，并且把混凝土结构层表面磨削，宽度 50～100mm，把混凝土毛细孔打开。

用无尘切槽机沿裂纹方向开槽深 3mm，宽 2mm。

用压缩空气清扫。

用按 5：1 的比例混合的 YYA 特种防水抗渗浆料和 YY-16 闪凝浆料抹平开槽，5min 后，用 RD-FLEX 背压一涂灵涂刷 2 遍。

基面腻子找平，涂料恢复。

② 振捣不密实造成渗漏的治理：

用无尘角磨机沿裂纹方向磨削，清理基面，并且把混凝土结构层表面磨削，把混凝土毛细孔打开；如果有明水，则用 YYA 防水抗渗浆料进行喷涂 2 遍，12h 后，涂刷 RD-N 顶板专用内防水浆料；如果没有明水，则直接涂刷 RD-N 内防水浆料。

2）北方高寒区顶板渗漏的治理裂纹渗漏的治理：

在裂纹的远端钻应力消除孔。

沿裂纹方向，在裂纹两侧交叉钻注浆孔。

在孔内注射 YY-17 莱卡树脂。

沿裂纹涂刷 RD-FLEX 裂纹背压一涂灵。

（4）主要防水堵漏材料性能简介

1）YYA 特种防水抗渗浆料：高性能水泥和砂子为主要成分，同时加入了多种化学元素作为激发剂，与微量胶粉配成的灰色粉末。遇水后，产生电化学反应，使水泥颗粒分解，水泥中的金属元素发挥效用，而使水泥颗粒完全水化，并达到水泥的最大利用效能，达到高密度、高抗渗性、高粘结强度等特点。

2）YY-1645s 抗渗闪凝浆料：一种速凝单组分闪凝浆料，用来瞬间封堵流动的水或混凝土或砖石的渗漏。不收缩，非金属，非腐蚀性，只需清水搅拌，初凝只需 45s，也可在水下使用。可用在地上、地下、室内室外，封堵大部分混凝土和砂浆墙、地板的渗漏。快速的硬化时间，高强度和可控的膨胀，使 YY-16 成为理想的材料，适合如下工况：大坝和水库；隧道和下水道；桥梁和储水池；游泳池、电梯基坑、人造喷泉；基础等。

3）RD-FLEX 活动裂纹背压一涂灵：双组分，粘结强度 0.7MPa，抗拉强度 1.5MPa；二次抗渗压力 1.0MPa，可耐背水压力 2～4m 深；耐活动裂纹宽度 2mm。

4）YY-17 莱卡树脂：双组分，无填料，无溶剂，低黏度活性弹性莱卡树脂注浆树脂。两组分反应形成一个弹性的不渗透的密封，用于混凝土上未来可能发生进一步开裂的位置和接缝位置。可现场应用于活动裂纹的注浆；混凝土、石头或砂浆潮湿裂纹的填充；渗漏伸缩接头的填充及冷施工缝的填充；耐久的、不渗透的水密封；弹性密封，填充混凝土结构空洞、蜂窝等，防止水的渗透。还可延伸做如下用途：动态裂纹、地板和桥墩、地上及地下、地下人行道及隧道污水处理厂、地下室水库、水池、游泳池渗漏的膨胀接缝、冷接头、地下室由于水的浸入造成的渗漏等。使用简单，低黏度，可有效渗入混凝土最小的毛细孔内，对潮湿混凝土具有良好粘结力和弹性，在潮湿的环境中，弹性莱卡树脂膨胀形成封闭的蜂窝状泡沫，可用单组泵或双组泵进行注射。

5）RD-N 顶板大面积渗漏治理专用浆料：为双组分浆料，粘结力 2.0MPa，延伸率 80%，二次渗透压力 0.8MPa，耐水浸泡，耐活动裂纹 2mm。可以潮湿作业，但不能带水作业。

（5）施工设备及工具

空压机、喷浆枪、高压灌浆机、电钻、电镐等。

（6）安全措施

照明设施、用电设施安装漏电保护器，配备消防器材，设置安全通道，防护脚手架、穿下水绝缘鞋、戴绝缘乳胶手套，戴安全帽，穿工装。

4.10.2 推荐工法二

（1）工程渗漏原因分析

本工程渗漏水主要原因是：振捣不密实、锈胀、水化热、荷载变化造成不规则裂缝、施工缝原来堵漏材料失效，变形缝胶条老化。根据现场工况、渗漏水产生原因等相关要求，特编制如下方案。

（2）方案编制依据

1）《地下工程防水技术规范》GB 50108。

2）《地下防水工程质量验收规范》GB 50208。

3）《混凝土结构加固设计规范》GB 50367。

4）《地下工程渗漏治理技术规程》JGJ/T 212。

5）《混凝土裂缝用环氧树脂灌浆材料》JC/T 1041。

6）《聚合物水泥防水砂浆》JC/T 984。

7）《地面用水泥基自流平砂浆》JC/T 985。

8）《聚氨酯灌浆材料》JC/T 2041。

9）《水泥基灌浆材料应用技术规范》GB/T 50448。

（3）施工工法

1）不规则裂缝采用针孔法，裂缝封闭，控制灌浆，填塞密封胶泥。

2）施工缝采用针孔法，裂缝封闭，控制灌浆，多种材料混合灌浆，填塞密封材料。

3）变形缝采用壁后水泥灌浆、针孔法，裂缝封闭，无管空腔，多种材料混合，非固化橡胶灌注，多层填塞密封胶，多层韧性防护层。

（4）主要防水堵漏材料性能简介（表 4.10-1）

表 4.10-1

水中固化改性环氧灌缝胶	KT-CSS-1	水中可以固化，水中粘结、固化体有 8%的延伸率、抗压强度 C40，无溶剂	不规则裂缝渗漏水、施工缝渗漏水
耐潮湿非固化橡胶沥青（注浆型）	KT-CSS-2	水中可以粘结，不垂挂、不流淌，延伸率 300%	变形缝堵漏
非固化橡胶沥青密封胶（耐潮湿填塞型）	KT-CSS-3	潮湿基层粘结、不垂挂、不流淌、触变性好、延伸率大于 300%，常温为膏状	变形缝堵漏
双组分高触变聚硫密封胶	KT-CSS-4	潮湿基层粘结、不垂挂、不流淌、触变性好、延伸率大于 100%，表面固化	变形缝堵漏
聚合物防水砂浆胶水	KT-CSS-5	粘结强度高、防水、不开裂、有韧性、有延展性、抗渗性好、抗压强度达 C30 以上	不密实渗水堵漏
环氧胶泥（弹性）	KT-CSS-11	粘结强度高、防水、不开裂、有韧性、延伸率 30%、抗渗性好、抗压强度达 C20 以上	裂缝渗漏水
高渗透环氧底涂液	KT-CSS-16	渗透性好、黏度低、强度高	底涂液、界面剂
非固化橡胶沥青涂料（全天候施工）	KT-CSS-6	潮湿基层粘结、不垂挂、不流淌、触变性好、延伸率大于 300%	皮肤式防水涂料
非固化橡胶沥青卷材粘结剂（全天候施工）	KT-CSS-7	潮湿基层粘结、不垂挂、不流淌、触变性好、延伸率大于 300%	密贴式防水粘结材料
盾构管片接缝堵漏用改性环氧灌缝胶	KT-CSS-8	水中可以固化，水中粘结、固化体有 8%的延伸率、抗压强度 C40，无溶剂、黏度大	盾构管片拼接缝、施工缝堵漏
耐潮湿低黏度改性环氧灌缝胶	KT-CSS-9	水中可以固化，水中粘结、固化体有 5%的延伸率、抗压强度 C40，无溶剂、黏度小、可以灌注到 0.1mm 的裂缝	结构不规则裂缝堵漏
聚合物快干胶粉	KT-CSS-10	快速硬化、不开裂	快速堵漏
聚合物修补砂浆	KT-CSS-12	防水、堵漏、修补、粘结强度高	快速堵漏
高弹聚氨酯密封胶	KT-CSS-13	防水、粘结强度高、延伸率 200%	密封、封闭
单组分水固化聚氨酯涂料	KT-CSS-14	潮湿基层粘结、不垂挂、不流淌、触变性好、延伸率大于 50%，表面固化	防水、封闭
高渗透水泥基渗透结晶	KT-CSS-15	水泥基渗透结晶类材料	防水、封闭
超细水泥基无收缩灌浆料	KT-CSS-17	可以灌注 1mm 的缝隙	堵漏、加固
高强水泥基无收缩灌浆料	KT-CSS-18	快速固化	堵漏、加固
水中不分散水泥基无收缩灌浆料	KT-CSS-20	水中不分散、强度高	堵漏、加固
弹性水泥基无收缩灌浆料	KT-CSS-21	延伸率 20%	堵漏、加固

（5）主要设备及工具

高压化学灌浆机、双组分用化学高压灌浆机、加热型非固化灌浆机、螺杆水泥灌浆机、活塞型水泥灌浆机、电锤。

（6）安全措施

注意明火，控制灌浆压力，防烫伤保护、通风。

（7）施工周期

施工周期为95个日历天，阴雨天及大风天气和特殊情况例外。

（8）其他事项

采取结构抗振动扰动措施，施工工艺也围绕抗振动扰动措施。

以上工法由下列公司提供：

1）郑州赛诺建材有限公司

联系人：王福州（15137139713）

地址：郑州市上街区中心路和金华路交叉口南乐福国际六号楼二单元十七楼1701号

2）南京康泰建筑灌浆技术有限公司

联系人：陈森森（13905105067/13951845748）

地址：南京市栖霞区仙林万达茂中心C座25幢1608室

3）贵州维修大师科技有限公司

联系人：吴冬（13115166777）

地址：上海市闵行区中春路7001号明谷科技园5栋502室

4）江苏邦辉化工科技实业发展有限公司

联系人：冯永（13806165356）

地址：南京市玄武区长江后街6号东南大学科技园4号楼103室

5）盐城启明新型建材厂

联系人：曹云良（13615162588）

地址：江苏省盐城市盐都区西环路美丽综合楼

4.11 地下室侧墙防水堵漏工法

4.11.1 推荐工法一

1）工程渗漏原因分析

本工程渗漏水主要原因是：振捣不密实、锈胀、水化热、荷载变化造成不规则裂缝、施工缝原来堵漏材料失效，变形缝胶条老化。根据现场工况、渗漏水产生原因等相关要求，特编制如下方案。

2）方案编制依据（见4.10.2）

3）施工工法（见4.10.2）

4）主要防水堵漏材料性能简介（见4.10.2）

5）施工设备及工具

高压化学灌浆机、双组分用化学高压灌浆机、加热型非固化灌浆机、螺杆水泥灌浆机、活塞型水泥灌浆机、电锤。

6）安全措施

注意明火，控制灌浆压力，防烫伤保护，通风。

7）施工周期

施工周期为45个日历天，阴雨天及大风天气和特殊情况例外。

8）其他事项

采取结构抗振动扰动措施，施工工艺也围绕抗振动扰动措施。

4.11.2 推荐工法二

（1）工程渗漏原因分析

本工程渗漏水的主要原因是：防水施工不当造成渗漏，地下车库侧墙通常为混凝土结构，也有一些是砖砌结构，混凝土侧墙渗漏分为振捣不到位，导致混凝土结构不密实，孔隙较多或产生混凝土裂纹的渗漏及根部的漏水。

（2）方案编制依据

1）《建筑工程施工质量验收统一标准》GB 50300。

2）《地下工程防水技术规范》GB 50108。

3）《地下防水工程质量验收规范》GB 50208。

4）《民用建筑设计统一标准》GB 50352。

5）《聚合物水泥防水涂料》GB/T 23445。

6）《聚合物水泥防水浆料》JC/T 2090。

7）《无机防水堵漏材料》GB 23440。

（3）施工工法

1）侧墙振捣不密实造成渗漏的治理

① 清理基面，把混凝土结构基面磨除 2mm。

② 喷涂 YYA 特种防水抗渗浆料。

③ 12h 后，可能有个别点渗漏，采用 YY-1645s 闪凝浆料或 YY-17 莱卡树脂进行止水处理。

2）侧墙裂纹渗漏的治理

① 在渗漏治理中，如果遇到裂纹渗漏，应向最坏处理解，即把裂纹理解为活动裂纹。

② 在裂纹远端钻应力孔，消除应力。

③ 沿裂纹方向，在裂纹两侧交叉钻注浆孔。

④ 在孔内注射 YY-17 莱卡树脂。

⑤ 沿裂纹涂刷 RD-FLEX 活动裂纹背压一涂灵。

3）侧墙根部的渗漏治理

① 沿侧墙向下开槽 5cm 宽，深度贯入结构板深度 2～3cm。

② 喷涂 YYA 特种防水抗渗浆料，2～3mm 厚度。

③ 12h 后，如有局部漏水，采用 YY-1645s 闪凝浆料进行止漏。

④ 用 YYH 防水浆料填平所开的槽。

4）砖砌侧墙渗漏的治理

① 清除抹灰砂浆层，露出砖基面，凿毛砖面，清凿嵌缝砂浆 2cm。

② 在凿毛砖基面上喷涂 YYA 防水抗渗浆料 5mm 厚，嵌缝重点喷涂。

③ 12h 后查缺补漏，采用 YY-1645s 抗渗闪凝浆料进行止漏。

④ 用加有 YYM 渗透结晶防水剂的砂浆进行抹平，1～2cm 厚。

⑤ 隔墙与后墙连接处的 T 形位置，应进行钻孔，注射 YYG 帷幕固结抗渗浆料，防止水窜向隔墙。

（4）主要防水堵漏材料性能简介

1）YYA 特种防水抗渗浆料（见 4.10.1）

2）YY-17 莱卡树脂（见 4.10.1）

3）YY-1645s 抗渗闪凝浆料（见 4.10.1）

4）YYH 防水浆料：灰色粉末，由大部分无机物及小量的有机物成分组成，具有高强度、高粘结力、高抗渗性，为有机高强度浆料，粘结力强，抗渗性好，具体如下：抗压强度（7d）51MPa；抗折强度（7d）10.27MPa；抗渗压力（7d）1.5MPa，（28d）2.0MPa；粘结强度（7d）1.5MPa；初凝时间 220min；终凝时间 300min；耐水性：95%以上。

5）YYM 渗透性防水剂：渗透结晶型混凝土外加剂，用于储水结构，饮水池、污水处理厂、化粪池；用于防水结构，隧道、电梯基坑、坝体；地下工程、建筑基础、大体积混凝土。

特点：耐久性好；可自愈合 0.4mm 的细小静态裂纹；提高强度；保护钢筋免受腐蚀；抗水压达 14MPa；不需再做防水层。

（5）施工设备及工具

空压机、喷浆枪、高压灌浆机、电钻、电镐等。

（6）安全措施

照明设施、用电设施安装漏电保护器，配备消防器材，设置安全通道，防护脚手架，穿下水绝缘鞋，戴绝缘乳胶手套，戴安全帽，穿工装。

（7）施工周期

施工周期为 15 个日历天，阴雨天及大风天气和特殊情况例外。

以上工法由下列公司提供：

1）南京康泰建筑灌浆技术有限公司

联系人：陈森森（13905105067/13951845748）

地址：南京市栖霞区仙林万达茂中心 C 座 25 幢 1608 室

2）郑州赛诺建材有限公司

联系人：王福州（15137139713）

地址：郑州市上街区中心路和金华路交叉口南乐福国际六号楼二单元十七楼 1701 号

3）江苏邦辉化工科技实业发展有限公司

联系人：冯永（13806165356）

地址：南京市玄武区长江后街 6 号东南大学科技园 4 号楼 103 室

4）贵州维修大师科技有限公司

联系人：吴冬（13115166777）

地址：上海市闵行区中春路 7001 号明谷科技园 5 栋 502 室

5）盐城启明新型建材厂

联系人：曹云良（13615162588）

地址：江苏省盐城市盐都区西环路美丽综合楼

4.12 地下室底板防水堵漏工法

4.12.1 推荐工法一

1）工程渗漏原因分析

本工程渗漏水主要原因是：振捣不密实、锈胀、水化热、荷载变化造成不规则裂缝、施工缝原来堵漏材料失效，变形缝胶条老化。根据现场工况、渗漏水产生原因等相关要求，特编制如下方案。

2）方案编制依据（见 4.10.2）

3）施工工法（见 4.10.2）

4）主要防水堵漏材料性能简介（见 4.10.2）

5）施工设备及工具

高压化学灌浆机、双组分用化学高压灌浆机、加热型非固化灌浆机、螺杆水泥灌浆机、活塞型水泥灌浆机、电锤。

6）安全措施

注意明火，控制灌浆压力，防烫伤保护，通风。

7）施工周期

施工周期为 45 个日历天，阴雨天及大风天气和特殊情况例外。

8）其他事项

采取结构抗振动扰动措施，施工工艺也围绕抗振动扰动措施。

4.12.2 推荐工法二

（1）工程渗漏原因分析

本工程渗漏水的主要原因是：防水施工不当造成渗漏；或混凝土浇筑振捣不密实，产生孔洞和裂缝漏水。地下车库的结构主要分为两种：混凝土结构层 + 找平面层（图 4.12-1）和筏板 + 回填土 + 找平层（图 4.12-2）。根据现场工况、渗漏水产生原因等相关要求，特编制如下方案。

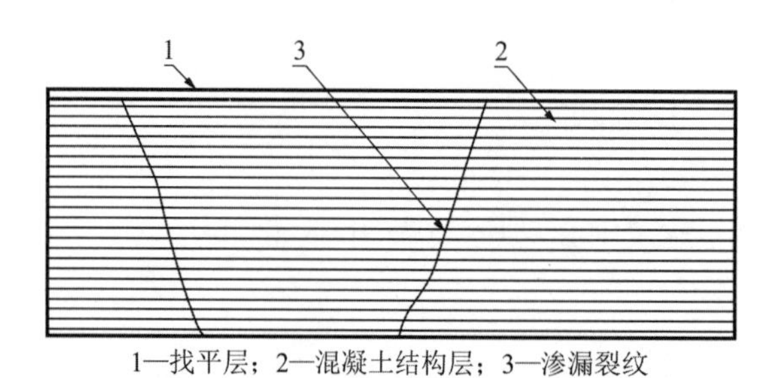

1—找平层；2—混凝土结构层；3—渗漏裂纹

图 4.12-1

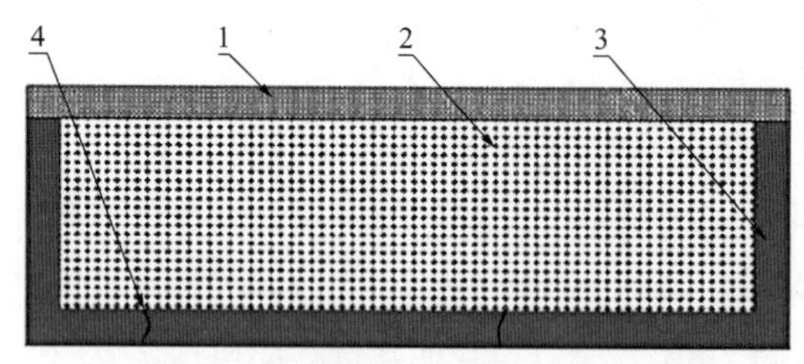

1—找平层；2—回填土；3—筏板；4—渗漏裂纹

图 4.12-2

（2）方案编制依据（见 4.11.2）

（3）施工工法

1）针对图 4.12-1 结构的治理方案

① 在找平层表面，根据图纸先把后浇带位置找出来，打开检查是否有渗漏。

② 沿边角开槽，贯穿找平层，并且切入结构层 2cm 深，宽度为 3～5cm，检测是否漏水。

③ 在渗漏的找平层平面上，用“十”字逼近法切 3cm 宽，切入结构层深度 2cm 的槽（图 4.12-3）。

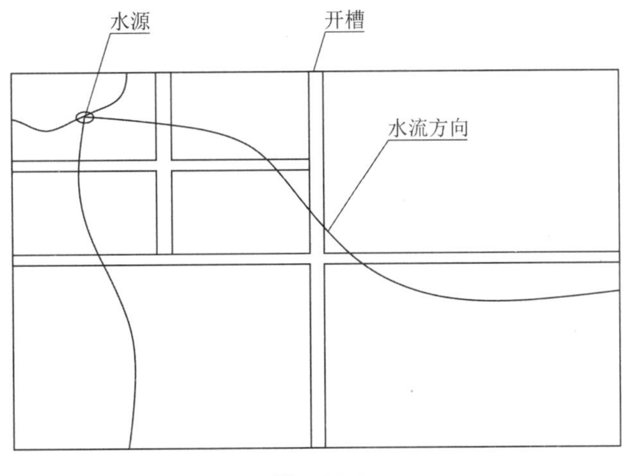

图 4.12-3

④ 12h 后，观察槽的侧壁，如果发现一侧不再渗流，则渗漏源必在另一侧，据此，可排除三个区间，以此类推，经过 2～3 次逼近后，渗漏源被锁定在很小的部位。

⑤ 打开渗漏源表面的找平层，并清理基面。

⑥ 如果渗漏严重，可用 YY-17 莱卡树脂注射堵漏或 YY-1645s 抗渗闪凝浆料堵漏，然后对结构层平面上慢渗区域整体喷涂 YYA 特种防水抗渗浆料。

2）针对图 4.12-2 渗漏的治理

水从筏板裂纹进入回填土后，随着时间的推移，会逐渐充满整个空腔，进而产生浮力，对找平层造成大面积开裂漏水的破坏（图 4.12-4）。

图 4.12-4

治理工法为（图 4.12-5）：

① 从找平层上向下钻孔，穿越回填土层。

② 在找平层上均布。

③ 在孔内安装注浆管。

④ 注射抗渗性固结料 YYG，该固结料可在水中与泥浆固结成高抗渗高强度的整体固体，对抗浮力。

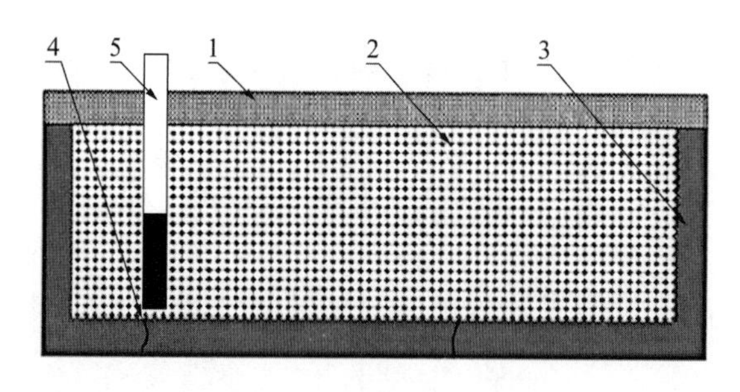

1—找平层；2—回填土；3—筏板；4—渗漏裂纹；5—注浆管

图 4.12-5

（4）主要防水堵漏材料性能简介

1）YYA 特种防水抗渗浆料（见 4.10.1）

2）YY-17 莱卡树脂（见 4.10.1）

3）YYG 高强度抗渗固结浆料：灰色粉状无机高强度单组分水泥基浆料，粘结力强，流动性好，强度高，抗渗性好，静水下 2～3h 可凝结固化，24h 固结强度达 20MPa，抗渗性好，可水下硬化，具有抗冻性，特别适合高寒地区软土泥浆的固结。

① 本产品加水搅拌可直接用于灌浆作业。

② 针对不同大小的缝隙空间，不同土壤地质环境，不同的灌浆基础条件，不同的强度指标要求确定适宜的水灰比（通常注浆料水灰比的范围为 0.5～3.0），必须用高速（1400～1500r/min）电动搅拌机进行搅拌 5min 以上。

③ 可采用手动或电动水泥灌浆设备进行灌浆作业，注浆压力在一定的范围内（通常在 0.1～0.5MPa 内）。不同的基础条件、不同的水灰比所需的注浆压力不同。注浆压力太大，可能形成劈裂注浆，无法均匀渗透。灌浆压力太小，则无法渗透至细微空间。适合高寒地区软土泥浆的固结，常用于建筑结构缺陷补强加固和灌浆加固，形成高强坚固基面和抗渗层，用于应对带水和潮湿基面、结构。

（5）施工设备及工具

空压机、喷浆枪、水泥灌浆泵、电钻、电镐等。

（6）安全措施

照明设施、用电设施安装漏电保护器，配备消防器材，设置安全通道，防护脚手架，穿下水绝缘鞋，戴绝缘乳胶手套，戴安全帽，穿工装。

（7）施工周期

施工周期为 15 个日历天，阴雨天及大风天气和特殊情况例外。

以上工法由下列公司提供：

1）南京康泰建筑灌浆技术有限公司

联系人：陈森森（13905105067/13951845748）

地址：南京市栖霞区仙林万达茂中心 C 座 25 幢 1608 室

2）郑州赛诺建材有限公司

联系人：王福州（15137139713）

地址：郑州市上街区中心路和金华路交叉口南乐福国际六号楼二单元十七楼 1701 号

3）江苏邦辉化工科技实业发展有限公司

联系人：冯永（13806165356）

地址：南京市玄武区长江后街6号东南大学科技园4号楼103室

4）淮安市博隆建筑防水材料有限公司

联系人：邢光仁（13915117017）

地址：江苏省淮安市解放东路

4.13 电梯井防水堵漏工法

4.13.1 推荐工法一

（1）工程渗漏原因分析

渗漏水的主要原因是：柔性外包防水层与结构自防水失效、混凝土与砖墙连接的施工缝部位窜水。根据现场工况、渗漏水产生原因等相关要求，特编制如下方案。

（2）方案编制依据

1）《地下工程防水技术规范》GB 50108。

2）《地下防水工程质量验收规范》GB 50208。

3）《地下工程渗漏治理技术规程》JGJ/T 212。

（3）施工工法

①清理基面。②缺陷部位的混凝土修复、补强、加固。③确认孔距、钻孔。④安装注浆嘴。⑤灌注MFT-S3水泥浆料。⑥调试设备。⑦灌注MFT-BX止水凝胶体和水性聚氨酯浆液。⑧拆除注浆嘴，MFT-S2封堵。⑨涂刷MFT-ST防水涂料。⑩养护。

（4）主要防水堵漏材料性能简介

MFT-ST防水涂料是由波特兰水泥、特殊级配的石英砂、化学活性改性剂和添加剂组成。当它与水混合时便可以形成混凝土的防水涂料。当应用在混凝土表面时，它的活性化学物与游离石灰和混凝土中的潮气结合形成长链且不溶解的晶体化合物。这种晶体可以封闭（阻塞）混凝土中的毛细管和裂缝从而阻止水的渗透（甚至在负水压下），它仅容许水蒸气通过，即允许结构“呼吸”。正是由于上述特性，用于保护海水、废水、受腐地基水和某些化学溶液中的混凝土。

MFT-ST防水涂料是一种以涂刷方式应用在混凝土表面的独特渗透结晶型防水方式，为干燥的粉末状材料，与水混合后变成一种涂料，不仅可以涂刷在混凝土建筑的迎水面，也可以涂刷在背水面。与未水化的水泥颗粒发生反应，生成无数的针状结晶体。经过数周、数月的反应时间，这些结晶体填充了混凝土内部自然生成的各种孔洞和缝隙，密封了水及水载污染物渗入的通道。当混凝土沉降或收缩产生新的裂缝时，新渗入的水再次催化了结晶反应，生成新的晶体，自愈合裂缝，保证混凝土防水。

（5）施工设备及工具

MFT-GY注浆泵。

（6）安全措施

产品可能刺激眼睛和皮肤。总体建议：一旦身体接触材料，不要恐慌，按照材料健康安全手册进行妥善处理，及时就医。皮肤接触：脱去已沾污的衣服，用肥皂和水冲洗。不要使用溶剂或稀释剂，听从医生建议。眼睛接触：立即用眼睛清洗器或干净水冲洗至少15min。除去接触的镜片，及时就医。摄入：立即将口内材料冲出，并饮用大量的水。

（7）施工周期

施工周期为4个日历天，阴雨天及大风天气和特殊情况例外。

4.13.2　推荐工法二

（1）工程渗漏原因分析

本工程渗漏水的主要原因是：振捣不密实、锈胀、水化热、荷载变化造成不规则裂缝、施工缝的堵漏材料失效、外防水层失效。根据现场工况、渗漏水产生原因等相关要求，特编制如下方案。

（2）方案编制依据（见 4.10.2）

（3）施工工法

①不规则裂缝采用针孔法，裂缝封闭，控制灌浆，填塞密封胶泥。②施工缝采用针孔法，裂缝封闭，控制灌浆，多种材料混合灌浆，填塞密封材料。③整体再采用水泥类灌浆材料壁后灌浆充填和固结，内壁全部采用刚性涂料粉刷和柔性材料粉刷。

（4）主要防水堵漏材料性能简介（见 4.10.2）

（5）施工设备及工具

高压化学灌浆机、双组分用化学高压灌浆机、加热型非固化灌浆机、螺杆水泥灌浆机、活塞型水泥灌浆机、电锤、切割机、钻机。

（6）安全措施

注意明火，控制灌浆压力，防烫伤保护，通风。

（7）施工周期

施工周期为 35 个日历天，阴雨天及大风天气和特殊情况例外。

（8）其他事项

采取结构抗振动扰动措施，施工工艺也围绕抗振动扰动措施。

以上工法由下列公司提供：

1）吉林省名扬防水工程有限公司

联系人：宫安（15044050999）、郭金龙（13604332004）

地址：吉林省长春市正茂生产资料市场（东环城路与四通路交口）30 栋 418 室/130033

2）南京康泰建筑灌浆技术有限公司

联系人：陈森森（13905105067/13951845748）

地址：南京市栖霞区仙林万达茂中心 C 座 25 幢 1608 室

3）江苏邦辉化工科技实业发展有限公司提供

联系人：冯永（13806165356）

地址：南京市玄武区长江后街 6 号东南大学科技园 4 号楼 103 室

4）北京恒建博京防水材料有限公司

联系人：魏国玺（13911220826）

地址：北京市通州区

4.14　通风口防水堵漏工法

（1）工程概况

本工程通风口渗漏水的主要原因是：振捣不密实、锈胀、水化热、荷载变化造成不规则裂缝、施工缝堵漏材料失效、外防水层失效。根据现场工况、渗漏水产生原因等相关要求，特编制如下方案。

（2）方案编制依据（见 4.10.2）

（3）施工工法（见 4.13.2）

（4）主要防水堵漏材料性能简介（见 4.10.2）

（5）施工设备及工具

高压化学灌浆机、双组分用化学高压灌浆机、加热型非固化灌浆机、螺杆水泥灌浆机、活塞型水泥灌浆机、电锤、切割机、钻机。

（6）安全措施

注意明火，控制灌浆压力，防烫伤保护，通风。

（7）施工周期

施工周期为 35 个日历天，阴雨天及大风天气和特殊情况例外。

（8）其他事项

采取结构抗振动扰动措施，施工工艺也围绕抗振动扰动措施。

以上工法由下列公司提供：

1）南京康泰建筑灌浆技术有限公司

联系人：陈森森（13905105067/13951845748）

地址：南京市栖霞区仙林万达茂中心 C 座 25 幢 1608 室

2）北京中联天盛建材有限公司

联系人：王天星（13321190129）

地址：北京市丰台区新发地阳光大厦

3）广东赛力克防水材料股份有限公司

联系人：郭宝利（15601177888）

地址：广州市天河区中山大道中 1025 号君易商务大厦 703 室

4.15 变形缝防水堵漏工法

（1）工程概况

本工程渗漏水的主要原因是：振捣不密实、锈胀、水化热、荷载变化造成变形缝结构和止水带之间缝隙、止水带失效、变形缝止水带偏移、水压大于止水带设计承受的压力、结构变形超出设计的变形量以及堵漏材料失效、外防水层失效。根据现场工况、渗漏水产生原因等相关要求，特编制如下方案。

（2）方案编制依据（见 4.10.2）

（3）施工工法（见 4.10.2）

（4）主要防水堵漏材料性能简介（见 4.10.2）

（5）施工设备及工具

高压化学灌浆机、双组分用化学高压灌浆机、加热型非固化灌浆机、螺杆水泥灌浆机、活塞型水泥灌浆机、电锤。

（6）安全措施

注意明火，控制灌浆压力，防烫伤保护，通风。

（7）施工周期

施工周期为 35 个日历天，阴雨天及大风天气和特殊情况例外。

（8）其他事项

采取结构抗振动扰动措施，施工工艺也围绕抗振动扰动措施。

以上工法由下列公司提供：

1）南京康泰建筑灌浆技术有限公司

联系人：陈森森（13905105067/13951845748）

地址：南京市栖霞区仙林万达茂中心 C 座 25 幢 1608 室

2）淮安市博隆建筑防水材料有限公司

联系人：邢光仁（13915117017）

地址：江苏省淮安市解放东路

3）北京恒建博京防水材料有限公司

联系人：魏国玺（13911220826）

地址：北京市通州区

4.16 伸缩缝防水堵漏工法

（1）工程渗漏原因分析

本工程渗漏水的主要原因是：原橡胶止水带在现浇混凝土立壁时，由于固定不够牢固、混凝土振捣时，橡胶止水带扭曲移位，止水带无法起作用，造成严重渗漏水。雨天水位上升、压力增加，漏水更加严重。根据现场工况、渗漏水产生原因等相关要求，特编制如下方案。

（2）方案编制依据

1）《地下工程防水技术规范》GB 50108。

2）《地下防水工程质量验收规范》GB 50208。

（3）施工工法

1）清理原伸缩缝内垃圾杂物。

2）缝深 180～200mm 处，置入厚 80mm 左右杉木底板。木板两侧缝隙用麻丝填实起临时止水作用。

3）杉木底板外面铺设杉木面板厚 50mm，底板与面板预留 20mm 空隙跑浆通道，立壁与杉木板条交接处两侧阴角埋入注浆导流 PE 泡沫条，并间距 500mm 预置高压注浆管连接 PE 条。

4）水不漏固定泡沫条及高压注浆管，1∶2 水泥砂浆找平至伸缩缝壁口 30mm 处，水泥砂浆强度满足后，从注浆管注入高分子水溶性聚氨酯注浆料、完全固化后割去多余注浆管，管内塞木针。

5）预置间距 150mm、ϕ12 化学膨胀螺栓，在伸缩缝内满铺现配双组分聚硫膏、两侧延伸至橡胶止水带能完全覆盖处，聚硫膏厚度均匀，最薄处不低于 20mm。

6）安装橡胶止水带，并顺序安装厚 8mm × 100mm 钢压板，7d 后按顺序紧固压板螺栓，每次安装量不宜太大。

（4）主要防水堵漏材料性能简介

1）水不漏：一种单组分的无机刚性灰色粉状的防水堵漏材料。产品具有防潮、防渗、快速带水堵漏的特点，迎水面、背水面均可使用，产品施工简便，无毒无害。产品可分为缓凝型和速凝型两种类型。缓凝型主要应用于防潮、防渗；速凝型主要应用于抗渗、堵漏，其凝固时间亦可调整。

2）新型聚氨酯注浆材料“注浆堵漏王”：以甲苯二异氰酸酯与三羟基水溶性聚醚进行化学合成，形成端基有过量游离氰酸根基因的高分子化合物。该材料注入漏水部位后，以水为交联剂进行化学反应，放出 CO_2 逆水而上进行扩散，并与周围的砂石、泥土、混凝土等固结成弹性的固结体，从而达到止水加固的目的。

（5）施工设备及工具

手电钻、电锤、砂轮切割机、注浆泵。

（6）安全措施

①进场施工员严格遵守各项操作规程，严禁违章作业。②施工人员必须佩戴安全带、安全帽，做到安全第一，文明施工。③施工用电必须配备漏电保护装置。④脚手架作业必须佩戴安全帽、安全带，做到安全第一，文明施工。动用明火必须做好防火措施，现场必须配备看护人员。

（7）施工周期

施工周期为 7 个日历天，阴雨天及大风天气和特殊情况例外。

（8）其他事项

①施工时，甲方应确认联系人一名。②提供堆放材料和施工机具场所。③提供施工时用电、用水等。

以上工法由下列公司提供：

1）苏州奥立克防水堵漏工程有限公司

联系人：邱钰明（13915515883）

地址：江苏省苏州市吴中经济开发区北溪江路 316 号

2）辽宁九鼎宏泰防水科技有限公司

联系人：高岩（13940386188）

地址：辽宁省盘锦市大洼区临港经济区汉江路

4.17　沉降缝防水堵漏工法

（1）工程渗漏原因分析

渗漏水的主要原因是：结构自防水和柔性外包防水层均出现了局部质量缺陷，结构自防水中节点部位的防水设施也出现了破损（中埋和背贴止水带），当这几种质量缺陷出现重叠时，就会产生渗漏水。根据现场工况、渗漏水产生原因等相关要求，特编制如下方案。

（2）方案编制依据

1）《地下工程防水技术规范》GB 50108。

2）《地下防水工程质量验收规范》GB 50208。

3）《地下工程渗漏治理技术规程》JGJ/T 212。

（3）施工工法

①清除顶板上的覆盖物并清理基面。②沉降缝部位开槽，槽宽大于沉降缝两侧各 100mm。③清除缝内嵌填物。④MFT-SST 缓凝水不漏封堵 5mm 厚。⑤灌注 MFT-FGH 橡胶沥青灌浆料。⑥缝内填充麻丝。⑦灌注 MFT-FGH 橡胶沥青灌浆料。⑧粘贴无胎基双面自粘防水卷材。⑨铺贴 4mm 厚单面自粘防水卷材。⑩铺设隔离层。⑪保护层施工。

（4）主要防水堵漏材料性能简介

MFT-FGH 橡胶沥青灌浆料不固化，固含量大于 99%，施工后始终保持原有的弹塑性状态。粘结性强，可在潮湿基面施工，也可带水堵漏作业，与任何异物保持粘结。柔韧性好，对基层变形、开裂适应性强，在变形缝处使用凸显优势。有良好的蠕变性，自愈性强。施工时材料不会分离，可形成稳定、整体无缝的防水层。可自行修复，阻止水在防水层流窜，保持防水层的连续性。无毒、无味、无污染，不燃烧；耐久、防腐、耐高低温。施工简便，既可灌注施工，也可浇灌施工。可在常温和零度以下施工。可与其他防水材料共同使用，形成复合式防水层，提高防水效果。施工后即可满足防水要求，缩短施工周期。

（5）施工设备及工具

①MFT-JR 非固化橡胶沥青溶胶机。②MFT-GZ 非固化橡胶沥青灌注机。

（6）安全措施（见 4.13.1）

（7）施工周期

施工周期为 5 个日历天，阴雨天及大风天气和特殊情况例外。

以上工法由下列公司提供：

1）吉林省名扬防水工程有限公司

联系人：宫安（15044050999）、郭金龙（13604332004）

地址：吉林省长春市正茂生产资料市场（东环城路与四通路交口）30 栋 418 室/130033

2）辽宁九鼎宏泰防水科技有限公司

联系人：高岩（13940386188）

地址：辽宁省盘锦市大洼区临港经济区汉江路

3）东台市豫龙防水材料有限公司

联系人：胡旭华（15921664234）

地址：江苏省东台市头灶镇高新技术园区（保丰园）

4.18 诱导缝防水堵漏工法

（1）工程渗漏原因分析

本工程诱导缝渗漏水主要原因是：振捣不密实、锈胀、水化热、荷载变化造成诱导缝结构和止水带之间缝隙、止水带失效、变形缝止水带偏移、水压大于止水带设计能承受的压力、结构变形超出设计的变形量，以及原堵漏材料失效，原来外防水层失效。根据现场工况、渗漏水产生原因等相关要求，特编制如下方案。

（2）方案编制依据（见 4.10.2）

（3）施工工法（见 4.10.2）

（4）主要防水堵漏材料性能简介（见 4.10.2）

（5）施工设备及工具

高压化学灌浆机、双组分用化学高压灌浆机、加热型非固化灌浆机、螺杆水泥灌浆机、活塞型水泥灌浆机、电锤。

（6）安全措施

注意明火，控制灌浆压力，防烫伤保护，通风。

（7）施工周期

施工周期为 35 个日历天，阴雨天及大风天气和特殊情况例外。

（8）其他事项

采取结构抗振动扰动措施，施工工艺也围绕抗振动扰动措施。

以上工法由下列公司提供：

1）南京康泰建筑灌浆技术有限公司

联系人：陈森森（13905105067/13951845748）

地址：南京市栖霞区仙林万达茂中心 C 座 25 幢 1608 室

2）绿城（贵安新区）建筑工程有限公司

联系人：吴冬（13056195111）

地址：贵州省贵阳市南明区青云路 221-1 号遵义巷

4.19 施工缝防水堵漏工法

4.19.1 推荐工法一

（1）工程渗漏原因分析

本工程渗漏水主要原因是：振捣不密实、锈胀、水化热、荷载变化造成施工缝渗漏水、施工缝原堵漏材料失效。

（2）方案编制依据（见 4.10.1）

（3）施工工法

①施工缝采用针孔法，裂缝封闭，控制灌浆，多种材料混合灌浆，填塞密封材料。②对渗漏水严重的部位，采用壁后水泥灌浆。

（4）主要防水堵漏材料性能简介（见 4.10.2）

（5）施工设备及工具

高压化学灌浆机、双组分用化学高压灌浆机、加热型非固化灌浆机、螺杆水泥灌浆机、活塞型水泥灌浆机、电锤。

（6）安全措施

注意明火，控制灌浆压力，防烫伤保护，通风。

（7）施工周期

施工周期为 120 个日历天，阴雨天及大风天气和特殊情况例外。

（8）其他事项

采取结构抗振动扰动措施，施工工艺也围绕抗振动扰动措施。

4.19.2 推荐工法二

（1）工程渗漏原因分析

本工程渗漏水的主要原因是：施工缝漏水。根据现场工况、渗漏水产生原因等相关要求，特编制如下方案。

（2）方案编制依据

1）《建筑地基基础工程施工质量验收标准》GB 50202。

2）《混凝土结构工程施工质量验收规范》GB 50204。

3）《地下防水工程质量验收规范》GB 50208。

4）《聚氨酯灌浆材料》JC/T 2041。

5）《聚硫建筑密封胶》JC/T 483。

（3）施工工法

①观察施工缝两边混凝土是否干净，再清理干净两边混凝土的浮尘。②在施工缝两边 5cm 位置斜打孔（20cm 深）安装 XH-A10 止水针头。③在施工缝内 8cm 位置填实 XH 水不漏。④用 XH666 手动注浆机注入 XH6689 和 XH6699 聚氨酯堵漏剂（水：油 = 7：3）。⑤清理施工缝施工时两边内壁冒出来的堵漏剂及灰尘。⑥填实 XH918 超弹橡胶密封胶（填 6cm 深，做 2cm 填实施工）。⑦填实 XH923 聚硫弹性密封胶（填 2cm 深）。⑧施工缝裂缝表面粘贴 XH920 变形金刚裂缝粘结王。

（4）主要防水堵漏材料性能简介

1）XH6689 水溶性聚氨酯化学灌浆材料：由多氰酸酯和多羟基聚醚进行化学合成的高分子注浆堵漏材料。该材料遇水后发生化学反应，形成弹性胶状固结体，从而达到很好的止水目的。浆液遇水后自行分散、乳化、发泡，立即进行化学反应，形成不透水的弹性胶状固结体，有良好的止水性能。反应后形成的弹性胶状固结体有良好的延伸性、弹性及抗渗性、耐低温性，在水中保持原形。与水混合后黏度小，可灌性好，固结体在水中浸泡对人体无害、无毒、无污染。浆液遇水反应形成弹性固结体物质的同时，释放 CO_2 气体，借助气体压力，浆液可进一步压进结构的空隙，使多孔性结构或地层能完全充填密实。具有二次渗透的特点。浆液的膨胀性好，保水量大，具有良好的亲水性和可灌性，同时浆液的黏度、固化速度可以根据需要进行调节。

2）XH6699 聚氨酯油性注浆液：由复合聚合多元醇与多元异氰酸酯反应形成末端含有异氰酸根基团的一种化学灌浆材料。可以与水产生化学反应，使用工具注射到混凝土内，与水反应缓缓膨胀，并持续作用于混凝土的空隙，可瞬间将灌浆料渗透至微小缝隙内，完成膨胀固化，实现完全止水、防漏的目的。

对于油性注浆液，该产品黏度低，遇水可以瞬间发生化学反应、膨胀、凝固，在标准砂浆中固结体的抗压强度一般为 4.9～19.6MPa，可以较好地起到补强加固的作用。并且该浆料具有强大的抗渗性，抗渗强度在 0.68MPa 以上，防水效果明显。膨胀率大且反应后不收缩，正常与水反应浆液可以形成 10 倍泡沫体，因而可以进一步充实空隙，起到防水堵漏的作用。

油性注浆液是单组分，使用起来比较方便，所以在抢险中可以起到立竿见影的作用。不管是干裂纹还是湿裂纹都可以起到明显作用，在高压灌注机的高压下首先渗透到裂纹底部，与水反应产生的硬质泡沫体会慢慢把水一点一点地挤出来，最终起到防水加固补强的作用。

3）XH923 双组分聚硫密封胶：以液态聚硫橡胶为主要基料，添加多种化学助剂经特殊高分子材料合成工艺制作而成的常温下能够自硫化交联的双组分密封胶，对金属及混凝土等材质具有良好的粘结性，可在连续伸缩、振动及温度变化下保持良好的气密性和防水性，可以连续伸缩、振动及温度变化下保持良好的气密性和防水性，且耐油、耐溶剂、耐久性甚佳。双组分聚硫密封膏分两种（非下垂型、自流平型）。第一种是非下垂型双组分聚硫密封胶，适用于各种水泥建筑物变形缝，无论建筑物的变形缝是立缝、地缝，还是顶缝都适用，这种聚硫密封胶被涂到建筑物的立缝或者顶缝上以后，不会出现密封胶流淌从施工缝中掉下来的现象，而是直接就粘上，所以，非下垂型双组分聚硫密封胶特别适合于建筑物立缝或者顶缝的施工。第二种是自流平型双组分聚硫密封胶，外观为水状液体胶状物，像水一样，能够在变形缝里流淌，它只适用于水泥建筑物变形缝的地缝，具有流淌性，将其按比例配合以后，直接灌到地缝里，能够流淌到建筑物变形缝里，在施工建筑物平面的地缝时，用自流平型双组分密封胶会省时。双组分聚硫建筑密封胶适用于金属、混凝土幕墙接缝、地下工程（如隧道、洞涵）、水库、蓄水池等构筑物的防水密封，以及公路路面、飞机跑道等伸缩缝的伸缩密封、建筑物裂缝的修补恢复密封，特别适用于水厂净配水池接缝、滤池滤板间密封、大型污水处理厂的污水池伸缩缝密封等各种贮液构筑物变形缝的防水密封。

（5）施工设备及工具

XH666 手动注浆机、电钻、塑料管、榔头、凿子、刮刀、扫把、桶、擦布。

（6）安全措施

1）安全生产工作贯彻“安全第一，预防为主”的方针，坚持管生产必须管安全的原则。

2）项目部设专职安全员 1 名，专职安全员持证上岗，按规定独立行使安全监督检查权力。

3）建立员工安全教育培训制度，经安全教育、培训的员工资料由公司人事教育部门存档，进入计算机备查，未经安全教育、培训的员工不得上岗作业，特种作业人员应经劳动行政主管部门培训考核，取得职业资格证书方可上岗作业。

4）严格执行安全生产“六大纪律、十个不准”，以及消防安全有关条例，制定安全生产责任制，层层签订安全生产责任合同。

5）项目部门坚持每周一班前半小时安全会，教育施工人员遵守施工安全技术标准、操作规程，提高自我保护意识。建立安全台账，施工现场实行安全标准化管理。

6）健全安全交底制度。各分项工程施工前实行逐级安全、消防技术交底，并不定期地向相关班组长进行交叉作业的安全交底，履行签字手续。特别在施工中采用新工艺、新材料、新结构时应在技术交底中明确保障施工作业人员安全、健康的措施和注意事项。

7）所有施工人员进入现场必须戴好安全帽，高空作业系好安全带，按作业规定正确使用劳动保护用品，作业人员按操作规程进行，提高自我保护意识。

8）制定具体安全目标，实行目标管理，强化对工作指令、技术措施、操作规程、人员素质、设备完好、安全检查等方面工作，把安全事故消灭在萌芽状态中，并抓住事故苗头实行“三不放过”的原则，防止事故发生。

（7）施工周期

施工周期为 15 个工作日，阴雨天及大风天气和特殊除外。

4.19.3 推荐工法三

（1）工程渗漏原因分析

本工程渗漏水的主要原因是：二次浇筑混凝土时两层混凝土间形成了贯通缝隙，导致一侧的水向另一侧渗漏。根据现场工程情况、渗漏水产生原因等相关要求，特编制如下方案。

（2）方案编制依据

《房屋渗漏修缮技术规程》JGJ/T 53。

（3）施工工法

1）清理基层：清理施工表面，凿除疏松结构，然后修补平整，达到施工标准。

2）封缝处理：对于宽 1mm 及以上缝隙进行封闭处理，防止漏浆。

3）打注浆孔：在缝两侧 50～100mm 内斜向 45°～60°与施工缝交叉错位打孔，同一侧纵向孔间距根据工程结构情况确定。

4）埋注浆针头：清理干净孔内粉末，栽上止水针头，膨胀橡胶圈沉入孔内 5～10mm。

5）注化学浆液：调整好注浆机，加上注浆料，牛油头在止水针头嘴上插接好，开动机器注浆，观察注浆范围内溢浆情况，判断控制注浆量。注浆压力一般不超过 400MPa。

6）去除止水针头：停止注浆后持续一段时间，待浆液固化完全泄压，拔下止水针头。

7）修补打磨处理：把去除针头后的孔眼用刚性速凝材料修补平整，打磨光滑至与原施工面基本一致。

8）基层再次清理：把基层表面在注浆施工过程中造成的污染物清理干净。

9）贴纤维布刷聚合物水泥砂浆：附加纤维布，在施工缝两侧各 200mm 范围内涂刷聚合物水泥砂浆不少于 3 遍，厚度不低于 1.5mm。

（4）主要防水堵漏材料性能简介

渗透结晶水剂注浆料（部分取代环氧树脂注浆料和丙烯酸盐注浆料）：包含甲、乙两组分，均含有促进水泥二次水化反应的活性物质，当分别与水泥接触时，与水泥结构中活性离子反应产生结晶体，堵塞毛细孔；甲、乙组分相遇后发生聚合反应生成不透水的胶体和晶体混合物，填实结构内的大孔隙，使水泥结构体成为具有自防水功能的整体。产品的甲、乙组分及反应后的生成物均为无毒无害无气味的环境友好型物质，不会对室内造成环境污染。

（5）施工设备及工具

电锤、单液或双液灌浆机、锤子、錾子、毛刷、劈刀、泥抹、泥盆、水桶。

（6）安全措施

1）施工人员戴好防护眼镜、橡胶手套，穿好胶靴、工作服，无关人员远离施工现场。

2）严格按规程用电及使用电动设备。

3）对施工现场的设备、设施及装饰面做好防护。

（7）施工周期

施工周期为 1 个日历天/m，特殊情况例外。

以上工法由下列公司提供：

1）南京康泰建筑灌浆技术有限公司

联系人：陈森森（13905105067/13951845748）

地址：南京市栖霞区仙林万达茂中心 C 座 25 幢 1608 室

2）河南阳光防水科技有限公司营销中心

联系人：王文立（15538086111）

地址：河南郑州西三环与希望路口向东 200 米路南华强城市广场 1 号楼 3 单元 2 楼 202 号

3）贵州维修大师科技有限公司

联系人：吴冬（13056195111）

地址：贵州省贵阳市石板一村大门楼组 137 号

4.20　不规则裂缝防水堵漏工法

（1）工程渗漏原因分析

本工程渗漏水的主要原因是：振捣不密实、锈胀、水化热、荷载变化造成不规则裂缝渗漏水，以及原堵漏材料失效。根据现场工况、渗漏水产生原因等相关要求，特编制如下方案。

（2）方案编制依据（见 4.10.1）

（3）施工工法

①不规则缝采用针孔法，裂缝封闭，控制灌浆，多种材料混合灌浆，填塞密封材料。②对渗漏水严重的部位，采用壁后水泥灌浆。

（4）主要防水堵漏材料性能简介（见 4.10.2）

（5）施工设备及工具

高压化学灌浆机、双组分用化学高压灌浆机、加热型非固化灌浆机、螺杆水泥灌浆机、活塞型水泥灌浆机、电锤。

（6）安全措施

注意明火，控制灌浆压力，防烫伤保护，通风。

（7）施工周期

施工周期为 35 个日历天，阴雨天及大风天气和特殊情况例外。

（8）其他事项

采取结构抗振动扰动措施，施工工艺也围绕抗振动扰动措施。

以上工法由下列公司提供：

1）南京康泰建筑灌浆技术有限公司

联系人：陈森森（13905105067/13951845748）

地址：南京市栖霞区仙林万达茂中心 C 座 25 幢 1608 室

2）北京恒建博京防水材料有限公司

联系人：魏国玺（13911220826）

地址：北京市通州区

3）淮安市博隆建筑防水材料有限公司

联系人：邢光仁（13915117017）

地址：江苏省淮安市解放东路

4.21 后浇带防水堵漏工法

4.21.1 推荐工法一

（1）工程渗漏原因分析

本工程渗漏水的主要原因是：①后浇带在浇筑混凝土前两侧接缝的混凝土没按规范要求处理好；由于钢筋较密，后浇带在混凝土浇筑前保护及杂物清理工作未做好，地下垫层原防水层局部遭受损坏。②地下水位较高，后浇带施工时未采取有效降水及清理积水措施，捣制的混凝土未初凝前便被地下水将混凝土中的水泥浆带走，形成混凝土疏松。③由于后浇带需待主体结构封顶并沉降稳定后方进行封闭，在此期间随着上部荷载的逐步加大，地基土应力逐渐增大，致使后浇带部位地基土体上拱，引发垫层及防水层破坏并出现渗漏。④后浇带的混凝土养护工作没做好。根据现场工况、渗漏水产生原因等相关要求，特编制如下方案。

（2）方案编制依据

1）《混凝土结构工程施工质量验收规范》GB 50204。

2）《地下工程防水技术规范》GB 50108。

（3）施工工法

①清理基层。②打注浆孔。③埋注浆针头。④注化学浆液。⑤去除针头及清理基层。⑥FLW 堵漏宝封堵注浆嘴。⑦通用型 K11 防水涂料处理。

（4）主要防水堵漏材料性能简介

1）堵漏宝：高效、防潮、抗渗、堵漏绿色环保型材料，也是极好的粘结材料，该材料分为速凝型（主要用于抗渗堵漏）和缓凝型（主要用于防潮、抗渗）两种，均为单组分灰色粉料。

2）通用型 K11 防水涂料：一种聚合物水泥基改性防水涂料，它是由优质的水泥细砂及高分子改性聚合物组成。极大改善了防水层的黏合力、保水性、柔韧性，同时增强了防水层的耐磨性、耐久性。并具有渗透性，无毒、无味、无污染，施工安全简单。

（5）安全措施（见 4.3）

4.21.2 推荐工法二

（1）工程渗漏原因分析

本工程渗漏水的主要原因是：防水施工不当造成渗漏；不同时间浇筑的混凝土，接缝位置的接触面很容易振捣不密实，有浮浆，所以发生渗漏水。根据现场工况、渗漏水产生原因等相关要求，特编制如下方案。

（2）方案编制依据（见 4.11.2）

（3）施工工法

①清理后浇带基面，露出坚实的混凝土基面。②在新旧混凝土结合部位，开槽 5cm 宽，5cm 深。③高压喷水清理槽内部。④在槽内渗漏严重部位用 YY-1645s 抗渗闪凝浆料或 YY-17 莱卡树脂进行止漏。⑤槽内喷涂 YYA 特种防水抗渗浆料。⑥用 YYH 防水浆料把槽填平。

（4）主要防水堵漏材料性能简介

1）YYA 特种防水抗渗浆料（见 4.10.1）。

2）YY-17 莱卡树脂（见 4.10.1）。

3）YY-1645s 抗渗闪凝浆料（见 4.10.1）。

4）YYH 防水浆料：灰色粉末，由大部分无机物及少量的有机物成分组成，具有高强度、高粘结力、高抗渗性，为有机高强度浆料。

（5）施工设备及工具

空压机、喷浆枪、高压灌浆机、电钻、电镐等。

（6）安全措施

照明设施、用电设施安装漏电保护器，配备消防器材，设置安全通道及防护脚手架，穿下水绝缘鞋，戴绝缘乳胶手套，戴安全帽，穿工装。

（7）施工周期

施工周期为 15 个日历天，阴雨天及大风天气和特殊情况例外。

以上工法由下列公司提供：

1）南通睿睿防水新技术开发有限公司

联系人：王继飞（13962768558）

地址：江苏省南通市海安市李堡工业园区

2）郑州赛诺建材有限公司

联系人：王福州（15137139713）

地址：郑州市上街区中心路和金华路交叉口南乐福国际六号楼二单元十七楼 1701 号

3）广东赛力克防水材料股份有限公司

联系人：郭宝利（15601177888）

地址：广州市天河区中山大道中 1025 号君易商务大厦 703 室

4.22 穿墙管防水堵漏工法

4.22.1 推荐工法一

（1）工程渗漏原因分析

本工程渗漏水的主要原因是：柔性外包防水层与穿墙管连接不密实或开裂、未做外包防水。根据现场工况、渗漏水产生原因等相关要求，特编制如下方案。

（2）方案编制依据

1）《地下工程防水技术规范》GB 50108。

2）《地下防水工程质量验收规范》GB 50208。

3）《地下工程渗漏治理技术规程》JGJ/T 212。

（3）施工工法

①清理基面。②确认渗漏部位、剔凿。③确认孔距、钻孔。④安装注浆嘴。⑤MFT-PZ 遇水膨胀止水胶施工。⑥调试设备，调配 MFT-YX 聚氨酯浆液和 MFT-S3 水泥灌浆料。⑦灌注 MFT-S3 水泥灌浆料和 MFT-YX 聚氨酯浆液。⑧拆除注浆嘴，索水特 MFT-S2 封堵，恢复饰面层。

（4）主要防水堵漏材料性能简介

遇水膨胀止水胶：一种单组分，以聚氨酯为基础，无溶剂，水膨胀，铝袋或管盒装，用于密封结构接缝和管子渗漏的材料。可以在潮湿环境中固化和膨胀。固化时间取决于温度和湿度。例如：温度和湿度比较高，固化时间就会减少，通常在 24～36h 成膜，固化时间不会影响施工性能。

（5）施工设备及工具高压注浆泵

（6）安全措施（见 4.13.1）

4.22.2 推荐工法二

（1）工程渗漏原因分析

本工程渗漏水的主要原因是：混凝土（或砂浆）在施工时振捣不实，密实性差而造成局部蜂窝、孔洞等缺陷等；受温度应力、收缩应力的影响，混凝土形成了不规则的渗漏水通道；施工时，安放止水带有偏差或沉降幅度过大，拉断止水带，导致伸缩缝漏水等多方面原因。根据现场工况、渗漏水产生原因等相关要求，编制如下方案。

（2）方案编制依据

1）《建筑工程施工质量验收统一标准》GB 50300。

2）《地下防水工程质量验收规范》GB 50208。

3）《屋面工程质量验收规范》GB 50207。

（3）施工工法

①开凿管口周边。②埋注浆管。③注 FLW-88。④封闭。⑤面层用 FLW-99 处理。

（4）主要防水堵漏材料性能简介

1）FLW-88 防水堵漏材料：采用多组分水性渗透，渗透后又固化成透明有弹性的固体材料。该材料能把所有渗透到的地方都固化成一个整体，达到防水补漏效果。产品绿色环保，无色无味无毒，施工简单，不砸砖不勾缝，不注浆，不改变原有任何设施和外观，施工简单见效快，1h 左右即可不漏不渗。

2）FLW-99 硅烷防水剂：一种无色透明液体。与基材作用时，释放出乙醇并与基材结合转化为有机硅树脂聚合物，最终渗透到基材的毛细孔表面形成一层憎水的硅树脂膜，从而阻止水分和有害物离子渗透到基材内部，达到防水保护的目的，并提高建筑建材的强度，延长建筑物的使用寿命，降低建筑物的维修成本，缩短防水的施工周期。

（5）安全措施（见 4.3）

以上工法由下列公司提供：

1）吉林省名扬防水工程有限公司

联系人：宫安（15044050999）

地址：吉林省长春市正茂生产资料市场（东环城路与四通路交口）30 栋 418 室

2）南通睿睿防水新技术开发有限公司

联系人：王继飞（13962768558）

地址：江苏省南通市海安市李堡工业园区

3）吉林省宏大防水材料有限公司

联系人：李崇（13904439177）

地址：吉林省图们市图曲路356号

4.23 预埋件防水堵漏工法

（1）工程渗漏原因分析

本工程渗漏水的主要原因是：预埋件根部振捣不密实、锈胀、水化热、荷载变化造成渗漏水、原堵漏材料失效。根据现场工况、渗漏水产生原因等相关要求，特编制如下方案。

（2）方案编制依据

1）《地下工程防水技术规范》GB 50108。

2）《地下防水工程质量验收规范》GB 50208。

3）《混凝土结构加固设计规范》GB 50367。

4）《地下工程渗漏治理技术规程》JGJ/T 212。

5）《混凝土裂缝用环氧树脂灌浆材料》JC/T 1041。

6）《聚合物水泥防水砂浆》JC/T 984。

7）《聚氨酯灌浆材料》JC/T 2041。

（3）施工工法

①预埋件根部采用针孔法，裂缝封闭，控制灌浆，多种材料混合灌浆，填塞密封材料。②对预埋件采用加大套管的办法，抽芯机配合或人工凿除根部的混凝土深度5～6cm，V形结构，采用填塞刚性防水砂浆和多层柔性密封胶。

（4）主要防水堵漏材料性能简介（见4.10.2）

（5）施工设备及工具

高压化学灌浆机、双组分用化学高压灌浆机、电锤、电镐、抽芯机。

（6）安全措施

注意明火，控制灌浆压力，通风。

（7）施工周期

施工周期为12个日历天，阴雨天及大风天气和特殊情况例外。

（8）其他事项

采取结构抗振动扰动措施，施工工艺也围绕抗振动扰动措施。

以上工法由下列公司提供：

1）南京康泰建筑灌浆技术有限公司

联系人：陈森森（13905105067/13951845748）

地址：南京市栖霞区仙林万达茂中心C座25幢1608室

2）广东赛力克防水材料股份有限公司

联系人：郭宝利（15601177888）

地址：广州市天河区中山大道中1025号君易商务大厦703室

3）盛隆建材有限公司

联系人：李昂（18736093787）

地址：上海市松江区九亭大街1003号启纯商务楼6201室

4.24 孔洞防水堵漏工法

4.24.1 推荐工法一

（1）工程渗漏原因分析

本工程渗漏水的主要原因是：预留的孔洞自行采用普通砂浆填塞，振捣不密实、锈胀、水化热、普通砂浆正常收缩和泌水而造成渗漏水、原堵漏材料失效，壁后水压大等原因。根据现场工况、渗漏水产生原因等相关要求，特编制如下方案。

（2）方案编制依据（见4.10.2）

（3）施工工法

①采用刚性防水砂浆、聚合物防水砂浆填塞空洞。②采用针孔法灌注化学堵漏、加固材料、封闭、控制灌浆、填塞密封胶泥。③对渗漏水大的孔洞，采用壁后水泥灌浆、针孔法、裂缝封闭、多种材料混合、非固化橡胶灌注、多层填塞密封胶、多层韧性防护层。

（4）主要防水堵漏材料性能简介（见4.10.2）

（5）施工设备及工具

高压化学灌浆机、双组分用化学高压灌浆机、加热型非固化灌浆机、螺杆水泥灌浆机、活塞型水泥灌浆机、电锤。

（6）安全措施

注意明火，控制灌浆压力，防烫伤保护，通风。

（7）施工周期

施工周期为9个日历天，阴雨天及大风天气和特殊情况例外。

（8）其他事项

采取结构抗振动扰动措施，施工工艺也围绕抗振动扰动措施。

4.24.2 推荐工法二

（1）工程渗漏原因分析

本工程渗漏水的主要原因是：防水混凝土振捣不实，柔性外包防水层局部质量缺陷或未做外包防水。根据现场工况、渗漏水产生原因等相关要求，特编制如下方案。

（2）方案编制依据

1）《地下工程防水技术规范》GB 50108。

2）《地下防水工程质量验收规范》GB 50208。

3）《地下工程渗漏治理技术规程》JGJ/T 212。

（3）施工工法

①清理基面。②确认渗漏部位、剔凿。③确认孔距、钻孔。④安装注浆嘴。⑤安装引流设施。⑥调试设备，调配水泥灌浆料。⑦灌注水泥灌浆料和水性聚氨酯浆液。⑧拆除注浆嘴，封堵，恢复饰面层。

（4）施工设备及工具

MFT-GY注浆泵。

（5）**安全措施**（见 4.13.1）

（6）**施工周期**

施工周期为 5 个日历天，阴雨天及大风天气和特殊情况例外。

4.24.3 推荐工法三

（1）**工程渗漏原因分析**

本工程渗漏水的主要原因是：孔洞漏水。根据现场工况、渗漏水产生原因等相关要求，特编制如下方案。

（2）**方案编制依据**

1）《建筑地基基础工程施工质量验收标准》GB 50202。

2）《混凝土结构工程施工质量验收规范》GB 50204。

3）《地下防水工程质量验收规范》GB 50208。

4）《聚氨酯灌浆材料》JC/T 2041。

5）《混凝土裂缝用环氧树脂灌浆材料》JC/T 1041。

（3）**施工工法**

1）观察孔洞洞口出水混凝土是否干净，有没有油污，清理干净出水口周围。观察孔洞洞口形状。

2）在孔洞洞口两边 5cm 位置斜打孔（20cm 深），安装 XH-A10 止水针头，并安装排水管子。

3）准备孔洞洞口大小的木条 15cm 左右，把木条打入孔洞洞口内深 8cm 位置，填实 XH 水不漏。

4）用 XH666 手动注浆机注入 XH6689 和 XH6699 聚氨酯堵漏剂（水：油 = 7：3），停止渗漏后马上停止灌浆，最后清理施工缝施工时两边内壁冒出来的堵漏剂及灰尘。注入 XH101 带水施工的环氧树脂灌浆堵漏剂。

5）用环氧砂浆填实填平孔洞洞口。

6）孔洞洞口表面上粘贴 XH920 变形金刚裂缝粘结王。

（4）**主要防水堵漏材料性能简介**

1）XH6689 水溶性聚氨酯化学灌浆材料（见 4.19.2）。

2）XH-6699 聚氨酯油性注浆液（见 4.19.2）。

（5）**施工设备及工具**

XH666 手动注浆机、电钻、塑料管、榔头、凿子、刮刀、扫把、桶、擦布。

（6）**安全措施**（见 4.19.2）

（7）**施工周期**

施工周期为 15 个工作日，阴雨天及大风天气和特殊除外。

以上工法由下列公司提供：

1）南京康泰建筑灌浆技术有限公司

联系人：陈森森（13905105067/13951845748）

地址：南京市栖霞区仙林万达茂中心 C 座 25 幢 1608 室

2）吉林省名扬防水工程有限公司提供

联系人：宫安（15044050999）、郭金龙（13604332004）

地址：吉林省长春市正茂生产资料市场（东环城路与四通路交口）30 栋 418 室

3）苏州奥立克防水堵漏工程有限公司

联系人：邱钰明（13915515883）

地址：苏州市吴中区

4.25 水池、水塔防水堵漏工法

（1）工程渗漏原因分析

水池出现的裂缝多为竖向，在长方向框架柱两侧，结构裂缝渗漏。本工程渗漏水的主要原因是：水池长方向长度超过 20m，为一次浇筑成型；拆模后对池壁混凝土养护不足，致使混凝土强度不够；紧固模板对拉螺栓的止水板焊接不严发生渗漏；施工过程中框架柱荷载传递，与池壁连接处受剪力影响，产生裂缝。根据现场工况、渗漏水产生原因等相关要求，特编制如下方案。

（2）方案编制依据

1）《地下工程防水技术规范》GB 50108。

2）《地下防水工程质量验收规范》GB 50208。

3）《混凝土结构工程施工质量验收规范》GB 50204。

（3）施工工法

①清理基层。②基层找平。③FLW 堵漏宝施工。④FLW-K11 防水涂料施工。

（4）主要防水堵漏材料性能简介（见 4.21.1）

（5）安全措施（见 4.3）

（6）施工周期

施工周期为 185 个日历天，阴雨天及大风天气和特殊情况例外。

以上工法由下列公司提供：

1）南通睿睿防水新技术开发有限公司

联系人：王继飞（13962768558）

地址：江苏省南通市海安市李堡工业园区

2）辽宁九鼎宏泰防水科技有限公司

联系人：高岩（13940386188）

地址：辽宁省盘锦市大洼区临港经济区汉江路

3）山东汇源建材集团有限公司

联系人：程文涛（15053626789）

地址：山东省寿光市台头工业园丰台路 1 号

4.26 粮库防潮施工工法

（1）工程渗漏原因分析

本工程渗漏水的主要原因是：地下粮库周边围岩松动积水、浇筑后的混凝土振捣不密实、锈胀、水化热、荷载变化造成不规则裂缝、施工缝的原堵漏材料失效，变形缝胶条老化，墙面渗漏水、穿墙管线、预埋件、孔洞、通风井渗漏水等。根据现场工况、渗漏水产生原因等相关要求，特编制如下方案。

（2）方案编制依据（见 4.10.2）

（3）施工工法

①不规则裂缝采用针孔法、裂缝封闭、控制灌浆、填塞密封胶泥。②施工缝采用针孔法、裂缝封闭、

控制灌浆、多种材料混合灌浆、填塞密封材料。③变形缝、诱导缝采用壁后水泥灌浆、针孔法、裂缝封闭、无管空腔、多种材料混合、非固化橡胶灌注、多层填塞密封胶、多层韧性防护层。④孔洞、通风井、预埋件、设备井采用针孔法灌注化学堵漏、加固材料、封闭、控制灌浆、填塞密封胶泥。⑤对渗漏水大的孔洞、预埋件、设备井渗漏水，采用壁后水泥灌浆、针孔法、裂缝封闭、多种材料混合、非固化橡胶灌注、多层填塞密封胶、多层韧性防护层。⑥对粮库外的围岩进行帷幕注浆、固结灌浆、回填灌浆，使基坑壁后没有存水的空腔和通道。

（4）主要防水堵漏材料性能简介（见 4.10.2）

（5）施工设备及工具

高压化学灌浆机、双组分用化学高压灌浆机、加热型非固化灌浆机、螺杆水泥灌浆机、活塞型水泥灌浆机、电锤。

（6）安全措施

注意明火，控制灌浆压力，防烫伤保护，通风。

（7）施工周期

施工周期为 185 个日历天，阴雨天及大风天气和特殊情况例外。

（8）其他事项

采取结构抗振动扰动措施，施工工艺也围绕抗振动扰动措施。

以上工法由下列公司提供：

南京康泰建筑灌浆技术有限公司

联系人：陈森森（13905105067/13951845748）

地址：南京市栖霞区仙林万达茂中心 C 座 25 幢 1608 室

4.27 地铁盾构法隧道管片对接缝防水堵漏工法

4.27.1 推荐工法一

（1）工程渗漏原因分析

本工程渗漏水的主要原因是：盾构区间为结构自防水（管片自身的防水功能和管片接缝处的密封垫防水），导致车站结构自防水和柔性外包防水层均不能与盾构区间进行有效搭接而形成整体外包。只是在两道施工缝处安装预注浆管和遇水膨胀止水胶；当止水胶出现施工或材料质量缺陷、注浆管未能按照要求进行安装等原因，造成节点部位的防水设施失去应有的功效。当管片迎水面有水，回填注浆不饱满时，水会向施工缝渗漏；车站部位的地下水丰富或水压较大时，也会产生渗漏水。根据现场工况、渗漏水产生原因等相关要求，特编制如下方案。

（2）方案编制依据

1）《地下工程防水技术规范》GB 50108。

2）《地下防水工程质量验收规范》GB 50208。

3）《地下工程渗漏治理技术规程》JGJ/T 212。

（3）施工工法

①清理基面。②确认渗漏部位。③确认孔距、钻孔。④安装注浆嘴。⑤封堵。⑥调试设备，调配 MFT-BX 止水凝胶体。⑦灌注和 MFT-BX 水凝胶体。⑧拆除注浆嘴，封堵孔洞。⑨再次钻孔。⑩施工缝内灌注 MFT-HY1 树脂浆液。⑪拆除注浆嘴，封堵孔洞。

（4）主要防水堵漏材料性能简介

1）MFT-BX：一种双组分丙烯酸基的灌浆树脂材料，用于对混凝土结构上的微孔、裂缝、毛细管、孔隙及蜂窝结构进行注浆处理。用 MFT-SY 双活塞泵注浆，泵送比为 1：1。极低的黏度能够确保浆液渗透到宽度为 0.1mm 的缝隙中，遇水后膨胀率大约 150%，延伸率可达 300%。无腐蚀性，无毒，对混凝土有极佳的粘结性能。对绝大部分酸、碱和微生物具有良好的耐化学性，不含丙烯酰胺。

2）环氧树脂浆 MFT-HY：一种用于混凝土结构注浆的超低黏度、双组分环氧树脂。可以在干燥和潮湿的环境中使用。它有很好的黏合力，很高的抗压强度，无溶剂，操作时间长，固化后的 MFT-HY 耐酸、碱、油等化学物。

（5）施工设备及工具

IP2C-160-A 双液注浆泵、单液高压灌浆泵。

（6）安全措施（见 4.13.1）

4.27.2　推荐工法二

（1）工程渗漏原因分析

本工程渗漏水的主要原因是：施工导致管片密封垫破损或振动，荷载、沉降和温度的原因导致管片整体变形，致使密封垫损坏。根据现场工况、渗漏水产生原因等相关要求，特编制如下方案。

（2）方案编制依据

1）《地下工程防水技术规范》GB 50108。

2）《地下防水工程质量验收规范》GB 50208。

3）《地下工程渗漏治理技术规程》JGJ/T 212。

（3）施工工法

①清理基面。②确认渗漏部位。③确认孔距、钻孔。④安装注浆嘴。⑤封堵。⑥调试设备，调配 MFT-BX 止水凝胶体。⑦灌注 MFT-BX 止水凝胶体。⑧拆除注浆嘴，MFT-S2 封堵孔洞。⑨嵌填 NFT-PZ 止水胶。⑩MFT-HY2 砂浆封堵。

（4）主要防水堵漏材料性能简介

1）MFT-BX（见 4.27.1）。

2）遇水膨胀止水胶（见 4.22.1）。

（5）施工设备及工具

MFT-SY 双液注浆泵、专业胶枪。

（6）安全措施（见 4.3）

4.27.3　推荐工法三

（1）工程渗漏原因分析

本工程渗漏水的主要原因是：振捣不密实、锈胀、水化热、荷载变化造成不规则裂缝、施工缝原堵漏材料失效，变形缝胶条老化，电梯井、穿墙管线、预埋件、孔洞、通风井渗漏水等。根据现场工况、渗漏水产生原因等相关要求，特编制如下方案。

（2）方案编制依据（见 4.10.1）

（3）施工工法

①不规则裂缝采用针孔法、裂缝封闭、控制灌浆、填塞密封胶泥。②施工缝采用针孔法、裂缝封闭、控制灌浆、多种材料混合灌浆、填塞密封材料。③变形缝、诱导缝采用壁后水泥灌浆、针孔法、裂缝封

闭、无管空腔、多种材料混合、非固化橡胶灌注、多层填塞密封胶、多层韧性防护层。④孔洞、通风井、预埋件采用针孔法灌注化学堵漏、加固材料、封闭、控制灌浆、填塞密封胶泥。⑤对渗漏水大的孔洞、预埋件渗漏水，采用壁后水泥灌浆、针孔法、裂缝封闭、多种材料混合、非固化橡胶灌注、多层填塞密封胶、多层韧性防护层。

（4）主要防水堵漏材料性能简介（见 4.10.2）

（5）施工设备及工具

高压化学灌浆机、双组分用化学高压灌浆机、加热型非固化灌浆机、螺杆水泥灌浆机、活塞型水泥灌浆机、电锤。

（6）安全措施

注意明火，控制灌浆压力，防烫伤保护，通风。

（7）施工周期

施工周期为 65 个日历天，阴雨天及大风天气和特殊情况例外。

（8）其他事项

采取结构抗振动扰动措施，施工工艺也围绕抗振动扰动措施。

以上工法由下列公司提供：

1）吉林省名扬防水工程有限公司

联系人：宫安（15044050999）、郭金龙（13604332004）

地址：吉林省长春市正茂生产资料市场（东环城路与四通路交口）30 栋 418 室/130033

2）南京康泰建筑灌浆技术有限公司

联系人：陈森森（13905105067/13951845748）

地址：南京市栖霞区仙林万达茂中心 C 座 25 幢 1608 室

3）厦门富晟防水保温技术开发有限公司

联系人：赖礼榕（13906005393）

地址：厦门市槟榔西区 150 号 A 座 602

4）北京中联天盛建材有限公司

联系人：王天星（13321190129）

地址：北京市丰台区新发地阳光大厦

4.28 基坑防水堵漏工法

（1）工程渗漏原因分析

本工程渗漏水的主要原因是：车站基坑周边围岩松动、浇筑后的基坑混凝土振捣不密实、锈胀、水化热、荷载变化造成不规则裂缝，施工缝的原堵漏材料失效，变形缝胶条老化，基坑壁渗漏水、穿墙管线、预埋件、孔洞渗漏水等。根据现场工况、渗漏水产生原因等相关要求，特编制如下方案。

（2）方案编制依据（见 4.10.2）

（3）施工工法

①不规则裂缝采用针孔法，裂缝封闭、控制灌浆、填塞密封胶泥。②施工缝采用针孔法，裂缝封闭、控制灌浆、多种材料混合灌浆、填塞密封材料。③变形缝、诱导缝采用壁后水泥灌浆、针孔法，裂缝封闭、无管空腔、多种材料混合、非固化橡胶灌注、多层填塞密封胶、多层韧性防护层。④孔洞、通风井、预埋件、设备井采用针孔法灌注化学堵漏剂，加固材料、封闭、控制灌浆、填塞密封胶泥。⑤对渗漏水

大的孔洞、预埋件、设备井渗漏水，采用壁后水泥灌浆、针孔法，裂缝封闭、多种材料混合、非固化橡胶灌注、多层填塞密封胶、多层韧性防护层。⑥对基坑外的围岩进行帷幕注浆、固结灌浆、回填灌浆，使基坑壁后没有存水的空腔和通道。

（4）主要防水堵漏材料性能简介（见 4.10.2）

（5）施工设备及工具

高压化学灌浆机、双组分用化学高压灌浆机、加热型非固化灌浆机、螺杆水泥灌浆机、活塞型水泥灌浆机、电锤。

（6）安全措施

注意明火，控制灌浆压力，防烫伤保护，通风。

（7）施工周期

施工周期为 86 个日历天，阴雨天及大风天气和特殊情况例外。

（8）其他事项

采取结构抗振动扰动措施，施工工艺也围绕抗振动扰动措施。

以上工法由下列公司提供：

南京康泰建筑灌浆技术有限公司

联系人：陈森森（13905105067/13951845748）

地址：南京市栖霞区仙林万达茂中心 C 座 25 幢 1608 室

4.29 地下综合管廊防水堵漏工法

（1）工程渗漏原因分析

本工程渗漏水的主要原因是：地下管廊基坑周边围岩松动积水、浇筑后的混凝土振捣不密实、锈胀、水化热、荷载变化造成不规则裂缝、施工缝原堵漏材料失效，变形缝胶条老化，墙面渗漏水、穿墙管线、预埋件、孔洞、通风井渗漏水等。根据现场工况、渗漏水产生原因等相关要求，特编制如下方案。

（2）方案编制依据（见 4.10.2）

（3）施工工法

①不规则裂缝采用针孔法，裂缝封闭、控制灌浆、填塞密封胶泥。②施工缝采用针孔法，裂缝封闭、控制灌浆、多种材料混合灌浆、填塞密封材料。③变形缝、诱导缝采用壁后水泥灌浆、针孔法，裂缝封闭、无管空腔、多种材料混合、非固化橡胶灌注、多层填塞密封胶、多层韧性防护层。④孔洞、通风井、预埋件、设备井采用针孔法灌注化学堵漏剂，加固材料、封闭、控制灌浆、填塞密封胶泥。⑤对渗漏水大的孔洞、预埋件、设备井渗漏水，采用壁后水泥灌浆、针孔法，裂缝封闭、多种材料混合、非固化橡胶灌注、多层填塞密封胶、多层韧性防护层。⑥对管廊外的围岩进行帷幕注浆、固结灌浆、回填灌浆，使基坑壁后没有存水的空腔和通道。

（4）主要防水堵漏材料性能简介（见 4.10.2）

（5）施工设备及工具

高压化学灌浆机、双组分用化学高压灌浆机、加热型非固化灌浆机、螺杆水泥灌浆机、活塞型水泥灌浆机、电锤。

（6）安全措施

注意明火，控制灌浆压力，防烫伤保护，通风。

（7）施工周期

施工周期为 85 个日历天，阴雨天及大风天气和特殊情况例外。

（8）其他事项

采取结构抗振动扰动措施，施工工艺也围绕抗振动扰动措施。

以上工法由下列公司提供：

南京康泰建筑灌浆科技有限公司

联系人：陈森森（13905105067/13951845748）

地址：南京市栖霞区仙林万达茂中心 C 座 25 幢 1608 室

4.30　电缆管穿墙管防水堵漏工法

（1）工程渗漏原因分析

本工程渗漏水的主要原因是：套管内有一支电缆和管内有多支电缆穿过，未做密封防水措施。根据现场工况、渗漏水产生原因等相关要求，特编制如下方案。

（2）方案编制依据（见 4.11.2）

（3）施工工法

1）（单支电缆）穿墙管漏水的治理方法（图 4.30-1）

① 清理孔内的污物。

② 按 5：1 的比例混合 YYA 特种防水抗渗浆料和 YY-16 闪凝浆料在距离端口深约 20cm 封底，厚度 4～5cm。

③ 在距离端面用 YYA 和 YY-16 混合浆料的封口，厚度 4～5cm，并且把注浆针头埋入。

④ 1h 后，用 YY-17 莱卡树脂注浆。

2）（多支电缆）穿墙管漏水的治理方案（图 4.30-2）

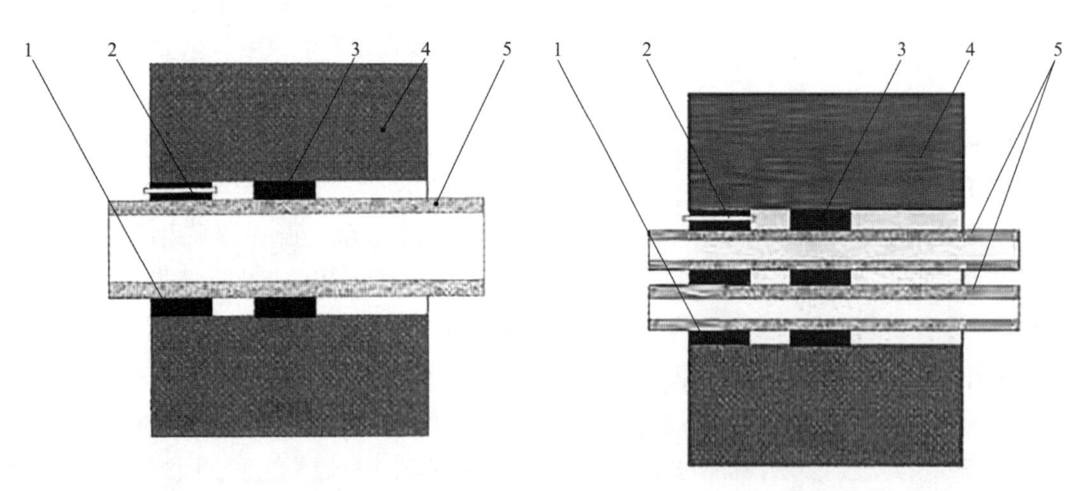

1—前封堵；2—注浆管；3—后封堵；4—混凝土；5—电缆

图 4.30-1

1—前封堵；2—注浆管；3—后封堵；4—混凝土；5—电缆

图 4.30-2

（4）主要防水堵漏材料性能简介（见 4.10.1）

（5）施工设备及工具

空压机、喷浆枪、高压灌浆机、电钻、电镐等。

（6）安全措施

照明设施、用电设施安装漏电保护器，配备消防器材，设置安全通道及防护脚手架，穿下水绝缘鞋，戴绝缘乳胶手套，戴安全帽，穿工装。

（7）施工周期

施工周期为5个日历天，阴雨天及大风天气和特殊情况例外。

以上工法由下列公司提供：

郑州赛诺建材有限公司

联系人：王福州（15137139713）

地址：郑州市上街区中心路和金华路交叉口南乐福国际六号楼二单元十七楼1701号

4.31 高铁防水堵漏工法

（1）工程渗漏原因分析

本工程渗漏水的主要原因是：振捣不密实、锈胀、水化热、荷载变化造成不规则裂缝、施工缝原堵漏材料失效，变形缝胶条老化。根据现场工况、渗漏水产生原因等相关要求，特编制如下方案。

（2）方案编制依据（见4.10.1）

（3）施工工法

①不规则裂缝采用针孔法，裂缝封闭、控制灌浆、填塞密封胶泥。②施工缝采用针孔法，裂缝封闭、控制灌浆、多种材料混合灌浆、填塞密封材料。③变形缝采用壁后水泥灌浆、针孔法、裂缝封闭、无管空腔、多种材料混合、非固化橡胶灌注、多层填塞密封胶、多层韧性防护层。

（4）主要防水堵漏材料性能简介（见4.10.2）

（5）施工设备及工具

高压化学灌浆机、双组分用化学高压灌浆机、加热型非固化灌浆机、螺杆水泥灌浆机、活塞型水泥灌浆机、电锤。

（6）安全措施

注意明火，控制灌浆压力，防烫伤保护，通风。

（7）施工周期

施工周期为35个日历天，阴雨天及大风天气和特殊情况例外。

（8）其他事项

采取结构抗振动扰动措施，施工工艺也围绕抗振动扰动措施。

以上工法由下列公司提供：

南京康泰建筑灌浆技术有限公司

联系人：陈森森（13905105067/13951845748）

地址：南京市栖霞区仙林万达茂中心C座25幢1608室

4.32 公路隧道、涵洞防水堵漏工法

（1）工程渗漏原因分析

本工程渗漏水的主要原因是：振捣不密实、锈胀、水化热、荷载变化造成不规则裂缝、施工缝原堵漏材料失效，变形缝胶条老化，设备井、穿墙管线、预埋件、孔洞、通风井渗漏水等。根据现场工况、渗漏水产生原因等相关要求，特编制如下方案。

（2）方案编制依据（见4.10.2）

（3）施工工法

①不规则裂缝采用针孔法，裂缝封闭、控制灌浆、填塞密封胶泥。②施工缝采用针孔法，裂缝封闭、

控制灌浆、多种材料混合灌浆、填塞密封材料。③变形缝、诱导缝采用壁后水泥灌浆、针孔法、裂缝封闭、无管空腔、多种材料混合、非固化橡胶灌注、多层填塞密封胶、多层韧性防护层。④孔洞、通风井、预埋件、设备井采用针孔法灌注化学堵漏剂、加固材料、封闭、控制灌浆、填塞密封胶泥。⑤对渗漏水大的孔洞、预埋件、设备井渗漏水，采用壁后水泥灌浆、针孔法、裂缝封闭、多种材料混合、非固化橡胶灌注、多层填塞密封胶、多层韧性防护层。

（4）主要防水堵漏材料性能简介（见 4.10.2）

（5）施工设备及工具

高压化学灌浆机、双组分用化学高压灌浆机、加热型非固化灌浆机、螺杆水泥灌浆机、活塞型水泥灌浆机、电锤。

（6）安全措施

注意明火、控制灌浆压力，防烫伤保护，通风。

（7）施工周期

施工周期为 165 个日历天，阴雨天及大风天气和特殊情况例外。

（8）其他事项

采取结构抗振动扰动措施，施工工艺也围绕抗振动扰动措施。

以上工法由下列公司提供：

南京康泰建筑灌浆技术有限公司提供：

联系人：陈森森（13905105067/13951845748）

地址：南京市栖霞区仙林万达茂中心 C 座 25 幢 1608 室

4.33　变形缝粘贴式止水带施工工法

（1）工程渗漏原因分析

本工程渗漏水的主要原因是：施工缝及变形缝漏水。根据现场工况、渗漏水产生原因等相关要求，特编制如下方案。

（2）方案编制依据

根据现场勘验的实际情况制定方案。

（3）施工工法

1）施工准备：在施工开始前应准备好所需的施工工具及材料，并对其进行合理、有序摆放。对所需要施工的部位进行现场围护处理。

2）查找渗漏裂缝、渗漏点位置，并进行标记。

3）凿除结构层表面较为松散的混凝土，打磨被粘涂混凝土体表面，吹灰，除尘，清理干净基面。

4）在裂缝旁与裂缝成 45°处，钻一个与裂缝相交的直径为 15～22mm 的孔。安装注射针头并拧紧。

5）配制堵漏浆液：用专用工具分别在 A、B 组桶内取出浆液，按质量比 10 ：（3～4）混合搅拌均匀倒进注浆泵，立即进行注浆。

6）注浆：凿缝注浆设备为手动注浆机，注浆时应对全部设备进行检查并接通管路，将注浆液注入裂缝中，让浆液与裂缝中的水发生反应生成不同密度的固化物，达到修补裂缝的目的。注浆时应注意，由缝的一端灌向另一端，持续注入 45s 后停止一段时间以便材料流向各条裂缝，继续注入，同时观察材料的流动以及水的溢出状况，注浆压力为 0.1～0.3MPa，压力应逐渐升高，防止骤然加压使封缝爆裂，每次注浆以邻近管嘴冒浆为准，冒浆后立即封孔，依次压注，直至最后一个管嘴冒浆。

7）封孔：当材料不再流动或者出现在下一个针头时，浆液初凝而不外流时，即进行封孔处理，封孔后保持恒压继续压注，当吸浆率小于 0.1L/min 时，再续注 1～2min 后即可停止注浆，并剪断注浆嘴，与表面层平行，就可对下一条裂缝进行注射；注浆结束后，应立即清洁场地。

8）在注浆补漏施工完毕后进行 2d 的观察，如发现渗漏进行二次注浆处理。

（4）施工设备及工具

注浆嘴、手动注浆机、取液工具、空桶、搅拌器、锤子、手套、护目镜等防护工具。

（5）安全措施

1）戴好工作手套及护目镜等安全护具，如不小心溅进眼里，应尽快用大量清水冲洗，然后到医院就医，如溅在皮肤上，可用丙酮或醋酸乙酯等溶剂清洗。

2）本浆液反应速度较快，浆液应勤配勤用，避免浆液黏度变大影响浆液流动速度，从而导致注浆部位局部缺浆和堵塞输液管道及注浆设备。

3）工作场所避免烟火。

4）未用完的浆液，应盖上桶盖，存放于阴凉干燥处，远离烟火。

以上工法由下列公司提供：

1）广东赛力克防水材料股份有限公司

联系人：郭宝利（15601177888）

地址：广州市天河区中山大道中 1025 号君易商务大厦 703 室

2）山东汇源建材集团有限公司

联系人：程文涛（15053626789）

地址：山东省寿光市台头工业园丰台路 1 号

3）淮安市博隆建筑防水材料有限公司

联系人：邢光仁（13915117017）

地址：江苏省淮安市解放东路

4）北京恒建博京防水材料有限公司

联系人：魏国玺（13911220826）

地址：北京市通州区

4.34 地下室防水堵漏工法

（1）工程渗漏原因分析

本工程渗漏水的主要原因是：防水施工不当造成渗漏；或混凝土浇筑振捣不密实，产生孔洞和裂纹渗漏和毛细孔出汗渗漏。根据现场工况、渗漏水产生原因等相关要求，特编制如下方案。

（2）方案编制依据（见 4.10.1）

（3）施工工法

施工作业条件基层要求：①基层清理，明水擦除干净，较多的水先进行抽水处理。②水泥层松散体，将蜂窝麻面、结构疏松等部位先进行铲除，剔凿至坚实处有碍附着、渗透的所有物质，如灰尘、水泥浮浆、脱模剂松散部分和油漆等，必须用喷砂法、水冲法或其他机械方法去除干净。③基层要求基底必须牢固、洁净且具备敞开的毛细孔隙，这些毛细孔隙可以使微米高强渗透型结晶防水涂料中活性化学物质很好地渗透进混凝土并能实现良好的表面附着效果，水平区域的表面应当粗糙，光滑的表面必须通过机械打毛以实现良好的渗透性。

（4）施工微米高强渗透防水涂料工法

1）涂刷施工：用硬毛尼龙刷子，以要求的用量涂刷泥浆状的微米高强渗透Ⅰ型结晶防水涂料，涂刷时要全面、均匀、用力。在第一遍涂层不粘手且没有完全干燥时涂刷第二遍。

2）喷涂施工：微米高强渗透型结晶防水涂料可以通过合适的压缩空气喷射装置进行喷涂，以圆周运动形式喷涂一到两遍，在第一遍涂层不粘手且没有完全干燥时，喷涂第二遍。

① 在使用微米高强渗透型结晶防水涂料之前，先用清洁水彻底润湿所有表面，为确保完全饱和，可能需要反复润湿几遍，这可以促进更深层渗透结晶的形成。基底应是不光滑的潮湿表面，但没有积水。

② 漏水部位使用微米高强堵漏粉快凝堵漏材料进行处理。

③ 未渗漏水结构薄弱部位如蜂窝麻面、振捣不实处、漏浆处、大于 0.2mm 的裂缝等，剔凿到坚实处，用水冲净后用微米高强渗透结晶修补砂浆修复上述区域。

④ 劣质接缝和超过 0.4mm 的裂缝（非活动裂缝）应凿成宽 20mm、深 25mm 的凹槽，先涂刷一道微米高强渗透型防水后，再用微米高强渗型结晶修补砂浆压实抹平。

（5）施工高强堵漏粉材料工法

1）首先将高强堵漏粉速凝堵漏材料干粉与约 25%的水均匀混合调制出可使用的灰浆团。混合的高强堵漏粉灰浆量不要超出在 2min 可用完的量，将高强堵漏粉灰浆团用力按压进剔凿好的漏水部位，用手压实，直至材料硬化堵住漏水处。高强堵漏粉灰浆在硬化过程中温度会明显升高。

2）如果堵漏部位水压过大，可能需要使用软管或硬管进行引流，通过最小化水压来帮助高强堵漏粉灰浆堵漏。如果使用这种方法，必须将水流最强的地方凿得更深一些，然后用高强堵漏粉灰浆团固定引流管。经过充分硬化后，将引流管取出。然后按照上述方法用高强堵漏粉封堵剩余的孔洞。

3）注意事项：

①大量使用高强堵漏粉速凝堵漏材料前先认真阅读说明介绍书，并进行少量试用。低温条件下使用，尽可能用温水及高强堵漏粉料。高温条件下使用，尽可能用凉水和高强堵漏粉料。温度高，高强堵漏粉灰浆硬化速度快；温度低，高强堵漏粉灰浆硬化速度慢。高强堵漏粉末的温度通常不应超过 23℃。②高强堵漏粉灰浆不能与石膏混合或者与其发生接触。③使用本产品时，请务必采取人身安全防护措施（如佩戴合适的手套、护目镜等）。

（6）施工丙烯酸盐注浆工法

1）注浆压力和注浆量控制

正常灌浆情况下压力控制在 0.5～1.5MPa 以内，用压力控制浆量（注浆压力需根据漏水情况具体调整）。

2）灌浆结束标准

达到下列标准之一者可视为该孔注浆结束：在设计注浆压力下，注入量不大于 5L/min，延续灌注 15min 后；漏浆严重，采取间歇性、低压、浓浆注浆，经反复多次（3 次以上）仍不能恢复注浆的，宜采取加入速凝剂的特殊方法结束注浆；灌浆孔和检查孔施工检查结束后，使用 M10 水泥砂浆将管孔封填密实。

3）注意事项

① 渗水点钻孔准确，渗水部位清理干净。

② 注浆前检查涵管接缝处，对可能漏浆的部位及时做密封和加固处理，注浆管要清通，以保证灌浆时排气畅通。间距应根据实际情况确定，一般在 1000mm 左右。

③ 注浆完毕及时用溶剂清洗设备与工具。

④ 施工现场保持通风，注意防火，严禁火种。

4）养护

在室外或暴露区域：使微米高强渗透型结晶防水涂料涂层至少保持湿润 3d。涂层区域免受太阳暴晒、风吹和霜冻。若涂层表面未覆盖聚乙烯膜，施工完毕 24h 后，可隔段时间用水再次润湿涂层区域。新涂层至少在 24h 内不应淋雨。最后一遍的涂层施工完毕 3d 后，可以进行回填。

室内：在高湿度区域，本品固化情况很好（无须喷水养护）。相对干燥的区域，要保持涂层湿润，时间最短为 3d，在通风不畅的位置和深坑区域，要确保 24h 充足通风。

容器和槽类构筑物：3d 后即可用于储水，如果是饮用水池，则在储水前应先用饮用水冲洗，在正确使用的情况下，微米高强渗透型结晶防水涂层可永久保持防水效果。

5）施工设备及工具

高压化学灌浆机、电钻、电锤、电镐、砂轮切割机。

6）主要防水材料简介

① 微米高强渗透型水泥基渗透结晶型防水涂料：一种采用结晶体技术的防水涂料，用于混凝土或水泥砂浆表面的防水工程。

② 高强堵漏粉：一种粉末状超快速水泥基治漏材料。这种材料强大的膨胀能力可在数秒钟内封堵渗漏水流，强大的粘结能力可确保对渗漏区域的长久修复。

③ 密实增强真金粉：混凝土添加材料能够使混凝土增强密实整体厚度达到适应防水功能。添加真金粉后可使混凝土达到防水、防腐、防冻效果至建筑结构使用寿命。

以上工法由下列公司提供：

北京建中新材科技有限公司、北京首建高科建筑工程有限公司

联系人：芦晨（18610528158）

地址：北京市丰台区吴家村东路兆丰馨园建中防水二层

4.35 WR 防水耐根穿刺排水板施工工法

代号：WR。产品规格：宽 2m；长 20m；厚 1.5mm。生产单位：北京建中新材科技有限公司，联系人：高东方（13601308936），地址：北京市丰台区吴家村东路兆丰馨园建中防水。

（1）方案编制依据

1）《防水排水保护板》Q/TXZLK001。

2）《塑料　压缩性能的测定》GB/T 1041。

3）《土工布及其有关产品　刺破强力的测定》GB/T 19978。

4）《建筑防水卷材试验方法　第 8 部分：沥青防水卷材　拉伸性能》GB/T 328.8。

5）《土工合成材料　土工布及土工布有关产品单位面积质量的测定方法》GB/T 13762。

6）《土工合成材料　规定压力下厚度的测定　第 1 部分：单层产品》GB/T 13761.1。

7）《土工合成材料测试规程》SL 235。

（2）适用范围

1）园林工程：车库顶板绿化、屋顶花园、足球场、高尔夫球场、浴场工程。

2）市政工程：道路路基、地铁隧道。

3）建筑工程：建筑物基础上层或下层、地下室内外墙体、屋面防渗和隔热层等。

4）交通工程：公路、铁路路基、堤坝和护坡层。

（3）操作工法

1）清理基层，要求基面平整，基层凸凹处处理后方可施工。

2）重点部位做防水加强处理。

3）自然展开 WR 防水阻根排水板，从低处、远处开始铺开，且上压下铺开大面。

4）用热熔焊接机，焊接所有搭接边缝。

5）铺设搭接处排水板，对重点部位进行二次密封处理。

6）铺设聚酯无纺布。

7）回填土。

4.36 金属屋面防水堵漏工法

（1）工程渗漏原因分析

本工程渗漏水的主要原因是：金属屋面板材自身的热胀冷缩变化，造成咬合、拼接、钉孔、板缝、采光棚、风机、设备等重要节点的磨损、错位、变形；其次是在自然环境中，金属屋面板材自身所承受的雨水及紫外线的腐蚀、污染以及氧化，造成金属屋面板材的生锈、穿孔。那些变形和穿孔一般不能被察觉，但它们确实是真实存在的，那些看得见或看不见的小孔会在雨天时，像海绵一样往室内吸水。

（2）方案编制依据

1）《带自粘层的防水卷材》GB/T 23260。

2）《屋面工程技术规范》GB 50345。

3）《屋面工程质量验收规范》GB 50207。

（3）施工工法

1）金属屋面有松动的应进行加固处理，金属屋面有翘边的要处理平整，金属屋面有生锈的要做除锈处理，金属屋面有与水泥墙相接触的部位要对水泥墙面涂刷基层处理剂。清除旧屋面上的所有杂物，表面无浮土、油污、砂粒等污物。

2）雨水口、空调线管、天沟、墙体部位、管、线根部等重点渗水部位，铺贴一层附加层，宽度为300mm。

3）金属屋面与墙体交接部。主要处理办法是；一是在墙体上开凿 5cm × 5cm 的槽，槽底部压光，防水层粘贴在上面后，用含有胶粉的水泥砂浆填实。或者直接在墙体上用金属压条固定防水层；二是钢柱与板材交接部位，在防水层的上方加焊金属挡水条或金属防水板，缓解来自钢柱上方水的冲力。上方卷材部位要用缠绕方法施工，使卷材不易脱落。

4）在基层上弹出基准线，将卷材试铺定位。卷材铺贴的长向与流水方向垂直，卷材与卷材的搭接缝要顺流水方向，不应成逆向；先铺设排水比较集中的部位（如排水、檐口、天沟等处）按标高由低向高的顺序铺设；再铺平面与立面相连的卷材，应先铺贴平面，压住附加层，然后由上向下铺贴，压住平面卷材。墙体卷材上方要用压条处理，上方口部位进行密封处理，材料用防晒涂料或密封膏；大面铺贴卷材：对齐放正卷材，可从卷材的一端卷起。先从一端揭去隔离膜并粘贴住（位置放正），然后一边揭去隔离膜一边用力挤压卷材，压实铺平，慢慢向前。尽量使卷材压实、平整。钉帽处不应太用力，粘贴住就行，以防钉子对材料顶伤；施工完毕，对所有边缝进行一次封边处理，特别是迎水边缝，一定要涂刷封边材料；施工完毕后，应严格检查整个防水层，清除所有屋面杂物，发现问题立即解决。

（4）主要防水堵漏材料性能简介

丁基橡胶基金属铝箔自粘防水卷材表面金属铝箔层：具有防潮、气密、隔热、抗太阳紫外线、耐腐蚀等特点。

卷材中间自粘防水层：使用耐老化的丁基橡胶，使粘结力增强；超薄的结构，能实贴板材不规则的屋面，耐高温、抗冻融，克服了卷材在高温下流淌、翘边的难题；特强的粘结力。普通刀伤钉伤，常温下可自愈。

底层隔离膜：冷施工，施工速度快，揭去材料下层的隔离膜，粘正位置即可，无须汽油底油，无须太多压边。

对金属屋面的热胀冷缩有很强的适应性，能随屋面的凹凸起伏而实贴屋面，使卷材与金属屋面牢固地粘结在一起，使空气与金属屋面完全隔离，既能达到防水功能又能起到防腐的效果，大大延长了彩板屋面的使用年限。

（5）施工设备及工具

卷尺、壁纸刀、放线工具、吊车及运输车辆。

（6）安全措施

进场时进行三级安全教育，配备专职安全员，坚持安全第一、文明施工，确保工程服务质量；照明设施、用电设施安装漏电保护器，配备消防器材，设置安全通道，戴安全帽，穿工装、防护鞋。

（7）施工周期

施工周期为 7 个日历天，阴雨天及大风天气和特殊情况例外。

以上工法由下列公司提供：

北京建中新材料技有限公司

联系人：高威（13601306307）

地址：北京市丰台区吴家村东路金宏写字楼建中集团二层

4.37 锢水环保止漏胶防水堵漏工法

（1）施工渗漏原因分析

本工程渗漏水的主要原因是：受气候温度、环境地质、地下水、设计、材料、施工和工后不均匀沉降及混凝土收缩徐变等因素影响，导致渗漏水现象比较严重。由于变形缝存在长期持续形变现象，其渗漏水治理且较长时间内不复漏的难度很大，是渗漏水治理的最大难题之一。根据现场工况、渗漏水产生原因等相关要求，特编制如下方案。

（2）方案编制依据

1）《地下工程渗漏治理技术规程》JGJ/T 212。

2）《地铁设计规范》GB 50157。

3）《铁路隧道工程施工安全技术规程》TB 10304。

4）《地下铁道工程施工质量验收标准》GB/T 50299。

5）本工程施工的现场条件、施工特点及以往的施工经验。

（3）施工工法

1）地下工程变形缝渗漏水治理遵循原则：

针对地下工程变形缝长期持续性形变的特性，遵循“堵防结合、刚柔相济、标本兼治、因地制宜、妥善周全”的原则，从材料、设备和工艺三个方面进行创新，对变形缝渗漏水进行系统综合治理。

① 堵防结合原则。变形缝出现渗漏水首先就要堵住渗漏水，之后再通过防来提高渗漏水治理寿命。

② 刚柔相济原则。由于变形缝存在长期持续形变的特性，在注浆材料、封堵材料以及防水材料的选材上要做到刚柔相济，以适应变形。

③ 标本兼治原则。在背水面注浆，在迎水面封堵治本，即在渗漏水部位的迎水面再造一层既有强度又有弹性的防水层，并牢牢地粘结围护结构（初支）和主体结构（二衬），从迎水面封闭渗水通道。

通过在背水面往混凝土结构缺陷内部注浆治标，进一步巩固迎水面封堵效果，将混凝土结构内部充填饱满，包裹钢筋，挤出积水，消除变形缝表面残存湿渍，达到一级防水标准。

④ 因地制宜原则。由于各种地下工程变形缝构造不一，渗漏水形式和程度不同，作业条件也有差异，我们在遵循基本原则的同时要因地制宜灵活处理，比如：有些渗水很大甚至涌水喷水的变形缝，要先集中引水并封堵后再注浆，或压注速凝堵漏材料先减小水压水量，再进行后续施工。

⑤ 妥善周全原则。由于变形缝的最大变形量不好预估，外部影响因素众多。为防止变形缝因极端情况变形过大导致较大复漏，保证工程的正常使用，条件允许时应在变形缝位置设应急排水措施。

2）施工工艺：

① 查看变形缝渗漏情况，根据设计、施工及地质水文等情况，制定合理的治理方案。

② 为减轻变形缝渗漏处理压力，有条件时应在变形缝附近低处，钻穿主体结构（二衬）设置临时或永久引流孔。

③ 沿变形缝开 V 形槽，槽宽 5cm，槽深 7cm。

④ 沿变形缝在两侧左右交叉钻注浆孔，孔径 1.4cm，孔距纵（竖向）向 15cm，横向（水平向）20cm，孔深以钻穿主体结构（二衬）到达围护结构（初支）为准，安装注浆头。

⑤ 在 V 形槽内钻泄压出浆孔，孔径 1cm，孔距 20cm，孔深到达围护结构（初支），孔内安装铝管。

⑥ 在 V 形槽内变形缝上钻骑缝补浆孔，孔径 1.4cm，孔深到达主体结构（二衬）厚度的 2/3 处，孔距 20cm，安装注浆头。

⑦ 采用快干水泥封堵 V 形槽，做到变形缝渗漏水全部集中从铝管排出，槽内骑缝注浆头外露于快干水泥之上以便补注浆。

⑧ 由低向高逐孔往变形缝两侧注浆头压注：环保型无溶剂高固含不收缩弹性化学注浆堵漏材料，低压慢注，逐步加压，以相邻铝管出浆为准，夹扁铝管，移至下一个注浆孔继续注浆，直至整条变形缝所有两侧针头全部注浆到位，所有安装铝管全部出浆，发现有未出浆铝管应在旁边加孔补注浆，直至铝管出浆。

⑨ 变形缝两侧注浆 24h 后，再对 V 形槽内骑缝注浆头由低向高逐个压注：环保型无溶剂高固含不收缩弹性化学注浆堵漏材料进行补浆，注意注浆压力，以缝内补浆为目的，低压慢注，不宜高压。

⑩ 全部注浆完毕 24h 后，待变形缝表面水渍风干观察是否还有渗漏和湿渍，确认无湿渍后，凿除 V 形槽内快干水泥，并在槽内两侧安装膨胀螺栓或植筋，间距 30cm。

⑪ 清理V形槽内两侧基面残留快干水泥和灰尘，保证槽内干燥、干净。

⑫ 在V形槽内涂刷环氧树脂做界面剂，增强后续封槽材料与槽内边的粘结力。

⑬ 采用聚硫密封胶或强度较高的MS密封胶封槽，并抹平。

⑭ 有条件时安装接水盒（应急排水措施）。

注：二衬背后迎水面注浆孔、槽内泄压出浆孔、槽内骑缝补浆孔的孔距可根据实际情况做相应调整或补充，前提是保证注浆饱满到位。

（4）主要防水堵漏材料性能简介

GS001 锢水环保止漏胶，简称“锢水胶”，主要优点可归纳为三点：

1）注浆饱满可提高化学注浆质量，适应变形，减少或控制复漏返修，节省高昂复漏返修费用。

2）环保无毒，对作业人员身体健康无害，同时保护环境。

3）单液注浆，操作简便，注浆质量可控，稳定有保障。

（5）施工设备及工具

博世电锤、普通两用电锤、大功率电镐、高压多功能注浆机、手持式吹风机、门式支架。

（6）安全措施

服从总包方统一安全管理，全员参加安全教育和交底，配备专职安全员，落实重大安全风险源的各种防护措施，如：高空作业、临边防护、临时用电、起重吊装等，杜绝任何违章作业，确保施工安全。

（7）施工周期

施工周期为23个日历天，阴雨天及大风天气和特殊情况例外。

以上工法由以下公司提供：

湖南五彩石防水防腐工程技术有限责任公司

联系人：廖翔鹏（18684917669）

地址：湖南省长沙市雨花区圭塘街道半山国际中心1707

4.38 DZH无机盐注浆料防水堵漏工法

（1）方案编制依据

1）《民用建筑设计统一标准》GB 50352。

2）《建筑地面工程施工质量验收规范》GB 50209。

3）《混凝土结构工程施工质量验收规范》GB 50204。

4）《建筑工程施工质量验收统一标准》GB 50300。

5）《地下工程防水技术规范》GB 50108。

6）《地下防水工程质量验收规范》GB 50208。

（2）施工工法

该伸缩缝堵漏维修工程，采用背覆式再生防水技术+无机盐注浆料进行施工，长度约24m，设置3～5个注浆孔进行注浆。

1）施工程序

基层处理→打孔注浆→检查验收。

2）堵漏施工

① 基层要求：清扫干净、清除表面缝隙污染物等。

② 打孔注浆：首先在合理位置选定打孔点，实施精准打孔，埋入注浆管；然后用专用注浆机灌注无机盐注浆料给予一定压力直至注满；使用专用仪器检查浆料到达位置，再次选取注浆点重复上述动作。

③ 检查验收：堵漏施工完成后按照规定检查验收，达到无任何渗漏。

（3）主要防水堵漏材料性能简介

DZH 无机盐注浆料可广泛用于建筑工程、矿山工程、地铁工程、隧道工程、水利工程、地质灾害防护等的防水、堵漏、加固。

DZH 无机盐注浆料具有弹性大、强度高、吸水率强、固水量大、固结力强等特性。

DZH 无机盐注浆料采用背覆式再生防水技术施工后，DZH 无机盐注浆料快速渗透到结构裂缝、孔洞、蜂窝、松散软弱层、结构外部迎水面等部位。注浆料自身和结构内的水发生反应后在裂缝、孔洞、蜂窝、松散软弱层内形成高弹性、高强度的凝胶固结体并起到封堵加固的作用。在结构外部迎水面，能够将大量的流动水、泥砂等反应后固结成高弹性、高强度的凝胶体，同时能够将遭到破坏的原防水层破损处封堵修复，并能够在结构外部迎水面形成高弹性、高强度的覆盖层而构成一个完全封闭的防水系统。从而能够达到防水堵漏加固的目的，起到长期防水和永久防水的作用。

（4）施工设备及工具

清扫工具、水钻、注浆机、凿子、锤子、钎子、钢丝刷等。

（5）安全措施

①进场施工人员必须严格遵守各项操作规程，严禁违章作业。②施工现场材料和工具应分开存放。③施工现场电源必须配备漏电保护装置。④安全责任到人，做到文明生产，确保安全。

（6）施工周期

按计划完成。

以上工法由以下公司提供：

京德益邦（北京）新材料科技有限公司

联系人：韩锋（19920010883）

4.39　DZH 丙烯酸盐注浆料防水堵漏工法

（1）工程渗漏原因分析

该项工程为楼房上人屋面渗漏水，给使用环境带来不利影响。

（2）方案编制依据

1）《民用建筑设计统一标准》GB 50352。

2）《建筑地面工程施工质量验收规范》GB 50209。

3）《混凝土结构工程施工质量验收规范》GB 50204。

4）《建筑工程施工质量验收统一标准》GB 50300。

5）《丙烯酸盐灌浆材料》JC/T 2037。

6）《地下工程防水技术规范》GB 50108。

7）《地下防水工程质量验收规范》GB 50208。

（3）施工工法

该项防水维修工程为楼房上人屋面渗漏水，采用背覆式再生防水技术+屋面专用丙烯酸盐注浆料进行维修（图 4.39-1）。

1）施工程序：

基层处理→钻孔取样→打孔注浆→检查验收。

2）防水施工：

① 基层要求：清扫干净、清除表面缝隙污染物等。

② 钻孔取样：通过使用水钻取样，测算底板混凝土厚度及构造。

③ 打孔注浆：首先，在合理位置选定打孔点，实施精准打孔，埋入注浆管；然后，使用专用注浆机对注浆料给予一定压力直至注满；使用专用仪器检查浆料到达位置，再次选取注浆点重复上述动作。

④ 检查验收：防水施工完成后按照规定检查验收，达到无任何渗漏潮湿。

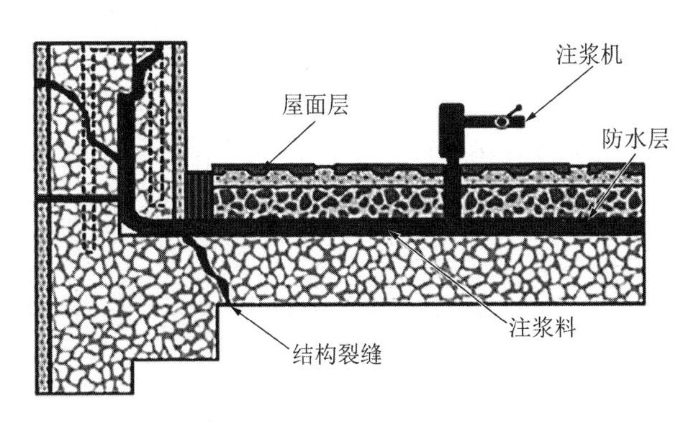

图 4.39-1

（4）主要防水堵漏材料性能简介

DZH 丙烯酸盐注浆料，一种以天然橡胶为主的注浆树脂，是传统注浆液的代替产品。无毒无害，绿色环保，低表面张力、低黏度通常小于 10mPa · s，拥有非常好的可注性。具有凝胶时间短且可以准确控制凝胶时间和拥有非常好的施工性能，更重要的是它具有高固结力和极高的抗渗性。渗透系数可达 0～10m/s，固结物具有很好的耐久性，可以耐石油、矿物油、植物油、动物油、强酸、强碱和 100℃以上的高温。

（5）施工设备及工具

清扫工具、水钻、注浆机、凿子、锤子、钎子、钢丝刷等。

（6）安全措施

1）进场施工人员必须严格遵守各项操作规程，严禁违章作业。

2）施工现场材料和工具应分开存放。

3）施工现场电源必须配备漏电保护装置。

4）安全责任到人，做到文明生产，确保安全。

（7）施工周期

在合同期内完成。

（8）其他事项

1）防水材料必须原液使用，严禁加水。

2）设备工具使用后应及时清洗。

以上工法由以下公司提供：

京德益邦（北京）新材料科技有限公司

联系人：韩锋（19920010883）

4.40 DZH免砸砖封水宝防水堵漏施工工法

（1）工程渗漏原因分析

厨房、卫生间、阳台防水层老化，渗水漏水。

（2）方案编制依据

1）《屋面工程质量验收规范》GB 50207。

2）《地下防水工程质量验收规范》GB 50208。

（3）施工工法

1）基层要求：清洁干燥，无油污等。

2）施工工法

① 厨卫间施工：

将包装打开，按使用量将防水材料均匀倒入地面，然后用扫帚或排刷由低向高处均匀扫动10～20min，待材料完全渗入后用拖布清理干净，通风干燥2～5d后即可使用。

② 内外墙施工：

将包装打开，按照使用量用喷雾器或排刷由下往上依次均匀施工，施工3～24h后即可达到防水防潮效果。

（4）主要防水堵漏材料性能简介

1）单组分水性液体、无毒、无害、绿色环保。

2）渗透深度大、具有活性、自我修复性强。

本产品为纳米硅基水性材料，能迅速渗透到混凝土结构内部和裂缝孔隙内生成硅钙凝胶结晶体进行封堵加固，90d后整体渗透深度可达5～20cm。材料中的高活性成分在潮湿环境和水的作用下会被激活，连续不断地与结构中的水泥、砂石等碱性、硅质材料反应生成硅钙凝胶结晶体修复渗漏点，直至结构层变成防水层。

3）耐久性强，具长久防水性：

本产品属无机材料，耐酸碱和高低温，不存在老化问题。材料中的高活性成分在弱碱性水条件下会更加活跃，会连续不断地长期生成硅钙凝胶结晶体，不断反复修复，因此具有长期防水的特性。

4）使用简单方便，无须特殊工具，无技术培训，凡成年人均可施工操作。

（5）主要设备及工具

拖布、毛巾、扫帚、排刷、钢丝刷、喷雾器等工具。

（6）安全措施

可戴护目镜，防止材料不慎进入眼睛。

（7）施工周期

施工周期为24h。

以上工法由下列公司提供：

京德益邦（北京）新材料科技有限公司

联系人：韩锋（19920010883）

4.41 地下建筑底板堵漏灌浆及加固施工方法

（1）工程渗漏原因分析

1）荷载作用：混凝土结构在各种荷载作用下，当应力和应变达到一定程度时就会产生裂缝。

2）温度作用：水泥水化热积聚、环境温差作用等都会使混凝土内部产生温度应力，当温度应力超过混凝土的抗拉强度时便会开裂，这种裂缝即温度裂缝。

3）收缩作用：混凝土的收缩分为自生收缩、塑性收缩、碳化收缩、干燥收缩。

4）地基沉降作用：建筑物建成以后，地基也在不断发生沉降。

5）在施工过程中，浇捣不密实或振捣过久，表面浮浆过厚或漏捣造成蜂窝；混凝土养护时间不足，表面干燥，骤冷骤热，极易引起裂缝而渗漏。

6）因多方面因素导致本工程的地下水位上升，造成地下室底板局部抗浮承载力不足、板顶抗弯承载力不足，使底板与承台交界处开裂，产生多处渗漏。

7）基坑开挖、地下结构的建设、桩基础的施工会影响本场区的区域水文地质边界条件及地下水赋存排泄条件，大气降水、地表水补给、地下管线渗漏是上层滞水的主要来源。

8）不可抗力因素（比如：地震、地下水压力等），可能发生沉降变化，导致止水条和其他防水层拉裂而失去防水功能。

（2）方案编制依据

1）现场观测的现状。

2）施工单位对施工情况的介绍及施工方提供的设计图纸资料。

3）《地下工程防水技术规范》GB 50108。

4）《地下防水工程质量验收规范》GB 50208。

5）《地下工程渗漏治理技术规程》JGJ/T 212。

6）《水泥基灌浆材料》JC/T 986。

7）《水泥基灌浆材料应用技术规范》GB/T 50448。

（3）施工工法

1）灌浆原理

针对地下室底板在水位提高后，水压对底板混凝土造成破坏，产生渗漏水或涌水问题，利用液压、气压和电力学原理，通过注浆管把浆液均匀地注入地层中，浆液以充实、渗透和挤密等方式，赶走土颗粒间或岩石裂隙中的水分和空气后，占据其位置，经过人工控制一定的时间后，浆液将原来松散的土粒或裂隙胶结成一个整体，形成一个结构新、强度大、防水性能高和化学稳定良好的“结石体”，以提高地基的不透水性和承载力，确保底板钢筋混凝土不受水压的冲击，完全达到不渗不漏。

2）工艺流程

深孔注浆：基层清理→核对灌浆部位→布孔（深孔）→钻孔（深孔）→清孔、护孔（深孔）→布嘴（深孔）→配置灌浆料→灌浆（深孔）反复检查灌浆→固结。

浅孔注浆：清孔（浅孔）→钻孔（浅孔）→清孔、护孔（浅孔）→布嘴（浅孔）→配置灌浆料→灌浆（浅孔）反复检查灌浆→拆嘴→检查、验收。

3）工艺做法

① 基层清理：专业施工人员清理基层表面的杂质。

② 核对灌浆部位：根据现场位置，核对施工图，分析具体灌浆部位。

③ 布孔（深孔）：对地质进行分析，根据地质情况从一端向另一端布孔，布孔间距 2～4m（具体根据现场情况而定），呈梅花形布孔，孔中心垂直于地面。

④ 钻孔（深孔）：布孔完毕后，施工人员根据布孔位置使用混凝土钻孔取芯机钻孔（施工人员操作此

设备更为安全），先钻孔径为 70～80mm 的孔（用于泄压），再钻孔径为 40～50mm 的孔（用于插灌浆管），深度在 1.5～3m，具体根据实际情况而定。

⑤ 清孔、护孔（深孔）：钻孔后须立即将孔内渣滓清理干净。清孔干净后须采用措施保护孔洞，严禁杂物入孔。

⑥ 布嘴（深孔）：在钻好的孔内安装灌浆注浆管（管上有小灌浆孔，管上安装有阀门可控制开关），使灌浆嘴周围与钻孔之间无空隙，不漏水，并确保高压灌浆时不松脱。

⑦ 配置浆液：配置水泥浆和注浆液，严格按照浆液配比，先将水泥和水按照 1：1 比例搅拌 10～20min，同时将水和注浆剂按照 50：1 比例搅拌 5min 以上。

⑧ 灌浆（深孔）：使用液压双液注浆泵试压（不得超过结构受压范围），向灌浆孔内灌注无机混合灌浆料。从一侧向另一侧逐步灌注，灌注压力为 1.2～3.1MPa，要多次补充灌浆，使水泥浆与土石紧密结合，直到灌浆的压力变化比较平缓、稳定后停止灌浆，关闭灌浆管上的阀门，改注相邻灌浆孔。在完成上述注浆后，一般 24h 后应对已经完成的注浆孔进行检查，将原注浆孔用电钻打开，重复注浆，此过程需要重复 3～5 遍，个别空洞较大较宽时，可能达到 8 遍以上。

⑨ 布孔（浅孔）：在距离之前深孔 2～4m 布孔，孔中心垂直于地面。

⑩ 钻孔（浅孔）：布孔完毕后，施工人员根据布孔位置使用混凝土钻孔取芯机钻孔（施工人员操作此设备更为安全），先钻孔径为 70～80mm 的孔（用于泄压），再钻孔径为 40～50mm 的孔（用于插灌浆管），深度小于深孔深度，具体根据实际情况而定。

⑪ 清孔、护孔（浅孔）：钻孔后须立即将孔内渣滓清理干净。清孔干净后须采用措施保护孔洞，严禁杂物入孔。

⑫ 布嘴（浅孔）：在钻好的孔内安装灌浆注浆管（管上有小灌浆孔，管上安装有阀门可控制开关），使灌浆嘴周围与钻孔之间无空隙，不漏水，并确保高压灌浆时不松脱。

⑬ 配置浆液：配置水泥浆和注浆液，严格按照浆液配比，先将水泥和水按照 1：1 比例搅拌 20min，同时将水和注浆剂按照 50：1 比例搅拌 5min 以上。

⑭ 灌浆（浅孔）：使用液压双液注浆泵试压（不得超过结构受压范围），向灌浆孔内灌注无机混合灌浆料。从一侧向另一侧逐步灌注，灌注压力为 1.2～2.5MPa，要多次补充灌浆，使水泥浆与土石紧密结合，直到灌浆的压力变化比较平缓、稳定后停止灌浆，关闭灌浆管上的阀门，改注相邻灌浆孔。在完成上述注浆后，一般 24h 后应对已经完成的注浆孔进行检查，将原注浆孔用电钻打开，重复注浆，此过程需要重复 3～5 遍，个别空洞较大较宽时，可能达到 8 遍以上。

⑮ 拆嘴：灌浆完毕，应观察一段时间，起到堵漏作用，不漏水后，把多余超出地面的管子切割掉。

⑯ 检查、验收：施工单位组织质检及技术人员进行自检，自检合格后，请建设单位检查、验收，合格并签署合格文件。

4）说明

① 采用低压、慢灌、快速固化、间歇性控制灌浆工法，加强灌浆时候结构的监控和检测，防止结构因为灌浆造成底板抬升。

② 通过系列控制灌浆工法低压、慢灌、快速固化、分遍多次间歇性灌浆，灌浆饱满度好还能修复钻孔对防水层的破坏和原来被破坏的防水层作用，灌浆固化后的材料相当于把防水层浇筑在灌浆的混凝土内，不存在窜水的问题，这就修复了破损的防水层，同时又解决了底板加固的问题。

③ 把底板下的存水空腔填满，把空腔水变裂隙水，把压力水排挤压到建筑物的外侧，使压力水变成

无压力水或微压力水，能够从根源上解决渗水问题。灌浆料与土体紧密形成一个整体，待灌浆成型后，其结构形状穿插在底板之间，形成一个榫卯结构，更加紧密牢固。解决渗水问题的同时又对地下建筑起到加固作用，还可以解决时间长久后建筑物不均匀沉降等问题。

（4）主要防水堵漏材料性能简介

1）童燊牌多功能高强水性灌浆剂

针对地下空间中空隙中存在的自由水和气体，将水泥注浆浆液在地下空间迅速扩散、充实、渗透，通过灌浆剂的交联固化及水泥的水化作用形成具有空间网状结构的高性能的有机–无机复合材料体系的整体，形成一个结构新、强度大、防水性能高和化学稳定良好的“结石体”，起到增强、抗渗和抗化学品作用，不收缩，不产生龟裂，达到提高地基的不透水性和承载力，适应于水利、地下人防工程等建筑物的缺陷修补、粘结、加固、防渗和补漏等。

主要成分：水玻璃、铝酸钠、改性水性环氧树脂、丙烯酸钡、固化剂等多种材料组成。

产品特点：以水作为分散介质，环保，对人体无毒害，不燃，存储、运输、使用均安全；热膨胀系数与混凝土接近，故不易从这些被粘结的基材上脱开，耐久性能优异；沙土水泥浆液混合体的力学性能、粘结强度、抗渗性能及耐腐蚀性显著提高。

2）水泥

采用高强硅酸盐水泥。

3）堵漏剂

材料特点：用于混凝土、天然石材防渗漏、防潮、防碱皂污染，有强烈的渗透性，耐水、耐酸、耐碱、抗氧化，10～30min 固化成膜具有微憎水性，以与水泥混凝土、砂浆有很好的黏合力，粘结强、膜质坚韧，不开裂，无须养护，耐高温、阻燃，使用时间长，用于天然花岗石、大理石、陶瓷、砖石防水，水溶性，无毒，不污染环境。

（5）施工设备及工具

1）混凝土钻孔取芯机

机械设备特点：以汽油发动机为动力，启动方便，并配备了人造金刚石薄壁钻头，主要用于公路、机场、港口、大坝等混凝土工程沥青路面检测，主要在高等级公路钻取混凝土、石灰石基础等，进行抗压、抗折试验。

2）液压双液注浆泵

机械设备特点：产品技术先进，从分体式改为联体式，又从联体式改为一体式，同心度提高到 99%。性能稳定，工作可靠，操作简单，是目前国内质量可靠的一种注浆设备。

（6）安全措施

1）主要安全管理制度

①安全生产责任制。②安全技术措施审批制。③进场安全教育制。④上岗安全交底制。⑤全检查制。⑥事故调查、报告制。

2）安全施工一般措施

① 现场认真贯彻落实“安全为生产，生产必须安全”的安全生产方针，严格落实安全生产管理制度。

② 现场成立安全施工领导小组，由项目经理任组长。设专职安全员和兼职安全员，根据公司制定的安全施工的规章制度，落实安全管理人员岗位责任制。

③ 本工程实行科学的全封闭管理，严格执行人员外出的请假制度，增强工人的纪律观念，提高工人的思想素质。

④ 开工前对全体人员进行安全教育，经考核合格后方可上岗，并且定期进行安全生产讲评会。对施工生产做到有布置、有落实、有检查。特殊工种操作人员必须持证上岗。

⑤ 在现场醒目的位置设置安全、消防等宣传标牌，讲解消防设施、器材的使用方法。消防设施、器材放置位置要有明显标志。

⑥ 布置任务时要进行详细的安全技术交底，并做好记录，施工中严格执行安全操作规程，对安全设施经常进行检查。

⑦ 坚持开好班前安全会，并做好书面记录。

⑧ 易燃、易爆、有毒材料要设专库存放，由专人保管。

⑨ 施工现场禁止吸烟；进入现场人员佩戴安全帽。

⑩ 对特殊和重要的分项工程，制定专项安全技术措施。

（7）施工周期

施工周期为30个日历天（具体要根据项目情况而定），阴雨天及大风天气和特殊情况例外。

以上工法由以下公司提供：

生产单位：四川童燊防水工程有限公司

联系人：易启洪（13666186605）

4.42 喷涂法防水堵漏施工工法

（1）工程渗漏原因分析

本工程渗漏水的主要原因是：一是地下及覆土隐蔽部分防水施工时基面很难达到基层含水率，难以满足聚酯胎沥青防水卷材的施工条件，故墙根部位及柱根处多有渗漏、潮湿、积水现象。二是大跨度的架空层意味着结构支撑大，承载负荷重，变形缝、伸缩缝等部位会因地基沉降以及上部承载力的变化加大间隙，导致线状渗漏。三是由于复杂的造型，特别是二层顶板支撑体系混凝土面与环形钢构框架铝面板幕墙连接处很难做到无缝衔接，加之防水施工时多工序工种的交叉施工难免对防水层造成破坏，修补后防水层还是很难形成整体密闭性。四是二层屋面为上人休闲观光面层，设有种植绿化区和喷泉蓄水区以及环绕内外径的多条引水沟，沟内因备景观水需长期存水流动，水沟内及沟边沿的混凝土面因长期浸水而导致的部分渗漏。根据现场工况、渗漏水产生原因等相关要求，特编制如下方案。

（2）方案编制依据

1）《房屋渗漏修缮技术规程》JGJ/T 53。

2）《地下工程渗漏治理技术规程》JGJ/T 212。

3）《地下防水工程质量验收规范》GB 50208。

4）施工图设计要求。

（3）施工工法

因本工程主体结构是现浇清水混凝土面无装饰遮瑕，故常规的背水面开槽注浆堵漏方法不能适用，针对这一难点，经现场实勘并多次研讨后针对不同部位分别采取多个治理方案。

方案一：地下室防潮防渗背水面处理

地下室墙根柱脚部位在背水面用喷涂速凝橡胶沥青防水涂料做1mm厚的防水涂膜，然后选用DC-P

聚酯高分子防水卷材湿铺法覆盖涂膜防水层，再在卷材外薄涂一层与混凝土面颜色接近的聚合物抗裂砂浆。

主要施工工艺流程：基层清理→喷涂基层处理剂→喷涂橡胶沥青涂料→水泥胶黏剂的预配制→刮涂胶黏剂→铺贴卷材→提浆、排气、晾放→搭接边密封→卷材收头密封→配制面层聚合物砂浆→涂刷面层砂浆→检查验收。

方案二：首层被覆土隐蔽部位的墙体微渗背水面处理

大面细微裂缝处涂刷高渗透环氧树脂，再调与混凝土同色系的聚合物稀浆料覆盖防水涂膜修补色差并辅助密实防裂。

主要施工工艺流程：基层清理→涂刷基层处理剂→涂刷第一遍高渗透环氧防水涂料→涂刷第二遍高渗透环氧防水涂料→配制聚合物浆料→试涂调色→大面涂刷聚合物浆料→修补→检查验收。

方案三：变形缝、伸缩缝及混凝土板面与铝面板幕墙间的缝隙处迎水面治理

剔除缝中杂物至原连接处胶，用聚氨酯密封胶灌满缝后用铝箔面（或抗紫外线的强力膜面）丁基胶防水卷材贴缝压实密封。

主要施工工艺流程：基层清理（重点：用空压机将缝隙表面吹干净，剔除疏松、不密实混凝土）→涂刷基层处理剂→打胶→均匀涂布胶面→依据缝宽大小裁剪好合适大小的外露卷材→铺贴卷材（沿修补缝周遭向外延伸并上翻 250mm）→压实密封卷材边口→检查验收。

方案四：针对个别可翻修部位的墙与板连接处、排水沟，排干水后结合下部渗漏部位小范围掀开面层，找到部分原防水层破损点，用同质材料修补原防水层的破损处，再加大密封范围，复原原面层。

剔除原有的面层保护层至结构层→用大功率吹风机清理基层→刮涂非固化橡胶沥青防水涂料→裁剪好合适大小的聚酯胎自粘防水卷材备用（大于修补面 1/2 的面积）→铺贴卷材（沿修补周遭向外延伸并上翻/下翻 250mm）→压实密封卷材边口→细节部位浇灌热熔后的非固化橡胶沥青密封→浇筑保护层→恢复原面层→检查验收。

（4）主要防水堵漏材料性能简介

1）喷涂速凝橡胶沥青防水涂料

① 主要特点

喷涂速凝橡胶沥青防水涂料是一种将道路沥青通过特殊工艺，采用乳化技术使之溶解于水成为一种超细、悬浮的乳状液体，再与合成高分子聚合物同相复配组成 A 组分，以特种破乳剂作为 B 组分；将 A、B 两个组分分别单管路径喷出，在喷出口交叉混合，在 5～10s 内瞬间反应固化形成高弹性、高附着力的一层永久防水、防渗、防腐的厚质涂层，橡胶沥青乳液 A 组分与破乳剂 B 组分通过专用喷涂设备的两个喷嘴喷出，雾化混合，在基面上瞬间破乳析水，凝聚成膜，实干后形成连续无缝、整体致密的橡胶沥青防水层。

超高弹性：涂膜断裂伸长率可达 1000%以上，适合于伸缩缝及变形缝部位，能够有效解决各种构筑物因应力变形、膨胀开裂、穿刺或连接不牢等造成的渗漏、锈蚀等问题；有效应对结构变形，保证防水效果。

整体防水：涂膜可完美包覆基层，实现涂层的无缝连接，从而达到卷材难以实现的不窜水、不剥离的要求。对于异型结构或形状复杂的基层施工更加简便可靠。

自密自愈：高弹性和高伸长率造就了涂膜的自愈功能，对一般性的穿刺可以自行修补，不会出现渗漏现象。

耐化学性优异、耐温性好：涂膜具有优异的耐化学腐蚀性，耐酸、碱、盐和氯，耐高温和耐低温性能优异。

施工方式灵活多样：除主要采用喷涂施工方式外，也可采用刷涂、刮涂等涂装方式，满足对落水口、阴阳角、施工缝、结构裂缝等防水作业的特殊要求。

② 性能指标（表 4.42-1）

表 4.42-1

<table>
<tr><th>序号</th><th colspan="3">项目</th><th>指标</th></tr>
<tr><td>1</td><td colspan="3">固含量（%）</td><td>≥ 55</td></tr>
<tr><td>2</td><td colspan="3">凝胶时间（s）</td><td>≤ 5</td></tr>
<tr><td>3</td><td colspan="3">实干时间（h）</td><td>≤ 24</td></tr>
<tr><td>4</td><td colspan="3">不透水性</td><td>0.3MPa，30min 不渗水</td></tr>
<tr><td>5</td><td colspan="3">耐热度</td><td>(120 ± 20)℃，无流淌、滑动、滴落</td></tr>
<tr><td rowspan="2">6</td><td colspan="2" rowspan="2">粘结强度（MPa）</td><td>干燥基面</td><td>≥ 0.4</td></tr>
<tr><td>潮湿基面</td><td>≥ 0.4</td></tr>
<tr><td rowspan="7">7</td><td rowspan="7">拉伸性能</td><td>拉伸强度（MPa）</td><td>无处理</td><td>0.8</td></tr>
<tr><td rowspan="6">断裂伸长率（%）</td><td>无处理</td><td>1000</td></tr>
<tr><td>碱处理</td><td rowspan="5">800</td></tr>
<tr><td>酸处理</td></tr>
<tr><td>盐处理</td></tr>
<tr><td>热处理</td></tr>
<tr><td>紫外线处理</td></tr>
<tr><td>8</td><td colspan="3">弹性恢复率（%）</td><td>85</td></tr>
<tr><td>9</td><td colspan="3">吸水率（24h，%）</td><td>2.0</td></tr>
<tr><td>10</td><td colspan="3">钉杆自愈性</td><td>无渗水</td></tr>
<tr><td rowspan="6">11</td><td colspan="2" rowspan="6">低温柔性</td><td>无处理</td><td>−20℃无裂纹、断裂</td></tr>
<tr><td>碱处理</td><td rowspan="5">−15℃无裂纹、断裂</td></tr>
<tr><td>酸处理</td></tr>
<tr><td>盐处理</td></tr>
<tr><td>热处理</td></tr>
<tr><td>紫外线处理</td></tr>
</table>

2）DT-P 聚酯高分子防水卷材

① 主要特点

DC-P 聚酯复合高分子防水卷材是以热塑性弹性体（TPO）为主材，卷材上下表面采用针刺无纺布进行复合，施工采用专用粘结剂，卷材质轻柔软，与胶凝材料粘结后形成紧密的防水层。

拉伸强度高、延伸率高、热处理尺寸变化小，使用寿命长；

耐根系渗透性好，耐老化，耐化学腐蚀性强；

抗穿孔性和耐冲击性好；

抗拉性能卓越，断裂伸长率高；

施工和维修方便，宽幅宽搭接少、牢固可靠，成本低廉。

② 性能指标（表 4.42-2）

表 4.42-2

项目		指标
断裂拉伸强度（N/cm）	常温	≥ 80
	60℃	≥ 40
扯断伸长率（%）	常温	≥ 800
	−20℃	≥ 300
撕裂强度（N）		≥ 60
不透水性（0.3MPa，30min）		无渗漏
低温弯折温度（℃）		≤ −35℃，无裂纹
加热伸缩量（mm）	延伸	≤ 2
	收缩	≤ 4
热空气老化（80℃ × 168h）	断裂拉伸强度保持率（%）	≥ 80
	扯断伸长率保持率（%）	≥ 70
耐碱性［质量分数为 10%的 $Ca(OH)_2$ 溶液，常温 × 168h］	断裂拉伸强度保持率（%）	≥ 80
	扯断伸长率保持率（%）	≥ 90
复合强度（FS2 型表层与芯）（MPa）		≥ 1.2

3）高渗透环氧树脂防水涂料

① 主要特点

高渗透性环氧防水涂料的防水机理主要是利用混凝土结构的多孔性，在水的作用下，防水涂料中含有的活性化学物质以水为载体，被带入混凝土结构内部孔缝中，随着水对混凝土结构毛孔的渗透与混凝土中的游离子交互反应生成不溶于水的结晶物，结晶物在混凝土结构孔缝中吸水膨胀，由疏至密，使混凝土结构表层向纵深处逐渐形成一个致密的抗渗区域，提高了结构整体的抗渗能力。

② 性能指标（表 4.42-3）

表 4.42-3

序号	项目			指标
1	固体含量（%）		≥	60
2	干燥时间（h）		≤	12
	表干时间（h）		≤	
3	柔韧性			涂层无开裂
4	粘结强度（MPa）	干基层	≥	3.0
		潮湿基层	≥	2.5
		浸水处理	≥	2.5
		热处理	≥	2.5

续表

序号	项目			指标
5	涂层抗渗压力（MPa）		≥	1.0
6	抗冻性			涂层无开裂、起皮、剥落
7	耐化学介质	耐酸性		涂层无开裂、起皮、剥落
		耐碱性		涂层无开裂、起皮、剥落
		耐盐性		涂层无开裂、起皮、剥落
8	抗冲击性（落球法）（500g，500mm）			涂层无开裂、脱落

4）聚氨酯密封胶

① 主要特点

聚氨酯密封胶是一种无溶剂单组分固化密封胶；具有优异的柔韧性和回弹性，对被粘基材无污染、无腐蚀，主要通过空气中的湿气固化；呈膏状，可挤出涂抹施工；有抗下垂性，嵌填垂直接缝和顶缝不流淌。对金属、橡胶、木材、水泥构件、陶瓷、玻璃等均有黏附性，用来填充混凝土结构的伸缩缝、沉降缝的密封，兼备粘结和密封两大功能。

耐低温性能优异 −40℃仍然具有弹性，不起泡、不胀缝；

挤出性佳，施工方便；

单组分包装，即开即用；

柔韧性好，弹性好，具有优良的复原性，可用于动态接缝。

② 性能指标（表 4.42-4）

表 4.42-4

序号	项目				指标
1	流动性	下垂度	（N 型，mm）	≤	3
		流平性	（L 型，mm）		光滑平整
2	表干时间（h）			≤	6
3	挤出性（mL/min）			≥	80
4	适用期（h）			≥	0.5
5	弹性恢复率（%）			≥	70
6	弹性模量（MPa）	23℃		≤	0.4
		−20℃		≤	0.6
7	定伸粘结性				无破坏

5）丁基胶防水卷材

① 主要特点

丁基橡胶防水卷材以特殊定制的进口强力交叉膜/或增强铝箔膜为表层基材，一面涂覆丁基自粘胶，隔离层采用聚乙烯硅油膜制成的新型高分子防水卷材。主要用于混凝土屋面、钢结构屋面等外露防水或维修工程。

延伸率高，适应各种基层变形；

强力高分子交叉膜，抗穿刺力强，撕裂强度高，性能优异；

自粘胶层使用丁基橡胶，耐老化性能好，自愈性强，不固化。独特的持续抗撕裂性，柔性好，耐高低温性能好。

② 性能指标（表 4.42-5）

表 4.42-5

序号	项目		指标
1	拉伸性能	拉力（N/50mm）	≥300
		最大拉力时伸长率（%）	≥50
		拉伸时现象	胶层与高分子膜或胎基无分离
2	撕裂力（N）		≥20
3	耐热性（70℃，2h）		无流淌、滴落，滑移≤2mm
4	低温柔性（−20℃）		无裂纹
5	卷材与卷材剥离强度（搭接边）	无处理	≥1.0
6	渗油性（张）		≤2
7	持黏性（min）		≥30

6）聚合物防水砂浆

① 主要特点

聚合物砂浆由水泥、骨料和可以分散在水中的有机聚合物搅拌而成。聚合物可以是由一种单体聚合而成的均聚物，也可以由两种或更多的单聚体聚合而成的共聚物。聚合物必须在环境条件下成膜覆盖在水泥颗粒子上，并使水泥机体与骨料形成强有力粘结。聚合物网络具有阻止微裂缝发生的能力，能阻止裂缝的扩展。

防水抗渗效果好；

粘结强度高，能与结构形成一体。抗腐蚀能力强；

耐高湿、耐老化、抗冻性好。

② 性能指标（表 4.42-6）

表 4.42-6

序号	项目			指标
1	凝结时间	初凝（min）	≥	45
		终凝（h）	≤	12
2	抗渗压力（MPa）	7d	≥	1.0
		28d	≥	1.5
3	抗压强度（MPa）	28d	≥	24.0
4	抗折强度（MPa）	28d	≥	8.0
5	横向变形（mm）		≥	1.0
6	粘结强度（MPa）	7d	≥	1.0
		28d	≥	1.2
7	耐碱性：饱和 $Ca(OH)_2$ 溶液，168h			无开裂，剥落
8	耐热性：100℃水，5h			无开裂，剥落

续表

序号	项目			指标
9	抗冻性-冻融循环：（−15～20℃），25次			无开裂，剥落
10	收缩率（%）	28d	≤	0.15

（5）施工设备及工具

机器设备：进口双管冷喷专用喷涂机及高压软管和喷枪；手持式焊枪。

设备机具：搅拌器、配料桶、过滤网、汽油、机油、比重计、工具箱及备件。

施工机具：锤子、胶滚、刮板、毛刷、腻子刀、剪刀、铁锨、扫帚、塑料桶，压辊等。

防护用品：安全帽、安全带、安全绳、防护服、乳胶手套等。

（6）安全措施

1）施工前，进行安全教育、技术措施交底，施工中严格遵守安全操作规章制度。

2）施工人员操作时须佩戴安全帽、安全带，穿防滑鞋等。

3）施工使用的用电工具，必须完好、安全，要有合格的配电箱，接电工作必须由专业电工操作，电动工具操作人员必须戴绝缘手套，防止发生触电事故。

4）施工过程中不得喝酒、嬉戏等。

5）施工前应对所有设备严格检查，符合要求后，方可作业。

6）必须执行国家有关安全施工的各项规定，遵守有关规章制度。

7）必须严格执行规章制度，做到文明施工。

8）搭设脚手架施工时，要注意施工安全，施工作业人员必须佩戴安全带。

9）在进行电缆线周围施工时，防止施工时触电造成人员伤亡，要求工人作业时高压电缆处于停电状态，同时施工作业人员必须戴绝缘手套和穿绝缘鞋。

10）施工人员进行高空作业时，一定要佩戴好安全带和安全绳，防止发生高空坠落。

（7）施工周期

施工周期为20个日历天，阴雨天及大风天气和特殊情况例外。

（8）修复后的效果

本工程是一座以展览为主要功能的公共建筑，该建筑造型优美大气，清水混凝土墙、板、柱对美观要求高，因此堵漏施工方案及材料的选用尤为慎重，堵漏修补完工后的外观要满足整体美观无痕性，这就要求堵漏材料的多功能结合性，对部分需外露的材料耐紫外线、耐高温、耐冻融以及拉伸强度都有极高的要求。针对本项目渗漏水的多种形式，存在着多种疑难问题，根据现场具体情况科学选择堵漏材料，多种材料复合应用，以及根据现场实际渗漏情况采取相应的维修堵漏复原施工工法，并根据不同渗漏状态、不同渗漏部位，对材料适应性进行匹配，从而选择相适宜的材料和相适应的堵漏工艺。施工效果达到预期要求。

以上工法由下列公司提供：

安徽德淳新材料科技有限公司

联系人：闫金香（15256065309）

地址：安徽省全椒县杨桥工业园区

4.43　天地不漏再造防水层＋背水堵漏工法

（1）工程渗漏原因分析

建筑渗漏区域为电梯井渗漏，影响正常的电梯使用，危及电梯安全运行。根据现场工况、渗漏水产生原因等相关要求，特编制如下方案。

（2）方案编制依据

1）《混凝土结构加固技术规范》CECS 25。

2）《建筑抗震设计规范》GB 50011。

3）《地下工程防水技术规范》GB 50108。

4）《建筑工程施工质量验收统一标准》GB 50300。

5）其他与本工程有关的各种有效版本规范、规程、图集及文件。

（3）施工工法

根据现场条件采用混凝土结构裂缝补强，低压灌注再造防水层先止明水的方式进行治理，后涂背水卫士 TYRH-3005 一遍与全能胶 TXRH-100 一遍起到背水面防控、防渗、防反碱发霉等。

基层清理→剔凿墙体沙灰层→找到漏水点→注入再造防水层专用料迅速止水→背水面防控第一道工序背水卫士涂刷→背水面防控第二道工序全能胶 TYRH-100 涂刷→质量检查验收。

1）注入再造防水层专用料。

2）超级背水卫士 TYRH-3005。

3）超级全能胶 TYRH-100。

4）养护、验收。

5）高压灌注施工。

打孔：在裂缝两边 2～3cm 处用风钻打孔，孔的分布要对称，每注浆孔 10cm 间距，直径以注浆管外径为准。打孔时风钻杆与基层面的角度以 45°为宜。倾斜穿过裂缝。根据该混凝土板厚度打孔深度为 10～15cm。

（4）主要防水堵漏材料性能简介

1）墙体墙缝背水面专用材料：能解决因基层开裂应力传递给防水层而造成的防水层开裂、疲劳破坏或处于高应力状态下提前老化的问题。同时，蠕变性材料的黏滞性使其能够很好地封闭基层的毛细孔和裂缝，随着结构的变形而变形，不会形成二次渗漏，解决防水层的窜水难题，还能解决使用时相容性差的问题。

① 超高固含量：固化物含量大于 99%，几乎没有挥发物。

② 蠕变性极强：施工时材料不会分离，形成整体无缝防水层，本产品具有抗紫外线、抗老化的功效，性能极其优越。

③ 具有泛碱、除霉、裂纹渗水、超强抗压。

④ 粘结性强：可在水中施工，且能与任何异物粘结。

⑤ 自愈性强：施工时即使出现防水层破损也能自行修复，维持完整的防水层。

⑥ 施工限制小：施工时不需加热；温度在 −20°均可施工。

⑦ 耐候环保：耐久、耐腐、耐高低温；无毒、无味、无污染且不燃。

⑧ 渗水渗漏部分采用低压灌注法注射丙烯酸盐，可变形，不收缩。

适用于工业民用建筑屋面及侧墙防水工程；车库底板、种植屋面防水工程；地下结构、地铁车站、隧道等防水工程；道路桥梁、铁路等防水工程；堤坝、水利建设等防水工程；变形缝、沉降缝等各种缝隙注浆灌缝。

2）不固化：以水泥为基材，掺以特种丙烯酸系列及助剂等通过载体混凝土墙、砖墙、矿渣切块等建筑墙面渗入的小孔，干燥时膨胀，形成坚韧的防水阻隔层，是苛刻使用条件下的理想防水涂料。方便简单易施工，直接加水搅拌，混合均匀后即可使用。

适用于新建河流两侧防水，化学污水池，新老混凝土、砖等各种墙面，游泳池，屋面，厕浴间，饮用水池，储水池等。

本产品环保无毒无害，韧性好，特殊的分子结构设计提供了强烈的憎水性，在复杂的低温带水环境下施工可靠性极高：极佳的分散性，尤其是添加填料后仍能保证足够的流动性；有较长的适用期，放热平稳，不爆聚，尤其适合水下灌浆、裂纹修补、水下建筑结构胶的配制；即使水下施工，优良的分散性仍能使混凝土强度提高30%以上；无白化、无浮胶，对多种有机或无机建筑材质具有极佳的粘结强度，水泥环氧砂浆变色轻微，同无水干燥条件下相比，强度下降幅度很小；稳定的刚性结构提供了分子优秀的耐腐蚀性、耐水性和耐老化性；水下施工极少外溢，绿色环保，对水源无污染。

配比方法：A∶B＝3∶1（质量比）混合并搅拌均匀。

（5）施工设备及工具

维修所有机械小工具等。

（6）安全措施

上岗前进行安全生产教育培训，订立安全生产协议，严格执行工地各项安全生产制度，并遵守如下作业规则：

1）施工安全管理，由施工方现场队长负责，每天上岗前讲安全，有针对性，有记录。

2）施工用浆液、溶剂等易燃品，应有通风、能上锁的库房。远离火源，并配备干粉灭火器。施工现场严禁大量堆放各种易燃品，每天工作完毕将废料、包装皮等杂物，由专人负责运至甲方指定地点堆积。

3）施工现场，不准乱接电线及使用无防爆设施的各种手动电器，严禁破旧电线、电缆通过正在施工的作业范围。

4）进入施工现场，严禁动用明火，严禁吸烟，并主动监督。

5）施工人员当发现其他安全隐患时，应及时上报甲方，避免隐患。

6）严格按照操作规程、技术方案施工，对施工过程中出现的技术问题及时处理。

7）施工安全技术交底。

各项施工前，由工长对操作人员进行安全技术交底，交底内容要全面，结合本工程及施工环境，针对性强，与操作人员办理签字手续。

安全技术交底的签字手续必须由交底者和接受交底者本人进行签字，绝对不允许代签。

进入施工现场必须正确佩戴防护用具。在清洗设备时严禁烟火，以免引起火灾。

施工完毕，未用完的材料和清洗剂及时清理入库。

（7）施工周期

施工周期为20个日历天，阴雨天及大风天气和特殊情况例外。

以上工法由下列公司提供：

天地不漏建筑修缮技术有限公司

联系人：吴红亮（13703864666/17303864666/0396-5155555）

4.44 天地不漏灌浆加固不分散再造防水层工法

（1）工程渗漏原因分析

经实地查看，分析判定该项目存在未知进水点，水浸入结构内，结构层节点较多，在薄弱处发生渗漏。

1）地下室外墙迎水面防水层上返高度不够。

2）地下室外墙有未做到位的防水层，回填土中的雨水通过外墙进入保温层内部，在保温层与结构层之间形成窜水层，水从结构外部进入结构墙体的节点处（混凝土结构的裂缝、毛细孔、穿墙管、沉降缝等缝隙节点）。

3）SBS 防水层交叉施工时遭到破坏或卷材搭接缝热熔粘结处不密实，防水材料的质量、高低温、延伸率超负荷、老化等因素都会造成防水层的破坏，造成水源穿过防水层节点进入混凝土结构层内部。

4）刚性混凝土结构层由于自防水功能失效或无自防水功能，例如：混凝土添加剂抗渗性能等级原因，浇筑时振捣不密实或混凝土各种砂石料配比不当造成混凝土存有蜂窝麻面、细小孔洞，结构沉降等原因造成的混凝土开裂，渗钢筋混凝土结构由于长期被水浸泡腐蚀形成钢筋锈胀，造成混凝土粉化及开裂都会成为重要的渗漏水节点。

（2）方案编制依据

1）《地下工程防水技术规范》GB 50108。

2）《地下防水工程质量验收规范》GB 50208。

3）《地下工程渗漏治理技术规程》JGJ/T 212。

4）《施工现场临时用电安全技术规范》JGJ 46。

5）《建筑施工高处作业安全技术规范》JGJ 80。

6）《建设工程施工现场供用电安全规范》GB 50194。

7）《建筑施工扣件式钢管脚手架安全技术规范》JGJ 130。

8）《建设工程安全生产管理条例》（中华人民共和国国务院令第 393 号）。

9）施工图纸：建筑、结构现场勘察。

10）国家关于工程施工和验收的有关法律、法规。

（3）施工工法

1）微创技术再造防水层

使用电钻微小穿孔，打穿结构，在漏水区域的迎水面（防水层与结构层中间窜水层）重新再做一层新的柔性防水层；让新的柔性防水层黏附在结构层，既能保护钢筋混凝土结构不被渗漏水浸泡腐蚀，又能修复进水点，把水阻拦在结构之外，彻底解决建筑渗漏问题。

技术实施步骤：

① 现场勘查，标注渗漏位置，基层清理，准备工具。

② 位置判定，勘探分析结构构造及结构尺寸，确定间距布局打孔深度。

③ 漏水区域帷幕穿孔，打穿结构墙体外部，植入注浆管。

④ 使用双液灌浆机高压灌注天地不漏液体堵漏灵 + 天地不漏抗渗层（+ 普通水泥）后，灌注再造防水层专用材料。

⑤ 连通内部空间持续注射，多点注浆按顺序操作（九宫格或梅花桩）。

⑥ 多点成片，多片成面，在防水层与结构层内部将空间填充，窜水通道形成全新的整面柔性防水层；将水源阻挡在结构外部，窜水空间通道置换成密封防水材料，漏水点内侧自动修复。

⑦ 施工完毕后，用堵漏粉封闭注浆孔，修缮系统中的第一个维度（迎水面再造防水层）工序完成。

2）混凝土结构渗漏节点密封、修复结构刚性防水层

① 混凝土裂缝基层处理，裂缝内部使用注浆 3 号注浆液填充密封缝隙。

② 蜂窝麻面及混凝土孔隙，使用“永不固化”灌浆料密封。

③ 混凝土裂缝及蜂窝麻面节点密封堵漏的施工方法。

④ 混凝土裂缝注浆施工流程如下。

清理基面：详细检查，分析渗漏情况。确定灌浆孔位置及间距。将施工区域清理干净。凿出及剔除混凝土表面析出物，确保表面干净湿润。

钻孔：使用电锤等钻孔工具沿裂缝两侧进行钻孔，钻头 14mm，钻孔角度 ≤ 45°，钻孔深度 ≤ 结构厚度的 2/3，钻头深度 ≤ 结构厚度的 2/3，钻孔必须穿过裂缝。但不得把结构打穿（壁后再造防水层灌浆除外），钻孔与裂缝贯穿相交深度 ≤ 结构厚度的 1/2。钻孔间距 20～60cm。

埋嘴：在钻好的孔内安装止水针头（灌浆嘴），针头后带膨胀橡胶，并用专用内六角扳手拧紧，使灌浆嘴周围与钻孔之间无空隙、不漏水。

洗缝：用高压灌浆机向灌浆嘴内注入洁净水，观察出水点情况，并将缝内粉尘清洗干净。

封缝：将洗缝时出现渗水的裂缝表面用水立止或堵漏王进行封闭处理，目的是在灌化学浆时不跑浆。

灌浆：使用高压灌浆机向灌浆孔内灌注化学浆料（根据项目情况选择不同的注浆液型号），立面灌浆顺序由上至下，平面可由一端开始，单孔逐一连续进行。当相邻孔开始注浆后，保持压力 3～5min，即可停止本孔灌浆，改注相邻灌浆孔，单孔间歇式重复注浆 2～3 次为佳。

拆嘴：灌浆完毕，确认不漏即可去掉或敲掉外露的灌浆嘴，清理干净已固化的溢出的灌浆液。用丙酮或机油清理机器，以免堵塞注浆机。

封口：用堵漏粉等材料对灌浆口进行修补，封口密封处理。

施工完（施工期间）成到验收前施工部位都不能受一点损伤。如有损伤，应使用新的材料施工，进行修整及补修。

施工完成后通知甲方验收，发现瑕疵应及时查明原因，提出适当的补修方法，经甲方验收合格后清理退场。

（4）此方案设计原则和特点

1）耐久性：比传统维修保修年限长，防水年限耐久。

2）节约性：不用大破坏、大拆除、排渣、重新恢复原状。

3）省费用：综合核算比传统方式拆、刨、砸、重做防水要省钱。

4）工期短：比传统方式维修要节约 70%工期，不影响正常使用。

5）核心工艺：微创技术再造耐久防水层施工工艺。

6）此项目施工方法：采用三位一体修缮系统。

（5）施工设备及工具

高压双泵、单泵注浆机、喷涂机、搅拌钻、电锤、灌浆管、注浆针头、牛油头、辅助材料及器械工具、五金劳保工具等。

以上工法由下列公司提供：

天地不漏建筑修缮技术有限公司

联系人：吴红亮（13703864666/17303864666/0396-5155555）

4.45 屋面防水堵漏施工工法

（1）工程渗漏原因分析

本工程渗漏水的主要原因是：屋面防水层失效，系统内形成窜水层。根据现场工况、渗漏水产生原因等相关要求，特编制如下方案。

（2）方案编制依据

1）《建筑工程施工质量验收统一标准》GB 50300。

2）《屋面工程质量验收规范》GB 50207。

3）《民用建筑设计统一标准》GB 50352。

（3）施工工法

采用轻型屋面隔热防水一体化系统（简称“一屋面系统”）的维修方案。该系统是由 2～3 种涂料复合而成的具有防水和隔热功能的轻型屋面系统。形成 1～3mm 涂层解决屋面防水和隔热问题，将屋面系统简化。外露式防水构造屋面施工和维修简单，可无限延保屋面使用年限。

1）施工前准备

施工前，专业人员到工程现场进行勘验，了解是否具备施工条件。

① 勘验屋面排水情况：排水口设置是否合理，排水是否通畅。

② 屋面找坡（排水坡度）是否达到要求：表面无积水。

③ 屋面抹灰层是否平顺光滑，有无起鼓、爆皮、开裂、凹坑、油污、发霉、长青苔等现象。

④ 屋面干燥情况：养护情况、干燥情况（要求含水率 ≤ 10%）。

2）屋面处理

对屋面进行表面清理、清洁，力求达到屋面平顺、排水通畅。

① 对于起皮以及长青苔的屋面，应该用高压水枪进行彻底冲洗。

② 对于疏松空鼓部分应进行凿除，然后用高强度水泥砂浆进行修补，须干燥后才能进行涂料施工。

③ 对于开裂和有凹坑的屋面应用砂浆进行修补。

④ 排水坡度及排水口达不到要求的须重新处理。

3）施工工序

① 在清洁、干燥的屋面上用滚筒均匀涂刷一遍 HS-JMJ 专用界面处理剂，干燥后进行下一道工序。

② 待 HS-JMJ 专用界面处理剂干燥后，用抹子均匀刮涂 2～3 遍 HS-ZT 抗裂防水中涂，刮涂要求尽量均匀平顺。由于中涂料表干较快，每遍涂层不能太厚（≤ 1.5mm），待上一遍涂层干燥后才能进行下一遍涂层的施工。涂层总厚度 2～3mm。注意事项：由于涂层较厚，实干时间较长，宜在晴天施工；要求雨前 6h、雨后 24h 不得施工。

③ 待 HS-ZT 抗裂防水中涂实干后，检查涂层是否平顺，若有凸起部分应用砂带机进行适当打磨并清扫干净；然后在平顺、干燥的中涂层上均匀涂刷两遍 HS-YSL 屋面专用耐磨隔热涂料，待第一遍干燥后才能涂刷第二遍。

④ 施工完毕，清理现场。

（4）主要防水堵漏材料性能简介

1）HS-JMJ 专用界面处理剂：采用强力渗透型树脂乳液为基料，辅以特殊功能的填料、助剂精制而成。产品分为金属基面或硅酸盐水泥基面产品。

本产品具有超强的粘结性、优良的耐水性、耐老化性，可在基层和后续涂膜之间形成网状体系，避免出现分层、脱落、开裂等质量问题。

2）HS-ZT 抗裂防水中涂：采用高弹性聚合乳液、功能性填料和精选助剂等精心配制而成。本产品具有超强的粘结性、优良的耐水性、耐老化性，可在基层和后续涂膜之间形成网状体系，不会出现空鼓、脱落现象，同时还能防止屋面、墙面裂纹和裂缝的产生。

3）HS-YSL 屋面专用耐磨隔热涂料：采用无机耐磨高反射片材与高弹性有机粉体、高性能聚合物乳液精心调制而成。对于波长在 380～2500nm 波段的太阳辐射光具有极高的反射比，隔热效果突出。同时，具有非常优异的耐磨性能，解决因屋面隔热涂料耐磨性差而无法在城市民用建筑推广使用的问题。

（5）施工设备及工具

高压清洗机、手提式涂料搅拌机。

（6）安全措施

1）施工前，必须进行安全技术交底及劳动保护教育。

2）施工工人必须穿好防护工作服，系好安全带后上岗。

3）屋面施工需穿胶底工作鞋，禁止穿凉鞋、拖鞋上岗。

4）上下屋面时须设置有安全保护措施的人行通道，防止发生安全事故。

5）严禁在施工现场打闹追逐，严禁酒后上岗。

6）下雨及大风天气禁止施工。

（7）施工周期

施工周期为 5～10 个日历天，阴雨天及大风天气和特殊情况例外。

以上工法由以下公司提供：

海南红杉科创实业有限公司

联系人：王棋（13907554452/13907625375/0898-66196300）

地址：海南省海口市美兰区海甸三东路 16 号松雷大厦主楼 7 楼 706 室

4.46 吉美帮卷涂一体专业屋面防水系统

吉美帮卷涂一体专业屋面防水系统见表 4.46-1。

表 4.46-1

第 1 道工艺：裂缝和管口修复加固处理 第 2 道工艺：喷涂一遍基层加固处理剂 第 3 道工艺：喷涂两遍高弹自愈型长效粘弹胶 第 4 道工艺：铺设一道胎体增强型网络布加筋层 第 5 道工艺：喷涂一遍高弹自愈修复型长效粘弹胶 第 6 道工艺：按规范做好砂浆保护层	M-304 吉美帮堵漏王（速凝型） M-311 吉美帮渗透反应型固砂金刚（混凝土基面回弹增强剂） M-F1 吉美帮胎体增强型网络布加筋层 M-200 长效粘弹胶-自愈密封全能防水膏
暴露屋面防水优选方案	
第 1 道工艺：裂缝和管口修复加固处理 第 2 道工艺：喷涂一遍基层加固处理剂 第 3 道工艺：喷涂两遍聚合物水泥防水涂料打底 第 4 道工艺：喷涂两遍屋面暴露耐候型防水涂料	M-304 吉美帮堵漏王（速凝型） M-311 吉美帮渗透反应型固砂金刚（混凝土基面回弹增强剂） M-106 聚合物水泥防水涂料 M-005 吉美帮红橡胶-屋面外露专用防水涂料
暴露屋面防水臻选方案	
第 1 道工艺：裂缝和管口修复加固处理 第 2 道工艺：喷涂一遍基层加固处理剂 第 3 道工艺：喷涂两遍高弹自愈型长效粘弹胶 第 4 道工艺：铺设一道胎体增强型网络布加筋层 第 5 道工艺：喷涂一遍高弹自愈修复型长效粘弹胶 第 6 道工艺：喷涂两遍屋面暴露隔热耐候型多功能防水涂料	M-304 吉美帮堵漏王（速凝型） M-311 吉美帮渗透反应型固砂金刚（混凝土基面回弹增强剂） M-F1 吉美帮胎体增强型网络布加筋层 M-200 长效粘弹胶-自愈密封全能防水膏 M-009 多彩橡胶-外露防水隔热三合一多功能涂料

以上工法由以下单位提供：

江门万兴佳化工有限公司

联系人：梁起冠（13822259336）

4.47 坚派牌天冬聚脲防水施工工法

（1）防水层施工方法一（防水层＋保护层）

1）清理基层：基层应平整、无水，凹凸不平处用水泥砂浆抹平。

2）涂刷 T107 或 T123 或灰色聚脲防水涂料。A 组分加入 B 组分中，按 A 组分：B 组分＝1：1（质量比）混合，搅拌均匀，消泡、熟化 5min 后便可涂刷。30～40min 内用完。

3）细部结构部位做加强防水层。细部结构加强层做好后，才可大面积刷涂。

4）大面积施工：一遍施工达到厚度即可，必要时可补刷一遍；立面施工注意一次不要太厚，避免流挂。

5）防水层完成后，养护 3d 以上，试水并验收合格后，进行保护层或饰面层施工（贴瓷砖）。

（2）防水施工方法二（屋面）底漆＋中涂层＋面漆层

1）清理基层：基层应平整、无水，凹凸不平处用水泥砂浆抹平。

2）刷涂高渗透底漆：按 A 组分：B 组分＝5：1（质量比）混合，消泡、熟化 5min 后便可刷涂。30～40min 内用完。

3）刷涂 T107 或 T123 或灰色防水漆。A 组分加入 B 组分中，按 A 组分：B 组分＝1：1（质量比）混合，搅拌均匀，消泡、熟化 5min 后便可涂刷。30～40min 内用完。

4）细部结构部位做加强防水层。

5）涂刷 T198 或 T200 面漆。A 组分加入 B 组分中，按 A 组分：B 组分＝1：1（质量比）混合，搅拌均匀，消泡、熟化 5min 后便可涂刷。30～40min 内用完。

6）涂膜防水层完成后，养护 5d 以上，试水并验收。

使用过程中注意对露天防水层的保护，避免重物和尖锐物对其损坏。一旦有破损，要刷涂坚派牌天冬聚脲 T200 或 T198 面漆修补。

（3）旧屋面、外墙及卫生间补漏简易施工方法透明面漆层

1）修补、清理基层，基层应平整、无水。

2）配制坚派牌天冬聚脲 T200/T209 透明防水清漆：A 组分加入 B 组分中，按 A 组分：B 组分＝1：1（质量比）混合，搅拌均匀，消泡、熟化 5min 后便可涂刷。30～40min 内用完。

3）沿着瓷砖缝或裂纹处刷涂，或全面刷涂；立面刷涂时注意收边，避免流挂。

4）刷涂第一遍后，间隔 2～3h，补刷第二遍。

5）至少固化 24h，有条件的养护 3d 以上为最好。

（4）细部结构加强层的做法

1）细部结构指的是边、角、下水管与地面接口处、便盆和地面接口处、檐口等易开裂漏水的地方。

2）细部结构部位应先涂刷 1～2 遍坚派牌天冬聚脲，必要时粘一层无纺布加强。

3）管根与基面之间应预设 1～2cm 宽、2cm 深的凹槽，凹槽内嵌填密封材料（可灌注坚派牌天冬聚脲），在边、角、管根、墙根等细部处，应先涂刷 1～2 遍坚派牌天冬聚脲，落水管沿着管根向上刷 10cm 以上，收口时减薄。

4）所有阴阳角均应做成圆弧形。固化后再统一刷涂所有面积。

（5）注意事项

1）阴雨天气不宜施工，基层有明水不能施工。

2）配好的涂料应在 40min 内用完。

3）开封后未使用完的液料组分，应密封贮存，并尽快使用。

以上工法由以下公司提供：

广东坚派新材料有限公司

联系人：张余英（13312853349）

1）地址：广州市花都区公益路华侨商业城 6-3-8 号，电话：020-37733758，020-37733748

2）地址：佛山市高明区荷城街道兴盛东路 28 号，电话：0757-88811129

网址：www.aupter.cn

4.48 水上乐园刷涂型天冬聚脲防水地坪施工工法

（1）施工条件

1）温度在 5～35℃；湿度 ≤ 85%；坡度 ≤ 5%；平整度：3m 直尺允许偏差 ≤ 3mm。

2）预留伸缩缝：一般按 6m 间距切缝，缝宽 6mm，深 2cm。

3）水泥强度：水泥基础强度必须达到 C25 以上；养护时间不少于 28d。

（2）施工工法

1）施工流程：切 V 字缝→打磨平整基面→刷底漆→填缝→刮涂聚脲弹性砂浆层→刮涂聚脲弹性中涂层→局部修补→滚涂抗氯防滑面漆层→滚涂透明防滑面漆层

2）施工方法

① 基面处理

a. 切割 V 形缝，以不大于 6m × 6m 为一方块切割伸缩缝，伸缩缝宽 × 深 = 6mm × 20mm。

b. 基面打磨清理：用打磨机对基面粗糙、凸起的部分进行打磨、修平，清理现场。

c. 填缝：先将伸缩缝清洁干净，如缝较深或较宽，可用橡胶颗粒或泡棉垫底，再用聚脲弹性中涂漆填充；对特别凹陷部位可用弹性材料加砂进行修补。

d. 底涂：基础足够干燥后，刷涂专用底涂 T9302，分两道滚涂于基面。

② 聚脲弹性中间层施工

将聚脲弹性中涂漆 A、B 组分按比例混合均匀，尽量在 30min 内用完。施工时用带齿镘刀或刮耙将涂料涂刮于基面上，每道涂刮厚度不能超过 1mm，表干后 3～6h 刮涂第二道，以此类推，至要求厚度。涂刮时注意流平效果，以保证表面光洁。可以用 T107 做一道聚脲砂浆层，再做一道 T100/T109 中涂层。

③ 面层施工：按 2∶1 比例将面漆涂料 T301 的 A、B 两组分充分搅拌均匀，用滚筒或喷枪涂于中间层上。

④ 施涂防滑面漆层：需要做防滑处理的地坪必须涂装防滑层，如游乐园。按规定比例将防滑面漆涂料的 A、B 两组分充分搅拌均匀，用滚筒或喷枪分道涂布于层面上。

（3）注意事项

1）施工过程中，每道工序施工前必须修整前道涂层，并保持表面清洁。

2）场地铺设后需养护 7d 以上才能投入使用。

3）每道工序施工前要注意天气变化，施工后要保证 5～10h 内不能有水浸泡。

以上工法由以下公司提供：

广东坚派新材料有限公司

联系人：张余英（13312853349）

1）地址：广州市花都区公益路华侨商业城 6-3-8 号，电话：020-37733758，020-37733748

2）地址：佛山市高明区荷城街道兴盛东路 28 号，电话：0757-88811129

网址：www.aupter.cn

4.49 威而刚 E.G.G 系列防水施工工法

（1）工程渗漏原因分析

本工程渗漏水的主要原因是：机房顶板（正水压、背水面）漏水严重，从道路地面的径流水沿道路开裂处与缝隙，往下渗流，经过地下二层墙面、梁柱、地面缝隙渗漏到地下三楼机房等处，根据现场工况、渗漏水产生原因等相关要求，特编制如下方案。

（2）方案编制依据

1）《地下工程防水技术规范》GB 50108。

2）《聚合物乳液建筑防水涂料》JC/T 864。

3）《水性渗透型无机防水剂》JC/T 1018。

4）《砂浆、混凝土防水剂》JC/T 474。

（3）施工工法

1）裂缝处（负水压、背水面）开 V 形槽，以渗透结晶发泡固化灌浆工法先行堵漏及加固。

2）渗透结晶发泡固化灌浆干燥后再以水泥砂浆添加水泥砂浆加固剂（蓝晶液），将 V 形槽抹平。

3）水泥砂浆添加（蓝晶液）涂抹干燥后，再涂刷威而刚 E.G.G 多功能弹性防水系统（多功能弹性防水底涂）。

4）多功能弹性防水底涂干燥后，再涂刷纤维防水面涂，转角处使用蜂巢抗裂网（太空布）加强处理。

（4）主要防水堵漏材料性能简介

1）威而刚 E.G.G 渗透结晶发泡固化灌浆

灌浆材料（以有机无机材料混合而成）为环保无毒材料，依实地工程需求调制发泡干燥固化时间。

以浆料进入岩盘裂缝并扩张增加其内部应力。浆料能在岩盘间提供黏着力，因此能使原有岩盘保持稳定状态，亦能提供岩石高度抗张能力，避免隧道顶拱坍塌。

渗透性高、止水效果佳。快速的凝结作用时间能使开挖工作随后进行。间隔式灌注作业能使渗漏发生得到适当解决。能有效灌注于所需区域，在水中亦能发挥其良好的功效，与其他灌注材料相比较，完全符合环保规定，并拥有良好的耐久性。

2）威而刚 E.G.G 水泥砂浆加固剂（蓝晶液）

由高分子无机材料混合而成，水性蓝色稠状，环保、无毒、无有害物质。添加于水泥砂浆或混凝土内，产生高粘结功能，可防止起砂、龟裂、空鼓现象，产生加固作用。堵塞水泥砂浆、混凝土的毛细孔道和微细缝隙。光滑墙面，亦可轻易涂抹上墙且结构良好。

添加于水泥砂浆、混凝土，粘贴石材、瓷砖与不易粘结的金属、塑料等使用。

依照配比添加于混凝土或水泥砂浆内，称量后充分搅拌，搅拌后静置 5～10min，再次搅拌。（注：粘结剂第一次搅拌会产生假凝现象及假固结，故静置 5～10min 后再次充分搅拌，即可使用）。

3）威而刚 E.G.G 无机自呼吸防水剂（渗透结晶）

由高分子无机材料自呼吸混成乳化液，水性乳白色液体，干燥后呈透明状，环保、无毒、无有害物质。防潮、防水、耐磨、不起砂、不龟裂，与水泥水化产物生成不溶于水的针状结晶体，堵塞混凝土或水泥砂浆毛细孔和微细缝隙，提高混凝土或水泥砂浆的致密性和防水性。适用于内/外墙面防水，地坪防潮、防水层。

4）威而刚 E.G.G 多功能弹性防水涂料系统

水性、环保、无毒、无有害物质。冷施工，工序简单，材料可吞噬包裹水分子，在裂变与聚变反应过程中，渗入结构体的毛细孔与缝隙里，形成结晶体，从而达到防水、防渗漏功能。材料抗紫外线、耐磨、耐老化与耐候性佳，可在潮湿面直接施工。

（5）施工设备及工具

气动式注浆机；涂料喷涂机；滚筒、毛刷、搅拌机、幔刀；脚手架等。

（6）施工周期

施工周期为 20 个日历天，阴雨天及大风天气和特殊情况例外。

以上工法由以下公司提供：

昆山长绿环保建材有限公司

地址：江苏省昆山市晨丰西路 30 号

联系人：庄继昌（18361954969）、林秀娟（13776352917）

4.50 改性聚脲液体复合防水涂层的技术体系特征及施工工法

（1）技术特征

改性聚脲液体复合防水涂层施工由以下两种产品组成：①改性聚脲建筑屋面防水涂料；②天冬聚脲防水面涂料。

复合材料尽可能与混凝土膨胀系数达到一致，产品环保、施工方便，材料密实度高，耐水强，耐紫外线、耐低温（−50℃）、耐高温（高达 120℃以上）。采用后防水，使用寿命可达到 30 年以上。

改性聚脲液体复合防水涂层，施工工序由渗透增强底涂、封闭毛孔、找平增厚中层、抗紫外线面涂等工序组成。

改性聚脲建筑屋面防水涂料属于双组分，是一种 98%固含量的芳香族可刮改性聚脲弹性体，由异氰酸酯组分与氨基、羟基化合物反应生成。施工不需要专门喷涂设备，对环境湿度和温度不敏感，完全能满足混凝土建筑结构系统的耐久性防水，如屋顶、天沟、卫生间、窗台、凉台、地下室、建筑外墙等部位的防水防护。

改性聚脲液体复合防水体系，涂层连续无接缝，坚韧致密，粘结力强，耐水耐碱，耐腐蚀，表面涂刷天冬聚脲面涂耐紫外线，耐低温、耐高温、耐老化。

（2）施工体系

施工体系见表 4.50-1。

表 4.50-1

序号	施工工序	施工方式	施工遍数	漆膜厚度（μm）	功能	料耗（kg/m²）
1	基层打磨	打磨机	1 遍	—	提高基层强度	—
2	SWD8009 改性聚脲建筑屋面防水底涂	刮涂施工	1 遍	均匀渗透为准约 60	提高基层强度，增加附着力	0.15

续表

序号	施工工序	施工方式	施工遍数	漆膜厚度（μm）	功能	料耗（kg/m²）
3	SWD9527 改性聚脲建筑屋面防水中涂加砂	刮涂施工	1遍	约520	封孔，防水	0.7
4	SWD9527 改性聚脲建筑屋面防水中涂	刮涂施工	1遍	约150	封孔，防水	0.2
5	SWD8029天冬面涂	滚涂施工	1遍	约120	防水、耐老化	0.17
合计			5	约850		

（3）改性聚脲液体复合防水涂层的施工特点

改性聚脲液体复合防水涂层（无溶剂）底涂，必须对混凝土结构有渗透封孔增强功能，通过底涂施工，解决混凝土质量强度不够的问题。

改性聚脲液体复合防水涂层，必须充分与混凝土基层渗透润湿融合一体。防水材料与基层粘结度，尽可能达到涂层与混凝土的附着力大于3.0MPa，而且可破坏混凝土基面。

改性聚脲液体复合涂层方便施工人员，材料有充足的搅拌时间与刮涂施工时间，熟练的泥瓦工施工即可。

改性聚脲液体复合防水涂层，施工时对空气湿度、环境温度不敏感，高湿低温不影响施工质量，固化时间及表干时间调整在可控制范围内。

改性聚脲液体复合防水涂层由芳香族异氰酸酯与氨基、羟基化合物反应生成的改性聚脲屋面防水涂料和脂肪族天冬面涂组成，其耐候性、耐紫外线、透水性、耐水性、耐久性及施工综合性能优异。

（4）技术参数

1）改性聚脲建筑屋面防水涂料（型号：SWD9527）技术参数见表4.50-2。

表4.50-2

测试项目	性能指标	检验标准
外观	平整无泡	《喷涂聚脲防水涂料》GB/T 23446-2009
固含量（%）	≥98	
断裂伸长率（%）	60～80	
拉伸强度（MPa）	6～8	
适用期（25℃，相对湿度50%）（min）	30	
表干时间（25℃，相对湿度50%）（h）	≤8	
混合比例	A：B＝1：4（质量比）	
实干时间（h）	≤12	
理论涂布率（kg/m²）	0.7（厚度500μm）	
附着力（MPa）	混凝土基材：≥3.5（基材破坏）	
耐冲击性（kg·cm）	50	

2）天冬聚脲面涂（型号：SWD8029）技术参数见表4.50-3。

表4.50-3

检测项目	A组分	B组分	测试标准
外观	淡黄色液体	颜色可调	《喷涂聚脲防水涂料》GB/T 23446-2009
密度（g/cm³）	1.05	1.32	
黏度（25℃，mPa·s）	350	320	

续表

检测项目	A组分	B组分	测试标准
固含量（%）	56	85	《喷涂聚脲防水涂料》GB/T 23446–2009
混合比例（质量比）	1	1	
表干时间（h）	1～3		
覆涂间隔（h）	最小3，最大24（20℃）		
理论涂布率（kg/m²）（表干膜厚）	0.10（膜厚60μm）		
拉伸强度（MPa）	17		
伸长率（%）	368		
耐磨性（750g/500r）（mg）	5		
冲击强度（kg·cm）	50		
耐候性（人工加速老化1000h）	失光性＜1，粉化＜1		
产品达到饮用水材料使用标准	通过		《生活饮用水输配水设备及防护材料的安全性评价标准》GB/T 17219–1998

3）改性聚脲液体复合防水涂层（SWD9527＋SWD8029）环保性能指标见表4.50-4。

表 4.50-4

序号	测试项目		标准	检验标准
1	挥发性有机化合物（VOC）（g/L）		≤50	《建筑防水涂料中有害物质限量》JC 1066–2008
2	苯（mg/kg）		≤200	
3	甲苯＋乙苯＋二甲苯（g/kg）		≤1.0	
4	苯酚（mg/kg）		≤200	
5	蒽（mg/kg）		≤10	
6	萘（mg/kg）		≤200	
7	游离TDI（g/kg）		≤3	
8	可溶性金属	铅Pb（mg/kg）	≤90	
9		镉Cd（mg/kg）	≤75	
10		铬Cr（mg/kg）	≤60	
11		汞Hg（mg/kg）	≤60	

（5）改性聚脲复合防水涂层施工注意事项

1）基层要求：

① 施工时，防水基层应基本呈干燥状态，含水率小于12%为宜。

② 施工前，先以铲刀和扫帚将基层表面的突出物、砂浆疙瘩等异物铲除，并将尘土杂物彻底清扫干净。对阴阳角、管道根部、地漏和排水口等部位应认真清理，如发现有油污、铁锈等要用钢丝刷、砂纸和有机溶剂等将其彻底清除干净。

③ 所有基层混凝土必须牢固、干净、干燥。

2）材料配比要求：

① SWD9527改性聚脲建筑屋面防水涂料及SWD8029天冬聚脲防水面涂均属于双组分，施工前应仔

细阅读使用说明书，严格按使用说明进行配比。

② SWD9527 改性聚脲建筑屋面防水涂料作为底涂时，按 A：B＝1：4 的质量比进行配制。作为中涂时，在配好的底漆料中，再加入 30%的 0.150mm（100 目）石英砂即可刮涂施工。

③ 配好的 SWD9527 改性聚脲建筑屋面防水底涂或中涂可操作时间跟环境温度有关，夏天（35℃）可操作时间 20min，冬天（0℃）可操作时间 40min。SWD8029 天冬聚脲防水面涂夏天（35℃）可操作时间 30min，冬天（0℃）可操作时间 60min。

④ SWD9527 改性聚脲建筑屋面防水底涂或中涂无溶剂，固含量接近 100%，黏度大，在配制过程中，高速电动搅拌器一定要沿着桶壁和桶底彻底搅拌均匀，否则未搅拌均匀的腻子施工后容易出现长时间发黏、不干等质量缺陷。

3）施工间隔时间要求：

① 底漆涂敷后应在 4～30h 内涂刮中涂。若超过 48h，应进行表面拉毛处理。

② 中涂涂刮表干后，应在 48h 内滚涂第一遍面涂。若超过 48h，应进行表面拉毛处理，再施工下道工序。

③ 第二遍面涂应在第一遍滚涂表干后 24h 内进行施工。若超过 24h，应进行表面拉毛处理后再滚涂第二遍面涂。

（6）改性聚脲复合防水涂层应用范围

改性聚脲复合防水涂层可广泛应用于以下建筑工程部位的防水：屋面工程防水，包括平屋面、露台和坡屋面，天沟、女儿墙；室内防水，包括厨房、卫生间和阳台；地下工程防水，包括地下室底板、侧墙、顶板；建筑每层所有窗户四周的防水防护；混凝土建筑外墙渗漏防水；整栋别墅耐久性防水。

（7）应用结论

由于防水材料物理性能与混凝土建筑有机结合，在一年四季温度变化下，室内防渗漏防水寿命可达 35 年以上，室外防渗漏防水寿命可达 25 年以上。具有如下优点：

1）该体系材料低 VOC 挥发，施工过程中绿色、环保，符合国家低碳的产业政策。

2）该体系中涂具有刚性防水材料的强度，同时兼备 60%～350%断裂伸长率，拉伸强度 6～16MPa，能较好提高建筑物防水使用寿命。

3）改性聚脲复合防水涂层，底涂的作用是渗透增强混凝土的表面附着力，中层是封闭混凝土毛孔、找平增强防水层厚度，面涂是解决耐紫外线，防止材料老化、黄变、热胀冷缩、膨胀系数等问题。

4）该体系底、中、面涂与混凝土基层融合搭配，不仅能封堵基层表面孔隙等缺陷，而且封孔致密、高强度、高附着力，弹性高，耐老化的天冬面涂层能赋予体系超高的防水性能和耐久性能。

5）该改性聚脲复合防水体系可广泛应用于屋面工程、地下工程及室内等领域的防水。

以上工法由下列公司提供：

顺缔新材料（上海）有限公司

联系人：王道前（13120616592）

4.51 深圳盐田医院地下室渗漏水防水堵漏施工工法

（1）工程渗漏原因分析

本工程渗漏水的主要原因是：地下室结构为地下三层，每层面积为 3000m^2，层高 4.5m。地下室为人防、停车场、电气和管线的设备用房。地下室设计为地下工程一级防水。地处深圳盐田港附近，南方空气潮湿多雨，并且紧靠海边，空气中盐分含量比较高，属于腐蚀性气体。

渗漏水主要是雨水为主的地表水，平常为围岩裂隙水，根据项目部的统计记录，平常地下室每日的渗水量在 10～20m³，渗漏比较严重。目前地下三层剪力墙（紧靠围岩的外侧墙）有 300～400 条渗漏水裂缝，拉筋孔渗漏水，混凝土表面有不密实，穿墙管渗漏水，拉筋孔渗漏水，施工冷缝、不规则裂缝比较多，还有沉降变形缝渗漏水等质量缺陷。地板结构因为基础积水严重，存在混凝土离析和冒水、涌水的情况。根据现场工况、渗漏水产生原因等相关要求，特编制如下方案。

（2）方案编制依据

1）《地下工程防水技术规范》GB 50108－2008。

2）《地下防水工程质量验收规范》GB 50208－2011。

3）《防水堵漏工程技术手册》（中国建筑工业出版社，2010 年 5 月出版）。

4）《混凝土结构设计规范》GB 50010－2010。

5）《混凝土结构加固设计规范》GB 50367－2013。

6）《混凝土结构耐久性设计标准》GB/T 50476－2008。

7）《混凝土结构工程施工质量验收规范》GB 50204－2015。

8）《工程结构可靠性设计统一标准》GB 50153－2008。

9）《工程结构加固材料安全性鉴定技术规范》GB 50728－2011。

10）《建筑结构荷载规范》GB 50009－2012。

11）《水泥基渗透结晶型防水材料》GB 18445－2012。

12）《水泥基灌浆材料应用技术规范》GB/T 50448－2015。

13）《无机防水堵漏材料》GB 23440－2009。

14）《聚合物水泥防水涂料》GB/T 23445－2009。

15）《地下工程渗漏治理技术规程》JGJ/T 212－2010。

16）《聚合物水泥防水砂浆》JC/T 984－2011。

17）《混凝土裂缝用环氧树脂灌浆材料》JC/T 1041－2007。

18）《混凝土裂缝修复灌浆树脂》JG/T 264－2010。

19）《混凝土结构修复用聚合物水泥砂浆》JG/T 336－2011。

20）《混凝土结构加固用聚合物砂浆》JG/T 289－2010。

21）《混凝土裂缝修补灌浆材料技术条件》JG/T 333－2011。

22）《建筑防水维修用快速堵漏材料技术条件》JG/T 316－2011。

23）《水泥基灌浆材料》JC/T 986－2018。

24）《聚硫建筑密封胶》JC/T 483－2022。

25）《混凝土结构耐久性设计与施工指南》CCES 01－2004（2005 年修订版）。

26）《中国建筑防水堵漏修缮定额标准（2021 版）》。

27）《福建省城市轨道交通工程渗漏水治理技术规程》DBJ/T 13－313－2019。

28）《江苏省建筑防水工程技术规程》DGJ32/TJ 212－2016。

（3）施工工法

1）基本原则

① 治理方案和施工工艺应符合确保质量，技术先进，经济合理，安全适用的要求。

② 治理方案和施工工艺应遵循“防、排、截、堵相结合，刚柔相济、因地制宜、综合治理”的原则。

③ 治理方案和施工工艺要采用经过试验、检测和鉴定并经实践检验、质量可靠、行之有效的新材料、

新技术、新工艺，同时应符合国家现行的有关强制性标准的规定。

④ 堵漏材料的选取在遵循“堵、排、防、抗相结合，刚柔相济、因地制宜的原则、堵排结合、以堵为主、以排为辅、限量排放的基本原则”的基础上，充分考虑材料的抗振动扰动性和耐久性。材料性能均高于国家和行业现行标准要求。还必须考虑深圳地处沿海地区，空气潮湿并且氯离子含量高，所以防水堵漏要考虑抗腐蚀的问题，使主体结构背后没有水、结构背后围岩内透水率降低，这样才能有效控制腐蚀的发生；对结构内裂缝、伸缩缝内确保没有水的通道，也要确保没有渗水，就能确保无腐蚀。要充分考虑材料的耐久性，并且材料性能必须高于国家和行业现行标准要求。在抗振动扰动方面增加了高弹性高粘结力的填塞型环氧改性聚硫类防水密封膏、丁基非固化橡胶灌缝胶（液体橡胶）。在灌浆材料的选择上采用耐潮湿、低黏度、改性有韧性的环氧树脂结构胶灌浆材料（符合《混凝土裂缝用环氧树脂灌浆材料》JC/T 1041－2007、《工程结构加固材料安全性鉴定技术规范》GB 50728－2011），橡胶非固化灌浆材料，抗振动扰动比较好的结构加强的水泥基超细无收缩灌浆材料及水中不分散混凝土（符合《水泥基灌浆材料应用技术规范》GB/T 50448－2015）、聚合物砂浆（符合《聚合物水泥防水砂浆》JC/T 984－2011）。

⑤ 治理方案和施工工艺必须符合环境保护的要求，并采取相应措施。确保化学灌浆材料的固化体无毒、无污染。

⑥ 在治理渗漏水过程中，不破坏原结构，尤其不得在结构表面大面积凿除混凝土和凿深槽，施工缝清理除外。防水堵漏的同时，将永久防水和补强加固有机地结合到一起。

核心原理：采用控制灌浆技术对结构背后的存水空腔充填灌浆，把空腔水变成裂隙水，把压力水变成微压力水，把无序水变成有序水，把分散水变成集中水，从源头上减少、降低出水量，再结合恢复结构防水功能，处理结构缺陷，堵漏兼加固，达到综合有效地解决隧道渗漏问题的目标。

重要技术：地下室结构使用后，车辆通过的时候和后期地面结构 30 多层建造成功以后对结构会有一定的振动扰动和荷载扰动，对此动态振动环境下地下结构工程堵漏，要充分考虑材料的抗振动扰动性和耐久性，并且材料性能必须高于现行国家和行业标准的要求。在抗振动扰动方面增加了高弹性高粘结力的填塞型环氧改性聚硫防水密封胶、抗盐分耐酸碱的非固化橡胶沥青密封胶。根据裂缝不同的形成原因和造成渗漏的原因再根据地下结构的不同使用功能和使用环境，采用不同的方法、不同的工艺、不同的材料进行综合整治。

（4）主要防水堵漏材料性能简介

耐潮湿低黏度改性环氧灌缝结构胶防水堵漏材料，适合交通类隧道、地铁隧道、车站、水电站、地下综合管廊、地下车库等交通类地下工程主体现浇结构和拼装结构盾构管片的施工缝、不规则裂缝、结构混凝土不密实、拼接缝等堵漏和加固，单组分材料，固含量达到 95%以上，耐严寒、抗酸碱、抗盐分，遇水能快速固化，起到修复橡胶止水带的作用，延伸性可达 300%，与基层粘结效果好。该材料环保无毒，性能稳定。中科康泰硅烷改性聚醚水固化灌浆胶（阳离子丁基液体橡胶），特种早凝早强水泥基灌浆材料防水堵漏材料，高抗分散性，优良的施工性，适应性强，不泌水、不产生浮浆，凝结时间略延长，安全环保性好，低水料比，高流动性，高渗透性，高粘结力，高强度，无泌水、无收缩，注浆凝固后结石率≥99%，后期强度不回落，耐久性与混凝土同步，固化时间可以调整，快速凝固，浆液渗透性好，与原混凝土基面的粘结强度高，固化后无收缩。水泥基灌浆材料耐久性与水泥基本一致，微膨胀（2%的膨系数），自流平，自密实，强度高，固化后强度达到 C30～C50，超细，可以灌注到 0.8～1.0mm 的缝隙和裂缝中去，粘结强度高，与围岩粘结效果好。

商标：中科康泰，包装为25kg桶装。

（5）施工设备及工具

双组分环氧智能灌浆机，无须单独搅拌，双组分环氧电脑智能记忆配合比，自动搅拌混合，自动控制灌浆压力，自动控制灌浆流量。

商标：中科康泰，机器质量为30kg。

双组分环氧材料、双组分聚氨酯密封胶、液体橡胶、硅烷改性聚醚水固化灌浆胶（阳离子丁基液体橡胶）、水泥基类双组分材料等材料的灌浆堵漏。

（6）安全措施

1）建立现场安全生产责任制，分工明确，责任到人。

2）执行安全检查制度，定期进行安全检查。

3）实行安全教育制度，提高职工安全意识。

4）生活区与生产区分开布置，进入现场必须戴安全帽，上脚手架要系安全带，遵守生产规章制度和劳动纪律，严禁酒后上岗，杜绝违章作业。

5）脚手架搭设牢固，防护网固定牢靠，要保持场地内其他单位施工车辆通行的净空，要有反光安全标识和反光标志贴在脚手架的界限上，各种施工机械设专人操作。

6）机械设备防护装置一定要齐全有效，不准带“病”运转，不准超负荷作业，不准在运转中维修保养。

7）架设电缆线路必须符合有关规程，电气设备必须全部接地接零。

8）各种材料分类堆放，明确标识。

9）加强保卫工作，严禁闲杂人员进场。

10）对所有参与堵漏施工人员开展安全思想教育，树立“安全第一，预防为主”的思想。建立健全安全施工制度、规程和操作细则，并对每一工序的安全技术措施进行交底。

11）施工时严格按有关安全操作规程和技术交底要求进行施工，避免安全事故。

12）所有现场施工人员挂牌上岗，并配齐安全劳保防护用品，防止化学材料对人体的腐蚀。

13）施工现场高处修补设置简易台架，架立稳固牢靠，做好高空作业防护措施，防止高空坠落事故发生。

14）不准在脚手架上堆放材料；操作时手要握紧使用的工具，以防工具脱柄或脱手伤人；工具随时装入袋内，防止坠落伤人；严禁向高空操作人员抛送工具、物件。

15）现场要求有足够的照明措施，保证作业场所通风良好。加强用电管理，确保用电安全。

16）注意劳逸结合，避免疲劳作业、带病作业以及其他因作业者的身体条件可能危害其他人健康或受伤害的作业。

17）注浆时，施工人员一定要戴眼镜、安全帽、口罩和胶手套，防止浆液损坏皮肤或溅到眼睛里。如碰到皮肤上，可先用丙酮或酒精清洗，再用肥皂水洗净，涂上油脂。如溅到眼睛里，应立即用大量清水冲洗，再用干净毛巾或手帕擦净药液，用温水洗脸，并立即就医。

18）环氧树脂浆液配制发热量大，容易聚爆，应小心谨慎。注意保持通风良好，施工现场要远离火源，严禁吸烟。

19）加强现场文明施工管理，坚持常态化管理，做到工完料清。在每一工序结束后及时清理施工现场，对剩余材料、废料和渣土及时分类堆放整齐。

20）建立责任追究制度，对不严格按规范和方案要求施工，不遵守管理制度和程序，违章指挥、违章操作的人追究其责任，并进行处罚，直至清退或调离本项目。

21）施工中注意加强通风，加强施工中排水和降水措施。

（7）施工周期

施工周期为60个日历天，阴雨天及大风天气和特殊情况例外。

（8）其他事项

1）建立精干高效的项目经理部，质量检查员由具有丰富施工经验且工作认真负责的同志担任，实行质检跟班制，加强值班责任心。

2）建立质量保证体系，建立质量目标责任制，工资、奖金与质量责任挂钩，做到质检员轮班不离岗。

3）合理运作质量保证体系，推行全面质量管理，避免事后监督，上道工序不经质检员验收不得进行下道工序。材料要做复试，杜绝不合格材料的使用。

4）经常对全体职工进行质量教育，增强质量意识。

5）建立质量会议制度，定期开展质量统计分析，总结经验，加强管理。

6）配备精良的机械设备，确保施工质量。

7）严格按施工管理程序开展堵漏修补工作，拆模时如果发现结构构件出现混凝土缺陷或有渗漏水，先通报驻地监理，做好缺陷记录，并拍摄影像资料后按方案进行缺陷修补，不得私自进行处理。

8）严格按经批准的方案开展堵漏修补工作。堵漏施工前，每个渗漏部位须进行原因分析，确定缺陷类型，按照方案有针对性地选择堵漏材料和施工方法。

9）堵漏施工前，对堵漏操作工人进行结构堵漏交底，使堵漏工人熟悉各个渗漏部位的结构特点，熟悉施工工艺，提高钻孔有效率，加强对混凝土外观的保护。

10）墙面清理干净，对于渗漏点的查找做到全面、彻底、准确。严格按要求进行打孔，严禁随意打孔或在不需要的地方打孔。

11）注浆时，确定流淌路径，对墙面采取浇水或粘贴胶带等防护措施，预防堵漏材料与墙面粘结，减少挂帘现象的产生。在修补过程中注意色差调整、缺陷部位隔离、养护等方面的控制。

12）加强堵漏施工全过程质量控制，选派具有敬业精神、派责任心强的人员负责堵漏修补管理，跟班作业，进行技术指导和信息反馈，及时纠正违规操作。

13）施工过程中，详细做好施工原始记录，包括施工部位、材料、人工、设备、缺陷情况、注浆效果等，并定期对资料进行分析，对取得的经验和不足及时总结，以便改进和提高。

14）加强注浆材料的进货质量检验，确保合格材料投入使用，从而保证堵漏质量。

15）配备齐全的计量设备，注浆材料严格按要求计量配制，杜绝随意性。注浆时严格控制注浆压力，防止压裂结构。

16）做好施工记录，绘制好施工方位布置图。

以上工法由下列公司提供：

南京康泰建筑灌浆科技有限公司

联系人：陈森森（13905105067）

4.52 HT辉腾微创防水堵漏施工工法

（1）工程渗漏原因分析

本工程渗漏水的主要原因是：多种原因渗漏水。根据现场工况、渗漏水产生原因等相关要求，特编制如下方案。

（2）方案编制依据

行业国家、行业标准及项目施工图等。

（3）施工工法

利用 6mm、8mm、10mm 微创针头和柔性 PA100 型环氧改性丙烯酸酯注浆，UP9000 双组分聚氨酯补强堵漏，AHA 非固化橡胶沥青再造防水层，最后利用 PA7000 无机灌浆料加固；封堵的 HT 辉腾微创再造耐久防水层复合工法。

（4）主要防水堵漏材料性能

PA100 环氧改性丙烯酸酯密度低，流动性好，弹性高，延伸率强。UP9000 双组分聚合物高强度，低膨胀，低干缩特性；AHA 非固化固含量高，潮湿面黏性强，耐酸碱性强，−20℃低温柔性好。PA7000 强度高，比表面积大，超细无机灌浆。

（5）施工设备及工具

德国 PA100 大型注浆机，英国挤压式无机灌浆机，德国 PFT 非固化注浆机。

（6）安全措施

防护眼镜、防护口罩、手套、工作鞋。

（7）施工周期

施工周期为 10 个日历天，阴雨天及大风天气和特殊情况例外。

以上工法由下列公司提供：

北京辉腾科创防水技术有限公司

联系人：赵灿辉（13311393404）

地址：北京市朝阳区高碑店乡高碑店村民俗文化街 1376 号华膳园文化传媒产业园 1 号楼一层 128 室

4.53　冗余内防水抗渗施工工法

（1）工程渗漏原因分析

本工程渗漏水的主要原因是：防水卷材质量及施工问题、混凝土振捣不密实、沉降缝与结构缝设置不合理等，造成结构缝漏水和结构毛细潮湿渗水。根据现场工况、渗漏水产生原因等相关要求，特编制如下方案。

（2）方案编制依据

1）《建筑工程施工质量验收统一标准》GB 50300。

2）《地下工程防水技术规范》GB 50108。

3）《地下防水工程质量验收规范》GB 50208。

4）《地下工程渗漏治理技术规程》JGJ/T 212。

5）《聚氨酯灌浆材料》JC/T 2041。

6）《聚合物水泥防水浆料》JC/T 2090。

7）《无机防水堵漏材料》GB 23440。

（3）施工工法

1）方案设计

在车库顶板迎水面或背水面沿裂缝开设宽 1.5～2.3mm、深 2.8～3.5mm 的矩形沟槽，沟槽内及磨削带通过模拟传统施工工艺中 5 层抹面法的技术原理，采用喷涂设备，利用压缩空气为动力，将 RD-201 防水抗渗浆料进行多遍均匀雾化喷射，在叠加压力的作用下黏附渗透至结构裂缝及磨削带开放的毛细孔，后一遍喷涂层反复封闭截断前一遍喷涂层上的渗水孔隙，形成一道高度密实且与结构基面紧密粘结的高抗渗性防水涂层；在局部渗漏处开设ϕ14mm、深 60～100mm 的注浆孔，并灌入 YY17 特种莱卡树脂注浆料止水；在沟槽、迎水面或背水面磨削带、注浆料孔表面涂覆既能成膜又具有渗透结晶防水功能的RD-N冗余内防水涂料，见图 4.53-1。

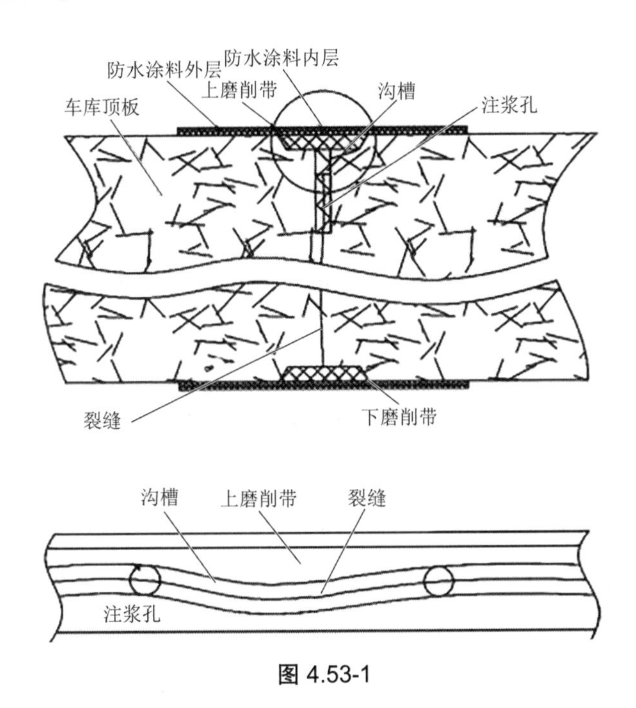

图 4.53-1

整体而言，上述方法施工方便、劳动量小、防水效果好。具体说来，沿裂缝开设宽深度适宜的沟槽和磨削带，应用特种防水抗渗浆料进行喷浆抗渗，因势利导、施工量小；由于裂缝宽 0.5～0.8mm，沟槽及磨削带与去除了表面腐化老化层的混凝土牢固结合，有效避免剥离，达到长期防水的目的；形成磨削带并涂覆抗裂防渗涂料，能够有效避免环境水渗入沟槽内；同时，内外层防水、抗渗材料由于材质相似，相容结合性极佳，外层能够有效保护内层，进一步加强防水、抗裂效果；在局部渗漏处开设注浆孔并灌入充足的注浆料，有利于随时对局部渗漏进行修补，操作方便、施工量小。

2）参数指标

矩形沟槽宽 2mm，深 3mm；上、下磨削带深度均为 1.5～2.3mm、宽度均为 10～14mm；注浆孔孔径 14mm，深度 60mm；内、外层抗渗防水涂料皆宽 20～24mm。

3）施工工法

① 在车库顶板的迎水面或背水面沿裂缝基面清理干净，用角磨机安装金刚石碗磨，磨削去除宽 10～14mm、深 1.5～2.3mm 的结构层，形成平均宽度 10mm、深 2mm 的磨削带，而后用角磨机安装切割片在上磨削带内沿裂缝开设宽 2mm、深 3mm 的矩形沟槽。

② 在沟槽及磨削带内高压喷涂 RD-201 特种防水抗渗浆料，该浆料凝固后的 28d 抗压强度达 40MPa、抗折强度达 10MPa、收缩率 0.008%，能够渗透填充至裂缝及磨削带开放的毛细孔内部，与混凝土牢固结合，抗折强度理想、高弯曲荷载下亦不会产生边界裂纹。

③ 24h 后，若发现局部渗漏，在渗漏处开设注浆孔，并灌注 YY17 特种莱卡树脂注浆料。

④ 在迎水面或背水面的沟槽、磨削带、填实后的注浆孔表面，涂覆既能成膜又具有渗透结晶防水功能的冗余双组分抗裂防渗涂料（RD-FLEX 背压渗漏“一涂灵”），得到抗裂防渗涂层，封闭毛细孔。

⑤ 抗裂防渗涂料终凝后，在顶板表面整体或大面积喷涂两道既能成膜又具有渗透结晶防水功能的 RD-N 冗余内防水浆料，厚度达到 1.2mm。

（4）主要防水堵漏材料性能简介

1）RD201 特种防水抗渗浆料：高性能水泥和砂子、多种活性激发剂为主要成分，同时加入微量胶粉配成的灰色粉末。遇水后，产生电化学反应，使水泥颗粒分解，水泥中的金属元素发挥效用，使水泥颗粒完全水化，达到水泥的最大利用效能，形成高密度、高抗渗、高粘结强度等特点。

2）YY-16 闪凝浆料：单组分，不收缩，无腐蚀，清水拌和，初凝 45s 的无机高强度堵漏材料，用来瞬间封堵流动的水，可以在水下完成施工，可以作为水泥类材料的促凝剂应用。

3）RD-FLEX 背压渗漏“一涂灵”：双组分，粘结强度 0.7MPa，抗拉强度 1.5MPa，二次抗渗压力 1.0MPa，可耐背水压力 2～4m 深，耐活动裂纹 1.2mm。

4）YY-17 特种莱卡树脂：双组分，无填料，无溶剂，低黏度，弹性高，粘结力强，耐干湿交替，适应 pH 12 以上的碱性环境。采用单液注浆泵施工，两组分反应形成弹性密封体，有水快速止水堵漏，无水形成特殊柔性橡胶。用于混凝土、砂、石等结构的活动缝隙及空腔的注浆密封，防止水的渗透。无论基层干湿，都可以和混凝土粘结在一起，而且裂缝继续变形也不容易脱落；黏度低，可以有效渗入混凝土的毛细孔内；具有良好的弹性，可以快速填充因基层缺陷或者继续变形而出现的蜂窝或者缝隙。

5）RD-N 内防水浆料：双组分防水浆料，粘结力 2.0MPa，延伸率 80%，二次渗透压力 0.8MPa，潮湿基面施工，耐水浸泡，耐活动裂纹 1.0mm。背水面大面积防水使用。

（5）施工设备及工具

空压机、多功能喷涂机、两用电锤、无尘磨光机、无尘切槽机、ϕ14 钻头，单液高压灌浆机、橡胶手套、搅拌器等。

（6）安全措施

照明设施、用电设施安装漏电保护器，配备消防器材，设置安全通道，防护脚手架、安全绳、安全帽、穿工装、反光背心、绝缘手套、绝缘鞋。

（7）施工周期

施工周期为 15 个日历天，阴雨天及大风天气和特殊情况例外。

以上工法由下列公司提供：

河南郑赛修护技术有限公司

联系人：王福州（15137139713）

地址：河南省郑州市上街区金华路 86 号

4.54 后浇带复合防水帷幕灌浆施工工法

（1）工程渗漏原因分析

以车库底板后浇带为例分析渗漏水的主要原因：①近年来地下水位快速上升，是造成地下车库底板后浇带等部位渗漏的重要诱因；②后浇带混凝土浇筑施工缺陷等造成混凝土疏松；③荷载等应力致使后浇带部位地基土体上拱，引发垫层沉降空隙及防水层破坏并出现渗漏通道。根据现场工况、渗漏水产生原因等相关要求，特编制如下方案。

（2）方案编制依据

1）《建筑工程施工质量验收统一标准》GB 50300。

2）《地下工程防水技术规范》GB 50108。

3）《地下防水工程质量验收规范》GB 50208。

4）《地下工程渗漏治理技术规程》JGJ/T 212。

5）《水泥基灌浆材料应用技术规范》GB/T 50448。

6）《混凝土结构加固设计规范》GB 50367。

（3）施工工法

1）现场钻探勘查，判断结构下存水空腔情况，制定施工措施，标注受注区域。

2）施工区域内成孔孔径ϕ32，孔距 1.5～2m，穿透结构底板至土层，安装固定配套球阀注浆管。

3）按照（0.28～0.32）：1 水灰比均匀搅拌 RD502-Ⅰ不分散补强灌浆料，采用 YY-G 单液智能灌浆泵连接灌浆管，进行循环灌浆，确保无漏灌、虚灌。

4）利用原灌浆孔或与原灌浆孔错开，成孔孔径ϕ14，孔距 1.5～2m，穿透结构底板，安装固定 A15 止水针头。

5）按配制 RD-AM 帷幕灌浆料，用双液高压注浆机连接注浆针头，进行 2～3 轮循环注射，确保无渗漏水现象。

6）3d 后拆除灌浆管即止水针头，RD201 特种防水抗渗浆料，YY16 闪凝浆料按照 5：1 比例混合，将灌浆孔封堵抹平。

（4）主要防水堵漏材料性能简介

1）RD502-Ⅰ不分散补强灌浆料：单组分水泥基料，粘结力强，流动性好，可灌性高，在流水中不分散，满足强度、抗渗性要求。具有抗冻性，广泛应用于各种软土泥浆的固结及结构缺陷空腔填充补强加固和帷幕灌浆加固止水，形成高强坚固抗渗层，用于应对各种水下、潮湿基面。

2）RD-AM 帷幕防水灌浆料：一种新型帷幕防水灌浆材料，适用于钻孔灌浆工法，通过贯穿孔将混合料注入地下和长期潮湿环境的结构迎水面，与迎水面的水、泥、砂等物质混合形成凝胶体，阻止水对结构缺陷的渗透。适用于有水、潮湿环境。

（5）施工设备及工具

YYG 智能灌浆泵、水钻、ϕ32 钻头、水钻加长杆、管钳、电钻、无尘磨光机、无尘切槽机、ϕ14 钻头，双液高压注浆机、搅拌器等。

（6）安全措施

照明设施、用电设施安装漏电保护器，配备消防器材，设置安全通道，防护脚手架、安全绳、安全帽、穿工装、反光背心、绝缘手套、绝缘鞋。

（7）施工周期

施工周期为 15 个日历天，阴雨天及大风天气和特殊情况例外。

以上工法由下列公司提供：

河南郑赛修护技术有限公司

联系人：王福州（15137139713）

地址：河南省郑州市上街区金华路 86 号

4.55 工程基槽预拌流态成岩土回填灌浆工法

（1）工程渗漏原因分析

在各类工程基槽回填施工过程中会遇到基槽回填空间狭窄、回填深度较大、回填土夯实质量不稳定、回填土要求质量高等难题，传统工艺多采用素土或者灰土分层，使用小型夯实设备施工，施工难度较大、回填工期较长、回填的质量难以控制。小型夯实设备无法正常施工，为确保回填质量采用素混凝土回填，而素混凝土回填造价较高，强度较大给后期维修、维护带来难题。而近些年来，因回填土不密实造成建筑物散水、管道、入户道路等部位沉陷破坏，丧失使用功能的事故时有发生。同时，基槽回填受回填条件、空间等因素限制无法回填密实，会给高耸建筑物的抗震性能带来危害。根据以上原因等相关要求，特编制如下方案。

（2）方案编制依据

1）《土壤固化外加剂》CJ/T 486。

2）《土壤固化剂应用技术标准》CJJ/T 286。

3）《预拌流态固化土填筑工程技术标准》T/BGEA001。

4）《水工建筑物水泥灌浆施工技术规范》SL62。

5）《混凝土结构加固设计规范》GB 50367。

（3）施工工法

1）工程基槽垃圾清理，积水抽排。

2）就近取土过筛（粒径＜50mm），确定拌料场地，按 1m^3 土壤、100～150kg 425 号硅酸盐水泥、3～5kg 土壤成岩剂、500～600kg 水的比例准备材料，泥浆泵、溜槽等相关施工工作。

3）按配比搅拌均匀制成流态土浆，现场根据使用的要求试灌并调整配合比，来调整其强度及流动性，坍落度可控制在 80～200mm。

4）根据设计需要和经济成本，强度可以在 0.5～10MPa 调整，满足路基、地基、基坑回填的基本要求。

5）向基槽回填灌注流态成岩土，可泵送也可溜槽施工，流动性强，浇筑时一般无须振捣，逐层浇灌至设计高度。强度发展快，只需 24h 即可达到上人进行下一步施工的强度。

6）硬化后，体积稳定性好，干缩小，水稳性好，与天然土壤相比，抗渗性大幅度提升。

（4）主要防水堵漏材料性能简介

RD-43 土壤成岩剂：一种水泥基的碎末粉剂，用来提高土壤的强度、密实度、抗渗性及增强土壤的固结性、抗压强度。可根据需要适配拌合物的抗渗等级，还可作为碎裂混凝土结构的压实剂和浸水土壤的增稠剂。

增强建筑结构的稳固性，增加抗压强度高达 40%；增强土壤、混凝土、砖石结构的抗渗性。稳固填充田野、海岸、污水坑、地基等含水率高的土壤、岩石裂隙空腔、流砂体，防止形成水土流失、山体滑坡、泥石流、土体沉降塌陷等地质灾害。

将土从地下取出后，经过地面机械破碎、筛分、预拌，形成预拌流态成岩土浆，同时将预拌流态成岩土浆液灌入或压入孔中形成预拌流态成岩土桩。做复合地基的增强体使用，或固化流塑状土体使用，也可形成预拌流态成岩土桩墙结构，做止水帷幕使用。采用该工艺施工的预拌流态成岩土桩，拌制均匀、强度高、成岩剂利用率高，也可作为换填材料进行地基换填。

预拌流态成岩土具有一定的强度和流动性，可作为市政道路或者施工道路的基层材料使用，该预拌流态成岩土具有自密性，在施工时无须再采用大型机械进行碾压处理，节约了施工成本。

深基础施工完成后肥槽部位的回填一直是施工的控制重点和难点，采用预拌流态成岩土，利用其流动性和强度可将该问题解决。预拌流态成岩土还可以用于矿坑和地下采空区的回填。

预拌流态成岩土强度高，施工速度快，形成的预拌流态固化土强度高，质量可控，成本低，适用范围广泛，环境友好，是性价比非常高的施工材料。

（5）施工设备及工具

泥浆泵、搅拌机、挖机、泵车、溜槽、铁锹、高压清洗机等。

（6）安全措施

安全帽、反光背心、防护鞋、安全警示标牌等。

（7）施工周期

施工周期为3个日历天，阴雨天及大风天气和特殊情况例外。

以上工法由下列公司提供：

河南郑赛修护技术有限公司

联系人：王福州（15137139713）

地址：河南省郑州市上街区金华路86号

4.56 地下室连通口防水堵漏施工工法

（1）工程渗漏原因分析

本工程渗漏水的主要原因是：地下室与1号、2号楼的通道在−3.65标高处（即对应于绝对标高1.95m）的连通接口，连续下雨出现渗漏，1号楼一单元、2号楼二单元尤为严重。初步判断为橡胶止水带损坏导致漏水。根据现场工况、渗漏水产生原因等相关要求，特编制如下方案。

（2）方案编制依据

1）《地下防水工程质量验收规范》GB 50208−2011。

2）《地下工程防水技术规范》GB 50108−2008。

3）《建筑工程施工质量验收统一标准》GB 50300−2013。

4）《江苏省建筑防水工程技术规程》DGJ32/TJ 212−2016。

5）《房屋渗漏修缮技术规程》JGJ/T 53−2011。

6）《民用建筑修缮工程查勘与设计标准》JGJ/T 117−2019。

7）《建筑工程裂缝防治技术规程》JGJ/T 317−2014。

8）《中国建筑防水堵漏修缮定额标准》（2020年版）。

（3）施工工法

根据现场渗水情况在结构（止水带）上布置注浆孔，在迎水面进行注浆处理。

1）凿开原装饰层到结构层伸缩缝位置。

2）清理原伸缩缝内的垃圾杂物。

3）查清渗漏的部位。

4）在流量较大、止水带损坏较重的部位用堵漏宝胶浆预埋插入穿透止水带的灌浆管，在同一条线的该灌浆孔位置的远端预埋一个观察孔，注浆孔和观察孔视具体情况而定。

5）用堵漏宝等无机防水材料封堵缝，加固裂缝。

6）在预留的灌浆孔上安装引水管，使水先从引水管中集中流出。

7）完成引流后，使原沉降缝基本保持干燥无明水。

8）在伸缩缝侧墙和顶面同样按照上述要求安装灌浆孔。如侧墙和顶面的止水带没有损坏，可以预埋孔道，安装灌浆管，此管无须穿透止水带；如果侧墙和顶面的止水带损坏，则灌浆管需穿透止水带。

9）根据水的流速，测算 FLW-88 高弹高黏高分子复合改性灌浆堵漏材料的浆液凝固时间。

10）由于穿过止水带注入迎水面，需要增加 FLW-88 高弹高黏高分子复合改性灌浆堵漏材料的使用量，促使在迎水面固化饱和。

11）配制浆液：根据用量要求配制 FLW-88 高弹高黏高分子复合改性灌浆堵漏材料。

准备好两个各装有 20kg 清水的干净桶，先将 A 组分材料加入其中一个桶内，搅拌均匀。将 B 组分材料加入另一个桶中并搅拌均匀。根据使用的面积将两个桶中的液料按配比进行调和，搅拌均匀后用专用设备将混好的液料通过进水管道反方向注入，等出口有料出来后关闭进出口，3～5min 后凝固，从而可以起到防水作用。

12）灌浆设备：根据现场要求，用双管注浆机或螺杆注浆机进行注浆，并配套相应的辅助设施拆除引水管，连接注浆管道。

13）FLW-88 高弹高黏高分子复合改性灌浆堵漏材料具有优良的渗透作用，注浆机的正常压力为 2.0～3.0MPa，其在注浆机的压力下，迎着水向四面八方扩散且在水中固化，可在迎水面地层中形成具有阻水作用的连续弹性固体，达到堵漏和加固地层的双层作用，形成一道止水帷幕。

14）注浆完成止漏后观察效果，完全不漏水后，拆除注浆开关，用闷头拧紧灌浆管道。

15）清理嵌堵在止水带上的堵漏宝等无机防水材料以及沉降缝中的杂质。

16）在止水带背水面注入调配好的 5cm 左右的 FLW-88 高弹高黏高分子复合改性灌浆堵漏材料，让其在止水带的表面在沉降缝中再次形成一道弹性好抗变形的软膏状防水层。

17）待固化后安装应急系统。

18）用 FLW 通用型 K11 防水涂料封闭沉降缝。

19）安装可卸式盖板。

（4）主要防水堵漏材料性能简介

FLW-88 高弹高黏高分子复合改性灌浆堵漏材料是以水为分散介质的高分子聚合物，即以少量的材料与大量的水混合后快速固化，形成一种柔软的弹性体，起到以水止水、防渗堵漏的作用，属于新一代环保节能灌浆堵漏材料。改变了传统灌浆材料施工烦琐、部钉太密、微细缝隙处不易流入，注浆设备不易清洗的缺陷。

1）堵漏机理

完全溶于水后不会增加水的黏度，在注浆设备压力的推动下，以水为载体能够充分渗入所有水能渗透的缝隙，与建筑物体内存在的水分相互融合。在短时间内反应固化成一种耐酸碱，超高粘结性、柔韧性的弹性胶体。与地下的混凝土紧密交联在一起，使浸入注浆液的范围形成不透水的弹性整体，从而达到止水堵漏的目的。

2）产品特点

① 能与漏点里的水、砂、泥相互融合，具有优良的渗透作用，且能在水中固化，适合带水堵漏。

② 自身固化无须外界材料辅助，并可结合现场施工条件、漏水点情况适当调节固化时间。固化时间可以调节为 10～180min 再固化，大大方便了堵漏操作性。

③ 固化后具有极高的弹性、柔韧性、粘结力，有效解决了结构伸缩问题。

④ 固化完成后，遇水会有 10%的膨胀，解决二次反弹问题。

⑤ 因其没有黏稠度，浓度与水同等，故能渗透所有水能渗透的缝隙。在注浆设备压力的作用下渗透

范围最高可达 3m。弥补了传统注浆液黏稠度大、无法渗透到细微缝隙的缺陷，故不需要密集布钉。

（5）施工设备及工具

可使用双管注浆机或螺杆注浆机进行注浆，并配套相应的辅助设施拆除引水管，连接注浆管道。

（6）安全措施

1）严格遵守施工现场的各项管理规章制度。

2）所有人员在进入施工现场之前将进行三级教育，特殊工种操作人员持证上岗。

3）工程施工前，对操作工人进行有针对性的分部分项安全交底。

4）施工过程中使用的所有电动工具设置专职电工负责维修、保管，非操作人员不得进行拆卸、维修工作。

5）地下车库设置的电箱必须有漏电保护器，施工过程中使用的电线挂于高处或架设，防止漏电现象发生。

6）坚持进行定期的安全教育活动，做好安全台账及施工现场安全隐患整改管理。

7）施工过程中的材料必须码放整齐，施工垃圾必须放置在指定地点，每日施工完毕后及时运至垃圾堆放处，集中运出施工现场，做到工完场清。

（7）施工周期

施工周期为 5 个日历天，阴雨天及大风天气和特殊情况例外。

（8）其他事项

按照连通口的施工方法，根据现场情况，在实际施工过程中增加了一道灌注 FLW886 水泥基地下不分散灌浆材料工序，起到了加固止水堵漏效果。

以上工法由以下公司提供：

南通睿睿防水新技术开发有限公司

联系人：王继飞（13962768558）

地址：江苏省南通市海安市李堡工业园区

4.57 厂房旧屋面防水修缮结构施工工法

（1）工程渗漏原因分析

本工程渗漏水的主要原因是：旧厂房原设计不上人且屋面承受荷载相对较低，受自然环境及混凝土碳化的影响，使结构出现不同程度的渗漏水裂缝，且使用年限较久，在内外因的作用下原防水层出现破坏，造成屋面大面积渗漏。根据现场工况、渗漏水产生原因等相关要求，特编制如下方案。

（2）方案编制依据

1）《屋面工程技术规范》GB 50345－2012。

2）《屋面工程质量验收规范》GB 50207－2012。

3）《房屋渗漏修缮技术规程》JGJ/T 53－2011。

4）《建筑室内防水工程技术规程》CECS 196：2006。

5）《混凝土结构工程施工规范》GB 50666－2011。

6）《非固化橡胶沥青防水涂料》JC/T 2428－2017。

7）《弹性体改性沥青防水卷材》GB 18242－2008。

（3）防水堵漏施工工法

1）施工前对屋面进行整体缺陷（蜂窝、麻面、反砂等）凿除，至坚实基面后停止。

2）使用专用修补水泥浆对地面进行修补抹平处理。

3）用手钻对原有分隔缝进行清理，清理石子、灰尘等杂物。

4）整体基面二次清理至无尘、无杂物。

5）按 1：1 配比橡胶颗粒聚氨酯密封膏进行填缝处理，高度 20mm。

6）完成颗粒填充后铺设丁基防水胶带（U 形槽铺设），丁基胶带外延出封边沿两侧 200mm，辊压密实。

7）整体涂刷基层处理剂封闭厂房旧基面。

8）屋面阴阳角、管口、落水口等防水附加层处理。

9）卷材预铺弹线定位。

10）加热使 XS-630 蠕变型沥青防水涂料达到可施工状态，屋面基面涂刷 1.5mm 厚蠕变型沥青防水涂料。

11）涂刷非固化防水涂料时铺设Ⅱ型 4mm 厚 SBS 改性沥青防水卷材（PE 膜）。

12）搭接边热熔封边处理。

13）表面铺设 2mm 厚热反射型铝膜自粘卷材做保护层。

14）施工节点示意图（图 4.57-1）。

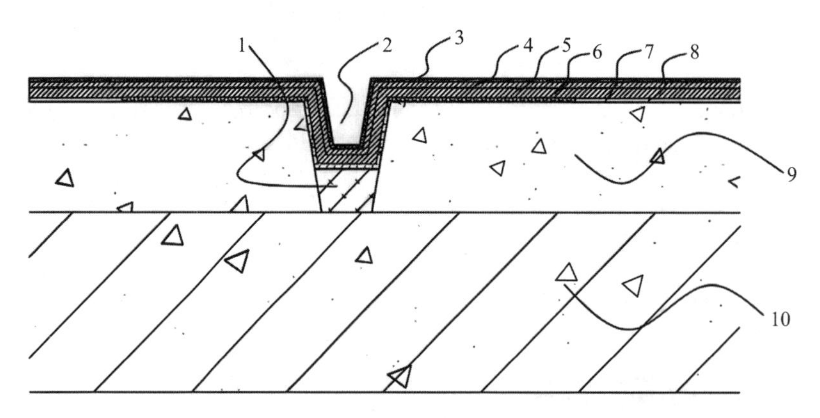

1—密封膏；2—伸缩缝；3—保护层；4—第二防水层；5—第一防水层；
6—防水胶带；7—抹平层；8—基层处理层；9—结构基面；10—旧屋面

图 4.57-1

（4）主要防水堵漏材料性能简介

1）丁基胶带（科顺自主研发生产）

粘结性强，可以多次反复粘结保持粘结力，持久，水密性、气密性好，泡水后依旧能保持粘结力，且在潮湿基面依旧能实现满粘。

2）XS-630 蠕变型沥青防水涂料

XS-630 蠕变型沥青防水涂料是一种新型环保、高固含量的热熔型沥青防水涂料。与空气长期接触后不固化，能保持黏稠胶质的特性，自愈能力强，碰触即粘，难以剥离；非固化橡胶沥青防水涂料可采用热刮涂、热喷涂和热注浆等多种施工方法，是有别于现有防水材料的一种新型防水涂料。

产品特点：不固化，优异的自愈性；优异的蠕变性能；优异的延伸性能；优异的粘结性能；优异的环保性能；优异的耐化学腐蚀性和耐老化性能；优异的温度适应性。

适用范围：广泛用于工业及民用建筑屋面和地下防水修缮工程、变形缝的注浆堵漏工程、复杂的基面修缮工程；本产品与特定卷材复合施工，形成可靠的非固化橡胶沥青防水涂料与卷材复合防水施工系统。

3）热反射型铝膜自粘卷材

产品特点：优异的耐低温性能和耐高温性能，冷热地区均适用；抗拉强度高，延伸率大，对基层收缩变形和开裂的适应能力强；卷材表面为特种镀铝膜，吸热小，有效反射紫外线辐射，保护主体沥青，有效避免因暴晒下发生的起鼓、起泡等问题；优异的耐候性，可满足不同条件保护层施工周期要求的项目（具体时长受气候条件影响，温差变化不大的地区，保护周期更长）。

适用范围：适用于工业与民用建筑的屋面、地下防水防潮及桥梁、停车场等建筑的防水。特别适用于别墅、自建房屋面、彩钢屋面等渗漏维修、翻新项目以及满足不同条件保护层施工周期要求的项目。

（5）施工设备及工具（表 4.57-1）

表 4.57-1

序号	工具名称	用途
1	扫把、铲刀	1. 清理基面浮土及杂物 2. 去除基面的尖锐凸起物
2	钢卷尺、弹线器	根据基层弹线定位，确定每幅卷材的铺贴位置
3	齿型刮刀	涂刷防水涂料
4	大/小压辊	1. 大面、搭接处压实 2. 细部搭接处理
5	熔胶喷涂一体机	喷涂非固化橡胶沥青防水涂料
6	喷涂机	喷涂基层处理剂
7	点火石	点燃喷枪
8	喷枪	热熔施工防水卷材

（6）安全措施

1）卷材施工：

① 产品使用过程中使用液化气、乙醇为燃料或电加热进行焊接。

② 改性沥青类防水卷材使用热熔法施工时材料表面温度不宜高于 200℃。

③ 非外露产品建议施工完成后，一周内打保护层，贮存及运输。

2）涂料施工：

① 施工过程中严禁随意触摸非固化橡胶沥青施工设备，防止被烫伤。

② 施工前，进行安全教育、技术措施交底，施工中严格遵守安全规章制度。

③ 施工人员须戴安全帽、穿工作服、软底鞋，立体交叉作业时须架设安全防护棚。

④ 施工人员必须严格遵守各项操作说明，严禁违章作业。

⑤ 施工现场一切用电设施须安装漏电保护装置，施工用电动工具正确使用。

⑥ 五级风及以上时停止施工。施工过程中严禁随意触摸非固化橡胶沥青施工设备，防止被烫伤。

（7）施工周期

施工周期为 30 个日历天，阴雨天及大风天气和特殊情况例外。

（8）其他事项

1）在本例中，需要在结构基面，对松散、蜂窝麻面、砂浆面层等缺陷处用修补砂浆填补，使基面达到坚实、高强，避免缺陷处成为漏点。

2）本工程的防水修缮结构不会破坏旧屋面本身结构层，且整个防水修缮结构层主要以涂刷防水涂料及铺设防水卷材层来达到防水渗漏的目的，无须施加高重量的防水结构层，能有效降低对旧屋面的负载，在实施过程中严禁出现材料或其他物品集中堆放，确保安全。

4.58 坡屋面“鱼骨架”混凝土板带防水系统工法

（1）工程渗漏原因分析

本工程渗漏水的主要原因是：本项目屋面面积 2982m^2，结构找坡为 10°，距离海岸线约 1.5km，在使用过程中屋面因场区振动及海南高温、高湿、高盐雾恶劣气象条件影响出现滑移的情况，导致面层出现多处裂缝，面层下方的防水卷材也不同程度出现破坏，雨水通过开裂缝隙不断进入基层，在搭接缝区域渗入室内，使屋面出现了渗水，严重影响室内设备的使用安全。根据现场工况、渗漏水产生原因等相关要求，特编制如下方案。

（2）方案编制依据

1）《中华人民共和国建筑法》以及其他有关的法律、法规。

2）《建筑工程施工质量验收统一标准》GB 50300－2013。

3）《建筑防水工程技术规范》DBJ 15－19－2006。

4）《屋面工程技术规范》GB 50345－2012。

5）《屋面工程质量验收规范》GB 50207－2012。

6）科顺防水技术股份有限公司质量手册、程序控制文件及历年积累的有关防水设计和施工经验资料。

（3）防水堵漏施工工法（图 4.58-1、图 4.58-2）

1）施工前安排全体人员接受现场安全教育培训，明确安全文明施工内容。

2）为了避免对原结构造成破坏，采用切割机、电锤钻配合拆除现有屋面混凝土保护层、原有防水层至结构层。

3）落水口、基座及其他附属部位处理。

4）女儿墙原有破损面层铲除至卷材收口位置，铲除部位的女儿墙采用高强修补砂浆进行修补、抹平。

5）整体基面进行清理，垃圾进行外运，保证整个基面无杂物、油污等。

6）女儿墙及水沟部位预先施工 2mm 厚 XS-630 蠕变型沥青防水涂料，铺贴 3mm 厚 APP 改性沥青防水卷材，至墙面 250mm 处。

7）水沟部位卷材顺平，采用空铺法施工 1.5mm 厚 TPO 防水卷材，保证后续水沟部位的变形，平面部位盖过 APP 改性沥青防水卷材 100mm，保证防水卷材的密封。

8）分区域涂刷 TPOL 类防水卷材转配聚合物粘结料，用于卷材与基面粘结。

9）采用双面涂胶法，在聚合物粘结料未完全干透前铺设 1.5mm 厚 L 类带背衬 TPO 防水卷材。

10）整体完成后，采用 TPO 卷材光面专用胶粘满粘法铺设 1.2mm 厚 H 类均质 TPO 防水卷材（满粘法施工）。

11）铺设 30mm 厚挤塑聚苯板保温层。

12）干铺 200g/m^2 无纺布隔离层一道。

13）近水沟部位在板带混凝土中第 2m、第 4m 位置各放置一根ϕ50mm、长 150mm 的 PVC 排水槽（延中线对开两半）并固定，后续与混凝土浇筑成一体，便于后续排水。

14）沿屋脊设一道 800mm（400mm + 400mm）宽、30mm 厚细石混凝土板带（间隔 6m 设缝），内配钢筋：长向一级钢筋 6ϕ4mm，短向ϕ4mm@250mm；沿檐沟边缘及钢屋架方向每榀桁架梁位置（间距 6m）各设一道 600mm 宽、30mm 厚的 C25 细石混凝土板带（间隔 6m 设缝），内配钢筋：长向一级钢筋 5ϕ4mm，短向ϕ4mm@250mm。

15）刚性混凝土填充，使整体平整，板带与后加混凝土体中间采用柔性填充，避免冲击。

16）女儿墙压顶涂刷铂盾丙烯酸防水涂料（内嵌聚酯布）与卷材接槎 150mm。

17）工完场清。

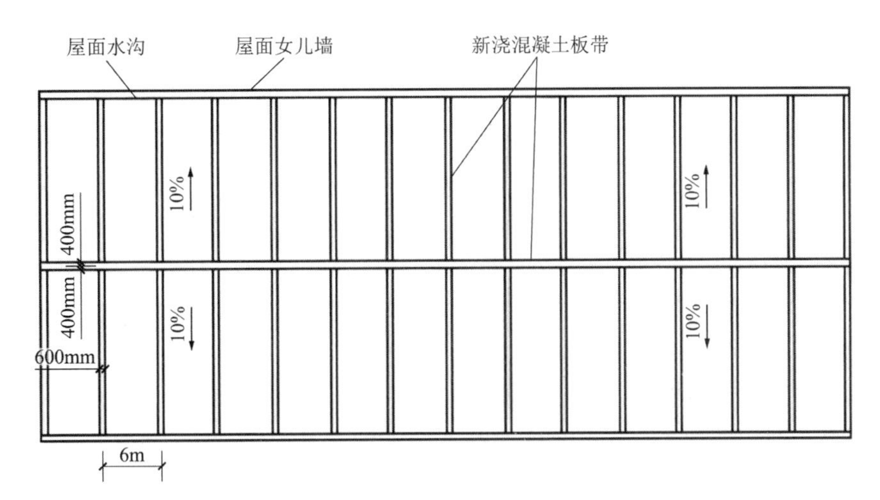

图 4.58-1

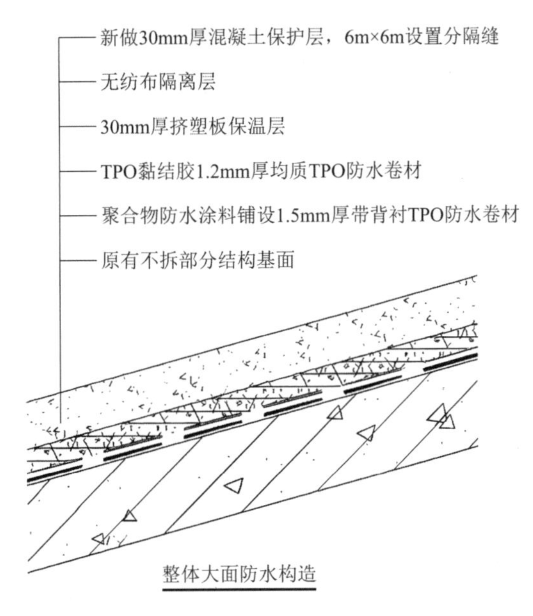

图 4.58-2

（4）主要防水堵漏材料性能简介

科顺 APF 系列热塑性聚烯烃（TPO）防水卷材是一种以化学法共聚的 TPO 树脂为原料，利用 AMUTTPO 生产设备采用特定配方，挤出压延制成的片状热塑性弹性、高性能环保高分子防水新材料。

产品特点：①通过 CE 国际产品安全认证。②耐候性强（人工气候耐老化 8000h）、稳定性好、使用寿命长。③物理性能优异，拉伸及撕裂强度大。④耐霉菌和藻类等微生物生长。⑤无氯成分，环保性能好，无明火施工，无烟尘排放，环境友好。⑥低温性能好，−40℃弯曲不裂，耐酸碱腐蚀性强。⑦可外露使用，日光反射率高（太阳光反射比≥78%），可降低室内温度。

适用范围：广泛应用于公共、市政、工业及民用建筑的金属屋面及幕墙、混凝土屋面、耐根穿刺顶板、地下空间的防水工程。

（5）施工设备及工具（表 4.58-1）

表 4.58-1

自动焊接机	可以预设焊接参数（温度和速度），采用电子控制，数字温度显示（温度传感器位于焊嘴内），操作简便，安全可靠，用于大面焊接
手持焊枪	手持焊枪主要用于手工焊接和细部处理，一般配有 20mm 宽焊嘴（用于细部处理）、40mm 宽焊嘴（用于直缝焊接）、焊绳焊嘴，可用刷子清洁焊嘴
压辊勾刀	用于卷材细部处理及焊缝检查
刮板	满粘施工时，需要用刮板将胶黏剂涂刷在卷材和粘结基层/防火覆盖板上
手持式压辊	用于卷材铺贴后压实

（6）安全措施

1）严禁在雨天、雪天和五级风及以上天气施工。

2）施工机具应完好，施工人员必须熟练掌握操作技能。

3）未施焊或施焊后尚未完成检查的卷材必须及时遮盖，严禁随意踩踏或与硬物发生碰压。

4）工地上各种机械、设备的摆放要整齐有序，严禁乱摆乱放。项目部指定机械设备的专门停放地点，在下班和停工期间，各种机械、车辆停放整齐，成排成列。

5）做好机械设备停放场所的排水工作，完善排水设施，挖好排水沟，以保证排水畅通，杜绝机械设备停放场所周围积水现象。

6）工地上的各种物资，如砂、石等应堆放整齐。

7）做好标识标牌工作。各种材料应插好标牌，在砌筑和混凝土浇筑现场还要插配合比标牌。同时，各种标识牌要统一规格，避免出现各种各样的标牌，影响工地的整体美观。

8）标牌统一要求如下：配合比牌尺寸为 60cm × 80cm，材料标牌尺寸为 40cm × 60cm，各种标牌均采用白底黑字或白底红字，材质采用胶合板，周边用铝合金镶边。

9）材料标牌上应写明材料名称、规格、单位、产地、用途、质量情况（合格与否）、来料时间等。

10）施工过程中，做好噪声污染的控制，对噪声污染严重设备进行控制性使用。在人烟密集区域，夜间施工时要注意避免使用噪声污染大的设备，尽量在白天进行。

11）现场作业人员应按劳动保护条例根据不同的岗位佩戴合格的劳动保护用品，确保施工安全。

（7）施工周期

施工周期为 30 个日历天，阴雨天及大风天气和特殊情况例外。

（8）其他事项

此项目为国家重点项目，里面存放大量高精密仪器，需要解决如下问题后方能进行防水修缮施工。

1）屋面的整体面积较大，约 3000m^2。

2）海南的气候条件恶劣，特别需要关注持续高温、强降雨强台风气候对防水层的影响。

3）屋面因坡度大，由此产生的位移破坏防水层，新建防水层需要在工艺和材料上重点考虑。

在施工过程中，利用“鱼骨架”混凝土板带将屋面划分为28个区域，单区域在100m²左右。采用这种方式可以降低整个工程的施工难度，控制施工的作业面积，有效提高施工的质量。

4.59 DZH无机盐注浆料防水堵漏施工工法

（1）工程渗漏原因分析

本工程建筑面积约27000m²，渗漏水的主要原因是：防水层与结构自防水局部失效；振捣不密实、水化热、荷载变化造成结构裂缝、施工缝、后浇带位置出现渗漏。根据现场工况、渗漏水产生原因等相关要求，特编制如下方案。

（2）方案编制依据

1）《民用建筑设计统一标准》GB 50352。

2）《建筑地面工程施工质量验收规范》GB 50209。

3）《地下工程防水技术规范》GB 50108。

4）《地下防水工程质量验收规范》GB 50208。

5）《地下工程渗漏治理技术规程》JGJ/T 212。

6）《既有建筑地下空间加固技术规程》T/CECS 1423。

（3）防水堵漏施工工法

根据现场工况、渗漏水产生原因等相关要求采用背覆式再生防水技术结合DZH无机盐注浆料进行治理。

1）背覆式再生防水技术施工工法（图4.59-1）

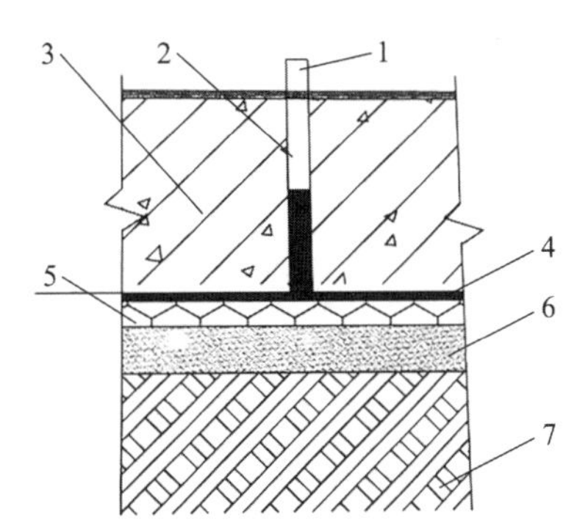

1—注浆管；2—密封层；3—结构；4—注浆层；5—原防水层；6—垫层；7—原土层

图4.59-1

施工流程：清理基层→放线布置注浆孔、打注浆孔→安装注浆针头→注浆→取下注浆针头→注浆口密封→验收。

①清理基层。基层应清扫干净、清除表面缝隙污染物等。

②放线布置注浆孔、打注浆孔。设置注浆孔，注浆孔应设置在渗漏处。

③安装注浆针头。安装专用高压注浆针头，进行紧固，必要时使用刚性封堵材料进行固定。

④注浆。注浆压力0.6～3.0MPa，注浆量应饱满密实。

⑤取下注浆针头。等浆液凝固后，等待10min左右注浆液凝固后，取下注浆针头。

⑥注浆口密封。待注浆针头取下后，用刚性水不漏进行密封口处理，处理注浆口密封时应与结构墙体平整，不得出现凹凸不平现象。

⑦验收。验收标准：结构面干燥，不得有渗漏现象。

2）后浇带施工方法

① 注浆孔位置设置及深度（图 4.59-2）。注浆孔应交叉设置在后浇带缝两侧，孔间距离 800～1000mm，钻孔时采用倾斜 40°～60°的角度进行钻孔。钻孔应避开止水带，打穿混凝土结构。

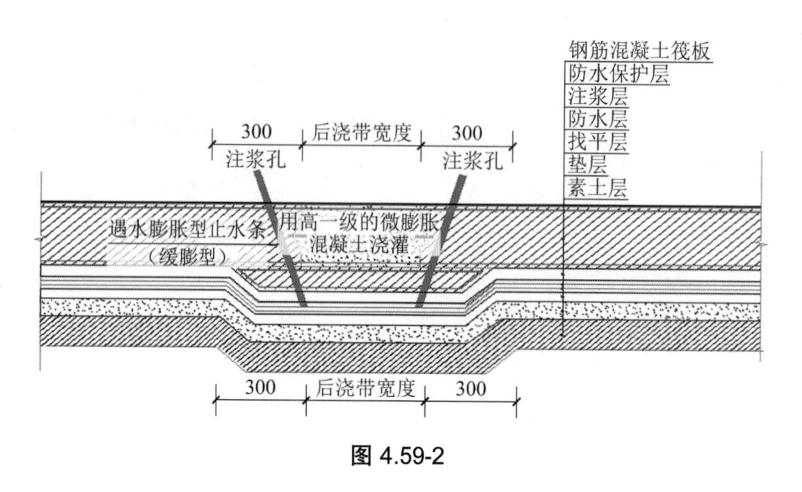

图 4.59-2

② 注浆压力控制。注浆压力 0.6～3.0MPa。

③ 注浆后修复。注浆结束后，将注浆料针头（管）拔出，用水不漏或聚合物防水砂浆填实抹平。将变形缝老化材料清除，重新封堵修复。

3）底板结构裂缝施工工法

① 注浆孔位置设置及深度。注浆孔应交叉设置在裂缝两侧，孔间距离 300～800mm，钻孔与裂缝水平距离 100～300mm，钻孔时应倾斜 40°～60°角斜穿过裂缝。采用结构深层注浆堵漏技术时，注浆孔深度为混凝土结构厚度的 2/3 左右。采用背覆式再生防水技术时，深度应打穿结构至保护层或防水层。注浆孔位置及深度示意图见图 4.59-3。

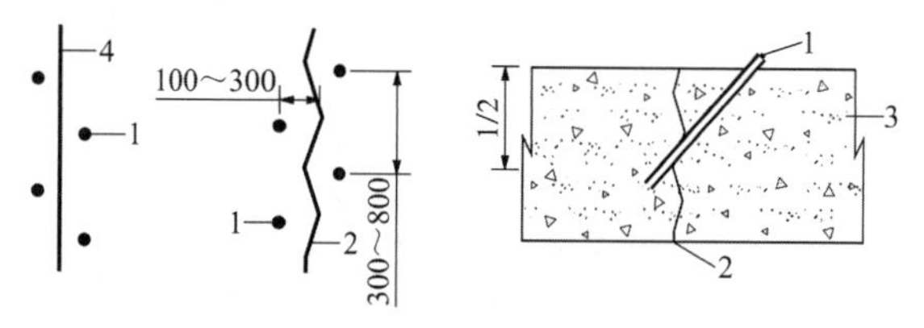

1—注浆孔；2—裂缝；3—混凝土结构；4—施工缝

图 4.59-3

② 注浆压力控制和注浆料用量。

③ 注浆后修复。注浆结束后，将注浆料针头（管）拔出，将裂缝处注浆料清理干净，然后用水不漏将注浆孔填实抹平，用聚合水泥防水涂料涂刷两遍。

（4）主要防水堵漏材料性能简介

DZH 无机盐注浆料可广泛用于建筑工程、矿山工程、地铁工程、隧道工程、水利工程及地质灾害防护等方面的防水、堵漏、加固。

DZH 无机盐注浆料具有弹性大、强度高、吸水率强、固水量大、固结力强等特性。

DZH 无机盐注浆料采用背覆式再生防水技术施工后，DZH 无机盐注浆料快速渗透到结构裂缝、孔洞、蜂窝、松散软层、结构外部迎水面等部位。注浆料自身和结构内的水发生反应后在裂缝、孔洞、蜂窝、松散软弱层内形成高弹性、高强度的凝胶固结体并起到封堵加固的作用。在结构外部迎水面，能够将大量的流动水、泥沙等反应后固结成高弹性、高强度的凝胶体，同时能够将遭到破坏的原防水层破损处封堵修复，并能够在结构外部迎水面形成高弹性、高强度的覆盖层而构成一个完全封闭的防水系统，从而能够达到防水堵漏加固的目的，起到长期防水和永久防水的作用。

（5）施工设备及工具

清扫工具、水钻、注浆机、凿子、锤子、钎子、钢丝刷等。

（6）安全措施

1）进场施工人员必须严格遵守各项操作规程，严禁违章作业。

2）施工现场材料和工具应分开存放

3）施工现场电源必须配备漏电保护装置。

4）安全责任到人，做到文明生产，确保安全。

（7）施工周期

按计划完成。

（8）其他事项

材料采用 DZH 无机盐注浆料，施工工艺采用背覆式再生防水技术。

以上工法由下列公司提供：

京德益邦（北京）新材料科技有限公司

联系人：韩锋（19920010883）

4.60　DZH 丙烯酸盐Ⅱ型注浆料防水堵漏施工工法

（1）工程渗漏原因分析

本工程为楼房上人屋面，属老旧小区，结构有变形移位，原防水层产生进水点造成渗漏。

（2）方案编制依据

1）《民用建筑设计统一标准》GB 50352。

2）《建筑地面工程施工质量验收规范》GB 50209。

3）《混凝土结构工程施工质量验收规范》GB 50204。

4）《建筑工程施工质量验收统一标准》GB 50300。

5）《丙烯酸盐灌浆材料》JC/T 2037。

（3）防水堵漏施工工法

该项防水维修工程为楼房上人屋面渗漏水，采用背覆式再生防水技术＋DZH 丙烯酸盐Ⅱ型注浆料进行维修（图 4.60-1）。

1）工艺流程

基层处理→钻孔取样→设置注浆孔→安装注浆针头→注浆→检查验收。

2）施工工艺

① 基层处理。基层应清扫干净、清除表面缝隙污染物等。

② 钻孔取样。通过使用水钻取样，测算底板混凝土厚度及构造。

③ 设置注浆孔。在合理位置选定打孔点，实施精准打孔。

④ 安装注浆针头。埋入注浆针头，固定牢固，必要时用快凝材料加固注浆针头。

⑤ 注浆。采用专用注浆机注入 DZH 丙烯酸盐Ⅱ型注浆料直至注满；使用专用仪器检查浆料到达位置，再次选取注浆点重复上述动作。

⑥检查验收。注浆施工完成后按照规定检查验收，达到无任何渗漏潮湿。

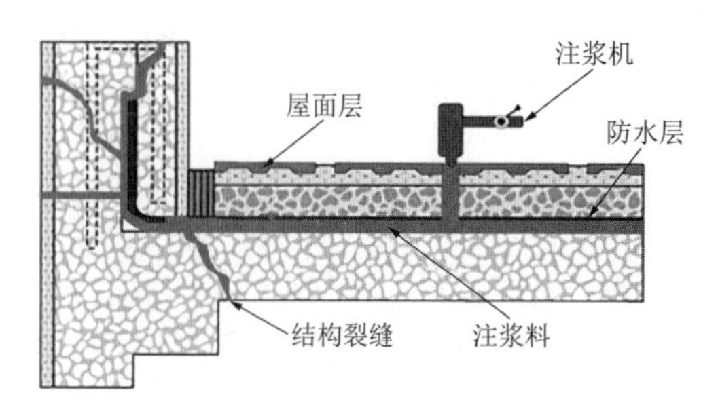

图 4.60-1

（4）主要防水堵漏材料性能简介

DZH 丙烯酸盐Ⅱ型注浆料是一种以丙烯酸盐为主的灌浆树脂，是传统注浆液的代替产品。无毒无害，绿色环保，低表面张力，低黏度通常小于 10mPa · s，拥有非常好的可注性。具有凝结时间短且可以准确控制凝结时间，拥有非常好的施工性能。更重要的是它具有高固结力和极高的抗渗性。渗透系数可达 0～10m/s，固结物具有很好的耐久性，可以耐石油、矿物油、植物油、动物油、强酸、强碱和 100℃以上的高温。

（5）施工设备及工具

清扫工具、水钻、注浆机、电锤、凿子、锤子、钎子、钢丝刷等。

（6）安全措施

1）进场施工人员必须严格遵守各项操作规程，严禁违章作业。

2）施工现场材料和工具应分开存放。

3）施工现场电源必须配备漏电保护装置。

4）安全责任到人，做到文明生产，确保安全。

（7）施工周期

在合同期内完成。

（8）其他事项

1）DZH 丙烯酸盐Ⅱ型注浆料必须原液使用，严禁加水。

2）设备工具使用后应及时清洗。

以上工法由以下公司提供：

京德益邦（北京）新材料科技有限公司

联系人：韩锋（19920010883）

4.61 DZH 金刚屋顶防水涂料防水施工工法

（1）工程渗漏原因分析

该项工程为楼房外露阳台渗漏，热胀冷缩、防水层老化破损、外力损坏、沉降等原因，导致渗漏水现象的发生。

（2）方案编制依据

1）《民用建筑设计统一标准》GB 50352。

2）《建筑地面工程施工质量验收规范》GB 50209。

3）《混凝土结构工程施工质量验收规范》GB 50204。

4）《建筑工程施工质量验收统一标准》GB 50300。

（3）防水施工工法

该项工程为外露阳台渗漏水治理，根据现场情况，采用不拆除原有地砖、不打保护层、节约工期和造价，用具有优异的耐磨性能、耐踩踏的 DZH 金刚屋顶防水涂料进行维修的施工方案。

1）施工顺序

基层处理→底层施工→涂抹涂料→检查验收。

2）防水施工

① 基层要求。基层必须平整牢固、干净、无明水，阴阳角应做成圆弧形。旧屋面应把原破裂、起鼓的防水层及尘土除净，低凹破损处修平，防漏处须先进行堵漏处理，基层要平整，不得有明水。水落口、分隔缝等特殊部位应先进行柔性密封处理，涂刷程序一般先阴阳角，再垂直面，最后再大面积施工。

② 底层施工：将水与涂料按 1∶3 质量比例混合，搅拌均匀后使用。使用底涂料可提高涂料对基层的渗透性，增强粘结力（或者涂刷一遍固砂防水剂）。

③ 涂抹涂料：施工采用滚、刮、刷的方法均可，宜采用薄层多次涂布法，每次涂刷不能太厚，一般分 2 次涂刷，总厚度达 1.0～1.5mm。待先涂刷层干燥成膜后方可涂布后一遍涂料。薄弱环节宜加铺胎体增强材料。每道涂层表干后，应做施工质量检查，如出现漏涂及起鼓应给予修补。

④ 检查验收。防水施工完成后按照规定检查验收，达到无任何渗漏潮湿。

（4）主要防水堵漏材料性能简介

金刚屋顶防水涂料是专门为屋面、游泳池等需要高耐磨、耐晒、耐长期水泡设计的一款新型防水涂料，采用特种乳化聚合物添加多种特种耐老化、耐水助剂反应而成，采用科学的生产工艺精制而成的一种高硬度且高韧性的屋面防水涂料。

产品特性：

1）优异的耐磨性能，耐踩踏，可以用于上人屋面。

2）环保水性涂料，无毒无害，无任何施工及环境安全隐患。

3）优异的韧性和耐疲劳性，能适应金属屋面的伸缩变形。

4）优异的耐老化及抗外线性能，可延长基材使用年限。

5）耐水性能强悍，泡水不软化、不起鼓。

6）单组分开桶即用，施工简单方便。

7）与基层粘结强度高，是普通防水涂料的 2～3 倍。

（5）施工设备及工具

清扫工具、刷子、滚筒、搅拌器、剪刀等。

（6）安全措施

1）进场施工人员必须严格遵守各项操作规程，严禁违章作业。

2）施工现场材料和工具应分开存放。

3）施工现场电源必须配备漏电保护装置。

4）安全责任到人，做到文明生产，确保安全。

（7）施工周期

在合同期内完成。

（8）其他事项

1）气温低于 5℃，湿度大于 85%及雨雪天、风沙天不宜施工。

2）涂料未干固前不可用水进行清洁。

3）防水施工完毕后正常养护 3～5d，期间禁止踩踏破坏。

以上工法由以下公司提供：

京德益邦（北京）新材料科技有限公司

联系人：韩锋（19920010883）

4.62 KT-CSS 系列防水堵漏施工工法

（1）工程渗漏原因分析

本工程渗漏水的主要原因是：隧道建成通车后列车在运营时产生的振动扰动及荷载扰动导致结构应力变化产生渗漏水，根据现场工况、渗漏水产生原因等相关要求，特编制如下方案。

（2）方案编制依据

1）现场观测情况介绍以及相关图纸等资料。

2）《地下工程防水技术规范》GB 50108－2008。

3）《地下防水工程质量验收规范》GB 50208－2011。

4）《防水堵漏工程技术手册》（沈春林主编）。

5）《混凝土结构设计规范》GB 50010－2010。

6）《混凝土结构加固设计规范》GB 50367－2013。

7）《混凝土结构耐久性设计标准》GB/T 50476－2008。

8）《工程结构加固材料安全性鉴定技术规范》GB 50728－2011。

9）《水泥基灌浆材料应用技术规范》GB/T 50448－2015。

10）《无机防水堵漏材料》GB 23440－2009。

11）《聚合物水泥防水砂浆》JC/T 984－2011。

12）《混凝土结构加固用聚合物砂浆》JG/T 289－2010。

13）《福建省城市轨道交通工程渗漏水治理技术规程》DBJ/T 13－313－2019。

（3）防水堵漏施工工法

根据隧道现场渗漏实际情况，采用 KT-CSS 控制灌浆工法，低压、慢灌、快速固化、间歇性分层分序分次控制灌浆工法，注浆压力控制在 0.3～0.5MPa，浆液固化时间可调，最快可根据现场实际情况调整到 5min 左右进行快速凝固堵水。针对涌水较大缺陷部位，首先通过深孔灌注无收缩胶凝灌浆材料和水中不分散水泥基灌浆材料对结构背后的存水空腔充填灌浆（粗灌），对结构背后的存水空腔充填灌浆，将空腔水变成裂隙水，将有压力的水变成微压力水，将无序水变成有序水，将分散水变成集中水。待采用普通水泥基灌浆材料或水中不分散水泥基灌浆材料进行粗灌材料初步固化后，再浅孔灌注聚合物特种水泥基灌浆材料（精灌），该灌浆材料具有早凝、早强、无收缩、无泌水、自流平、自密实、微膨胀、膨胀率（1%左右）、高粘结力（粘结强度达 1.0MPa 以上）、固化时间可调、高渗透性等特点，可以渗透进 0.4mm 以上裂隙中，28d 后强度达到 C25 以上，并且固化后有一定弹性模量（弹性模量 ≥ 30GPa），能够抗列车运营过程中产生的振动扰动及荷载扰动，材料固化后抗渗等级达到 P20 以上，耐酸碱、抗盐分、耐腐蚀、耐高温等，通过控制灌浆对渗漏水部位进行精灌作业，可以将 90%～95%的围岩裂隙进行有效充填，对于堵水要求高的项目，最后再采用堵漏兼加固型低黏度耐水耐潮湿改性环氧树脂结构胶进行精细灌，最终确保注浆饱满度能够达到95%～99%的行业内最高标准。

（4）主要防水堵漏材料性能简介

1）KT-CSS-101水中不分散特种水泥基灌浆料（表4.62-1）

① 高抗分散性。可不排水施工，即使受到水的冲刷作用，也能使在水下浇筑的水下不分散混凝土不分散、不离析、水泥不流失。

② 优良的施工性。水下不分散混凝土虽然黏性大，但富于塑性，有良好的流动性，浇筑到指定位置能自流平、自密实。

③ 适应性强。新拌水下不分散混凝土可用不同的施工方法进行浇筑，并可通过各种外加剂的复配，满足不同施工性能的要求。

④ 不泌水、不产生浮浆、凝结时间略延长。

⑤ 安全环保性好。掺加的絮凝剂经卫生检疫部门检测，对人体无毒无害，可用于饮用水工程，新拌水下不分散混凝土在浇筑施工时，对施工水域无污染。

⑥ 此水泥基灌浆材料与水泥性能基本相同，耐久性与水泥基本一致，高于化学类浆液。

表4.62-1

序号	项目		技术指标
1	流动度（mm）	初始	≥20
		60min保留值	≥20
2	竖向膨胀率（%）	24h	≥1
3	凝结时间（h）	初凝（水中）	≤72
		初凝（空气中）	≤48
		终凝（水中）	≤96
		终凝（空气中）	≤72
4	泌水率	24h	0%
5	抗压强度（MPa）	（水中成型）7d	≥5
		（水中成型）28d	≥10
		（水中成型）360d	≥15
		（水中成型）7d转PH4-5硫酸溶液21d	≥10
		（水中成型）7d转饱和氢氧化钙溶液21d	≥10
		（空气中成型）7d	≥10
		（空气中成型）28d	≥15
		（空气中成型）360d	≥25
6	粘结强度（MPa）	28d	≥1
7	抗渗	（水中成型）28d	≥P12
		（空气中成型）28d	≥P20
8	用量（kg/m^3）		1800±50

2）特种聚合物砂浆（KT-CSS-1022丁基丙烯酸酯共聚乳液Ⅱ型）（表4.62-2）

① 属于阳离子丁基丙烯酸乳液（特种丙乳胶水，俗称水性环氧），地下工程背水面防水砂浆。

② 耐盐分、耐低温、耐潮湿、耐腐蚀，抗压强度最高达 C40。

③ 抗开裂，非垂挂，高粘结强度，高抗压强度，预收缩修补砂浆。

④ 与专用乳液复配成灌浆材料，可以防水、防渗、抗裂、粘结、抗冻、抗老化。

⑤ 与专用乳液复配成无收缩修补砂浆，抗水渗透性比普通砂浆提高 2 倍以上。

⑥ 材料无毒、无害、无环境污染，可以与专用乳液复配成高聚合物灌浆加固材料。

⑦ 复配成灌浆材料、修补砂浆和细石混凝土，固化时间可以控制在 60min 以内，抗压强度达 C15 左右；正常养护 28d 后可达 C35 左右。

表 4.62-2

序号	检验项目		单位	标准要求	南京康泰材料性能指标
1	凝结时间	初凝	min	⩾ 45	⩾ 350
		终凝	h	⩽ 24	⩽ 10
2	抗渗压力	7d	MPa	⩾ 1.0	⩾ 1.3
		28d	MPa	⩾ 1.5	⩾ 1.5
3	28d 抗压强度		MPa	⩾ 24.0	⩾ 40.0
4	28d 抗折强度		MPa	⩾ 8.0	⩾ 9.0
5	粘结强度	7d	MPa	⩾ 1.0	⩾ 1.6
		28d	MPa	⩾ 1.2	⩾ 2.0
6	28d 收缩率		%	⩽ 0.15	⩽ 0.10
7	耐碱性饱和 $Ca(OH)_2$ 溶液，168h		—	无开裂、剥落	无开裂、剥落
8	抗冻性-冻融循环（−15～+20℃）25 次		—	无开裂、剥落	无开裂、剥落
9	耐热性，100℃水，5h		—	无开裂、剥落	无开裂、剥落

3）KT-CSS-9908 水泥基特种灌浆料（表 4.62-3）

① 替代传统的水泥 + 水玻璃注浆材料，耐久性好。

② 40min 固化，20～30min 初凝，也可以调节到 5～10min 实现初凝。

③ 强度高，固化快，不易被水解，耐久性高，固化时间可调节。

④ 早凝、早强、无收缩、微膨胀、膨胀率 0%～3%（可调），固化时间可以根据现场情况采用交联剂进行调整，正常固化时间 30～50min，也可以调整到 5min 进行快速凝固堵水，并且有配套的灌浆设备。

⑤ 无收缩，微膨胀，无泌水、自流平、自密实、可复配，固化时间可调、黏性大、可塑性强。

⑥ 低水灰比，100kg 粉料掺水 35kg，高流动性，高渗透性，高粘结力，粘结强度达 1.0MPa 以上，可以灌注进深度 0.3mm 以上的裂隙中。

⑦ 浆液固结 2h 强度可达 C5 以上，1d 可以达到 C10，2d 可以达 C15，适合于抢修抢险工程，28d 后强度达到 C30 以上。

⑧ 耐久性与混凝土基本一致，高于化学类浆液，比化学类浆液性价比高，后期强度不回落，固化后有一定弹性模量（弹性模量 ⩾ 30MPa），可以抗裂缝、裂隙的应力释放产生的变化，尤其是对地震频发区域围岩裂隙的应力释放；适合各种矿山裂隙堵漏，结构底板翻浆冒泥堵漏加固，结构壁后特大涌水快速回填堵漏，交通隧道抗振动扰动与荷载扰动条件下的壁后注浆堵漏，盾构隧道壁后注浆加固与堵漏等。

⑨ 抗水渗透性比普通砂浆提高 2 倍以上，可以和水泥、砂石等复配成灌浆材料。

⑩ 水中抗分散，制浆成功后，滴在清水中不分散，不溶于水，保证了材料的性能指标稳定性，适用于快速堵漏和加固，耐久性好。

⑪ 灌进沙土，粉质黏土，湿陷性黄土等软弱围岩土层内，材料会与周边土层反应形成固结体，把泥土变成石头。

⑫ 与混凝土的粘结强度达 1.5MPa 以上。

⑬ 材料固化后抗渗等级达到 P20 以上。

⑭ 耐酸碱抗盐分、耐腐蚀。

⑮ 可耐 500℃高温。

表 4.62-3

项目		技术指标
水胶比		0.35
凝结时间（min）	初凝	≥30，≤60
	终凝	≤120
弹性模量（MPa）	弹性模量	≥30
	粘结强度	≥1.5
泌水率（%）	24h 自由泌水率	0
	3h 钢丝间泌水率	0
自由膨胀率（%）	3h	0.1～3
	24h	0.1
抗压（MPa）	2h	≥15
	3d	≥40
	7d	≥45
	28d	≥50

（5）施工设备及工具（表 4.62-4）

表 4.62-4

打孔用电锤设备采用国外进口插电或锂电式电锤		
配备自吸装置确保无尘作业环境		
小型钨钢水泥注浆机		

续表

特种水泥基注浆机		
高压自吸水泥基双液注浆机		
小型螺杆注浆机		
双液螺杆注浆机		
堵漏用双液混合器		
快速安装灌浆嘴装置		
双组分环氧树脂用智能灌浆设备	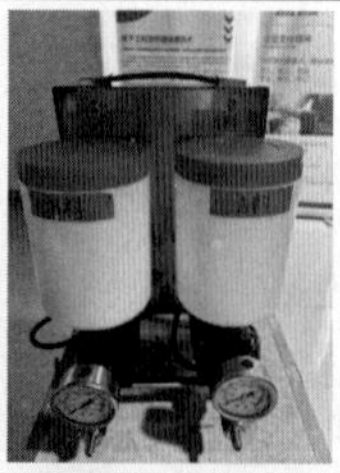	

（6）安全措施

1）建立精干高效的项目经理部，质量检查员由具有丰富施工经验且工作认真负责的同志担任，实行质检跟班制，加强值班责任心。

2）建立质量保证体系，建立质量目标责任制，工资、奖金与质量责任挂钩，做到质检员轮班不离岗。

3）合理运作质量保证体系，推行全面质量管理，避免事后监督，上道工序不经质检员验收不得进行下道工序。材料要做复试，杜绝不合格材料的使用。

4）经常对全体职工进行质量教育，增强质量意识。

5）建立质量会议制度，定期开展质量统计分析，总结经验，加强管理。

6）配备精良的机械设备，确保施工质量。

7）严格按施工管理程序开展堵漏修补工作，发现结构构件出现混凝土缺陷或有渗漏水，先通报，做好缺陷记录，并拍摄影留像资料后按方案进行缺陷修补，不得私自进行处理。

8）严格按经批准的方案开展堵漏修补工作。堵漏施工前，每个渗漏部位须进行原因分析，确定缺陷类型，按照方案有针对性地选择堵漏材料和施工方法。

9）堵漏施工前，对堵漏操作工人进行结构堵漏交底，使堵漏工人熟悉各个渗漏部位的结构特点，熟悉施工工艺，提高钻孔有效率，加强对混凝土外观的保护。

10）墙面清理干净，对于渗漏点的查找做到全面、彻底、准确。严格按要求进行打孔，严禁随意打孔或在不需要的地方打孔。

11）注浆时，确定流淌路径，对墙面采取浇水或粘贴胶带等防护措施，预防堵漏材料与墙面粘结，减少挂帘现象的产生。在修补过程中注意色差调整、缺陷部位隔离、养护等方面的控制。

12）加强堵漏施工全过程质量控制，选派具有敬业精神、派责任心强的人员负责堵漏修补管理，跟班作业，进行技术指导和信息反馈，及时纠正违规操作。

13）施工过程中，详细做好施工原始记录，包括施工部位、材料、人工、设备、缺陷情况、注浆效果等，并定期对资料进行分析，对取得的经验和不足及时总结，以便改进和提高。

14）加强注浆材料的进货质量检验，确保合格材料投入使用，从而保证堵漏质量。

15）配备齐全的计量设备，注浆材料严格按要求计量配制，杜绝随意性。注浆时严格控制注浆压力，防止压裂结构。

16）做好准确的施工记录，绘制好施工方位布置图。

（7）施工周期

施工周期根据现场工程量初步估算为90～120个日历天，阴雨天及大风天气和特殊情况例外。

以上工法由以下公司提供：

南京康泰建筑灌浆科技有限公司

联系人：陈森森 13905105067

4.63 锢水剂（纳米无机凝胶）灌浆再造长效防水层技术及屋面渗漏水维修应用

（1）工程渗漏原因分析

预设防水措施失效，如防水卷材窜水或老化、止水带安装不规范、防水涂料不耐水等，混凝土结构自防水功能由于裂缝、蜂窝等质量缺陷导致结构出现渗漏水。一般预设防水措施为隐蔽工程，而地下工程并不具备挖开重做防水的条件。锢水剂灌浆技术可以在非开挖条件下在隐蔽工程内部重新施工长效防水层，恢复混凝土机构预设防水功能，且后期再出现宽度在1mm以内的新裂缝也不会渗漏，实现长效防水防漏功能。根据以上原因等相关要求，特编制如下方案。

（2）方案编制依据

《屋面工程技术规范》GB 50345－2012。

（3）施工工法

1）探勘现场

要点：①结构有无渗漏，渗漏部位，材质结构；②屋面防水层、保温层及保护层结构材质；③屋面渗漏情况并分类分区；④屋面预埋管道和孔洞；⑤屋面防水前期是否维修过及维修后现状；⑥屋面可施工时间。

2）材料准备

锢水剂粉料、外加剂、堵漏王等。

3）施工工艺

① 布孔要求：距离墙（女儿墙或炮楼墙）0.5m，其余间距 2m 梅花形布孔。可根据保温层的孔隙率、吸水率加密布孔，原则上孔距小于 2m。

② 采用电锤钻孔，孔深穿过保护层和保温层直至混凝土屋面。

③ 灌浆孔应在注浆时安装注浆头，按照由一端向另一端的顺序灌浆。

④ 灌浆头装上阀门后采用锤子敲入灌浆孔中，下口深度应距离屋面混凝土 1～2cm，注浆头若出现晃动可以使用堵漏王进行固定。

⑤ 用清水润湿灌浆机和管道，确认无异常。

⑥ 浆液拌制：水→外加剂→锢水剂粉料。

⑦ 灌浆机吸料打掉管内清水，将注浆管安装在灌浆头上开始灌浆，注浆压力和流量由低逐渐升高到合适值，持续灌浆观察周边孔的到浆情况，确认周边孔均已到浆即可换孔灌浆。

⑧ 按照既定顺序对所有孔进行逐一灌浆，确保每个孔都到浆，必要时进行补孔灌浆。技术核心要求：整个屋面或既定灌浆区域均要保证灌浆饱满。

⑨ 灌浆过程中应设置专人巡查，密切关注有无漏浆跑浆，若出现跑浆则暂停灌浆，封堵后恢复灌浆。

⑩ 灌浆结束采用堵漏王封闭灌浆孔。

（4）施工设备及工具

大流量单液/双液注浆机、500L 搅拌桶、搅拌机、电锤钻杆、注浆头、小磅秤、电缆、水管、锤子及钳子等。

（5）安全措施

严格按照国家及当地有关安全文明施工要求施工。

（6）施工周期

施工周期为 5 个日历天，阴雨天及大风天气和特殊情况例外。

以上工法由以下公司提供：

湖南五彩石防水防腐工程技术有限责任公司

联系人：廖翔鹏（18684917669）

4.64 地铁运营期联络通道渗漏水施工工法

（1）工程渗漏原因分析

本工程渗漏水的主要原因是以下三点：

1）混凝土侧墙存在温缩裂缝。

2）侧墙与底板交接处的阴角存在沉降变形造成的裂缝。

3）底板混凝土振捣不密实，有蜂窝麻面等施工问题。

根据现场工况、渗漏水产生的原因及根据运营方的要求，特编制如下施工方案。

（2）方案编制依据

1）《地下工程防水技术规范》GB 50108－2008。

2）《地下铁道工程施工及验收规范》GB 50299－2003。

3）《地下防水工程质量验收规范》GB 50208－2011。

4）《地铁设计规范》GB 50157－2013。

5）《建筑工程质量检验与验收统一标准》GB 50300－2001。

地铁运营期间堵漏施工在具备施工空间的情况下，以治理结构内部渗漏水为主，与表面渗漏水治理为辅，做到标本兼治。通过深部注浆堵漏提高混凝土结构抗渗能力和混凝土密实性，采用注浆为主和表面涂刷封堵相结合的方案。

在不具备施工空间并且不能拆除障碍物的情况下，只能就近引流，不能硬性封堵，避免把水逼到更隐蔽的空间，造成更难的施工环境。渗漏水治理过程主要使用的材料有注浆材料、嵌缝堵漏材料、抹面材料等，根据现场的实际情况及运营方的要求，采用深部注浆，表面修复的方式完成渗漏水的处理。

（3）防水堵漏施工工法

1）清理基层，确定裂缝走向。

2）确定钻孔深度，温度裂缝钻孔深度为 600mm。侧墙与底板交接处的阴角位，裂缝钻孔深度为 1200mm。

3）确定底板渗水位置，凿除基层表面疏松混凝土。

4）在漏水点位置钻孔时，钻孔深度、孔径和间距需根据渗漏情况确定。钻孔过程中需密切关注地质条件，防止钻孔过程损坏周围结构。

5）高压水枪清洗孔洞。

6）埋入注浆止水针头，底板面渗位置埋入针头后用快干水泥密实封紧。

7）温度裂缝灌注环氧树脂、底板面渗的位置灌注环氧树脂。

8）侧墙与底板交接处的阴角先灌注锢水剂后灌注环氧树脂。

9）观察不渗漏后取掉注浆针头，用环氧砂浆修补平整。

10）对基层表面进行处理。

11）施工完成后，进行验收，确保联络通道无渗漏现象。

12）评估施工质量，总结经验教训，为后续工程提供参考。

（4）施工注意事项

1）在施工过程中，需严格遵守施工规范和操作流程，确保施工质量。

2）加强现场安全管理，确保施工人员的人身安全。

3）注浆过程中需密切关注注浆压力和注浆量，防止注浆过度或不足。

4）排水处理需确保排水效果良好，避免积水对联络通道造成损害。

5）防渗处理需确保防水层完整、无破损，并具有良好的抗渗性能。

（5）主要防水堵漏材料性能简介

1）亲水环氧树脂灌浆料性能指标（表 4.64-1）。本产品以环氧树脂为主要原料，在环氧树脂分子链端引入亲水基团生成可溶于水的水性环氧树脂。使用时加入固化剂，树脂交联成有较高强度和韧性的固结体，该固结体具有初始黏度小、可灌性好、可以在水中固化等优点，胶凝时间可控制在几分钟到几小时之间。本产品不含糠醛等有毒物质，对环境友好，无毒无污染。

表 4.64-1

序号	项目	性能指标（MPa）	
		正常固化	水中固化
1	抗压强度	54.0～58.0	38～78
2	弹性模量	1850～2240	1850～2240
3	抗剪强度	15.0～23.0	15.0～23.0
4	劈裂抗拉强度	6.2～25.0	5.8～24.0
5	抗拉强度	11.0～18.5	11.0～15.5
6	抗冲击强度	4.0～4.5	3.6～4.4

主要作用为：加固密实结构层。灌入的浆液除能将裂缝粘结外，还能对低强度等级的混凝土进行渗透固结，提高混凝土强度。灌浆粘结时可使浆液沿钢筋走向渗透，达到保护钢筋、增强钢筋与混凝土粘结力的效果。

2）锢水剂无机注浆液。该材料具有抗开裂、与其他基材粘结度好、后期不收缩、可灌性强等特点，并对空腔起到很好的补充密实作用，可以起到很好的防水、阻水效果，广泛应用于后浇带、诱导缝、伸缩缝的空腔填充等。

（6）施工设备及工具（表 4.64-2）

表 4.64-2

序号	机械名称	单位	数量
1	便携式水枪	台	1
2	注浆机	台	2
3	太阳灯	台	1
4	吹风机	台	1
7	引流管	米	若干
8	注浆管	米	若干
9	电锤	台	1
10	电线	条	1
11	搅拌机	台	1

以上工法由以下公司提供：

湖南五彩石防水防腐工程技术有限责任公司

联系人：廖翔鹏（18684917669）

4.65 地铁运营期转辙机坑防水堵漏施工工法

（1）本工程渗漏水原因分析

1）设计缺陷：该转辙机坑在设计时未充分考虑防水、排水措施，导致道床侧边排水沟及其他明水渗入辙机坑内。

2）施工不当：转辙机坑在施工过程中，混凝土振捣不密实，自防水功能缺失，出现蜂窝及裂缝，导致渗漏。

3）工序验收：在主体交付铺轨时没有做到无渗漏交付，铺轨时也没有做到基面干净无浮沉，导致道床底部和主体结构形成串水通道形成渗漏。

4）结构性渗漏：转辙机坑附近 1.5m 处有一条施工缝，现场目测存在轻微渗漏。既有结构层沿着道床的脱空层或蜂窝间隙逐渐渗漏至基坑内，这种渗漏最难处理也最普遍。

根据现场工况、渗漏水产生的原因及不影响地铁运营的要求，特编制如下方案。

（2）方案编制依据

1）编制说明

近年来，随着地铁的快速发展，转辙机作为地铁传输信号系统的重要组成部分，其稳定运行对于确保列车安全、提高运输效率具有至关重要的作用。然而，在运营期间，渗漏水是地铁隧道维保检修中最常见的病害之一，尤其是地铁信号设备的日常维护中，转辙机基坑积水已经成为最普遍的问题，不仅影响了转辙机的正常工作，还可能对列车正常运营铁造成损害。受施工条件限制，目前，针对转辙机基坑渗漏水尚无良好的彻底解决方案，只能通过电务维修人员加强巡视，及时清理，在雨水充沛的城市和地区，其积水只能依赖于人工排出，而人工排出又只能在夜间地铁停运后进行，因此这样的维护措施无法保证转辙机的安全使用，更不能解决实质性问题。

2）项目背景与目标

该项目是南方地区正在运营的地铁，为转辙机坑渗漏水治理，该基坑长 2000mm、宽 147mm、深 220mm。基坑附近 1.5m 处有一条施工缝轻微渗漏，道床排水沟和基坑连接处不密实，基坑积水，人工排水后底部长期潮湿，此外道床基坑底部和结构层已有脱空现象。根据运营方要求，对基坑采用底部注浆 + 表面抗渗的方式处理。

3）编制依据

①《地下防水工程质量验收规范》GB 50208－2011。

②《工程测量标准》GB 50026－2020。

③《建筑地基处理技术规范》JGJ 79－2012。

④《建筑基坑工程技术规范》YB 9258－97。

⑤《城市轨道交通地下工程建设风险管理规范》GB 50652－2011。

（3）防水堵漏施工工法

1）施工方案

针对以上原因，本方案提出以下综合治理措施：

首先对转辙机基坑内进行清理和打磨，找出渗漏水的位置，然后对渗漏位置疏松处凿除剥离并清理干净，做密封防水处理，最后在基坑和轨道底板上钻孔灌注高渗透亲水环氧树脂。

转辙机基坑最核心的治理工艺是内外双治，基坑内渗漏水位置使用表面涂刷抗压性强的背水涂料，轨道底板打深孔灌注高渗透亲水环氧树脂注浆进行治理。其中涂刷抗压性强的背水涂料的主要目的在于增强转辙机坑的自身防水功效，并做初步封堵，防止注浆时浆液过多地在蜂窝薄弱处流出，后者打深孔灌注高渗透亲水环氧树脂则用于封堵转辙机基坑周围存在的轨道底板裂缝，达到衬砌治理基坑渗漏水的目的。

2）实施计划

本治理方案计划分为 3 个夜班点完成，每个夜班点的实际工作时间从凌晨一点至凌晨三点三十分。

① 第一夜班点：对转辙机坑进行全面清理，评估渗漏情况，凿除松散混凝土，完成钻孔计划并高压打水洗孔测试渗漏范围。

② 第二夜班点：灌注环氧树脂并把基面修补平整。观察注浆是否到位，是否补浆。

③ 第三夜班点：拆除注浆针头并修补平整，涂刷抗压背水涂料。

3）具体的注浆施工方案

针对转辙机坑坑底积水，影响混凝土结构稳定性及相关器械防腐防锈要求的问题，制定本注浆施工方案。本方案包含全断面注浆加固及涂刷背水涂涂料工艺流程。

具体施工简图如图 4.65-1～图 4.65-3 所示。

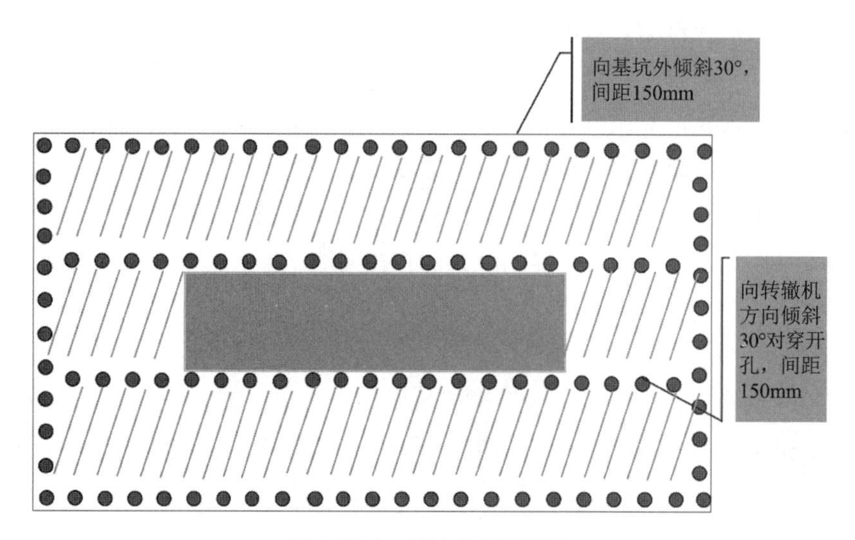

图 4.65-1　基坑底部平面图

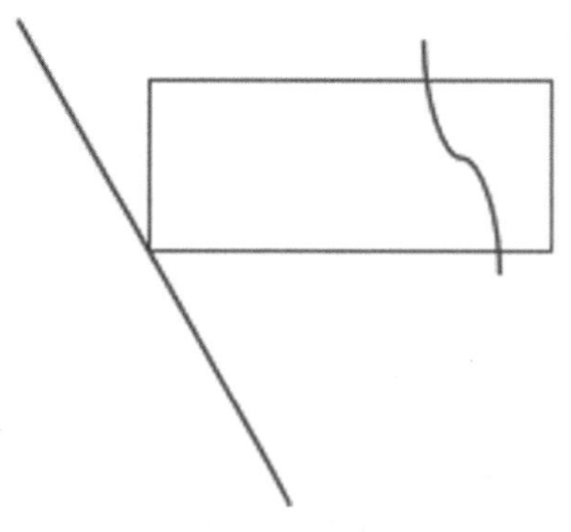

图 4.65-2　坑底周边注浆横断面

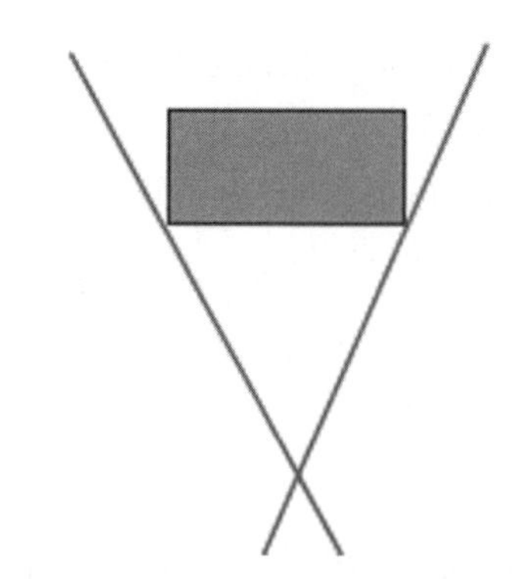

图 4.65-3　坑底周边注浆横断面图

说明：

① 转辙机坑底部及周边清理干净，并确定渗水点。

② 清理基面，凿除表面疏松的混凝土。

③ 交叉钻深度 800mm 的深孔。

④ 坑底周边开孔时向基坑外倾斜 30°，间距为 150mm。

⑤ 转辙机两侧沿基坑长度方向向转辙机方向倾斜 30°进行对穿开孔，间距为 150mm。

⑥ 埋入止水针头。

⑦ 高压灌注清水，清洗注浆孔并观察溢出水位置。

⑧ 出水位置做密封处理，留一处活动排水孔。

⑨ 灌注环氧树脂注浆材料直至排水孔出浆。

⑩ 排水孔注浆直至灌不进为止。

⑪ 待环氧树脂固化后拆除针头并修补平整。

⑫ 在基坑底部及侧面均匀涂刷背水涂料 2 遍。

（4）主要防水堵漏材料性能

1）亲水环氧树脂灌浆料性能指标（表 4.65-1）

本产品以环氧树脂为主要原料，在环氧树脂分子链端引入亲水基团生成可溶于水的水性环氧树脂。使用时加入固化剂，树脂交联成有较高强度和韧性的固结体，该固结体具有初始黏度小、可灌性好、可以在水中固化等优点。胶凝时间可控制在几分钟到几小时之间。本产品不含糠醛等有毒物质，对环境友好，无毒无污染。

表 4.65-1

序号	项目	性能指标（MPa）	
		正常固化	水中固化
1	抗压强度	54.0～58.0	38～78
2	弹性模量	1850～2240	1850～2240
3	抗剪强度	15.0～23.0	15.0～23.0
4	劈裂抗拉强度	6.2～25.0	5.8～24.0
5	抗拉强度	11.0～18.5	11.0～15.5
6	抗冲击强度	4.0～4.5	3.6～4.4

2）背水压防水涂料性能指标（表 4.65-2）

表 4.65-2

外观	灰白色（水泥色）黏稠液体
固含量	≥99
pH	4.0～7.0
旋转黏度（mPa·s，25℃）	10000±3000
初始粘结力形成（h，25℃）	4～6
干燥基面附着力（MPa）	2.0
完全固化时间（d）	7
拉伸剪切强度（MPa）	≥6
不透水性（0.35MPa，120min）	不透水
适应温度范围（℃）	−40～+70
热处理	合格
碱处理	合格

（5）施工设备及工具（表 4.65-3）

表 4.65-3

序号	机械名称	单位	数量
1	便携式水枪	台	1
2	注浆机	台	2
3	太阳灯	台	1
4	吹风机	台	1
7	引流管	米	若干
8	注浆管	米	若干
9	电锤	台	1
10	电线	条	1
11	搅拌机	台	1

（6）安全措施

1）穿戴好劳动保护用品，穿反光衣，戴安全帽。

2）清点好所有的施工工具，并做好文字登记，现场拍照留存。

3）现场做安全交底。不得超范围施工，也不得超施工范围走动，不得脱离现场监管人员的视线。

4）现场不动任何与施工无关的设备，因施工需要动设备时，获得现场监管人员的同意后方可复原。

完工时清点所有工器具，不得遗漏缺失，清点后经监管人员签字确认并拍照留存。

（7）施工周期

施工周期为 3 个夜班点。第一个夜班点及第二个夜班点必须连续，第三个夜班点可以间隔。每个夜班点施工时间为 2h30min。

4.66 抑渗特防水堵漏施工工法

（1）工程渗漏原因分析

本工程渗漏水的主要原因是：裂缝、孔洞和蜂窝麻面等缺陷。根据现场工况、渗漏水产生原因等相关要求，特编制如下方案。

（2）方案编制依据

《房屋渗漏修缮技术规程》JGJ/T 53。

《抑渗特建筑防水系统构造》21CJ86－5。

（3）防水堵漏施工工法

1）潮湿而无明水的混凝土基层治理

① 基层预处理：清除混凝土基面的空鼓和起皮等，光滑表面应用钢丝刷和磨毛机等打磨粗糙，用水冲洗干净并充分润湿。

② YST-81 抑渗特水泥基渗透结晶型防水涂料（以下简称 YST-82）配制：YST-81 干粉与水按质量比 5∶3 的比例搅拌均匀，应严格做到随混合随施工；拌制好的涂料，从加水时起计算，宜在 30min 内用完。施工过程中应不时搅拌混合料，严禁向混合好的料中另外加水。

③ YST-81 刷涂施工：宜分 2 道施工，第二遍刷涂应待前一涂层手触干燥、表面轻压无痕后方可进

行，两次时间间隔不应超过 6h。天气干燥或炎热时，第二遍刷涂施工前需喷雾润湿。YST-81 用量不小于 2.0kg/m^2，涂层厚度不小于 1.0mm。

④ 养护：待涂层达到足够硬度后（约 4h 后，视具体情况而定），即可喷雾养护。养护开始的 1～2d 内，每天喷雾养护至少 3～4 次，保证涂层处于润湿状态，不得用水浸泡或用压力水冲洒养护。

2）无明水渗漏裂缝、孔洞治理

① 沿裂缝开凿 20mm 宽、25mm 深的 U 形槽（可视裂缝情况而定，开槽原则：深度 > 宽度），清理干净并用水充分润湿；渗漏点宜开凿 40mm 宽、40mm 长、50mm 深的 U 形洞（可视渗漏点情况而定，开洞原则：深度 > 宽度/长度），清理干净并用水充分润湿。

② 在预处理的 U 形槽或 U 形洞内表面涂刷一道 YST-81。

③ 将 YST-82 抑渗特修补砂浆（以下简称 YST-82）与水按质量比 5：1 搅拌均匀，嵌填 U 形槽，压实并找平。

④ 开槽及槽两侧各 200mm 范围内或孔洞周边 200mm 内涂刷 YST-81 两道，用量不小于 1.5kg/m^2，涂层厚度不小于 1.0mm。

3）明水且渗漏量小的裂缝、孔洞治理

① 渗漏处开凿 U 形槽或 U 形洞（原则：深度 > 宽度/长度）。

② 将 YST-84 抑渗特快速堵漏水泥（以下简称 YST-84）快速搅拌成干料团，YST-84 按粉：水 = 10：3（质量比）的比例拌和 5～10s，直至变成湿料团，沿水流方向自上而下修复，用力压入渗漏处并持压约 lmin，直至料团固化。

③ 待 YST-84 料团嵌填完成 30min 后，用 YST-82 修补并填平裂缝或孔洞。

④ 开槽及槽两侧各 200mm 范围内或孔洞周边 200mm 内涂刷 YST-81 两道，用量不小于 1.5kg/m^2，涂层厚度不小于 1.0mm。

（4）主要防水堵漏材料性能简介

YST-81：刷涂或喷涂于混凝土基面的水泥基渗透结晶型防水涂料性能符合现行国家标准《水泥基渗透结晶型防水材料》GB 18445 的规定。

YST-82：用于混凝土缺陷裂缝、孔洞和蜂窝麻面等的修补，性能符合现行行业标准《修补砂浆》JC/T 2381 的规定。

YST-84：用于快速封堵有压力的渗漏点及需要速凝和早期强度高的部位，性能符合现行国家标准《无机防水堵漏材料》GB 23440 的规定。

（5）安全措施

应进行安全教育培训，包括安全规章制度、安全操作规程、应急救援措施等。

进入施工现场必须正确佩戴和使用安全防护用品，并开展防护用品使用培训。

施工现场的脚手架、防护设施、安全标志、警告牌、脚手架连接件等不得随意挪动、擅自拆除或拆改。

应严格遵守施工现场的各项安全规章制度，不得违章指挥，不得违章作业。

（6）施工周期

潮湿而无明水的混凝土基层治理：3～7 个日历天。

无明水渗漏裂缝、孔洞治理：3～7 个日历天。

明水且渗漏量小的裂缝、孔洞治理：3～7 个日历天。

阴雨天及大风天气和特殊情况例外。

4.67 地下空间平整、不平整基面抗渗防水堵漏施工工法

（1）工程渗漏原因分析

1）防水层问题：发霉潮湿的墙角区域，外防水层破损或渗漏，最终导致渗漏。

2）结构原因：墙与梁柱结合处易产生裂缝，是保温、防水的薄弱处，夏季渗水，冬季透寒。

3）普通抗渗混凝土不具备防开裂的功能，当混凝土受到内部水化热、混凝土干缩、温度变化、沉降不一致等因素影响时会产生裂缝。当接触地下水或地面雨水产生一定水压时，混凝土产生渗漏，水会先在薄弱处渗出，当局部封堵后会继续向其他部位流窜，产生渗漏。

（2）方案编制依据

《建筑工程施工质量验收统一标准》GB 50300－2013。

《地下防水工程质量验收规范》GB 50208－2011。

《地下工程防水技术规范》GB 50108－2008。

（3）防水堵漏施工工法

1）基层清理

去除原内墙墙面饰面层，将基层表面清理干净，查找漏点、裂缝、蜂窝孔洞等缺陷部位，用角磨机打磨结构表面浮浆至坚实混凝土基面。

2）不平整基面修复及抗渗层施工

① 基面处理。清理后的基层保证干净、坚实，不应有浮砂、空鼓，施工前基层应预先喷水清洗和湿润处理，稍晾一段时间后无明水后再施工。

② B-519 高粘高强抗渗砂浆拌制。按双组分标准配比进行混合，按照液：粉＝1：6 的比例混合砂浆，并搅拌至稠度合适的浆体，静置 10min 后充分搅拌使其恢复至稠度即可使用。

③ B-519 高粘高强抗渗砂浆施工。涂层应分层多遍涂刷完成。砂浆应刮涂 2～3 遍，每遍涂层不超过 3mm 厚。后续施工必须待前道涂层表干不粘手后方可进行。当前道工序施工完毕后，应检查涂层是否厚薄均匀，严禁漏涂，合格后方可进行后道施工。每遍施工宜交替改变涂层的涂刷方向。在使用中砂浆如有沉淀应注意随时搅拌均匀。

3）平整基面抗渗层施工

① 基面处理。施工前基层应预先喷水清洗和湿润处理，稍晾一段时间后无潮湿感时再施工。

② B-518 优固力防水胶拌制。粉料与清水混合比例为：1：0.22～1：0.25，使用电动搅拌器充分搅拌 3min 以上，静置 2min。

③ 刮涂施工。交叉刮涂 2 道，待第一道干燥后进行刮涂第二道，每道厚度 0.7～1mm，施工完成厚度 1.5～2mm，用量 3～4kg。

施工后请保持通风，使防水层干固。

（4）主要防水堵漏材料性能简介

Ⅰ B-519 高粘高强抗渗砂浆

1）产品概述

B-519 高粘高强抗渗砂浆是一种双组分水泥基复合材料，主要由高强度水泥、特制丙烯酸乳液、矿物、掺合料、抗裂纤维、水泥超塑化剂、骨料等组成。该产品适用于混凝土结构维护、修补、加固。

2）产品特性

① 粘结力强：粘结强度大于 2.5MPa。改性无机胶凝材料与基层为同质材料，相容性好。施工时，

在外力作用下，浆体嵌入基层毛细孔隙中，高效润湿基层界面，提高浆体材料与基层的咬合粘结力，防水砂浆中添加的特制丙烯酸乳液柔性高，可吸收基层微变形产生的应力，保证了微观下与作用面的粘结力。

② 收缩率低：通过科学合理的骨料级配及特种添加剂的补充作用，使得防水砂浆层体积稳定性好，收缩率低，避免开裂、空鼓、脱落，保证防水层的完整性和持久性。

③ 高强抗渗：迎水面和背水面均具备防水抗渗功效，可适应不同应用场景需要。耐高温，耐紫外线，抗冻，抗老化，整体寿命与混凝土同步。

II　B518 优固力自愈防水胶

1）产品概述

以纳米无机硅酸盐材料为主要成分，同时加入了多种化学元素作为激发剂，及微量聚合物配成的固态粉末，遇水后，产生电化学反应，使无机硅酸盐材料颗粒分解。无机硅酸盐材料中的金属元素发挥效用，使无机硅酸盐材料颗粒完全水化，并达到无机硅酸盐材料的最大利用效能，达到高密度、高抗渗性、高粘结强度。抑碱防霉型产品为白色，特别适用于厨卫、室内、墙面、窗口、檐口等装修前后基层防潮、抑碱、防霉。

2）产品特性

① 优异的防水抗渗能力，适用于水泥砂浆、混凝土、砖石基层冒汗、慢渗、潮湿、无明积水的大面积防水防潮防腐抗渗加固，真正的多重动态防水。

② 高效率的高压喷涂技术，厚度均匀，无接缝施工，并且可根据施工需要求调节材料的厚度，既适合做局部修复处理，也可以大面积施工。

③ 耐高温，耐紫外线，抗冻，抗老化，整体寿命与混凝土同步。

④ 与混凝土、水泥砂浆、砖石基层具有超强的粘结能力，可在迎水面和背水面防水加固施工。

⑤ 集防水、抗渗、修复、加固、保护为一体一次施工即可完成，无须另做保护层，非常高的抗压强度与抗折强度，坚固如混凝土，可以承受较高的渗水压力并可有效增加建筑物的强度。

（5）施工设备及工具

电动搅拌器、电镐、角膜、刮板等。

（6）安全措施

1）施工人员必须经过培训后方可上岗，全面掌握应知应会的施工安全技术和质量标准，强化安全与质量意识。

2）施工人员应身着工作服，戴好防护用具、安全带、安全帽、和防护手套，现场人员必须穿平底鞋。

3）施工现场及作业面，应备有相应的防火措施，地下施工时要注意通风、防毒、防爆。

4）施工现场及作业面的周围，不准存放易燃易爆物品。

5）五级及以上大风天气严禁施工。

6）有关安全的未尽事宜，如高空作业、垂直运输、卫生防护、杜绝高空坠落等均按国家和地方有关规定执行。

（7）施工周期

施工周期为 7 个日历天，阴雨天及大风天气和特殊情况例外。

以上工法由以下公司提供：

辽宁九鼎宏泰防水科技有限公司

联系人：高岩（13940386188）

4.68 地下空间平整、不平整基面抗渗防结露防水堵漏施工工法

（1）工程渗漏原因分析

1）防水层问题：发霉潮湿的墙角区域，外防水层破损或渗漏，最终导致渗漏。

2）结构原因：墙与梁柱结合处易产生裂缝，是保温、防水的薄弱处，夏季渗水，冬季透寒。

3）普通抗渗混凝土不具备防开裂的功能，当混凝土受到内部水化热、混凝土干缩、温度变化、沉降不一致等因素影响时会产生裂缝。当接触地下水或地面雨水产生一定水压时，混凝土产生渗漏，水会先在薄弱处渗出，当局部封堵后会继续向其他部位流窜，产生渗漏。

（2）方案编制依据

《建筑工程施工质量验收统一标准》GB 50300－2013。

《地下防水工程质量验收规范》GB 50208－2011。

《地下工程防水技术规范》GB 50108－2008。

（3）防水堵漏施工工法

1）基层清理

去除原内墙墙面饰面层，将基层表层清理干净，查找漏点、裂缝、蜂窝孔洞等缺陷部位，用角磨机打磨结构表面浮浆至坚实混凝土基面。

2）不平整基面修复及抗渗层施工

① 基面处理

清理后的基层保证干净、坚实，不应有浮砂、空鼓，施工前基层应预先喷水清洗和湿润处理，稍晾一段时间后无明水后再施工。

② B-519 高粘高强抗渗砂浆拌制

按双组分标准配比进行混合，按照液：粉＝1：6 的比例混合砂浆，并搅拌调至稠度合适的浆体，静置 10min，再充分搅拌使其恢复至稠度即可使用，搅拌时，一般情况下不需要再加水。

③ B-519 高粘高强抗渗砂浆施工

涂层应分层多道涂刷完成。砂浆应刮涂 2～3 遍，每遍涂层不超过 3mm 厚。后道施工必须待前道涂层表干不粘手后方可进行。当前道施工完毕后，应检查涂层是否厚薄均匀，严禁漏涂，合格后方可进行后道施工。每遍施工宜交替改变涂层的涂刷方向。使用中，砂浆如有沉淀应注意随时搅拌均匀。施工完成干燥后，进行 B-520 防结露涂层施工。

3）平整基面抗渗层施工

① 基面处理

施工前基层应预先喷水清洗和湿润处理，稍晾一段时间后无潮湿感时再施工。

② B-518 优固力防水胶拌制

粉料与清水混合比例为 1：(0.22～0.25)，使用电动搅拌器充分搅拌 3min 以上，静置 2min。

③ 刮涂施工

交叉刮涂 2 道，待第一道干燥后进行刮涂第二道，每道厚度 0.7～1mm，施工完成厚度 1.5～2mm，用量 3～4kg。

④ 施工后请保持通风，使防水层干固。

4）防结露涂层施工

① B-520 防结露涂料拌制

防结露涂料施工前先搅拌均匀。

② 施工

采用辊涂或刷涂方式施工，需采取分层多道施工的方式，每道施工干燥后方可进行下一道工序施工。材料应涂饰均匀，各层涂饰材料应结合牢固，应充分盖底，不透虚影，表面均匀。如需喷涂时，应控制涂料黏度、喷枪的压力，保持涂层均匀，不滴、不流坠、色泽均匀。

③ 涂刷 2～3 道，可达到 1mm 的涂层厚度，用量为 1.35kg。环境温差较大时，可增加涂布厚度。为加快涂膜干燥速度，应增加施工场地的通风。

（4）主要防水堵漏材料性能简介

1）B520 防结露涂料产品概述

B-520 防结露涂料是由气凝胶、空心微珠等改性过的特殊材料与防水乳液相结合的一款功能性涂料。干燥后，特殊珠粒无缝覆盖构造物表面形成具有隔热、保温、防结露等功能的涂层。当潮湿的空气遇到更冷或者更热的表面，达到结露临界点，就会产生冷凝水或水滴。

B-520 防结露涂料通过增加表面面积和更接近空气温度的表面，使冷凝水产生更加困难，当达到结露临界点时，B-520 防结露涂料会吸收产生的冷凝水，阻止水滴落下。涂料具有网格状的表面，毛细孔的内部结构可以使吸收的潮气迅速向空气中释放，可以增加 20～30 倍的挥发面积。

2）产品特性

① 防结露效果持久：隔热防结露层和调湿防霉层双层防护，既调控温差又吸湿调湿，消除结露，效果持久。

② 出色的吸水性：智能调节地下室湿气，解决各种防结露难题。

③ 工序简单、工期短：产品施工方式简单，可刷涂、滚涂、喷涂，施工效率高，工期短，不影响使用。

④ 与绿色环保、安全健康：防水防潮防结露系统产品均为绿色环保材料，无毒无污染。

以上工法由以下公司提供：

辽宁九鼎宏泰防水科技有限公司

联系人：高岩（13940386188）

4.69 变形缝堵漏施工工法

（1）工程渗漏原因分析

1）混凝土灌筑前对变形缝中的止水带，未采取可行的固定措施或固定方法不当。混凝土灌筑后致使止水带埋设位置不准确，止水带在混凝土中扭曲、卷边，甚至被挤出墙外。因此，止水带起不到止水和适应变形的作用。

2）止水带接头搭接处粘结不好，呈脱落或半脱落状态，难以形成封闭的防水圈；再者由于止水带位于变形缝的中间部位，或被硬物击穿，或止水带接头位置选择得不妥。

3）由于混凝土浇筑方法不当，配合比选材不当，致使混凝土收缩系数大导致渗漏，特别是底板部位和转角处的止水带下面，由于混凝土振捣不严实，甚至还留有空隙，成为渗漏水的通道，压力水沿止水带的两翼与混凝土之间的空隙处渗漏。

（2）方案编制依据

1）《建筑工程施工质量验收统一标准》GB 50300－2013。

2）《地下防水工程质量验收规范》GB 50208－2011。

3）《地下工程防水技术规范》GB 50108－2008。

（3）防水堵漏施工工法

1）基层清理

剔除变形缝内及相邻区域填充物及不良附着物，对基面进行打磨处理至混凝土结构裸露。

2）导管引流

根据变形缝宽度选择合适尺寸的盲管，将水导向隧道排水沟，降低渗漏水压。

3）临时止水

采用B-560无机防水堵漏材料、PE泡沫棒将变形缝临时封闭形成密闭的空间，以便后期堵漏的效果更佳。

4）注浆修复

在变形缝两侧成矩阵式打孔，孔距30～50cm，钻孔深度到中埋式止水带，采用钻孔深度限位器，按照设计图纸找准中埋止水带的位置，埋注浆针头后灌注B-700纳米固水止漏胶，灌进钢边止水带和混凝土结构之间的渗水通道；从底部开始注纳米固水止漏胶，采用低压注浆工艺（也可采用高压注浆工艺），注浆压力控制在 0.2～0.3MPa，待注浆的旁边一孔有浆料溢出时可停止注浆，关闭阀门。再从另一孔注浆，然后依次循序进行，待全部注浆完毕后观察有无渗漏，若个别地方仍有渗漏可以从最近一孔补充注浆直到不漏为止。

5）外设止水带修复

根据变形缝宽，定制带W钢板带，宽度根据变形缝宽度确定，嵌入变形缝内，变形缝两侧各150mm。将W钢板带用密封材料固定在变形缝两侧内壁，与混凝土面贴合。

（4）主要防水堵漏材料性能简介

Ⅰ　B-700纳米固水止漏胶

1）产品概述

B-700 纳米固水止漏胶属于硅烷改性聚醚灌浆料，是针对混凝土工程渗漏水注浆止漏而研发出来的一种环保注浆材料。

2）产品特性

① 多重性能，不含溶剂，含固量接近100%，结构致密，耐水、耐腐蚀、耐热、耐寒、不透水性强。

② 稳定性好，水中固化不发泡，基本不膨胀也不收缩。

③ 易粘结，干燥和潮湿基面均可粘结，可较好地适应结构缝隙变形和振动。

Ⅱ　B-560无机防水堵漏材料

1）产品介绍：

B-560无机防水堵漏材料为单组分灰色粉料，是一款高效防水、防潮、防渗、堵漏的理想产品。产品为速凝型，主要用于防水、堵漏。

2）产品特性：

① 粘结力强，可与多种基面牢固粘结。

② 瞬间止水，可带水压作业。

③ 施工方便，加水搅拌即可使用，防水、补强、粘结一次完成。

（5）施工周期

施工周期为7个日历天，阴雨天及大风天气和特殊情况例外。

以上工法由以下公司提供：

辽宁九鼎宏泰防水科技有限公司

联系人：高岩（13940386188）

4.70 施工缝、不规则裂缝渗漏堵漏施工工法

（1）工程渗漏原因分析

1）后浇混凝土结构选材、施工存在缺陷，造成渗漏。普通抗渗混凝土不具备防开裂的功能，当混凝土受到内部水化热、混凝土干缩、温度变化、沉降不一致等因素影响，就会产生裂缝，一旦接触地下水或地面雨水，并产生一定水压时，就会产生渗漏，水会先在最薄弱处渗漏，当局部封堵后会继续向其他部位流窜，产生大面积渗漏。

2）混凝土施工缝处，在混凝土浇筑过程中，振捣不到位，漏振或超振，就会出现浆液与骨料分离，接缝处结合不严，并且没有合理地采用结合面处理措施，导致接缝处存在大量空腔，出现渗水或漏水现象。

（2）方案编制依据

1）《建筑工程施工质量验收统一标准》GB 50300－2013。

2）《地下防水工程质量验收规范》GB 50208－2011。

3）《地下工程防水技术规范》GB 50108－2008。

（3）防水堵漏施工工法

1）基层清理

去除原结构表面饰面层，露出混凝土结构，查找漏点及裂缝。结构松动部位用电镐剔凿至坚实混凝土基面。

2）无明水裂缝及施工缝部位

将原有不规则裂缝凿开，两侧向外凿 20～50mm，深度为 30mm，并沿开槽两侧外扩 10cm 进行拉毛处理，清理干净。

在清理后的凹槽内，采用 B-500 高强结晶型修补胶泥进行封堵，第一遍将 U 形凹槽封堵至混凝土面平整，用力碾压，封堵密实，待其干燥后，沿裂缝两侧进行混凝土拉毛，拉毛宽度不小于 20cm，养护 1d 后，进行第二遍封堵，采用 B-500 高强结晶型修补胶泥，宽度不小于 20cm，厚度不小于 6mm，厚度可根据现场调整，养护时间不应少于 3d。

沿渗漏区域外扩 50cm，涂刮 B-519 高粘高强抗渗砂浆，涂刮前充分润湿基层，需使用搅拌钻搅拌 3min 以上，静置 2min 后方可进行施工，配置好的材料在 1h 之内用完。厚度为 5～6mm。

3）大面积明水渗漏裂缝及施工缝

清理：用空压机将表面吹干净，检查、分析渗漏的情况，确定钻孔的位置、间距和深度。

钻孔：使用大功率冲击电锤等钻孔工具进行钻孔，孔距为 25～30cm，钻头直径为 10～14mm，钻孔深度要大于结构厚度。

洗缝：用空压机向灌浆嘴内吹风，将缝内细小粉尘吹洗干净。

埋嘴：在钻好的孔内安装灌浆嘴（又称之为止水针头，有回止阀的结构），并用专用内六角扳手拧紧，使针头后的膨胀螺栓胀开，封闭裂缝表面，但保留观测孔和泄压出气孔。

灌浆：使用高压灌浆机向灌浆孔（嘴）内灌注 B-700 纳米固水止漏胶或 B-730 丙烯酸盐灌浆材

料，从下向上或一侧向另一侧逐步灌注，当相邻孔或裂缝表面观测孔开始出浆后，保持压力 10～30s，观测缝中出浆情况，再适当进行补灌。要反复多次补充灌浆，直到灌浆的压力变化比较平缓后停止灌浆。

拆嘴：灌浆完毕，确认材料完全固化即可去掉外露的灌浆嘴。清理干净溢漏出的已固化的灌浆液。用 B500 高强结晶修补胶泥填补注浆孔。

（4）主要防水堵漏材料性能简介

Ⅰ B-700 纳米固水止漏胶

1）产品概述

B-700 纳米固水止漏胶属于硅烷改性聚醚灌浆料，是针对混凝土工程渗漏水注浆止漏而研发出来的一种环保注浆材料。

2）产品特性

① 多重性能，不含溶剂，含固量接近 100%，结构致密，耐水、耐腐蚀、耐热、耐寒、不透水性强。

② 稳定性好，水中固化不发泡，基本不膨胀也不收缩。

③ 易粘结，干燥和潮湿基面均可粘结，可较好地适应结构缝隙变形和振动。

Ⅱ B-560 无机防水堵漏材料

1）产品介绍：

B-560 无机防水堵漏材料为单组分灰色粉料，是一款高效防水、防潮、防渗、堵漏的理想产品。产品为速凝型，主要用于防水、堵漏。

2）产品特性

① 粘结力强，可与多种基面牢固粘结。

② 瞬间止水，可带水压作业。

③ 施工方便，加水搅拌即可使用，防水、补强、粘结一次完成。

Ⅲ B-730 丙烯酸盐灌浆材料

1）产品概述

B730 丙烯酸盐灌浆材料是一种以丙烯酸盐类单体为主剂，在一定的引发剂与促进剂作用下形成的一种高弹性凝胶体。

2）产品特性

① 黏度极低，渗透性好，能确保浆液渗透到宽度为 0.1mm 的缝隙中。

② 固化时间可调，快速固化的只需 30s～2min，慢速固化的可以大于 10min。

③ 凝胶体具有较高的弹性，延伸率可达 200%。

④ 无须与水持续接触，添加的膨胀组分遇水膨胀率大于 100%，解决了凝胶体干湿循环的问题。

⑤ 与混凝土的粘结性能，粘结强度大于自身凝胶体的强度，即使胶体本身遭到破坏，粘结面仍保持完好。

（5）施工周期

施工周期为 7 个日历天，阴雨天及大风天气和特殊情况例外。

以上工法由以下公司提供：

辽宁九鼎宏泰防水科技有限公司

联系人：高岩（13940386188）

4.71 屋面渗漏堵漏施工工法

（1）工程渗漏原因分析

1）建筑材料老化：随着时间的推移，露台的防水材料可能会出现老化、龟裂等问题，原有防水层失去防水功能。

2）施工质量问题：施工时使用的材料质量不佳或施工工艺不规范，导致防水层无法有效发挥作用。

3）设计缺陷：如排水口位置不当、排水坡度不足等，导致雨水无法快速排出，形成积水并造成漏水。

4）环境因素：气候多变、暴雨高温等恶劣天气会加剧防水系统的损坏。

5）结构性问题：如檐口、女儿墙等屋面突出部位设计不合理及天窗结构高度降低等。

（2）方案编制依据

1）《建筑工程施工质量验收统一标准》GB 50300－2013。

2）《屋面工程技术规范》GB 50345－20012。

3）《屋面工程质量验收规范》GB 50207－2012。

（3）防水堵漏施工工法

Ⅰ　方案一　ZH 丙烯酸聚合物水泥防水涂料

1）基层处理

将杂物清理干净，基层若有尖锐凸起物需处理平整，达到坚实、平整、不起皮、不起砂，无明水，施工前需洒水润湿基面，阴阳角处，均应做成圆弧形或钝角，圆弧半径应大于 50mm。

2）防水涂料配置

将 ZH 丙烯酸聚合物水泥防水涂料按比例搅拌均匀，用电动搅拌机，搅拌时间不小于 5min。

3）细部节点处理

转角处、变形缝、施工缝、穿墙管、水落口、排气孔等节点部位需要铺贴 500mm 宽加筋布附加层。

4）施工界面处理剂

界面处理剂采用 ZH 丙烯酸聚合物水泥防水涂料乳液与水按 1：10 比例搅拌均匀后喷涂或滚涂到基面上。

5）底涂层施工

将搅拌好的防水涂料用滚刷均匀涂刷于基层表面，涂刷厚度均匀，不露底，不堆积。

6）加筋布施工

底涂层未凝固前，立即铺专用加筋布，用钢刮板或钢抹子将布刮抹平整，并向基面均匀加力。使涂料透至加筋布上。仔细检查，不得出现皱褶、空鼓，加筋布搭接宽度 100mm。

7）中涂施工

加筋布铺完后，应马上做中涂 1 层，底涂层和中涂 1 层（两涂加一布）一起施工，中涂 1 层完成后，做中涂 2 层，这两次刷涂每次应在上一次涂层实干后进行，每相邻两道涂层施工方向互相垂直。施工完成后做中涂 3 层。

8）面涂施工

待施工完成后，依次进行面层 1 层及 2 层涂料涂膜施工，相邻两道涂层施工方向互相垂直。

9）施工注意事项

保证浆料对加筋布充分浸透。施工时要在浸满浆料的布面上，涂抹刮压，确保浆料将布均匀浸透，可使用钢刮板钢抹子、刷子、滚刷、喷涂机等工具。

施工后，涂膜应充分干燥。空气湿度特别大，气温低，干燥时间应适当延长。如工程施工环境湿度过大，应采取排潮措施。

若施工基面温度较高，拌料时可适当增加水量，以补偿因蒸发过快造成浆料流动性和浸透性损失。

II　方案二：BG-N 丁基橡胶耐候型自粘防水卷材

1）基层处理

将杂物清理干净，基层若有尖锐凸起物需处理平整，达到坚实、平整、不起皮、不起砂，无明水。

2）弹线

弹线时先弹第一条定位线，第二条与第一条之间的距离为卷材的宽度，之后每条基准线与前一条基准线之间距离按预留出不小于 100mm 搭接宽度进行定位。

3）铺贴卷材

将卷材按照基准线铺贴摆正，将隔离膜从卷材自粘面小心撕开，边揭膜边压实赶压卷材，使卷材与基层粘结。卷材铺贴顺序：先高跨，后低跨；防水卷材宜平行屋脊铺贴；平行屋脊方向的搭接宜顺流水方向，短边搭接缝相互错开不应小于 300mm。铺贴平面与立面相连的卷材应由下向上进行，使卷材紧贴阴角，不得有空鼓和粘结不牢的现象。注意卷材不要走偏。

4）赶压排气

从中间向两边刮压排出空气，使之平展并粘贴牢固，避免大面积空鼓。

5）卷材搭接

卷材搭接：揭除卷材搭接边的隔离膜后直接搭接，搭接宽度不应小于 80mm。

6）收口密封

卷材铺贴完毕后，立面收口采用专用铝合金压条收口固定，固定后可用建筑密封材料对节点收口部位进行密封处理。

（4）施工周期

施工周期为 3 个日历天，阴雨天及大风天气和特殊情况例外。

4.72　别墅露台渗漏堵漏施工工法

（1）工程渗漏原因分析

1）建筑材料老化：随着时间的推移，露台的防水材料可能会出现老化、龟裂等问题，原有防水层失去防水功能。

2）施工质量问题：施工时使用的材料质量不佳或施工工艺不规范，导致防水层无法有效发挥作用。

3）设计缺陷：如排水口位置不当、排水坡度不足等，导致雨水无法快速排出，形成积水并造成漏水。

4）环境因素：气候多变、暴雨高温等恶劣天气会加剧防水系统的损坏。

5）结构性问题：如檐口、女儿墙等屋面突出部位设计不合理及天窗结构高度降低等。

（2）方案编制依据

《建筑工程施工质量验收统一标准》GB 50300－2013。

《屋面工程技术规范》GB 50345－20012。

《屋面工程质量验收规范》GB 50207－2012。

（3）防水堵漏施工工法

1）基层处理

施工前对基层进行检查，清理屋面基层杂物及脏污等，并清除混凝土疏松结构。

2）底涂施工

大面整体涂刷专用底涂，需满涂满刮，基面任何部位包括细部节点处均应覆盖，底涂厚度约 0.2mm。

3）细部节点施工

落水口、出屋面管道、山墙阴阳角、檐口翻边等部位均需施工细部增强层，采用水性涂料，一布两涂工艺进行预处理。

4）中涂施工（可省略，根据需要而定）

待底涂及细部节点施工完成后，涂抹 B-519 高粘高强抗渗砂浆做中涂层，施工厚度 5～6mm，抹平压实并做好坡向处理。

5）面涂施工

进行大面涂刷 B-980 屋面修复专用涂料。施工时，先立面后平面，橡皮刮板施工，涂层需整体平整、厚度均匀，成膜厚度约为 1mm，每平方米用量 1kg。

6）施工后，涂层未养护好之前，保护好施工面，避免涂层被破坏；涂层施工完毕后，常温养护 7 天，交付验收使用。

（4）主要防水堵漏材料性能简介

B980“将军甲”屋面修复专用聚脲是一种无溶剂、无污染、高反应型防水涂料，具备防腐、防水、耐磨等优良特性，能够形成连续、严密、整体、无任何搭接的一体防水涂层，有效阻绝窜水，起到十分完美的防水效果。

以上工法由以下公司提供：

生产单位：辽宁九鼎宏泰防水科技有限公司

联系人：高岩（13940386188）

4.73 外墙渗漏堵漏施工工法

（1）工程渗漏原因分析

1）设计因素：防水设计存在问题，如防水材料选择不当或设计复杂，可能导致外墙渗漏。

2）材料因素：现代墙体材料孔隙率大、吸水性强、抗渗透能力差，施工时灰缝不饱满，导致渗漏。

3）施工因素：施工工艺和技术不当，如找平层和抹灰层砂浆配置不当、外墙砖与砂浆粘结力不足、窗台和滴水槽施工不当、管道和预留孔眼密封性差等。

4）门窗框周边渗水：门窗框与墙体接触面缝隙未封嵌或封嵌不密实，窗台粉刷不当，导致雨水渗入。

（2）方案编制依据

《建筑工程施工质量验收统一标准》GB 50300－2013。

（3）防水堵漏施工工法

1）基面清理。施工前须保证基面平整干燥、洁净、无明水、无油污，旧基面应使用清水冲去浮灰等杂物，并保证基面干燥。

2）大面积涂刷。搅拌均匀后，先用毛刷对窗台檐口、阴阳角、瓷砖缝隙、周围进行节点处理，预先涂刷 G-100 外墙透明防水胶或 B-970“将军甲”外墙专用修补剂。

大面采用毛滚进行满涂施工，先进行立面防水涂刷再平面。立面涂刷应涂刷至滴水岩下部，平面大面需进行无接缝涂刷。上一遍施工干固后再进行下一遍施工；前后两遍涂刷方向相互垂直。

3）检查修补。涂膜应均匀，无起鼓、开裂；缺陷部位应割除，加强 300mm 补刮涂。

4）涂刷 B-970“将军甲”外墙专用修补剂时，应预先做好材料拌合计算，防止拌合好的材料凝固无法使用。

（4）主要防水堵漏材料性能简介

B-970“将军甲”外墙专用修复剂是一种绿色环保新型涂料，结合了天然材料和高分子材料的优点，具有优异的防水性能，能够有效阻止水分渗透，阻隔水分对装饰材料和墙体结构的侵蚀。

（5）施工周期

施工周期为 3 个日历天，阴雨天及大风天气和特殊情况例外。

以上工法由以下公司提供：

生产单位：辽宁九鼎宏泰防水科技有限公司

联系人：高岩（13940386188）

5 建筑防水堵漏修缮材料性能

5.1 水泥基渗透结晶型防水材料

5.1.1 推荐一

代号：LV-8。产品规格：25kg 或商定。生产单位：辽宁立威防水科技有限公司，联系人：高岩（13940386188），地址：辽宁省盘锦市大洼区临港经济区汉江路。

（1）产品简介

LV-8 纳米无机结晶防水剂（掺水泥质量的 0.8%～1.5%）是由波特兰水泥、特殊级配的石英砂、化学活性改性剂和添加剂组成。当它与水混合时便可以形成混凝土的防水材料。当应用在混凝土结构中时，它的活性化学物与游离石灰和混凝土中的潮气结合形成长链且不溶解的晶体化合物。这种晶体可以封闭（阻塞）混凝土中的毛细管和裂缝，从而阻止水的渗透（甚至在负水压下），它仅容许水蒸气通过，即容许结构“呼吸”。正是由于上述特性，用于保护海水、废水、受腐地基水和某些化学溶液中的混凝土。

该材料是一种以内掺方式应用在混凝土内部的独特渗透结晶型防水材料，为干燥的粉末状。与未水化的水泥颗粒发生反应，生成无数的针状结晶体。经过数周、数月的反应时间，这些结晶体填充了混凝土内部自然生成的各种孔洞和缝隙，永久密封了水及水载污染物渗入的通道。日后，当混凝土沉降或收缩产生新的裂缝时，新渗入的水再次催化了结晶反应，生成新的晶体，自愈合裂缝宽度为 0.6mm 以内，保证混凝土结构自防水。混凝土结构自身形成一道防水屏障，而无须在外面铺设传统的防水卷材。

（2）产品执行标准

《水泥基渗透结晶型防水材料》GB 18445。

（3）产品特点

1）与混凝土有良好的亲和性：内掺于混凝土中，在混凝土内部形成饱和的毛细孔膜达到防水的目的；通过化学反应和黏合作用，提供混凝土的额外保护；反应能不断深入混凝土内部，与混凝土结构中水化和半水化的水泥产生化学反应，形成结晶体，从而堵塞 0.6mm 以下的毛细孔、微裂缝，达到混凝土的自我修复功能。

2）耐久性可承受正水压和负水压：保护混凝土免受海水、水、地下水和某些化学溶剂的侵蚀；既适用于地下结构，也适用地上结构；可渗透水蒸气；好的粘结性；高效、快速、使用方便。

3）环境保护：水泥基型；不含溶剂。

（4）适用范围

可广泛用于地下室、水槽、污水处理厂、隧道、涵洞、堤坝、桥梁、海岸结构、蓄水池、游泳池、运河、导管、桩头、混凝土墙体及地坪、施工缝以及已经产生渗漏的混凝土结构等场合。

5.1.2 推荐二

代号：CABOV-CCCW-C。产品规格：25kg/桶或 25kg/袋。生产单位：盐城市凯博威防水材料厂，联系人：曹云良（13615162588）。

（1）产品简介

CABOV 水泥基渗透结晶型防水涂料是采用硅酸盐水泥或普通硅酸盐水泥、石英砂等无机材料为基料，渗入活性化合物及其他多种添加剂干配而成的一种淡灰色粉状物防水材料，是一种新型高效的无机防水、防腐的刚性防水材料。

防水机理是：材料中含有的活性化合物与水作用后，以水为载体向混凝土内部结构的孔隙进行渗透，渗透到混凝土内部孔隙中的活性化合物与混凝土中的游离氧化钙交互反应生成不溶于水的枝蔓状纤维结晶物（硫铝酸钙）。结晶物在结构孔缝中吸水膨胀，由疏至密，使混凝土结构表层向纵深逐渐形成一个致密的抗渗区域，大大提高了结构整体的抗渗能力。用 C 型防水涂料施工的防水涂层中由于水化空间和 C—S—H 凝胶的束缚，形成大量的凝胶状结晶，在涂层中起到密实抗渗作用，随着时间（一般为 14～28d）的发展，结晶量也在增加。防水涂层中的凝胶状结晶和深入混凝土结构内部的渗透结晶都提高了混凝土结构的密实度，即增强了混凝土结构的抗渗能力。由于水泥的水化反应是一个不完全的反应过程，在不失水的状态下，多年以后反应仍有进行，而在后期的水化反应过程中，同样能继续催化活性化合物而生成结晶，因此，混凝土结构即使被水再次穿透或局部受损开裂（裂缝小于 0.4mm），在结晶的作用下能自行修补愈合，具有多次抗渗的能力，从本质上改善了普通混凝土结构体积不稳定带来的再次裂渗。

（2）产品执行标准

《水泥基渗透结晶型防水材料》GB 18445。

（3）产品特点

1）具有双重的防水性能：它所产生的渗透结晶能深入到混凝土结构内部堵塞结构孔隙，无论它的渗透深度有多少，都可以在结构内部起到防水作用；同时，作用在混凝土结构基面的涂层微膨胀的性能，能够起到补偿收缩的作用，能使施工后的结构基面同样具有很好的抗裂抗渗作用。

2）具有极强的耐水压能力：它能长期承受强水压，在厚 50mm、抗压强度为 13.8MPa 的混凝土试件上涂刷两层该材料，至少可承受 1.2MPa 的水压。

3）具有独特的自我修复能力：产品所形成的结晶体不会产生老化，晶体结构多年以后遇水仍然能激活水泥而产生新的晶体，晶体将继续密实、密封或再密封小于 0.4mm 的裂缝或孔隙，完成自我修复的过程。

4）具有防腐、耐老化、保护钢筋的作用：渗透结晶能自我修复 0.4mm 以下的裂缝和空隙，使混凝土结构更加密实，增大结构强度，从而最大限度地降低化学物质、离子和水分的侵入，保护钢筋免受锈蚀。结晶体不影响混凝土的呼吸能力，能保持混凝土内部的正常透气，排潮，干爽，在保持混凝土结构内部不受侵蚀的基础上，延长了建筑物的使用寿命。同时，该材料处理过的混凝土结构还有效地防止了因冻融而造成的剥落、风化及损害。

5）具有对混凝土结构的补强作用：用本产品施工后的混凝土结构，由于未水化的水泥被激活，增强了密实度，对混凝土结构起到加强作用，一般能提高混凝土强度 20%～30%。

6）具有长久的防水作用：它所产生的物化反应最初是在基面表层或邻近部位，随着时间的推移逐步影响结构内部而进行渗透。在正常气温下，一般为 28d 后，活性化合物能使渗透结晶深入混凝土层结构内部 10～25cm（混凝土层结构密度小，渗透深度会更深）。而形成的晶体性能稳定不分解，防水涂层即使遭受磨损或被刮掉，也不会影响防水效果。

7）具有施工方法简单，省工省时的优点：产品施工简单，方便，可以用刷涂、滚涂、刮涂的方法施工，也可以用干撒法施工。正常条件下，一次涂刷就可以完成施工任务，无须多次涂刷，省时省工。

8）符合环保标准，无毒，无污染，无公害：产品中的活性化合物是水溶性化合物，对人体皮肤无刺激，无任何毒害，能用于饮用水、食品、游泳池、水库等工程建设项目。

（4）适用范围

CABOV 水泥基渗透结晶型防水涂料可广泛用于隧道、大坝、水库、发电站、核电站、冷却塔、地下通道、立交桥、桥梁、地下连续墙、机场跑道、桩头桩基、废水处理池、蓄水池、自来水厂饮用水池、工业与民用建筑地下室、景观种植屋面、厕浴间等以混凝土或水泥砂浆为结构的长期遇水部位的防水施工，以及混凝土建筑设施等所有混凝土结构弊病的维修与堵漏。

5.1.3 推荐三

代号：FLW-CCCW。产品规格：每桶（袋）净重为 5kg、25kg。生产单位：南通睿睿防水新技术开发有限公司、上海睿睿防水材料有限公司，联系人：王继飞（13962768558）。

（1）产品简介

FLW-CCCW 水泥基渗透结晶型防水涂料是以波特兰水泥作基料，添加多种助剂混配而成的淡灰色粉状防水涂料，水泥基渗透结晶型防水涂料无毒、无味、无害。具有独特的自我修复和多次抗渗能力，水泥基渗透结晶型防水涂料防水作用持久，并且黏性强、耐酸、耐碱。水泥基渗透结晶型防水涂料有广泛的实用性（光、毛、干、湿基面均可施工），施工方便，一次涂刮就可完成防水施工。

（2）产品执行标准

《水泥基渗透结晶型防水材料》GB 18445。

（3）产品特点

1）水泥基渗透结晶型防水系统能长期耐受强水压。对经过水泥基渗透结晶型防水涂料处理过的混凝土进行防水性能试验，50mm 厚的 13.8MPa 混凝土试件涂有两层“涂料”的试验结果表明，至少能承受高达 1.2MPa 的水头压力。

2）晶体渗透深度。FLW-CCCW 的化学反应在开始时只发生在混凝土的表面或邻近部分，以后会逐步深入到混凝土中。日本在进行渗透尝试试验时，在混凝土试件表面涂“涂料”浓缩剂之后在室外环境中放置 12 个月，然后测量，结果表明渗透深度达 30cm。

3）防水作用长久，而且具有自我修复能力。FLW-CCCW 是无机物，依靠独特的枝蔓状结晶体的生长使混凝土防水。FLW-CCCW 在正常条件下不会老化、变质、涂层不怕刺破，因此其作用是长久的。另外，由于 FLW-CCCW 中独有的催化剂，遇水就激活，促使水泥再产生新的晶体，所以被处理过的混凝土结构，若干年后因为振动或其他原因产生新的细微缝隙时，一旦有水渗入，又会产生新的晶体把水堵住，所以自我修复能力强。

4）涂层不影响混凝土的呼吸，混凝土结构能保持干爽、不潮。

FLW-CCCW 晶体可以阻挡水的渗透但不阻挡气体的通过，所以不影响混凝土的呼吸，使混凝土结构达到干爽、不潮。

5）能耐温、耐湿、耐紫外线、耐辐射、耐氧化、耐碳化。

FLW-CCCW 可以在 −32～+130℃的持续温度下，在 −185～+1530℃间歇性温度下保持其作用。湿度大小、紫外线强弱以及氧化作用的大小对 FLW-CCCW 均无影响。

6）无毒、无公害。

可以用于饮用水和食品工业用混凝土建筑结构。

7）FLW-CCCW 在潮湿的混凝土表面上施工，也可以拌入混凝土或水泥砂浆中与结构的施工同步。

FLW-CCCW 不要求混凝土表面干燥，而是要求必须潮湿，可以对渗水或出水面立即施工，对新建的或正在建的混凝土结构无须等它干燥即可使用。也可以先拌入对混凝土或水泥砂浆中与施工同步使用和同步养护。FLW-CCCW 可加速水泥水化结晶，提高混凝土强度，减少或避免混凝土发生裂缝，从而节省工期和劳动力。

8）FLW-CCCW 处理后还可接受别的涂层 FLW-CCCW 处理过的混凝土结构，其表面可以接受油漆、环氧树脂、水泥砂浆、石灰膏、砂浆等材料的涂层。

9）FLW-CCCW 施工成本较低，施工方法简单。

FLW-CCCW 在施工中不需要表面找平的准备工作；对于拐角处、接缝处、边缘处不需要填缝和修整，FLW-CCCW 涂层彻底凝固后，不怕磕碰、不怕穿刺、不怕撕裂，所以在回填土时或在安装钢筋、金属网等其他材料时不需要防护，施工方法简便，施工成本低。

（4）适用范围

1）用于地铁（车站、隧洞）、地下连续墙、公铁路隧道、电缆隧道、高速公路、地下涵洞、地下混凝土或钢筋混凝土管道、工业与民用建筑地下室、地下车库、人防工程、屋面、浴厕间、污水处理厂、污水池、水库、消防水池、饮用水池、水族馆、游泳池、水坝、船闸、港口码头、电梯井、检查井、屋顶花园、屋顶广场等新建工程的防水施工。

2）结构开裂（微裂）、渗水点、孔洞的堵漏施工，混凝土设施的弊病维修。

3）混凝土结构及水泥砂浆等防腐。

5.1.4 推荐四

代号：FDS-G1。产品规格：25kg/包、20kg/桶。生产单位：佛山市佛地斯建筑防水材料有限公司，联系人：刘少东（13078432878），周元招（15602568839）。

（1）产品简介

FDS-G1 水泥基渗透结晶型防水涂料是由活性硅无机产物、水泥等混合而成的渗透型材料，渗透水化反应中吸收游离的氢氧化钙，反应生成硅酸钙胶体，在持续反应过程中硅酸钙胶体大面积繁殖，切断水通道，使混凝土的组织结构形成超密实的纤维晶体状躯体，与混凝土更好地结为一体，达到长久防水的目的，在潮湿环境中效果尤佳。

（2）产品执行标准

《水泥基渗透结晶型防水材料》GB 18445。

（3）产品特点

①渗透性强，能在潮湿混凝土基面上直接使用，对混凝土结构有补强作用。②具有自动修复微裂缝等缺陷的功能，抗基层变化强。③属无机物，不易老化，并有耐碱的性能。④施工方法简单，可在潮湿或初凝混凝土上喷涂、刮涂，节省工期。⑤无污染的绿色环保产品。

（4）适用范围

适用于混凝土结构表面的防水施工，结构开裂、渗水点、孔洞的堵漏施工，隧道、涵洞、水库的防水和堵漏施工，地下停车场底板、墙板、屋面、厕浴间等，所有水泥基面的防水施工。

5.1.5 推荐五

代号：YYP。产品规格：单组分，采用密封袋装，质量 25kg。生产单位：郑州赛诺建材有限公司，联系人：王福州（15137139713）。

（1）产品简介

YYP 特种渗透结晶防水浆料是以特种硅酸盐水泥、石英砂等为基料，掺入多种活性化学物质制成的无机粉状刚性防水材料。与水发生水化反应及四级链式反应后，材料中含有的活性化学物质通过载体水向混凝土内部渗透，在混凝土孔隙中形成不溶于水的结晶体，堵塞毛细孔道，从而使混凝土致密、防水，并且具有催化特性，一旦遇水，孔隙内的结晶体膨胀达到内外动态平衡。因此，混凝土结构即使局部受损发生渗漏，在遇到水后也会产生结晶作用自行修补愈合 0.4mm 的裂缝，无须做其他的防水层修补，具有多次抗渗和自我修复的特点和性能，并且具有极强的抗压能力，最高可达 3.0MPa，防水层和混凝土表面形成整体。由于具有透气不透水的特点，因此可以和混凝土结构同步进行养护。

（2）产品执行标准

《水泥基渗透结晶型防水材料》GB 18445。

（3）产品特点

①无机材料；②可长期耐受高水压，高达 2.92MPa；③自愈合性能，可以自愈合 0.4mm 混凝土裂缝；④背水面施工性能卓越，解决大量地下室渗漏问题；⑤无毒、环保，防腐，耐酸碱，可以提高混凝土强度；⑥无须找平层和保护层，节省工期，加快工程进度，施工综合成本大大降低；⑦不易失效的防水系统，当其他防水系统失效后可继续工作；⑧具有渗透功能，能通过化学反应渗透到混凝土内部堵住混凝土的毛细孔。

（4）适用范围

适用于工业与民用建筑的地下工程、地铁及涵洞、水池、水利等工程混凝土结构的防水与防护。生产水泥基渗透结晶型防水材料的公司还有：

1）深圳市新柏森防水工程有限公司

联系人：周康（13715218117）

2）北京优固思科技有限公司

联系人：马静（13832101525）

5.2 聚合物水泥防水材料用乳液

5.2.1 推荐一

代号：6000A、6319。上海保立佳化工股份有限公司，联系人：孟祥刚（13962768558），地址：上海奉贤区金汇镇大叶公路 6828 号。

（1）产品简介

BLJ-6000A 阴离子型丙烯酸酯乳液。无 APEO、无甲醛、低 VOC、不含增塑剂；出色的耐酸碱性、附着力；强度、延伸率高；良好的水泥和易性、施工性；优异的耐候、耐老化性。

BLJ-6319 丙烯酸酯乳液。无 APEO、优良的施工性；突出的粘结力、强度及耐磨性；良好的耐碱、耐候、耐水性；优良的抗渗、抗裂性。

（2）产品执行标准

1）《建筑防水材料用聚合物乳液》JC/T 1017。

2）《建筑防水涂料中有害物质限量》JC1066。

3）《聚合物水泥防水涂料》GB/T 23445。

4）《聚合物水泥防水浆料》JC/T 2090。

5）《聚合物水泥防水砂浆》JC/T 984。

（3）产品指标

产品指标见表 5.2-1。

表 5.2-1

产品	BLJ-6000A	BLJ-6319
外观	乳白色液体	乳白色液体
固含量（%）	57±1	50±1
最低成膜温度（MFT）（℃）	0	0
玻璃化温度（℃）	−17	−5
pH	7～9	7～9
黏度（3 号转子，60r/min，25℃）（mPa · s）	200～1000	500～2000

（4）适用范围

BLJ-6000A 适用于聚合物水泥防水涂料，BLJ-6319 适用于防水砂浆、浆料。

5.2.2 推荐二

代号：AZ-EVV。产品规格：5L、25L、200L 等。

（1）产品简介

AZ-EVV 聚合物乳液，由无机纳米复合而成，属于稳定性佳的高分子水性分散剂。

AZ-EVV 聚合物乳液的性能，源于聚合过程中引入了乙烯基的有机硅，同时没有加入乳化剂。因此，AZ-EVV 聚合物乳液配制的砂浆产品除具有高度的防水性、黏着性、柔韧性、抗裂性和极强的操作性外，还具有抗老化、防污、耐腐蚀、抗冻融等优点。适用于水泥、砂浆、混凝土以及其他水硬性材料。

产品技术指标：主要成分为乙烯、氯乙烯、月桂酸乙烯酯、有机硅；乳白色液体；黏度为 80～120mPa · s；固含量为 52%；相对密度 ≥ 1.1；pH 7.0～8.0；最低成膜温度 7℃；保质期不低于 24 个月。

（2）产品特点

AZ-EVV 乳液中的固含量部分均为有效成分，只需添加极少的乳液，即可达到极好的效果。例如，同样使砂浆达到 1.6MPa 的粘结强度，某丙烯酸乳液在砂浆中添加的质量比为 50%，而 AZ-EVV 乳液在砂浆中添加的质量比仅为 7%。显然，AZ-EVV 乳液具有极高的经济性。

对于常见用途的 AZ-EVV 聚合物砂浆调制，可参考表 5.2-2，这些数据是参考用量，具体用量还取决于所用骨料的种类及湿度。

普通砂浆 AZ-EVV 基本用量（1L ≈ 1.1kg）。

表 5.2-2

砂浆厚度	AZ-EVV 占水泥质量分数	AZ-EVV 用量		每立方米混凝土、砂浆中 AZ-EVV 用量		
		每 50kg 水泥	每平方米	350kg	400kg	500kg
				普通水泥		
＞100mm	2%	1L	0.700～1.00L	7L	8L	10L
90mm	2%	1L	0.630～0.90L	7L	8L	10L
80mm	2%	1L	0.560～0.80L	7L	8L	10L
70mm	2%	1L	0.490～0.70L	7L	8L	10L
60mm	2%	1L	0.420～0.60L	7L	8L	10L
50mm	3%	1.5L	0.530～0.75L	10.5L	12L	15L
40mm	3%	1.5L	0.420～0.60L	10.5L	12L	15L

续表

砂浆厚度	AZ-EVV 占水泥质量分数	AZ-EVV 用量		每立方米混凝土、砂浆中 AZ-EVV 用量		
		每 50kg 水泥	每平方米	350kg	400kg	500kg
				普通水泥		
30mm	4%	2L	0.420～0.60L	14L	16L	20L
25mm	4%	2L	0.350～0.50L	14L	16L	20L
20mm	5%	2.5L	0.350～0.50L	17.5L	20L	25L
15mm	6%	3L	0.315～0.45L	21L	24L	30L
10mm	7%	3.5L	0.250～0.35L	25L	28L	35L

薄层防护层与找平层 AZ-EVV 基本用量（见表 5.2-3，1L ≈ 1.1kg）。

表 5.2-3

厚度（以 600kg 水泥为基准）	AZ-EVV 占水泥质量分数	AZ-EVV 用量		AZ-EVV/水（按每立方米砂浆含 250LAZ-EVV 水溶液来算）
		每 50kg 水泥	每平方米	
5mm	10%	5L	≈ 0.300L	60/190 = 1/3
4mm	10%	5L	≈ 0.240L	60/190 = 1/3
3mm	12%	6L	≈ 0.220L	72/180 = 1/2.5
2mm	15%	7.5L	≈ 0.180L	90/160 = 1/1.8
1mm	20%	10L	≈ 0.120L	120/130 = 1/1

（3）适用范围

作为砂浆、混凝土的添加剂，适用于防水、修复、加固、新旧界面处理、接缝、找平、粘贴等场所，还适用于需要防尘、防腐、耐磨保护层的场所。

①AZ-EVV 配制的防水砂浆适用于地下室、卫生间、游泳池、水塔、种植屋面、屋顶、阳台、水利工程等需要防水、堵漏的场所。②AZ-EVV 配制的修复砂浆可以长久修复楼板、阳台、混凝土屋面、地下室、游泳池、桥梁、隧道等工程的裂缝、坑洼、损坏或风化的部位。③AZ-EVV 配制的薄层防护砂浆（1～5mm 厚）能形成牢固的粘结、防水、防尘、抗老化、抗冻融和防腐面层，适用于铁路、桥梁、隧道、建筑等新建混凝土构筑部分的日常防护。④AZ-EVV 配制的粘贴砂浆适用于粘贴花岗岩、板岩、石英石、大理石、砂岩、陶瓷、瓷砖、陶瓷锦砖等饰面材料，在粘贴的同时实现理想的防水功能。⑤AZ-EVV 配制的弹性、防裂填缝剂适用于砌体与混凝土、门窗框、门缝之间的接缝，管道与墙体的连接处等防水密封处理。⑥AZ-EVV 配制的地坪砂浆适用于工业、商业、民用等场所的地坪，具有防水、耐磨、耐腐蚀、环保、没有裂缝等突出优点。⑦AZ-EVV 配制的防护液适用于花岗岩、板岩、大理石、砂岩、瓷砖等建筑内外墙饰面材料的防护涂层，在修补微裂纹的同时，具有防水、防腐、防尘、环保、抗冻融等优点。

5.2.3 推荐三

ZB550 喷涂速凝橡胶沥青专用丁苯胶乳，代号：ZB550。生产单位：江阴正邦化学品有限公司，联系人：冯永（13806165356）。

（1）产品简介

喷涂速凝橡胶沥青专用丁苯胶乳 ZB550 是一种由丁二烯和苯乙烯单体共聚而得的高分子合成乳液，

可与丁腈胶乳ZB600（或氯丁胶乳）复配使用，广泛应用于喷涂速凝橡胶沥青防水涂料的生产。

（2）产品特点

1）采用特殊的聚合工艺，乳液成膜后具有优良的拉伸强度以及良好的伸长率及弹性回复率，制备的涂料成品强度高、附着力强、抗裂性能优异。

2）ZB550具有良好的稳定性与分散性，与乳化沥青混合不破乳、无分层。

3）适合与固化剂混合，迅速凝固，充分、完全、无白水。

4）产品性价比高。

（3）胶乳技术指标

乳白色液体；固含量50%±2%；pH 7.0～10.0；黏度500～3000mPa·s；低温柔性（绕ϕ10mm棒弯180°）−40℃，无裂纹；机械稳定性（2500r/min，0.5h）不破乳，无明显絮凝物；稀释稳定性无分层，无沉淀，无絮凝；拉伸强度＞10MPa；断裂伸长率＞1200%。

5.2.4 推荐四

ZB588聚合物防水涂料丁苯胶乳，代号：ZB588。生产单位：江阴正邦化学品有限公司，联系人：冯永（13806165356）。

（1）产品简介

聚合物防水涂料丁苯胶乳 ZB588 是一种用于生产柔韧性防水灰浆及聚合物水泥防水涂料的聚合物乳液。

（2）产品特点

1）较ZB537具有更好的低温柔性，耐水性强，耐碱、耐腐蚀性能好。

2）乳液具有良好的填料相容性，制成的浆料流动性好，易施工。

3）与通常的丙烯酸乳液相比，粘结性能更好。

4）可以与丙烯酸乳液复配使用。

（3）技术指标

乳白色液体；固含量 50%±1%；pH 7.0～9.0；黏度 30～100mPa·s；MFFT-15℃；机械稳定性（2500r/min，0.5h）不破乳，无明显絮凝物；稀释稳定性48h无分层，无沉淀，无絮凝。

5.3 聚氨酯灌浆材料

5.3.1 推荐一

代号：BL。生产单位：淮安市博隆防水材料有限公司，联系人：邢光仁（13915117017），地址：江苏省淮安市解放东路。

（1）产品简介

1）BL-911水性聚氨酯灌浆材料

水性聚氨酯灌浆材料是由亲水性聚醚多元醇与异氰酸酯反应形成的末端含有异氰酸根基团的一种新型化学灌浆材料。

2）BL-911油性聚氨酯灌浆材料

油溶性单组分聚氨酯灌浆材料是由复合聚合多元醇与多元异氰酸酯反应形成末端含有异氰根基因的一种化学灌浆材料。

（2）产品执行标准

《聚氨酯灌浆材料》JC/T 2041。

（3）产品特点

1）BL-911 水性聚氨酯灌浆材料

① 产品遇水后迅速反应，同时产生 CO_2 气体，并逐步形成不透水的固结体，因此可以封堵强烈的涌水和地基中的流水。

② 浆液遇水反应产生 CO_2 气体，借助气体压力，浆液可以进一步压进疏松的地层孔隙，使多孔结构地层完全充填密实，如水泥混凝土的毛细孔。

③ 浆液是亲水性的，水既是稀释剂又是固化剂，在含水地层中，渗透半径大，保水量大，可灌性好，地基粘结力强。

④ 使用便捷，工艺简单。

2）BL-911 油性聚氨酯灌浆材料

① 抗渗性：抗渗强度正常在 680kPa 以上，防水效果明显。

② 抗压性：在标准砂中固结体的抗压强度一般只在 4.9～19.6MPa，可以较好地起到补强加固作用。

③ 该材料无论是对干裂纹还是混裂纹都可以起到明显作用，在灌注机高压下首先沉到裂纹底部。与水反应产生的硬质泡沫体会慢慢地把水一点一点挤出来，最终起到防水加固补强作用。

④ 膨胀率大，不收缩，正常与水反应浆液可以形成 10～20 倍泡沫体，因而可以进一步充实空隙，起到防水堵漏作用。

⑤ 使用方便。

（4）适用范围

1）BL-911 水性聚氨酯灌浆材料

① 建筑物和地下混凝土工程的变形缝、施工缝、结构缝处的防水堵漏，地铁、隧道工程中挖掘的坑道内壁防水堵漏及加固补强以及铁路路基的加固、稳定等。

② 水电水利工程中坝基裂缝的防渗堵漏，石油钻探护壁及煤矿开采中坑道内的堵水、加固等。

2）BL-911 油性聚氨酯灌浆材料

① 建筑物和地下混凝土工程的变形裂缝、施工缝、结构缝处的防水堵漏。

② 地铁、隧道工程中挖掘的坑道内壁防水堵漏及加固补强以及铁路路基的加固、稳定等。

③ 水电水利工程中坝基裂纹的防渗堵漏。

④ 石油钻槽护壁及煤矿开采中坑道内的堵水、加固等。

5.3.2 推荐二

代号：ST-911。产品规格：10kg、20kg。生产单位：北京恒建博京防水材料有限公司，联系人：魏国玺（13911220826）。

（1）产品简介

① ST-911 水性聚氨酯灌浆材料；

② ST-911 油性聚氨酯灌浆材料。

（2）产品执行标准

《聚氨酯灌浆材料》JC/T 2041。

（3）产品特点

1）ST-911 水性聚氨酯灌浆材料浆液的膨胀性好，保水量大，具有良好的亲水性和可灌性，同时浆液的黏度、固化速度可以根据需要进行调节，具有二次渗透的特点。

2）ST-911 油性聚氨酯灌浆材料是单组分，使用起来比较方便，在抢险中可以起到立竿见影的作用。不管是对干裂纹，还是湿裂纹都可以起到明显作用，在高压灌注机的高压下首先渗透到裂纹底部，与水反应产生的硬质泡沫体会慢慢地把水一点一点地挤出来，最终起到防水加固补强的作用。

（4）适用范围

1）各种建筑物与地下混凝土工程的裂缝、伸缩缝、施工缝、结构缝的堵漏密封。

2）地质钻探工程的钻井护壁堵漏加固。

3）水利水电工程的水库坝体灌浆，输水隧道裂缝堵漏、防渗，坝体混凝土裂缝的防渗补强。

4）高层建筑物及铁路、高等级公路路基加固稳定。

5）煤炭开采或其他采矿工程中坑道内堵水，顶板等破碎层的加固。

6）桥梁基础的加固和桥体裂缝的补强。

7）已变形建筑物的加固，混凝土构筑物如水塔、水池缝隙的补强及防止沉陷。

5.3.3 推荐三

产品规格：7kg、10kg、14kg。生产单位：北京建海中建国际防水材料有限公司，联系人：张小宁（18500374268）。

（1）产品简介

聚氨酯灌浆材料以多异氰酸酯与多羟基化合物聚合反应制备的预聚体为主剂，通过灌浆注入基础或结构，与水反应生成不溶于水的具有一定弹性或强度固结体的浆液材料。

（2）产品执行标准

《聚氨酯灌浆材料》JC/T 2041。

（3）产品特点

材料黏度低，固含量高，产品液体料阻燃性能好，运输安全，环保。

5.3.4 推荐四

代号：YPJ002、YPJ003。产品规格：10kg、20kg。生产单位：壹品堵漏科技有限公司，联系人：李昂（13916406136）。

（1）产品简介

1）水性聚氨酯灌浆料（YPJ002）：灌浆料与水产生化学反应后，借其缓慢膨胀及持续压力，可将灌浆料渗透至微细缝隙，实现止水。在潮湿状态下，灌浆料与混凝土的附着力好，在裂缝中硬化后，因其优异的附着性与弹性，不会因构筑物的变形而引起再次漏水。本灌浆料耐化学介质及耐盐水性能优越，可用于海水或污水工程中，确保长期止水。灌浆料的黏度及固化速度可根据工程需要调节。

2）油性聚氨酯灌浆料（YPJ003）：主原料单液聚氨酯与水作用后，迅速膨胀堵塞裂缝，达到止水作用；亦可与低量催化剂配合使用，依实际施工需要来调整发泡速度，达到止漏作用。与水反应形成发泡体，具有止漏水及填补缝隙功能。

（2）产品执行标准

《聚氨酯灌浆材料》JC/T 2041。

（3）产品特点

1）水性聚氨酯灌浆料（YPJ002）特点如下：

浆液遇水后自行分散、乳化、发泡，立即进行化学反应，形成不透水的弹性胶状固结体，有良好的止水性能。反应后形成的弹性胶状固结体有良好的延伸性、弹性及抗渗性、耐低温性，在水中长久保持原形。与水混合后黏度小，可灌性好，固结体在水中浸泡对人体无害、无毒、无污染。浆液遇水反应形成弹性固结体物质的同时，释放 CO_2 气体，借助气体压力，浆液可进一步压进结构的空隙，使多孔性结构或地层能完全充填密实。具有二次渗透的特点。浆液的膨胀性好，保水量大，具有良好的亲水性和可灌性，同时浆液的黏度、固化速度可以根据需要进行调节。

2）油性聚氨酯灌浆料（YPJ003）特点如下：

① 抗渗性：该材料抗渗强度在 680kPa 以上，防水效果明显。

② 抗压性：在标准砂浆中固结体的抗压强度一般在 4.9～19.6MPa，可以较好地起到补强加固的作用。

③ 该材料无论是对干裂纹还是湿裂纹都可以起到明显作用，在高压灌注机的高压下首先渗透到裂纹底部，与水反应产生的硬质泡沫体会慢慢地把水一点一点地挤出来，最终起到防水加固补强的作用。

④ 膨胀率大，不收缩正常与水反应浆液可以形成 10 倍泡沫体，因而可以进一步充实空隙，起到防水堵漏的作用。

⑤ 浆液是单组分，使用方便。

5.4 环氧树脂灌浆材料

5.4.1 推荐一

1）KT-CSS-1：水中固化改性环氧，每组 28kg，A 组分 20kg，B 组分 8kg。

2）KT-CSS-8：盾构管片接缝堵漏用改性环氧灌浆材料，每组 30kg，A 组分 20kg，B 组分 10kg。

3）KT-CSS-9：耐潮湿低黏度改性环氧灌缝胶，每组 28kg，A 组分 20kg，B 组分 8kg。

4）KT-CSS-16：高渗透环氧灌浆材料（底涂液），每组 28kg，A 组分 20kg，B 组分 8kg。

5）KT-CSS-1：水中固化改性环氧材料。生产单位：南京康泰建筑灌浆科技有限公司，联系人：陈森森（13905105067）。

6）KT-CSS-8：盾构管片接缝堵漏用改性环氧灌浆材料。生产单位：康泰卓越（北京）建筑科技有限公司，联系人：王军（18585905656）。

7）KT-CSS-9：耐潮湿低黏度改性环氧灌缝胶。生产单位：南京康泰建筑灌浆科技有限公司，联系人：陈森森（13905105067）。

8）KT-CSS-16：高渗透环氧灌浆材料（底涂液）。生产单位：南京康泰建筑灌浆科技有限公司，联系人：陈森森（13905105067）。

（1）产品简介

适合地铁、高铁、高速公路隧道等交通类隧道抗振动扰动用的改性环氧树脂灌浆材料，是可以同时堵漏、加固的材料。适合各种裂缝需要的环氧树脂灌浆材料。

（2）产品执行标准

1）《混凝土结构加固设计规范》GB 50367。

2）《混凝土裂缝用环氧树脂灌浆材料》JC/T 1041。

3）《地下工程防水技术规范》GB 50108。

（3）产品特点

1）KT-CSS-1：水中固化，结构补强，固化时间 60min，固化体有 8%的延伸率，有韧性、无溶剂、低黏度。

2）KT-CSS-8：水中固化，结构补强，固化时间 90min、固化体有 10%的延伸率，有韧性、无溶剂、高黏度。

3）KT-CSS-9：潮湿基层固化，结构补强，固化时间60min，固化体有5%的延伸率，有韧性、无溶剂、低黏度，可以灌注宽度为0.1mm的微细裂缝。

4）KT-CSS-16：潮湿基层固化，结构补强，固化时间120min，无溶剂，低黏度，可以灌注宽度为0.1mm以下的微细裂缝。普通混凝土渗透1cm以上，接近水的渗透性，通常作为界面剂、底涂液，也可以作为微细裂缝的低压、中压灌缝胶。

（4）适用范围

1）KT-CSS-1：适用于地铁、高铁、地下室、高速公路、市政隧道、地下综合管廊、地下停车场、涵洞的不规则渗水裂缝、变形缝、施工缝的堵漏、加固。

2）KT-CSS-8：适用于地铁盾构管片、高铁盾构管片、综合管廊的管片以及装配式建筑的接缝渗漏水堵漏、加固。

3）KT-CSS-9：适用于地铁、高铁、地下室、高速公路、市政隧道、地下综合管廊、地下停车场、涵洞的不规则渗水裂缝、变形缝、施工缝的堵漏、加固。

4）KT-CSS-16：适用于地铁、高铁、地下室、高速公路、市政隧道、地下综合管廊、地下停车场、涵洞的不规则渗水裂缝、变形缝、施工缝的堵漏、加固，防水涂料基层的底涂液、界面剂、防水涂料。

5.4.2 推荐二

环氧树脂灌浆材料产品规格：10kg、20kg。生产单位：辽宁立威防水科技有限公司，联系人：高岩（13940386188）。

（1）产品简介

环氧树脂注浆液是以环氧树脂为主剂，配以固化剂、促进剂等制成的一种低黏度、高渗透力的常温硬化的补强加固材料。该注浆液可深入结构体的细微裂缝，硬化过程放热少，硬化后结构坚固韧性好，收缩性小，对各种结构体均有极佳的粘结力和抗开裂性，使待修复结构体恢复完整性，以达到修补和补强的完美效果。

（2）产品特点

1）抗压、粘结等物理力学性能远优于水泥基灌浆材料。

2）反应固化温和、放热峰值低，可长达90min（25℃时）的操作时间，适合大体积灌浆使用。

3）灌浆成型后无收缩，确保高精确度的安装需要。

4）耐腐蚀性，可与酸、碱、盐、油脂等化学品长期接触腐蚀。

5）卓越的抗蠕变性：可在−80～+80℃冻融交替、振动受压的恶劣物理工况下长期使用而无塑性变形，保证设备定位长期精确。

6）卓越的韧性，可以化解由动设备传递来的可能使水泥基灌浆层爆裂的动荷载。

5.4.3 推荐三

潮湿固化弹性环氧树脂灌浆材料。

生产单位：四川承华胶业有限责任公司，联系人：陈广旭（13708252496）。

四川承华建固防水材料有限公司，联系人：王晓芳（18981402595）。

5.4.4 推荐四

高渗透环氧树脂灌浆材料。生产单位：广州市台实防水补强有限公司，联系人：邓思荣（13902229925）。

5.4.5 推荐五

代号：ST-911。产品规格：10kg、20kg。

（1）**ST-911 水性聚氨酯灌浆材料**

（2）**ST-911 油性聚氨酯灌浆材料**

生产单位：北京恒建博京防水材料有限公司，联系人：魏国玺（13911220826）。

5.4.6 推荐六

产品规格：7kg、10kg、14kg。

生产单位：北京建海中建国际防水材料有限公司，联系人：张小宁（18500374268）。

（1）**产品简介**

聚氨酯灌浆材料以多异氰酸酯与多羟基化合物聚合反应制备的预聚体为主剂，通过灌浆注入基础或结构，与水反应生成不溶于水的具有一定弹性或强度固结体的浆液材料。

（2）**产品执行标准**

《聚氨酯灌浆材料》JC/T 2041。

（3）**产品特点**

材料黏度低，固含量高，产品液体料阻燃性能好，运输安全，环保。

5.5 丙烯酸盐灌浆材料

5.5.1 推荐一

产品规格：1.5kg、20kg。生产单位：北京建海中建国际防水材料有限公司，联系人：张小宁（18500374268）。

（1）**产品简介**

丙烯酸盐灌浆防水堵漏材料是以丙烯酸盐单体水溶液为主剂加入适量的交联剂、促进剂、引发剂、水或改性剂制成的双组分或多组分均质液体灌浆材料。

（2）**产品执行标准**

《丙烯酸盐灌浆材料》JC/T 2037。

（3）**产品特点**

具有环保、可灌性好、无毒等特点。

5.5.2 推荐二

丙烯酸盐灌浆材料。生产单位：河南宏达新防水材料有限公司，联系人：靳海风（18764143222）。

5.5.3 推荐三

丙烯酸盐灌浆材料。生产单位：亨郎集团有限公司，联系人：张义国（15251198000）。

5.6 无机防水堵漏材料

5.6.1 推荐一

YY-16 速硬闪凝浆料（45s）。代号：YY-16。规格：单组分，采用密封塑料桶包装，每桶质量 20kg。生产单位：郑州赛诺建材有限公司，联系人：王福州（15137139713）。

（1）**产品简介**

YY-16 是一种不收缩、非金属、非腐蚀性、速凝单组分闪凝浆料，用来瞬间封堵流动的水或混凝土或砖石的渗漏。只需清水搅拌，初凝只需 45s，也可在水下使用。无毒、无害、无污染。可加入硅酸盐水泥调整缓凝时间。用于防水工程，带水带压，立刻止漏。

（2）**产品执行标准**

《无机防水堵漏材料》GB 23440。

（3）产品特点

1）本品具有带水快速堵漏功能，初凝时间短 45s；终凝 5min。

2）本品迎、背水面，水下均可施工，不收缩，与基层结合成不老化的整体，有极强的耐水性。

3）本品凝固时间可根据用户需求任意调节。防水、补强、粘结一次完成。

4）本品非金属，高强度，有限膨胀，无腐蚀。

5）本品无毒、无味、环保、不燃，可用于饮用水工程。

（4）适用范围

YY-16 可用在地上、地下、水下，封堵大部分混凝土和砂浆墙、地板的渗漏。快速的硬化时间、高强度和可控的膨胀，使 YY-16 成为理想的防水堵漏材料，适合如下工况：大坝和水库；隧道和下水道；桥梁和储水池；游泳池，电梯基坑，人造喷泉；基础等。

5.6.2 推荐二

FDS-B 佛地斯堵漏材料，代号：FDS-B。产品规格：3.5kg/包。

生产单位：佛山市佛地斯防水材料有限公司，联系人：刘少东（13078432878），周元招（15602568839）。

（1）产品简介

FDS-B 佛地斯结构自防水材料是掺和在水泥砂浆中使用的专用防水材料，具有优越的防水性能、自愈性能，可在迎水面和背水面施工，能长时间有效阻隔水的渗透和持续修复缝隙、防止墙面裂缝，使墙体达到长久性的防水。

（2）产品执行标准

《无机防水堵漏材料》GB 23440。

（3）产品特点

①提高砂浆体的防水性能；②增强砂浆体的抗压强度；③减少裂缝收缩、增强中后期强度及密实度。

（4）适用范围

适用于所有屋面、地下室、内外墙体、水池、泳池、水槽、管口等其他各类适合使用砂浆层面作为防水、补漏要求的工程。

下列公司也生产无机防水堵漏材料：

1）代号：FLW

生产单位：南通睿睿防水新技术开发有限公司、上海睿睿防水材料有限公司

联系人：王继飞（13962768558）

地址：江苏省南通市海安市李堡工业园区

2）生产单位：辽宁九鼎宏泰防水科技有限公司

联系人：高岩（13940386188）

地址：辽宁省盘锦市大洼区临港经济区汉江路

3）生产单位：广州鸿晟建材科技有限公司

联系人：吴冬（13056195111）

地址：广东省广州市

4）生产单位：江西省盛三和防水工程有限公司（SKD 陶瓷堵漏宝）

联系人：章伟倩（13807006516）

地址：江西省南昌市赣江南大道 8 号新天地 2 号楼

5.7 水泥基灌浆材料

5.7.1 推荐一

EVV 水泥基灌浆料防水堵漏材料，规格：乳液：25L/桶、粉体：25kg/袋；代号：优砂 UNIQUEPROPRIMER618。生产单位：北京沃特瑞森新材料技术有限公司，联系人：车娟（13911587823）。

（1）产品简介

聚合物树脂超细水泥灌浆料是采用经特殊设备精细研磨而成的新一代无机刚性超细水泥材料，与其他添加剂、高性能 EVV 三元共聚树脂乳液搅拌而成的有机无机复合灌浆浆料，广泛用于大坝工程裂缝的灌注及加固作业。该产品解决了有机灌浆材料耐老化的问题，同时也大大改善了单纯无机灌浆材料的抗裂和粘结问题。

（2）产品执行标准

《水泥基灌浆材料》JC/T 986。

（3）产品特点

1）无毒、无味，对地下水及环境无污染，属环保型材料。

2）聚合物树脂超细水泥灌浆料由高性能乳液和超细水泥拌和而成，搅拌而成的浆液固化时无收缩现象，强度高，耐久性好，不老化，抗渗性能极佳。

3）聚合物树脂超细水泥灌浆料的比表面积在 600m²/kg 以上，平均粒径 10μm，可使浆液流动性好，因而其稳定性及可灌性高。

（4）适用范围

①水利工程中大坝坝体及坝基裂缝灌浆。②灌筑地下防水帷幕，截断渗透水源，整体抗渗堵漏。③加固和提高松软土及岩石的力学强度，修复混凝土结构和恢复其整体性。④纠正因地层不稳定引起不均匀沉降而导致的大坝和高层建筑物的开裂、倾斜。⑤公路、桥梁、机场跑道等地基下陷的补浆加固。⑥各种地下建筑物开挖前的预处理以及地质钻探中复杂地层钻孔中的护孔固壁、止涌堵漏等工程。⑦复杂地层的流沙层固沙及淤泥质土层的固结。

5.7.2 推荐二

1）KT-CSS-17 超细水泥基无收缩灌浆料

代号：KT-CSS-17。规格：25kg/袋。生产单位：南京康泰建筑灌浆科技有限公司，联系人：陈森森（13905105067）。

2）KT-CSS-18 高强水泥基无收缩灌浆料

代号：KT-CSS-18。规格：25kg/袋。生产单位：南京康泰建筑灌浆科技有限公司，联系人：陈森森（13905105067）。

3）KT-CSS-19 抗冻胀水泥基无收缩灌浆料

代号：KT-CSS-19。规格：40kg/袋。生产单位：南京康泰建筑灌浆科技有限公司，联系人：陈森森（13905105067）。

4）KT-CSS-20 水中不分散水泥基无收缩灌浆料

代号：KT-CSS-20。规格：40kg/袋。生产单位：南京康泰建筑灌浆科技有限公司，联系人：陈森森（13905105067）。

5）KT-CSS-21 弹性水泥基无收缩灌浆料

代号：KT-CSS-21。规格：40kg/袋。生产单位：南京康泰建筑灌浆科技有限公司，联系人：陈森森

（13905105067）。

6）KT-CSS-22 无收缩自流平细石混凝土成品灌浆料

代号：KT-CSS-22。规格：40kg/袋。生产单位：南京康泰建筑灌浆科技有限公司，联系人：陈森森（13905105067）。

（1）产品简介

适合地铁、高铁、高速公路隧道等交通类隧道抗振动扰动用的水泥基灌浆材料，以及可以同时堵漏、加固的材料。适合各种防水堵漏用的水泥基灌浆材料。

（2）产品特点

1）KT-CSS-17：无收缩，高强度，超细度，可以灌注 0.5mm 的缝隙。

2）KT-CSS-18：无收缩，高强度，快固化，60min 固化。

3）KT-CSS-19：无收缩，高强度，快固化，60min 固化，耐严寒，抗冻胀。

4）KT-CSS-20：无收缩，高强度，水中不分散。

5）KT-CSS-21：无收缩，快固化，有弹性，延伸率 20%。

6）KT-CSS-22：无收缩，高强度，快固化，60min 固化，耐严寒，抗冻胀，石子粒径在 10～15mm，适用于抢修、抢险。

（3）适用范围

1）KT-CSS-17：适用于地铁、高铁、地下室、高速公路、市政隧道、地下综合管廊、地下停车场、涵洞的不密实渗漏、大面积渗漏、不规则裂缝、施工缝、变形缝、诱导缝的结构背后的回填灌浆、固结灌浆、帷幕灌浆等堵漏、加固。

2）KT-CSS-18：适用于地铁、高铁、地下室、高速公路、市政隧道、地下综合管廊、地下停车场、涵洞的不密实渗漏、大面积渗漏、不规则裂缝、施工缝、变形缝、诱导缝的结构背后的回填灌浆、固结灌浆、帷幕灌浆等堵漏、加固。

3）KT-CSS-19：适用于严寒地区、寒冷地区地铁、高铁、地下室、高速公路、市政隧道、地下综合管廊、地下停车场、涵洞的不密实渗漏、大面积渗漏、不规则裂缝、施工缝、变形缝、诱导缝的结构背后的回填灌浆、固结灌浆、帷幕灌浆等堵漏、加固。

4）KT-CSS-20：适用于富水地区地铁、高铁、地下室、高速公路、市政隧道、地下综合管廊、地下停车场、涵洞的不密实渗漏、大面积渗漏、不规则裂缝、施工缝、变形缝、诱导缝的结构背后的回填灌浆、固结灌浆、帷幕灌浆等堵漏、加固。

5）KT-CSS-21：适用于地铁、高铁、地下室、高速公路、市政隧道、地下综合管廊、地下停车场、涵洞的不密实渗漏、大面积渗漏、不规则裂缝、施工缝、变形缝、诱导缝的结构背后的回填灌浆、固结灌浆、帷幕灌浆等堵漏、加固。

6）KT-CSS-22：适用于地铁、高铁、地下室、高速公路、市政隧道、地下综合管廊、地下停车场、涵洞的不密实渗漏、大面积渗漏、不规则裂缝、施工缝、变形缝、诱导缝的结构背后的回填灌浆、固结灌浆、帷幕灌浆等堵漏、加固，尤其抢险、抢修施工。

5.7.3 推荐三

YYG 灌浆固结料，代号：YYG。规格：单组分，采用密封塑料桶包装，每桶质量 25kg。生产单位：郑州赛诺建材有限公司，王福州（15137139713）。

（1）产品简介

灰色粉末状单组分水泥基浆料，粘结力强，流动性好，强度高，抗渗性好，在水下 2～3h 可凝结固化，24h 固结强度达 20MPa，抗渗性好，可水下硬化，具有抗冻性，特别适合高寒地区软土泥浆的固结。

（2）产品执行标准

1）《水泥基灌浆材料》JC/T 986。

2）《水泥基灌浆材料应用技术规范》GB/T 50448。

（3）产品特点

1）本产品加水搅拌可直接用于灌浆作业。

2）针对不同大小的缝隙空间、土壤地质环境、灌浆基础条件、强度指标要求确定适宜的水灰比（通常注浆料水灰比的范围为 0.5～3.0），必须用高速（1400～1500r/min）电动搅拌机进行搅拌 5min 以上。

3）可采用手动或电动水泥灌浆设备进行灌浆作业，注浆压力在一定的范围内（通常在 0.1～0.5MPa）。不同的基础条件，不同的水灰比，所需的注浆压力不同。注浆压力太大，可能形成劈裂注浆，无法均匀渗透。灌浆压力太小，则无法渗透至细微空间。

4）检验项目值如下：凝结时间 168min；密度 2100kg/m^3；抗压强度 43.7MPa；劈裂抗拉强度 2.23MPa；粘结强度 1.1MPa；干缩 0.12%；抗渗性 1.4MPa。

（4）适用范围

常用于建筑结构缺陷补强加固和灌浆加固，形成高强坚固基面和抗渗层，用于应对带水和潮湿基面，适合高寒及其他地区软土泥浆的固结。

5.8 非固化橡胶沥青防水涂料

5.8.1 推荐一：NRBAC 非固化橡胶沥青防水涂料

代号：NRBAC。规格：20kg/桶。生产单位：寿光市天丰防水材料有限公司，联系人：刘国宁（13589993008）。

（1）产品简介

由胶粉、改性沥青和特种添加剂制成的弹性胶状体，与空气接触长期不固化的防水涂料。

（2）产品执行标准

《非固化橡胶沥青防水涂料》JC/T 2428。

（3）产品特点

1）不固化，固含量大于 99%，几乎没有挥发物，施工后始终保持胶状的原有状态。

2）粘结性强，可在潮湿基面施工，且能与任何异物粘结，施工时材料不会分离，可形成稳定、整体无缝防水层。

3）蠕变性能好，柔韧性好，延伸率高，适于基层变形。

4）自愈性强，施工时即使出现防水层破损也能自行修复，维持完整的防水层。

5）施工简单，既可刮抹施工，也可喷涂施工；既可在常温施工，也可在零度以下施工。

6）能阻止水在防水层流窜，易维护管理。

7）可与其他防水材料同时使用，形成复合式防水层，提高防水效果。

8）耐久、耐腐、耐高低温、延伸性能好，无毒、无味、无污染，不燃于火。

（4）适用范围

1）广泛应用于各种领域的非外防水工程、工业与民用建筑及种植屋面工程。

2）地下结构、地铁车站、隧道、桥面等工程。

3）变形缝堵漏工程。

5.8.2 推荐二

代号：DNC。规格：20kg/桶。生产单位：辽宁九鼎宏泰防水科技有限公司，联系人：高岩（13940386188）。

（1）产品简介

DNC非固化橡胶沥青防水涂料是一种新型环保、高固含量橡胶沥青防水涂料，以高性能弹塑性高聚物为改性剂，优质石油沥青为基料，高活性液态增黏树脂、功能性聚合物和稳定剂为助剂配制而成，是一种在应用状态下保持黏性膏状体的防水材料。该产品具有突出的蠕变性能，并具备自愈合、防渗漏、防窜水、抗疲劳、耐老化、无应力等突出应用特性。

（2）产品执行标准

《非固化橡胶沥青防水涂料》JC/T 2428。

（3）产品特点

1）超高固含量：固化物含量大于99%。

2）不固化：施工后始终保持原有的胶状状态，性能稳定，不发生老化现象。

3）蠕变性极强：施工时材料不会分离，形成整体无缝防水层，更适于基层变形和结构裂缝。

4）粘结性强：可在潮湿基面施工，且能与任何异物粘结。

5）自愈性强：施工时即使出现防水层破损也能自行修复，维持完整的防水层。

6）施工限制小：既可刮抹施工，也可喷涂施工；既可在常温施工，也可在零度以下施工。

7）耐候环保：耐久、耐腐、耐高低温；无毒、无味、无污染且不燃于火。

8）复合式防水层：可与其他防水材料同时使用，形成复合式防水层，提高防水效果。

（4）适用范围

①适用于基层起伏较大、应力较大的基层和可预见发生和经常性发生形变的部位。②特别适用于不能使用明火施工、机械施工和冷黏剂施工的工程等。③适用于混凝土、彩钢等屋面、地下、水池及隧道等防水工程。

5.8.3 推荐三

代号：TS-908。规格：20kg/桶。生产单位：广州市台实防水补强有限公司，联系人：邓思荣（13902229925）。

5.8.4 推荐四

代号：DFA。规格：20kg/桶。生产单位：河南蓝翎环科防水材料有限公司，联系人：李伟（13703935118）。

5.8.5 推荐五

（1）KT-CSS-2非固化橡胶沥青防水材料，耐潮湿注浆型

代号：KT-CSS-2。规格：20kg/桶。生产单位：康泰卓越（北京）建筑科技有限公司，联系人：王军（18585905656）。

（2）KT-CSS-3非固化橡胶沥青防水材料，耐潮湿填塞型

代号：KT-CSS-3。规格：20kg/桶。生产单位：康泰卓越（北京）建筑科技有限公司，联系人：王军（18585905656）。

（3）KT-CSS-6非固化橡胶沥青防水材料，耐潮湿涂料型

代号：KT-CSS-6。规格：20kg/桶。生产单位：康泰卓越（北京）建筑科技有限公司，联系人：王军

（18585905656）。

（4）KT-CSS-7 非固化橡胶沥青防水材料，耐潮湿胶黏剂型

代号：KT-CSS-7。规格：20kg/桶。生产单位：康泰卓越（北京）建筑科技有限公司，联系人：王军（18585905656）。

5.8.6 推荐六

代号：DFJX。规格：20kg/桶。生产单位：安徽东方佳信建材科技有限公司，联系人：张金根（13806255668）。

5.8.7 推荐七

代号：XC。规格：20kg/桶。生产单位：云南欣城防水科技有限公司，联系人：刘冠麟（13888890007）。

（1）产品简介

适合地铁、高铁、高速公路隧道等交通类隧道抗振动扰动用的非固化橡胶沥青防水材料，以及可以同时防水、堵漏的材料。适合各种施工环境防水堵漏用的非固化橡胶沥青防水材料。

（2）产品特点

1）KT-CSS-2：水中可以粘结，不垂挂，不流淌，延伸率300%。

2）KT-CSS-3：潮湿基层粘结，不垂挂，不流淌，触变性好，延伸率大于300%，常温为膏状。

3）KT-CSS-6：潮湿基层粘结，不垂挂，不流淌，触变性好，延伸率大于300%。

4）KT-CSS-7：潮湿基层粘结，不垂挂，不流淌，触变性好，延伸率大于300%。

（3）适用范围

1）KT-CSS-2：适用于地铁、高铁、地下室、高速公路、市政隧道、地下综合管廊、地下停车场、涵洞的变形缝、诱导缝、伸缩缝、沉降缝、盾构管片接缝、装配式建筑的拼装缝渗漏水的堵漏。

2）KT-CSS-3：适用于地铁、高铁、地下室、高速公路、市政隧道、地下综合管廊、地下停车场、涵洞的变形缝、诱导缝、伸缩缝、沉降缝、盾构管片接缝、装配式建筑的拼装缝、施工缝、冷缝的渗漏水的堵漏。

3）KT-CSS-6：适用于地铁、高铁、地下室、高速公路、市政隧道、地下综合管廊、地下停车场、涵洞的变形缝、诱导缝、伸缩缝、沉降缝、盾构管片接缝、装配式建筑的拼装缝、施工缝、冷缝的渗漏水的堵漏、基层防水层、结构外皮肤式密贴型防水。

4）KT-CSS-7：适用于地铁、高铁、地下室、高速公路、市政隧道、地下综合管廊、地下停车场、涵洞的变形缝、诱导缝、伸缩缝、沉降缝、盾构管片接缝、装配式建筑基层防水层、结构外皮肤式密贴型防水卷材的胶黏剂、防水涂料、复合防水卷材、防水布做密贴式防水胶黏剂。

5.9 喷涂速凝橡胶沥青防水涂料

5.9.1 推荐一：喷涂橡胶沥青防水涂料

规格：50kg/桶或 200kg/桶。生产单位：江苏邦辉化工科技实业发展有限公司，联系人：冯永（13806165356）。

5.9.2 推荐二：喷涂速凝橡胶沥青防水涂料

规格：50kg/桶或200kg/桶。生产单位：北京圣洁防水材料有限公司，联系人：杜昕（13601119715）。

（1）产品简介

喷涂速凝橡胶沥青防水涂料是将阴离子改性乳化沥青与合成高分子聚合物、特种成膜助剂等混合制成的高弹性防水、防腐、防渗的防水涂料。本产品采用专用设备现场喷涂，改变了传统防水涂料现场人工配制、手工涂刷的施工方式，可瞬间形成致密、完整和连续的防水涂膜，并具有极高伸长率、超强弹性、优异的耐久性及粘结强度。

（2）产品执行标准

《喷涂橡胶沥青防水涂料》JC/T 2317。

（3）产品特点

1）采用喷涂技术，施工效率高，实现无缝对接，无窜水层。可以满足各种异形结构或形状复杂的物体，如排水口、阴阳角、开裂部位等对防水作业的特殊要求；中间可以用网格布做增强处理。

2）成膜速度快：该产品由多种复合橡胶通过互穿网络技术和纳米技术复合而成，利用促凝催化原理使产品迅速初凝，初凝固化时间仅为3～5s。同时避免了普通涂料易流淌的诟病。成膜、成型速度极快，可以踩踏无破坏。

3）一次成膜：可以做到喷涂膜厚度1～5mm一次成膜，无须多次施工。对基层适应能力强，附着力强，可用于钢筋混凝土、压型钢板、塑料以及各种砌体材料等基层材料。

4）完美包覆：涂层可完美包覆基底，实现涂层同基底之间的无缝连接，从而达到卷材难以实现的不窜水、不剥离特性。

5）超高弹性：产品成型后具有较高的弹性和抗穿刺性能，断裂延伸率达到1000%～1800%，复原率达85%以上，并具有有效的隔声功能和优异的自愈功能。因此，能够有效解决各种构筑物因应力变形、膨胀开裂、穿刺或连接不牢等造成的渗漏、锈蚀等问题。

6）具有优良的耐热稳定性和抗低温柔性，应用环境温度为−30～80℃。耐酸碱、耐老化性能优越。

7）喷涂表面处理便捷，无特殊要求可以不做找平层，在潮湿度低于80%的情况下可以直接施工。无须面层保护层，可有效地缩短工期，从而降低工程成本。

8）安全环保。施工过程中可以连续作业，不含挥发性有机化合物，此产品为水性涂料，无毒无味、无废气排放，不污染环境。

（4）适用范围

1）地下结构外防水：建筑地下室、共同沟（电缆、光缆沟）等。

2）屋顶防水：混凝土平顶屋面、彩钢夹心保温板、石板瓦、掩体壕等。

3）人工水湖、水池、废弃物处理场、沉降池、高尔夫球场水塘等。

4）地下通道、废水处理厂、游泳池内外防水及防腐。

5）城际铁路、客运专线、地铁等预制混凝土桥梁、桥面、电缆槽面层的防水喷涂。

6）高速公路、城市高架桥等混凝土桥面、种植花草面层的防水喷涂。

7）交叉施工要求工期短、防水等级要求高的重要大型建筑防水喷涂。

5.9.3 推荐二：DSR喷涂橡胶沥青防水涂料

代号：DSR。规格：50kg/桶或200kg/桶。生产单位：辽宁九鼎宏泰防水科技有限公司，联系人：高岩（13940386188）。

（1）产品简介

DSR 喷涂橡胶沥青防水涂料是将超细悬浮微乳型阴离子改性乳化沥青与合成高分子聚合物（A 组分）与特殊成膜剂（B 组分）混合后生成的高弹性防水、防腐、防渗、防护膜的防水涂料。经现场专用设备喷涂瞬间形成致密、连续、完整的并具有极高伸长率、超强弹性、优异耐久性的，真正实现“皮肤式”防水的防水涂膜，是一种施工简便快捷、能够系统解决防水问题的节能减排产品。

（2）产品执行标准

《喷涂橡胶沥青防水涂料》JC/T 2317。

（3）产品特点

1）超高弹性。该产品的弹性伸长率超过 1000%，恢复率达 85%以上，能够有效地解决各种构筑物因应力变形、膨胀开裂、穿刺或连接不牢等造成的渗漏、锈蚀等问题。

2）涂层可完美包覆基底，实现涂层同基底之间的无缝连接，对于异型结构或形状复杂的基层施工更加简便可靠，具有卷材难以实现的不窜水、不剥离特性，可实现真正意义上的“皮肤式”防水。

3）耐化学腐蚀性优异。优异的耐化学性和耐腐蚀性，特别适用于化工行业、污水处理行业的罐体、结构等。

4）耐温性好。低温柔度可达到 −30℃，适用于高寒地区的防水工程；耐高温可达到 160℃，适用于道路桥梁的防水工程。

5）具有阻燃功能。

6）缩短工期。喷涂后瞬间成型，可进行下道工序，采用专业喷涂机械施工，大大节约施工成本和劳动力，大幅度缩短施工工期。

7）卓越的附着性。与混凝土、木材、金属和玻璃等各种材料介质均不起层、不剥离、不脱落，具有良好的粘结效果。

8）涂装方式灵活多样。可以采用喷涂、刷涂和刮涂等涂装方式，灵活简便。可以满足各种异型结构，如排水口、阴阳角、开裂部位等对防水作业的特殊要求。

（4）适用范围

适用于不同建筑构造形式，包括屋面、地下、铁路、桥梁、隧道、地铁、港口等防水及工业防腐、防护工程。

5.10 双组分聚硫密封胶

5.10.1 推荐一：PG-321 聚硫密封胶

代号：PG-321。规格：每组 12.5kg，A 组分 10kg，B 组分 2.5kg。生产单位：苏州奥立克防水堵漏工程有限公司，联系人：邱钰明（13915515883）。

（1）产品简介

双组分聚硫密封胶是以液态聚硫橡胶为主要基料并添加多种化学助剂合成制作而成，是一种无毒级防水密封材料。产品具有优良的粘结性，并起到密封、隔声、防水、阻尼、抗振和节能保温等作用。

（2）产品执行标准

《聚硫建筑密封胶》JC/T 483－2022。

（3）产品特点

本产品具有良好的水密性和气密性，且具有耐油、耐溶剂、耐久、抗腐蚀、无毒性、使用寿命长等特点。

（4）适用范围

广泛适用于建筑工程中混凝土伸缩、沉降等变形缝的粘结密封，适用于水泥结构、胶木、聚氯乙烯、玻璃幕墙及各种金属结构的黏合。特别适用于水厂净配水池接缝和滤池、滤板、钢膜螺栓眼的密封防水，同时也适用于污水处理厂的污水池伸缩缝密封防水和净水、污水箱涵接头密封防水。

5.10.2 推荐二：KT-CSS-4 聚硫密封胶（高触变型）

代号：KT-CSS-4。规格：每组 12.5kg，A 组分 10kg，B 组分 2.5kg。生产单位：康泰卓越（北京）

建筑科技有限公司，联系人：王军（18585905656）。

1）产品简介

适合地铁、高铁、高速公路隧道等交通类隧道抗振动扰动用的双组分聚硫密封胶，适合各种防水堵漏工程。

2）产品执行标准

《聚硫建筑密封胶》JC/T 483-2022。

3）产品特点

耐潮湿，防水，粘结强度高，延伸率200%，高弹性，耐 −40℃的严寒。

4）适用范围

适用于地铁、高铁、地下室、高速公路、市政隧道、地下综合管廊、地下停车场、涵洞的施工缝、不规则裂缝、变形缝、诱导缝、沉降缝、伸缩缝等项目的堵漏、密封、封闭。也适用于严寒地区、高寒地区、寒冷地区地铁、高铁、地下室、高速公路、市政隧道、地下综合管廊、地下停车场、涵洞的施工缝、不规则裂缝、变形缝、诱导缝、沉降缝、伸缩缝等项目的堵漏、密封、封闭。

5.10.3　推荐三：

代号：DMP。规格：每组 12.5kg，A 组分 10kg，B 组分 2.5kg。生产单位：辽宁九鼎宏泰防水科技有限公司，联系人：高岩（13940386188）。

（1）产品简介

DMP 双组分聚硫密封胶是以液态硫橡胶为主要基料并添加多种化学助剂合成制作而成，是一种无毒的防水密封材料。产品具有优良的粘结性，并能起到密封、隔声、防水、阻尼、抗振和节能保温等作用。

（2）产品执行标准

《聚硫建筑密封胶》JC/T 483-2022。

（3）产品特点

1）具有良好的耐气候、耐燃油、耐湿热、耐水和耐低温性能，施工温度范围为 0～40℃。

2）抗撕裂性强，对钢、铅等金属及各种建筑材料有良好的粘结性。

3）适合接缝活动量大的部位。

4）黏度低，两种组分极易混合均匀，施工性能好。

5）具有极佳的气密性和水密性，良好的低温柔性，可常温或加温固化。

（4）适用范围

幕墙接缝；建筑物护墙板及高层建筑接缝；窗门框周围的防水防尘密封；中空玻璃制造中的组合件密封及中空玻璃安装；建筑门窗玻璃装嵌密封；游泳池、贮水槽、公路、机场跑道、上下管道、冷藏库等接缝密封，汽车挡风玻璃安装密封等。

5.10.4　推荐四：WZ-1013 聚硫密封胶代号：WZ-1013

（1）产品简介

由二卤代烷与碱金属或碱土金属的多硫化物缩聚而得的合成橡胶。

（2）产品执行标准

《聚硫建筑密封胶》JC/T 483-2022。

（3）产品特点

有优异的耐油和耐溶剂性，琥珀色和暗棕色黏稠液体、有气味。能与多种氯化物、氧化物等反应，硫化成弹性固体橡胶，它具有耐溶剂、耐油、透气率低等特点。黏度7000Pa·s，剪切强度25MPa，硫化成弹性固体。聚硫橡胶应用于粘结密封剂、耐油涂料、灌封密封材料、树脂增韧剂等。

（4）适用范围

电子元件、半导体器件、中空玻璃密封剂、机场跑道、地铁、高速公路、高速铁路隧道等伸缩缝变形缝嵌缝堵漏密封，航空耐油密封剂材料，粘结密封剂，耐油涂料，灌封密封材料，树脂增韧剂等。本产品针对高铁、地铁隧道伸缩变形缝要承受高低频振动而专门研发出来的灌封胶，具有低模量、耐水、耐油性等特征，长期在潮湿环境里能保持的粘结性能。使用方法：A组分为灰白色，B组分为黑色，配比为：A∶B＝10∶1，适用期：30min左右。

5.11 双组分聚氨酯密封胶

5.11.1 推荐一

ZXGK双组分聚氨酯密封胶（高弹型、耐严寒型）。规格：每组12.5kg，A组分10kg，B组分2.5kg。生产单位：福建中意铁科新型材料有限公司，联系人：丁培祥（15005998777）。

（1）产品简介

由A、B两组分组成。A组分为乳白色或浅黄色黏稠状聚氨酯预聚体，B组分为固化剂与助剂等混合脱水而成的黑色膏状体或液体，固化后具有一定的弹性及粘结性。

（2）产品执行标准

《聚氨酯建筑密封胶》JC/T 482－2022。

（3）产品特点

1）粘结性：嵌缝胶与水泥混凝土面板缝壁粘结能力强。

2）弹性：嵌缝胶具有高弹性，拉伸量满足接缝变形要求。

3）高温稳定性：嵌缝胶在夏季不因高温时发生变软、流淌而污染路面，能够保持一定的韧性。

4）耐久性：嵌缝胶从原料上能够在自然变化的气候条件下和车辆轴载的反复作用下，不会过早产生老化变质，能够较长时间保持良好的路用性能。

5）施工优点：操作简单、固化快、施工快捷、不影响进度。

（4）适用范围

适用于地铁、高铁、地下室、高速公路、市政隧道、地下综合管廊、地下停车场、涵洞的施工缝、不规则裂缝、变形缝、诱导缝、沉降缝、伸缩缝等项目的堵漏、密封、封闭。

5.11.2 推荐二

1）KT-CSS-13，双组分聚氨酯密封胶，高弹型

代号：KT-CSS-13。规格：每组12.5kg，A组分10kg，B组分2.5kg。生产单位：南京康泰建筑灌浆科技有限公司，联系人：陈森森（13905105067）。

2）KT-CSS-26，双组分聚氨酯密封胶，耐严寒型

代号：KT-CSS-26。规格：每组12.5kg，A组分10kg，B组分2.5kg。生产单位：南京康泰建筑灌浆科技有限公司，联系人：陈森森（13905105067）。

（1）产品简介

适合地铁、高铁、高速公路隧道等交通类隧道抗振动扰动用的双组分聚氨酯密封胶，各种防水堵漏。

（2）产品执行标准

《聚氨酯建筑密封胶》JC/T 482－2022。

（3）产品特点

1）KT-CSS-13：每组 12.5kg，A 组分 10kg，B 组分 2.5kg。防水，粘结强度高，延伸率 200%，高弹性。

2）KT-CSS-26：每组 12.5kg，A 组分 10kg，B 组分 2.5kg。防水，粘结强度高，延伸率 200%，高弹性，耐−40℃的严寒。

（4）适用范围

1）KT-CSS-13：适用于地铁、高铁、地下室、高速公路、市政隧道、地下综合管廊、地下停车场、涵洞的施工缝、不规则裂缝、变形缝、诱导缝、沉降缝、伸缩缝等项目的堵漏、密封、封闭。

2）KT-CSS-26：适用于严寒地区、高寒地区、寒冷地区地铁、高铁、地下室、高速公路、市政隧道、地下综合管廊、地下停车场、涵洞的施工缝、不规则裂缝、变形缝、诱导缝、沉降缝、伸缩缝等项目的堵漏、密封、封闭。

5.11.3 推荐三

代号：DSS-M。规格：每组 12.5，A 组分 10kg，B 组分 2.5kg。生产单位：辽宁九鼎宏泰防水科技有限公司，联系人：高岩（13940386188）。

（1）产品简介

DSS-M 双组分聚氨酯密封胶属反应固化型，由 A、B 两组分组成。A 组分为乳白色或浅黄色黏稠状聚氨酯预聚体，B 组分为固化剂与助剂等混合脱水而成的黑色膏状体或液体，固化后具有一定的弹性及粘结性。

（2）产品执行标准

《聚氨酯建筑密封胶》JC/T 482−2022。

（3）产品特点

1）防水性：嵌缝胶能够阻止水分自上而下渗入。

2）粘结性：嵌缝胶与水泥混凝土面板缝壁粘结能力强，当水泥混凝土面板遇冷收缩或遇热膨胀时，嵌缝胶仍能够与之粘结牢固，并且遇水时粘结面不开裂。

3）弹性：嵌缝胶具有高弹性，拉伸量满足接缝变形要求，能够随水泥混凝土面板的伸缩而伸缩，保证不被拉断。

4）高温稳定性：嵌缝胶在夏季不因高温时发生变软、流淌而污染路面，能够保持一定的韧性。

5）低温稳定性：嵌缝胶在冬季低温时不发生硬化、脆裂现象，保持一定的柔性。

6）抗嵌入性：嵌缝胶在保证弹性的基础上有一定的硬度，能够抵御行车作用下砂石杂物的嵌入。

7）耐久性：嵌缝胶从原料上能够在自然变化的气候条件下和车辆轴载的反复作用下，不会过早产生老化变质，能够较长时间保持良好的路用性能。

8）环保性：本品采用水固化，健康环保，对养护工人的身体健康有很好的保护作用。

9）施工优点：操作简单、固化快、施工快捷。

（4）适用范围

该产品适用于土木建筑业、交通运输业、混凝土预制件等建材的连接及施工缝的填充密封。高速道路、桥梁、飞机跑道、地下管道、接头处的连接密封以及隧道和建筑物的伸缩缝与变形缝。

5.12 单组分聚氨酯密封胶

5.12.1 推荐一

代号：KT-CSS-25。规格：10kg/桶。生产单位：南京康泰建筑灌浆科技有限公司，联系人：陈森森

（13905105067）。

（1）产品简介

适合地铁、高铁、高速公路隧道等交通类隧道抗振动扰动用的单组分聚氨酯密封胶，各种防水堵漏用。

（2）产品执行标准

《聚氨酯建筑密封胶》JC/T 482。

（3）产品特点

防水、粘结强度高、延伸率 200%、高弹性。

（4）适用范围

适用于地铁、高铁、地下室、高速公路、市政隧道、地下综合管廊、地下停车场、涵洞的施工缝、不规则裂缝、变形缝、诱导缝、沉降缝、伸缩缝等项目的堵漏、密封、封闭。

5.12.2 推荐二

代号：DSS-S。规格：10kg/桶。生产单位：辽宁九鼎宏泰防水科技有限公司，联系人：高岩（13940386188）。

（1）产品简介

DSS-S 单组分聚氨酯密封胶是一种无溶剂单组分室温固化密封胶，呈膏状，可挤出或涂抹施工，有抗下垂性，嵌填垂直接缝和顶缝不流淌。固化后的胶层为橡胶状，有弹性，对金属、橡胶、木材、水泥构件、陶瓷、玻璃等有黏附性。密封胶用来填充空隙（孔洞、接头、接缝等），兼备粘结和密封两道功能。

（2）产品执行标准

《聚氨酯建筑密封胶》JC/T 482。

（3）产品特点（见 5.11.3）

（4）适用范围

该产品适用于土木建筑业、交通运输业等。在建筑方面的具体应用有：混凝土预制件等建材的拦截及施工的填充密封，建筑物上轻质结构的粘结密封及混凝土、陶质、PVC 等材质的下水道、地下煤气管道、电线电路管道等管道接头处的连接密封，地铁隧道及其他地下隧道连接处的密封等。

5.13 低模量中性硅酮密封胶

5.13.1 推荐一

生产单位：福建中意铁科新型材料有限公司，联系人：丁培祥（15005998777），地址：福建省龙岩市长汀县工贸新城。

（1）产品简介

低模量中性硅酮密封胶是以聚二甲基硅氧烷为主要原料，辅以交联剂、填料、增塑剂、偶联剂、催化剂在真空状态下混合而成的膏状物，在室温下通过与空气中的水发生应固化形成弹性硅橡胶。

（2）产品执行标准

《硅酮和改性硅酮建筑密封胶》GB/T 14683。

（3）产品特点

低模量，耐候，大多数情况下都无须使用底漆，粘结性能优异。

（4）适用范围

1）用于玻璃幕墙、铝塑板幕墙、石材干挂的耐候密封。

2）金属、玻璃、铝材、瓷砖、有机玻璃、镀膜玻璃间的接缝密封。

3）混凝土、水泥、砖石、岩石、大理石、钢材、木材、阳极处理铝材及涂漆铝材表面的接缝密封。

5.14 渗透型环氧树脂防水涂料

5.14.1 推荐一：KT-CSS-27 渗透型环氧树脂防水涂料

代号：KT-CSS-27。生产单位：南京康泰建筑灌浆科技有限公司，联系人：陈森森（13905105067）。

1）产品简介

适合地铁、高铁、高速公路隧道等交通类隧道抗振动扰动用的改性环氧树脂防水材料，渗透型环氧树脂防水涂料以及可以同时堵漏、加固的材料。适合各种裂缝需要的渗透型环氧树脂防水涂料。

2）产品执行标准

《环氧树脂防水涂料》JC/T 2217。

3）产品特点

潮湿基层固化，结构补强，固化时间 120min，无溶剂，低黏度，可以灌注 0.1mm 以下的微细裂缝，普通混凝土渗透可以 20mm 以上，接近水的渗透性，通常作为界面剂、底涂液，也可以作为微细裂缝的低压、中压灌缝胶，也作为防水涂料。耐磨、耐冲击，抗渗等级高。

4）适用范围

适用于地铁、高铁、地下室、高速公路、市政隧道、地下综合管廊、地下停车场、涵洞的不规则渗水裂缝、变形缝、施工缝的堵漏、加固，防水涂料基层的底涂液、界面剂、防水涂料、结构外防水、结构防腐、结构外防水卷材的胶黏剂。

渗透型环氧树脂防水涂料下列公司也生产：

广州市台实防水补强有限公司

联系人：邓思荣（13902229925）

地址：广州市天河区天寿路 105 号天河大厦

5.15 非定型遇水膨胀止水胶

5.15.1 推荐一：YG-7 自愈合防水密封胶

代号：YG-7。生产单位：河南阳光防水科技有限公司，联系人：王文立（15538086111）。

（1）产品简介

自愈合防水密封胶是特种功能双组分遇水膨胀建筑防水密封材料，粘结力强，耐老化耐候性良好，广泛用于能够密闭被约束状态下的沉降缝、伸缩缝等较宽缝隙。

（2）产品执行标准

《高分子防水材料 第 3 部分：遇水膨胀橡胶》GB/T 18173.3。

（3）产品特点

自愈合防水密封胶不仅具有普通双组分防水密封胶的优良性能，因其含有遇水膨胀成分及水泥基渗透结晶性防水成分，当各种外因导致密封胶与结合面脱离时，一旦出现漏水，密封胶就会遇水膨胀，在缝隙内挤压产生预应力，增强对缝隙的密封性，实现二次防水密封。同时，自愈合防水密封胶内的水泥基渗透结晶成分以水为载体通过结合面游离到水泥层内，与水泥产生二次水化反应，增强密封胶与水泥结合面处的致密度，进一步提高防水密封能力。

（4）适用范围

自愈合防水密封胶适用于建筑工程、市政工程、水利工程等领域的桥梁、隧道、地铁、机场跑道、高等级公路、城市轨道交通、蓄水池、游泳馆、地下停车场、地下室、上人屋面等密闭的变形缝和沉降缝的密封。

非定型遇水膨胀止水胶下列公司也生产：

福建中意铁科新型材料有限公司

联系人：丁培祥（15005998777）

地址：福建省龙岩市长汀县工贸新城

5.16 无机硅防水剂

5.16.1 推荐一：FLW-99 硅烷防水剂

代号：FLW-99。产品规格：1L、2.5L、5L、20L、25L。生产单位：南通睿睿防水新技术开发有限公司、上海睿睿防水材料有限公司，联系人：王继飞（13962768558）。

（1）产品简介

FLW-99 硅烷防水剂是一种无色透明液体。与基材作用时，释放出乙醇并与基材结合转化为有机硅树脂聚合物，最终渗透到基材的毛细孔表面形成一层憎水的硅树脂膜，从而阻止水分和有害物离子渗透到基材内部，达到防水保护的目的，并提高建材的强度，延长建筑物的使用寿命，降低建筑物的维修成本，缩短防水的施工周期。

（2）产品执行标准

《建筑表面用有机硅防水剂》JC/T 902。

（3）产品特点

1）极佳的渗透度：含有独特的硅烷小分子，能迅速渗透基材内部的毛细孔壁上，化学反应速度适中，从而拥有极佳的渗透深度。对表面处理过其他防水材料的憎水面，FLW-99 也能穿过该憎水面渗透到基材内部进行防水处理。就算多年后基材表面老化磨损，其依然具有极强的憎水效果。

2）刚柔的防水层：与基材的中水分和空气反应生成二氧化硅（俗称石英）；同时硅烷小分子聚合形成网状交联结构的硅酮高分子特殊基团（类似硅胶体）、特殊基团及生成的二氧化硅与基材共同的有机结合，形成坚固、刚柔的防水层。

3）优异的抗开裂能力：与基材反应形成的硅酮高分子，是一种胶状物质，有着优异的弹性和拉伸强度，能够防止开裂且能够弥补 0.2mm 的裂缝。

4）独特的透气性能：处理后的基材形成了远低于水的表面张力，并产生毛细逆气压现象，形成单向透气防止水分浸入的特殊防水层。

5）防水基材的表面不留任何涂层膜：涂刷基材后，不改变基材摩擦系数，有助于提高基材强度，保持原有外观，环保、安全、健康。

（4）适用范围

建筑楼宇：屋面、卫生间、内外墙面（PK 砖面、瓷砖面、石材面）等。混凝土结构：道桥结构及路面、码头、机场、停车场（库）等。

园林建筑：庭院的木（竹）建筑、栈道和栅栏、木（竹）制的地板和墙板观赏游泳池及人造景观等。各类石材：天然石材、砖瓦、混凝土砌块砖、彩色路面砖、石膏板保温材料、木（竹）材料等。

各类水池：蓄水池、泡菜池、卤水池、污水池、排水沟等。

5.16.2 推荐二

代号：FDS-G6。规格：1kg/瓶、5kg/桶、15kg/桶。生产单位：佛山市佛地斯环保科技有限公司，联系人：刘少东（13078432878），周元招（15602568839）。

（1）产品简介

FDS-G6 特效外墙防水剂是一种专治外墙渗漏的防水剂。墙体渗漏时，使用本产品经喷涂（刷涂）后，能充分渗透墙体内，即与墙体基材形成一道憎水薄膜，能有效阻止雨水、水蒸气侵入墙体内，从而起到防水的作用，保持室内墙面的美观。

（2）产品执行标准

《建筑表面用有机硅防水剂》JC/T 902。

（3）产品特点

1）本产品无毒、无味、无污染、不腐蚀、施工方便快捷，适用于多种基面墙体施工。

2）具有良好的防潮、防腐、防污染、防盐析和抗风化（对墙体防老化）保原色的功能。

3）具有较强的渗透性、经喷涂（涂刷）形成防水薄膜后，雨水或潮气不能渗入墙体内，达到防水效果。

（4）适用范围

适用于各类建筑物墙体饰面的防潮、防渗漏、防污染、防潮、防霉等。

5.17 有机硅防水剂

5.17.1 推荐一：万可涂有机硅憎水剂

代号：万可涂。产品规格：塑料桶或铁塑桶包装，分为 1kg、3kg、5kg、10kg、18kg、20kg、25kg、50kg。生产单位：苏州市建筑科学研究院集团股份有限公司，联系人：郭玮（0512-68268492，13456182110）。

（1）产品简介

万可涂有机硅乳液型建筑憎水剂是苏州市建筑科学研究院有限公司（原苏州市建筑科学研究所）推向市场的新型墙面防水材料。

（2）产品执行标准

《建筑表面用有机硅防水剂》JC/T 902。

（3）产品特点

1）防水性能优异：经万可涂处理过的墙面犹如穿上了一件憎水的外衣，雨水打在墙上呈水珠滚落，有类似荷叶滚水珠的效果，墙面将始终处于干燥状态，因而具有优异的防水、防霉、防泛碱、抗风化功能。

2）透气性好：一般防水剂（防水涂料）通过堵塞建筑物表面的微孔和毛细管（孔），隔绝外界的水和空气从而起到防水作用。然而，同时它也阻隔了建筑材料内部潮气的散发，这就是一般防水剂的“不透气”性，使建筑物表面涂层起泡（鼓）、龟裂、剥落。而本憎水剂既能防水又能透气，就像健康人的皮肤，故又被称为呼吸性防水涂料。

3）防潮、防霉，不长青苔：将本产品喷刷在建筑物（特别是面砖墙面、清水砖墙面、混凝土砌块、劈裂砖；石灰、水泥粉刷层）表面，具有良好的防水、防潮、防霉功能，在外界潮湿的环境下保持室内干燥，尤其适用于（粮食）仓库、住宅、档案室、图书馆等。用于瓷砖、陶瓷锦砖饰面接缝上，因不吸水，冬天不会结冰、产生膨胀，可防止瓷砖、陶瓷锦砖的剥落。用于纪念性碑塔等天然石料上，能防止青苔的生长，保持表面清洁。

4）防污染、抗风化且保色：本产品用于园林、古建筑、红黄粉墙、石像、碑刻等，能有效防止雨水冲刷（保持原色），防腐蚀、抗风化（保护文物）。经自然雨水冲洗尘埃不沾，能有效防止污染。

5）施工方便、使用安全：本产品以水为分散介质，无毒、无刺激、无污染，使用喷雾器具（如手提、农用、电泵等）或滚刷就可将本品的稀释乳液喷刷于所用物体及墙面。在常温下，24h 就可见效，适用于面砖、花岗岩、劈裂砖、泰山砖墙面。

6）质量可靠、耐久性好：万可涂憎水剂配方独特，具有优异的耐久性能；此外，该憎水剂能渗透到墙内一定深度，因而受紫外线照射及大气老化影响较小，使用寿命长。

（4）适用范围

各类建筑物墙面的防水，尤其是面砖墙面的防渗、防漏及混凝土砌块、劈裂砖、泰山砖墙面的防水、防污染、抗风化；花岗岩、大理石墙面的防盐析泛碱；仓库、档案室、图书馆防潮、防霉；古建筑保色。

5.17.2 推荐二：ALK-02 有机硅防水剂

代号：ALK-02。规格：25kg/桶。生产单位：苏州奥立克防水堵漏工程有限公司，联系人：邱钰明（13915515883）。

（1）产品简介

本防水剂一经喷涂（或涂刷）在建筑物墙体上，即形成肉眼看不到的一层物质，并能渗入墙内数毫米，这种有机硅涂膜具有呼吸功能和强烈的憎水性，当雨水吹打在建筑物上或遇湿气时，即呈水珠自然流淌，阻止水分侵入，又因基底材料的毛细孔未封闭，墙体内的潮气仍可透过防水物质无障碍地向外散发，达到既能防水又能透气，从而保持建筑物墙面的完整和美观。

（2）产品执行标准

《建筑表面用有机硅防水剂》JC/T 902。

（3）产品特点

本材料具有优良的防水、防潮、防霉、防污染、防盐析、防酸雨腐蚀和防风化等功能。具有优良的防水抗渗性能，耐久性好，使用寿命长，能有效地保护建筑物外墙本色，施工方便，适用范围广，防水效果可达 10 年以上。

（4）适用范围

广泛用于各种建筑物外墙、古典园林、计算机房、图书档案用房等，尤其可解决仓库、坡屋面防水、抗渗，古建筑、石碑、瓷砖、陶瓷锦砖、大理石、花岗石等饰面的防水、防污、保色、防泛碱，以及各类面砖墙面、民用住宅及其他建筑的渗漏。

5.17.3 推荐三：EVV 无色透明（渗透）防水剂

产品规格：乳液：25L/桶。北京沃特瑞森新材料技术有限公司，联系人：车娟（010-51164130，13911587823）。

（1）产品简介

采用进口聚合物乳液调配而成，它的防水机理是渗透到混凝土内部，形成连续稳定的有机膜，有效堵塞混凝土内部微细裂缝和毛细空隙，使混凝土结构具有持久的防水功能和更好的密实度及抗压强度。渗透深度达 20～30mm，能有效阻止酸性物质、油渍和机油对混凝土的侵蚀。可用于任何混凝土基面的保护、防水、防渗、防腐等。

（2）产品执行标准

《建筑表面用有机硅防水剂》JC/T 902。

（3）产品特点

优异的渗透深度、良好的透气功能；无色透明，不改变基层的颜色和外观；施工简单：无须找平层、保护层，无须洒水养护等；高抗渗、高耐碱性、耐紫外线、抗氯离子。

（4）适用范围

混凝土基面；建筑物外立面；桥梁外立面保护。

有机硅防水剂下列公司也生产：

漳州市万可涂节能建材科技有限公司

联系人：郑艺斌（13799059123）

地址：福建漳州龙海区颜厝镇巧山工业园

5.18 特种防水喷涂浆料

5.18.1 推荐一：YYA 特种防水抗渗浆料

代号：YYA。产品规格：25kg/桶。郑州赛诺建材有限公司，联系人：王福州（15137139713）。

（1）产品简介

本产品以高性能水泥和沙子为主要成分，同时加入了多种化学元素及微量胶粉配成的灰色粉末，遇水后产生电化学反应，使水泥颗粒分解，水泥中的金属元素发挥效用，使水泥颗粒完全水化，达到水泥的最大利用效能，具有高密度、高抗渗性、高粘结强度。

（2）产品执行标准

1）《砂浆、混凝土防水剂》JC/T 474。

2）《水泥砂浆抗裂性能试验方法》JC/T 951。

3）《聚合物水泥防水砂浆》JC/T 984。

4）《混凝土抗氯离子渗透性能的电动指示试验方法》ASTMC 1202。

（3）产品特点

1）优异的防水抗渗能力。

2）与混凝土砖石结构有超强的粘结能力，可带水作业，在复杂的背水面能达到非常好的防水效果。

3）高效率的高压喷涂技术，厚度均匀，无接缝施工，并且可根据施工需求调节材料的厚度，既适合做局部修复处理，也可以大面积施工。

4）集防水、抗渗、修复、加固、保护为一体一次施工即可完成，无须另做保护层，非常高的抗压强度与抗折强度，坚固如混凝土，可以承受较高的漏水压力并可有效增加建筑物的强度。

5）超长的使用寿命，耐高温，耐紫外线，抗冻，抗老化，整体寿命和混凝土接近。

6）真正的绿色环保产品，可以应用于食品工程和饮用水工程。

（4）适用范围

该产品特别适合混凝土、砖石结构渗漏的背部处理，可用于背水面被动防水。水泥基防水材料施工工艺简便，与民用建筑及基础设施建设工程的主要材料水泥混凝土有极好的相容性。

常用于如下场合：隧道、窨井、水库、水和污水处理设备、电梯基坑、混凝土结构地下工程、泳池、冷却塔基坑的抗渗堵漏工程。

5.18.2 推荐二：特种防水喷涂浆料

1）KT-CSS-15 特种防水喷涂浆料，高渗透水泥基渗透结晶。

2）KT-CSS-29 特种防水喷涂浆料，单组分速干防水涂料。

代号：KT-CSS-15、KT-CSS-29。规格：25kg/桶。生产单位：南京康泰建筑灌浆科技有限公司，联系人：陈森森（13905105067）。

（1）产品简介

适合地铁、高铁、高速公路隧道等交通类隧道抗振动扰动用的特种防水喷涂浆料，以及可以同时堵漏、加固。适合各种防水堵漏用的特种防水喷涂浆料。

（2）产品执行标准

《聚合物水泥防水砂浆》JC/T 984。

（3）产品特点

KT-CSS-15：粘结性好，强度高，渗透性好，结构自防水。

KT-CSS-29：单组分，15min快速固化，强度高，粘结性好，耐老化，抗紫外线。

（4）适用范围

KT-CSS-15：适用于地铁、高铁、地下室、高速公路、市政隧道、地下综合管廊、地下停车场、涵洞的不密实渗漏、大面积渗漏、不规则裂缝、施工缝、变形缝的堵漏、加固，尤其抢险、抢修施工。

KT-CSS-29：适用于地铁、高铁、地下室、高速公路、市政隧道、地下综合管廊、地下停车场、涵洞、桥梁的不密实渗漏、大面积渗漏、防水堵漏、加固，尤其抢险、抢修施工。

5.19 环氧树脂堵漏胶泥

推荐：KT-CSS-11 环氧树脂堵漏胶泥

代号：KT-CSS-11。规格：28kg/桶，A组分20kg，B组分8kg。生产单位：南京康泰建筑灌浆科技有限公司，联系人：陈森森（13905105067）。

（1）产品简介

适合地铁、高铁、高速公路隧道等交通类隧道抗振动扰动用的改性环氧树脂防水材料，环氧树脂堵漏胶泥以及可以同时堵漏、加固使用的材料。适合各种裂缝需要的环氧树脂堵漏胶泥。

（2）产品特点

KT-CSS-11：潮湿基层固化，结构补强，固化时间60min，无溶剂，低黏度，强度高，有弹性，延伸率30%，耐磨，耐冲击，抗渗等级高。

（3）适用范围

适用于地铁、高铁、地下室、高速公路、市政隧道、地下综合管廊、地下停车场、涵洞的不规则渗水裂缝、变形缝、施工缝的堵漏、加固、封闭。

5.20 变形缝（伸缩缝）非硫化嵌缝密封材料

5.20.1 推荐一：WZ-3109 变形伸缩缝密封专用胶泥

代号：WZ-3109。生产单位：北京卓越金控高科技有限公司，联系人：文忠（13901228601）。

（1）产品简介

密封胶泥采用多种进口高分子聚合物、添加剂、增塑剂等经过特殊工艺配置而成，是一种深黑色、无溶剂（无味）、环保、对人体无害的无规则外形的胶泥状物。颜色深黑发亮，比其他灰白色防爆胶有更好的抗冲击能力，更能吸收爆炸冲击波，有一定的阻燃性和耐油性。黏附能力强，有防振性，对设备有保护作用。

（2）产品特点

环保无味，无毒，可以让客户更放心使用。伸长率 800%以上，能承受相对位移和振荡。密封性：施加50kPa的水压，保持1min后不滴水，无位移。防爆性：配32%混合氫气做传爆试验，结果不传爆。

（3）适用范围

广泛应用于各种建筑、地铁、桥梁、隧道、高速公路等工程变形缝、伸缩缝的堵漏防水密封，加油站、变电站、危险性仓库及其他方面的爆炸危险场所，作为显管或电缆配线工程的防爆隔离密封用。可用来包导线、接头、电缆、管材、地线等，防止火灾。

5.20.2　推荐二：KT-CSS-28 变形缝（伸缩缝）非硫化嵌缝密封胶

代号：KT-CSS-28。规格：每组 12.5kg，A 组分 10kg，B 组分 2.5kg。生产单位：康泰卓越（北京）建筑科技有限公司，联系人：王军（18585905656）。

（1）产品简介

适合地铁、高铁、高速公路隧道等交通类隧道抗振动扰动用的变形缝（伸缩缝）非硫化嵌缝密封胶，以及可以同时防堵漏的材料。适合各种防水堵漏用的变形缝（伸缩缝）非硫化嵌缝密封胶。

（2）产品特点

耐潮湿，防水，粘结强度高，延伸率 200%，高弹性，耐 −40℃的严寒。

（3）适用范围

适用于地铁、高铁、地下室、高速公路、市政隧道、地下综合管廊、地下停车场、涵洞的施工缝、不规则裂缝、变形缝、诱导缝、沉降缝、伸缩缝等项目的堵漏、密封、封闭。也适用于严寒地区、高寒地区、寒冷地区地铁、高铁、地下室、高速公路、市政隧道、地下综合管廊、地下停车场、涵洞的施工缝、不规则裂缝、变形缝、诱导缝、沉降缝、伸缩缝等项目的堵漏、密封、封闭。

变形缝（伸缩缝）非硫化嵌缝密封胶下列公司也生产：

辽宁九鼎宏泰防水科技有限公司

联系人：高岩（13940386188）

5.21　无毒免砸砖防水剂

5.21.1　推荐一：万通免砸砖防水修复液

生产单位：贵州维修大师科技有限公司、广州鸿晟建材科技有限公司，联系人：吴冬（18085095110）。

（1）产品简介

无毒、无味、无色、渗透力极强，涂刷或喷洒在建筑物及材料表面可产生高效的防水效果，同时具有透气性，不起鼓、不膨胀、不风化，可达到长久稳固防水防护的效果，实现了不刨、不砸解决漏水问题。

（2）产品特点

环保无毒，操作简单；光亮透明、无色无味；经久耐磨；不脱落；超强渗透。

（3）适用范围

可使用于家庭卫生间、外墙、屋顶、露台、水池等瓷砖及水泥表面。

5.21.2　推荐二：FLW-88 防水堵漏材料

代号：FLW-88。产品规格：本产品采用塑料袋加纸盒包装，规格为 1kg。生产单位：南通睿睿防水新技术开发有限公司、上海睿睿防水材料有限公司，联系人：王继飞（13962768558）。

（1）产品简介

采用多组分水性渗透，渗透后又固化成透明有弹性的固体材料，该材料能把所有渗透到的地方都固化成一个整体，达到防水补漏效果。产品绿色环保，无色无味无毒，施工简单，不砸砖不勾缝，不注浆，不改变原有任何设施和外观，施工简单见效快，1h 左右即可不漏不渗。

（2）产品特点

1）双重防水，柔性防水层与基面融为一体，效果加倍，不漏水。

2）高分子材料性能稳定，超强耐磨耐泡。具有遇水二次结晶的功能，对2mm内孔径的损伤可自主修复。

3）纳米科学技术，可承受−60～120℃极端温度变化。

4）对酸液或碱水浸泡的耐力远远超出同类产品。

5）超400%超强延展性，轻松应对各种高压环境。

6）环保净味，符合国际检测标准，无毒无味。

（3）适用范围

铺过地板砖后出现渗漏水的地面工程（宾馆、酒店、洗浴室、商业洗浴中心）；房子装修后厨卫浴又出现渗漏水，产品深入地板砖下面的空洞缝隙，聚合反应形成凝胶状固体，彻底堵塞渗漏水通道。由于防水剂含有高效清洗剂成分，施工过后的地面不仅没有任何损伤，反而更加清新亮丽，且施工成本仅仅为传统砸砖防水维修方法的三分之一，施工过程没有任何噪声及粉尘等污染，施工过后1h后用户即可正常使用。

5.21.3 推荐三：厨卫浴不砸砖防水剂

代号：YG-3。产品规格：6kg家装型和50kg工装型。生产单位：河南阳光防水科技有限公司，联系人：王文立（15538086111）。

（1）产品简介

厨卫浴不砸砖防水剂（专利名称：建筑室内深层渗透固化无损伤防水剂，发明申请号：201310511829.3），包含渗透A组分和结晶B组分。渗透A组分主要功能为：首先，清理地面缝隙油腻污渍及地板砖下水泥结构内缝隙的渗漏水通道，有利于后续防水剂通行；其次，激活水泥结构中活性离子成分，促进水泥二次水化反应，产生结晶体，堵塞水泥结构毛细孔。结晶B组分的功能为：首先，与渗透A组分相遇后发生聚合反应而成为不透水的胶体和晶体混合物；其次，未参与反应的剩余B组分防水剂与处于休眠中的水泥活性离子成分持续发生二次水化反应，生成不溶于水的结晶体，彻底堵塞水泥结构毛细孔渗漏水通道，实现永久性防水。产品的A、B组分及反应后的生成物均为无毒、无害、无气味的环境友好型物质，不会对室内造成环境污染。

（2）产品执行标准

《水性渗透型无机防水剂》JC/T 1018−2020。

（3）产品特点

产品与水泥产生二次水化反应形成凝胶状固体，彻底堵塞渗漏水通道。

（4）适用范围

铺过地板砖后出现渗漏水的室内阳台、厨房间、卫生间、洗浴室、商业洗浴中心等地面工程；也可用于室外露台、楼前台阶、上人屋面等工程，但必须配合柔性防水密封材料做细部处理，确保可靠的工程质量。

5.22 砂浆、混凝土界面剂

5.22.1 推荐一：EVV砂浆、混凝土界面剂

代号：优砂UNIQUEPROPRIMER1。产品规格：乳液：25L/桶，粉体：25kg/袋。北京沃特瑞森新材料技术有限公司，联系人：车娟（010-51164130，13911587823）。

（1）产品简介

优砂 UNIQUEPROPRIMER1，是一种双组分防水界面剂砂浆，由 EVV 三元共聚乳液和水泥砂浆复合而成。它能渗透到基层内部，同时在基面上形成一层致密的封闭层，可以有效地使面层材料更好地黏附在基面上。基面经界面处理后，更加结实、密闭，有利于下道防水砂浆的施工。

（2）产品执行标准

《混凝土界面处理剂》JC/T 907。

（3）产品特点

1）绿色环保型产品，对人体无副作用，无气体挥发，无刺激性气体。

2）极大改善防水砂浆的粘结性、保水性和柔韧性，提高了界面层的耐磨性能。

3）固化后不会产生收缩，并且抑制霉菌的生长和防止盐分的污染。

（4）适用范围

新旧混凝土之间；替代凿毛工艺；各种瓷砖光面翻新；加砌砖抹灰前处理。

5.22.2 推荐二：混凝土界面剂

代号：BLJ-6033、BLJ-6500。产品规格：乳液：25L/桶，粉体：25kg/袋。生产单位：上海保立佳化工股份有限公司，联系人：孟祥刚（13962768558）。

（1）产品简介

BLJ-6033 环氧改性丙烯酸酯乳液，含环氧基团，与底材、面漆附着力好，抗碱，抗盐析，防起霜，基材适用广泛。BLJ-6500 丙烯酸酯乳液，优异的耐水、耐碱性，优良的渗透性，出色的粘结强度，基材适用广泛。

（2）产品执行标准

1）《建筑防水材料用聚合物乳液》JC/T 1017。

2）《混凝土界面处理剂》JC/T 907。

（3）产品指标

产品指标见表 5.22-1。

表 5.22-1

产品	BLJ-6033	BLJ-6500
外观	乳白微蓝相	乳白色液体
固含量（%）	46±1	53±1
最低成膜温度（℃）	18	0
玻璃化温度（℃）	20	−50
pH	7～9	7～9
黏度（3 号转子，60r/min，25℃）	500～1500	≤200

（4）适用范围

BLJ-6033 适用于混凝土、加气混凝土、小型砌块、轻质隔墙、砖混墙面、腻子批刮、保温板材等的基层界面预处理，适用于瓷砖、玻璃、陶瓷锦砖、抛光砖、玻化砖、大理石、水磨石、水刷石、水泥、砂浆等表面。BLJ-6500 适用于单组分玻化砖背胶。

砂浆、混凝土界面剂下列公司也生产：

江苏邦辉化工科技实业发展有限公司

联系人：冯永（13806165356）

地址：南京市玄武区长江后街6号东南大学科技园4号楼103室

5.23 粉状防水剂

5.23.1 推荐一：FDS-A结构自防水剂

代号：FDS-A。产品规格：30kg/袋。生产单位：佛山市佛地斯建筑防水材料有限公司，联系人：刘少东（13078432878），周元招（15605268839）。

（1）产品简介

产品具有促进水泥粒子界面活性和优越的防水性能，在和水泥、水的化学反应中吸收氢氧化钙，反应生成硅酸钙胶体，填塞了水与空气所占的空隙部分，形成自愈性能，增加了混凝土的密实度，使混凝土产生自身躯体结构防水和微裂缝修复的效果。

（2）产品特点

具有抵抗海水侵蚀性能；提高、改善混凝土的防水性能；减少裂缝收缩、增强中后期强度及密实度。

（3）适用范围

适用于所有地下混凝土构造物、水库、水池、水槽、地铁、隧道、桥梁、海中、水中建筑，屋顶、墙面、浴室、空中园林的防水工程以及其他适合混凝土浇筑的防水、抗渗工程。

5.23.2 推荐二：YYP特种渗透结晶防水浆料

代号：YYP。产品规格：25kg/桶。生产单位：郑州赛诺建材有限公司，联系人：王福州（15137139713）。

（1）产品简介

浆料是以特种硅酸盐水泥、石英砂等为基料，掺入多种活性化学物质制成的无机粉状刚性防水材料。与水发生水化反应及四级链式反应后，材料中含有的活性化学物质通过载体水向混凝土内部渗透，在混凝土孔隙中形成不溶于水的结晶体，堵塞毛细孔道，从而使混凝土致密、防水。并且具有催化特性，一旦遇水孔隙内的结晶体膨胀达到内外动态平衡。因此，混凝土结构即使局部受损发生渗漏，在遇到水后也会产生结晶作用自行修补愈合0.4mm的裂缝，无须做其他的防水层修补，具有多次抗渗和自我修复的特点和性能，并且具有极强的抗压能力，最高可达3.0MPa，防水层和混凝土表面形成整体。由于具有透气不透水的特点，因此可以和混凝土结构同步进行养护。

（2）产品特点

可长期耐受高水压，高达2.92MPa；自愈合性能，可以自愈合0.4mm混凝土裂缝；背水面施工性能卓越，解决大量地下室渗漏问题；无毒、环保，防腐，耐酸碱，可以提高混凝土强度；无须找平层和保护层，节省工期，加快工程进度，施工综合成本大大降低；当其他防水系统失效后可继续工作；具有渗透功能，能通过化学反应渗透到混凝土内部产生结晶体堵住混凝土的毛细孔。

（3）适用范围

适用于工业与民用建筑的地下工程、地铁及涵洞、水池、水利等工程混凝土结构的防水与防护。

5.24 单组分聚脲防水涂料

5.24.1 推荐一

代号：DSP。规格：20kg/桶。生产单位：辽宁九鼎宏泰防水科技有限公司，联系人：高岩（13940386188）。

（1）产品简介

DSP单组分聚脲防水涂料以特种聚醚、IPDI为主要成分，添加进口助剂形成环保型液态弹性防水涂料。与空气中的水汽接触后固化成膜，在基层表面形成一道柔韧坚固的无接缝防水膜。

（2）产品执行标准

《单组分聚脲防水涂料》JC/T 2435。

（3）产品特点

1）Ⅰ型拉伸强度高达 8～9MPa，延伸率可达 500%以上，Ⅱ型拉伸强度 16MPa。

2）耐腐蚀、不起泡、不起鼓。

3）由于使用特种聚醚及 PDI 合成，使产品具有超强的耐酸碱性。

4）低温 −20℃可固化，冬季可施工。

5）不含溶剂，绿色环保。

6）施工机械化，单机日喷涂效率高。

（4）适用范围

广泛应用于屋面、地下、厕浴间以及隧道、路桥、涵洞、水池等防水、防渗工程。

单组分聚脲防水涂料下列公司也生产：

1）辽宁亿嘉达防水科技有限公司

联系人：刘振平

联系电话：15941219388

2）江苏朗科环保科技有限公司

联系人：蒋飞益

联系电话：18001530000

5.25 聚合物水泥基背水抗压防水浆料

代号：YPJ001。产品规格：10kg、20kg。

（1）产品简介

由水泥、骨料和可以分散在水中的有机聚合物搅拌而成。聚合物可以是由一种单体聚合而成的均聚物，也可以是由两种或更多的单聚体聚合而成的共聚物。聚合物必须在环境条件下成膜覆盖在水泥颗粒上，并使水泥机体与骨料形成强有力的粘结。聚合物网络必须具有阻止微裂缝发生的能力，而且能阻止裂缝扩展。

（2）产品特点

粘结强度高，能与结构形成一体；抗腐蚀能力强；耐高湿、耐老化、抗冻性好；产品水性无毒，符合环保要求。

（3）产品执行标准

1）《聚合物水泥防水涂料》GB/T 23445。

2）《聚合物水泥防水砂浆》JC/T 984。

3）《建筑防水涂料中有害物质限量》JC 1066。

（4）适用范围

1）室内外的混凝土结构，预制混凝土结构，水泥抹底、砖墙、轻质砖墙结构。

2）楼层墙壁地板、卫生间、厨房、花槽；食用水池、鱼池、污水处理池。

3）地下室、地铁站、隧道、人防工程、矿井、建筑物地基。

4）涂于铺贴石材、瓷砖、木地板、墙纸、石膏板之前的底材上做前置层处理，可达到防止潮气和盐分污染的效果。

聚合物水泥基背水抗压防水浆料下列公司生产：

辽宁九鼎宏泰防水科技有限公司

联系人：高岩（13940386188）

5.26 水性聚氨酯灌浆料

5.26.1 推荐一：水性聚氨酯灌浆料

代号：YPJ002。产品规格：10kg、20kg。

（1）产品简介

灌浆料与水产生化学反应后，借其缓慢膨胀及持续压力，可将灌浆料渗透至微细缝隙，实现完全止水。在潮湿状态下，灌浆料与混凝土的附着力好，在裂缝中硬化后，不会因构筑物的变形而引起再次漏水。本灌浆料耐化学介质及耐盐水性能优越，可用于海水或污水工程中，确保长期止水。灌浆料的黏度及固化速度可根据工程需要调节。

（2）产品特点

浆液遇水后自行分散、乳化、发泡，立即进行化学反应，形成不透水的弹性胶状固结体，有良好的止水性能。反应后形成的弹性胶状固结体有良好的延伸性、弹性及抗渗性、耐低温性，在水中永久保持原形。与水混合后黏度小，可灌性好，固结体在水中浸泡对人体无害、无毒、无污染。浆液遇水反应形成弹性固结体物质的同时，释放 CO_2 气体，借助气体压力，浆液可进一步压进结构的空隙，使多孔性结构或地层能完全充填密实。具有二次渗透的特点。浆液的膨胀性好，保水量大，具有良好的亲水性和可灌性，同时浆液的黏度、固化速度可以根据需要进行调节。

（3）性能指标

性能指标见表 5.26-1。

表 5.26-1

外观	均匀液体，无杂质，不分层	遇水膨胀率（%）	≥ 20
密度（g/cm^3）	≥ 1.00	保水性（s）	≤ 300
黏度（mPa · s）	$\leqslant 1.0 \times 10^3$	不挥发物含量（%）	≥ 75
凝固时间（s）	≤ 150	发泡率（%）	≥ 350

（4）适用范围

可用于连续壁、隧道、伸缩缝、箱涵、发丝裂缝、顶板、环片止水、大坝、桥墩、地下室、人防工程、水利工程等长期有水的堵漏场合等。

5.26.2 推荐二：油性聚氨酯灌浆料

代号：YPJ003。产品规格：10kg、20kg。

（1）产品简介

灌浆料主原料单液聚氨酯与水作用后，迅速膨胀堵塞其裂缝，达到止水目的；亦可与低量催化剂配合使用，依实际施工需要来调整发泡速度，以期达到止漏功用；与水反应形成一发泡体，具有止漏水及填补缝隙功能。

（2）产品特点

①抗渗性：该材料抗渗强度在 680kPa 以上，防水效果明显。②抗压性：在标准砂浆中固结体的抗压

强度一般在 4.9～19.6MPa，可以较好地起到补强加固的作用。③该材料无论是干裂纹还是湿裂纹都可以起到明显作用，在高压灌注机的高压下首先渗透到裂纹底部，与水反应产生的硬质泡沫体会慢慢地把水一点一点地挤出来，最终起到防水加固补强的作用。④膨胀率大，不收缩：正常与水反应浆液可以形成 10 倍泡沫体，因而可以进一步充实空隙，起到防水堵漏的作用。⑤因为浆液是单组分，使用方便。

（3）性能指标

性能指标见表 5.26-2。

表 5.26-2

外观	均匀液体，无杂质，不分层	抗压强度（MPa）	≥6
密度（g/cm^3）	≥1.05	不挥发物含量（%）	≥78
黏度（mPa·s）	≤1.0×10^3	发泡率（%）	≥1000
凝固时间（s）	≤800		

（4）适用范围

可用于连续壁、隧道、伸缩缝、箱涵、发丝裂缝、顶板、环片止水、大坝、桥墩、地下室、人防工程、水利工程等长期有水的堵漏场合等。

5.26.3 推荐三：环氧树脂灌浆料

代号：YPH004。产品规格：10kg、20kg。

（1）产品简介

环氧树脂注浆液是以环氧树脂为主剂，配以固化剂、促进剂等制成的一种低黏度、高渗透力的常温硬化的补强加固材料。该注浆液可深入结构体的细微裂缝，硬化过程放热少，硬化后结构坚固韧性好，收缩性小，对各种结构体均有极佳的粘结力和抗开裂性，使待修复结构体恢复完整性，以达到修补和补强的完美效果。

（2）产品特点

①抗压、粘结等物理力学性能优。②反应固化温和、放热峰值低，可长达 90min（25℃时）的操作时间，适合大体积灌浆使用。③灌浆成型后无收缩，确保高精确度的安装需要。④可以与酸、碱、盐、油脂等化学品长期接触腐蚀。⑤卓越的抗蠕变性：可在 −80～80℃冻融交替、振动受压的恶劣物理工况下长期使用而无塑性变形，保证设备定位长期精确。⑥卓越的韧性：可以化解由动设备传递来的动荷载。

（3）产品执行标准

《环氧树脂砂浆技术规程》DL/T 5193。

（4）性能指标

性能指标见表 5.26-3。

表 5.26-3

项目	指标	抗压强度（MPa）	≥70
密度（g/cm^3）	1.00	抗渗压力（MPa）	≥1.2
抗拉强度（MPa）	≥15	抗渗压力比（%）	≥400
干粘结强度（MPa）	≥4.0		

（5）适用范围

广泛用于混凝土结构、砖板空鼓缝隙、龟裂等各种状况进行灌浆修补加固处理（地铁、隧道、桥梁的桥墩面、梁柱、楼板、预铸板、多孔性地板、结构壁体等裂缝加固）。

5.27 优巨力堵漏1号（速凝型）

代号：1号。产品规格：5kg/桶。生产单位：浙江优巨力建设有限公司，联系人：毛瑞定（13362888533）。

（1）产品简介

可快速修补混凝土、砖砌墙壁、底板的漏水渗水。可承受负压，不氧化，不含金属元素，安全环保，在水中数分钟即可硬化。

（2）产品特点

迅速止水；水下作业；硬化后强度大；施工方便；绿色环保、无污染。

（3）产品执行标准

《无机防水堵漏材料》GB 23440。

（4）适用范围

用于混凝土、砖砌墙壁、底板。

5.28 优巨力堵漏2号（缓凝型）

代号：Ⅱ型。产品规格：5kg/桶。生产单位：浙江优巨力建设有限公司，联系人：毛瑞定（13362888533）。

（1）产品简介

以特种水泥结合添加剂经特殊工艺加工而成的粉状防水堵漏材料，适用于各种地下建筑物或构建物、电缆沟道、水池、厕卫间、人防洞库、地铁、隧道等工程的防潮、抗渗、堵漏。也适用于地下管道、自来水管道、堤坝、设备基础的紧急抢修。

（2）产品特点

粘结力大；干燥后强度大；可以在表面涂刷其他材料；施工方便；绿色环保、无污染。

（3）产品执行标准

《无机防水堵漏材料》GB 23440。

（4）适用范围及要求

用于地下建筑物、电缆沟道、水池、厕卫间、人防洞库、地铁、隧道等。

5.29 优巨力堵漏3号（渗透型）

代号：Ⅲ型。产品规格：5kg/桶。生产单位：浙江优巨力建设有限公司，联系人：毛瑞定（13362888533）。

（1）产品简介

一种有渗透加固功能的修补砂浆，具有加固、渗透、防腐、快速硬化等性能，适用于地铁、隧道、桥梁、管廊、市政、地下结构和装配式建筑的修缮工程项目。

（2）产品特点

优越的渗透性；即便涂层破裂也不影响防水性；良好的耐候性；绿色环保、无污染。

（3）产品执行标准

1）《水泥基渗透结晶型防水材料》GB 18445。

2）《聚合物水泥防水砂浆》JC/T 984。

（4）适用范围

用于地下建筑物、电缆沟道、水池、厕卫间、人防洞库、地铁、隧道等。

5.30 天地不漏全能胶

生产单位：天地不漏建筑修缮技术有限公司，联系人：吴红亮（13703864666）。

（1）产品简介

超级全能胶由树脂合成为主要原料，产品持续 8h 高温 120℃、低温 60℃不变形、不起壳、不脱落，涂料坚韧耐根穿刺适合屋顶花园，与各类基层结合附着力超强，真正实现肌肤式防水。

（2）产品特点

1）耐热性：可耐 100～120℃高温，并能保持膜体完好，原有特性不改变，从而保持正常施工。

2）低温柔性：两种涂料分别可以在 −60℃下施工，无裂缝、断裂，能适应于北方高寒地区。

3）粘结强度：含渗透活性因子与混凝土的粘结强度特别高，对基层的收缩和变形开裂适应较强。

4）树脂乳液，不含任何有机溶剂，无毒无害，绿色环保产品。

5）涂膜强度高，施工经多变喷涂或刷涂，形成连续无接缝的整体弹性防水层，从而使整个防水系统保持完整性。

6）超强附着力，适用于钢构基层、水泥砂浆或混凝土基层。

（3）使用说明

双组分 A、B：A 组料 1 袋；B 组料 3 袋。

一次性水杯 A 组料一杯，B 组料 3 杯，搅拌均匀，夏季在 5～10min 内刷完，冬季在 10～30min 刷完。本产品净重 8.6kg，涂刷两遍施工面积 20～40m^2。

（4）产品性能

抗低温 −40℃；抗高温 120℃；抗压强度 30MPa；拉伸剪切强度 8MPa；抗拉强度 22MPa；干粘 4MPa；湿粘 3MPa；渗透压力 433MPa；属于超强耐磨高强度粘结。

5.31 天地不漏密封胶

生产单位：天地不漏建筑修缮技术有限公司，联系人：吴红亮（13703864666）。

（1）产品简介

天地不漏密封胶是以液态聚硫橡胶为主要基料，添加多种化学助剂经合成工艺制作而成，具有优良的耐水、耐油、耐老化、耐腐蚀的特性，并以密封性能好、粘结力强、弹性好、使用寿命长而著称。

（2）适用范围

广泛用于建筑工程、隧道工程、给水排水工程、水利工程、市政建设工程、高速公路桥梁及机场跑道中各种变形缝、伸缩缝的防水密封。产品属于无毒级，特别适用于净水厂 V 形滤池、滤板间密封。

（3）性能指标

性能指标见表 5.31-1。

表 5.31-1

项目	技术指标
外观	产品为细腻、均匀膏状物，无气泡；两组分间颜色有明显差异
密度（g/cm^3）	规定值 ±0.1
适用期（h）	⩾2
表干时间（h）	⩽24
弹性恢复率（%）	⩾95
下垂度（N 型）（mm）	⩽5
流平性（L 型）（mm）	光滑平整

续表

项目		技术指标
拉伸模量（100%）（MPa）	23°C	≤0.6
	−20°C	≤0.7
定伸粘结性（定伸 100%）		无破坏
浸水后定伸粘结性（浸水 4d，定伸 100%）		无破坏
冷拉-热压后的粘结性（±25%）		无破坏
质量损失率（%）		≤9

（4）施工指南

操作者必须严格按操作规程施工，才能达到充分固化和良好的力学性能。

1）基层处理：施工基材界面须处理干净，特别是对浮灰或残余砂浆块、油污及其他污染物进行清理，有条件最好用空气泵冲刷干净，如基材界面明显潮湿，必须烘干处理。

2）衬底材料：衬底材料用于填充过大或无底的接缝，以免浪费密封胶，同时避免胶三面粘结，影响胶性能。衬底材料应选用非刚性的蜂窝状材料，建议用聚乙烯泡沫条为佳，尺寸应比实际缝宽 25%～30%，安装后衬底材料处于受压状态。

3）施工界面的防护：施工时为防止胶污染周边，建议在接缝两侧 10mm 处贴 50mm 宽的防污带，注意待施工结束，即把防污带揭去。

4）胶的配制：将 A 组分（基胶、白色）和 B 组分（固化剂、黑色）按 10：(1～1.2)的比例计量（质量比），用大功率手枪钻的慢速挡搅拌 5～8min 直至反射色泽消失为止，然后用油灰刀将边缘物料翻到中间，再搅拌一次，以确保混合均匀，配好的料必须在 2h 内用完。

5）施胶：用油灰刮刀（或挤胶枪）将配置好的胶料在接缝界面涂刮一层，使界面得到较好浸润，再嵌入缝中间到规定厚度后压实，操作时应避免夹带气泡，对特殊部位需要较高的粘结强度时可使用配套底涂料。施工完毕后应进行全面检查，缺料时须及时修补，施胶后 24h 内避免水冲、雨淋或其他损坏。

（5）注意事项

闭水试验须在施胶 5d 后进行。

本产品有灰色、黑色；包装为塑料桶，每桶 10kg（非下垂流平型）；在干燥、通风阴凉的场所储存，储存温度不超过 27°C；自生产之日起，保质期不少于 12 个月。

5.32 天地不漏永不固化注浆料

产品规格：20kg/桶。生产单位：天地不漏建筑修缮技术有限公司，联系人：吴红亮（13703864666）。

（1）产品简介

一种以丙烯酸铵类单体防水乳液为主剂，以水为稀释剂，在一定的引发剂与促进剂作用下形成的一种高弹性凝胶体。其黏度低，渗透能力强；凝胶体具有很好的抗渗性、黏弹性及耐老化性能等。

（2）适用范围

用于承受水压的建筑结构，如大坝、水库等的防渗帷幕灌浆；控制水渗透和凝固疏松的土壤防水；隧道的防渗堵漏或隧道衬套的密封；地下建筑物地下室、厨房、厕浴间等防渗堵漏；封闭混凝土和岩石结构的裂缝防渗堵漏；隧道开挖过程中，对土体中水的控制。

（3）性能指标

外观为乳白色液体和透明液体；相对密度 1.1 ± 0.1；黏度 ≤ 10mPa · s；凝胶时间 ≤ 20min；渗透系数 ≤ 10^{-6}cm/s；挤出破坏比降 ≥ 200。

（4）产品特点

1）丙烯酸盐黏度极低，渗透性好，能够确保浆液渗透到宽度为 0.1mm 的缝隙中。

2）固化时间可调，快速固化只需 30s～2min，慢速固化可以大于 10min。

3）凝胶体具有较高的弹性，延伸率可达 200%，有效解决了结构的伸缩问题。

4）无须与水持续接触，添加的膨胀组分遇水膨胀率大于 100%，解决了凝胶体干湿循环的问题。

5）与混凝土面具有极佳的粘结性能，粘结强度大于自身凝胶体的强度，即使凝胶体本身遭到破坏，粘结面仍保持完好。

6）对绝大部分酸、碱具有良好的耐化学性，不受生物侵害的影响。

7）环保无毒，不会对人体造成伤害。

（5）施工方法

1）在渗漏部位钻孔或者开槽。

2）可以先将水压入钻孔中，以确定是否所有裂缝可以贯通，或是否需要再钻更多的孔。

3）使用手压泵或者电动泵高压泵进行灌浆作业，注浆压力可采用 0.2～0.6MPa，根据封缝质量和结构情况可适当提高压力，这样可保证浆液渗透到结构最细微的缝隙中。

4）灌注过程中，如果结构表面出现漏浆现象，灌浆作业应立即停止，并采用适当的方法对漏点进行封闭，然后再继续施灌。

（6）注意事项

1）本品 A、B 组分为水溶液，非易燃、易爆物，无毒，储存于塑料容器内。

2）做好劳保防护，通风设施，及时用清水清洗接触身体的部位，误食及时就医。

5.33 DW-Ⅰ型堵漏剂

产品规格：铁桶包装，20kg/桶，一组，A、B 两个组分，40kg。生产单位：滨海亨郎防水建材有限公司，技术单位：江苏德沃防水技术有限公司，监制单位：亨郎集团有限公司，联系人：张义国（15251198000，0515-84080000）。

（1）产品简介

以改性环氧树脂与胶粉互穿聚合物为主要原料，采用热连结技术生产而成的双组分型新型防水堵漏注浆材料。

（2）产品特点

DW-Ⅰ型堵漏剂具有初凝快，弹性好，黏性强，拉伸长；终凝有水柔、无水则强度高的双组分，操作简便。

（3）使用说明

A、B 组分按照 1 : 1 混合即可使用，可带水堵漏，效果显著。

（4）适用范围

地铁隧道、盾构、公/铁路隧道、引排水隧道、工业及民用建筑、地下人防等领域的防渗堵漏以及软弱地层处理。

（5）主要技术指标

主要技术指标见表 5.33-1、表 5.33-2。

表 5.33-1

序号	项目	技术要求	
		甲组分	乙组分
1	外观	不含颗粒的均质液体	
2	密度*（g/cm^3）	不超过生产厂控制值的 ±0.05	
3	黏度（mPa·s）	≤10	
4	pH	7.0～10.0	1.0～3.0

注：*生产厂控制值应在产品包装与说明书中明示用户。

表 5.33-2

序号	项目		技术要求
1	凝胶时间（s）	≤	20
2	渗透系数（cm/s）	<	1.0×10^{-6}
3	固砂体抗压强度（kPa）	≥	100

5.34 聚氨酯防水灌浆材料

代号：DWPU-101/DOPU-201。产品规格：20L 铁桶包装，也可按需包装。

（1）产品简介

聚氨酯灌浆材料是一款快速高效的防渗堵漏材料，对环境友好。产品遇水可形成凝胶体或发泡体，广泛应用于各类工程中出现的大流量涌水、漏水及活动缝防渗处理。

（2）产品执行标准

《聚氨酯灌浆材料》JC/T 2041。

（3）产品特点

1）黏度相对较小，遇水迅速反应形成不透水的凝胶体或发泡体。

2）可带水作业，在渗水或涌水情况下进行灌浆。

3）产品环保性能好，无毒，可适用更多工况。

4）具有较大的渗透半径和凝固体积比，遇水迅速发生化学反应，同时产生很大的膨胀压力，推动浆液向裂缝深处扩散形成坚韧的固结体。

5）与混凝土基层及其他建材粘结性能优异。

（4）适用范围

交通、市政、建筑等行业中各类建筑物的防渗堵漏处理；水利水电工程中混凝土伸缩缝、裂缝、施工缝的渗水、漏水防渗处理；各类建筑物的基础防渗或帷幕灌浆处理；地下隧道、建筑物的地基或地板维修与加固；港口、码头、桥墩、大坝、水电站帷幕灌浆堵漏与加固。

5.35 聚氨酯防水涂料

代号：DTPU-401/DTPU-402/DTPU-411。产品规格：外观为均匀黏稠状液体，无凝胶和结块，密度 $1.4g/cm^3$。生产单位：上海东大化学有限公司，联系人：丁小磊（18516796006）。

（1）产品简介

聚氨酯防水涂料是一种环保型高分子防水涂料，用滚涂、刮涂等方式均匀地涂布在施工基面上，可与湿气反应固结成为富有弹性、强韧、具有耐久性的防水涂膜。

（2）产品执行标准

《聚氨酯防水涂料》GB/T 19250。

（3）产品特点

1）抗形变能力强，涂膜延伸性能优良，不会因结构层开裂而破坏防水效果。

2）粘结力强，在符合标准要求的基面上不需要涂刷基层处理剂。

3）环保性好，可达到国标A类VOC要求，不含苯、甲苯等成分。

4）冷施工，操作方便。

（4）适用范围

适用于地下室和厕浴间、厨房间；水池、冷库、地坪等工程的防水、防潮；可适用于地下工程，也可用于非暴露型屋面工程防水。

5.36 硅烷改性密封胶

代号：MS-910/MS-920/MS-930。产品规格：600mL/支、20kg/桶、200kg/桶。生产单位：上海东大化学有限公司，联系人：丁小磊（18516796006）。

（1）产品简介

硅烷改性密封胶是一种无味、无溶剂、无异氰酸酯、无VOC的本体型高性能、中性单组分密封胶。它和水分反应能形成一种弹性物质，具有弹性密封及粘结的综合性能，对很多物质有良好的黏性，适用于需要弹性密封并且要有一定粘结强度的部位。

（2）产品执行标准

《硅酮和改性硅酮建筑密封胶》GB/T 14683。

（3）产品特点

环保无味，不含溶剂、异氰酸酯、卤素等，无腐蚀；对多种物质粘结性好；高弹性恢复率；颜色稳定，有良好的抗UV性能；表面可以涂饰。

（4）应用范围

装配式建筑预制板间接缝防水密封、道路嵌缝填缝、综合管廊及地铁隧道等缝隙密封处理；室外和室内缝隙和接点的密封、装饰装修的粘结、填缝、接缝密封、防水、免钉等家装领域；弹性粘结金属和塑料、车体、火车车体的制造、船的制造、集装箱金属结构、设备、电气、空调和通风工业等。

5.37 TS-68疏水性聚氨酯灌浆材料

代号：TS-68。生产单位：四川童燊防水工程有限公司，联系人：易启洪（13666186605）。

（1）产品简介

疏水性聚氨酯灌浆材料属于单组分灌浆材料，迅速发泡膨胀形成结构密实的闭孔弹性聚氨酯固结物，堵塞其结构裂缝并可与基材紧密结合，迅速膨胀堵塞其裂缝，达到止水目的；亦可与低量催化剂配合使用，依实际施工需要来调整发泡速度，以期达到止漏功用。

（2）产品执行标准

《聚氨酯灌浆材料》JC/T 2041。

（3）产品特点

1）单组分灌浆，施工简单、操作快速。

2）反应性佳，反应3～8min发泡完成，1h可完成硬化。

3）产品缩小，发泡倍数大，可高至30倍左右。

4）安定性佳，在开封后，在施工的时间内不会变质。

5）适应性好，可与偏酸或偏碱甚至海水的水质反应而不影响发泡体的物化性。

（4）适用范围

1）适用于建筑结构各种裂缝、盾构管片拼接缝、注浆孔渗漏水灌浆封堵等。

2）永久性混凝土工程如地铁车站、隧道等裂缝的临时性止水。永久性止水应与环氧树脂堵漏材料相互配合。

3）隧道、基坑开挖过程中的涌水快速堵漏。

5.38 TS-88 新型高聚物蠕动型灌浆材料

产品规格：TS-88。生产单位：四川童燊防水工程有限公司，联系人：易启洪（13666186605）。

（1）产品简介

本产品很好地解决了防水材料和建筑物基层结合的问题，是一种具有优异弹塑性能、自愈性能、粘结性能和耐老化性能的新型防水材料。它的使用可满足不同气候环境下、不同工程的施工要求，具有抗疲劳性、蠕变性、不窜水性等其他防水材料无法比拟的综合应用性能。

（2）产品执行标准

《非固化橡胶沥青防水涂料》JC/T 2428。

（3）产品特点

1）产品具有良好的蠕变性，并能一直保持弹塑性状态。

2）优异的基层适应性：对有裂纹或变形较大的基层有较强适应性，与基层满粘结的同时能很好地渗入并封闭基层的细微裂缝，适应变形，不固化。

3）自愈合性强：施工及使用过程中即使出现防水层破损也能自行修复，阻止水在防水层与基层之间流窜，保持防水层的连续性；施工时材料不会分离，可形成稳定、整体无缝的防水层。

4）抗开裂性：不受基层变形、沉降等外力造成的开裂影响。

5）优异的憎水性：本产品具有优异的憎水性，能在长期浸水的环境下依然保持优异的性能。

6）可与其他防水材料复合使用，形成复合式防水层，提高防水效果。

7）耐高低温、延伸性能优秀。

（4）适用范围

适用于各类混凝土、砖石结构的建筑物平面、立面防水及防潮处理及特殊设施的防锈、防腐施工。特别适用于伸缩缝、沉降缝、天沟、屋面、地下室、破损的卷材修复等防水堵漏工程。

5.39 修缮奇兵防水粘结橡胶膏

代号：MX-907。产品规格：2kg、5kg、18kg。生产单位：湖南爱因新材料有限公司，联系人：王琳（13975088849）。

（1）产品简介

该涂料是单组分，具有黏力强，耐水性强，能起到粘结、防水、防腐、防开裂、抗剥离、防老化、防潮、防霉、长期耐水泡、附着力强等多种效果。产品颜色丰富，各种颜色可调，白色有防晒及隔热效果。

（2）产品执行标准

《聚合物乳液建筑防水涂料》JC/T 864。

（3）产品特点

1）单组分，耐水性强，防水防腐防开裂，抗剥离，抗老化，防霉，基面耐水强，具有超强的附着力等，上墙无须任何处理可贴瓷砖。

2）产品颜色丰富，各种颜色可调，白色有防水、隔热双重效果。

3）水性橡胶产品，对环境无毒无害，具有良好的透气性。

（4）适用范围

本产品适用于厨房、卫生间、淋浴间墙面、水池、泳池、鱼池、污水处理池、室内外混凝土结构、水泥抹底、砌墙结构、地下室、隧道、矿井、建筑物地基、彩钢瓦结构屋面以及旧屋面、天沟，不用铲除原有防水层，白色可以起到防晒隔热效果。

5.40 修缮奇兵背水抗渗 1 号

代号：MX-901。产品规格：5kg、20kg。生产单位：湖南爱因新材料有限公司，联系人：王琳（13975088849）。

（1）产品简介

修缮奇兵背水抗渗 1 号，是采用国外特殊的高活性化学物质为主料，以特种水泥、石英砂等为基料，掺入多种活性化学物质制成的粉状刚性防水材料。与水作用后，材料中含有的活性化学物质通过渗透水载体向混凝土内部渗透，在混凝土中形成不溶于水的结晶体，堵塞毛细孔道，从而使混凝土致密防水。

（2）产品执行标准

《水泥基渗透结晶型防水材料》GB 18445。

（3）产品特点

1）可在渗水、潮湿、冒汗部位涂刮。

2）操作安全、施工简便、效果鲜明可直接刮涂，具有渗透结晶功能，与水泥混凝土基层内的钙离子等反应后生成枝蔓状的结晶体堵塞混凝土内的毛细通道。

3）遇水可以激活结晶体，具有自我修整功能，避免再次渗水。

（4）适用范围

本产品适用于隧道、地铁、高铁、大坝、砖混墙、桥梁、地下室及车库、路桥面、粮库、厨卫间等先期防水和背水面比较快的堵漏防水，防水抗渗性能抗压可达 7MPa。

5.41 修缮奇兵外墙透明胶

代号：MX-911。产品规格：2kg、10kg。生产单位：湖南爱因新材料有限公司，联系人：王琳（13975088849）。

（1）产品简介

以高分子共聚物乳液为主要原材料，掺加表现活性剂、成膜助剂等复合而成的新型水性防水涂膜胶。该产品简单易用，且安全环保，成膜后的防水膜光洁透明，与基面结合紧密。保护基面，避免来自雨水的侵蚀。

（2）产品执行标准

《聚合物乳液建筑防水涂料》JC/T 864。

（3）产品特点

1）无色、透明、不破坏原墙面的装饰效果，不会呈现黄变、沾灰现象。

2）耐热、耐紫外线、耐臭氧、耐酸碱，对气温适应范围广。

3）有良好的涂膜性，柔软、坚韧，能抵抗基层变形的应力，有透气性。

4）环保产品，施工方便，滚涂墙面即可。

（4）适用范围

各种建筑物的外墙墙面渗漏的防水修补；各种饰面材料接口处的防水处理；各种内外墙装饰材料表面的防水、防潮。

5.42 天地不漏水下抗分散修复材料

产品规格：25kg/袋。生产单位：天地不漏建筑修缮技术有限公司，联系人：吴红亮（13703864666，17303864666，0396-5155555）。

（1）产品简介

产品具有很强的分散性和很好的流动性，可实现水下自动流平、自密实、粉料与骨料在水下不产生分散或者剥离，并且不污染施工水域。材料采用超高性能胶凝材料，通过改善分子间的拉应力与聚合度对水产生排斥力，实现混凝土在水下正常凝结硬化，并且具有较高的抗压强度，克服了传统混凝土遇水不凝、不硬、强度低的难题。

（2）产品特点

1）流动性好，可稍加辅助自动流平，可工作时间大于 20min。

2）水下抗分散，与水产生排斥力，水下粉料与骨料不分离。

3）硬化速度快，双组分在水中 2h 内凝结硬化，单组分在 24h 内硬化。

4）抗压强度好，最终抗压强度在 30MPa 以上。

5）耐久性好，密实度高，抗硫酸盐、氯离子腐蚀能力强。

（3）适用范围

海底隧道、跨海大桥建设；水下基础找平、填充，桥墩底部支撑；水下承台、海堤护岸、护坡修补；码头、大坝、水库修补；潮差地段、水流较大以及救灾抢险工程；污水处理厂、地下室、过桥。

（4）施工方法

1）提前在加固或者待修复部位支设模具。

2）粉料：水 = 1：0.4，用搅拌机连续搅拌 3min 后浇筑在水下施工作业部位。

3）当水位高度较深时，应采用竖管方法注入浆料。

4）可以根据要求选择单组分或者双组分注浆形式。

5）双组分修复完毕后，4h 可硬化投入应用，单组分修复完毕后 24h 投入使用。

5.43 天地不漏全能胶

代号：TDBL-3006。产品规格：4.3kg、8.5kg。生产单位：天地不漏建筑修缮技术有限公司，联系人：吴红亮（13703864666，17303864666，0396-5155555）。

（1）产品简介

属于无毒、无味、环保新型背水堵漏材料，低色相、渗透性好，特殊的分子结构设计提供了强烈的防水性。

（2）产品执行标准

《混凝土裂缝用环氧树脂灌浆材料》JC/T 1041。

（3）产品特点

在复杂的低温带水环境下施工可靠性极高，极佳的分散性，尤其是添加填料仍能保证足够的流动性。有较长的适用期，放热平稳不爆，水泥环氧砂浆变色轻微，同无水干燥条件下相比，强度下降幅度很小，稳定的刚性结构提供了分子优秀的耐腐蚀性、耐水性和耐老化性。水下施工极少外溢，绿色环保，对水源无污染。

（4）适用范围

适合水下灌浆、裂纹修补、砂浆、水下建筑结构胶的配制。即使水下施工，优良的分散性仍能使混凝土强度提高30%以上。对多种有机或无机建筑材质具有极佳的粘结强度。

5.44 天地不漏密封膏

代号：TDBL-3003。产品规格：5kg、10kg。生产单位：天地不漏建筑修缮技术有限公司，联系人：吴红亮（13703864666，17303864666，0396-5155555）。

（1）产品简介

本产品为双组分室温固化特种改性树脂灌封胶（胶黏剂），A组分为黄色膏状，B组分为黄色膏状。

（2）产品执行标准

《混凝土裂缝用环氧树脂灌浆材料》JC/T 1041。

（3）产品特点

产品固化后具有坚韧性好、粘结强度高、耐久性好、无毒无害等特点，有极好的粘结强度和抗冲击性能。

（4）适用范围

本产品适用于背水面各种位移裂缝、建筑渗漏混凝土结构、地下空间、砌块砖墙、隧道、挡土墙、污水处理池、电梯井等复杂特殊结构及再造防水层等抗漏及密封，同时适用于低应力和需要保护的器件灌封、新型LED的模组密封保护，也适用于其他电子器件抗振动的灌封保护，还适用于金属、复合材料、玻璃、陶瓷、石材等材料的粘结。

5.45 天地不漏永不固化

代号：Ⅰ型。产品规格：40kg。生产单位：天地不漏建筑修缮技术有限公司，联系人：吴红亮（13703864666，17303864666，0396-5155555）。

（1）产品简介

一种以天然橡胶为主的注浆树脂，不含有丙烯酰胺单体，LD50大于或等于5000。本品表面张力低、黏度通常小于10mPa·s，可灌性好，凝胶时间短，且可以准确控制，拥有非常好的施工性能。固结体具有极高的抗渗性，渗透系数可达10m/s。非燃品、非爆物，不污染环境；聚丙烯酸盐树脂没有毒性，不含游离丙烯酰胺；固结物具有很好的耐化学性能，可以耐石油、矿物油、植物油和动物油。

（2）产品执行标准

《丙烯酸盐灌浆材料》JC/T 2037。

（3）产品特点

1）黏度极低，渗透性好，能够确保浆液渗透到宽度为0.1mm的缝隙中。

2）固化时间可调，快速固化的只需10s～2min，慢速固化的可以大于10min。

3）凝胶体具有较高的弹性，延伸率可达200%，有效解决了结构的伸缩问题。

4）无须与水持续接触，添加的膨胀组分遇水膨胀率大于100%，解决了凝胶体由干到湿的循环问题。

5）与混凝土面具有极佳的粘结性能，粘结强度大于自身凝胶体的强度，即使凝胶体本身遭到破坏，粘结面仍保持完好。

6）对绝大部分酸、碱具有良好的耐化学性，不受生物侵害的影响。

7）环保无毒，不会对人体造成伤害。

（4）适用范围

本产品适用于 SBS 底部再造防水层面、控制运行隧道中的防水、地下混凝土或砖石建筑（地下室或停车场）的防水。再造防水层专用天地不漏永不固化是一种三组分：A 主剂 20kg，B 固化剂 0.6kg（使用时冲水 20kg），C 促进剂 0.5kg（使用时加到 A 主剂里面搅拌均匀），主剂外观乳白色。

5.46 科洛 KL-200 无机纳米抗裂防渗剂

生产单位：科洛结构自防水技术（深圳）有限公司，联系人：杨飞（13922896181）。

（1）产品简介

KL-200 无机纳米抗裂防渗剂含有铝钙抑制剂，可选择性地抑制 C3A 早期的快速水化，可大幅度降低水泥早期水化热，降低早期最大水化热峰值，缓解了混凝土结构内外温度差，使混凝土内外温度几乎一致。避免或减少了温度裂缝和干缩裂缝，同时能使 C2S 和 C3S 充分水化。

由于高强混凝土胶材一般用量较大，这种铝钙抑制剂的作用就会更加明显。后期 C3A 充分水化，因此后期混凝土的强度会提高，后期强度的增长率一般为 33%以上。掺 KL-200 无机纳米抗裂防渗剂的混凝土可减少 0.2%的高效减水剂，7d 的抗压强度可提高 10%，28d 的抗压强度可提高 13%。能提高泵送混凝土拌合物的保塌性及和易性。改善混凝土拌合物性能，增加拌合物的黏稠度，使混凝土具有更好的流动性和保水性。在减水剂掺量不变的条件下，可以降低混凝土用水量 2～3kg/m^3。

掺 KL-200 抗裂防渗剂的混凝土抗压强度略有降低，劈拉强度、轴拉强度较基准混凝土增大，弹性模量、干燥收缩率较基准混凝土有不同程度的降低，说明 KL-200 抗裂防渗剂可以提高混凝土的韧性，同时可以补偿混凝土干燥收缩，有助于改善混凝土的抗裂性能；可改善混凝土密实性能、耐久性能、和易性、抗拉强度和极限拉伸值；优化水泥水化进程和结构，进而全面提高混凝土密实性以及早期抗拉强度和极限拉伸值。

（2）产品特点

1）在混凝土搅拌站内掺加科洛 KL-200 无机纳米抗裂防渗剂（掺量为：胶材质量 2%）可省去膨胀剂、泵送剂；减少 0.2%的减水剂；每立方米混凝土减少用水量 2～3kg；每立方米减少水泥用量 20kg。

2）掺加科洛 KL-200 无机纳米抗裂防渗剂后混凝土的效果：降低水化热，避免混凝土的裂缝、孔洞、蜂窝、麻面；不阻泵；不离析；不泌水；减少坍落度损失；增加混凝土和易性、流动性、保水性，黏度；抗渗等级 P12 以上；可直接做抗渗防水混凝土直接使用，省去卷材外防水。

（3）与同类产品的对比

28d 收缩率不大于 100%，28d 极限拉伸值不小于 115%，极限拉伸值不小于 100×10^{-6}，28d 渗透高度不大于 30%，抗渗等级不低于 P12。

直接按混凝土胶材质量的 2%、水泥砂浆按胶材的 2.5%在混凝土搅拌站内掺加即可。

（4）适用范围

1）工业与民用建筑的地下设施、屋面、外墙、卫浴间及厨房等防水工程。

2）市政公用工程中城市综合管廊，自来水及污水处理等防水工程。

3）水利水电工程中堤坝和地下建筑设施等防水工程。

4）军工、核电及煤矿、盐湖等地下工程、喷射混凝土防水防腐工程。

5）公路、铁路、桥梁、码头、地铁及水下隧道等防水工程。

5.47 科洛（KELO）永凝液 DPS

生产单位：科洛结构自防水技术（深圳）有限公司，联系人：杨飞（13922896181）。

（1）产品简介

一种水基性含专有催化剂和活性化学物质的防水材料，能迅速有效地与混凝土结构层中的氢氧化钙、铝化钙、硅酸钙等反应，形成惰性晶体嵌入混凝土的毛细孔，密闭微细裂缝，从而极大地增强混凝土表层的密实度和抗压强度。

材料不含甲醛、重金属，具有无毒、无味、不可燃、不挥发的特点，是一种透明的水溶液化合物。能自动渗入混凝土表层 30～40mm，使填料与混凝土基质在固化剂作用下发生硅化作用而牢固结成一体。其形成的硅氧键的网链结构类似天然晶体，即使超过 1000℃，依然抗热且不会龟裂，并且其涂层具有像人体皮肤一样不渗水又能排汗的透气功能，使基质保持干爽。同时，无机矿物涂层的这种特殊结构，使其在大自然“热胀冷缩”的往复循环运动中，能像岩石一样，长期保持涂层表面的清洁，以阻止霉斑和苔藓的生长。

科洛永凝液 DPS 作为混凝土优良的保护剂，在很大程度上减缓了混凝土碳化（中性化）和碱-骨料反应（AAR）的速度，阻止侵蚀性介质（如氯化物）腐蚀。

（2）科洛永凝液 DPS 与其他常用防水材料特性对比（表 5.47-1）

表 5.47-1

内容		科洛永凝液 DPS	911 聚氨酯涂膜	改性沥青卷材/高分子卷材	其他粉状或液体防水添加剂
材料基本性质	基本属性及适用性	碱激活的化学渗透型密封剂，适用于所有混凝土建筑防水	双组分混合固化型化学防水剂，有适用性限制	化学合成材料，有适用性限制	一般为化学合成材料，有适用性限制
	环保性	纯环保材料	有毒、有强烈刺激性气味	有轻微毒性	有轻微毒性
	耐酸碱、汽油及抗冻融性	具备	易受酸碱、汽油侵蚀	低温老化、易冻融	部分具备
	抗盐侵蚀性	100%	不具备	不具备	不明显
	防水层整体性	对混凝土整体连续封闭	连续性较好	搭接口多，易渗漏	连续性较好
	防水层抗破坏能力	耐磨损、抗穿刺	一般	一般	一般
	背水面防水适应性	能解决背水面防水难题	适宜迎水面施工	适宜迎水面施工	适宜迎水面施工
对混凝土本身及其施工的影响	对混凝土吸水率的改善	减少 83%，具备二次抗渗性能	不具备	不具备	不具备
	对混凝土加固作用	表层强度提高 20%～25%	不具备	不具备	不具备
	抗裂化（自动密封裂缝）	防止混凝土干燥龟裂，能自动密闭 0.3mm 的裂缝	不具备	不具备	不具备
	对裸露混凝土抗污改善	防尘、防污、防霉	不具备	不具备	不具备
	对混凝土抗风化的改善	增加 90%抗风化能力	不具备	不具备	不具备
	对新旧混凝土粘结影响	令新旧混凝土融合成致密整体	不具备	不具备	不具备
	对混凝土呼吸的影响	透气、不透水和蒸气	影响呼吸，导致空鼓分层	影响呼吸，引起剥离	有一定影响
	对表面混凝土粘结影响	有效提高界面粘结效果	不能直接附着装修材料	不能附着装修材料	有一定影响
	基层干燥程度要求	基面干湿均可正常施工	基面必须干燥	基面须干燥	基面须干爽洁净

续表

内容		科洛永凝液 DPS	911 聚氨酯涂膜	改性沥青卷材/高分子卷材	其他粉状或液体防水添加剂
对混凝土本身及其施工的影响	基面平整及规整度要求	无要求	须平滑，转角做弧形	须平滑，转角做弧形	有要求
	找平层、保护层设置	混凝土自然养护无须保护层	必须做	必须做	必须做
	施工环境要求	全天候施工	阴雨、潮湿天气不能施工	潮湿、低温不能施工	受湿度、温度影响
	对下道工序影响	基本不影响下道工序进行	8～12h 固化养护	4～8h 养护	有一定要求
经济性比较	防水层厚度	渗透结晶深度 20～30mm	二至三遍厚度 2～3mm	厚度 1.5～5mm	对厚度有要求
	施工工效	500m²/工日，缩短 2/3 工期	—	—	—
	工程造价	系统造价低，性价比优越	性价比较高	性价比较高	性价比较高
	防水耐久性	永久性防水、无老化期	5 年	5 年	5 年

（3）科洛永凝液 DPS 施工技术

1）基层处理：基层垫层应去除污迹、油渍、灰皮、浮渣，修补蜂窝、麻面、开裂、疏松，使之坚实、平整。永凝液 DPS 施工于混凝土垫层表面，喷涂前应用水冲刷或润湿，但表面不应存有明水。

2）DPS 制备：DPS 溶液贮存时要注意盖好，远离热源。采用原液直接喷涂，严禁掺水稀释。使用前先将溶液摇晃均匀。如溶液有冻结情况，待完全融化后再使用（材料不变质）。

3）设备工具：DPS 喷涂以使用农用型喷雾器为宜。小型或精细作业工程，可用手提压缩式喷雾器；作业面较大的混凝土地面、台座、墙体等可采用背负式喷雾器；机动喷雾器用于宽大作业现场，如隧道、运动场、道路、机场等。

4）施工环境：施工区环境温度在 5～32℃；混凝土表面温度不低于 5℃；相对湿度在 10%～90%，喷涂作业面不应有其他工种交叉施工或有相邻处的粉尘污染。

5）基础防水施工：

① DPS 用量：可以广泛应用于混凝土的各种构造物。对存在特殊问题的地方，可以根据情况加喷，根据工程实际情况，用量为：2～3m²/kg（两道）。

② 溶液喷涂：混凝土垫层可上人时即可进行喷涂。将施工面进行清扫，较脏处、严重受污染处应进行清洗。天气过热应先喷洒清水降温，使施工面温度控制在 5～32℃为佳。在第一遍永凝液 DPS 喷涂 3h 后，进行第二遍防水材料的交叉喷涂，防止有遗漏之处。

③ 细部构造处理：桩头钢筋处，要用永凝液 DPS 多喷 2 次。

6）操作注意事项：

① 喷涂 DPS 时，要注意喷涂速度应缓慢、均匀，防止漏喷、多喷的情况发生，混凝土表面湿润、出现水迹现象即可。

② 雨天不宜进行室外喷涂作业。

③ 风力大于 5 级以上的天气不宜进行喷涂作业。

④ 在气温高于 35℃时的烈日环境下进行喷涂作业时，要注意适当润湿混凝土表面，以防止 DPS 挥发。气温低于 5℃时不宜施工。

注：永凝液 DPS 可以在任何需要防水、防腐、防锈的混凝土构筑物的混凝土表面使用。除了上述功

能，它还可以起到结构补强、阻止氯离子的渗漏、防止碱骨料（AAR）反应和混凝土碳化的作用。

5.48 DZH 无机盐注浆料

代号：DZH。产品规格：25kg/桶、50kg/桶。生产单位：京德益邦（北京）新材料科技有限公司，联系人：韩锋（19920010883）。

（1）产品简介

广泛应用于建筑工程、矿山工程、地铁工程、隧道工程、水利工程、地质灾害防护等的防水、堵漏、加固。对于大型应急渗漏的处理效果尤为显著。

（2）技术指标（表 5.48-1）

表 5.48-1

序号	项目	技术指标	
		Ⅰ型	Ⅱ型
1	外观	液体组分为不含颗粒的均质液体	
		粉体组分为不含凝结块的松散状粉体	
2	凝胶时间（s）	报告实测值	
3	有效固水量（%）≥	100	200
4	不透水性（MPa）≥	0.3	0.6
5	固砂体抗压强度（MPa）≥	0.4	1.0
6	断裂伸长率（%）≥	100	50
7	耐碱性	饱和氢氧化钠溶液泡 168h，表面无粉化、裂纹	
8	耐酸性	1%盐酸溶液泡 168h，表面无粉化、裂纹	
9	遇水膨胀率（%）≥	20	100

（3）产品特点

1）双组分、无毒、无害、绿色环保。

2）适应性强、应用面广，可用于各类工程细微裂缝的堵漏维修和大通道裂缝、大面积、大水量的防水、堵漏、加固维修等。

3）施工简单、操作方便、工期短，一年四季室内外均可施工。

4）吸水率强、固水量大、适用面广，注浆料能够吸收固化自身 2 倍以上的动态水，可广泛应用于混凝土结构、砖石结构、砂土结构等方面的防水堵漏、加固。

5）弹性大、固结力强、后期强度高、防水堵漏效果好，注浆料能够进入渗透到缝隙、裂缝、构造松散处和砂土内，与水反应固结成高强度、高弹性的连续防水层。

6）固化凝胶时间可以在几秒钟到数小时之间任意调整，可满足各类工程对注浆时间的要求。

7）耐久性好、具有永久防水性。注浆料为无机活性材料，耐酸碱、不易老化、不腐蚀钢筋、结合牢度好。

（4）适用范围

各类工业、民用建筑地下工程的防水堵漏。各类工程的地基基础防水、抗渗、加固及软弱地层、破碎岩层等处理。地铁、隧道、地下管廊、水库、大坝、矿井、坑道的防水堵漏、防渗加固。地质灾害工程、构造带滑坡体的加固防护处理。污水处理厂、自来水厂、蓄水池，游泳池的防水堵漏、防渗加固。

5.49　DZH 丙烯酸盐注浆料

产品规格：双组分，20kg/桶、40kg/桶。生产单位：京德益邦（北京）新材料科技有限公司，联系人：韩锋（19920010883）。

（1）产品简介

一种以天然橡胶为主的注浆树脂，无毒无害，绿色环保，可用于饮用水工程，在美国和欧洲允许这类产品直接使用地下工程而不需要申请化学灌浆应用批准证书。它的低表面张力、低黏度通常小于 10mPa·s，拥有非常好的可注性。具有凝胶时间短、可以准确控制凝胶时间和非常好的施工性能。具有高固结力和极高的抗渗性。渗透系数可达 0～10m/s，固结物具有很好的耐久性，可以耐石油、矿物油、植物油、动物油、强酸、强碱和 100℃以上的高温。

（2）产品执行标准（表 5.49-1）

《丙烯酸盐灌浆材料》JC/T 2037。

表 5.49-1

序号	项目	技术要求
1	外观	不含颗粒均质体液体
2	密度（g/m^3）	生产厂控制 + 0.05
3	黏度（mPa·s）⩽	10
4	pH	6.0～9.0
5	凝胶时间（s）	实测值
6	渗透系数（cm/s）	1.0×10^{-6}～1.0×10^{-7}
7	固砂体抗压强度（kPa）⩾	200
8	抗挤出破坏比降⩾	300
9	遇水膨胀率（%）⩾	30

（3）产品特点

1）水性液体、无毒无害、绿色环保，不会对人体造成伤害。

2）丙烯酸盐黏度极低，渗透性好，能够确保浆液渗透到宽度为 0.1mm 的缝隙中。

3）固化时间可调，快速固化的只需 10～60s，慢速固化的可以大于 10min。

4）凝胶体具有较高的弹性，延伸率可达 200%，有效解决了结构的伸缩问题。

5）应用面广，适应性强，操作方便，工期短，一年四季均可施工，能在潮湿或干燥环境下直接施工。

6）与混凝土面具有极佳的粘结性能，粘结强度大于自身凝胶体的强度，即使凝胶体本身遭到破坏，粘结面仍保持完好。

7）对酸、碱具有良好的耐化学性，不受生物侵害的影响。

（4）适用范围

1）永久性承受水压的建筑结构，如大坝、水库等防渗帷幕注浆。

2）控制水渗透和凝固疏松的土壤防水加固。

3）隧道的防水、抗渗堵漏或隧道衬套的密封。

4）地下建筑物、地下室、厨房、厕浴间等防水、抗渗、堵漏。

5）封闭混凝土和岩石结构的裂缝防水、抗渗、加固堵漏。

6）隧道开挖过程中，对土体中水的控制。

5.50 DZH 免砸砖封水宝

产品规格：10kg/桶、20kg/桶。生产单位：京德益邦（北京）新材料科技有限公司，联系人：韩锋（19920010883）。

（1）产品简介

属硅基聚合物活性渗透结晶自修复高级密封型防水材料。能渗透到厨卫间地面结构层内部与水泥、砂石反应生成硅钙凝胶结晶体，封堵裂缝孔隙并形成永久防水层起到防水作用。

（2）产品执行标准（表 5.50-1）

表 5.50-1

项目	性能指标
渗透深度（mm）	≥2.0
48h 吸水量比（%）	≤65
抗渗透压力（%）	≥200
抗压强度（%）	≥100
抗冻性	−20～20℃，表面无粉化、裂纹
耐热性	80℃、72h、表面无粉化、裂纹
耐碱性	饱和氢氧化钠溶液泡 168h、表面无粉化、裂纹
耐酸性	1%盐酸溶液泡 168h、表面无粉化、裂纹

（3）产品特点

1）单组分水性液体、无毒、无害绿色环保。

2）渗透深度大、具活性、自我修复性强。

为纳米硅基水性材料，能迅速渗透到混凝土结构内部和裂缝孔隙内生成硅钙凝胶结晶体进行封堵加固，90d 后整体渗透深度可达 5～20cm。材料中的高活性成分在潮湿环境和水的作用下就会被激活，连续不断地与结构中的水泥、砂石等碱性、硅质材料反应生成硅钙凝胶结晶体修复渗漏点，直至结构层变成防水层。

3）耐久性强，具长久防水性。属无机材料，耐酸碱和高低温，不存在老化问题。材料中的高活性成分在厨卫间弱碱性水条件下会更加活跃，连续不断地长期生成硅钙凝胶结晶体，不断反复修复，因此具有长期防水的特性。

4）使用简单方便，无须特殊操作。

（4）适用范围

厨房、卫生间、阳台防水防渗；各类建筑内外墙防水防潮。

5.51 防水卷材丁基搭接胶带

生产单位：山东双圆密封科技有限公司，联系人：杜德升（13697800997）。

（1）产品简介

防水卷材丁基搭接胶带分为双面搭接胶条和砂面盖口条，搭接胶条是以丁基橡胶为主要成分，专为高分子防水卷材短边搭接；砂面盖口条是由丁基橡胶自黏胶料、表面覆砂组成，专为高分子防水卷材搭接边的加强使用。

（2）产品执行标准（表 5.51-1）

表 5.51-1

序号	检验项目		标准要求	检验结果	单项判定
1	耐热性		80℃，2h，无位移、流淌、滴落	无位移、流淌、滴落	合格
2	低温弯折性		−25℃，1h，无裂纹	−40℃，1h 无裂纹	合格
3	与后浇混凝土剥离强度（N/mm）	无处理	≥ 1.5	3.4	合格
		浸水处理	≥ 1.0	2.93	合格
		泥沙污染表面	≥ 1.0	2.83	合格
		热处理	≥ 1.0	2.84	合格
4	与后浇混凝土浸水剥离强度（N/mm）		≥ 1.0	2.9	合格
5	卷材与卷材剥离强度搭接边（N/mm）	无处理	≥ 0.8	2.38	合格
		浸水处理	≥ 0.8	2.2	合格

（3）产品特点

1）性能良好，能承受一定程度的变形。

2）具有极为柔软的特性，在异型部位可贴服和密实。

3）具有方便易用，减少施工周期，用量准确，减少浪费等优点。

4）具有优异的初黏性、持黏性、低温粘结等显著特点。

5）不含任何溶剂，安全且环保。

6）胶体颜色有乳白胶体和淡黄色胶体可以选择。

（4）适用范围

1）高分子防水卷材长短边搭接处封口。

2）基坑阴阳角处理。

3）针对预铺反粘防水卷材对接工艺留下的缝隙做一个盖口加强密封处理。

4）预铺卷材破损修补，暴力穿刺后的密封。

5.52 丁基防水密封胶带

生产单位：山东双圆密封科技有限公司，联系人：杜德升（13697800997）。

（1）产品简介

丁基防水密封胶带是以丁基橡胶、高分子树脂、优质增黏剂为基料，以耐老化材料为表面，采用防黏隔离层的自粘防水卷材。本产品免火烤、免底胶且具有极强的粘结性能和自愈性，适合高低温环境下施工，广泛应用于彩钢瓦、钢结构、混凝土屋面等建筑的修缮防水。产品表面颜色分为蓝色、透明、乳白色等。

（2）产品执行标准（表 5.52-1）

表 5.52-1

序号	检测项目	指标	检测结果	单项评定
1	持黏性（min）	≥ 20	24	合格
2	耐热性（80℃，2h）	无流淌、龟裂、变形	无流淌、龟裂、变形	合格
3	低温柔性（−40℃）	无裂纹	无裂纹	合格

续表

序号	检测项目			指标	检测结果	单项评定
4	剥离强度（N/mm）		防水卷材	≥0.4	4.3	合格
			水泥砂浆板	≥0.6	2.9	合格
			彩钢板		3.0	合格
5	剥离强度保持率（%）	热处理（80℃，168h）	防水卷材	≥80	84	合格
			水泥砂浆板		84	合格
			彩钢板		89	合格
		碱处理饱和氢氧化钙溶液（168h）	防水卷材	≥80	88	合格
			水泥砂浆板		104	合格
			彩钢板		98	合格
		浸水处理（168h）	防水卷材	≥80	90	合格
			水泥砂浆板		105	合格
			彩钢板		91	合格
备注	防水卷材采用委托单位提供的 TPO 防水卷材（1.20mm）。					

（3）产品特点

1）胶体含橡胶比例高，密度低，延伸率极佳，可以很好地适应基层的变形和开裂。

2）具有优异的耐老化性能，耐腐蚀。

3）胶体表面经过防褶皱处理，与基层的粘结力优异，确保搭接严密可靠。

4）施工简便安全，无须热熔，只需撕去隔离层，粘贴即可。

5）环保安全，无毒无味，不污染环境。

6）具有自愈功能，能自愈较小的穿刺破损，保持优异的防水性能。

（4）适用范围

新建工程的房屋防水、地下防水、结构施工缝的防水处理及高分子防水卷材搭接密封；市政工程中的地铁隧道结构施工缝的密封防水处理；彩色压型板接缝处和阳光板工程的气密、防水和减振处理；钢结构施工的粘结密封处理；其中用途最广的铝箔胶带适用于各种土木屋面、彩钢、钢构、防水卷材、PC板等阳光照射下的室外防水密封。

5.53 氟碳金属丁基自粘卷材

生产单位：山东双圆密封科技有限公司，联系人：杜德升（13697800997）。

（1）产品简介

由高分子片材、丁基橡胶自粘层、表面材料（采用金属铝箔涂布氟碳涂层）组成，经工艺复合加工而成的丁基自粘防水卷材。具有高强度耐酸碱、耐候性，抗紫外线、耐高低温等性能。

（2）产品执行标准（表 5.53-1）

表 5.53-1

序号	检验项目	标准要求	检验结果	单项判定
1	耐热性	80℃，2h，无位移、流淌、滴落	无位移、流淌、滴落	合格
2	低温弯折性	−25℃，1h，无裂纹	−40℃，1h 无裂纹	合格

续表

序号	检验项目		标准要求	检验结果	单项判定
3	与后浇混凝土剥离强度（N/mm）	无处理	≥1.5	3.4	合格
		浸水处理	≥1.0	2.93	合格
		泥沙污染表面	≥1.0	2.83	合格
		热处理	≥1.0	2.84	合格
4	与后浇混凝土浸水剥离强度（N/mm）		≥1.0	2.9	合格
5	卷材与卷材剥离强度搭接边（N/mm）	无处理	≥0.8	2.38	合格
		浸水处理	≥0.8	2.2	合格
6	紫外线加速耐老化测试（h）			5000（使用寿命20年以上）	

（3）产品特点

1）具有橡胶的弹性，延伸率高，可以很好地适应基层的变形和开裂。

2）耐酸碱、耐候性优异，抗紫外线加速耐老化5000h，使用寿命可达20年以上。

3）极具特色的自愈功能，能自行愈合较小的穿刺破损，保持良好的防水性能。

4）具有优异的对基层的粘结力，确保搭接严密可靠。

5）施工简便安全，无须热熔，只需撕去隔离层，粘贴即可，无毒无味，不污染环境。

6）表面颜色分为灰色、白色、黑色、砖红色、蓝色五种。

（4）适用范围

适用于工业与民用建筑的钢结构彩钢瓦屋面、地下室、室内、市政工程和蓄水池、游泳池以及地铁隧道防水和木结构和钢结构屋面的防水工程。特别适用于需要冷施工的军事设施和不宜动用明火的石油库、化工厂、纺织厂、粮库等防水工程。

5.54 隽隆聚脲注浆液

产品规格：10kg、15kg。型号：JL0007-Ⅰ（标准型）、JL0007-Ⅱ（增强型）。

生产单位：广东隽隆新型建材科技有限公司，联系人：丁杰（15815860941）。

（1）产品简介

以聚脲乳液为基料，经加工而成的高性能高分子单液型堵漏注浆。高固含，不收缩，亲水反应使得堵漏性能更优，同时又具有高强度拉伸延展性，能覆盖裂缝，有效解决建筑及基建工程结构变形缝、伸缩缝、交接缝等结构裂缝出现的渗漏水及复漏。

（2）产品执行标准

《聚氨酯灌浆材料》JC/T 2041。

（3）产品特点

1）解决大水好堵，小水难治的难题：

① 水中可充分固化，潮湿面或水中与混凝土粘结力好。

② 内部结构致密，不透水性好。

③ 固化对温度不敏感，高低温均可固化。

2）解决堵了漏，不停复漏的难题：

① 有一定强度与弹性，既可补强又可适变。

② 后期不收缩。

3）耐久性好：

① 耐水泡、耐酸碱、耐高低温。

② 环保无毒，对人体无害。

（4）适用范围

地下工程、地铁、隧道、涵洞、地下综合管廊等所有混凝土结构渗漏注浆堵漏，尤其是盾构管片、后浇带、变形缝、伸缩缝等振动和变形较大结构的止漏注浆。屋面、道路、机场跑道、码头、广场、地下车库、地下室的伸缩、沉降、切割等混凝土基面裂缝与接缝的粘结密封填充。

5.55 WHDF 混凝土无机纳米抗裂减渗剂

代号：WHDF。产品规格：10kg、25kg、1000kg。

生产单位：武汉天衣新材料有限公司，地址：虎泉街卓豹路武汉工程大学北门科技孵化器大楼 16 层（电话：4007162616）。

（1）产品简介

一种新型高性能混凝土外加剂，它能有效改善新拌混凝土工作性能以及硬化后混凝土的力学性能和变形性能，具有提高混凝土抗裂、密实及耐久性能的功能且具备自修复功能。

（2）产品执行标准

《混凝土无机纳米抗裂减渗剂》T/ASC 6006－2019。

（3）产品特点

在混凝土中按胶凝材料的 2%掺用 WHDF，混凝土性能提升效果见表 5.55-1。

表 5.55-1

性能	性能指标	改善情况
抗裂性能	抗压强度	提高 5%～10%
	抗拉强度	提高 15%～25%
	极限拉伸值	提高 15%～20%
	早期水化热最大峰值的时间	推迟 24h 以上
	早期干缩值	降低 30%以上
密实性能	抗渗等级	≥P12
	总孔隙率	下降 8%
耐久性能	电通量	降低 20%以上
	冻融循环次数	300 次以上
工作性能	坍落度经时损失	减小 30%以上
	泌水适中，不离析，流动性好，保水保坍性能好	
自修复性能	一旦出现裂缝，留存的 WHDF 组分将被激活，生成凝胶填充裂缝	

WHDF 掺量为胶材用量的 2%（后浇带掺量为 2.5%），且严格按照施工规范进行施工的前提下，可防止建筑物产生收缩性裂缝，混凝土抗渗等级≥P12。

（4）适用范围

适用于对混凝土抗裂及防水性能要求高的建筑工程，包括但不局限于以下工程范围：

1）水利水电工程的堤坝以及地下建筑设施等混凝土的抗裂防水。

2）军工核电地下工程混凝土的抗裂防水。

3）交通建设中的公路、铁路、桥梁、码头、地铁以及海下隧道等混凝土抗裂防水。

4）市政工程中自来水及污水处理工程混凝土的抗裂防水。

5）民用建筑中的地下室、厨房、卫生间和屋面现浇混凝土的抗裂防水。

5.56 WHDF-F 混凝土无机纳米防水剂

代号：WHDF-F。产品规格：10kg、25kg、1000kg。

生产单位：武汉天衣新材料有限公司，地址：虎泉街卓豹路武汉工程大学北门科技孵化器大楼16层（电话：4007162616）。

（1）产品简介

用于混凝土的高性能刚性防水材料，能改善混凝土工作性能、混凝土硬化后的力学性能及变形性能，使混凝土具有高抗渗性能。

（2）产品执行标准

《砂浆、混凝土防水剂》JC/T 474–2008。

（3）产品特点

产品组成为纳米级的无机盐，通过优化混凝土中胶凝材料的水化过程，使得混凝土中凝胶增多，孔隙率下降，达到改善水泥浆-骨料界面结构的目的，用 WHDF-F 配制的混凝土具有良好的密实性能和变形性能，能够极大提高混凝土自防水的能力。

1）密实性能：掺入胶材用量1%的WHDF-F，混凝土抗渗等级达到P6；掺入胶材用量2%的WHDF-F，混凝土抗渗等级达到P8。

2）工作性能：掺入 WHDF-F 后混凝土体系中凝胶增多，混凝土拌合物的塑性黏度相应提高，新拌混凝土不离析、无泌水，能够确保施工泵送不阻泵，工期进展顺利。

（4）适用范围

适用于对混凝土防水性能要求高的建筑工程，包括但不局限于以下工程范围：

1）水利水电工程的堤坝以及地下建筑设施等混凝土的自防水。

2）军工核电地下工程混凝土自防水。

3）交通建设中的公路、铁路、桥梁、码头、地铁以及海下隧道等混凝土自防水。

4）市政工程中自来水及污水处理工程混凝土自防水。

5）民用建筑中的地下室、厨房、卫生间和屋面现浇混凝土自防水。

5.57 WHDF-S 砂浆无机纳米防水剂

代号：WHDF-S。产品规格：10kg、25kg、1000kg。

生产单位：武汉天衣新材料有限公司，虎泉街卓豹路武汉工程大学北门科技孵化器大楼 16 层（电话：4007162616）。

（1）产品简介

用于水泥砂浆的刚性抗裂防水材料。砂浆中掺入 WHDF-S 能够降低砂浆的收缩变形，提高密实性，增强粘结力，使水泥砂浆具有抗裂、防水及修复裂缝的功能。

（2）产品执行标准

《砂浆、混凝土防水剂》JC/T 474–2008。

（3）**产品特点**

1）纯无机纳米材料：不存在老化问题，防水耐用年限可达 70 年以上。

2）自动修复：WHDF-S 防水砂浆与混凝土基面结合紧密，立面残留的物质在遇水时则继续发生水化反应，对微裂缝有自动修复功能。

3）环保性能好：对室内装修无任何污染。

4）结构密实：掺用 WHDF-S 的砂浆结构密实，防水效果好。经过检测，砂浆透水压力比 ≥ 200%，吸水量比 ≤ 75%，28d 时收缩率比 ≤ 135%，抗渗防潮性能优良。

砂浆中 WHDF-S 掺量 1.2kg/m²，砂浆厚度 2～3cm，灰砂比为 1∶3 且严格按照施工规范进行施工情况下，防水砂浆试水无渗漏。

（4）**适用范围**

1）外墙工程：各类工程建筑外墙防水防漂处理。

2）家装工程：地下室、厨房、卫生间、阳台及四周内墙等部位的抗裂防水处理；一楼地面防水防潮工程处理；瓷砖、大理石及地板砖等装饰材料的水泥砂浆粘贴处理；外墙砂浆抗裂防漂；水管连接安装及细部处理；明水渗漏封堵处理。

5.58 T100 系列无溶剂型天冬聚脲防水涂料

产品规格：聚脲 20kg，固化剂 20kg 或 10kg。

生产单位：广东坚派新材料有限公司，联系人：张余英（13312853349）。

1）地址：广州市花都区公益路华侨商业城 6-3 号，电话：020-37733758。

2）地址：佛山市高明区荷城街道兴盛东路 28 号；电话：0757-88811129。

（1）**产品简介**

A 组分由脂肪族天冬聚脲树脂及颜填料、助剂等组成，B 组分由异氰酸酯及预聚体构成。可手工刷涂、滚涂及高压无气喷涂，施工过程无 VOC 排放。

（2）**产品执行标准**（表 5.58-1）

表 5.58-1

附着力（混凝土）（MPa）	≥ 4.0（或底材破坏）	耐磨性（750g/500r）（g）	≤ 0.03
拉伸强度（MPa）	≥ 16	耐酸性 240h（5%H_2SO_4 溶液）	无腐蚀、不起泡、不脱落
断裂伸长率（%）	300～500	耐碱性 240h（5%NaOH 溶液）	无腐蚀、不起泡、不脱落
撕裂强度（kN/m）	≥ 70	耐盐性 240h（3%NaCl 溶液）	无腐蚀、不起泡、不脱落
硬度（邵氏 A）	≥ 80	耐机油性 240h	无腐蚀、不起泡、不脱落
低温弯折（℃）	−40	耐水性 30d	无腐蚀、不起泡、不脱落

（3）**产品数据**（表 5.58-2）

表 5.58-2

密度（涂膜）（g/cm³）	1.1	涂覆间隔（h）	3～48
固含量（%）	95～100	推荐干膜厚度（μm）	600～2000
施工期限（25℃，min）	30～60	理论涂布率（kg/m²）	0.7（按干膜 600μm 计算）
表干时间（h）	1	涂覆方法	刷涂、辊涂、无气喷涂、空气喷涂
实干时间（h）	24		

（4）产品特点

伸率高，拉伸强度大，与混凝土粘结力极强，用于高等级（水利、电力、核电、高铁、隧道等）的防水重点工程。耐介质性能好，可用于污水处理池表面防护。耐磨性好，是水利泄洪面抗冲耐磨涂层的绝佳材料。

（5）使用方法

建议配套方案防水涂料 A：固化剂 B = 1：1。

底漆 50μm；

T100 中涂 600～2000μm；

T200/T198 面漆 100～200μm（户外）。

（6）应用范围

建筑、高铁、水电、隧道、主题公园、地坪等混凝土结构的保护。

（7）储存有效期

聚脲 A 组分 12 个月，固化剂 B 组分 6 个月（产品到期检测合格，仍可继续使用）。

5.59　T123 系列无溶剂天冬聚脲防水涂料

产品规格：聚脲 20kg，固化剂 20kg、10kg。

生产单位：广东坚派新材料有限公司，联系人：张余英（13312853349）。

1）地址：广州市花都区公益路华侨商业城 6-3-8 号，电话：020-37733758。

2）地址：佛山市高明区荷城街道兴盛东路 28 号，电话：0757-88811129。

（1）产品简介

A 组分由脂肪族聚脲树脂及颜填料、助剂等组成，B 组分由异氰酸酯及预聚体构成。可手工刷涂、滚涂及高压无气喷涂，施工过程无 VOC 排放，产品符合国家环保政策。

（2）产品执行标准（表 5.59-1）

表 5.59-1

附着力（混凝土）（MPa）	≥3.0（或底材破坏）	硬度（邵氏 A）	≥60
拉伸强度（MPa）	≥10	低温弯折（℃）	−40
断裂伸长率（%）	300	耐磨性（750g/500r）（g）	≤0.03
撕裂强度（kN/m）	≥70	耐水性 30d	无腐蚀、不起泡、不脱落

（3）产品数据（表 5.59-2）

表 5.59-2

密度（涂膜）（g/cm³）	1.1～1.2	涂覆间隔（h）	3～48
固含量（%）	98(1±2)	推荐干膜厚度（μm）	600～2000
施工期限（25℃）	30～60	理论涂布率（kg/m²）	0.6（按干膜 500μm 计算）
表干时间（h）	2	涂覆方法	刷涂、辊涂、无气喷涂、空气喷涂
实干时间（h）	24		

（4）产品特点

延伸率高，拉伸强度大，与混凝土粘结力强，防水效果好。适用于室内卫生间、厨房、屋面防水，或户外防水的中涂层。

（5）使用方法

防水涂料 A：固化剂 B = 1：1。

（6）适用范围

地下室、卫生间、厨房、屋面防水，户外防水的中涂层。

（7）储存有效期

聚脲 A 组分 12 个月，固化剂 B 组分 6 个月（产品到期检测合格，仍可继续使用）。

5.60 T107 系列经济型天冬聚脲防水涂料

产品规格：聚脲 20kg，固化剂 20kg。

生产单位：广东坚派新材料有限公司，联系人：张余英（13312853349）。

1）地址：广州市花都区公益路华侨商业城 6-3-8 号，电话：020-37733758。

2）地址：佛山市高明区荷城街道兴盛东路 28 号，电话：0757-88811129。

（1）产品简介

A 组分由脂肪族聚脲树脂及填料、助剂及少量环保溶剂等组成，B 组分由脂肪族异氰酸酯及预聚体构成。可手工刷涂、滚涂及高压无气喷涂，施工过程 VOC 排放符合国家环保政策。

（2）产品执行标准（表 5.60-1）

表 5.60-1

附着力（混凝土）（MPa）	≥3.0（或底材破坏）	硬度（邵氏 A）	≥40
拉伸强度（MPa）	≥6～9	低温弯折（℃）	−40
断裂伸长率（%）	≥300	耐磨性（750g/500r）（g）	≤0.03
撕裂强度（kN/m）	≥40		

（3）产品数据（表 5.60-2）

表 5.60-2

密度（涂膜）（g/cm³）	1.1～1.3	涂覆间隔（h）	3～48
固含量（%）	≥85	推荐干膜厚度（μm）	600～2000
施工期限（25℃）（min）	30～45	理论涂布率（kg/m²）	0.8（按干膜 600μm 计算）
表干时间（h）	0.5～1	涂覆方法	刷涂、辊涂、无气喷涂、空气喷涂
实干时间（h）	24		

（4）产品特点

机械性能优异，延伸率高，拉伸强度大，与混凝土粘结力强，弹性效果好。适用于室外地坪的中间层，也适用于地下室、厨卫、屋面防水。

（5）使用方法

防水涂料 A：固化剂 B = 1：1。

（6）储存有效期

聚脲 A 组分 12 个月，固化剂 B 组分 6 个月（产品到期检测合格，仍可继续使用）。

5.61　T108 天冬聚脲防水涂料

产品规格：聚脲 20kg，固化剂 16kg。

生产单位：广东坚派新材料有限公司，联系人：张余英（13312853349）。

1）地址：广州市花都区公益路华侨商业城 6-3-8 号，电话：020-37733758。

2）地址：佛山市高明区荷城街道兴盛东路 28 号；电话：0757-88811129。

（1）产品简介

A 组分由脂肪族天冬聚脲树脂及填料、助剂及少量环保溶剂等组成，B 组分由脂肪族异氰酸酯及预聚体构成。可手工刷涂、滚涂及高压无气喷涂，施工过程 VOC 排放符合国家环保政策。

（2）产品执行标准（表 5.61-1）

表 5.61-1

附着力（混凝土）（MPa）	≥3.0（或底材破坏）	硬度（邵氏 A）	≥70
拉伸强度（MPa）	≥8	低温弯折（℃）	−40
断裂伸长率（%）	200～300	耐磨性（750g/500r）（g）	≤0.03
撕裂强度（kN/m）	≥40		

（3）产品数据（表 5.61-2）

表 5.61-2

密度（涂膜）（g/cm³）	1.1～1.3	涂覆间隔（h）	6～48
固含量（%）	≥90	推荐干膜厚度（μm）	600～2000
施工期限（25℃）（min）	30～45	理论涂布率（kg/m²）	0.8（按干膜 600μm 计算）
表干时间（h）	0.5～1	涂覆方法	刷涂、辊涂、无气喷涂、空气喷涂
实干时间（h）	24		

（4）产品特点

机械性能优异，延伸率高，拉伸强度大，与混凝土粘结力强，弹性效果好。适用于地下室、厨卫、屋面防水，也可用于金属结构的防水防腐。

（5）使用方法

涂料 A：固化剂 B＝1：0.8。

（6）储存有效期

聚脲 A 组分 12 个月，固化剂 B 组分 12 个月（产品到期检测合格，仍可继续使用）。

5.62　T9302 高渗透环氧底漆（防水基层处理剂）

生产单位：广东坚派新材料有限公司，联系人：张余英（13312853349）。

1）地址：广州市花都区公益路华侨商业城 6-3-8 号，电话：020-37733758。

2）地址：佛山市高明区荷城街道兴盛东路 28 号，电话：0757-88811129。

（1）产品简介

可渗透至混凝土表面 2mm 深处，排出其中的水和空气，封闭和固结毛细管道、微孔隙和微细裂纹，增加混凝土的强度，保证聚脲涂层优良的性能。

（2）产品特点

1）渗透能力强，可渗入 C30 混凝土内 2mm 以上，有效封闭混凝土基层内的毛细管道、微孔隙和微细裂纹，渗入后形成植根式的涂膜，渗入部分形成犬牙交错的不规则固结层，可大幅降低界面上的应力集中，因而耐久性大大提高，而且固结层强度比原混凝土提高 30%以上，既具有防水防腐功能又提高了固结层的抗剥离能力，不起泡、不剥皮。

2）粘结力强，特别是在完全湿的混凝土基面，粘结强度非常高。

3）在无明水的潮湿基面也同样具有很好的渗入固结特性，湿粘结强度非常高，可在潮湿基面施工。

4）具有优良的抗冻融、耐老化和抗腐蚀性能，收缩性极小。

5）具有良好的施工性，施工工艺非常简单，工效快捷。

6）固结体无毒、无污染，符合环保要求。

（3）施工工艺

表面清洁，并清除不平处的积水→配料→涂刷第一次→待凝表干（约 30min）→涂刷第二遍→待凝（约 4h）→涂刷双组分刷涂型聚脲。

用量：与表面状态和技术要求有密切关系，一般要求，第一次涂刷 0.2kg/m^2，第二次涂刷 0.2kg/m^2，总用量不低于 0.4kg/m^2。

（4）注意事项

1）本品为甲、乙组分分别包装，严格按照材料包装配比使用［本材料配比（质量比）约为 5∶1］，不得随意更改；甲、乙组分混合时混合液的温度不得超过 40℃（必要时用水浴或冷水机冷却）。

2）配浆时先将甲组分全部倒入配浆桶中，在搅拌的情况下缓慢加入乙组分后，再搅拌 3～5min 即可使用；配浆环境温度 $>$ 40℃时，应将配浆桶置于水浴盆中，以控制混合浆液的温度 $<$ 30℃。

3）施工现场不得有明火，禁止吸烟。施工现场应保持空气流通，室内应强制通风。

4）配好的浆液应立即使用，在 0.5h 内用完，控制浆液温度在 40℃以下。

5）本材料应贮存在阴凉、通风的库房内，避免日光暴晒，不得靠近热源和火源；码放高度不应超过 1m，不得让儿童触及。

6）使用时必须采取劳动保护措施，施工人员应佩戴劳动保护眼镜、口罩和手套等防护用品；室内施工必须采取强制通风措施。

（5）适用范围

1）客运专线桥面聚脲防水层或聚氨酯防水层以及粘贴卷材防水层。

2）水库大坝泄洪洞、水垫塘（消能池）、溢流面或化工车间地面使用环氧砂浆或聚脲保护层时作底涂。

3）在混凝土基面做聚脲防腐、防水层的地方。

4）混凝土界面剂。

5.63　T198 无溶剂耐候型天冬聚脲弹性体面漆

产品规格：聚脲 20kg，固化剂 20kg/10kg。

生产单位：广东坚派新材料有限公司，联系人：张余英（13312853349）。

1）地址：广州市花都区公益路华侨商业城 6-3-8 号，电话：020-37733758。

2）地址：佛山市高明区荷城街道兴盛东路 28 号，电话：0757-88811129。

（1）产品简介

A 组分由脂肪族聚脲树脂及填料、助剂等组成，B 组分由脂肪族异氰酸酯及预聚体构成。可手工刷涂、滚涂及高压无气喷涂，施工过程无 VOC 排放，符合国家环保政策。

（2）产品执行标准（表 5.63-1）

表 5.63-1

附着力（MPa）	≥4.0	耐碱性 240h（5%NaOH 溶液）	无腐蚀、不起泡、不脱落
拉伸强度（MPa）	≥15	耐盐性 240h（3%NaCl 溶液）	无腐蚀、不起泡、不脱落
断裂伸长率（%）	≥300	耐机油性 240h	无腐蚀、不起泡、不脱落
低温弯折（℃）	−40	耐水性 48h	无腐蚀、不起泡、不脱落
耐磨性（750g/500r）（g）	≤0.04	耐紫外线 1500h	不变色、不起泡、不脱落
耐酸性 240h（5%H_2SO_4 溶液）	无腐蚀、不起泡、不脱落		

（3）产品数据（表 5.63-2）

表 5.63-2

密度（涂膜）（g/cm³）	1.05～1.10	密度（涂膜）（g/cm³）	1.05～1.10
固含量（%）	≥95	涂覆间隔（h）	24～48
施工期限（25℃）（h）	1～2	推荐干膜厚度（μm）	100～500
表干时间（h）	2	理论涂布率（kg/m²）	0.2（按干膜 180μm 计算）
实干时间（h）	24	涂覆方法	刷涂、辊涂、无气喷涂、空气喷涂

（4）产品特点

耐紫外线性能优异，延伸率高，拉伸强度大，与各种基材粘结力强，防水效果好。适用于做水利大坝、屋面防水及密封层的耐候面漆。

（5）使用方法

防水涂料 A：固化剂 B＝1：1。

（6）施工工艺

1）基材找平→做封闭底漆→刷涂 T123 中涂漆→刷涂 T198 面漆。

2）将 A 组分和 B 组分按质量比 1：1 混合均匀，刷涂或辊涂。

3）每层间隔 24h 再涂刷。

（7）储存有效期

聚脲 A 组分 12 个月，固化剂 B 组分 12 个月（产品到期检测合格，仍可继续使用）。

5.64 T200 系列高耐候天冬聚脲防水面漆

产品规格：聚脲 20kg，固化剂 10kg。

生产单位：广东坚派新材料有限公司，联系人：张余英（13312853349）。

1）地址：广州市花都区公益路华侨商业城 6-3-8 号，电话：020-37733758。

2）地址：佛山市高明区荷城街道兴盛东路 28 号，地址：0757-88811129。

（1）产品简介

A 组分由天冬聚脲树脂及填料、助剂及少量环保溶剂等组成，B 组分由脂肪族异氰酸酯及预聚体构成。可手工刷涂、滚涂及高压无气喷涂，施工过程 VOC 排放符合国家环保政策。

（2）产品执行标准（表 5.64-1）

表 5.64-1

附着力（混凝土）（MPa）	≥4.0（或底材破坏）	耐酸性 240h（5%H_2SO_4溶液）	无腐蚀、不起泡、不脱落
拉伸强度（MPa）	≥20	耐碱性 240h（5%NaOH 溶液）	无腐蚀、不起泡、不脱落
断裂伸长率（%）	300～500	耐盐性 240h（3%NaCl 溶液）	无腐蚀、不起泡、不脱落
撕裂强度（kN/m）	≥70	耐机油性 240h	无腐蚀、不起泡、不脱落
硬度（邵氏 A）	≥80	耐水性 30d	无腐蚀、不起泡、不脱落
低温弯折（℃）	−40	耐紫外线 3000h	不变色、不起泡、不脱落
耐磨性（750g/500r）（g）	≤0.03		

（3）产品数据（表 5.64-2）

表 5.64-2

密度（涂膜）（g/cm³）	1.0	涂覆间隔（h）	3～48
固含量（%）	80～90	推荐干膜厚度（μm）	100～200
施工期限（25℃）（min）	30～60	理论涂布率（kg/m²）	0.2（按干膜 180μm 计算）
表干时间（h）	1	涂覆方法	刷涂、辊涂、无气喷涂、空气喷涂
实干时间（h）	24		

（4）产品特点

耐紫外线性能优异，延伸率高，拉伸强度大，与混凝土粘结力强，防水效果好。适用于高铁防水、屋面防水、彩钢瓦面漆、外墙防水装饰及补漏，适合做防水层的耐候面漆。

（5）使用方法

防水涂料 A：固化剂 B＝1：1。

（6）储存有效期

聚脲 A 组分 12 个月，固化剂 B 组分 6 个月（产品到期检测合格，仍可继续使用）。

5.65 T109 系列天冬聚脲中涂涂料

产品规格：聚脲 20kg，固化剂 10kg。

生产单位：广东坚派新材料有限公司，联系人：张余英（13312853349）。

1）地址：广州市花都区公益路华侨商业城 6-3-8 号，电话：020-37733758。

2）地址：佛山市高明区荷城街道兴盛东路 28 号，电话：0757-88811129。

（1）产品简介

A 组分由脂肪族聚脲树脂及填料、助剂及少量环保溶剂等组成，B 组分由脂肪族异氰酸酯及预聚体构成。可手工刷涂、滚涂及高压无气喷涂。

（2）产品执行标准（表 5.65-1）

表 5.65-1

附着力（混凝土）（MPa）	≥3.0（或底材破坏）	硬度（邵氏 A）	≥80
拉伸强度（MPa）	≥10	低温弯折（℃）	−35
断裂伸长率（%）	≥50	耐磨性（750g/500r）（g）	≤0.03
撕裂强度（kN/m）	≥70		

（3）产品数据（表 5.65-2）

表 5.65-2

密度（涂膜）(g/cm³)	1.1～1.3	涂覆间隔（h）	3～48
固含量（%）	90～95	涂覆方法	刷涂、辊涂、无气喷涂、空气喷涂
施工期限（25℃）(min)	30～60	推荐干膜厚度（μm）	600～1000
表干时间（h）	1	理论涂布率（kg/m²）	0.8（按干膜 600μm 计算）
实干时间（h）	24		

（4）产品特点

延伸率高，拉伸强度大，与混凝土粘结力强，耐磨效果好。适用于室内地坪的中间层，气味低，也适用于地下室、厨卫、屋面防水。

（5）使用方法

防水涂料 A：固化剂 B＝2：1。

（6）储存有效期

聚脲 A 组分 12 个月，固化剂 B 组分 6 个月（产品到期检测合格，仍可继续使用）。

5.66 T209 系列高耐磨脂肪族聚脲面漆

产品规格：聚脲 20kg，固化剂 10kg。

生产单位：广东坚派新材料有限公司，联系人：张余英（13312853349）。

1）地址：广州市花都区公益路华侨商业城 6-3-8 号，电话：020-37733758。

2）地址：佛山市高明区荷城街道兴盛东路 28 号，电话：0757-88811129。

（1）产品简介

A 组分由脂肪族聚脲改性树脂及填料、助剂等组成，B 组分由脂肪族异氰酸酯构成。可手工刷涂、滚涂及高压无气喷涂，施工过程极低 VOC 排放，符合国家环保政策。

（2）产品执行标准（表 5.66-1）

表 5.66-1

附着力（MPa）	≥10.0	耐酸性 240h（5%H_2SO_4 溶液）	无腐蚀、不起泡、不脱落
拉伸强度（MPa）	≥16	耐碱性 240h（5%NaOH 溶液）	无腐蚀、不起泡、不脱落
断裂伸长率（%）	≥50	耐盐性 240h（3%NaCl 溶液）	无腐蚀、不起泡、不脱落
低温弯折（℃）	−40	耐机油性 240h	无腐蚀、不起泡、不脱落
柔韧性（mm）	≤1	耐水性 240h	无腐蚀、不起泡、不脱落
耐冲击（kg · cm）	≥50	耐紫外线 1500h	不变色、不起泡、不脱落
耐磨性（750g/500r）(g)	≤0.04		

（3）产品数据（表 5.66-2）

表 5.66-2

密度（g/cm³）	A 组分 1.5～1.55；B 组分 1.05；混合后 1.3～1.35	实干时间（h）	24
施工 VOCs（g/L）	100～150	涂覆间隔（h）	24～48
不挥发分（%）	≥90.0	推荐干膜厚度（μm）	100～500
施工期限（25℃）(min)	30～45	理论涂布率（kg/m²）	0.2（按干膜 150μm 计算）
表干时间（h）	1～2	涂覆方法	刷涂、辊涂、无气喷涂、空气喷涂

（4）**产品特点**

耐紫外线性能优异，弹性高，抗石击和风沙冲击能力强，与各种基材粘结力好。适用于做风电叶片的耐候面漆及地坪耐磨面漆。

（5）**使用方法**

涂料 A：固化剂 B＝2∶1（质量比）。

（6）**施工工艺**

基材找平，刷涂或滚涂 T209 面漆。

（7）**储存有效期**

聚脲 A 组分 12 个月，固化剂 B 组分 12 个月（产品到期检测合格，仍可继续使用）。

5.67　T301 水上游乐园专用抗氯防滑面漆

产品规格：聚脲 20kg，固化剂 10kg。

生产单位：广东坚派新材料有限公司，联系人：张余英（13312853349）。

1）地址：广州市花都区公益路华侨商业城 6-3-8 号，电话：020-37733758。

2）地址：佛山市高明区荷城街道兴盛东路 28 号，电话：0757-88811129。

（1）**产品简介**

A 组分由脂肪族聚脲改性树脂及填料、助剂及少量环保溶剂等组成，B 组分由脂肪族异氰酸酯及预聚体构成。可手工刷涂、滚涂及高压无气喷涂，施工过程 VOC 排放符合国家环保政策。

（2）**产品执行标准**（表 5.67-1）

表 5.67-1

硬度（三菱铅笔）（H）	1	耐有机氯自来水（30d）	无异常
附着力（划格）	一级	耐酸性 240h（5%H_2SO_4溶液）	无腐蚀、不起泡、不脱落
耐磨性（750g/500r）（g）	≤0.04	耐碱性 240h（5%NaOH 溶液）	无腐蚀、不起泡、不脱落
耐水性（30d）	无异常	耐紫外线 1500h（氙灯）	不变色、不起泡、不脱落

（3）**产品数据**（表 5.67-2）

表 5.67-2

固含量（%）	≥70	涂覆间隔（h）	24～48
施工期限（25℃）（h）	1～2	推荐干膜厚度（μm）	100～150
表干时间（h）	1～2	理论涂布率（kg/m²）	0.2（按干膜 150μm 计算）
实干时间（h）	24	涂覆方法	刷涂、辊涂、无气喷涂、空气喷涂

（4）**产品特点**

耐紫外线性能优异，耐磨防滑性好，抗自来水中有机氯的氧化。与手工聚脲中涂粘结力强，防水效果好，适合于做水上乐园防水地坪的面漆。

（5）**使用方法**

A 组分（涂料）：B 组分（固化剂）＝2∶1。

（6）**施工工艺**

1）基材找平→做封闭底漆→滚涂或喷涂聚脲中涂层→滚涂 T301 抗氯面漆。

2）将 A 组分和 B 组分按质量比 2∶1 混合均匀，滚涂或刷涂施工，必要时加入 5%～10%稀释剂。

（7）储存有效期

聚脲 A 组分 12 个月，固化剂 B 组分 6 个月（产品到期检测合格，仍可继续使用）。

5.68 T200 透明聚脲防水胶

产品规格：聚脲 20kg，固化剂 20kg。

生产单位：广东坚派新材料有限公司，联系人：张余英（13312853349）。

1）地址：广州市花都区公益路华侨商业城 6-3-8 号，电话：020-37733758。

2）佛山市高明区荷城街道兴盛东路 28 号，电话：0757-88811129。

（1）产品简介

A 组分由脂肪族聚脲树脂、助剂及少量环保溶剂组成，B 组分由脂肪族异氰酸酯及预聚体构成。可手工刷涂、滚涂及高压无气喷涂，施工过程有少量 VOC 排放，符合国家环保政策。

（2）产品执行标准（表 5.68-1）

表 5.68-1

附着力（MPa）	≥3.0	耐磨性（750g/500r）（g）	≤0.04
拉伸强度（MPa）	≥15	硬度（邵氏 A）	≥85
断裂伸长率（%）	≥300	撕裂强度（N/mm）	≥70
低温弯折（℃）	−40	耐紫外线 1500h	不变色、不起泡、不脱落

（3）产品数据（表 5.68-2）

表 5.68-2

密度（涂膜）（g/cm³）	1.05～1.10	涂覆间隔（h）	24～48
固含量（%）	75～80	推荐干膜厚度（μm）	100～500
施工期限（25℃）（h）	0.5～1	理论涂布率（kg/m²）	0.2（按干膜 150μm 计算）
表干时间（h）	1～2	涂覆方法	刷涂、辊涂、无气喷涂、空气喷涂
实干时间（h）	24		

（4）产品特点

涂膜透明，耐紫外线性能优异，延伸率高，拉伸强度大，与瓷砖、玻璃等粘结力强，防水效果好。适用于外墙、屋面、阳台及卫生间免砸砖防水。

（5）使用方法

防水涂料 A：固化剂 B＝1∶1。

（6）施工工艺

瓷砖基材清理干净，要求基面干燥无水，刷涂 T200 透明防水胶，先刷缝隙、边缝等部位，表干 4h 后再整体刷涂。涂层要求至少固化 3d 后才能试水。

（7）配漆方法

按质量比 1∶1 将 A 组分加入 B 组分中，混合搅拌均匀，刷涂或辊涂。

（8）储存有效期

聚脲 A 组分 12 个月，固化剂 B 组分 12 个月（产品到期检测合格，仍可继续使用）。

5.69 厨卫浴不砸砖防水剂

（1）产品简介

厨卫浴不砸砖防水剂（专利名称：建筑室内深层渗透固化无损伤防水剂）是一种 A、B 双组分水性渗透型无机防水剂（简称 SZJ）。产品配方中富含活性硅成分，渗透进墙地砖深部水泥构造体内，首先激活水泥体内游离的钙镁离子，发生二次水化反应，生成不溶于水的结晶固体，堵塞大量的毛细孔；然后富余量的 A、B 组分防水剂直接发生化学反应生成不溶于水的结晶固体。

本产品的 A、B 组分及反应后的生成物，均为无毒无味健康环保的无机物质，不对室内环境造成污染。

（2）产品执行标准

《水性渗透型无机防水剂》JC/T 1018－2020。

（3）产品规格、代号、商标

本品是 A、B 双组分，家装 3kg × 2 壶、工装 25kg × 2 桶。

（4）产品特点

本产品可缩短修缮施工时间，降低施工期间的扰民噪声，减少垃圾环境污染，节约施工成本。防水剂凭借极强的渗透能力，追踪寻找渗漏水通道，深入地板砖下面的孔洞缝隙，反应生成不溶于水的结晶固体，实现长久的防水功能。防水剂内专门添加了高效清洗剂成分，施工过后的墙地面不仅没有任何损伤，反而更加清新亮丽。

（5）使用方法

1）专门固定所有穿楼板及穿墙面管道，封闭处理管道周边易渗漏缝隙。

2）把地板砖缝内的松散油泥等脏污用批刀或壁纸刀剔除清理干净。

3）用合适的器物堵塞地漏口、便器口，把厨卫浴不砸砖防水剂 A 组分用 3 倍的清水稀释后倒在地板砖上，用笤帚从低处往高处扫，持续 2h，使防水剂均匀地渗透进入地板砖缝内（如不到 2h 防水剂渗漏完，立即进行下道工序）。

4）把地面残余的防水剂 A 组分从地漏口放掉，用拖把打扫至少 3 次地面，确保充分干净，重新堵塞地漏口；把防水剂 B 组分用 3 倍清水稀释后倒在地板砖上，用笤帚从低处往高处扫，持续至少 3h，使防水剂均匀充分地渗透进入地板砖缝内（如不到 3h 渗漏完，立即进行下道工序）。

5）把地面残余的防水剂 B 组分从地漏口放掉，用拖把或海绵打扫至少 3 次。

6）用瞬间堵漏剂或专用封缝材料封闭墙角缝隙及墙面竖向缝隙，使用专用工具灌注最下一层墙面砖缝隙（淋浴处灌注高度不低于 1.8m）。

7）用拖把等工具彻底打扫墙地面，确保干净，施工结束。

（6）适用范围

铺过墙地砖后出现渗漏水的室内工程，如：家庭阳台、厨房、卫浴间、酒店后厨、单位茶水间、公共卫生间、公共澡堂浴室、商业洗浴中心等频繁用水场所。

生产单位：河南阳光防水科技有限公司

联系人：王文立（15538086111）

5.70 渗透结晶无机注浆料

（1）产品简介

渗透结晶无机注浆料是在发明专利“建筑室内深层渗透固化无损伤防水剂”（专利号：201310511829.3）

基础上研发的特种堵漏新材料，包含甲、乙两组分，均含有促进水泥二次水化反应的活性物质，当分别与水泥接触时，与水泥结构中活性离子反应生成结晶体，堵塞毛细孔；甲、乙组分相遇后发生反应生成不溶于水的结晶体，填实堵塞结构内的大孔隙，使建筑结构体成为具有自防水功能的整体，实现长久性防水。

产品的甲、乙组分及反应后的生成物均为无毒、无害、无气味的环境友好型无机物质，不会对室内外造成环境污染。

（2）产品执行标准

《水性渗透型无机防水剂》JC/T 1018－2020。

（3）产品规格、代号、商标

本品含家装 10kg × 2 桶，工装 25kg × 2 桶。

（4）产品特点

本产品可缩短修缮施工时间，降低施工期间的噪声及垃圾环境污染，大幅降低施工成本。防水剂在双液注浆机的压力作用下，追踪寻找渗漏水通道，深入地板砖下面的孔洞缝隙，反应生成不溶于水的结晶固体，实现长久的防水功能。

（5）使用方法

1）细部处理所有穿楼板及穿墙面管道口、墙角大缝隙。

2）把较宽的墙地砖缝内的松散油泥等脏污用批刀或壁纸刀剔除清理干净，然后用瞬间堵漏剂或抗渗堵漏剂批缝。

3）尽量选择不影响外观的部位钻注浆孔，并及时安装注浆针头。

4）备好渗透结晶无机注浆料，安装好专用注浆机，开启电源进行注浆。

5）根据注浆液扩散范围判断注浆效果，直到没有死角，停止注浆。

6）封闭处理注浆孔，检查细部结构是否有遗漏。

7）清理打扫墙地面，确保干净，施工结束。

（6）适用范围

铺过墙地砖后出现渗漏水的室内工程，如：家庭阳台、厨房、卫浴间、酒店后厨、单位茶水间、公共卫生间、公共澡堂浴室、商业洗浴中心等频繁用水场所。

生产单位：河南阳光防水科技有限公司

联系人：王文立（15538086111）

5.71 自愈合防水密封胶

（1）产品简介

自愈合防水密封胶是一种特种功能的双组分建筑防水密封材料（专利号：CN201010164855.X），在普通双组分防水密封胶性能的基础上，融入遇水膨胀成分及结晶活性成分，当外因导致本品与结合面脱离时，一旦出现漏水情况，本品便会遇水膨胀，在缝隙内挤压产生预应力，增强对缝隙的密封性，有效实现二次防水密封。

（2）产品执行标准

《遇水膨胀止水胶》JG/T 312－2011。

（3）产品规格、代号、商标

本品家装 1kg/桶，12 桶 1 箱。

（4）产品特点

本品中的结晶活性成分以水为载体通过结合面游离到水泥结构层内，与水泥成分发生二次水化反应生成结晶体，增强本品与水泥结合处的致密度，进一步提高本品的防水密封能力。

（5）使用方法

1）表面的处理：自愈合防水密封胶施工前要除去缝隙内表面的油污、附着物、灰尘等，保证施工缝的内表面干燥、平整、洁净，防止粘结不良。

2）按规定比例取料，充分混合搅拌均匀直至料中不含团粒，色差一致（搅拌时间 3min 以上，最好用电动搅拌）。

3）把搅拌好的自愈合防水密封胶用灰刀或胶枪填入缝内压实填满，确保与缝两侧粘结密实，再用腻子刀刮平胶体正表面。

4）刮平后进行成品保护，防止施工缝被破坏。

5）自愈合防水密封胶初凝固化后采用瞬间堵漏剂或抗渗堵漏剂等快速固结材料进行封闭，保证固化后的自愈合防水密封胶始终处于受约束状态。

（6）适用范围

建筑工程、市政工程、水利工程等领域的桥梁、隧道、地铁、机场跑道、高等级公路、城市轨道交通、蓄水池、游泳馆、地下停车场、地下室、上人屋面等密闭的变形缝和构件周边的密封。

生产单位：河南阳光防水科技有限公司

联系人：王文立（15538086111）

5.72　天冬聚脲厨卫防水涂料

（1）产品简介

天冬聚脲厨卫防水涂料是一款环保型透明防水材料。由主剂天冬聚脲树脂及各种助剂等组成，固化剂为聚醚改性多异氰酸酯。

（2）产品执行标准

《厨卫防水修复产品》Q/FY 13－2020。

（3）产品规格、代号、商标

天冬聚脲厨卫防水涂料：1.5kg/套，PS8810，飞扬品牌。天冬聚脲防滑处理剂：5kg/套，PA6475/P60，飞扬品牌。界面剂：0.5kg/桶，飞扬品牌。

（4）产品特点

环保、无气味，零甲醛；对瓷砖附着力良好；极好的耐冲击和断裂伸长率；施工简便、干燥迅速；高效防水。

（5）适用范围

因原有防水层失效（非水管破损）导致渗透的瓷砖基面厨房、卫生间。

生产单位：深圳飞扬骏研新材料股份有限公司

联系人：钟文科（18307556700）

5.73　天冬聚脲美缝剂

（1）产品简介

天冬聚脲美缝剂是以天冬聚脲树脂、异氰酸酯固化剂及各种颜填料生成的一款高性价比美缝剂材料。

（2）产品执行标准

《天冬聚脲美缝剂》T/CECS 10158－2021。

（3）产品规格、代号

天冬聚脲美缝剂：400mL/支。

（4）产品特点

安全环保，无甲醛；永久性耐黄变，不粉化；附着力优异，不易脱落；材料刚而韧，不开裂；耐水性极佳，不易滋生霉菌；压胶铲胶快，施工效率高。

（5）适用范围

瓷砖、大理石、卫浴等缝隙的美化处理、防水处理、加固处理。

生产单位：深圳飞扬骏研新材料股份有限公司

联系人：钟文科（18307556700）

5.74 RD201特种防水抗渗浆料

（1）产品简介

以高性能水泥和沙子、多种活性激发剂为主要成分，同时加入微量胶粉配成的灰色粉末。遇水后，产生电化学反应，使水泥颗粒分解，水泥中的金属元素发挥效用，使水泥颗粒完全水化，达到水泥的最大利用效能，形成高密度、高抗渗、高粘结强度等特点。

（2）产品执行标准

1）《砂浆、混凝土防水剂》JC/T 474。

2）《水泥砂浆抗裂性能试验方法》JC/T 951。

3）《混凝土抗氯离子渗透性能的电动指示试验方法》ASTM C1202。

4）《聚合物水泥防水砂浆》JC/T 984。

（3）产品规格、代号

产品规格：25kg/桶。代号：RD201。

（4）产品特点

1）具备优异的背水面防水抗渗能力，是真正的多重动态防水材料。

2）与混凝土、砖石结构具有超强的粘结能力，可带水作业，在复杂的背水面防水，能取得较好的效果。

3）采用高效率的喷浆抗渗技术，确保涂层厚度均匀，无接缝，并可根据施工要求调节材料的厚度，既适合局部修复处理，也可以大面积施工。

4）集防水、抗渗、修复、加固、保护为一体，一次施工即可完成，无须另做保护层，非常高的抗压强度与抗折强度，同混凝土结构合为一体，可以承受较高的漏水压力并可有效增加建筑物的强度。

5）超长的使用寿命，耐高温，耐紫外线，抗冻，抗老化，整体寿命与混凝土接近。

6）环保无毒产品，可以应用于食品工程和饮用水工程。

（5）适用范围

该产品与水泥混凝土有极好的相容性，特别适合混凝土、砖石结构大面积不密实渗漏的背水面处理，常用于隧道、窨井、水库、泳池、净水和污水处理结构体、各种基坑、混凝土结构地下工程的抗渗堵漏修复。

生产单位：郑州赛诺建材有限公司

联系人：王福州（15137139713）

5.75 RD-KP30 水泥激发剂

（1）产品简介

P30 水泥激发剂是用于混凝土的高性能“智混凝土”防水体系的主要材料，能促使混凝土中水泥水化彻底，激发水泥活性，有效改善新拌混凝土工作性能、混凝土硬化后的力学性能及变形性能，提高混凝土极限拉伸值，降低早期收缩率及孔隙率，使混凝土具有高抗渗性能。

同类技术在几种外加剂复合使用时，要注意不同品种外加剂之间的相容性及对混凝土性能的影响性。使用前应进行试验，满足要求后，方可使用。

在掺和水泥激发剂配置抗裂防水混凝土时，将水泥激发剂与拌和水一并加入搅拌釜搅拌即可。加入胶材用量 0.8%的水泥激发剂混凝土的抗渗等级不小于 P30，加入激发剂后离子会活跃起来。水泥表面会发生针对所有不溶于水泥物质（其中也包括许多常用的水泥修补剂、缓凝剂和促凝剂）的氧化反应。对于掺和了激发剂的水泥无须再掺和其他外加剂，再使用其他修补剂会导致其化学物质被破坏且变得无效。

（2）产品执行标准

《砂浆、混凝土防水剂》JC/T 474。

（3）产品规格、代号

产品规格：25kg/桶。代号：RD-K。

（4）产品特点

1）由于一部分热能被用于氧化反应，放热反应的热量排放会降低 50%。

2）由水泥核心至表面的毛细孔生成所占空间更小，反应也更温和。

3）氧化反应使得收缩率降低 50%左右。

4）金属氧化反应使得导电性提升。

5）激发剂水泥会变得像高铝水泥一样具有抗腐蚀性、抗压强度、防水性和抗磨性。

（5）适用范围

“智砼”P30 防水体系中混凝土使用的 P30 水泥激发剂全部在商品混凝土生产过程中按设计配合比（水泥用量的 0.8%）加入，整体采用现浇混凝土自防水技术，无须大量的防水施工人员及施工时间，使建筑结构防水施工变得简单易行。适用于混凝土、砂浆结构，包括地上和地下、水下等混凝土建（构）筑物。广泛应用于民用建筑，公共节能建筑及工业建筑、水利、军事等工程。

生产单位：郑州赛诺建材有限公司

联系人：王福州（15137139713）

5.76 RD43 土壤成岩剂

（1）产品简介

土壤成岩剂为一种水泥基的碎末粉剂，用来提高土壤的强度、密实度、抗渗性，增强土壤的固结性、抗压强度。可根据需要适配拌合物的抗渗等级，还可作为碎裂混凝土结构的压实剂和浸水土壤的增稠剂。增强建筑结构的稳固性，增加抗压强度高达 40%。增强土壤、混凝土、砖石结构的抗渗性。稳固填充田野、海岸、污水坑、地基等含水率高的土壤、岩石裂隙空腔、流砂体，防止形成水土流失、山体滑坡、泥石流、土体沉降塌陷等地质灾害。

密度：1300kg/m^3；pH：9～11。

（2）产品执行标准

《土壤固化外加剂》CJ/T 486。

（3）产品规格、代号

产品规格：25kg/桶。代号：RD43。

（4）产品特点

1）预拌流态成岩土具有自密性，施工时不用再采用大型机械进行碾压处理，节约施工成本。

2）采用该工艺施工的预拌流态成岩土桩，拌制均匀，强度高，固化剂利用率高。

3）深基础施工完成后，肥槽部位的回填一直是施工的控制重点和难点，采用预拌流态成岩土，利用其流动性和强度可解决该问题。

4）预拌流态成岩上具有强度高和适于泵送施工的流动性，施工速度快，形成的预拌流态固化土强度高，质量可控，成本低，适用范围广泛，环境友好，是性价比非常高的施工材料。

（5）适用范围

将预拌流态土浆液灌入或压入孔中形成预拌流态成岩土桩。作为复合地基的增强体使用，或固化流塑状土体使用，可形成预拌流态成岩土桩墙结构，也可作为换填材料进行地基换填。

成岩土由于具有类似于混凝土的工作性能，能作为施工垫层材料使用，也可以作为固化地面使用。

成岩土具有一定的强度和流动性，可作为市政道路或者施工道路的基层材料使用。预拌流态成岩土还可以用于矿坑和地下采空区及水害塌陷区的灌注回填。

通过喷浆、喷播等技术，广泛应用于裸露矿山修复、公路边坡绿化、河道边坡绿化、岩土地质稳固、固废复绿处理等领域。

生产单位：郑州赛诺建材有限公司

联系人：王福州（15137139713）

5.77 T218 无溶剂免砸砖聚脲透明防水胶

（1）产品简介

A 组分由脂肪族聚脲树脂、助剂组成，B 组分由脂肪族异氰酸酯及预聚体构成。可手工刷涂、滚涂，施工过程无 VOC 排放，环保无气味。

（2）性能特点

涂膜透明，硬度高，拉伸强度大，与瓷砖、玻璃、大理石、金属、木材等粘结力强，防水防腐耐磨效果好。适用于卫生间免砸砖及阳台瓷砖基面防水、金属基面防水防腐、木材基面的防水防腐等。

（3）性能指标（表 5.77-1）

表 5.77-1

附着力（MPa）	⩾3.0	硬度（邵氏 D）	⩾50
拉伸强度（MPa）	⩾15	撕裂强度（N/mm）	⩾70
断裂伸长率（%）	⩾200	耐紫外线（1500h）	不变色、不起泡、不脱落
耐磨性（750g/500r）（g）	⩽0.04		

（4）产品数据（表 5.77-2）

表 5.77-2

密度（涂膜）（g/cm^3）	1.05～1.10
固含量（%）	⩾95

续表

黏度（mPa·s）	A 组分	200
	B 组分	250
	A/B 混合后	300
涂料密度（g/cm^3）	A 组分	1.05
	B 组分	1.04
	A/B 混合后	1.05
施工期限（25℃）（h）	0.5	
表干时间（h）	1～2	
实干时间（h）	24	
涂覆间隔（h）	12～24	
推荐干膜厚度（μm）	100～500	
理论涂布率（kg/m^2）	0.3（按干膜 250μm 计算）	
涂覆方法	刷涂、辊涂、无气喷涂、空气喷涂	

（5）使用方法

防水涂料 A：固化剂 B＝1：1（质量比）。

（6）施工工艺

瓷砖、木材、金属基材清理干净，要求基面干燥无油无水，A、B 组分严格按比例混合均匀后，刷涂 T218 透明清漆，先刷缝隙、边缝等部位，再整体刷涂。涂层要求至少固化 1d 后才能试水。抛光或全釉面瓷砖及大理石基材先用界面剂处理，1h 后刷 T218 透明防水胶。

（7）注意事项

温度低于 15℃勿使用。

（8）配漆方法

按质量比 1：1 将 A 组分加入 B 组分中，混合搅拌均匀，刷涂或辊涂。

（9）储存有效期

12 个月（产品到期检测合格，仍可继续使用）。

（10）包装规格

聚脲 20kg，固化剂 20kg。

生产单位：广东坚派新材料有限公司

联系人：张余英（13312853349）

5.78 HT 辉腾微创防水堵漏材料

（1）产品简介

微创 6mm、8mm、10mm 针头，PA-100 环氧改性丙烯酸酯，UP-9000 双组分聚合物。AHA 非固化橡胶沥青材料，PA-7000 无机灌浆料。

（2）产品执行标准

《地下工程渗漏治理技术规程》JGJ/T 212－2010。

（3）产品规格、代号

微创针头 6mm、8mm、10mm，PA-100，UP-9000，PA-7000，AHA 非固化。

（4）产品特点

PA100 环氧改性丙烯酸酯密度低、流动性好、弹性高、延伸率强。UP9000 双组分聚合物高强度、低膨胀、低干缩特性、AHA 非固化固含量高、潮湿面黏性强、耐酸碱性强、−20℃低温柔性好。PA7000 强度高，比表面积大，超细无机灌浆。

（5）适用范围

地下室底板和车库顶板、地铁、隧道、涵洞、污水处理厂。

生产单位：辉腾科创防水技术有限公司

联系人：赵灿辉（13311393404）

5.79 HMS-170 防水堵漏材料

（1）产品简介

HMS-170 是一种液态混凝土防水添加剂，通过材料内含有的专有化学物质，可有效降低混凝土早期的水化热，增强混凝土的和易性，减少混凝土成型过程中的裂缝，增强混凝土的密实性，降低混凝土的渗透性，从而提高混凝土的综合性能。

（2）产品执行标准

《砂浆、混凝土防水剂》JC/T 474。

（3）产品规格、代号

产品规格：25kg、200kg、1000kg。代号：HMS-170。

（4）产品特点

1）无机材料，与混凝土同寿命。

2）可承受高静水压力。

3）绿色、环保无毒，可应用于饮用水工程。

4）降低混凝土水化热，有效减少混凝土裂缝。

5）提高混凝土结构的抗压强度。

6）保护钢筋免受侵蚀。

（5）适用范围

适用于长久性防水的混凝土结构建筑物，例如地下室、地下车库、游泳池、隧道、管廊、桥梁、涵洞等工程。

生产单位：河北赫尔墨斯环保科技有限公司

联系人：李娜（13303313000）

5.80 HMS-20T 防水堵漏材料

（1）产品简介

HMS-20T 是一种可在高压力水下凝固，并牢固与混凝土粘结的水泥基类堵漏材料，是可应用于紧急抢险、渗漏水严重区域的快速堵漏材料。

（2）产品执行标准

《无机防水堵漏材料》GB 23440。

（3）产品规格、代号

产品规格：20kg/25kg。代号：HMS-20T。

（4）产品特点

1）高压力水下作业。

2）快速凝固，封堵渗漏，耐老化。

3）处理结构裂缝，增强结构稳定性。

4）无机材料、绿色环保，可用于饮用水工程。

5）背水面防水技术，室内外均可完成防水维修。

（5）适用范围

适用于混凝土结构、预留管道、变形缝、施工缝等建筑工程中出现的渗漏水修复。

生产单位：河北赫尔墨斯环保科技有限公司

联系人：李娜（13303313000）

5.81 HMS-2133 防水堵漏材料

（1）产品简介

HMS-2133 是一种以改性环氧树脂为主剂，配以固化剂、促进剂等制成的防水灌浆料，材料成型前期黏度低、流淌性能好、固化速度快；成型后粘结性能强，伸长率好，可抵抗一定程度的结构变形。

（2）产品执行标准

《混凝土裂缝用环氧树脂灌浆材料》JC/T 1041。

（3）产品规格、代号

产品规格：25kg/组。代号：HMS-2133。

（4）产品特点

1）水中固化，超强粘结。

2）无溶剂、有韧性、无收缩。

3）耐腐蚀性，可抵抗酸碱侵蚀。

4）稳固结构，增强结构稳定性。

5）耐老化。

（5）适用范围

适用于混凝土结构裂缝、变形缝、施工缝等建筑工程中出现的渗漏水修复。

生产单位：河北赫尔墨斯环保科技有限公司

联系人：李娜（13303313000）

5.82 天冬聚脲屋面防水涂料

（1）产品简介

天冬聚脲屋面防水涂料是一款集防水、地坪、装饰于一体的可视化多功能新型防水材料。主剂为天冬聚脲树脂及各种助剂等组成，固化剂为聚酯改性多异氰酸酯。

（2）产品执行标准

《聚天门冬氨酸酯防水涂料》T/CWA 204—2021。

（3）产品规格、代号

天冬聚脲耐候型防水涂料：40kg/套，PS8595。

天冬聚脲高固弹性防水涂料：36kg/套，PS8530。混凝土专用底漆：28kg/套，EP1304。

（4）产品特点

环保无毒；抗老化性能优异，不粉化，不变色；与基材附着力好，不易脱落；功能型装饰化防水体系；高弹性、高强度、高耐磨；涂层具有一定耐腐蚀性介质的功能；耐低温，抗冻融；耐根穿刺功能；防水效果极佳，可保10～30年不渗漏；防水修缮工法简单，工期短。

（5）适用范围

混凝土基材的免拆除屋面防水修复（上人屋面/种植屋面）；彩钢屋面防水渗漏修复及防腐蚀。

生产单位：深圳飞扬骏研新材料股份有限公司

联系人：钟文科（18307556700）

5.83 天冬聚脲外墙防水涂料

（1）产品简介

天冬聚脲外墙防水涂料是一种防水装饰一体化的新型长效防水材料。主剂为天冬聚脲树脂及各种助剂等，固化剂为聚酯改性多异氰酸酯。

（2）产品执行标准

《外墙、窗台防水修复产品》Q/FY 13－2020。

（3）产品规格、代号

天冬聚脲外墙透明防水涂料：2kg/套或者40kg/套，PS8595。天冬聚脲外墙耐污防水涂料：25kg/套，PS9500W。

天冬聚脲柔性防水腻子：30kg/套，PS8300。混凝土专用底漆：40kg/套，EP1304。

（4）产品特点

环保无毒，防霉菌；经久耐用，不粉化，不变色；耐擦洗，表面污渍易清洁；极佳的弹性与强度，具有一定的抗裂纹作用；装饰效果极佳。

（5）适用范围

瓷砖墙体渗水修复及防护；阳台渗水表面修复；瓷砖/混凝土墙面防水装饰一体化；木质基材表层防水防护等。

生产单位：深圳飞扬骏研新材料股份有限公司

联系人：钟文科（18307556700）

5.84 XS-X8通用型环保注浆料

（1）产品简介

以多异氰酸酯与特种聚醚多元醇聚合反应制备的预聚体为主剂，添加环保型稀释剂、表面活性剂、渗透剂等制备的一种高分子堵漏材料。该材料遇水后与水快速反应，形成坚韧的弹性胶状固结体，从而达到止水的目的，是新一代环保型防水堵漏补强材料。

（2）产品执行标准

《聚氨酯灌浆材料》JC/T 2041－2020。

（3）产品规格、代号

产品规格：5kg、10kg、20kg。代号：XS-X8通用型环保注浆料。

（4）产品特点

1）不含低闪点、危化品的丙酮溶剂，属环保产品。

2）相对丙酮体系来说，本产品稀释剂分子量大，不易挥发，固结体收缩小。

3）固结体弹性好、强度高。采用特种聚醚使得浆液遇水发泡后，除具有水溶性聚氨酯灌浆材料优异的弹性外，还具有油溶性聚氨酯灌浆材料较高的强度，既可堵漏，又可补强。

4）堵涌水效果明显。浆液遇水后可与水快速反应，形成不透水的固结层，可用于封堵涌水。

5）穿透结构后有弹性，与砂石结合有粘结强度。

6）单组分，施工简便。

（5）适用范围

水利、水电、交通、煤炭、建筑等行业中混凝土伸缩缝、裂缝、施工的防渗处理。各类建筑物基础的防渗加固处理，在地下工程长期有水的灌浆工程应用效果更佳。

生产单位：科顺防水科技股份有限公司

联系人：柴店良（18677189453，0757-28603333）

6　建筑防水堵漏修缮设备应用

6.1　电动高压灌浆堵漏机

6.1.1　推荐一

代号：BJ-999。生产单位：北京恒建博京防水材料有限公司，联系人：位国喜（13911220826）。

6.1.2　推荐二

优巨力高压灌浆堵漏机。生产单位：浙江优巨力建设有限公司，联系人：毛瑞定（13362888533）。

（1）产品简介

与国内机械工业大厂配合，专业设计及研发，人性化使用，携带方便轻巧。本体净重 7kg，数秒内压力提升至 36MPa。

（2）产品特点

1）施工速度快，可在数秒之内压力提升至 36MPa 工作压力。

2）机身质量轻，机身净重 7kg，携带省力移动方便。

3）维修简单，不需要特殊训练，即可维修。

4）耐高压 72MPa 时机身零件不变形。

5）持续增压性能好。

（3）适用范围

混凝土结构渗水止漏注浆补强工程，变形缝、后浇带裂缝等止漏工程，混凝土加固工程。

6.1.3　推荐三

代号：BL。生产单位：淮安市博隆防水材料有限公司，联系人：邢光仁（13915117017）。

（1）产品简介

用于结构高压化学灌浆，使用单液化学灌浆材料的专业机种，有超高压力不需气压源。由机箱、料杯、泵浦、三通、压力表、高压管等组成。

（2）产品特点

1）施工速度快，可在 3～6s 内提升至 30MPa 以上工作压力。

2）持续增压性能好，能将液体的止水剂可有效灌注至 0.1mm 的细微裂缝中。

3）施工效率较传统技术快 3 倍以上，防水止漏效果更为持久有效。

（3）适用范围

建筑工程、地下工程、水利工程、环保工程、市政、地铁、隧道、涵洞工程止渗堵漏施工、裂缝补强的首选设备。

6.1.4　推荐四

生产单位：盛隆建材科技有限公司，联系人：李昂（18736093787）。

（1）产品简介

电动高压灌注机是一种用于结构高压化学灌浆，使用单液化学灌浆材料的专业机种，有超高压力不需气压源，施工快速。一台完整的灌浆机主要由电钻、机箱、支架、料杯、泵浦、三通、压力表、高压管以及开关阀组组成。机身本体仅重 7.5kg，携带省力移动方便。

（2）产品特点

机械性能好、无噪声、无污染；体积小、质量轻、携带方便、操作简单；工艺先进、效率高；技术可靠、结构合理、使用安全；注浆压力 0～60MPa；不剔槽，不埋管，对结构无损；能直接带水注浆堵漏；使用材料范围广泛；一机多用：堵漏注浆、固结注浆、填充注浆、备压注浆；保养简单、维修方便、坚固耐用、清洗方便。

6.2 手动灌浆堵漏机

6.2.1 推荐一

代号：BL。生产单位：淮安市博隆防水材料有限公司，联系人：邢光仁（13915117017）。

6.2.2 推荐二

代号：BJ。生产单位：北京恒建博京防水材料有限公司，联系人：魏国玺（13911220826）。

（1）产品简介

广泛用于单组分化学灌浆工程，灌浆流量大，可用于快速封堵止水灌浆作业。

（2）产品特点

1）该机器体积小、重量轻、操作简单、清洗方便；灌浆压力大。

2）无须电源，可用于无电以及防爆、有易燃易爆气体的危险场合堵漏、补强施工。

（3）适用范围

主要适用于混凝土工程的修缮堵漏，例如伸缩缝、变形缝、施工缝、渗漏点、电梯坑等化学灌浆防水堵漏。

6.3 双组分注浆堵漏机

推荐：新型双液型止漏、加固、灌浆喷涂机

代号：YP。生产单位：壹品堵漏科技有限公司，联系人：李昂（18736093787）。

（1）产品简介

精密设计及人性化使用考虑，携带方便与轻巧，以特殊坚韧、耐磨耗材打造，坚实耐用，解决以往大型灌注、喷涂机笨重，小型空间移动不便性、机动性差、损坏率极高、维修困难、小毛病多的缺点，有超高负荷压力，高压灌注时机身零件不变形，重量轻，可以解决施工者携带笨重机械的不便，是专业施工者利器。

（2）产品特点

施工快速：可在数秒内提升至 40MPa 工作压力，灌注时间较其他机种快。

质量轻：机身本体质量仅 13kg，携带省力移动方便。

耐用：最高压力达 53.3MPa 时机身零件不变形。

修理简易：施工现场即可维修，避免因机械故障送厂维修而造成的停工。

持续增压：药剂可有效灌至深处细微裂缝及蜂巢，确实有效填补结构体裂缝与蜂巢。

6.4 水泥基材料灌浆机

推荐：YYG 灌浆设备

代号：YYG。ZS 郑赛牌 YYG 灌浆泵。生产单位：郑州赛诺建材有限公司，联系人：王福州（15137139713）。

（1）产品简介

YYG 小型灌浆泵主要由泵体、回转架、挤压轮、复原轮、增强软管和驱动系统组成。增强软管在泵体内呈U形布置，当回转架带动挤压轮回转时，软管受到挤压轮的挤压发生弹性变形，在吸入口形成负压吸入浆料，通过挤压轮的推送浆料从排出口排出，形成浆料的压力输送。

（2）产品特点

自吸能力强，可空转，可反转，管道无金属摩擦，流体只通过软管，省时，易维护，低成本。抗腐蚀，抗磨损，敏感介质变化适应，高黏度适应，高稠度适应，大颗粒适应，排量精度高（±1%）。

（3）适用范围

主要应用于建筑、采矿、食品、造纸、陶瓷及其他合适领域的黏稠浆料远距离输送、计量泵送、压力注（灌）浆、材料的输送喷涂等。

6.5 水泥砂浆喷涂机、灌浆机

6.5.1 推荐一

代号：YP。生产单位：壹品堵漏科技有限公司，联系人：李昂（13916406136）。

6.5.2 推荐二

优巨力高压灌浆堵漏机。生产单位：浙江优巨力建设有限公司，联系人：毛瑞定（13362888533）。

（1）产品特点

1）功效高：每分钟流量达5～10kg，出口压力200～350N。

2）体积轻：整体只有20kg，携带方便。

3）操作简便，不易损坏。

4）喷涂可选择喷嘴圆形或扇形来施工，建议圆形喷墙身，扇形喷顶棚。

5）取电容易，220V电压。

（2）适用范围

适用于伸缩缝漏水，沉降缝漏水，地铁漏水，隧道漏水，大坝漏水，地坪、裂缝、空鼓补强加固，室内外喷涂，水泥砂浆喷涂，干粉砂浆喷涂，腻子粉喷涂，防水灌浆及防水表面喷涂，防水喷涂，灌浆，顶棚喷涂，墙壁喷涂，涂料喷涂，园林喷涂，浮雕效果涂料喷涂，工艺品喷涂，乳胶漆喷涂，真石漆喷涂，假山喷涂，雕塑喷涂，吸声材料喷涂。

6.6 防水涂料喷涂机

6.6.1 推荐一：飞涂FT系列无气高压喷涂机

产品规格：飞涂FT-905、FT-920、FT-940无气高压喷涂机；生产单位：北京建海中建国际防水材料有限公司，联系人：张小宁（18500374268）。

（1）产品简介

飞涂FT系列无气高压喷涂机是利用柱塞泵将涂料增压，获得高压的涂料通过高压软管输送到喷枪，经由喷嘴释放压力形成雾化，从而在墙体表面形成致密涂层的喷涂设备。空气辅助无气喷涂，在涂料雾化点处混入压缩空气，进一步细化涂料，压缩空气（0.2～0.5MPa）使涂料雾化，喷涂后形成漆膜。

（2）产品特点

1）高的涂装效率。喷涂效率高达500～1200m^2/h，是传统滚筒施工的10倍以上。

2）极佳的表面质量。喷涂涂层平整、光滑、致密，无刷痕、滚痕、颗粒。

3）延长涂层使用寿命。高压无气喷涂能使涂料颗粒深入墙体空隙，使漆膜与墙面形成机械咬合，增强涂料附着力，延长使用寿命。

4）轻而易举地攻克拐角、空隙和凹凸不平的难刷部位。

5）节省涂料。无气喷涂很容易获得厚度为 30μm 的涂层，节省涂料 20%～30%。

6.6.2 推荐二

代号：ERSY-TOOLS。生产单位：海南天衣康泰防水科技有限公司，联系人：陈森森（13805105067），孙庆生（13807508375）。

（1）产品简介

采用四缸活塞泵头、双料箱。可喷涂非固化、聚氨酯、聚合物水泥防水涂料、水泥基渗透结晶等多种材料。

（2）规格

1）单相 220V 电源，电机功率 2.2(1.5)kW。

2）料箱容积 50L，可分开添加两种组分材料。

3）采用变频技术，流量可调，4～6L/min。

4）喷涂压力最大可达 10MPa。

5）料箱及灌浆管自带辅助加热系统，温度可调。

（3）产品特点

1）采用活塞泵头，适应性强，可喷涂非固化、聚氨酯、聚合物水泥防水涂料、水泥基渗透结晶等多种材料。

2）料箱及灌浆管自带加热系统，最高温度 180℃，可根据材料要求调整，满足不同温度要求。

3）由于采用四泵头、双料箱，更换不同口径进料口，可将双组分材料直接添加至料箱，实现不同比例双组分材料喷涂，出料端管内正反螺旋混合工作，混合均匀。

4）体积小，装箱尺寸 75cm × 50cm × 50cm，整机质量 65kg。

（4）适用范围

可喷涂非固化、聚氨酯、聚合物水泥防水涂料、水泥基渗透结晶等多种材料。使用 220V，1.5kW 电源，每次使用后及时清洗即可喷涂不同材料。

6.6.3 推荐三

生产单位：张家港福明防水防腐材料有限公司，联系人：蔡京福（13706229199）。

1）产品简介

由空压机（两台）、储气罐、搅拌机、浆料挤出泵和喷枪等装置所组成，通过气动以及机械传动相结合的原理，达到又快又好的喷涂效果。

2）产品特点

操作简单、使用便捷，特别是在双空压机的作用下，出气量更大，更能大幅地提高施工效率。在施工难度比较大的墙面、顶板等施工面上，能有效避免涂料在常规施工过程中滴洒的现象，有效保持施工现场的整洁并节省材料。

3）适用范围

应用领域十分广泛，不但可以喷涂水泥基渗透结晶、单双组分聚氨酯、聚合物水泥防水涂料等防水涂料，而且还可以喷涂流态、膏状等合成流动非快速凝固浆料。喷涂机相关参数见表 6.6-1。

表 6.6-1 喷涂机相关参数

工作电压	220V/50Hz
功率	4kW
工作压力	5～8MPa

续表

喷涂平面扬程	⩽ 50m
喷涂垂直扬程	⩽ 20m
喷嘴口径	ϕ4mm，ϕ6mm，ϕ8mm
喷涂工作面	ϕ0.5～0.8m
喷射距离（喷嘴至工作面）	0.8～1.5m
喷涂量	0～500L/h
整机质量	（85 ± 5）kg

6.7 喷涂速凝防水涂料专用喷涂机

6.7.1 推荐一

代号：GX160-SZ60 型、GX160-SZ30 型、YL100-SZ20 型、GX160-SZ60F 型、GX160-SZ30F 型。产品规格：

1）GX160-SZ60 型：尺寸：1200mm × 580mm × 600mm，质量：90kg。

2）GX160-SZ30 型：尺寸：1200mm × 580mm × 600mm，质量：86kg。

3）YL100-SZ20 型：尺寸：800mm × 460mm × 400mm，质量：58kg。

4）GX160-SZ60F 型：尺寸：600mm × 450mm × 500mm，质量：45kg。

5）GX160-SZ30F 型：尺寸：600mm × 450mm × 500mm，质量：42kg。

生产单位：松喆（天津）科技开发有限公司，联系人：张军（13821150912、18310228005）。

（1）产品简介

速凝专用喷涂机，服务于建筑领域防水、防腐、防护施工的广大用户，满足用户的各种需求。

（2）产品执行标准

企业标准。

（3）产品特点

1）一体机整体设计：整机一体化设计使设备工作更平稳，抗振动噪声更低。整机结构紧凑，体积小、质量轻、方便灵活，设备搬运灵巧，汽油引擎，更适合在无电和电压不稳定的野外及复杂空间环境内作业。

2）出色的喷涂性能：两缸隔膜泵和三缸隔膜泵在泵运转切换时，一般会出现输出压力波动。进口隔膜泵采用先进的设计和制造工艺，使输出压力连续平稳，喷涂后的产品成膜表面达到细腻、光滑、致密的绝佳效果。

3）优秀的成本控制技术：精算消耗的喷涂量，是材料成本重要的控制手段，该系统多种型号的 A 组分喷枪嘴，提供了更多的选择。而且，雾化效果更细腻，应用材料更节省，在不同黏度的速凝材料和不同环境的工作面喷涂施工。

4）优秀的喷枪设计：舒适型双管外混喷枪，适应长时间施工操作。枪身紧凑、简洁，优化的喷枪结构，使其易损件趋于为零。经过改进的流量孔，在压力的推动下，解决了长期困扰的堵枪问题。

5）快捷的施工速度：不同的喷涂设备输出线路可达 50～160m，有效延长施工辐射半径。在施工过程中，能有效降低建筑防水施工繁重的体力劳动强度，大幅提高工作效率。尤其对大面积施工，喷涂 1.5mm 厚的情况下，喷涂速率达 800～1500m^2/d，施工速度极高。

6）使用寿命长：该设备主要部件均为进口原件，隔膜泵采用散热快、质量轻的塑钢合金材料，经过阳极氧化处理后耐腐蚀，使用寿命长，维修和更换率极低。

7）环保：速凝专用喷涂机采用冷喷涂技术，无须加热，无气味、无排放、无污染，开机即喷。喷涂扇面宽度可达 15～500mm。一次连续喷涂可达到较厚的涂膜（最高涂膜厚度可到 10mm 以上），从而减少了喷涂次数。能有效保持施工现场的干净整洁，更能体现节省材料。

（4）适用范围

1）适用于喷涂速凝材料和水性非固化材料，工业和民用建筑业屋面、金属屋面、地下、楼地面、室内厕浴间、外墙防水喷涂施工。

2）适用于市政工程中的地铁、隧道、公路、桥梁、管道沟、消防池、游泳池、污水处理厂、垃圾填埋场等防水喷涂施工。

3）适用于有防火要求的石油工业的管道、天然气罐外防腐防护喷涂施工。

4）适用于有防腐要求的海洋工业船舶、码头防腐防护喷涂施工。

5）适用于有环境要求的核电工业防水喷涂施工。

6.7.2 推荐二

代号：易涂施（ERSY-TOOLS）。生产单位：海南天衣康泰防水科技有限公司，联系人：陈森森（13805105067），孙庆生（13807508375）。

（1）产品简介

采用两台独立隔膜泵，可用于喷涂速凝橡胶沥青防水涂料及水性非固化橡胶沥青防水涂料喷涂施工。

（2）产品规格

1）单相（220V）电源。电机功率 2kW。

2）机器喷涂流量约 200kg/h，以 $3kg/m^2$ 用量计，喷涂面积 500～$600m^2/d$。

3）机器装箱尺寸 40cm × 50cm × 60cm，质量 50kg。

（3）适用范围

可用于喷涂速凝橡胶沥青防水涂料及水性非固化橡胶沥青防水涂料喷涂施工。

6.8 非固化脱桶机

6.8.1 推荐一

代号：KT-CSS-102。生产单位：海南天衣康泰防水科技有限公司，联系人：陈森森（13805105067），孙庆生（13807508375）。

（1）产品简介

便携式非固化脱桶机，用于桶装非固化橡胶沥青防水涂料加热。

（2）规格

1）产品分 4.5kW 及 5.5kW 两种规格，分别适用于维修工程及大型工地使用。

2）底部直径 40cm 适用于大多数包装桶。

3）加热时间：4.5kW 加热至可涂刮约 20min，可喷涂约 30min；5.5kW 加热至可涂刮约 15min，可喷涂约 20min。

4）4.5kW 使用自带漏电保护插头，5.5kW 另配专用大功率插头及插座。

（3）产品特点

1）使用耐高温硅橡胶电缆，可减少电缆的老化对电加热器造成的损坏。

2）硅橡胶电缆出操作杆部位，采用锥形橡胶塞挤压固定，避免非正常使用时，电缆过度扭转引起的内部接线故障。

3）硅橡胶电缆与操作杆连接处附加了缓冲皮套，避免了硅橡胶电缆端头的弯折疲劳破坏（尤其是北方严寒地区，低温会造成电缆变硬，更容易损坏）。

4）升级后的非固化脱桶机选用了带漏电保护的插头，安全有保障，使用更放心。

5）底部电热管采用特殊形状，增加散热面积，使得非固化加热均匀，加热后桶内无残留。

（4）适用范围及注意事项

1）仅用于桶装非固化橡胶沥青防水涂料加热。

2）5.5kW 加热器使用时，电源应带漏电保护功能，电源插座应按照电加热器所配置的插头提供。

3）有一定温度，应尽量避免触碰或把握，应手握橡胶把手进行操作。

4）使用时，一定要先确认电源有足够功率，不能确认时，可逐支增加，发现有跳闸或电源线发热的情形，应立刻减少使用数量。

5）电加热管虽采用耐干烧的电阻丝，但长时间干烧也会影响其寿命，在连续换桶加热时应尽量减少中间暴露在空气中的停留时间，如确需长时间暴露停留，应暂时关闭电源或拔掉插头。

6）本非固化脱桶机仅限于加热非固化介质，严禁用于加热水、油等其他介质。

6.9 非固化溶胶机

6.9.1 推荐一

代号：KT-CSS-103。生产单位：海南天衣康泰防水科技有限公司，联系人：陈森森（13805105067），孙庆生（13807508375）。

（1）产品简介

便携式非固化溶胶机，用于桶装非固化橡胶沥青防水涂料加热。

（2）规格

1）产品分 15.5kW 及 20.5kW 两种规格，分别适用于维修工程及大型工地使用。

2）适用于大多数包装桶，每次加热溶胶 200kg。

3）使用自带漏电保护插头，另配专用大功率插头及插座。

（3）产品特点（见 6.8.1）

（4）适用范围（见 6.8.1）

6.9.2 推荐二

代号：TFPTJ。生产单位：寿光市天丰防水材料有限公司，联系人：刘国宁（13589993008）。

（1）产品规格（表 6.9-1）

表 6.9-1

工作电源	总功率	电压频率	总质量	最大容量	熔料时间	产品尺寸
380V	3kW	50Hz	380kg	400kg	380kg/h	1500mm × 1300mm × 1000mm

（2）产品特点

1）一次性加热 380kg 材料仅需 1h 左右。

2）主要部件带有指示灯，如有故障一目了然。

3）所有电动部分均有保护功能，防止误操作损坏设备。

4）电气部分均选用优秀品牌，保证设备经久耐用。

5）可采用电加热和柴油加热两种加热方式（电加热需定制）。

6）使用时无明火，管路不产生碳化层。

7）总功率小于 10kW，对施工现场适用性强。

（3）适用范围

可用于各种屋面、地铁、高铁、写字楼、地下室、地下车库等工程喷涂施工。

6.10 非固化喷涂机

6.10.1 推荐一

代号：TFPTJ。生产单位：寿光市天丰防水材料有限公司，联系人：刘国宁（13589993008）。

（1）产品规格（表 6.10-1）

表 6.10-1

工作电源	总功率	电压频率	总质量	最大容量	喷涂速度	产品尺寸
380V	8.5kW	50Hz	450kg	500kg	490m²/h	1700mm × 1370mm × 1100mm

（2）产品特点

1）一次性加热 380kg 材料仅需 1h 左右。

2）主要部件带有指示灯，如有故障一目了然。

3）所有电动部分均有保护功能，防止误操作损坏设备。

4）电气部分均选用国内品牌，保证设备经久耐用。

5）可采用电加热和柴油加热两种加热方式（电加热需定制）。

6）使用时无明火，管路不产生碳化层。

7）使用高压力泵，喷涂压力大、距离远且均匀。

8）管路及喷枪自动清空功能。

9）总功率小于 10kW，对施工现场用电适用性强。

（3）适用范围

可用于各种屋面、地铁、高铁、写字楼、地下室、地下车库等工程喷涂施工。

6.10.2 推荐二

生产单位：张家港福明防水防腐材料有限公司，联系人：蔡京福（13706229199）。

（1）简介

由底盘架、加热料桶、喷涂加热系统以及喷枪等装置组成，通过涂料热熔以及喷涂泵送挤压相结合的原理，达到既快速雾化又好的喷涂效果。该机器操作简单，使用便捷，移动方便，它的出现改变了目前市场上非固化喷涂机普遍体型庞大、不易携带且存在安全隐患的问题，对于一些施工面积比较大的地下室底板、墙板等位置可以随时挪动，拆装方便。

（2）技术参数（表 6.10-2）

表 6.10-2

工作电源	220V、380V 均可使用
总功率	8.5kW
电压频率	50Hz
总质量	120kg

续表

料桶容量	200kg
喷涂速度	0～500kg/h
产品尺寸	长：1000mm，宽：760mm，高：1400mm

（3）设备操作注意事项

1）使用前确认现场供电电压为220V或380V，同时必须装有接地装置。

2）外接电源线需5芯6mm^{2}电线配插座，否则会影响设备的正常运转。

3）当喷涂时，切勿将手指、手掌或身体的任何部位接触喷嘴。

4）严禁将喷枪口对着自己或他人及有安全隐患的位置。

5）在进行任何有关设备的维修和保养前，请先确认喷涂管内无料及无压力。

（4）施工现场注意事项

1）施工前请检查机器各部件是否已全部连接好，避免出现安全隐患。

2）施工前请戴好手套，穿好防护服，以免接触眼睛和皮肤。

3）物料温度未升至180℃或没有达到喷涂标准，禁止启动喷涂。

4）请在通风良好及照明充足的场所施工。

5）勿在有火花及可燃物的区域施工。

6）雨天禁止施工。

7）禁止异物进入物料箱，以免堵塞机器使用。

8）机器长时间不用应储放在干燥、通风地方。

6.11 非固化融化棒

6.11.1 推荐一：飞涂热涂宝

生产单位：北京建海中建国际防水材料有限公司，联系人：张小宁（18500374268）。

（1）产品简介（图6.11-1）

非固化融化棒是一款便携式非固化快速热熔器，对非固化推广起着决定性作用。非固化材料非常黏稠，为了更快地把非固化材料在包装桶内融化，同时也为了减少桶内残留，避免浪费，特意研发了便携式非固化快速热熔器。非固化材料开盖后可直接将热熔器放入桶中。

（2）规格

1）电线：选用国家3C认证的耐高温硅橡胶电缆、铜芯导线，导电好，发热少，使用安全放心。

2）负重杆：设计为贴心的十字形双向承重把手，手柄采用优质防滑橡胶把套。

3）开关：选用公牛牌插座（弹性强劲，5000次不松动，粗铜线，内芯750℃高温不燃烧，一体式插头）。

4）固定轴：选用304不锈钢支杆，内部采用双层隔热线（耐酸碱、耐高温、绝缘）。

5）固定装置：采用立体三角和环绕圆形组合，防止热涂宝在使用过程中发生倾斜。适合绝大多数非固化包装桶，而且在使用过程中可一人值守多支电加热器，提高了工作效率。

6）固定轴内部采用双层隔热线，专用阻燃材质，燃点高，安全有保障。

7）加热管：采用1400W高功率盘式电热管，加热时效高、转化功率高。经测定，加热至可涂刮状态耗时约16min，加热至可喷涂状态耗时约18min。

（3）产品特点

升温速度快，热利用率高，操作方便，无污染、无异味；耗电低、环保节能。加热稳定、均匀、高效。

（4）适用范围

非固化橡胶沥青防水涂料加热使用。

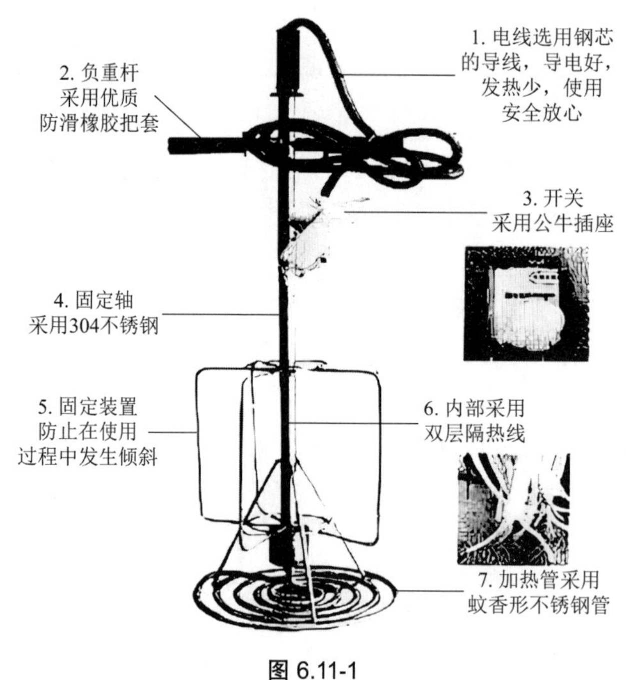

图 6.11-1

6.11.2 推荐二

代号：KT-CSS-105。生产单位：海南天衣康泰防水科技有限公司，联系人：陈森森（13805105067），孙庆生（13807508375）。

（1）产品简介

便携式非固化融化棒，用于桶装非固化橡胶沥青防水涂料加热。

（2）规格

1）产品分 2.4kW 及 4.5kW 两种规格，分别适用于维修工程及大型工地使用。

2）底部直径 26cm 适用于大多数包装桶。

3）加热时间：2.4kW 加热至可涂刮约 20min，可喷涂约 30min；4.5kW 加热至可涂刮约 15min，可喷涂约 20min。

4）2.4kW 使用自带漏电保护插头，4.5kW 另配专用大功率插头及插座。

（3）产品特点

1）使用耐高温硅橡胶电缆，可减少电缆的老化对电加热器造成的损坏。

2）硅橡胶电缆出操作杆部位，采用锥形橡胶塞挤压固定，避免非正常使用时，电缆过度扭转引起的内部接线故障。

3）硅橡胶电缆与操作杆连接处附加了缓冲皮套，避免了硅橡胶电缆端头的弯折疲劳破坏（尤其是北方严寒地区，低温会造成电缆变硬，更容易损坏）。

4）升级后的电加热器选用了带漏电保护的插头，安全有保障，使用更放心。

5）底部电热管采用特殊形状，增加散热面积，使得非固化加热均匀，加热后桶内无残留。

6）若辅以外支架后，可一人值守多支电加热器，提高了工作效率。

（4）适用范围及注意事项

1）仅用于桶装非固化橡胶沥青防水涂料加热。

2）加热器使用时，电源应带漏电保护功能，电源插座应按照电加热器所配置的插头提供。

3）有一定温度，应尽量避免触碰或把握，应手握橡胶把手进行操作。

4）使用时，一定要先确认电源有足够功率，不能确认时，可逐支增加，发现有跳闸或电源线发热的情形，应立刻减少使用数量。

5）电加热管虽采用耐干烧的电阻丝，但长时间干烧也会影响其寿命，在连续换桶加热时应尽量减少中间暴露在空气中的停留时间，如确需长时间暴露停留，应暂时关闭电源或拔掉插头。

6）本非固化溶胶机仅限于加热非固化介质，严禁用于加热水、油等其他介质。

非固化融化棒下列公司也生产：

生产单位：辽宁九鼎宏泰防水科技有限公司，联系人：高岩（13940386188）

6.12 手提电动搅拌机

代号：KT-CSS-107。生产单位：海南天衣康泰防水科技有限公司，联系人：陈森森（13805105067）、孙庆生（13807508375）。

（1）产品简介

手提、便携、轻便，用于水泥灌浆材料、水泥基无收缩灌浆材料、环氧类材料的搅拌。

（2）规格

2.5kW，机器质量15kg。

（3）产品特点

转速快，扭矩大，轻便。

（4）适用范围

适用于高铁、地铁、高速公路、地下室、地下综合管廊的结构壁后回填灌浆、固结灌浆、帷幕灌浆、防火涂料等施工中材料的搅拌。

6.13 新型灌注机、喷涂机

6.13.1 推荐一

产品：新型电动高压灌注机。代号：YPJ-2000。产品规格：机身本体7kg，32cm × 20cm × 49cm。生产单位：盛隆建材有限公司，联系人：李昂（18736093787）。

（1）产品简介

电动高压灌注机是一种用于结构高压化学灌浆，使用单液化学灌浆材料的专业机种，有超高压力不需气压源，施工快速。一台完整的灌浆机主要由电钻、机箱、支架、料杯、泵浦、三通、压力表、高压管以及开关阀组成。机身本体仅7kg，携带省力移动方便。结构设计科学简易，不需特殊训练即可维修，并增加了人性化的自吸进料系统。其利用机械的动力，可在3～6s内提升至30MPa以上工作压力，将液体的止水剂有效灌注至0.1mm的细微裂缝中，施工效率较传统技术快3倍以上，防水止漏效果更为持久有效。

（2）产品特点

机械性能好、无噪声、无污染；体积小、质量轻、携带方便、操作简单；工艺先进、效率高；技术可靠、结构合理、使用安全；注浆压力0～60MPa；不剔槽，不埋管，对结构无损；能直接带水注浆堵漏；使用材料范围广泛；一机多用、堵漏注浆、固结注浆、填充注浆、备压注浆；保养简单、维修方便、坚固耐用、清洗方便。

（3）产品执行标准

企业标准。

（4）性能指标

560W 单相交流 220V（50Hz）；最大输出压力：72MPa；

再次启动：＜54MPa；

高压管安全范围：＜79.2MPa；开关阀安全范围：＜129.6MPa；牛油头安全范围：＜115.2MPa。

（5）适用范围

地铁、隧道、地下室、楼板、二次施工缝、小蜂巢、伸缩缝、环片、后浇带裂缝等止漏工程。

6.13.2　推荐二

产品：新型水泥砂浆喷涂机、灌浆机。代号：YPJ-3000、YPJ-3100。产品规格：12kg、60kg。

生产单位：盛隆建材有限公司，联系人：李昂（18736093787）。

（1）产品简介

适用于伸缩缝、沉降缝、地铁、隧道、大坝漏水；地坪、裂缝、空鼓补强加固；室内外、水泥砂浆、干粉砂浆、腻子粉、防水灌浆及防水表面、顶棚喷涂；乳胶漆、真石漆、假山、雕塑、吸声材料喷涂。

（2）产品特点

功效高，体积轻，操作简便不易损坏。喷涂可选择喷嘴圆形或扇形来施工，建议圆形喷墙身，扇形喷天花。取电容易。

（3）产品执行标准

企业标准。

（4）性能指标（表 6.13-1）

表 6.13-1

机型	YPJ-3000	机型	YPJ-3100
功率	800W/220V	功率	1.1kW/三相 380
流量	1～10L/min	流量	1～15L/min
材料颗粒	＜2mm	材料颗粒	＜3mm
转速	0～1200r/min	转速	0～1300r/min
质量	12kg	质量	60kg
长	705mm	长	953mm
宽	402mm	宽	618mm
高	850mm	高	1355mm

（5）适用范围

沉降缝、地铁、隧道、大坝漏水；地坪、裂缝、空鼓补强加固；室内外、水泥砂浆、防水灌浆及防水表面、防水喷涂、灌浆等。

6.13.3　推荐三

产品：新型双液型止漏、加固、灌浆喷涂机。代号：YPJ-4000。产品规格：15kg。

生产单位：盛隆建材有限公司，联系人：李昂（18736093787）。

（1）产品简介

精密设计及人性化使用考虑，携带方便，有超高负荷压力，高压灌注时机身零件不变形，质量轻，可以解决施工者携带笨重机械的不便。

（2）产品特点

施工快速：可在数秒内提升至 40MPa 工作压力，灌注时间较其他机种快。

质量轻：机身本体质量仅 13kg，携带省力、移动方便。

耐用：最高压力达 53.3MPa 时机身零件不变形。

修理简易：施工现场即可维修，避免因机械故障送厂维修而停工。

持续增压：药剂可有效灌至深处细微裂缝及蜂巢，确实有效填补结构体裂缝与蜂巢。

（3）产品执行标准企业标准

（4）性能指标（表 6.13-2）

电压：220V；最高压力达 53.3MPa；外观尺寸 500mm × 400mm × 1135mm。

表 6.13-2

项目	单位	参数
压力	MPa	15
排量	L/min	10
供气压力	MPa	0.2～0.7
供气消耗	m^3/min	0.5

（5）适用范围

地铁（捷运）、隧道、涵洞及一般结构体蜂巢、裂缝、二次施工缝等渗水处堵漏、补强。屋顶、外墙、保温室（箱）、隔声墙（板）双液型 PU 发泡剂隔热、保温、隔声喷涂。地下室外墙、无颗粒刚性防水材喷涂，防水层表面喷涂双液型 PU 发泡保护层。污水池（筏基）、化学槽内耐腐蚀性无颗粒喷涂。

6.14 注浆机

生产单位：青岛天源伟业保温防水工程有限公司，联系人：李军伟（13705329548）。

第五代多功能注浆喷涂机，理论输送量 8m^3/min，最大压力 32.1MPa，料斗提升速度 53 次/min。本机可用于地下注浆、内外墙喷涂、能适应多种工作环境，如地铁、地下车库、防空洞等。

6.15 双组分环氧智能灌浆机

（1）产品简介

双组分环氧智能灌浆机，双组分环氧无须单独搅拌，双组分环氧电脑智能记忆配合比，自动搅拌混合，自动控制灌浆压力，自动控制灌浆流量。

（2）产品规格、代号

代码：KT-CSS-518。机器质量 30kg。

（3）适用范围

双组分环氧材料、双组分聚氨酯密封胶、液体橡胶、硅烷改性聚醚水固化灌浆胶（阳离子丁基液体橡胶）、水泥基类双组分材料等材料的灌浆堵漏。

生产单位：南京康泰建筑灌浆科技有限公司

联系人：陈森森（13905105067）

6.16 HT 辉腾再造耐久防水层防水堵漏施工设备

（1）产品简介

PA-100 大型注浆机，PA-7000 挤压式无机注浆机。

（2）产品规格、代号

PA-100 型：大型双组分注浆机。PA-7000 型：挤压式灌浆机。

（3）产品特点

PA-100 型：功率大、作业半径长、压力大、效率高。PA-7000 型：功率大、作业半径长、压力大、效率高。

（4）适用范围

地下底板、顶板、地铁、隧道、涵洞、污水处理厂。

生产单位：辉腾科创防水技术有限公司

联系人：赵灿辉，手机/微信：13311393404

6.17 单液智能灌浆泵

（1）产品简介

新一代新型单液智能灌浆泵，采用 220V 电源，无级变速，灌浆压力大小及流量可以任意调节，具有结构简单、操作方便、质量轻的特点，常用于灌浆堵漏或结构空腔加固补强处理。

（2）产品规格、代号

产品规格：长、宽、高：100cm × 40cm × 90cm。代号：YY-G。

（3）产品特点

1）无级变速，流量大小与压力大小均可以任意调节。

2）结构灵巧，质量轻，移动方便。

3）采用 220V 电源，应用广泛。

4）灌喷两用：既可以灌浆，也可以喷涂。

5）配件耐磨，不易损坏，使用寿命长。

（4）适用范围

1）各种地下车库、人防工程、隧洞、管廊等地下工程有较大空腔的带水带压灌浆堵漏。

2）各种建筑有较大空腔的结构灌浆补强处理。

3）可以喷涂各种砂浆、腻子、涂料。

生产单位：郑州赛诺建材有限公司

联系人：王福州（15137139713）

6.18 康泰系列防水堵漏施工设备

（1）产品简介

施工设备小巧轻便，可根据现场缺陷类别及渗漏水情况，选择不同型号注浆设备，其中水泥基灌浆设备有小型钨钢水泥注浆机、特种水泥基注浆机、高压自吸水泥基双液注浆机、小型螺杆注浆机及双液螺杆注浆机，灌注改性环氧树脂结构胶设备除市面上常规注浆设备以外，我公司自行研发生产的双组份环氧树脂用智能灌浆设备可以将 A、B 组分浆液分别倒入料斗内，事先按照浆液配比调节流量，通过前端混合器进行搅拌后灌注，避免工人在搅拌环节出现配比不均匀现象。

（2）产品规格、代号

1）代号：KT-CSS 小型注浆机

产品规格：质量约 10kg，方便携带。

2）代号：KT-CSS 特种水泥基注浆机

产品规格：质量约 35kg，方便携带，可变量调压喷灌两用可注膏状浓浆，特制气流开关，远程遥控作业。

3）代号：KT-CSS 高压自吸水泥基双液注浆机

产品规格：质量约 35kg，方便携带，设置自吸装置，可调节浆液浓稠度控制进浆流量，远程控制开关，双独立注浆体系，可用三通装置让浆液汇集。

4）代号：KT-CSS 小型螺杆注浆机

产品规格：质量约 35kg，方便携带，喷灌两用可注浓浆。

5）代号：KT-CSS 双叶螺杆注浆机

产品规格：质量约 70kg，方便携带，超高耐磨，双独立螺杆泵体系，双组分可调。

6）代号：KT-CSS 双组份环氧树脂用智能灌浆设备

产品规格：质量约 10kg，方便携带，双组份系统，混合枪头流量可调。

（3）产品特点

1）KT-CSS 小型钨钢水泥注浆机：重量轻便，方便携带。

2）KT-CSS 特种水泥基注浆机：重量轻便，方便携带，可变量调压喷灌两用可注膏状浓浆，特制气流开关，远程遥控作业。

3）KT-CSS 高压自吸水泥基双液注浆机：重量轻便，方便携带，设置自吸装置，可调节浆液浓稠度控制进浆流量，远程控制开关，双独立注浆体系，可用三通装置让浆液汇集。

4）KT-CSS 小型螺杆注浆机：重量轻便，方便携带，喷灌两用可注浓浆。

5）KT-CSS 双液螺杆注浆机：重量轻便，方便携带，超高耐磨，双独立螺杆泵体系，双组分可调。

6）KT-CSS 双组份环氧树脂用智能灌浆设备：重量轻便，方便携带，双组份系统，混合枪头流量可调。

生产单位：南京康泰建筑灌浆科技有限公司

联系人：陈森森（13905105067）

7 新型防水堵漏修缮材料介绍

7.1 水性喷涂持粘高分子防水涂料

（1）产品简介

水性喷涂持粘高分子防水涂料是一种新型高端防水材料。产品分为A、B组分。其中A组分为添加了特殊助剂混合而成的高分子合成树脂（沥青）水乳液，B组分为固化剂。该产品5℃以上皆可喷涂，瞬间成型，形成连续、整体密闭的防水层。产品施工完成后，可与空气长期接触，不固化，不溶于水，粘结强度高，能适应复杂的施工作业面；防水层不含溶剂，满足国家安全、环保的要求。此外，产品还具有极强的蠕变性能，可永久保持黏稠胶质状态，具有自愈合、拉伸力强、抗疲劳性强、耐老化等特性，能与多种防水卷材复合使用。

（2）产品特点

1）施工安全简便，无须加热。

2）粘结性能优异，可形成致密防水层。

3）自行细缝修复，具有抗裂性和自愈修复功能。

4）具有突出的蠕变性能，防水性能好、耐老化，可满足工程施工中的各种防水要求。

5）无毒环保：本产品为低气味，不含溶剂，不具毒性，属绿色产品。

（3）适用范围

1）地下结构外防水防腐：地铁、公路、高铁、市政、水工隧道，建筑地下室，市政地下综合管廊等。

2）屋顶防水：混凝土平顶屋面、坡顶屋面、金属屋面彩钢夹心保温板、石板瓦、掩体壕等。

3）人工水湖、水池、废弃物处理场、垃圾填埋场、沉降池、高尔夫球场、水塘等。

4）地下通道、废水处理厂、游泳池内外防水及防腐。

5）桥面防水防腐。

6）化工、电力等工业保护。

7）引、排水工程及水利设施保护等。

8）地下空间衬层等。

9）挥发物屏障及国防工程等。

（4）施工工艺

1）喷涂前应试枪，A、B枪喷射角和输出量须符合设计要求，喷涂要横平竖直交叉进行，均匀有序，薄厚一致，枪口与基面的距离控制在500～600mm。大面积喷涂时应无漏喷点及漏喷面。

2）清理施工基面，施工过程须保证基面无明水。

3）若施工现场风力大于 5 级，施工时必须采取挡风措施，并适当降低枪口与基面的距离（300～500mm）。

4）涂层成型后应做到表面无裂纹，涂层完整，厚度均匀无堆积、露白。

5）喷涂施工后，为避免灰尘粘结在涂层表层，应及时铺贴防水卷材或覆盖隔离层，然后进行下一道工序。

（5）技术措施要求

1）喷涂前应试枪，A、B 枪喷射角和输出量须符合设计要求，喷涂要横平竖直交叉进行，均匀有序，薄厚一致，枪口与基面的距离控制在 500～600mm，喷涂厚度 1.5mm。

2）防水层喷涂完成后，要注意后续保护，钢筋笼要本着轻放的原则，不能在防水层上拖动，以避免对防水层的破坏。

3）喷涂程序为：先节点，后大面；先低处，后高处；先远处后近处。即所有节点处理完毕后，方可大面喷涂施工；大面喷涂须从低处向高处进行；先做较远的，后做较近的，使操作人员不踩踏已完工的防水层。施工区域应采取必要的、醒目的围护措施（周围提供必要的通道），禁止无关人员行走践踏。

4）在防水层后续施工过程中，如不慎破坏了防水层，一经发现应及时报请防水施工单位进行修补。

（6）注意事项

1）不能在有明水或有霜冻的基面应用。

2）应尽量保证施工表面无明水，平整、牢固，无灰尘、油脂、树脂或其他外来污染物（如苯类等）。

3）产品不宜在直射的阳光下长期放置，在密封性良好、温度大于 5℃的存储条件下，存储期为 6 个月。

生产单位：江苏邦辉化工科技实业发展有限公司，联系人：冯永（13806165356），地址：江苏省江阴市长泾镇工业园区。

7.2 节点防水密封膏

（1）产品简介

节点防水密封膏是一种高分子聚合物和沥青混合改性而成的环保型、单组分柔性防水密封材料。产品直接涂刷在基层，水分蒸发后形成具有超强黏性、蠕变性及压敏性的致密防水膜，可在潮湿的混凝土基面及金属、玻璃等多种界面上施工，具有极佳的节点密封防水效果。

（2）产品特点

1）施工方便，开罐即用，直接涂抹，常温固化。

2）有良好的相容性，便于处理其他材料无法施工的节点、阴角等部位。

3）产品不含有机溶剂，无毒、无污染，绿色环保。

4）产品粘结力强，富有橡胶的弹性与柔性，延伸率好，具有良好的抗裂能力。

（3）适用范围

1）金属屋面节点密封、防水。

2）各种管根部位以及各种边角填塞部位的节点密封加强处理。

3）各类混凝土接缝部位的密封、防水，防潮。

4）沥青卷材界面粘结处理、各类节点的粘结密封处理。

5）可作为高性能的沥青防水涂料在大面积防水场合使用。

（4）包装与贮存

1）产品包装于清洁干燥密闭的塑料桶内，规格为 5kg、20kg。

2）产品存放时应保证通风、干燥，防止日光直接照射，贮存温度不得低于 0℃，未启封产品，保质期 6 个月。

3）产品为非易燃易爆材料，可按一般货物运输。运输时防冻、防止雨淋、曝晒、挤压、碰撞，保持包装完好无损。

（5）注意事项

1）涂膜未干前避免浸水。

2）避免在风沙雨雪以及温度 5℃以下环境下施工。

3）施工时确保基面无明水、无油污及松散杂物。

生产单位：江苏邦辉化工科技实业发展有限公司，联系人：冯永（13806165356），地址：江苏省江阴市长泾镇工业园区。

7.3 金属屋面丙烯酸高弹防水涂料

（1）产品简介

金属屋面丙烯酸高弹防水涂料是由特种乳液结合多种功能助剂制作而成。优质原料本身的性能，赋予了产品极强的弹性、柔性、抗水性以及抗紫外线、抗老化功能。本产品适用于各类金属屋面、直接外露的防水工程，也可用于混凝土屋面、沥青屋面等其他屋面系统。

（2）产品特点

1）抗紫外线、抗老化性能优越。

2）具有很强的抗酸碱、耐腐蚀能力。

3）涂层具有透气性，不起鼓，不起皮。

4）粘结强度高，能与任何基面牢固粘结。

5）水性涂料，非易燃易爆，使用安全健康。

6）长效抑制霉菌及藻类生长，耐积水性强。

7）极佳的低温柔性：−30℃，180°弯折无裂纹。

（3）适用范围

1）屋脊防水处理。

2）风机防水处理。

3）天沟防水处理。

4）采光板防水处理。

5）女儿墙防水处理。

6）屋面管道等突出物防水处理。

7）金属屋面板搭接缝处防水处理。

8）其他屋面防水薄弱环节防水处理。

（4）参考用量

1.0mm 涂膜，涂料用量约为 1.5kg/m^2。

（5）包装与贮存

1）产品包装于清洁干燥密闭的塑料桶内，规格为 20kg。

2）产品在存放时应保证通风、干燥、防止日光直接照射，贮存温度不得低于 0℃，未启封产品，保质期 12 个月。

3）产品为非易燃易爆材料，可按一般货物运输。运输时防冻、防止雨淋、曝晒、挤压、碰撞，保持包装完好无损。

（6）注意事项

1）施工时温度为 5～35℃，24h 内有雨的情况下应停止施工。

2）使用前应充分搅拌均匀，尽快使用完开盖产品。

3）5～35℃阴凉干燥处储存，避免曝晒和受冻。

4）如不慎进入眼睛请立即用大量的清水冲洗，必要时需到医院就诊。

生产单位：江苏邦辉化工科技实业发展有限公司，联系人：冯永（13806165356），地址：江苏省江阴市长泾镇工业园区。

7.4 混凝土复合防水液（立威 LV-6 型）

（1）产品简介

LV-6 型混凝土复合防水液是一种多功能、掺量少的产品。C30～C50 混凝土每立方米掺加量为 0.2%～0.4%；后浇带、加强带掺加量为 0.25%～0.5%。实际掺量可通过试配确定。

（2）产品特点

1）提高混凝土防水抗渗性能，抗渗等级可达 P12（1.2MPa）以上，均能满足现行国家标准《地下工程防水技术规范》GB 50108 所规定的各种防水设防等级防水混凝土的防水抗渗要求，更适用于要求抗渗等级高的补偿作用。

2）高效减水，在水灰比较小情况下，可使混凝土出机坍落度达到满足泵送施工要求，降低单位用水量，改善保水黏聚性，混凝土在运输浇筑过程中不易泌水，不产生离析，可根据施工要求调节凝结时间，这对适应夏季气温高、运输距离长、大体积混凝土浇筑时的缓凝要求尤为重要。

3）提高混凝土早期与 28d 强度，加速施工拆模，节省水泥用量，更适用于高强混凝土。

4）具有一定膨胀性，膨胀率为 6×10^{-5}，对混凝土收缩有一定补偿作用。

5）氯离子、碱含量低，氨的释放量小，属于低碱无害绿色产品，保证了混凝土结构达到设计使用年限的工程耐久性。

6）对大体积混凝土可降低水化热的温度峰值 30%左右，降低了大体积混凝土水化热的温度应力。有利于避免或减少混凝土的温度裂缝。

7）混凝土具有良好的抗冻性，50～200 次冻融循环，各项性能指标均符合国家标准的抗冻性要求。

8）对于超长超宽的地下防水混凝土，由于高效保水，提高 28d 强度减少水泥用量，并具有膨胀补偿作用，提高密实度，大大减少混凝土收缩变形，减少或避免开裂，可使后浇带间距适当加大。根据地基土内摩擦角φ、黏聚力系数c大小及板厚不同，一般砂土地基可增至 100m，黏土地基可增至 45～90m。

9）方便施工，计量准确，避免人工操作，容易搅拌均匀，不增加搅拌时间。

（3）适用范围

1）立威 LV-6 混凝土复合防水液主要用于各种有防水抗渗要求的混凝土结构防水部位的防水。

2）适用工程：工业与民用建筑地下工程，如地下商场、地下停车场、地下的设备与办公用房；各种隧道、地下铁道、地下人防、军事设施工程；各种净水厂、污水处理厂、游泳馆等构筑物，水利枢纽，储能电站，公路铁路桥梁工程。当工程结构的防水混凝土采用泵送施工方法时，更为适用。

（4）包装与贮存

立威 LV-6 混凝土复合防水液，用 200kg 或吨桶罐封盖包装。产品宜存放在气温低于 35℃、有通风条件的仓库内，避免阳光直接照射，桶口向上，不能靠近火源和热源。保质期为 3 年，超过保质期，经检验合格后仍可使用。

生产单位：辽宁立威防水科技有限公司，联系人：高岩（13940386188），地址：辽宁省盘锦市大洼临港经济区汉江路。

7.5 混凝土抗裂高效减水剂

（1）产品简介

混凝土抗裂高效减水剂，是一种多功能高效减水剂。产品为无毒、无异味褐色液体，不污染环境，对人体无害。掺量为胶凝材料总量的2%～3%，实际掺量可根据试配确定。

（2）产品特点

1）高效减水，减水率可为30%，在水灰比较小的情况下（0.40左右），使混凝土拌合物坍落度可达180mm以上，满足施工泵送要求，由于单位用水量大幅度减少，改善保水黏聚性，大大提高混凝土密实度，减少收缩变形。

2）提高混凝土早期与28d强度，7d提高40%～50%，28d提高30%以上，加速施工拆模，节省水泥用量15%～20%，同时也起到减少混凝土的收缩变形。

3）氯离子、碱含量低，氨释放量小，对钢筋无锈蚀，预防碱集料反应，保证了工程耐久性。

4）液态掺量低，便于保管运输，计量准确，搅拌均匀。

（3）适用范围

1）适用于各种商品泵送及高强混凝土工程。

2）缓凝型高效减水剂主要用于在高温季节施工，由于混凝土凝结时间随着气温的升高会相应缩短，当搅拌站距离施工浇筑现场相对较远或交通不便容易堵车，或超长超宽大体积混凝土浇筑往往需要缓凝，实际需要的缓凝时间可根据施工浇筑技术方案确定，对大体积混凝土缓凝的作用不仅是为防止浇筑接槎部位冷缝的出现，而且可起到推迟减少水化热温度峰值，减小温度应力作用。

（4）包装、贮存与施工工艺

1）用250kg或1t的桶罐封盖包装。产品宜存放在气温低于35℃、有通风条件件的仓库内，避免阳光直接照射，桶口向上，不能靠近火源和热源，保质期为一年，超过保质期经检验合格仍可使用。

2）掺抗裂高效减水剂的混凝土，在常温及冬期施工条件下所用原材料、搅拌、运输、浇筑、振捣、拆模、养护按照现行国家标准《混凝土结构工程施工质量验收规范》GB 50204执行。

3）混凝土试配时要考虑减水剂对减水与单位用水量的影响，现场搅拌应测定砂石骨料的含水率予以扣除，夏季施工与距离运输要考虑坍落度的损失值。

4）混凝土搅拌时外加剂要计量准确，投料顺序合理，并控制搅拌时间，以达到搅拌均匀、满足和易性要求为准，一般不少于1min。

生产单位见7.4。

7.6 砂浆复合防水液（立威LV-2型）

（1）产品简介

砂浆复合防水液（立威LV-2型），是以无机铝盐为主体的多种无机盐类复合制成的溶液。掺入混凝土和水泥砂浆中，可配制成具有防渗、防漏、防潮功能的防水混凝土和防水砂浆，抹在建筑结构表面形成刚性防水层。

（2）产品特点

当防水液掺量为水泥质量0.2%～0.3%时，体积安定性合格，初凝时间大于50min，终凝时间小于4h，粘结力大于1.0MPa，抗压抗拉强度分别提高20%～30%。

（3）适用范围

适用于屋面、卫生间、地下室、水池、水塔、仓库、桥梁、隧道、沟渠、堤坝、人防工程的表层防渗防潮。

（4）配料要求

使用硅酸盐水泥、普通硅酸盐水泥或矿渣硅酸盐水泥，强度等级不低于 42.5MPa。采用中砂，质量符合水泥砂浆用砂要求，水用洁净的淡水（饮用水）。

（5）施工工艺

1）清理基层：把基层表面的油污、灰尘、杂物等清洗干净。对光滑的基层表面还需进行凿毛处理，麻面率不得小于 75%，然后用水冲洗干净并湿润基层。

2）刷结合层：在已凿毛和干净湿润的基层上，用刷子均匀刷一道稀糊状的水泥防水剂素浆（配合比为水泥：水：LV-2 = 1.0：2.2：0.1）作为结合层，以提高防水砂浆与基层的粘合力，厚度为 2mm 左右为宜。

3）抹第一防水砂浆（找平层）：在结合层未干之前必须及时抹第一层防水砂浆（配合比为水泥：中砂：水：LV-2 = 1.0：2.5：0.35：0.05）作找平层，厚度以 10mm 左右为宜。赶平压实后，用木抹搓出麻面。

4）抹第二层防水砂浆：在找平层初凝后，应及时抹第二层防水砂浆。其配合比和厚度均与第一层砂浆相同，用铁抹子反复压实赶光。

5）潮湿养护：在第二层防水砂浆终凝之后，应及时养护，每天均匀洒水不得少于 5 次，在保持潮湿条件下养护 7d。

（6）包装与贮存

用 25kg 或 200kg 塑料桶或吨桶封盖包装。产品宜贮存在温度低于 35℃的通风干燥的仓库内，桶口向上，不得靠近火源和热源，以防塑料桶老化变形。产品保质期为 5 年。在 5 年内无明显变色和干缩现象。

生产单位见 7.4。

7.7 冷凝水防治剂

（1）产品简介

冷凝水防治剂可大幅度减少地下室、商场、住宅等室内冷凝水现象产生。冷凝水现象主要为地下室地面结露潮湿、墙面“流汗、流泪”，商场、住宅瓷砖表面潮湿，导致室内湿度大、物资易生霉和腐蚀，易造成人员滑倒。该产品无毒，无有害化学物质，对人体无伤害，属绿色环保装修液体材料。

（2）适用范围

适用于地下室、地下人防、商场、仓库、住宅等冷凝水防潮、防湿、防滑、防霉。

（3）施工工艺

地下室钢筋混凝土结构工程完成后，底板面层细石混凝土找平层内掺入水泥质量 5%的冷凝水防治剂找平、压实、压密、压光。墙板、顶板抹 20mm 厚水泥砂浆，掺入水泥质量 5%的冷凝水防治剂找平、压实、压密、压光。商场和住宅地面、墙面、顶面抹 20mm 厚水泥砂浆，掺入水泥质量 5%的冷凝水防治剂，如果抹灰层已完成，可在粘瓷砖时的干水泥砂浆中掺加，也可掺加到水泥浆中粘瓷砖。

（4）包装

产品有 25kg、50kg、200kg、1000kg 桶装。

7.8 聚乙烯丙纶防水卷材（点牌）

（1）产品简介

采用线性低密度聚乙烯、高强丙纶无纺布、抗老化剂经物理和化学变化，由自动化生产线一次性复合加工制成。卷材中间层是防水层和防老化层，上下两面是增强粘结层，与其相配套的自行研制的点牌胶结料相粘结，牢固，可靠，无翘边、无空鼓，形成完美的点牌聚乙烯丙纶-聚合物水泥复合防水体系。

（2）产品特点

1）该卷材是绿色环保产品，冷粘结，人身安全有保障。

2）采用原生原料生产的卷材，使用寿命长，与结构同等寿命。

3）可在潮湿的基层上做防水施工，雨季可施工。

4）该卷材柔韧性好，可直角施工。

5）施工管廊立墙不滑落与墙体有亲和性，粘结牢固，无空鼓。

6）本体系绝缘性能好，2000V高压不导电，在管廊中使用，安全性强。

7）适用于冬期施工，可选用非固化橡胶沥青防水涂料粘结。

8）种植屋面、种植地面耐根穿刺性能好；无毒害，有利于植物生长。

（3）产品执行标准

《高分子防水材料　第1部分：片材》GB/T 18173.1－2012。

（4）适用范围

主要用于地下管廊防水、公共、民用建筑以及大型场馆的地下防水，厨卫间防水、屋面防水、水利大坝等防水工程，同时还应用于地铁、隧道防水工程。本产品防水体系不但有防水性能和耐根穿刺性能，对植物生长有好处、无危害，是种植屋面、地面的首选材料。

生产单位：北京圣洁防水材料有限公司，联系人：杜昕（18601119715）。

7.9　堵漏宝

（1）产品特点

1）防潮、抗渗、快速堵漏、迎背水面均可使用。

2）无毒、无害、无污染、可用于饮水工程；凝固时间可任意调节。

3）抗渗强度高、粘结能力强、防水粘贴一次性完成。

4）与基层结合成整体，不老化、耐水性好。

（2）适用范围

1）用于迎水面或背水面防水工程。

2）本产品分速凝型和缓凝型两种。

速凝型：用于渗水面和漏水孔、洞、裂缝的防潮防水、堵漏。缓凝型：用于无渗水面防水、抗渗。

（3）产品执行标准

现行国家标准《无机防水堵漏材料》GB 23440。

生产单位：青岛天源伟业保温防水工程有限公司，联系人：李军伟（13705329548），地址：山东省青岛市城阳区惜福镇街道前金工业园抱虎山路728号。

7.10　非固化橡胶沥青防水涂料

（1）产品简介

产品原材料为多种高分子聚合物。其核心技术为特殊添加剂，该添加剂在生产过程中起到催化作用，使沥青与各种高分子聚合物之间形成稳定的化学结合，这种化学结合使高分子聚合物与沥青能在稳定的状态下发挥各自的性能，提高了非固化防水涂料稳定性及耐久性，确保了产品的质量。

（2）产品特点

1）不窜水性：混凝土微观结构是一种孔缝，一般来说孔隙率在25%左右；这些空隙及裂缝是混凝土渗水的主要途径。非固化橡胶沥青防水材料与基层微观满粘，封堵毛细孔和裂缝，实现真正皮肤式防水。

2）蠕变性：优秀的抗变形能力和恢复能力。如果基层开裂，非固化防水层会吸收开裂应力，应力不会传导给防水卷材，保护防水卷材不被延长拉断。

3）自愈性：可自行修复在外力作用下造成的破损。

4）潮湿基面粘结性：无明水潮湿基层可直接喷涂非固化防水涂料，待一定时间后，可与基层良好粘结；有水基层，将明水清扫干净后喷涂非固化涂料，在一定外力及一定时间的条件下，同样可以很好粘结。

5）冬季与雨季同样可以做到施工便捷、快速性：冬季低温，夏季潮湿，不影响非固化橡胶沥青防水涂料的正常施工，涂料一次可达设计厚度；涂料、卷材或隔离层复合一次完成；无须干燥时间，即可进行下道工序施工。

6）紧密黏合性：与混凝土、钢结构、塑料管、木质基层等紧密粘结；与自粘卷材、SBS 卷材、高分子卷材等紧密粘结。

7）安全环保：无溶剂、无毒、施工无明火，安全环保。

8）耐疲劳性：不受基层变形、沉降等外力造成的开裂影响。

（3）主要性能指标（表 7.10-1）

表 7.10-1

序号	项目		技术指标	
1	固含量（%）	⩾	99.8	
2	闪点（℃）	⩾	180	
3	耐热度（℃）		70℃，无流淌，滴落	
4	低温柔性（℃）		−20℃，无断裂	
5	粘结性能		干燥基面	100%内聚破坏
			潮湿基面	
6	延伸性（mm）	⩾	15	
7	热老化（65℃，168h）		延伸性（mm）⩾	15
			低温柔性	−15℃，无断裂
8	耐酸性（2%H_2SO_4溶液）		外观	无变化
			延伸性（mm）⩾	15
			质量变化（%）	±2.0
9	耐碱性[0.1%NaOH 溶液＋饱和 $Ca(OH)_2$ 溶液]		外观	无变化
			延伸性（mm）⩾	15
			质量变化（%）	±2.0
10	耐盐性（3%NaCl 溶液）		外观	无变化
			延伸性（mm）⩾	15
			质量变化（%）	±2.0
11	自愈性		无渗水	
12	渗油性（张）	⩽	2	
13	应力松弛（%）	⩽	无处理	30
			热老化（70℃，168h）	

续表

序号	项目		技术指标
14	抗窜水性（0.6MPa）		无窜水

（4）适用范围

产品适用于地下、屋面、地铁等工程防水，特别适用于应力较大及经常发生变形部位等工程防水。

（5）施工工艺

1）喷涂型：细部处理→清理基层→加强层施工→喷涂施工→细部修补→复合卷材→备料→投料→加热。

2）涂抹型：清理基层→除尘→加强层施工→细部施工→涂抹施工→复合卷材→备料 > 投料→搅拌。

3）注浆型：探测并定位→钻孔埋管→连接设备→注浆 > 完成→封堵→封堵后恢复面层。

生产单位：辽宁九鼎宏泰防水科技有限公司，联系人：高岩（13940386188），地址：辽宁省盘锦市大洼临港经济区汉江路。

7.11 喷涂速凝橡胶沥青防水涂料

（1）产品简介

材料由高性能改性乳化橡胶沥青和固化剂双组分组成，采用先进的冷制喷涂技术将液体橡胶喷涂成膜。施工简单，整体无缝，快速成型，环保无毒，具有超强的粘合力，胶膜与基底之间可形成整体，不剥离、不窜水、可阻隔各种有害气体，可作为防护、防水、防渗漏、防腐蚀、抗各种化学品、抗裂解、抗穿刺、减震、降噪等各种保护性涂层，是一种全新工艺条件下应用的高技术产品。

（2）产品特点

1）施工简便：采用先进的冷制冷喷工艺，一次喷涂成型，省时省力，施工效率高，方便快捷。

2）快速凝胶：喷涂后即可凝胶，无须特殊养护。

3）无接缝防水膜：防水膜反应型无接缝，对任何异型、复杂结构面形成无接缝全覆盖，不留接缝接口渗漏隐患。

4）与基层附着力强：与基层结合紧密不剥离、不窜水。

5）环保无毒：无有机溶剂，无刺激性。

6）性能优异：具有优良的耐高温性能和抗低温性，抗酸、碱、盐，强度大，耐老化性能好，延展度优异，具有抗撞击、抗拉力、抗静水压力等优良性能。

7）延伸性好：胶膜延伸性大，具有800%以上的断裂伸长率，适应结构变形能力强，弹性好，弹性恢复率达85%以上，能伸、能缩，防水层耐疲劳性好。

8）优异的钉杆水密性：涂膜中的橡胶具有非常好的弹性，能够自动对钉孔形成密封保护。

（3）主要性能指标（表7.11-1）

表 7.11-1

序号	项目		技术指标
1	固含量（%）	≥	55
2	耐热度（℃）		(120 ± 2)℃
3	不透水性		0.3MPa，30min 无渗水
4	凝胶时间（s）	≤	5

续表

序号	项目		技术指标	
5	粘结强度（MPa）		干燥基面	≥0.4
			潮湿基面	
6	实干时间（h）		≤24	
7	弹性恢复率（%）		≥85	
8	钉杆水密性		无渗水	
9	吸水性（24h）（%）		≤2	

（4）适用范围

1）工业及民用建筑地下室、屋面等防护防水。

2）化工、电力等工业保护。

3）引、排水工程及水利设施保护等。

4）地下空间衬层等。

5）挥发物屏障及国防工程等。

（5）施工工艺

细部处理→清理基层→加强层施工→机器送料→底涂施工→大面喷涂→整体效果。

生产单位：辽宁九鼎宏泰防水科技有限公司，联系人：高岩（13940386188），地址：辽宁省盘锦市大洼临港经济区汉江路。

7.12 热塑性聚烯烃（TPO）防水卷材

（1）产品简介

以乙丙橡胶与聚丙烯结合在一起的热塑性聚烯烃（TPO）合成树脂为基料，加入抗氧剂、防老剂、软化剂经过精密工艺技术加工而制成的一种新型热塑性防水卷材，可以做成无复合均质片、纤维内增强型、单面或双面纤维复合型等多种规格。

（2）产品规格、型号

H类（均质卷材）、L类（带纤维背衬卷材）、P类（织物内增强卷材）。长度20m；宽度2m；厚度1.2mm、1.5mm、2.0mm。

（3）产品特点

1）耐老化性能优异，使用寿命长。

2）采用先进聚合技术将乙丙橡胶和聚丙烯结合在一起，兼有乙丙橡胶优异的耐候性与聚丙烯的可焊接性。

3）物理性能、机械性能好，高强度、高延伸、高耐穿刺、高抗撕裂。

4）优异的耐高低温性能，与橡胶类材料一样在50℃下仍保持柔韧性，在较高温度下保持机械强度。

5）耐热老化、尺寸稳定性好。

6）以白色为主的浅色，表面光滑，高反射率，具有较好的节能效果；且耐污染。

（4）主要性能指标

符合现行国家标准《热塑性聚烯烃（TPO）防水卷材》GB 27789的规定。

（5）适用范围

1）适用于工业与民用建筑的各种屋面防水，包括种植屋面、平屋面、坡屋面。

2）建筑物地下防水，包括水库、堤坝、水渠以及地下室各种部位防水防渗。

3）隧道、高速公路、高架桥梁、粮库、人防工程、垃圾掩埋场、人工湖等。

（6）施工工艺

胶粘法、机械固定法、无穿孔固定法。

（7）辅助材料

螺钉、固定压条、收口压条、垫片、胶黏剂、密封胶。

（8）运输与贮存

1）卷材在运输和贮存时，应注意勿使包装损坏，放置于通风、干燥处，防水、防雨淋、防日晒。

2）材料放置应按指定地点有序存放，且应远离火源；贮存垛高不应超过平放 5 个片材高度。堆放时应放置于干燥的水平地面上，避免阳光直射，禁止与酸、碱、油类及有机溶剂等接触，且隔离热源。

3）在正常运输、贮存条件下，贮存期自生产之日起为 1 年（超过保质期可按标准规定的项目进行检验，如符合要求仍可使用）。

生产单位见 7.11。

7.13 聚氯乙烯（PVC）防水卷材

（1）产品简介

聚氯乙烯（PVC）防水卷材是以聚氯乙烯树脂为主要原料。掺加增塑剂、填充剂、抗氧剂和抗老化助剂，采用先进设备和先进的工艺研制而成的高分子防水卷材。

（2）产品规格、型号

H 类（均质卷材）、L 类（带纤维背衬卷材）、P 类（织物内增强卷材）、G 类（玻璃纤维内增强卷材）、GL 类（玻璃纤维内增强带纤维背衬卷材）。长度 20～40m；宽度 1.3～2m；厚度 1.2mm、1.5mm、2.0mm。

（3）产品特点

1）使用寿命长。

2）拉伸强度高、延伸率好、热处理尺寸变化率小。

3）低温柔性好、适应环境温差变化性强。

4）抗穿孔性能优异、抗压强度高，具有阻燃性和离火自熄功能。

（4）产品执行标准

《聚氯乙烯（PVC）防水卷材》GB 12952。

（5）适用范围

1）适用于工业与民用建筑的各种屋面防水，包括种植屋面、平屋面、坡屋面。

2）建筑物地下防水，包括水库、堤坝、水渠以及地下室各种部位防水防渗。

3）隧道、高速公路、高架桥梁、粮库、人防工程、垃圾掩埋场、人工湖等。

（6）施工工艺

胶粘法、机械固定法、无穿孔固定法。

（7）辅助材料

螺钉、固定压条、收口压条、垫片、胶黏剂、密封胶。

（8）运输与贮存（见 7.12）

7.14 双面纤维聚氯乙烯（PVC）防水卷材

（1）产品简介

双面纤维聚氯乙烯（PVC）防水卷材是以聚氯乙烯树脂为主要原料，掺加老化剂、抗氧剂、紫外线吸收剂与其他特殊助剂，双面覆以高密度化学纤维布加工而成的新型高分子防水卷材。

（2）产品规格

长度 20m；宽度 1.3m；厚度 1.2mm、1.5mm、2.0mm。

（3）产品特点

1）拉伸强度高，延伸率好，热处理尺寸变化率小，对基层伸缩或开裂变形的适应性强。

2）优异的抗穿孔性能，稳定性好。

3）耐潮湿，耐化学腐蚀，耐老化性能优异，使用寿命长。

4）低温柔性好，适应环境温差变化性强，具有阻燃性和离火自熄功能。

5）操作简便，聚合物水泥胶浆冷湿铺施工。

（4）产品执行标准

《聚氯乙烯（PVC）防水卷材》GB 12952。

（5）适用范围

适用于工业与民用建筑的各种屋面防水，地下室、水库、堤坝、公路隧道、铁路隧道、高架桥梁、粮库、防空洞、垃圾填埋场、废水处理池等建筑防水工程。

（6）施工工艺

聚合物水泥胶浆湿铺：基础找平→基层清理→弹线定位→配置聚合物水泥胶浆（随配随用）→复合部位防水层加强处理→大面积铺贴卷材→搭接边及收口的封边处理→保护层→施工验收。

（7）运输与贮存

1）卷材在运输和贮存时，应注意勿使包装损坏，放置于通风、干燥处，防水、防雨淋、防日晒。

2）材料放置应按指定地点有序存放，且应远离火源；贮存垛高不应超过平放 5 个片材高度。堆放时应放置于干燥的水平地面上，避免阳光直射，禁止与酸、碱、油类及有机溶剂等接触，且隔离热源。

3）在正常运输、贮存条件下，贮存期自生产之日起为 1 年（超过保质期可按标准规定的项目进行检验，如符合要求仍可使用）。

生产单位：宁波华高科防水技术有限公司，联系人：孟祥旗（13586868789），地址：浙江省宁波市江东沧海路 2089 号。

7.15 三元乙丙（EPDM）防水卷材

（1）产品简介

该产品是在传统三元乙丙防水卷材的基础上，采用冷喂料挤出连续非硫化生产技术研发的新型高分子防水材料，产品具有很强的适应性和可操作性，可以采用湿铺法施工。

（2）产品规格

长度 23～27m；宽度 1.3m；厚度 1.2mm、1.5mm、2.0mm。

（3）产品特点

1）优越的尺寸稳定性和耐候性，持久耐用。

2）耐高、低温，抗紫外线，耐化学腐蚀，绝缘性优异，使用寿命长。

3）弹性好，抗拉强度高，延伸率大，适应建筑结构的变形。

4）材质轻，可减少屋面荷载。

5）采用聚合物水泥胶浆湿铺法施工，方便快捷。

（4）产品执行标准

《高分子防水材料　第1部分：片材》GB/T　18173.1。

（5）适用范围

适用于各种民用与工业建筑的屋面及地下工程防水、贮水池、地下综合管廊、市政、明挖地铁隧道、水坝等国家重点工程的防水，尤其适用于耐久性、耐腐蚀性要求高和易变形的防水工程。

（6）施工工艺

聚合物水泥胶浆满粘湿铺法：基础找平→基层清理→配置胶黏剂（随配随用）→复杂部位防水层加强处理→大面积铺贴卷材→卷材搭接边及收口的封边处理→保护层施工→验收。

（7）贮存与运输（见7.14）

7.16　聚酯复合高分子防水卷材

（1）产品简介

聚酯复合高分子防水卷材是由增强型聚乙烯树脂加入增韧剂、抗老剂等组成，由一次性复合加工制成的一种新型防水卷材。

（2）产品规格

长度23～38.5m；宽度1.3m；厚度1.0mm、1.2mm、1.5mm。

（3）产品特点

1）该产品属绿色环保产品，无毒、无味、无污染。指标符合《生活饮用水输配水设备及防护材料的安全性评价标准》GB/T　17219－1998的要求。

2）具有抗老化、抗氧化、耐化学腐蚀、耐酸碱等特点，线膨胀系数小，摩擦系数大，适用温度范围宽，可以在温度−40～60℃长期使用。易粘结，可以与水泥材料在凝固过程中直接黏合。

3）可在潮湿基面上施工，基层上只要无明水即可施工，而且施工速度快，效率高。

4）柔韧性好、抗拉强度高、抗穿孔性能强、易弯曲，可任意折叠，易操作。

（4）产品执行标准

《高分子防水材料　第1部分：片材》GB/T　18173.1。

（5）适用范围

适用于民用与工业建筑的屋面、地下室、地下隐蔽工程、蓄水池、隧道、市政、水库等防水、防潮工程。

（6）施工工艺

聚合物水泥胶浆满粘湿铺法。

（7）贮存与运输（见7.14）

7.17　预铺高分子自粘胶膜（非沥青基）防水卷材

（1）产品简介

预铺高分子自粘（非沥青基）防水卷材是以高密度聚乙烯树脂（HDPE）片材为主体防水材料，在片材上覆以自粘胶膜和有特殊性能的表面颗粒保护层所制成的高分子自粘防水卷材。卷材自粘层和抗环境变化保护层具有自愈功能，与液态混凝土浆料反应固结后，形成防水层与混凝土结构的无间隙结合，杜绝窜水隐患，能有效提供防水系统的可靠性。

（2）产品规格

长度 23～27m；宽度 1.3m；厚度 1.2mm、1.5mm、1.7mm。

（3）产品特点

1）抗穿刺性能强，抗撕裂强度高，防水抗渗，耐水解性能强。

2）低温柔性好，在–30℃的低温条件下仍能保持良好的柔韧性。

3）抗老化性强、使用寿命长；适用于地下与隧道工程的预铺反粘防水工程，具有防水层施工完成后无须保护层直接绑扎钢筋浇灌混凝土的抗冲击性能。

4）防水性能可靠、耐化学腐蚀，耐酸碱性优异，粘结性强。

5）施工简单快捷，工法灵活多样；施工时可根据工程现场条件选择空铺、机械固定等施工方法，施工更灵活，防水效果更优。

6）绿色、环保、安全，施工过程中无须溶剂和燃料，避免了环境污染，节约了能源。

（4）产品执行标准

《预铺防水卷材》GB/T 23457。

（5）适用范围

适用于各种民用与工业建筑的地下工程、隧道、地铁、地下综合管廊、市政建设等防水、防渗工程。

（6）施工工艺预铺反粘

基础找平→基层清理→基层弹线→复杂部位防水层加强处理→大面积铺贴卷材→卷材搭接边及收口的封边处理→验收→钢筋铺设→浇筑混凝土。

（7）贮存与运输

1）贮存与运输时应分别堆放，避免日晒雨淋，贮存温度不高于 45℃，卷材应立放并不超过 5 层，防止倾斜或横压，必要时加盖毡布。

2）运输与贮存时，不同类型、规格的产品应分别堆放，不得混杂。

3）在正常贮存运输条件下，产品保质期为 1 年（超过保质期可按标准规定的项目进行检验，如符合要求仍可使用）。

生产单位：辽宁九鼎宏泰防水科技有限公司，联系人：高岩（13940386188），地址：辽宁省盘锦市大洼临港经济区汉江路。

7.18 聚氯乙烯（自粘）耐根穿刺防水卷材

（1）产品简介

聚氯乙烯（自粘）耐根穿刺高分子防水卷材是以聚氯乙烯树脂为原料并掺加化学阻根剂与其他特殊助剂，表面覆以高密度化学纤维布或覆以强力胶粘层，采用先进的复合工艺技术生产制成的一种防水卷材。

（2）产品规格

长度 23.10m；宽度 1.3m；厚度 1.5mm、2.0mm。

（3）产品特点

1）拉伸强度高，延伸率大，尺寸稳定，耐撕裂性强。

2）优异的柔韧性和伸展性，耐腐蚀性，耐根系渗透性，耐候性和抗紫外线性，抗冲击性，抗钉杆撕裂。

3）内含化学阻根层，层中加入了抑制植物根系生长的化学阻根剂，工艺和配方严格，确保既防根穿刺，又不影响植物正常生长。

4）粘结力强、稳定性好、低温柔性和耐热性好、耐霉菌，性能优异、阻根效果长久。

5）聚合物水泥胶浆冷湿铺，施工方便节省工期。

（4）产品执行标准

《种植屋面用耐根穿刺防水卷材》GB/T 35468。

（5）适用范围

适用于种植屋面及需要绿化的地下建筑物顶板的耐植物要系穿刺层，确保植物系不对该层以下部位的构造形成破坏，并有防水功能。

（6）施工工艺

聚合物水泥胶浆满粘湿铺法：基础找平→基层清理→弹线定位→配置聚合物水泥胶黏剂（随配随用）→复杂部位防水层加强处理→大面积铺贴卷材→卷材搭接边及收口的封边处理→保护层施工→验收。

（7）运输与贮存

1）卷材在运输和贮存时，应注意勿使包装损坏，放置于通风、干燥处，防止雨淋、日晒。

2）材料放置应按指定地点有序存放，且应远离火源；贮存垛高不应超过平放 5 个片材卷高度。堆放时应放置于干燥的水平地面上，避免阳光直射，禁止与酸、碱、油类及有机溶剂等接触，且隔离热源。

3）在正常运输、贮存条件下，贮存期自生产之日起为两年（超过保质期可按标准规定的项目进行检验，如符合要求仍可使用）。

生产单位：宁波华高科防水技术有限公司，联系人：孟祥旗（13586868789），地址：浙江省宁波市江东沧海路 2089 号。

7.19 三元乙丙自粘耐根穿刺防水卷材

（1）产品简介

三元乙丙自粘耐根穿刺防水卷材是以三元乙丙高分子片材为原料，内掺化学阻根剂，以橡胶自粘为涂盖材料，表面覆以防粘隔离材料而制成的防水卷材。

（2）产品规格（见 7.18）

（3）产品特点

1）粘结力强，卷材与混凝土发生化学反应，紧密结合成牢固的整体，真正达到皮肤式防水，杜绝了窜水的现象。

2）拉伸强度高、延伸率大、耐穿刺，对基层伸缩或开裂适应性强。

3）内含化学阻根层，层中加入了抑制植物根系生长的化学阻根剂，工艺和配方严格，确保既防根穿刺，又不影响植物正常生长。

4）耐腐蚀性好，耐污染，耐霉菌，能抵抗各种自然环境下的化学物质侵蚀。

5）耐候性、耐老化性能优异，使用寿命长。

6）采用聚合物水泥胶浆湿铺法施工，方便快捷。

（4）产品执行标准

《种植屋面用耐根穿刺防水卷材》GB/T 35468。

（5）适用范围

适用于种植屋面及需要绿化的地下建筑物顶板的耐植物要系穿刺层，确保植物系不对该层以下部位的构造形成破坏，并有防水功能。

（6）施工工艺

聚合物水泥胶浆满粘湿铺法：基础找平→基层清理→弹线定位→配置聚合物水泥胶黏剂（随配随用）→复杂部位防水层加强处理→大面积铺贴卷材→卷材搭接边及收口的封边处理→保护层施工→验收。

（7）运输与贮存（见 7.18）

7.20 聚氯乙烯自粘防水卷材

（1）产品简介

聚氯乙烯自粘防水卷材是以优质增强型聚氯乙烯（PVC）树脂片材、强力胶粘层、隔离膜加工而成的一种新型高分子自粘防水卷材。

（2）产品规格

长度 23～27m；宽度 1.3m；厚度 1.5mm、2.0mm。

（3）产品性点

1）拉伸强度高，延伸率大，热处理尺寸变化率小，对基层伸缩或开裂变形的适应性强。

2）粘结性能优良，高分子片材与自粘胶层各自都具有防水功能，实现了一道防水，两道设防。

3）耐高低温性能优异，耐冲击，耐撕裂。

4）稳定性好，耐化学腐蚀，耐老化性能优异。

5）操作方便，聚合物水泥胶浆冷湿铺法。

（4）产品执行标准

《带自粘层的防水卷材》GB/T 23260。

（5）适用范围

广泛用于工业与民用建筑的各种屋面、地下室、地下综合管廊、明挖法地铁隧道、粮库、防空洞、废水处理池、市政建设等防水防渗工程。

（6）施工工艺

聚合物水泥胶浆湿铺法：基础找平→基层清理→弹线定位→配置聚合物水泥胶浆（随配随用）→复杂部位防水层加强处理→大面积铺贴卷材→卷材搭接边及收口的封边处理→保护层施工→验收。

（7）运输与贮存（见 7.15）

7.21 三元乙丙自粘（EPDM）防水卷材

（1）产品简介

三元乙丙自粘（EPDM）防水卷材由三元乙丙橡胶为主体片材、以优异的丁基橡胶和沥青为原料合成的自粘层，采用特殊生产工艺技术制成的一种新型防水卷材。

（2）产品规格（见 7.20）

（3）产品特点（见 7.20）

（4）产品执行标准

《带自粘层的防水卷材》GB/T 23260。

（5）适用范围

适用于各种民用与工业建筑的屋面、地下工程、贮水池、地下综合管廊、市政、明挖法地铁、隧道、水库等防水防渗工程。

（6）施工工艺

聚合物水泥胶浆湿铺法：基础找平→基层清理→弹线定位→配置胶黏剂（随配随用）→复杂部位防

水层加强处理→大面积铺贴卷材→卷材搭接边及收口的封边处理→保护层施工→验收。

（7）贮存与运输（见 7.14）

7.22 高分子自粘（TPO）防水卷材

（1）产品简介

高分子自粘（TPO）防水卷材采用进口 TPO 树脂原料生产的片材与高强自粘层，上下表面覆以防粘隔离材料，经特殊工艺复合而成的自粘型高分子防水卷材。

（2）产品规格（见 7.20）

（3）产品特点

1）粘结力强，卷材与混凝土发生化学反应，紧密结合成牢固的整体，形成皮肤式防水，杜绝了窜水的现象。

2）既有 TPO 卷材的高强度、高抗撕裂、耐老化，又具备自粘卷材的高延伸、自愈性。

3）抗紫外线，耐低温，耐腐蚀性好，耐霉菌，能抵抗各种自然环境下的化学物质侵蚀。

4）采用聚合物水泥胶浆湿铺法施工，方便快捷。

（4）适用范围

适用于各种民用与工业建筑的屋面、地下室、综合管廊、市政、明挖法地铁、隧道、粮库、贮水池、水渠等防水防渗工程。

（5）产品执行标准

《带自粘层的防水卷材》GB/T 23260。

（6）施工工艺

聚合物水泥胶浆湿铺法：基础找平→基层清理→弹线定位→配置胶黏剂（随配随用）→处理复杂部位防水层→大面积铺贴卷材→卷材搭接边的封边处理→保护层施工→验收。

（7）贮存与运输（见 7.14）

7.23 交叉层压膜（压敏）反应粘防水卷材

（1）产品简介

以合成橡胶、优质沥青、增黏剂、抗老化剂等为基料，以进口强力交叉高分子膜为表面材料，下表面或上下表面涂有一层蠕变功能的橡胶沥青压敏反应自粘胶料，再覆以防粘隔离纸（膜）作为隔离层的反应型无胎自粘防水卷材。能在混凝土基层上形成一层牢固不可逆的界面密封反应层，起到涂料防水和卷材防水的双重功效。

（2）产品规格

长度 15～20m；宽度 1.0m；厚度 1.2mm、1.5mm、2.0mm。

（3）产品特点

1）优异的抗撕裂性，延伸率大，尺寸稳定好，适应性强。

2）优异的热稳定性，受热不起皱。

3）粘结强度高，优异的抗冲击性，优异的耐穿刺性。

4）自愈性强，具有独特的自愈性，能自动愈合较小的裂缝。

5）施工简单方便，采用冷湿铺施工。

（4）产品执行标准

《湿铺防水卷材》GB/T 35467。

（5）适用范围

主要适合于民用与工业建筑的非外露屋面、地下室、地下综合管廊、明挖法地铁、水池等防水工程；尤其适用于不准动明火施工的防水工程。

（6）施工工艺

聚合物水泥胶浆湿铺法。

（7）贮存与运输

1）贮存与运输时应分别堆放，避免日晒、雨淋，贮存温度不高于40℃，卷材应横放并不超过5层，防止倾斜或横压，必要时加盖毡布。

2）运输与贮存时，不同类型、规格的产品应分别堆放，不得混杂。

3）在正常贮存运输条件下，产品保质期为1年（超过保质期可按标准规定的项目进行检验，如符合要求仍可使用）。

生产单位：宁波华高科防水技术有限公司，联系人：孟祥旗（13586868789），地址：浙江省宁波市江东沧海路2089号。

7.24 铜色（芯）分子粘防水卷材

（1）产品简介

高性能树脂为原料制成的胎体，上下表层为特制的具有分子级粘结技术的优质自粘胶层，可与砂浆或混凝土基层实现分子级黏合，从而达到与基层结合紧密、牢固、不可分离粘结效果的一种防水卷材。

（2）产品规格

长度15～20m；宽度1.0～1.3m；厚度1.2mm、1.5mm、2.0mm。

（3）产品特点

1）具有独特的分子级粘结技术。

2）具有优良的基层耐裂变性、良好的抗穿刺性、良好的防水性和耐久性。

3）良好的基层适应性，对基层要求较低，并在潮湿及低温环境的条件下均可施工。

4）施工方便、快捷、安全，采用聚合物水泥胶浆冷湿铺。

（4）产品执行标准

《湿铺防水卷材》GB/T 35467。

（5）适用范围

适用于民用与工业建筑的非外露屋面、地下室、地下综合管廊、地铁、隧道、人防、市政建设等防水、防潮工程。

（6）施工工艺

聚合物水泥胶浆湿铺法。

（7）贮存与运输

1）防水卷材应在干燥通风的环境下贮存。卷材应横放并不超过5层，防止倾斜或横压，必要时加盖毡布。

2）不同的类别、规格的卷材都是应该分别堆放，贮存温度不超过45℃。

3）在正常贮存、运输条件下，产品保质期为1年（超过保质期可按标准规定的项目进行检验，如符合要求仍可使用）。

生产单位：宁波华高科防水技术有限公司，联系人：孟祥旗（13586868789），地址：浙江省宁波市江东沧海路 2089 号。

7.25 丁基橡胶自粘防水卷材

（1）产品简介

丁基橡胶自粘防水卷材是由高分子芯片材、丁基橡胶自粘胶料、隔离膜组成，经工艺复合加工而成的自粘防水卷材。具有较高的抗穿刺、耐候、耐高低温、自愈等性能，又能通过施工技术来实现防水。

（2）产品规格（见 7.24）

（3）产品特点

1）具有较高的抗拉、抗撕裂强度。

2）抗冲击性，延伸率高。

3）粘结密封好，可以有效防止窜水现象。

4）耐化学腐蚀性优异，不受微生物侵害，防霉菌，耐腐蚀。

5）该产品施工方便，可直接在无明水的潮湿基面上施工，无毒无味、环保无污染。

（4）产品执行标准

《预铺防水卷材》GB/T 23457。

（5）适用范围

适用于民用与工业建筑的非外露屋面、地下工程（含地下综合管廊）、地下连续墙、水渠、人防、市政设施等的防水、防潮工程。

（6）施工工艺

聚合物水泥胶浆湿铺法或撕去隔离膜粘贴（混凝土基层应用底涂料）。

（7）贮存与运输

1）贮存与运输时应分别堆放，避免日晒雨淋，贮存温度不高于 50℃，卷材垛高放并不超过 5 层，防止倾斜或横压。

2）在正常贮存运输条件下，产品保质期为 1 年（超过保质期可按标准规定的项目进行检验，如符合要求仍可使用）。

生产单位：辽宁九鼎宏泰防水科技有限公司，联系人：高岩（13940386188），地址：辽宁省盘锦市大洼临港经济区汉江路。

7.26 路桥专用（SYW-Ⅰ型）防水涂料

（1）产品简介

以优质重质石油沥青为基料，经多种高分子材料改性而成的路桥防水涂料，形成水层后，可有效防止水浸入，并能很好与桥面混凝土及上层沥青混凝土粘结在一起，融合成为一个整体达到很好的粘结和防水作用。

（2）产品特点

1）高性能，易施工，环保。

2）成膜快，防水效果好。

3）冷施工、人工、机械操作性能好。

4）防水层粘结力大，抗剪切性强。

5）高低温性优越，耐腐蚀，耐老化，使用寿命长。

（3）主要性能指标（表 7.26-1）

路桥专用（SYW-Ⅰ型）防水涂料主要技术指标执行《路桥用水性沥青基防水涂料》JT/T 535－2015。

表 7.26-1

项目		类型	
		Ⅰ	Ⅱ
外观		路桥用水性沥青基防水涂料搅拌后应为黑色或蓝褐色均质液体，搅拌棒上不黏附任何明显颗粒	
固含量（%）		≥45	
延伸率（mm）	无处理	≥5.5	≥6.0
	处理后	≥3.5	≥4.5
韧性（℃）		−15±2	−20±2
		无裂纹、断裂	
耐热性（℃）		140±2	160±2
		无流淌和滑动	
粘结性（MPa）		≥0.4	
不透水性		0.3MPa，30min 不渗水	
曝晒抗冻性，−20℃		20 次不开裂	
干燥性，25℃	表干	≤4h	
	实干	≤12h	

（4）施工工艺

1）施工前先将涂料搅拌均匀，施工过工程中也应间断性搅拌保持涂料均质性，以保证涂层质量。

2）大面积喷涂前，先用小刷子将基面上的边角等特殊部位刷涂 2～3 遍，然后再进行大面积喷涂第一遍防水涂料，一般 3.6h 后（但不超过 24h）涂料表干后即可喷涂第二遍防水涂料，同样第二遍防水涂料表干后再喷涂第三遍防水涂料，一般分 3 次喷涂即可达到标准要求。

3）理论用量：桥面防水层厚度一般设计为 0.5～0.7mm，用量在 1.5kg/m^2 以上。

4）施工温度：在 5～35℃为宜，若夏天超过 35℃，可适当洒冷水降温，干燥即可使用。

5）养护：封闭养护 24h 以上，养护期间避免行人、车辆通行。

（5）适用范围

1）建筑物屋面、地下室、隧道工程防水。

2）公路、铁路桥面承受荷载以及抗裂性能要求高的混凝土结构。

3）使用环境温度 30～90℃，在经沥青混凝土摊铺温度 160℃左右后，不影响其长期使用性能。

（6）包装与贮存

1）产品为 50kg 和 200kg 铁桶包装。

2）产品无毒、不爆、不燃，按一般运输即可。

3）产品在 0～35℃贮存期为 6 个月。

生产单位：河北盛园防水材料有限公司，联系人：刘毅（15175857668），地址：河北省衡水桃城经济开发区赵圈园区。

7.27　道路用聚合物改性沥青（SYW-Ⅱ型）防水涂料

（1）产品简介

以优质石油沥青为基料，以多种聚合物和高分子材料为改性剂加工而成的改性沥青防水材料，是一种适应范围广，且对增强材料如剪切纤维、聚酯无纺布等有特殊的浸润效果，普遍适用的增强型防水层。

（2）产品特点

1）成膜快，省工省料，防水效果优越。

2）能与增强纤维、聚酯无纺布很好结合在一起组成增强型防水层。

3）防水层抗剪切性强，粘结力大。

4）防水层抗拉伸强度大，耐老化，使用寿命长。

5）可与水性渗透型防水层组成双效防水层，防水效果好。

（3）主要性能指标（表 7.27-1）

道路用聚合物改性沥青（SYW-Ⅱ型）防水涂料主要技术指标执行《路桥用水性沥青基防水涂料》JT/T 535－2015。

表 7.27-1

序号	项目	PB		PU	JB
		Ⅰ	Ⅱ		
1	固含量（%）⩾	45	50	98	65
2	表干时间（h）⩽	4			
3	实干时间（h）⩽	8			
4	耐热度（℃）	140	160	160	
		无流淌、滑动、滴落			
5	不透水性（0.3MPa，30min）	不透水			
6	低温柔度（℃）	−15	−25	−40	−10
		无裂纹			
7	拉伸强度（MPa）⩾	0.50	1.00	2.45	1.20
8	断裂延伸率（%）⩾	800		450	200
9	涂料与水泥混凝土粘结强度（MPa）⩾	0.40	0.60	1.00	0.70

（4）施工工艺

1）基层处理

① 基面必须进行喷砂抛丸处理，达到 0.5～1mm 粗糙度。

② 基面必须干燥，干净、无油污等级。

2）施工方法

① 第一遍喷涂道路用聚合物改性沥青（SYW-Ⅰ型）防水涂料。

② 第二遍喷涂道路用聚合物改性沥青（SYW-Ⅱ型）防水涂料同步切割纤维。

③ 第三遍喷涂道路用聚合物改性沥青（SYW-Ⅱ型）防水涂料同步切割纤维。

④ 第四遍喷涂道路用聚合物改性沥青（SYW-Ⅱ型）防水涂料。

⑤ 理论用量：防水层厚度一般设计为 1.5～2.0mm，用量在 2.0～2.5kg/m^2 以上。

⑥ 施工温度：在 5～35℃为宜，若夏天超过 35℃，可适当洒冷水降温，干燥即可使用。

⑦ 养护：封闭养护 24h 以上，养护期间避免行人、车辆通行。

（5）适用范围

1）公路、铁路、隧道防水工程。

2）建筑物基面、室内防水以及屋面防水工程。

（6）包装与贮存

1）产品为 50kg 和 200kg 铁桶包装。

2）产品无毒、不爆、不燃，按一般运输即可。

3）产品在 0～35℃贮存期为 6 个月。

生产单位：河北盛园防水材料有限公司，联系人：刘毅（15175857668），地址：河北省衡水桃城经济开发区赵圈园区。

7.28 CH-18 潮湿型改性环氧灌缝胶

（1）产品简介

由改性环氧和改性固化剂、助剂，A、B 两个组分组成，它具有较低黏度，可灌性好，固化速度较快，能在 0℃以上固化，可在潮湿和干燥界面施工，适用于应力收缩较大的裂缝灌注等施工工艺。具有较好的综合力学强度，胶体伸长率好，固化体系抗蠕变、振动，无有机溶剂释放，反应放热平稳，不易爆聚。

（2）主要性能指标

1）主要物化指标（表 7.28-1）

表 7.28-1

外观	A 组为透明无色液体 B 组为棕色透明液体
A + B 混合黏度	20℃配胶 400g 300～330mPa · s 可使用期：30～35min
初凝时间	（指干）6～11℃ 5.5h 初凝时间 5d（指干）2.2～2.5h 初凝时间 24h
使用配比	A∶B = 10∶5（质量比）

2）使用配比（表 7.28-2）

10∶5（质量比）力学强度（45 号钢剪切、拉伸、固化条件 6～11℃，7d、14d）。

表 7.28-2

钢-钢剪切强度（不带水粘结）7d	18MPa
钢-钢剪切强度（带水粘结水下固化）7d	13MPa
钢-钢正拉强度（不带水粘结）7d	28MPa
钢-钢正拉强度（带水粘结水下固化）7d	16MPa
C40 水下正拉 7d	3.3MPa100%混凝土破坏
C40 干粘正拉 7d	5.5MPa100%混凝土破坏

3）胶体性能（表 7.28-3）

固化条件：6～11℃，14d。

表 7.28-3

8 字模拉伸强度（MPa）	14d	18
伸长率（%）	14d	24

续表

弹性模量（MPa）	14d	236
胶体压缩强度（MPa）	14d	105

（3）施工工艺

1）打磨清理混凝土砌体表面，做好前期灌注，涂刷准备工作。

2）用取胶工具分别在 A、B 组桶内取出胶液按质量比 10∶5 混合搅拌均匀倒进注浆泵或分胶桶，立即进行注浆或涂刷工艺。

3）本胶反应速度较快，胶液应勤配勤用，避免超过适用期胶液黏度变大，导致灌注部位产生局部缺胶，空鼓和堵塞输液管道和注浆设备。

4）工作场所应避免烟火，注意通风，在使用操作过程中戴上手套、护目镜，如溅在皮肤上可用醋酸乙酯或丙酮、无水乙醇等溶剂清洗，如不慎溅进眼里应立即用大量清水冲洗后就近到医院就医处治。

5）贮存：存放于阴凉干燥处，避免接触明火、雨水等场所，有效期不少于 1 年。

生产单位：四川承华胶业有限责任公司，联系人：陈广旭（13708252496），地址：四川省隆昌市山川镇新民村。

7.29 膨胀纤维抗裂（SLK-Ⅰ）防水剂

（1）产品简介

膨胀纤维抗裂（SLK-Ⅰ）防水剂与混凝土拌合而成膨胀、防渗、抗裂、补偿收缩等自防水混凝土（掺 SLK-Ⅰ膨胀纤维抗裂防水剂）。

SLK-Ⅰ膨胀纤维抗裂防水剂、BHT-Ⅰ防腐型膨胀防水剂、BHT-Ⅱ自愈型膨胀纤维抗裂防水剂、BHT-Ⅲ自愈防腐型膨胀纤维抗裂防水剂是一种天然的火山灰矿石，经微粉末加工并加入其他几种复合材料制成的灰色无毒无机防水材料。产品无异味，在水泥中发生水化反应，填充混凝土内部毛细孔隙，减少混凝土透水性，使混凝土组织更密实。可提高混凝土强度、抗渗性，减少混凝土早期收缩，有效控制混凝土裂缝。

（2）主要性能指标（表 7.29-1）

表 7.29-1

序号	检验项目	指标
1	细度 0.08mm 筛筛余（%）	≤12
2	氯离子含量（%）	应小于生产厂最大控制值
3	总碱量（%）	应小于生产厂最大控制值
4	限制干缩率（%）	空气中 28d≤0.030
5	含水率（%）	≤3.0
6	凝结时间（min）	初凝≥45，终凝≤600
7	限制膨胀率（%）	水中 7d≥0.025 空气中 21d≤−0.020
8	7d 抗压强度（MPa）	≥25
9	7d 抗折强度（MPa）	≥6.5
10	抗裂纤维（mm）	6～40
11	抗渗压力（MPa）	≥1.0

注：本表根据行业标准编制，检验按现行国家标准执行。

（3）产品特点

1）施工方法简单，只需按比例（8%～10%）加入混凝土，按普通的混凝土施工完成，达到施工和防水同步，缩短工期。

2）独有的裂缝自愈性能，且自愈效果长久。只需有水就能激活混凝土表面，裂缝自愈是重复性的。

3）抑制混凝土中氢氧化钙溢出，可防止混凝土中性化、老化。

4）具有膨胀、减水、防渗、抗裂、补偿收缩等特性。

5）耐高温、耐酸碱、耐腐蚀。掺入混凝土中形成自身防水结构体；无须再做其他柔性或刚性被动防水，使用年限与结构体一样持久。

6）促进水泥粒子表面活性，在水化反应过程中，能促进水泥粒子表面的活性，遏制水泥水化反应温度急速变化。

7）无毒无味，对环境无污染。

生产单位：潍坊百汇特新型建材有限公司，联系人：代曰增（13326369797），地址：山东省潍坊市潍城区军埠口工业园。

7.30 SLK-Ⅱ型结构防水材料

主要性能指标见表7.30-1。

表7.30-1 主要性能指标

序号	检验项目			指标
1	安定性			合格
2	减水率（%）		≥	25
3	泌水率比（%）		≤	50
4	含气量（%）		≤	6.0
5	凝结时间差（min）	初凝		−90～120
		终凝		
6	抗压强度比（%）	1d	≥	170
		3d		160
		7d		150
		28d		140
7	收缩率比（%）	28d	≤	110
8	渗透高度比（%）		≤	30
9	吸水量比（48h）（%）		≤	65

注：本表根据《砂浆、混凝土防水剂》JC/T 474－2008编制。

生产单位：潍坊百汇特新型建材有限公司，联系人：代曰增（13326369797），地址：山东省潍坊市潍城区军埠口工业园。

7.31 渗透结晶型喷涂剂

（1）产品简介

渗透结晶型喷涂剂是一种粉状材料。与水作用后，材料中含有的活性物质通过载体向混凝土内部渗透，在混凝土中形成不溶于水的结晶体，填塞毛细孔道，与混凝土结为一体达到防渗、堵漏作用。

渗透结晶型喷涂剂是以火山灰矿石为主要原料，利用天然矿石特有的吸附性、离子交换性、耐酸性、耐碱性、热稳定性、环保性等性能通过活化、改性等一系列特殊工艺处理精制而成，是集密实、憎水、补偿收缩、自愈合性等防水机理于一体的多功能混凝土防水剂。其综合性能可起到长久性防水、堵漏、提高强度、抗渗性、抗裂性和耐久性的作用。

（2）施工工艺

1）表面处理：除去反碱、尘土、油漆、表面疏松层及其他杂物，表面要稍粗糙。

2）混凝土表面的湿润处理：混凝土表面要求潮湿，不能有明水。

3）浆料调制：喷涂料与水比例为 3：1（根据温度可调），混料时要掌握好配料比例，混合搅拌均匀，一次不宜调多，每次混料应在半小时内用完。

4）涂层的操作：使用专用喷涂设备进行喷涂，涂层要均匀。喷第二层时，等第一层干燥或至少初凝时将表面润湿继续喷涂。不可在雨天或结冰的低温条件下施工。

5）裂缝修补：将喷涂剂直接喷涂于修补好的裂缝处，待渗水处停止渗水后，可再喷一遍达到防护目的。

6）养护：养护过程必须用洁净水，待料初凝后用喷雾器进行喷雾养护，一定要避免涂层破坏，每天至少喷雾 3 次，连续 2～3d。

（3）产品特点

1）可在迎水面或背水面施工，与混凝土组成完整的整体，不破坏混凝土原有结构。

2）可在潮湿基层上施工，施工方便；时间越长抗渗越好。

3）无毒、无味、无污染，可用于饮用水和食品工业建筑结构。

4）无须在混凝土表面做找平层；增强了混凝土的抗压性能。

5）回填土、扎钢筋、强化网等无须做特别保护。

（4）主要性能指标（表 7.31-1）

表 7.31-1

序号	检验项目		指标
1	混凝土抗渗性能	带涂层抗渗压力比（28d） 去除涂层抗渗压力比（28d） 带涂层混凝土的第二次抗渗压力（56d）	≥250% ≥175% ≥0.8MPa
2	砂浆抗渗性能	带涂层抗渗压力比（28d）去除涂层抗渗压力比（28d）	≥250%≥175%
3	湿基面粘结强度	28d	≥1.0MPa
4	施工性	加水搅拌后 20min	刮涂无障碍

注：本表根据《水泥基渗透结晶型防水材料》GB 18445 编制。

生产单位：潍坊百汇特新型建材有限公司，联系人：代曰增（13326369797），地址：山东省潍坊市潍城区军埠口工业园。

7.32 立威 LV-3 深层渗透密封防水剂（DPS 防水剂）

（1）产品简介

立威 LV-3 深层渗透密封防水剂（DPS 防水剂）是一种喷涂或者手刷在混凝土防水部位的纳米防水材料，为无色透明液体，主要应用于普通屋面、地下室、水电站、核发电站、各种储水建筑物、地铁、高铁、隧道、桥梁等工程。为亲水型无机材料，能渗入混凝土内部达到长久性防水效果。

（2）产品特点

渗透结晶型防水剂（DPS）不只是混凝土防水材料，更是混凝土保护剂，耐酸、耐碱、耐腐蚀，能抵抗高温变化，更可以抗氯离子对混凝土的破坏侵蚀。

1）立威 LV-3 深层渗透密封防水剂（DPS 防水剂）是渗透结晶型防水材料，可以完全渗透到混凝土结构中，所以不需要找平层与保护层。

2）需要和混凝土充分接触后才能达到良好的防水效果，所以混凝土结构表面的浮浆、灰尘等要先清理干净。

3）结晶型低密度无机防水材料，直接在混凝土基层上均匀喷涂两遍即可，不需要额外养护等，施工成本低，施工进度快；不会老化变质，效果非常稳定，施工后和混凝土结构同寿命。

4）渗透深度可以达到 2～3cm。抗渗等级能达到 P12 以上。

5）有良好的耐酸耐碱、耐腐蚀性，可抵抗温度变化对混凝土的影响。可以抵抗氯离子对混凝土的渗入破坏，增强混凝土结构表面的抗压强度等。

6）可在潮湿的混凝土作业面上施工，也可在背水面施工，但是不能有明水。

7）因为是深渗透结晶型防水材料，所以不会有搭接不严密、脱层滑动等传统问题存在。

8）可以对混凝土、钢筋等起到良好的保护作用；环保无毒，可做游泳池、污水池、水厂等内墙。

（3）主要性能指标（表 7.32-1）

表 7.32-1

检验项目	指标
凝胶化时间（min）	⩽300
抗渗性（渗入高度比）(%)	⩽60
贮存稳定性，10 次循环	外观无变化

注：本表根据《水性渗透型无机防水剂》JC/T 1018－2020 编制。

生产单位：辽宁立威防水科技有限公司，联系人：高岩（13940386188），地址：辽宁省盘锦市大洼区临港经济区汉江路。

7.33 快速修补王

（1）产品简介

快速修补王是一种特种无机非金属材料，主要用于各种破损混凝土的快速修补。能在短时间内迅速凝结，与普通混凝土迅速结为一体，主要功能为：处理表面脱落、蜂窝麻面等水泥混凝土表面缺陷；机场跑道的修补、加固；高速公路的快速修复；水库大坝、隧道及桥梁等各种工程的快速修补。

本产品具有自流性好、快硬、早强、高强、无收缩、微膨胀；无毒、无害、不老化、对水质及周围环境无污染，自密性好、阻锈等特点。

（2）产品特点

1）快凝：能够快速凝结，并迅速投入使用。一般凝结时间为 6min～2h。

2）早强、高强：抗压强度能达到 C40 及以上。

3）粘结性好：抗折强度大于 C30 普通混凝土。

4）无收缩、匹配性好：体积稳定性高，干缩率几乎为零，热膨胀系数和普通混凝土几乎一致。

5）耐久性高：有良好的抗冻融性和耐化学腐蚀性。

6）施工简便：可直接在作业面施工。

7）自流性好、高渗透性：能迅速渗入裂缝，快速堵漏。

8）环保无毒。

（3）主要性能指标（表 7.33-1）

表 7.33-1

项目		性能指标
粘结强度（MPa）		≥1.5
尺寸变化率（%）		−0.10～+0.10
抗冲击性≤		无开裂或脱离模板
流动度	初始流动度	≥130
	20min 流动度	≥130
抗折强度（MPa，24h）		≥2.0
抗压强度（MPa，24h）		≥6.0

注：1. 本表根据《地面用水泥基自流平砂浆》JC/T 985－2017 编制。
2. 抗压、抗折强度根据强度等级不同，强度也会不同。

生产单位：潍坊百汇特新型建材有限公司，联系人：代曰增（13326369797），地址：山东省潍坊市潍城区军埠口工业园。

7.34 高性能镁质无机注浆料

（1）产品简介

高性能镁质无机注浆料是以高纯度氧化镁为基材，通过酸激发反应形成化学键结合类聚合物结构，封堵密封微细裂缝，达到止水堵漏功效。

不含有有机成分，而是综合运用了高纯度氧化镁在酸激发下的反应活性复合纳米掺合料填充效应，实现收缩补偿、界面增强和自流密实效果，特别适用于水库大坝、隧道、地铁、桥梁等大型建筑物的注浆堵漏。

（2）产品特点

1）绿色环保、无毒；多组分复合；高强度；高可注性；高耐久性；高体积稳定性；短时间迅速凝结。

2）产品由 A、B 两种材料混合而成，与水经一定比例混合后形成的一种高浓度注浆材料。该产品为非化学性注浆材料。

3）A 料以超细火山灰为主要原料，B 料以氧化镁为主要原料。两种材料组成的渗透结晶型注浆料稳定性好，析水率低，抗压、抗折强度高。

4）在裂缝为 0.3mm 及以上都能注入，利用注浆泵，通过钻孔、埋管等方式将浆液压送到主体的缝隙内。

生产单位：潍坊百汇特新型建材有限公司，联系人：代曰增（13326369797），地址：山东省潍坊市潍城区军埠口工业园。

7.35 锂基渗透型硅酸盐固化剂

（1）产品简介

锂基渗透型硅酸盐固化剂，是一款多功能的地坪材料，为无色透明液体，简单喷涂到混凝土表面后，能快速渗透到混凝土内部并与混凝土内部的钙、镁离子起化学反应形成抗磨、防尘的致密实体，可大幅度提高混凝土的硬度和耐磨性。此外，还可以防尘、防起砂、轻度防腐和使混凝土表面光滑，全面提高混凝土性能。

产品是一种活性的无色透明化学水性制剂，采用纳米技术，由无机物、化学活性物质和络合物复合而成，具有使用方便、无毒、不燃，可大幅度降低混凝土吸水率，达到防尘和坚硬耐磨。其工作原理是溶液中活性硅酸根离子和锂离子在表面活性剂作用下渗透到混凝土内部，与混凝土中未水化水泥、游离石灰、钙发生化学反应（持续反应时间为 60～90d），形成一种永久性凝胶，该凝胶可在混凝土内部结晶形成坚硬耐磨结构，从而得到一个无尘、致密的混凝土整体。

（2）施工工艺

1）清理地面浮灰及杂质。

2）起砂严重的地面可适当考虑撒一些水泥干粉。

3）等 12h 或 24h 过后可进行打磨，打磨可以将表面的附浆和多余的固化剂清理掉。打磨时可简单带水操作。

4）研磨抛光至 74μm（湿磨或干磨）。

5）施作第一道锂基渗透型密封固化剂材料，用量：0.1kg/m^2，施工法同上。

6）研磨抛光至 38μm（湿磨或干磨）。

7）研磨抛光至 19μm（干磨）。

8）施作第二道混凝土密封固化剂材料，用量：0.1kg/m^2，施工法同上。

9）研磨抛光至 9.0μm（干磨）。

10）研磨抛光至 5μm（干磨）。

（3）注意事项

1）施工质量对锂基混凝土硅酸盐固化剂的品质影响非常大，很多固化剂就是因为施工不当而没有发挥出固化剂材料的优势，所以了解并做好施工的各项工作，对于固化剂地坪的质量大有益处。

2）锂基混凝土硅酸盐固化剂在施工时，要做到以下几点：

① 事先打磨好地面，防止因不平整带来凸起和后期裂缝。

② 填补地面凹槽，做好修补工作。

③ 根据占地面积确定好固化剂的量，避免因过少或过多影响固化剂地坪的薄厚以及耐磨度。

④ 强度低、起尘、表面粗糙地面（耐磨地坪、水磨石地面、混凝土地面），标准锂基渗透型硅酸盐固化剂材料用量不能发挥作用，需加大锂基渗透型硅酸盐固化剂用量及增加工序。

3）镜面效果：锂基渗透型硅酸盐固化剂地坪为高标准地坪，需原基面为高标准要求地面，较大的材料锂基渗透型密封固化剂施工用量和超精细的抛光工序。

4）在温度大于 4℃以上施工，施工不得稀释，并做好防冻工作。

（4）产品特点

1）坚硬：经处理后的地面，莫氏硬度将达到 9，莫氏硬度提高 45.3%。

2）耐磨：能够将混凝土中的各种成分固化成一个坚硬的实体，增加硬度和密实度。地面熟化后，耐磨度将提高到 8 倍以上。

3）防尘：锂基渗透型硅酸盐水性固化剂与混凝土中的硅酸盐发生化学反应，在混凝土表面形成一个无尘、致密的整体，长久控制了混凝土灰尘从表面空隙中析出。

4）防滑：一般的混凝土地面，盐碱成分会从表面析出，导致打滑。但经过处理的地面则不同，它在混凝土表面形成一个坚固、致密的整体，盐碱成分不会从表面析出。

5）抗压：经处理试样比未处理试样抗压强度增强 27.3%，抗折强度提高 3 倍以上。

6）抗渗：能有效渗入到混凝土内部，并与其发生化学反应，封闭里面的毛孔，对混凝土表面起到长久的密封效果，能有效抑制水、油和其他表面污物进入混凝土内。

7）抗风化：紫外线及喷水对处理过的试样没有不良的影响，能有效阻止氯离子的通过。测试表明经处理过的地面，不会因暴露在电磁或水雾中受到影响。

8）耐腐蚀：经处理后的地面，大大提高了混凝土的耐腐蚀性能。

9）光亮：经处理后的混凝土地坪会出现大理石般光泽，使用越久光泽度越好。

10）环保：锂基渗透型硅酸盐固化剂是一种混凝土密封、防尘、耐磨硬化剂，无色、无臭、无毒。

（5）主要性能指标（表 7.35-1）

表 7.35-1

序号	检验项目	指标
1	pH	≥ 11.0
2	24h 表面吸水量（mm）	≤ 5
3	24h 表面吸水量降低率（%）	≥ 80
4	VOC（g/L）	≤ 30
5	耐磨度比（%）	≥ 140
6	固含量（%）	—

注：本表根据《渗透型液体硬化剂》JC/T 2158-2021 编制。

生产单位：潍坊百汇特新型建材有限公司，联系人：代曰增（13326369797），地址：山东省潍坊市潍城区军埠口工业园。

7.36 聚合物防水砂浆

（1）产品简介

聚合物防水砂浆是由水泥、骨料和可以分散在水中的有机聚合物搅拌而成的。聚合物可以是由一种单体聚合而成的均聚物，也可以由两种或更多的单聚体聚合而成的共聚物。聚合物必须在环境条件下成膜覆盖在水泥颗粒上，并使水泥机体与骨料形成强有力粘结。聚合物网络必须具有阻止微裂缝发生的能力，而且能阻止裂缝的扩展。

（2）产品特点

1）防水抗渗效果好。

2）粘结强度高，能与结构形成一体。

3）抗腐蚀能力强。

4）耐高温，耐老化，抗冻性好。

5）产品无毒，符合环保要求。

（3）适用范围

1）建筑结构混凝土加固，人防设施防水堵漏。

2）水库大坝、港口防渗处理。

3）热水池、垃圾填埋场、化工仓库、化工槽等防化学品腐蚀建筑。

4）路面、桥面、隧道、涵洞混凝土修补。

5）工业和民用建筑屋面、卫生间、地下室防渗漏处理。

6）钢结构和钢筋混凝土防水。

（4）施工工艺

1）防水砂浆涂抹前，基层混凝土和砂浆强度不应低于设计值的80%。

2）基层应平整、坚固、洁净，无浮尘杂物，不得有疏松、凹陷处；如果有油污、孔洞等要进行清洗、修补处理。若为地下防水，还要检查有没有渗漏点，如有渗漏点，要事先进行堵漏处理。施工前，基层面要用水充分润湿，无积水时可施工。

3）聚合物水泥防水砂浆搅拌必须用砂浆搅拌机或手提电钻配以搅拌齿进行现场搅拌，不能采用人工拌和。搅拌时间比普通砂浆要延长2～3min，最好先预搅拌2min，静停2min，再二次搅拌2min以便充分搅拌均匀。一次不要搅拌太多，根据抹灰速度进行搅拌，搅拌好的砂浆要在1h内用完。施工中因环境温度、风力等因素影响可适量加水，以标准比例拌制的稠度为准。

4）管根部、地漏口、结构转角等细部构造处，应进行增强处理。管根部周围在基层宜剔宽深约为1cm的槽，用聚合物水泥防水砂浆嵌入后涂抹聚合物水泥防水砂浆一遍，压入一层网格布。其上再进行聚合物水泥防水砂浆抹灰。

5）聚合物水泥防水砂浆施工时，抹灰的厚度应一致，不得出现薄厚不均的现象。抹灰各层应紧密贴合，每层宜连续施工；如必须留槎时，采用阶梯坡形槎，但必须离开阴阳角处200mm；接槎要依层次顺序操作，层层搭接紧密，搭接宽度不小于100mm。

6）抹灰总厚度要根据防水等级确定：地上工程宜为4～6mm；地下工程宜≥6mm。

（5）注意事项

1）施工期间及其后24h环境温度不得低于5℃，避开雨期施工。

2）搅拌用水应符合建筑施工用水标准，严禁掺加其他任何物料。

3）施工完毕后应做好养护及保护工作，避免磕碰。

4）保质期为12个月，在装运过程中注意防雨防潮，储存时应保持干燥。

5）产品净重25kg±0.1kg。

（6）主要性能指标（表7.36-1）

表7.36-1

序号	检验项目		指标
1	抗压强度（MPa，28d）		≥26.0
2	抗折强度（MPa，28d）		≥8.0
3	吸水率（%）		≤6.0
4	含气量（%）		≤6.0
5	凝结时间	初凝（min）	≥45
		终凝（h）	≤24
6	抗渗压力（MPa）	涂层试件7d	0.5
		砂浆试件7d	1.0
		砂浆试件28d	1.5

续表

序号	检验项目		指标
7	粘结强度（MPa）	7d	≥1.0
		28d	≥1.2
8	收缩率（%）		≤0.15
9	耐碱性		无开裂、剥落
10	耐热性		无开裂、剥落
11	抗冻性		无开裂、剥落
12	柔韧性（横向变形能力）（mm）		≥1.0

注：1. 当产品使用厚度不大于5mm时，测定涂层的抗渗压力；当产品使用厚度大于5mm时，测定砂浆的抗渗压力。
2. 本表根据《聚合物水泥防水砂浆》JC/T 984-2011编制。

生产单位：辽宁九鼎宏泰防水科技有限公司，联系人：高岩（13940386188），地址：辽宁省盘锦市大洼临港经济区汉江路。

7.37 DPU-E耐候型聚氨酯防水系统

（1）产品简介

材料主要为聚氨酯防水涂料，系统由底涂、中涂、面涂组成。其中底涂按照基面的不同分为混凝土专用型、彩钢板专用型及沥青卷材专用型；面涂按照使用年限分为外露10年型、外露20年型。聚氨酯系列防水涂料是以聚醚和异氰酸酯类预聚物为主要组分，配以多种助剂制成的弹性材料，可用于容易产生裂缝的混凝土建筑，特别适用于外露屋面和墙面的防水和防护。

（2）主要性能指标

1）底涂型聚氨酯防水涂料技术要求（表7.37-1）

表7.37-1

序号	项目		技术指标
1	固含量（%）	≥	40
2	表干时间（h）	≤	4
3	实干时间（h）	≤	24
4	粘结强度（MPa）	≥	0.5

2）中涂型聚氨酯防水涂料技术要求（表7.37-2）

表7.37-2

序号	项目		技术指标
1	固体含量（%）	单组分	≥85
		多组分	≥92
2	拉伸强度（MPa）		≥2.0
3	断裂伸长率（%）		≥500
4	撕裂强度（N/mm）	≥	15
5	低温弯折性（℃）	≤	−35，无裂纹
6	不透水性（0.3MPa，120min）		不透水

续表

序号	项目		技术指标
7	表干时间（h）	≤	12
8	实干时间（h）	≤	24
9	加热伸缩率（%）		−4.0～+1.0
10	粘结强度（MPa）	≥	1.0
11	吸水率（%）	≤	5.0

3）面涂型聚氨酯防水涂料技术要求（表 7.37-3）

表 7.37-3

<table>
<tr><th>序号</th><th colspan="3">项目</th><th>技术指标</th></tr>
<tr><td>1</td><td colspan="2">固含量（%）</td><td>≥</td><td>60</td></tr>
<tr><td>2</td><td colspan="2">拉伸强度（MPa）</td><td>≥</td><td>4.0</td></tr>
<tr><td>3</td><td colspan="2">断裂伸长率（%）</td><td>≥</td><td>200</td></tr>
<tr><td>4</td><td colspan="2">撕裂强度（N/mm）</td><td>≥</td><td>15</td></tr>
<tr><td>5</td><td colspan="2">低温弯折性（℃）</td><td>≤</td><td>−30℃，无裂纹</td></tr>
<tr><td>6</td><td colspan="2">表干时间（h）</td><td>≤</td><td>4</td></tr>
<tr><td>7</td><td colspan="2">实干时间（h）</td><td>≤</td><td>24</td></tr>
<tr><td rowspan="4">8</td><td rowspan="4">荧光紫外线老化*</td><td colspan="2">外观</td><td>涂层粉化 0 级，变色≤1 级，无起泡，无裂纹</td></tr>
<tr><td colspan="2">拉伸强度保持率（%）</td><td>70～150</td></tr>
<tr><td>断裂伸长率保持率（%）</td><td>≥</td><td>70</td></tr>
<tr><td>低温弯折性（℃）</td><td>≤</td><td>−25℃无裂纹</td></tr>
</table>

注：*仅面漆产品要求测定，通过 2000h 人工加速老化试验测定的产品可作为外露场合使用。

（3）产品特点

1）使用简单方便，开盖即用，无须配料。

2）无须铲除老旧屋面防水材料，可直接覆涂。

3）物理性能优良，在抗风揭、抗刮擦、抗剥离等方面的表现优异。

4）耐候性能优异，色彩稳定、不易粉化、不变黄。使用年限长达 10 年以上。

5）耐水、酸、碱、盐、油等介质，适合于化工厂、沿海城市的屋面防水防护。

6）低温柔性好，在−40℃时仍不会出现涂膜脆裂、剥落等现象，适用于严寒区域使用。

（4）理论参考用量

1）底涂型聚氨酯防水涂料 0.1～0.3kg/m^2。

2）中涂型聚氨酯防水涂料 1～1.5kg/m^2。

3）面涂型聚氨酯防水涂料 0.2～0.3kg/m^2。

（5）适用范围

用于外露需求的新建、翻修工程，特别推荐用于混凝土建筑屋面、工业厂房等屋面。

（6）包装与贮存

1）包装：用清洁、干燥的铁桶密闭包装。

2）贮存：贮存在阴凉通风的仓库内，严禁露天存放，严禁上部存放物品，温度不宜高于 40℃，贮存期不宜超过 6 个月。

3）运输：垂直放置，严禁倒放；防止日晒雨淋；禁止接近火源；防止碰撞，保持包装完好；轻装卸，不得抛扔。

生产单位：

1）辽宁九鼎宏泰防水科技有限公司，联系人：高岩（13940386188），地址：辽宁省盘锦市大洼区临港经济区汉江路。

2）辽宁西米特科技有限公司，联系人：张天舒（13998248789），地址：辽宁省沈阳市大东区沈铁路 67 甲 2 号 1 门。

7.38　BG-N 黑将军耐候型丁基橡胶自粘防水卷材

（1）产品简介

丁基橡胶自粘防水卷材是以高分子外露膜为覆面材料，以丁基橡胶改性沥青为粘结材料，并覆以隔离材料而组成的本体自粘防水卷材。可采用自粘或湿铺法施工。

（2）主要性能指标

符合现行行业标准《外露型丁基自粘防水卷材》Q/LJH 0030 的规定。

（3）产品特点

1）超强粘结性：可与各种基层紧密粘结，粘结强度是国家标准的 3 倍及以上。

2）适用温度范围宽：从−30～+90℃，跨越 120℃，并且是同时满足超高温和超低温环境。−30℃不脆裂，+90℃不滑移。

3）高耐穿刺：优异的自愈性，可满足复杂恶劣的施工现场条件。即使卷材遭遇穿刺或硬物嵌入，仍可保证不透水。即便遭遇毁灭性破坏，仍可在短时间内自动愈合创伤点。

4）卓越的耐候性能，可直接外露使用，寿命可达 20 年以上（耐老化测试达到 5000h 合格）。

（4）适用范围

适用于铁路、公路、机场、海绵城市、水利工程、地下综合管廊、装配式建筑、绿色工程、棚户区改造、房地产等领域的防水工程，特别适用于新建和维修外露防水工程。

生产单位：

1）辽宁九鼎宏泰防水科技有限公司，联系人：高岩（13940386188），地址：辽宁省盘锦市大洼区临港经济区汉江路。

2）辽宁西米特科技有限公司，联系人：张天舒（13998248789），地址：辽宁省沈阳市大东区沈铁路 67 甲 2 号 1 门。

7.39　绿色环保高分子防水胶

（1）产品简介

该产品是绿色环保高分子防水胶，产品延伸性强、抗窜水、耐高温 90℃不流淌、耐低温 −30℃不脆裂、拉伸强度高、不助燃、防火、弹性好、耐盐、耐酸碱、耐老化。

（2）适用范围

适用于地下室、新旧屋面、卫生间、桥梁、涵洞、人防工程、PVC 管道、金属管道、彩钢瓦、帆布棚等室内外外露或者非外露防水工程。

（3）施工工艺

要求表面平整无浮砂土，实底，干燥均可施工，使用（塑料、橡胶）刮板或毛刷等工具涂刷均匀。

（4）主要性能指标

符合企业标准，性能详见检验报告。

（5）注意事项

运输与贮存时，不同类型的产品应分别堆放。禁止接近火源，避免日晒、雨淋，防止碰撞，注意通风。贮存温度适宜 5～35℃。

（6）贮存

在正常贮存、运输条件下贮存期为 1 年。

生产单位：洛阳立军建筑防水工程有限公司，联系人：方立军（18538830899），地址：河南省洛阳市洛龙区滨河南路 62 商 8 幢 112 号。

7.40 弹性环氧背水涂料

性能指标见表 7.40-1。

表 7.40-1

项目	试验条件	试验结果
外观	A 组分	各色黏稠液体（颜色可调）
	B 组分	浅黄色黏稠液体
配合比	质量比	1∶1
密度	23℃	1.2～1.3g/cm^3
固含量		＞95%
挥发性有机溶剂（VOC）		无
适用期	23℃	20min
混合黏度	23℃	5000～8000mPa·s
表干时间	23℃	3.5h
实干时间	23℃	24h
拉伸强度	23℃	3.5MPa
伸长率	23℃	100%
低温弯折性	−10℃	无裂纹
不透水性	0.3MPa，120min	不透水
抗渗性	1.5MPa，砂浆背水面	未渗水
与混凝土粘结强度	干燥基面，有底涂层，常温 7d	2.8MPa（涂层内聚破坏）
	干燥基面，无底涂层，常温 7d	2.6MPa（涂层内聚破坏）
	潮湿基面，有底涂层，常温 7d	2.4MPa（涂层内聚破坏）
	潮湿基面，无底涂层，常温 7d	2.2MPa（涂层内聚破坏）

注：抗渗性测试先涂刷一层环氧底涂。

7.41 弹性环氧屋面防水涂料

性能指标见表 7.41-1。

表 7.41-1

项目	试验条件	试验结果
外观	A 组分	各色黏稠液体（颜色可调）
	B 组分	浅黄色黏稠液体
配合比	质量比	1∶1
密度	23℃	1.2～1.3g/cm^3
固含量		＞95%
挥发性有机溶剂（VOC）		无
适用期	23℃	20min
混合黏度	23℃	4000～6000mPa·s
表干时间	23℃	4.5h
实干时间	23℃	24h
拉伸强度	23℃	3MPa
伸长率	23℃	220%
低温弯折性	−20℃	无裂纹
不透水性	0.3MPa，120min	不透水
与混凝土粘结强度	干燥基面，有底涂层，常温 7d	2.5MPa（涂层内聚破坏）
	干燥基面，无底涂层，常温 7d	2.5MPa（涂层内聚破坏）
	潮湿基面，有底涂层，常温 7d	2.3MPa（涂层内聚破坏）
	潮湿基面，无底涂层，常温 7d	2.1MPa（涂层内聚破坏）

7.42 弹性环氧密封胶

性能指标见表 7.42-1。

表 7.42-1

项目		试验条件	试验结果
外观		A 组分	白色膏状液体
		B 组分	灰色膏状液体
配合比		质量比	1∶1
密度		23℃	1.4～1.5g/cm^3
适用期		23℃	40min
表干时间		23℃	6h
干燥基面	伸长率	23℃	326%
	拉伸模量	23℃，拉伸 100%	0.52MPa
	拉伸粘结强度	23℃×7d	1.2MPa
	弹性恢复率	23℃，24h	84%
	定伸粘结性	23℃，拉伸 100%	无破坏
	浸水后定伸粘结性	23℃，拉伸 100%	无破坏
	冷拉-热压后粘结性	±25%	无破坏

续表

项目		试验条件	试验结果
水下固化	伸长率	23℃	310%
	拉伸模量	23℃，拉伸 100%	0.46MPa
	拉伸粘结强度	23℃ × 7d	1.1MPa
	弹性恢复率	23℃，24h	82%
	定伸粘结性	23℃，拉伸 100%	无破坏
	冷拉-热压后粘结性	±25%	无破坏

注：水下固化的测试方法如下，先将水泥砂浆块放入 23℃水中浸泡 24h，取出后擦干表面明水，常温晾干 5min，涂刷底涂，待 2h 后底涂表干，再配制环氧密封胶，制成现行国家标准《建筑密封材料试验方法》GB/T 13477 规定的标准工字试块。试块制成后放入水中，在 23℃下养护 28d，再按标准测试。

7.43 K11 柔韧性防水浆料

（1）产品简介

一种环保型双组分聚合物水泥基防水涂料，可形成高弹性柔韧的防水膜，能抵御轻微振动和位移。

（2）产品特点

1）具有优良的柔韧性伸缩性，能抵御建筑物的轻微振动和因各种原因产生的微裂缝。

2）与混凝土等基材粘结力强，浆料中的活性成分可渗入水泥基面的毛细孔、微裂纹并产生化学反应，与底材融为一体，形成一层结晶致密的防水层。

3）具有良好的拉伸强度，不起皮、不脱落，可用于迎水面防水。

4）具有良好的透气性，能保持基体的干爽。

5）具有优异的耐候性、耐老化性和耐腐蚀性。

6）体积稳定，防止龟裂，涂层抗渗性强。

（3）适用范围

1）室内外混凝土结构、预制混凝土结构、砖墙等防水。

2）可能会出现轻微振动、移动、裂缝的建筑结构、管道、后浇带等防水。

3）屋面、外墙、道路、桥梁等防潮、防水工程。

4）游泳池、饮用水池、厨房、卫浴间等重要部位防水处理。

（4）施工工艺

1）基面处理：基面必须牢固、平整、洁净，基面干燥或温度过高时先用水湿润降温。

2）混合配比：液粉比约为 1∶1.47。

3）搅拌：先将添加剂倒入搅拌桶，然后再将粉剂慢慢倒入，并搅拌至均匀无颗粒、无沉淀的膏糊状，静置数分钟再略搅拌，即可使用。

4）施工：用滚筒均匀涂刷在基面上，不可漏刷；第二层应在第一层完全干固后方可涂刷（相隔 2～4h），并与前一层方向交错（横竖交错）。

5）参考用量：用于防潮，涂刷一层，厚 0.6～0.8mm，理论用量 0.9～1.2kg/m^2。用于防水，涂刷二层，厚 1～1.2mm，理论用量 1.5～1.8kg/m^2。

（5）注意事项

1）防水层完全干固后，方可做其他覆盖层。

2）切忌将已干结的胶浆加水混合后再用。

3）本产品使用在天台和长期泡水的环境时，需用水泥砂浆做保护层。

4）适宜在5～40℃的环境中使用，且保证施工环境通风，避免影响膜的形成。

5）本产品含有碱性成分，可能会引起皮肤过敏，要注意保护皮肤及眼睛，操作时宜戴上手套。

（6）运输与贮存

1）运输时，防止雨淋、曝晒、倒置，保持包装完好无损。

2）产品应在干燥阴凉环境下密封保存，保存温度不宜低于5℃，未启封产品可保存12个月。

（7）主要性能指标（表7.43-1）

符合现行国家标准《聚合物水泥防水涂料》GB/T 23445的技术要求。

表7.43-1

型号	固含量（%）	拉伸强度（无处理）（MPa）	断裂伸长率（无处理）（%）	粘结强度（无处理）（MPa）	不透水性（0.3MPa，30min）	抗渗性（砂浆背水面）（MPa）	低温柔性（直径10mm棒）
Ⅰ型	≥70	≥1.2	≥200	≥0.5	不透水	—	−10℃无裂纹
Ⅱ型	≥70	≥1.8	≥80	≥0.7	不透水	≥0.6	—

（8）规格

1kg/套（0.6kg粉剂＋0.4L添加剂）；5kg/套（3kg粉剂＋2L添加剂）；17L添加剂（配25kg粉剂）/套；16.8kg/套（10kg粉剂＋6.8L添加剂）。

生产单位：广州市钢玉建筑材料有限公司，联系人：郭伟池（13533332975），地址：广东省广州市从化区江埔街从樟路89号。

7.44 楼面裂纹、管口加强防水浆料

（1）产品简介

一种双组分聚合物水泥基防水浆料，可形成高强坚韧的防水膜，适用于迎水面防水，具有良好的柔韧性，能抵御轻微振动和位移，涂层粘结力强，不剥落，不起皮。

（2）产品特点

1）可以在潮湿基面上直接施工。

2）优异的耐候性、耐老化性和耐腐蚀性。

3）具有良好的柔韧性，不起皮，不脱落，可用于迎水面防水。

4）体积稳定，防止龟裂，涂层抗渗性强，可长期泡水。

（3）适用范围

1）楼面裂纹、管口加强等处理。

2）地下室、楼层天台、厨房、卫浴间、游泳池、饮用水池等防水工程。

（4）主要性能指标（表7.44-1）

符合《聚合物水泥防水涂料》GB/T 23445－2009中Ⅰ型的技术要求。

表7.44-1

固含量（%）	拉伸强度（无处理）（MPa）	断裂伸长率（无处理）（%）	低温柔性（直径10mm棒）	粘结强度（无处理）（MPa）	不透水性（0.3MPa，30min）
≥70	≥1.2	≥200	−10℃无裂纹	≥0.5	不透水

（5）施工工艺

1）基面处理：基面必须牢固、平整、洁净，基面干燥或温度过高时先用水湿润降温。

2）混合配比：液粉比约为 1∶1.25。

3）搅拌：先将添加剂倒入搅拌桶，然后再将粉剂慢慢倒入，并搅拌至均匀无颗粒、无沉淀的膏糊状，静置数分钟再略搅拌，即可使用。

4）施工：用毛刷或滚筒直接刷在基面上，不可漏刷；第二层应在第一层完全干固后方可涂刷（相隔 2～4h），并与前一层方向交错。

5）参考用量：涂刷二层，厚度 0.8～1.0mm，理论用量 1.2～1.5kg/m^2。

（6）注意事项

1）防水层完全干固后，方可做其他覆盖层。注意：切忌将已干结的胶浆加水混合后再用。

2）本产品使用在长期泡水的环境时，建议用水泥砂浆做保护层。

3）适宜在 5～40℃的环境中使用，且保证施工环境通风，避免影响膜的形成。

4）本产品含有碱性成分，可能会引起皮肤过敏，要注意保护皮肤及眼睛，操作时戴上手套。

（7）运输与贮存

1）运输时，防止雨淋、曝晒、倒置，保持包装完好无损。

2）产品应在干燥阴凉环境下密封保存，保存温度不宜低于 5℃，未启封产品可保存 12 个月。

（8）规格

1.66kg 粉剂 + 1.34kg 添加剂；1kg。

生产单位：广州市钢玉建筑材料有限公司，联系人：郭伟池（13533332975），地址：广东省广州市从化区江埔街从樟路 89 号。

7.45 K11 韧性防水浆料（彩色）

（1）产品简介

由聚合物乳液、高性能添加剂、无机胶凝材料和精选级配填料生产而成的环保型双组分水性防水涂料。

（2）产品特点

1）可以在潮湿无明水的基面上直接施工。

2）与混凝土、砖石等基材粘结力强。

3）体积稳定，防止龟裂，涂层抗渗性强。

（3）适用范围

1）卫浴间、厨房等防水、防潮。

2）厂房、地板、室内外墙体的防水、防潮。

（4）主要性能指标（表 7.45-1）

符合《聚合物水泥防水砂浆》JC/T 984-2011 中Ⅱ型的技术要求。

表 7.45-1

项目		技术参数
凝结时间	初凝（min）	≥45
	终凝（h）	≤24

续表

项目		技术参数
抗渗压力（MPa）	7d	≥1.0
	28d	≥1.5
抗压强度（MPa）	28d	≥24.0
抗折强度（MPa）	28d	≥8.0
压折比		≤3.0
粘结强度（MPa）	7d	≥1.0
	28d	≥1.2
耐碱性饱和 $Ca(OH)_2$ 溶液（168h）		无开裂、剥落
耐热性（100℃，5h）		无开裂、剥落
耐冻性-冻融循环（25次）		无开裂、剥落

（5）施工工艺

1）基面处理：基面必须牢固、平整、洁净，基面干燥或温度过高时先用水湿润降温。

2）混合配比：与9kg添加剂配套使用。

3）搅拌：先将添加剂倒入搅拌桶，然后再将粉剂慢慢倒入，并搅拌至均匀无颗粒、无沉淀的膏糊状，静置数分钟再略搅拌，即可使用。

4）施工：用毛刷或滚筒直接刷在基面上，不可漏刷；下一层应在第一层完全干固后方可涂刷，并与前一层方向交错。

5）参考用量：用于防潮，涂刷一层，厚度0.6～0.8mm，理论用量1.0～1.2kg/m^2；用于防水，涂刷2～3层，厚度1.0～1.2mm，理论用量1.5～2.0kg/m^3。

（6）注意事项

1）防水层完全干固后，方可做其他覆盖层。

2）切忌将已干结的胶浆加水混合后再用。

3）本产品使用在长期泡水的环境时，需用水泥砂浆做保护层。

4）适宜在5～40℃的环境中使用，且保持施工环境通风，避免影响涂膜干固。

5）本产品含有碱性成分，要注意保护皮肤及眼睛，操作时穿戴好工作服和手套。

（7）运输与贮存

1）运输时，防止雨淋、曝晒、倒置，保持包装完好无损。

2）产品应在干燥阴凉环境下密封保存，保存温度适宜在5～35℃，未启封产品可保存12个月。

（8）规格

25kg粉剂＋9kg添加剂；20kg套装；10kg套装；5kg套装。

生产单位：广州市钢玉建筑材料有限公司，联系人：郭伟池（13533332975），地址：广东省广州市从化区江埔街从樟路89号。

7.46 K11韧性防水浆料

（1）产品简介

由高分子聚合物乳液、无机胶凝材料和精选填料生产而成的双组分水性防水浆料。

（2）产品特点

1）可以在潮湿无明水基面上直接施工。

2）与基材粘结力强，可与基材形成一体。

3）浆料干固后可直接进行后续工程施工。

4）具有良好的透气性，能保持基础的干爽。

5）既可用于迎水面防水，也可用于背水面防水。

6）耐老化性能好。

（3）适用范围

1）卫生间、厨房等的防水、防潮处理。

2）室内外墙体的防水、防潮。

3）作为 K11 柔韧性防水的打底垫层，用于天台、饮用水池等防水处理。

（4）主要性能指标（表 7.46-1）

符合《聚合物水泥防水浆料》JC/T 2090－2011 中 I 型的技术要求。

表 7.46-1

项目		技术参数
干燥时间（h）	表干时间	≤4
	实干时间	≤8
抗渗压力（MPa，7d）	—	≥0.5
柔韧性	横向变形能力（mm）	≥2.0
	弯折性	无裂纹
粘结强度（MPa）	无处理	≥0.7
	潮湿基层	≥0.7
	碱处理	≥0.7
	浸水处理	≥0.7
抗压强度（MPa）	—	≥12.0
折强度（MPa）	—	≥4.0
耐碱性	—	无开裂、剥落
耐热性	—	无开裂、剥落
抗冻性	—	无开裂、剥落
收缩率（%）		≤0.3

注：干燥时间项目可根据用户需要及季节变化进行调整。

（5）施工工艺

1）基面处理：基面必须平整洁净，明显的孔隙、砂眼用水泥砂浆堵塞抹平；若高温干燥天气，施工前用清水湿润基面至无明水。

2）混合配比：液粉比为 1∶2.78。

3）搅拌：先将添加剂倒入搅拌桶，然后再将粉剂慢慢倒入，并搅拌至均匀无颗粒、无沉淀的膏糊状，静置数分钟再略搅拌，即可使用。

4）施工：用毛刷或滚刷把浆料均匀刷在基面上，不可漏刷；用于防潮，涂刷一层；用于防水，涂刷两层。第二层应与第一层的涂刷方向相垂直，防止漏涂漏刷。边角部位、管道周围应先用水泥砂浆做成弧形，并用玻纤网格布加强处理。

5）参考用量：基面平整的情况下，理论用量为 1.5kg/m^2。

（6）注意事项

1）防水层完全干固后才能做其他覆盖层。

2）适宜在 5～40℃环境下施工，且保证施工环境通风，避免影响涂层干固。

3）不能将已干结的浆料加水混合后再用。操作过程中应保持间断性搅拌，以防止沉淀。

4）本产品含有水泥成分，可能会引起皮肤过敏，要注意保护皮肤及眼睛，操作时请穿戴上手套和工作服。

（7）运输与贮存

1）运输时，防止雨淋、曝晒、倒置，保持包装完好无损。

2）存放于阴凉干燥处，液体组分贮存温度不低于 0℃，未启封产品可保存 6 个月。

（8）规格

5kg/套；10kg/套；20kg/套；9kg + 25kg 粉剂/套。

生产单位：广州市钢玉建筑材料有限公司，联系人：郭伟池（13533332975），地址：广东省广州市从化区江埔街从樟路 89 号。

7.47　K12 柔性防水浆料

（1）产品简介

由聚合物乳液、进口添加剂、无机胶凝材料和填料生产而成的双组分水性防水涂料。

（2）产品特点

1）可以在潮湿基面上直接施工。

2）涂层致密，透气不透水，凝结期短。

3）与混凝土、水泥、砖石等基材粘结力强。

4）具有良好的柔韧性，不起皮，不脱落，可用于迎水面防水。

5）体积稳定，低收缩性，防止龟裂，涂层抗渗性强，可长期泡水。

6）地下工程迎水面施工后可直接砂土回填，无须保护层，可直接在涂层上粘贴瓷砖、装饰面板。

7）具有优异的耐候性、耐老化性能和良好的耐腐蚀性。

（3）适用范围

1）相对潮湿环境中的工业及民用建筑结构的防潮和防水。

2）厨卫间、阳台、地下室食用水池、游泳池等工程防水。

3）管道周边、地漏周边、结构裂缝等可能出现轻微位移部位的防水加强层。

（4）主要性能指标（表 7.47-1）

符合《聚合物水泥防水涂料》GB/T 23445-2009 中Ⅱ型的技术要求。

表 7.47-1

固含量（%）	拉伸强度（无处理）（MPa）	断裂伸长率（无处理）（%）	粘结强度（无处理）（MPa）	不透水性（0.3MPa，30min）	抗渗性（砂浆背水面）（MPa）
≥70	≥1.8	≥80	≥0.7	≥不透水	≥0.6

（5）施工工艺

1）基面处理：基面必须牢固、平整、洁净，基面干燥或温度过高时先用水湿润降温。

2）混合配比：液粉比为 1：1.8。

3）搅拌：先将添加剂倒入搅拌桶，然后再将粉剂慢慢倒入，并搅拌至均匀无颗粒、无沉淀的膏糊状，静置数分钟再略搅拌，即可使用。

4）施工：用毛刷或滚刷直接刷在基面上，不可漏刷；下一层应在第一层完全干固后涂刷（相隔约 2～4h），并与前一层方向交错。

5）参考用量：用于防水，涂刷两层，膜厚为 1.2～1.5mm，理论用量 1.5～2.0kg/m^2。

（6）注意事项

1）防水层完全干固后方可做其他覆盖层。

2）切忌将已干结的胶浆加水混合后再用。

3）适宜在 5～40℃的环境中使用，且保证施工环境通风，避免影响膜的形成。

4）本产品含有水泥成分，可能会引起皮肤过敏，要注意保护皮肤及眼睛，操作时最好戴上手套。

（7）运输及贮存

1）运输时，防止雨淋、曝晒、倒置，保持包装完好无损。

2）产品应在干燥阴凉环境下密封储存，贮存温度不能低于 5℃，未启封产品可贮存 12 个月。

（8）规格

1kg/套；16.8kg/套；14kg（配 25kg 粉剂）/套。

生产单位：广州市钢玉建筑材料有限公司，联系人：郭伟池（13533332975），地址：广东省广州市从化区江埔街从樟路 89 号。

7.48 K13 防水金刚

（1）产品简介

一种由高分子聚合物改性的水泥基水性环保型防水材料。产品由高分子聚合物和无机胶凝材料以及精选级配材料生产而成。

（2）产品特点

1）可以在潮湿基面上直接施工。

2）与混凝土、砖石等基材粘结力强。

3）抗压强度高，可用于迎水面防水。

4）涂层致密，透气不透水，保持建筑结构自然干爽。

5）涂层抗渗性强，有良好的抗拉伸和抗断裂性能，可抵御微小裂纹。

6）具有优异的耐候性、耐老化性能和良好的耐腐蚀性。

（3）适用范围

厨卫、水池、花池、地下室等防水防潮处理。

（4）主要性能指标（表 7.48-1）

符合《聚合物水泥防水涂料》GB/T 23445－2009 中Ⅲ型的技术要求。

表 7.48-1

固含量（%）	拉伸强度（无处理）（MPa）	断裂伸长率（无处理）（%）	粘结强度（无处理）（MPa）	不透水性（0.3MPa，30min）	抗渗性（砂浆背水面）（MPa）
≥70	≥1.8	≥30	≥1.0	≥不透水	≥0.8

（5）施工工艺

1）基面处理：基面必须牢固、平整、洁净，基面干燥或温度过高时先用水湿润降温。

2）混合配比：液粉比为 1∶2.5。

3）搅拌：先将添加剂倒入搅拌桶，然后再将粉剂慢慢倒入，并搅拌至均匀无颗粒、无沉淀的膏糊状。

4）施工：用毛刷或滚筒直接刷在基面上，不可漏刷；下一层应在第一层完全干固后涂刷（相隔 2～4h），并与前一层方向交错。

5）参考用量：防水膜厚 1.2～1.5mm，理论用量 1.5～2.2kg/m^2。

（6）注意事项

1）防水层完全干固后，方可进行后续工程施工。

2）切忌将已干结的胶浆加水混合后再用。

3）本产品使用在长期泡水的环境时，需用水泥砂浆等材料做保护层。

4）适宜在 5～40℃的环境中使用，且保证施工环境通风，避免影响产品性能。

5）侧墙防水请选用专业家装防水，可避免贴瓷砖、石材空鼓的风险。

（7）运输与贮存

1）运输时，防止雨淋、曝晒、倒置，保持包装完好无损。

2）产品应在干燥阴凉环境下密封保存，保存温度不宜低于 5℃，未启封产品可保存 12 个月。

（8）规格

25kg 粉剂 + 10kg 添加剂；6.3kg 粉剂 + 2.5kg 添加剂。

生产单位：广州市钢玉建筑材料有限公司，联系人：郭伟池（13533332975），地址：广东省广州市从化区江埔街从樟路 89 号。

7.49 聚合物水泥基复合防水粉料

（1）产品简介

由无机硅酸盐材料、精选级配石英砂以及多种高效添加剂等组成的环保产品，与聚合物水泥基复合防水涂料配套使用。

（2）产品特点

1）可以在潮湿基面上直接施工并粘结牢固。

2）水性涂料，无刺激性气味。

3）涂膜具有较高抗拉强度，耐水、耐候性、耐腐蚀性好。

4）易施工，操作方便，不受基面形状影响。

（3）适用范围

1）地面及外墙的防水、防渗和防潮工程。

2）地下工程以及隧道、车库等防水防渗。

3）路桥、水利等防水防渗工程。

（4）施工工艺

1）基面处理：基面应平整、牢固、洁净，基面干燥或温度过高时先用水湿润降温。

2）混合配比：液粉比为 1∶1.25（25kg 粉剂 + 20kg 添加剂）。

3）搅拌：先将所需的水倒入搅拌桶，然后再将粉剂慢慢倒入，并搅拌至均匀无粉粒、无沉淀的膏糊状。

4）施工：用毛刷或滚刷直接刷在基面上，不可漏刷；下一层应在第一层完全干固后方可涂刷，并与前一层方向交错。

5）参考用量：用于防潮，涂刷一层，厚0.6～0.8mm，理论用量1.2～1.4kg/m^2。用于防水，涂刷两层，厚1.2～1.5mm，理论用量2.1～2.8kg/m^2。

（5）注意事项

1）防水层完全干固后，方可做其他覆盖层。

2）适宜在5～40℃的环境中使用，阴雨天气或基层有明水时不宜施工。

3）施工时，保证环境通风，避免影响膜的形成。

4）本产品含有水泥成分，可能会引起皮肤过敏，要注意保护皮肤及眼睛，操作时最好穿戴手套。

5）本产品使用在长期泡水的环境时，需用水泥砂浆做保护层。

（6）运输与贮存

1）运输时，防止雨淋、曝晒，保持包装完好无损。

2）产品应在干燥阴凉环境下密封保存，保存温度不宜低于5℃，未启封产品可保存12个月。

生产单位：广州市钢玉建筑材料有限公司，联系人：郭伟池（13533332975），地址：广东省广州市从化区江埔街从樟路89号。

7.50 水不漏

（1）产品特点与适用范围

产品具有凝结硬化快、分钟强度高和能产生微膨胀等特点，分为速凝型和缓凝型两种，可广泛用于隧道、矿井、涵洞、水池、地下室、卫生间、屋面、军事工程等快速堵漏和紧急抢修，适用于大剂量干基堵漏、高速喷锚以及冬期施工、防水抗渗等特殊工程。

（2）施工工艺

1）首先把漏水点或漏水缝凿成垂直斜喇叭口并清洗干净。

2）把水不漏放入容器内，加入适量水，粉水比为1∶(0.30～0.36)，并迅速拌合。冬天施工宜用温水，夏天施工宜用冷却水，搅和水量过多或太小均影响施工质量，水温适宜在 18～40℃。条件许可时可先试拌。

3）把拌好的胶泥放在手上迅速朝漏水方向压下；待浆体硬化后即可松手，从加水拌和起5min内把水堵住。

4）堵水后，用水泥砂浆抹面，表面养护2～3d即可。

5）对于渗水坑，可直接把快速堵漏灵干粉撒入坑内，然后用手压住，硬化后再松手即可。

6）对于严重漏水裂缝采用引流方法，先补上缝，后补下缝，最后补流孔。

（3）注意事项

1）本产品加水后会发热，用量大时要注意冷却，以防开裂。

2）如需延长更多施工时间，可掺适量缓凝剂。

3）产品放于干燥地方，开袋后一次用完。

（4）主要性能指标

符合现行国家标准《无机防水堵漏材料》GB 23440的规定。

（5）规格

5kg/袋。

生产单位：广州市钢玉建筑材料有限公司，联系人：郭伟池（13533332975），地址：广东省广州市从化区江埔街从樟路 89 号。

7.51 多功能砂浆添加剂

（1）产品简介

是针对传统批灰料粘结力差，引起的空鼓、脱粉、不好施工等问题而研发出来的新型干粉砂浆添加剂。

（2）产品特点

1）与水泥砂浆混合使用，能明显提高水泥砂浆的粘结强度和柔韧性。

2）可添加到腻子、砂浆、瓷砖胶中使用，以增强附着力，使之在不同的界面上（如旧墙面、瓷砖面等）达到良好粘结。

3）可用作界面剂直接涂 1～2 层在界面上。

4）可增强砂浆的防水抗渗性能，能在各种工程中使用。

5）具有耐老化性。

6）可作瓷砖粘结剂的加强剂。

（3）适用范围

按照不同的配比适用于不同的用途（表 7.51-1）。

表 7.51-1

功能	配比	用量	施工工艺
调配防水砂浆	水泥砂浆：添加剂 = 2：1	约 0.8kg/m^2	与防水涂料相同
室外粘贴重型砖	强力瓷砖胶：添加剂 = 25：6	约 4kg/m^2	与瓷砖胶工艺相同
室内粘贴重型砖	强力瓷砖胶：添加剂 = 25：3	约 3kg/m^2	与瓷砖胶工艺相同
水泥砂浆找平	水泥砂浆：添加剂 = 20：3	约 1.2kg/m^2	与找平腻子工艺相同
旧瓷砖面翻新粘贴瓷砖	强力瓷砖胶：添加剂 = 25：6	约 3kg/m^2	与瓷砖胶工艺相同
室内腻子加强	钢玉室内腻子：添加剂 = 20：3	约 1.5kg/m^2	与腻子工艺相同
作界面处理	强力瓷砖胶：添加剂 = 25：3	约 2kg/m^2	

作界面处理时：用甩浆法或拉毛法进行施工。

（4）主要性能指标（表 7.51-2）

表 7.51-2

<table>
<tr><td colspan="3" rowspan="2">项目</td><td>指标</td></tr>
<tr><td>Ⅰ型</td></tr>
<tr><td rowspan="2">剪切粘结强度（MPa）</td><td colspan="2">7d</td><td>≥ 1.0</td></tr>
<tr><td colspan="2">14d</td><td>≥ 1.5</td></tr>
<tr><td rowspan="6">拉伸粘结强度（MPa）</td><td rowspan="2">未处理</td><td>7d</td><td>≥ 0.4</td></tr>
<tr><td>14d</td><td>≥ 0.6</td></tr>
<tr><td colspan="2">浸水处理</td><td rowspan="4">≥ 0.5</td></tr>
<tr><td colspan="2">热处理</td></tr>
<tr><td colspan="2">冻融循环处理</td></tr>
<tr><td colspan="2">碱处理</td></tr>
</table>

（5）施工工艺

1）基面处理：基面必须牢固、平整、洁净，基面干燥或温度过高时先用水湿润降温。

2）搅拌：先将添加剂和水倒入搅拌桶，然后再将粉剂慢慢倒入，并搅至均匀无颗粒、无沉淀膏糊状。

3）混合配比：每袋20～25kg粉剂添加3kg多功能添加剂。

（6）注意事项

1）切忌将已干结的胶浆加水混合后再用。

2）适宜在5～40℃的环境中使用，阴雨天气或基层有明水时不宜施工，保证施工环境通风。

3）旧饰面翻新时必须将已松动或空鼓的旧瓷砖除去。

（7）运输及贮存

1）运输时，防止雨淋、曝晒、倒置，保持包装完好无损。

2）产品应在干燥阴凉环境下密封保存，未启封产品可保存12个月。

（8）规格

18kg添加剂/桶；3kg添加剂/桶。

生产单位：广州市钢玉建筑材料有限公司，联系人：郭伟池（13533332975），地址：广东省广州市从化区江埔街从樟路89号。

7.52 高分子防水涂料

（1）产品简介

一种高性能的聚合物材料，先进配方生产而成。

（2）产品特点

1）可以在潮湿基面上直接施工。

2）可防水抗渗性好，粘结力强。

3）耐老化、耐腐蚀。

（3）适用范围

1）新旧建筑物屋面、墙体、厨房、卫生间、窗台等防潮防水处理。

2）各种水池和地下室的防水防渗处理。

3）可作为K11柔韧性防水浆料的打底垫层，也可作为界面处理剂。

（4）主要性能指标（表7.52-1）

表7.52-1

项目		技术参数
凝结时间	初凝（min）	≥45
	终凝（h）	≤24
抗渗压力（MPa）	7d	≥1.0
	28d	≥1.5
抗压强度（MPa）	28d	≥24.0
抗折强度（MPa）	28d	≥8.0
压折比		≤3.0
粘结强度（MPa）	7d	≥1.0
	28d	≥1.2

续表

项目	技术参数
耐碱性饱和 $Ca(OH)_2$ 溶液，168h	无开裂、剥落
耐热性（100℃，5h）	无开裂、剥落
耐冻性-冻融循环（25 次）	无开裂、剥落

（5）施工工艺

1）基面处理：基面必须牢固、平整、洁净，基面干燥或温度过高时先用水湿润降温。

2）混合配比：配钢玉聚合物水泥防水涂料专用粉料或水泥使用，根据施工的不同要求，液粉比为 1：(0.8～1.0)。

3）搅拌：先将添加剂倒入搅拌桶，然后再将粉剂慢慢倒入，并搅拌至均匀无颗粒、无沉淀的膏糊状，静置数分钟再略搅拌，即可使用。

4）施工：用毛刷或滚刷直接刷在基面上，不可漏刷；下一层应在第一层完全干固后方可涂刷（相隔 2～4h），并与前一层方向交错。

5）参考用量：用于防潮或界面处理，涂刷一层，厚 0.6～0.8mm，根据基面的平整情况而定，0.8～1.2kg/m^2。用于防水，涂刷二至三层，厚 1.2～1.5mm，根据基面的平整情况而定，1.8～2.2kg/m^2。

（6）注意事项

1）防水层完全干固后，方可做其他覆盖层。

2）用于长期泡水环境时，需用水泥砂浆做保护层。

3）适宜在 5～40℃的环境中使用，阴雨天气或基层有明水时不宜施工。

4）施工时，保证环境通风，避免影响膜的形成。

（7）运输与贮存

1）运输时，防止雨淋、曝晒、倒置，保持包装完好无损。

2）产品应在干燥阴凉环境下密封储存，贮存温度不宜低于 5℃，未启封产品可贮存 12 个月。

（8）规格

18kg/桶。

生产单位：广州市钢玉建筑材料有限公司，联系人：郭伟池（13533332975），地址：广东省广州市从化区江埔街从樟路 89 号。

7.53 专业家装防水材料

（1）产品简介

一种由高分子聚合物改性的水泥基水性环保型防水材料。产品采用高分子聚合物和无机胶凝材料以及精选级配材料，严格按照国家标准生产而成。

（2）产品特点

1）易于与装饰层或保护层粘结牢固，防水层干固后可直接贴砖。

2）涂膜透气不透水，并添加了防霉抑菌材料，有效防止霉菌滋生。

3）具有优异耐老化性能和良好的耐腐蚀性。

（3）适用范围

1）厨房、卫浴间等墙地面的防水防潮处理。

2）铺木地板前的防潮防霉处理。

3）建筑内外墙的防水防潮处理。

（4）主要性能指标（表 7.53-1）

符合《聚合物水泥防水砂浆》JC/T 984－2011 中Ⅱ型的技术要求。

表 7.53-1

项目		技术参数
凝结时间	初凝（min）	⩾45
	终凝（h）	⩽24
抗渗压力（MPa）	7d	⩾1.0
	28d	⩾1.5
抗压强度（MPa）	28d	⩾24.0
抗折强度（MPa）	28d	⩾8.0
压折比		⩽3.0
粘结强度（MPa）	7d	⩾1.0
	28d	⩾1.2
耐碱性饱和 $Ca(OH)_2$ 溶液（168h）		无开裂、剥落
耐热性（100℃，5h）		无开裂、剥落
耐冻性-冻融循环（25 次）		无开裂、剥落

（5）施工工艺

1）基面处理：基面必须牢固、平整、洁净，在使用钢玉专业家装防水之前，必须充分湿润基面（不能出现积水）。

2）搅拌：先将添加剂倒入搅拌桶，然后再将粉剂慢慢倒入，并搅拌至均匀无颗粒、无沉淀的膏糊状，搅拌好的浆料宜在 1h 内用完，每次配料量不宜过多，宜即配即用。

3）施工：用毛刷或滚刷直接刷在基面上，不可漏刷，一般涂刷二至三层；下一层应在第一层干固后方可涂刷（相隔 12h 后），并与前一层方向交错。管口接头的防水密封宜采用钢玉管口加强防水剂加玻纤布或无纺布加强密封处理。操作过程中应保持间断地搅拌以防止浆料沉淀。

4）参考用量：厚 1.2～1.5mm，理论用量为 1.5～2.0kg/m^2。

（6）注意事项

1）施工温度适宜在 5～40℃的环境中。

2）干燥天气需在涂层施工完成 24h 后（涂层完全干固）进行适当的喷水养护。

3）有明水及起砂起粉的基面不能施工。

4）切勿掺水搅拌，也不要随意改变本产品的液粉比例。

5）屋外施工涂层干固前应避免雨淋和太阳曝晒。

6）墙面做完防水后粘贴瓷砖或石材时，建议使用钢玉牌系列瓷砖胶粘贴，确保装修工程质量。

7）铺贴完瓷砖后，若需填缝，须在瓷砖胶完全干固后（一般 24h 后）才能填缝，以免影响粘贴层粘结。

（7）运输与贮存

1）运输时，防止雨淋、曝晒，保持包装完好无损。

2）产品应在干燥阴凉环境下密封保存，未启封产品可保存12个月。

（8）规格

15.4kg粉剂+4.6kg添加剂；7.7kg粉剂+2.3kg添加剂。

生产单位：广州市钢玉建筑材料有限公司，联系人：郭伟池（13533332975），地址：广东省广州市从化区江埔街从樟路89号。

7.54 防水罩面剂

（1）产品简介

一种新型有机硅建筑防水抗风蚀材料，具有独特的结构和性能，能与硅酸盐材料发生坚固耐久的化学结合，从而使建筑结构形成一个持久、耐用的防水罩面。

（2）性能特点

1）能抵抗雨水的侵蚀，防潮、防霜冻、防青苔、抗风化、耐污染水性涂料。

2）涂膜具有较高抗拉强度，耐水性、耐候性、耐腐蚀性好。

（3）适用范围

1）建筑装饰罩面，如彩色水泥造型饰面、彩色砂浆和质感砂浆饰面、仿古砖、干粘石、水刷石、陶瓷锦砖、釉面及无釉面砖、粘结砂浆的防水罩面和装饰涂料罩面。

2）可用于混凝土、石膏石等的防水。

3）用于碑石、雕刻、文物古建筑的防污染、抗风蚀罩面保护。

（4）施工工艺

1）基面处理：基面必须牢固、平整、干燥洁净，基面干燥或温度过高时先用水湿润降温。

2）混合比例：取本产品注入清洁的容器中或喷雾容器摇匀待用。

3）施工：用毛刷或喷枪施工，均匀喷涂于基面，分两遍施工，第二遍应在第一遍干燥后进行。

4）参考用量：基面平整的情况下，罩面剂喷涂理论用量为10～15m^2/kg。

（5）注意事项

1）施工完毕后24h内避免雨水直接冲淋。

2）适宜在5～40℃的环境中使用，且保证施工环境通风。

（6）运输与贮存

产品应在干燥阴凉环境下密封保存，保存温度不宜低于5℃，未启封产品可保存12个月。

（7）主要性能指标

符合现行行业标准《建筑表面用有机硅防水剂》JC/T 902。

生产单位：广州市钢玉建筑材料有限公司，联系人：郭伟池（13533332975），地址：广东省广州市从化区江埔街从樟路89号。

7.55 有机硅防水剂

（1）产品简介

一种高效能防水剂。对于许多建筑材料，尤其是硅酸盐类的建筑材料有很好的亲和作用，能与空气中的二氧化碳作用，自聚形成一层有机硅抗渗层，起到良好的抗水渗透性，在国内已被建筑、房修、建材、外装修等行业中广泛采用。

（2）产品特点

1）可在潮湿或干燥基面上直接施工，与基面有良好的粘结性。

2）绿色环保、渗透无痕。

3）防潮、防霉、防腐蚀、防风化。

4）施工方便，质量可靠，使用安全。

（3）适用范围

1）工业厂房内外墙的抗污染保洁、抗风化、防酸雨处理。

2）建筑屋面、水池、外墙、卫浴间、厨房、地下室及其他基建的防水、防渗漏、防潮等。

3）建筑室内外各种装饰材料水泥砖、面砖、陶瓷锦砖、瓷砖、大理石等表面涂刷或浸泡。

（4）主要性能指标（表 7.55-1）

符合《建筑表面用有机硅防水剂》JC/T 902－2002 中 W 型的技术要求。

表 7.55-1

项目		指标
pH		8～9
固含量（%）		≥20
稳定性		无分层、无漂油、无明显沉淀
吸水率比（%）		≤20
渗透性	标准状态	≤2mm，无水迹无变色
	热处理	≤2mm，无水迹无变色
	低温处理	≤2mm，无水迹无变色
	紫外线处理	≤2mm，无水迹无变色
	酸处理	≤2mm，无水迹无变色
	碱处理	≤2mm，无水迹无变色

（5）施工工艺

1）基面处理：基面必须牢固、平整、干燥洁净。

2）混合比例：取本产品注入清洁的容器中或喷雾容器摇匀待用。

3）施工：用清洁的喷雾器或排刷在干燥的基面（墙面等）纵横连续施工 3 遍，中间不要间歇。

4）参考用量：基面平整的情况下，理论用量为 8～12m²/kg。

（6）注意事项

1）施工后 24h 不得受雨水侵袭。

2）适宜在 5～40℃的环境中使用，且保证施工环境通风，避免影响膜的形成。

3）本产品含有较高的浓度，在施工前需进行小面积试验。

4）本产品使用时要注意保护皮肤及眼睛，操作时戴上手套。

（7）运输与贮存

1）运输时，防止雨淋、曝晒、倒置，保持包装完好无损。

2）产品应在干燥阴凉环境下密封保存，保存温度不宜低于 5℃，未启封产品可保存 12 个月。

（8）规格

20kg 添加剂/桶；5kg 添加剂/桶。

生产单位：广州市钢玉建筑材料有限公司，联系人：郭伟池（13533332975），地址：广东省广州市从化区江埔街从樟路89号。

7.56 聚合物水泥防水灰浆

（1）产品简介

选用添加剂和无机材料及骨料复合而成的双组分环保型防水灰浆。

（2）产品特点

1）易于与装饰层或保护层粘结牢固，可直接在干固后的防水层上铺贴装饰层。

2）抗渗透、耐腐蚀、耐老化。

3）防霜、防冻盐、可作为防腐蚀涂层。

4）简单易用，防水效果显著。

（3）适用范围

1）建筑物外墙的整体防水防渗。

2）游泳池、储水池及防水墙。

3）地下室、露台及阳台。

4）厨房、浴室等地面、墙面的防水。

5）室内墙地面及铺地板前的防潮防渗。

（4）主要性能指标（表7.56-1）

符合《聚合物水泥防水砂浆》JC/T 984－2011中Ⅰ型的技术要求。

表7.56-1

项目		技术参数
凝结时间	初凝（min）	≥45
	终凝（h）	≤24
抗渗压力（MPa）	7d	≥1.0
	28d	≥1.5
抗压强度（MPa）	28d	≥18.0
抗折强度（MPa）	28d	≥6.0
柔韧性（横向变形能力）（mm）		≤1.0
粘结强度（MPa）	7d	≥0.8
	28d	≥1.0
耐碱性		无开裂、剥落
耐热性		无开裂、剥落
耐冻性		无开裂、剥落

（5）施工工艺

1）基面处理：基面必须牢固、平整、洁净，在使用钢玉专业厨卫防水之前，必须充分湿润基面（不能出现积水）。

2）混合配比：液料：粉料＝1：3.33。

3）搅拌：先将添加剂倒入搅拌桶，然后再将粉剂慢慢倒入，并搅拌至均匀无颗粒、无沉淀的膏糊状，搅拌好的浆料宜在1h内用完，每次配料量不宜过多，宜即配即用。

4）施工：用毛刷或滚刷直接刷在基面上，不可漏刷，一般涂刷二至三层；下一层应在第一层干固后方可涂刷（相隔12h后），并与前一层方向交错。管口接头的防水密封宜采用钢玉管角加强防水剂加玻纤布或无纺布加强密封处理。操作过程中应保持间断地搅拌以防止浆料沉淀。

5）参考用量：膜厚1～1.2mm，理论用量2kg/m^2。

（6）注意事项

1）防水层施工完成3～5d才能进行面层材料的施工，施工温度不宜低于5℃。

2）干燥天气需在涂层施工完成48h后进行适当喷水养护。

3）雨雪天、风沙天、有明水及起砂起粉的基面不能施工。

4）切勿掺水搅拌，也不要随意改变本产品的液粉比。

5）墙面做完防水后粘贴瓷砖或石材时，须使用钢玉牌系列瓷砖胶粘贴，避免因用传统水泥砂浆满浆法粘贴导致水汽无法蒸发而引起的空鼓、剥落。

6）铺贴完瓷砖后，若需填缝，须在瓷砖胶完全干固后才能填缝，以免影响粘贴层水蒸气蒸发。

（7）运输及贮存

1）运输时，防止雨淋、曝晒、倒置，保持包装完好无损。

2）产品应在干燥阴凉环境下密封保存，保存温度不宜低于5℃，未启封产品可保存12个月。

（8）规格

25kg粉剂＋7.5kg添加剂。

生产单位：广州市钢玉建筑材料有限公司，联系人：郭伟池（13533332975），地址：广东省广州市从化区江埔街从樟路89号。

7.57 JX-F-01型防水涂料

（1）产品简介

由多种添加剂、胶凝材料及各种无收缩填料组成的无机粉料，与黑金刚添加剂配套使用。

（2）产品特点

1）可以在潮湿基面上直接施工并粘结牢固。

2）水性涂料，是一种环保型涂料。

3）涂膜具有较高抗拉强度，耐水、耐候性、耐腐蚀性好。

4）冷施工，操作方便，可缩短工期。

（3）适用范围

1）内外墙的防水、防渗工程。

2）地下工程以及隧道、车库等涂膜防水。

3）厨房、卫浴间、阳台等防水工程。

（4）施工工艺

1）基面处理：基面必须牢固、平整、洁净，基面干燥或温度过高时先用水湿润降温。

2）混合比例：25kg粉剂＋20kg添加剂。

3）搅拌：先将添加剂倒入搅拌桶，然后再将粉剂倒入，并搅拌至均匀无颗粒、无沉淀的膏糊状。

4）施工：用毛刷或滚筒直接刷在基面上，不可漏刷；下一层应在第一层完全干固后方可涂刷，并与前一层方向交错。

5）参考用量：用于防潮，涂刷一层，厚度0.6～0.8mm，理论用量1.2～1.4kg/m^2。用于防水，涂刷两层，厚 1.2～1.5mm，理论用量 2.1～2.8kg/m^2。

（5）注意事项

1）本产品使用在长期泡水的环境时，需用水泥砂浆做保护层。

2）防水层完全干固后，方可做其他覆盖层。

3）本产品使用时要注意保护皮肤及眼睛，操作时宜戴上手套。

4）切忌将已干结的胶浆加水混合后再用。

5）适宜在 5～40℃的环境中使用，且保证施工环境通风，避免影响膜的形成。

（6）运输与贮存

1）运输时，防止雨淋、曝晒，保持包装完好无损。

2）产品应在干燥阴凉环境下密封保存，未启封产品可保存 12 个月。

（7）产品执行标准

《聚合物水泥防水涂料》GB/T 23445。

（8）规格

25kg/袋、20kg/桶。

生产单位：延边健熙防水工程有限公司，联系人：康根植（18943312777），地址：吉林省延吉市亨如第一城三期十九号楼二单元一室。

7.58 钢玉外墙透明防水胶

（1）产品简介

含有防水基团的聚合物胶乳和多种憎水助剂，经反应聚合而成。

（2）产品特点

1）可直接用于外墙防水，涂膜干固后透明清晰，不影响墙体外观。

2）耐水性、耐候性、耐老化性优异。

3）产品可渗入基材毛细孔，堵塞孔隙，杜绝渗漏。

4）粘结力强，能牢固地粘附于基材面上，避免起鼓或外界的作用力下依然能牢固粘结。

5）施工方便，不受基层任何形状限制。

6）水性环保产品，不含有害物质及挥发性溶剂。

（3）适用范围

1）各种建筑物内外墙的防水防渗处理。

2）建筑物饰面接缝、接口表面的防水防渗处理。

3）户外木制品（木屋、木栈道等）的装饰和保护。

4）钢铁结构的保护、防锈处理。

（4）施工工艺

1）基面处理：使用前先将建筑物表面尘土、苔斑清理干净；裂缝、孔洞需使用水不漏嵌填密实。

2）稀释比例：防水胶∶水＝1∶(1～5)。

3）搅拌：先于桶内倒入量好的清水，然后再倒入相配比的防水胶，此过程要边搅拌边加入防水胶，把防水胶搅拌至充分溶解，即可使用。

4）施工：用喷雾器、滚筒或毛刷均匀喷涂于施工面，分两遍施工，第二遍应在第一遍干燥后进行。

5）参考用量：基面平整的情况下，理论用量为 0.2～0.3kg/m^2。

（5）注意事项

1）产品开盖后稍微搅匀即可使用，稀释后应在短期内用完，以免产品变质。

2）施工后 24h 内不得受水侵袭。

3）适宜在 8℃以上湿度小于 85%环境中使用，且保持施工环境通风。

4）使用时要注意保护皮肤和眼睛，操作时宜穿戴工作服和手套。

（6）运输与贮存

1）运输时，防止雨淋、曝晒、倒置，保持包装完好无损。

2）产品应在干燥阴凉环境下密封保存，保存温度适宜在 5～35℃，未启封产品可保存 12 个月。

（7）规格

1kg/桶、3.8kg/桶、18kg/桶。

生产单位：广州市钢玉建筑材料有限公司，联系人：郭伟池（13533332975），地址：广东省广州市从化区江埔街从樟路 89 号。

7.59 钢玉柔韧性聚合物防水胶

（1）施工工艺

1）基面处理：基面要求平整、干净、湿润、坚实、无浮尘、无明水、无油污。有蜂窝、裂缝等缺陷的先要进行修补，阴阳角做成弧形；过分干燥基面必须洒水湿润后才能施工。

2）防水胶的配制：按胶乳：水泥 = 1：0.8 的质量比配制好，用搅拌器搅拌至均匀细腻，不含团粒的混合膏浆即可使用，配制好的胶浆使用时间不宜超过 30min。

3）涂膜施工：将配好的防水胶均匀地涂刷在基面上，一般涂刷 2～3 遍，达到设计要求厚度，涂覆间隔以前一道不粘手为宜，间隔时间约 120min（视天气情况而定）；防水涂膜干固后方可进行下道工序的施工，如用淋水或蓄水验收防水涂膜必须干固 7d 后方可进行。

4）防水增强处理：可用无纺布做胎体增强。

（2）产品执行标准

《聚合物水泥防水涂料》GB/T 23445。

（3）注意事项

1）使用水泥为 32.5（R）以上普通硅酸盐水泥。

2）使用前摇匀效果更好。

3）推荐用量：厚度 1mm 用量约 1.0kg/m^2。

4）防水层完全干固后，方可做其他覆盖层。

5）切忌将已干结的胶浆加水混合后再用。

6）施工时，保证环境通风，避免影响膜的形成。

7）适宜在 5～40℃的环境中使用，阴雨天气或基层有明水时不宜施工。

8）本产品使用时要注意保护皮肤及眼睛，操作时最好戴上手套。

（4）运输与贮存

1）存放在阴凉处，保质期为 12 个月。

2）运输时防止日晒雨淋、受冻，注意保护包装物。

（5）规格

净含量：25kg。

生产单位：广州市钢玉建筑材料有限公司，联系人：郭伟池（13533332975），地址：广东省广州市从化区江埔街从樟路89号。

7.60 绿钢玉

（1）产品简介

一种由高分子聚合物改性的水泥基水性环保型防水材料。产品采用高分子聚合物和无机胶凝材料以及级配材料，严格按照国家标准生产而成。

（2）产品特点

1）可以在潮湿基面上直接施工。

2）与混凝土、砖石等基材粘结力强。

3）抗压强度高，可用于迎水面防水。

4）涂层致密，透气不透水，保持建筑结构自然干爽。

5）涂层抗渗性强，有良好的抗拉伸和抗断裂性能，可抵御微小裂纹。

6）具有优异的耐候性、耐老化性能和良好的耐腐蚀性。

（3）适用范围

厨卫地面、水池、花池、地下室等防水防潮处理。

（4）主要性能指标（表7.60-1）

符合《聚合物水泥防水涂料》GB/T 23445－2009中Ⅲ型的技术要求。

表 7.60-1

固含量（%）	拉伸强度（无处理）（MPa）	断裂伸长率（无处理）（%）	粘结强度（无处理）（MPa）	不透水性(0.3MPa，30min)	抗渗性（砂浆背水面）（MPa）
≥70	≥1.8	≥30	≥1.0	不透水	≥0.8

（5）施工工艺

1）基面处理：基面必须牢固、平整、洁净，基面干燥或温度过高时先用水湿润降温。

2）混合配比：液粉比为1∶2.5。

3）搅拌：先将添加剂倒入搅拌桶，然后再将粉剂慢慢倒入，并搅拌至均匀无颗粒、无沉淀的膏糊状。

4）施工：用毛刷或滚筒直接刷在基面上，不可漏刷；下一层应在第一层完全干固后涂刷（相隔2～4h），并与前一层方向交错。

5）参考用量：防水膜厚1.2～1.5mm，理论用量1.5～2.2kg/m^2。

（6）注意事项

1）防水层完全干固后，方可进行后续工程施工。

2）切忌将已干结的胶浆加水混合后再用。

3）本产品使用在长期泡水的环境时，需用水泥砂浆等材料做保护层。

4）适宜在5～40℃的环境中使用，且保证施工环境通风，避免影响产品性能。

5）墙面防水请选用钢玉GW21蓝钢玉防水系列，可避免贴瓷砖、石材空鼓的风险。

（7）运输与贮存

1）运输时，防止雨淋、曝晒、倒置，保持包装完好无损。

2）产品应在干燥阴凉环境下密封保存，保存温度不宜低于5℃，未启封产品可保存12个月。

（8）规格

25kg 粉剂 + 10kg 添加剂、6.3kg 粉剂 + 2.5kg 添加剂。

生产单位：广州市钢玉建筑材料有限公司，联系人：郭伟池（13533332975），地址：广东省广州市从化区江埔街从樟路 89 号。

7.61 GW27 聚合物防水界面砂浆/GW28 聚合物防水砂浆

（1）产品简介

1）产品是针对钢模混凝土光滑基面及加气混凝土等轻质材料黏附力较弱基面而专门研发的界面粘结增强砂浆，产品具有高强粘结性能和优良的抗渗性能，不但大大增强基面与各类材料的粘结强度，而且能有效抵御水分渗入，工程施工界面处理和墙面防水可同时进行，大幅度降低建筑负重和建筑成本。

2）GW28 聚合物防水砂浆是由特殊聚合物添加剂、无机胶凝材料、优质的级配天然石英砂，混合生产而成。

（2）产品特点

1）粘结强度高，和易性好。

2）耐腐蚀，耐高温，耐低温，耐老化。

3）施工方便，在潮湿基面等条件下均可施工。

4）具有良好的防水抗渗性和透气性，确保基面既能防御水分渗入又保持干爽。

（3）适用范围

1）产品适用于地下室防渗及防潮处理；建筑物内外墙面的防水防渗；各类混凝土水池和游泳池的防水防渗；人防工程、隧道、粮仓、厨房、卫生间、厂房、封闭阳台等的防水防渗。

2）除了上述适用范围外，GW27 聚合物防水界面砂浆还适用于内外墙保温系统施工前的界面增强和防水抗渗处理；以及内外墙光滑的混凝土面、轻质建材基面的界面处理和防水防潮处理。

（4）施工工艺

1）基面处理：基面应平整、牢固、洁净，无浮灰、蜡染、油污和其他松散物，养护龄期要达到验收标准。

2）混合配比：

① GW28 聚合物防水砂浆为粉料：清水 = 1：(0.22～0.23)。

② GW27 聚合物防水界面砂浆为粉料：清水 = 1：(0.24～0.25)。

3）搅拌：先将所需的水倒入搅拌器，然后再将砂浆慢慢倒入，充分搅拌均匀成膏糊状，静置 3min 后，再次搅拌即可使用。

4）施工：每遍抹灰厚度控制在约 3mm，面层施工宜由上而下进行，刮抹总厚度控制在 5mm 左右，要求外观均匀平整，无明显抹刀痕迹。

5）参考用量：厚度约 3mm，理论用量约 $5kg/m^2$。

（5）注意事项

1）在 5～40℃的环境中使用。

2）切忌将已干结的胶浆加水混合后再用。

3）如果胶浆表面已干结，应将结皮剔去不用。

4）施工前必先确认基面的垂直度和平整度。

5）本产品含有水泥成分，可能会引起皮肤过敏，要注意保护皮肤及眼睛，操作时最好穿戴手套和工作服。

（6）运输与贮存

1）运输时，防止雨淋、曝晒，保持包装完好无损。

2）产品应在干燥阴凉环境下密封保存，保存温度不宜低于5℃，未启封产品可保存12个月。

生产单位：广州市钢玉建筑材料有限公司，联系人：郭伟池（13533332975），地址：广东省广州市从化区江埔街从樟路89号。

7.62 晶语LZP高耐候树脂防水涂料

（1）产品简介

由有机硅、环氧、聚氨酯、丙烯酸杂合而成，采用脂肪族固化剂，形成双组分特种防水涂料。

（2）合成原理

1）芳香族聚醚及异氰酸酯不耐气候老化，该产品完全用高耐候树脂，异氰酸酯部分采用脂肪族异氰酸酯。

2）丙烯酸具有耐候特点，但弹性、强度差，脂肪族聚氨酯与丙烯酸杂合，提高了产品耐候性能，兼顾了两大合成材料的优点。

3）硅烷单体引入，进一步提高了聚氨酯丙烯酸杂合体的耐候性及与混凝土或金属的附着力。

4）采用有机硅，在横向链段上引入硅单体，提高了耐热性，耐高温可达180℃，并能长期使用。

（3）产品特点

1）耐候性大幅度提高。

2）耐高温性提高到180℃，并能正常使用。

3）拉伸强度极大。

4）耐低温性提高到−70℃无裂纹。

生产单位：辽宁亿嘉达防水科技有限公司，联系人：刘振平（15941219388），地址：辽宁省海城市白杨小区三组团。

7.63 锢水环保止漏胶

（1）产品简介

锢水环保止漏胶，简称“锢水胶”，是一款创新型环保注浆止漏材料。主要优点可归纳为3点：

1）注浆饱满可提高化学注浆质量，适应变形，减少或控制复漏返修，节省高昂复漏返修费用。

2）环保无毒，对作业人员身体健康无害，同时保护环境。

3）单液注浆，操作简便，注浆质量可控，稳定有保障。

（2）产品特点

1）环保无毒：不添加有机溶剂，采用环保原材料，主原材料进口，环保指标通过相关部门检测。

2）固含量高：不添加有机溶剂，固含量接近100%，固含量远超绝大多数化学注浆堵漏材料。

3）高低温固化：“锢水胶”与水产生交联反应固化，不受气温影响，高低温均可固化。

4）性稳耐久：固化后吸水率极低（约0.4%），耐水泡；不透水性好，低温（−35℃）无裂纹，加热高温伸长率优良，定伸时老化（加热老化、人工气候老化）无裂纹及变形，热处理（80℃，168h）拉伸强度保持率和断裂伸长率优良，碱酸处理拉伸强度保持率和断裂伸长率优良。

5）无溶剂不收缩：固化后不收缩。

6）水中粘结：“锢水胶”与水反应固化，可以在水中固化，在潮湿面或水中混凝土界面具有较强粘结力（> 1.0MPa），在压力下粘结力更优。

7）抗拉补强：既有一定弹性又有一定抗拉强度，抗拉强度 2.0～6.0MPa，通过高压将“锢水胶”注入混凝土质量缺陷渗漏水处并充填密实，在堵漏的同时可以提高质量缺陷处混凝土的抗拉强度。

8）弹性适变：“锢水胶”是“弹性体”，具有优良的弹性，断裂伸长率可达 400%，可以适应盾构管片行车振动、变形缝不均匀沉降、温度裂缝和施工缝的热胀冷缩。

9）操作简便：“锢水胶”单液注浆，注浆施工质量可控稳定，通过线控单液注浆机，可以实现单液单人注浆，可以节省注浆人力。

（3）适用范围

适用于地铁、铁路（含高铁）、公路、市政、建筑、隧道、涵洞、水利、地下综合管廊、人防工程等所有混凝土结构渗漏注浆止漏，还可适用环保要求高的混凝土结构，以及盾构管片、后浇带、变形缝等振动和变形较大结构的止漏注浆。

注意：变形缝止漏并不是依靠单一的材料就能处理好，需要材料组合（建议用“锢水胶”注浆堵漏后设“低模量、高粘结”密封胶密封）和工艺配套，做到“刚柔相济、堵防排结合、综合处治、多道设防”才能成功。

生产单位：湖南五彩石防水防腐工程技术有限责任公司，联系人：廖翔鹏（18684917669）。

7.64 ZYTK-WM701 金属屋面防水涂料

（1）产品简介

以高品质聚合物树脂（如 100%纯丙烯酸乳液）为基料，经过添加多种特殊优质辅料精加工而成，是一种高性能高交联的水性单组分高弹耐候性防水涂料；辅之以增强聚酯布而形成的无缝防水系统，此系统能一次性解决经过防腐防锈处理后的金属材质屋面久治不愈的漏水顽症。产品分为普通型（P）、热反射型（R）。

（2）产品执行标准

《金属屋面丙烯酸高弹防水涂料》JG/T 375。

（3）产品特点

1）粘结力强，尤其是密封性、耐高低温、耐疲劳性佳。

2）耐老化性、耐候性和耐腐蚀性能佳，具有极强的抗酸抗碱能力。

3）弹性大，适用于−40～+160℃的温度使用。

4）水性、单组分、无气味，对人体健康和周边环境无危害，绿色环保。

5）施工简便，与水性金属防锈防腐漆匹配性好，一年四季均可施工。

6）使用期长达 25 年。

（4）适用范围

金属屋面的横纵向搭接缝、风机口四周、伸出屋面的管道以及金属屋面的大面积防水防腐处理。

生产单位：福建中意铁科新型材料有限公司，联系人：王友顺（13551053359）。

7.65 三元乙丙（EPDM）弹性粒子防水涂料

（1）产品简介

由三元乙丙橡胶、软化剂、特种树脂等改性沥青为主要原料，通过乳化技术形成的水乳型弹性防水涂料。

（2）主要性能指标

符合企业标准。

（3）产品特点

1）透气不透水：乳化物粒子间在阳光照射时自动开启排气通道排除基层湿气，遇水膨胀后自行锁死通道，形成防水屏障。

2）高密封、附着力强：可与多种基材持久粘结，不用拆除原防水层，保证新防水层与老防水层完美结合。

3）施工简单灵活，复杂部位易施工，可以满足排水口、女儿墙、阴阳角、开裂部位等各种环境的施工要求。

4）极强的耐老化性能：耐老化性能优良，防水年限可达10～20年以上。

（4）适用范围

既有建筑物外露防水维修改造工程。

（5）规格与代号

20kg/桶，代号LZP、EPDM。

生产单位：辽宁亿嘉达防水科技有限公司，联系人：刘振平（15941219388）。

7.66 单组分聚脲防水涂料

（1）产品简介

由羟基化合物、异氰酸酯、氨基化合物等功能性单体反应杂化而成，施工简单，开桶即可使用，可喷涂或刮涂使用。

（2）产品特点

1）采用高耐候树脂，异氰酸酯部分采用脂肪族异氰酸酯，耐候性能优异，防水年限可达20年。

2）具有耐候特点，但弹性、强度差，脂肪族聚氨酯与丙烯酸杂化，兼顾两大合成材料的优点，提高了产品综合性能，拉伸强度高，耐低温性可达到−40℃。

3）引入硅烷单体，使聚氨酯丙烯酸杂合体具有优异的耐候性、耐腐蚀性（耐酸碱盐），并提高了与混凝土、金属面的附着力。

4）在横向链段上，引入了硅单体，提高了耐热性，适合南方高温气候。

（3）适用范围

应用于混凝土基层及金属基层等防水、防腐工程。

（4）产品执行标准

《单组分聚脲防水涂料》JC/T 2435。

（5）规格

20kg/桶。

生产单位：上海恩缔实业有限公司，联系人：张恒峰（18814805918）。

7.67 单组分手刮聚脲防水涂料

（1）产品简介

由多种改性异氰酸酯和延迟型氨基扩链剂配合而成的高性能弹性防水涂层材料。在潮湿条件下发生聚合反应从而形成高强度高弹性的涂层，并对绝大部分基材（混凝土、钢材、铝、碳纤维复合材料等）拥有良好的粘结性和优异的防水性、防腐性和耐冲磨性。绿色环保，符合国家相关涂料的检测环保要求。操作简单方便，可广泛用于泄洪道、溢流槽、坝体接缝、混凝土伸缩缝、混凝土施工缝；其他各种混凝土基材的防水、防腐、耐冲磨等工况。

（2）产品特点

固化后为柔韧性弹性体材料，固化速度快，附着力好，施工简便，抗紫外线，可以长期暴露使用。

单组分材料，避免了施工中配合比不当造成的质量缺陷，不需要专门的设备，分层施工，涂层厚度的均匀性及宽度可控，施工质量有保证。

低温柔性好，在−45℃下仍保持50%以上的延伸率，能适应高寒地区低温环境的运行要求。

人工刮涂，一次涂刷厚度为最低1mm，分层涂刷，施工工艺简单，只要施工场地允许，可以多个工作面同时施工。

（3）适用范围

应用于各类暴露型工程：泄洪道、溢流槽、坝体的接缝、伸缩缝、施工缝；各种混凝土基材的防水等。高级建筑物的屋顶防水、工业厂房、冷库隔汽层、水库、桥梁、隧道、地下工程以及发电厂冷却塔、废/污水处理池、水族馆、游泳池内衬装饰等领域。

（4）产品执行标准

1）《水电水利工程聚脲涂层施工技术规程》DL/T 5317。

2）《单组分聚脲防水涂料》JC/T 2435。

（5）规格与代号

GW-P200S混凝土专用底漆，7.5kg/套、15kg/套、30kg/套；GW-910H单组分聚脲、GW-911M单组分聚脲、GW-912L单组会聚脲，5kg/桶、10kg/桶、20kg/桶。

生产单位：青岛格林沃德新材料科技有限公司，联系人：亓峰（18653216398，0532-66721518）。

7.68 双组分喷涂聚脲防水涂料

（1）产品简介

由固化剂、高性能树脂、色浆、各种助剂等原料组成，并且现场喷涂成型的高性能弹性体。

（2）产品特点

固化速度快，10s凝胶。

原型再现性好，复杂曲面不流挂。对温度和水分不敏感，施工时受环境温度、湿度影响小。100%固含量，无VOCs，对环境友好。

施工厚度一次成型，克服多层施工带来的弊病。

物理性能卓越，如抗张强度高、伸长率高、耐介质、耐磨、抗冲击等。硬度可调节的范围大（弹性体/刚性体）。涂层无接缝、致密，防水、防腐效果极佳。

附着力好，混凝土、钢、木质等底材均有良好附着。使用专用配套底漆，可在潮湿界面上施工。耐候性好，脂肪族体系户外可长期使用。

施工速度快，单机日施工1000m^{2}以上。

（3）适用范围

高级建筑物的屋顶防水、工业厂房、冷库隔汽层、水库、桥梁、隧道、地下工程以及发电厂冷却塔、废/污水处理池、水族馆、游泳池内衬装饰等领域。

（4）产品执行标准

《喷涂聚脲防水涂料》GB/T 23446。

生产单位：上海恩缔实业有限公司，联系人：张恒峰（18814805918）。

7.69 天冬聚脲厨卫防水涂料

（1）产品简介

由聚天门冬氨酸酯与异氰酸酯固化剂精制而成的一类高性能环保透明防水材料。

（2）产品特点

环保无毒；快速施工，免砸砖；高效防水，防霉菌；防滑耐磨。

（3）适用范围

因原有防水层失效导致渗漏的厨房、卫生间瓷砖基面。

（4）产品执行标准

符合企业标准。

（5）规格与代号

2.9kg/套装，天冬聚脲厨卫防水胶；5.0kg/套装，天冬聚脲防滑处理剂。

生产单位：深圳飞扬骏研新材料股份有限公司，联系人：钟文科（18307556700）。

7.70 天冬聚脲外墙防水涂料

（1）产品简介

由聚天门冬氨酸酯与异氰酸酯固化剂精制而成的一类高性能环保透明防水材料。

（2）产品特点

环保无毒；经久耐用，不粉化、不变色；耐擦洗，表面污渍易清洁；涂膜致密，防霉菌。

（3）适用范围

墙体开裂渗水表面修复、阳台渗水表面修复以及其他户外表层防水防护。

（4）主要性能指标

符合企业标准。

（5）规格

2.0kg/套装，天冬聚脲外墙防水胶。

生产单位：深圳飞扬骏研新材料股份有限公司，联系人：钟文科（18307556700）。

7.71 天冬聚脲屋面修复防水涂料

（1）产品简介

由聚天门冬氨酸酯与异氰酸酯固化剂精制而成的一类高性能环保防水材料。

（2）产品特点

环保无毒；耐久性好，不粉化、不变色；防水装饰一体化；与基材附着力好，涂膜致密，防霉菌；防水效果佳，可保10～30年不渗漏。

（3）规格

40kg/套装，天冬聚脲屋面修复高渗透底漆；40kg/套装，天冬聚脲屋面修复高固弹性防水涂料；40kg/套装，天冬聚脲屋面修复耐候型防水涂料。

（4）适用范围

上人屋面、种植屋面、彩钢屋面防水渗透修复。

生产单位：深圳飞扬骏研新材料股份有限公司，联系人：钟文科（18307556700）。

7.72 ZYTK-N105TPO防水卷材

（1）产品简介

ZYTK-N105热塑性聚烯烃（TPO）卷材，把乙丙（HP）橡胶的耐久性和耐候性与聚丙烯的可热焊接性结合在一起。此卷材具有长期的耐候性，且未使用增塑剂。在TPO卷材的面层和底层之间包有坚强的聚酯织物，从而提高了卷材的物理性能。织物与TPO层的结合提高了增强卷材断裂强度、撕裂强度和耐刺穿性，可直接采用机械固定制成完整的屋面防水防渗系统。

（2）产品特点

1）极少的辅助材料，施工方便，系统整体性好。

2）优异的抗拉、耐撕裂和抗穿刺能力。

3）不含增塑剂，无增塑剂迁移问题，抗热老化和耐紫外线性能优异，直接暴露，胎基厚度大，持久耐用。

4）热风焊接，接缝剥离强度高（是PVC的两倍）。长久保持优异的热焊接性能，再次修补方便。

5）焊接速度较快。

6）不含氯并可100%回收利用，绿色环保。

7）表面光滑，不褪色、耐污染。

（3）适用范围

工业与民用建筑、公用建筑、大型钢结构建筑等屋面工程的防水渗漏维修工程。

（4）规格

产品规格：厚1.2mm；1.5mm，1.8mm，2.0mm。代号：ZYTK-N105。

生产单位：福建中意铁科新型材料有限公司，联系人：王友顺（13551053359）。

7.73 DZH丙烯酸盐注浆料

（1）产品简介

一种以天然橡胶为主的注浆树脂，低表面张力，低黏度，通常小于10mPa·s，拥有非常好的可注性。凝胶时间短且可以准确控制凝胶时间和好的施工性能。更重要的是具有高固结力和极高的抗渗性，渗透系数可达0～10m/s，固结物具有很好的耐久性，可以耐石油、矿物油、植物油、动物油、强酸、强碱和100℃以上的高温。产品规格为20kg/桶（组）。

（2）产品特点

1）水性液体，无毒无害，绿色环保，不会对人体造成伤害。

2）丙烯酸盐黏度极低，渗透性好，能够确保浆液渗透到宽度为0.1mm的缝隙中。

3）固化时间可调，快速固化的只需5～60s，慢速固化的可以大于10min。

4）凝胶体具有较高的弹性，延伸率可达200%，有效解决了结构的伸缩问题。

5）应用面广，适应性强，操作方便，工期短，一年四季均可施工，能在潮湿或干燥环境下直接施工。

6）与混凝土面具有极佳的粘结性能，粘结强度大于自身凝胶体的强度，即使凝胶体本身遭到破坏，粘结面仍保持完好。

7）对酸、碱具有良好的耐化学性，不受生物侵害的影响。

（3）适用范围

适用于长久性承受水压的建筑结构，如大坝、水库等防渗帷幕注浆。控制水渗透和凝固疏松的土壤防水加固。隧道的防水、抗渗堵漏或隧道衬套的密封。地下建筑物地下室、厨房、厕浴间等防水、抗渗、堵漏。封闭混凝土和岩石结构的裂缝防水、抗渗、加固堵漏。隧道开挖过程对土体中水的控制。

（4）主要性能指标（表 7.73-1）

表 7.73-1

序号	项目	技术要求
1	外观	不含颗粒均质体液体
2	密度（g/m^3）	生产厂控制值 + 0.05
3	黏度（mPa·s）	≤ 10
4	pH	6.0～9.0
5	凝胶时间（s）	报告实测值
6	渗透系数（cm/s）	1.0×10^{-6}～1.0×10^{-7}
7	固砂体抗压强度（kPa）	≥ 200
8	抗挤出破坏比降	≥ 300
9	遇水膨胀率（%）	≥ 30

生产单位：京德益邦（北京）新材料科技有限公司，联系人：韩锋（400-888-5851）。

7.74 DZH 无机盐注浆料

（1）产品简介

产品可广泛用于建筑工程、矿山工程、地铁工程、隧道工程、水利工程、地质灾害防护等方面的防水、堵漏、加固，对于大型应急渗漏的处理效果尤为显著。产品规格为 25kg/桶（组）、50kg/桶（组）。

（2）产品特点

1）双组分、无毒、无害、绿色环保。

2）适应性强、应用面广，可用于各类工程细微裂缝的堵漏维修和大通道裂缝、大面积、大水量的防水、堵漏、加固维修等。

3）施工简单、操作方便、工期短，一年四季室内外均可施工。

4）吸水率强、固水量大、适用面广，注浆料能够吸收固化自身 3 倍以上的动态水，可广泛应用于混凝土结构、砖石结构、砂土结构等方面的防水堵漏、加固。

5）弹性大、强度高、固结力强、防水堵漏效果好，注浆料能够渗透到缝隙、裂缝、构造松散处和砂土内，与水反应固结成高强度、高弹性的连续防水层。

6）固化凝胶时间可以在几秒钟到数小时之间任意调整，可满足各类工程对注浆时间的要求。

7）耐久性好，具长久防水性。注浆料为无机活性材料，耐酸碱，不易老化，不腐蚀钢筋，结合牢度好。

（3）适用范围

各类工业与民用建筑地下工程的防水堵漏。各类工程的地基基础防水、抗渗、加固、软弱地层处理。地铁、隧道、地下管廊、水库、大坝、矿井、坑道的防水堵漏、防渗加固。地质灾害工程、构造带滑坡体的加固及突发渗漏应急防护处理。污水处理厂、自来水厂、蓄水池，游泳池的防水堵漏、防渗加固。

（4）主要性能指标（表 7.74-1）

表 7.74-1

序号	项目	技术指标	
		Ⅰ型	Ⅱ型
1	外观	液体组分为不含颗粒的均质液体	
		粉体组分为不含凝结块的松散状粉体	

续表

序号	项目	技术指标	
2	凝胶时间（s）	报告实测值	
3	有效固水量（%）	≥100	≥200
4	不透水性（MPa）	≥0.3	≥0.6
5	固砂体抗压强度（MPa）	≥0.4	≥1.0
6	断裂伸长率（%）	≥100	≥50
7	耐碱性	饱和氢氧化钠溶液 168h，表面无粉化、裂纹	
8	耐酸性	1%盐酸溶液泡 168h，表面无粉化、裂纹	
9	遇水膨胀率（%）	≥20	≥100

生产单位：京德益邦（北京）新材料科技有限公司，联系人：韩锋（400-888-5851）。

7.75　SKD 陶瓷型堵漏材料

（1）产品简介

无机堵漏防水材料。

（2）产品特点

高抗压，高抗折，高粘结强度。鱼鳞片状分子结构，形成独特的堵漏防水效果。

（3）适用范围

所有砖混类建筑的堵漏、防水。

（4）产品执行标准

《无机防水堵漏材料》GB 23440。

（5）规格

有速凝和缓凝两种类型，包装规格有 1kg、10kg 以及 20kg。

生产单位：江西省盛三和防水工程有限公司，联系人：章伟倩（13807006516）。

7.76　ZYTK-K100 单组分聚氨酯密封胶

（1）产品简介

一种无溶剂单组分室温固化密封胶。该密封胶呈膏状，可挤出或涂抹施工。有抗下垂性，嵌填垂直接缝和顶缝不流淌。固化后的胶层为橡胶状，有弹性。密封胶是用来填充空隙（孔洞、接头、接缝等）的材料，兼备粘结和密封两大功能。产品规格为 600mL/支。

（2）产品特点

耐低温（−40℃）性能优异，不起泡、不膨胀。挤出性佳，施工方便。柔韧性好，回弹性高，形变范围大。抗疲劳性优异，良好的抗水压性能。

（3）适用范围

装配式建筑 PC 构件之间的水平及垂直接缝的密封；门窗四周与混凝土或砖墙之间缝隙的密封；高速公路、桥梁、机场跑道等伸缩缝的嵌缝和密封；混凝土结构的伸缩缝、沉降缝的密封。

（4）产品执行标准

《聚氨酯建筑密封胶》JC/T 482。

生产单位：福建中意铁科新型材料有限公司，联系人：王友顺（13551053359）。

7.77 聚氨酯密封胶

（1）产品简介

为湿气固化的单组分产品，产品即开即用，使用简单方便。具有超低模量、高延伸、高回弹特点，适合建筑、道路、桥梁的密封防水。产品规格为720g/支。

（2）产品特点

1）单一组分，施工便捷，不用称重、配比、搅拌，即开即用。

2）高温、潮湿基面不会出现胀缝现象。

3）表干时间快，表干后固化不受风雨影响，适用于多雨、大风等天气。

4）贮存稳定性好，利于产品的贮存与运输。

5）产品固化之前流动性好，便于填充和嵌缝；也可以做成触变型用于立面和斜面施工。

6）与水泥、金属材料黏附力好，与缝端形成较强的粘结力，能避免胶脱落，减少维护成本。

7）耐高低温性与耐碱性能优异，能适应热挤冷拉的实际工况。

（3）适用范围

建筑穿墙管根、门窗框、施工缝和伸缩缝的密封，也可用于彩钢屋面施工缝的密封，高速铁路无砟轨道底板伸缩缝及底座/支撑层与线下结构间接缝，城市地铁、高速公路、机场、水电站、城市综合管廊、水泥路基等建筑构件伸缩缝和结构缝。

（4）产品执行标准

《聚氨酯建筑密封胶》JC/T 482。

生产单位：河北金坤工程材料有限公司，联系人：郭志谦（13700377888，0317-2919669）。

7.78 薄涂型聚氨酯防水涂料

（1）产品简介

双组分耐候型涂料，具有防水、防腐、耐磨等特点，适用于防水堵路、工业防腐和地坪领域，施工简单方便。

包装规格：20kg/桶，双组分，薄涂型聚氨酯防水底涂 PPU-M0，薄涂型聚氨酯防水中涂 PPU-M1，薄涂型聚氨酯防水面涂 PPU-M2。

（2）产品特点

耐久性好，不粉化、不变色。防水装饰一体化，防腐、耐磨。与基材附着力好，涂膜致密。施工简便，可喷涂、刷涂、辊涂。

（3）适用范围

彩钢板屋面、建筑屋顶、建筑外墙、桥梁路面的防水和维修。

生产单位：河北金坤工程材料有限公司，联系人：郭志谦（13700377888，0317-2919669）。

7.79 水性非固化防水涂料专用胶乳

（1）产品简介

水性喷涂速凝型非固化橡胶沥青防水涂料研究开发的配套产品。该胶乳加入乳化沥青中制成的防水涂料，通过喷涂速凝工艺形成的防水膜，与空气接触长期不固化，始终保持黏稠胶质状态，该防水层自愈能力强，碰撞即粘，在低温下仍具有良好的粘结性能。

（2）主要性能指标（表 7.79-1）

表 7.79-1

项目	技术指标	
型号	FGH-1	FGH-2
外观	乳白色	乳白色
固含量（%）	50±2	60±2
粒子电荷	阴离子（－）	阴离子（－）
乳液 pH	10～12	10～12
凝聚时间（s）	<5.0	<5.0

（3）施工工艺

1）使用时，先把水性非固化橡胶沥青防水涂料专用胶乳搅匀。

2）FHG-1 型非固化胶乳通常用于配制耐热度 80℃的喷涂速凝型水性非固化防水涂料，建议胶乳在乳化沥青中加入量 30%～40%。

3）FGH-2 型非固化胶乳通常用于配制耐热度高于 100℃的喷涂速凝型水性非固化防水涂料，建议胶乳在乳化沥青中的加入量 35%～45%。

4）制备工艺简单，在常温下将水性非固化防水涂料专用胶乳加入防水乳化沥青中，通过低速搅拌即可，搅拌速度低于 30r/min。

（4）包装与贮运

本产品用塑料桶包装，每桶净重 200kg。应存放于清洁、阴凉及有防寒设施的仓库内，贮存运输过程中防止曝晒、冷冻和接近热源烘烤。贮存温度适宜于 10～30℃，贮存期为 6 个月。

生产单位：松喆（天津）科技开发有限公司，联系电话：13821150912（张经理），地址：天津市北辰区小贺庄工业区。

7.80 ZYTK-SN101 水泥基渗透结晶型防水涂料

（1）产品简介

一种含有特殊活性化合物的水泥基粉状防水材料，其活性化合物可以渗透到混凝土基体内，与水分持续发生化学反应，形成不溶于水的惰性结晶体，阻塞和封闭混凝土的毛细孔和微裂缝，形成渗透防水层，加上本身面层密实的防水层，便形成两层致密、高温、经久可靠的防水层。

（2）产品特点

1）渗透、愈合能力优异，渗透深度可达 300mm，结晶体可自行愈合 0.4mm 以下裂缝或孔隙。

2）无机材料，长久具备结晶反应能力，遇水即可再次产生晶体，自行修复。

3）可长期承受高水压环境，抗渗透性能优异。

4）耐酸碱、耐腐蚀，外力损伤时性能不失效，耐久性能优异。

5）无毒、无味，绿色环保，可安全应用于饮用水工程。

6）背水面施工性能卓越。

（3）适用范围

隧道、大坝、水库、发电站核电站冷却塔、地下铁道、立交桥、桥梁、地下连续墙、机场跑道，桩头桩基、废水处理池、蓄水池、工业与民用建筑地下室、屋面、厕浴间的防水施工，以及混凝土建筑设施等混凝土结构弊病的维修堵漏。

（4）产品执行标准

《水泥基渗透结晶型防水材料》GB 18445。

生产单位：福建中意铁科新型材料有限公司，联系人：丁培祥（15905998777）。

7.81 佳固士系列防水材料

（1）佳固士®SK-II 纳米硅酸盐混凝土养护修复增强一体防水剂

佳固士一体剂能深入渗透到混凝土内部 30～50mm，与混凝土中的钙离子发生化学反应，生成水化硅酸钙结晶体，充分填充到混凝土内部孔隙和细微裂缝，使混凝土致密性更好，从而能够抑制混凝土裂缝的产生，提高防水等级，切断渗水通道，根本性解决建筑渗漏水的问题。在防水的同时，使普通混凝土的抗折、抗压强度、耐腐蚀、抗冻融、抗氯离子等多方面耐久性能提升，从而转化为高性能抗渗混凝土。

佳固士一体剂主要成分为无机纳米硅酸盐，适用于水泥混凝土或砂浆的迎水面、背水面防水抗渗。

产品优点：迎水面和背水面均可，基面干燥或潮湿均可施工。提高混凝土抗渗等级 3 倍以上，无机防水层与建筑同寿命。适合基面出汗（慢渗）及注浆不能解决的大面积阴渗。施工简单，见效快，不需要做找平层和保护层。一道施工，兼具养护、修复和增强三重作用。水性产品，绿色环保，可用于饮用水及食品工程。

（2）佳固士®AE-900 渗透结晶型高弹聚合物改性沥青防水涂料

由乳化沥青、特殊聚合物乳液、特殊橡胶及塑性体制成的一款可暴露型防水乳液，固含量 55%～60%，断裂延伸率超过 900%，拉伸强度 1.5MPa，耐−20℃低温。产品具有优异的弹性、粘结力和抗紫外线性能，是一种可以直接贴砖的高弹防水涂料，特别适用于卫生间、厨房间等需要贴砖的防水工程，地下室、水池等长期浸水部位的防水工程和直接外露的混凝土屋面、沥青屋面、金属屋面等屋面系统。

产品特点：

①高弹：延伸率超过 900%，轻松应对建筑沉降、伸缩。②超黏：粘结强度超过 0.8MPa，墙面与地面可整体施工，贴砖不掉砖。③长寿：耐候性好，使用寿命超过 20 年。

（3）佳固士®姚铂士-不砸砖防水剂

包含 A 组分和 B 组分，组分 A 主要由无机硅酸盐及助剂组成，组分 B 主要由碱土金属盐溶液及助剂组成，利用 A、B 两组分的化学反应，在瓷砖下方的渗水通道中生成稳定耐久的水化硅酸钙结晶体堵住漏水，可解决卫厨间垂直渗漏和水平窜水问题。特别适用于已贴好地砖的卫生间、厨房、淋浴间、游泳池等地面的渗水（包括管根部分渗水）。

产品优点：黏度极小，流动性好，能够深入渗透到瓷砖下方每条渗水通道中。结晶物稳定不收缩，凝胶体强度高。生成物是水化硅酸钙结晶体，耐老化，耐酸碱，耐高低温，使用寿命 10 年以上。纯无机物，安全环保，达到饮用水标准。

（4）佳固士®HW-80 高强抗渗砂浆

主要成分是水泥基、高强纤维，适用于水泥混凝土基面，适合于注浆无法解决的背水面渗漏难题和岩石隧洞、砖墙渗漏问题；混凝土基面孔洞、蜂窝麻面的补平与深度修复、混凝土裂缝的填充、海上建筑物的维护。

施工后 1d 抗压强度 23MPa，7d 抗压强度 62MPa，28d 抗压强度 83MPa。

产品优点：结构致密，抗渗性好，最大抗渗压力可达 2.0MPa 以上。纤维增强，高强度，粘结性好，不收缩，不开裂。具有触变性，在建议使用厚度下不会发生流挂。不含氯化物，不会腐蚀钢筋。

生产单位：苏州佳固士新材料科技有限公司，地址：苏州相城经济技术开发区澄阳街道澄阳路 116

号阳澄湖国际科技创业园1号楼A座1202室，联系人：姚国友（18210191663）。

7.82 FLW-616防水材料

（1）产品简介

一种水基防锈溶液，可有效地保护钢、铁等材料，防止生锈。根据防锈期要求的不同，与水按一定比混合使用。

（2）规格

规格：0.5kg、1kg、2.5kg、10kg、20～50kg。

（3）产品特点

1）以水为分散介质，环保性能优秀，不燃不爆、无污染；不含甲苯、乙苯、二甲苯等苯系物，无刺激性气味，对人体无毒害。

2）使用简单方便，可在常温下浸涂、喷淋、刷涂等。

3）具有优良的施工性能，基材表面没处理干净的锈转化成有用的钝化膜更有利于防锈涂装操作，涂刷本产品后可直接涂刷防锈底漆或面漆。

4）提高基材的附着力，使面漆与基材结合得更牢固不易脱落。

5）使用过程中对金属本身无任何腐蚀，处理后的工件不需再用清水清洗，待表面干燥后可直接进行下一步工序。

生产单位：南通睿睿防水新技术开发有限公司、上海睿睿防水材料有限公司，联系人：王继飞（13962768558），地址：江苏省南通市海安市李堡工业园区、上海市青浦区华纺路。

7.83 FL-8防水堵漏材料

（1）产品简介

一种有机硅浓缩乳液型建筑憎水剂。

（2）产品特点

1）防水性能优异：经处理的墙面，雨水呈水珠滚落，有荷叶滚水珠效果，墙面始终处于干燥状态。

2）透气性好：不透气的防水涂料阻隔了建筑材料内部潮气的散发，使建筑表面涂层起泡（鼓）、龟裂、剥落，而该产品既防水又透气。

3）防潮、防霉不长青苔，使用本品后墙表面和内部始终保持干燥状态，因而墙体不发霉、不长青苔。

4）防污染、抗风化且保色耐久性好，施工方便，使用安全。

（3）适用范围

广泛用于各种建筑物墙面的防水，尤其是面砖墙面的防渗、防漏；花岗岩、大理石墙面的防盐析泛碱；仓库、档案室、图书馆等防潮、防霉；古建筑保色及文物的保护。

（4）主要性能指标（表7.83-1）

符合《建筑表面用有机硅防水剂》JC/T 902－2002的规定。

表7.83-1

序号	试验项目	指标	
		W	S
1	pH	规定值±1	
2	固含量（%）	≥20	≥5
3	稳定性	无分层、无漂油、无明显沉淀	

续表

序号	试验项目		指标	
			W	S
4	吸水率比（%）		≤20	
5	渗透性	标准状态	≤2mm，无水迹无变化	
		热处理	≤2mm，无水迹无变化	
		低温处理	≤2mm，无水迹无变化	
		紫外线处理	≤2mm，无水迹无变化	
		酸处理	≤2mm，无水迹无变化	
		碱处理	≤2mm，无水迹无变化	

注：1、2、3项为未稀释的产品性能，规定值在生产单位说明书中告知用户。

（5）规格与贮存

包装：本产品采用塑料桶包装，规格有1kg、2.5kg、5kg、10kg、25kg。

贮存、运输：原液贮存期半年，稀液现配现用，当天用完。冬季防止冰冻，久存松盖贮存或定期松盖。运输时应防止雨淋或暴晒，按无毒非危险品贮存运输。

生产单位：南通睿睿防水新技术开发有限公司、上海睿睿防水材料有限公司，联系人：王继飞（13962768558），地址：江苏省南通市海安市李堡工业园区、上海市青浦区华纺路。

7.84 FLW-88防水堵漏材料

（1）产品简介

采用多组分水性渗透，渗透后又固化成透明有弹性的固体材料，该材料能把所有渗透到的地方都固化成一个整体，达到防水补漏。

（2）产品特点

1）双重防水：防渗透性，柔性防水层与基面融为一体，效果加倍，不漏水。

2）自主修复功能：高分子材料性能稳定，超强耐磨耐泡。具有遇水二次结晶的功能，对2mm内孔径的损伤可自主修复。

3）高耐候性：可承受−60～120℃极端温度变化。

4）耐酸碱度：对酸液或碱水浸泡的耐力强。

5）高抗压性：超400%超强延展性，轻松应对各种高压环境。

6）环保净味：符合国际检测标准，无毒无味。

（3）适用范围

铺过地板砖后出现渗漏水的地面工程（阳台、厨房、卫生间，宾馆、酒店、洗浴室、商业洗浴中心），房子装修后厨卫浴又出现渗漏水。

（4）产品执行标准

符合企业标准。

（5）包装与规格

包装：本产品采用塑料袋加纸盒包装，规格为1kg，外加纸箱包装，每箱净重10kg。

运输、贮存：本品应密封保存在阴凉处。本品保质期一年。

生产单位：南通睿睿防水新技术开发有限公司、上海睿睿防水材料有限公司，联系人：王继飞

（13962768558），地址：江苏省南通市海安市李堡工业园区、上海市青浦区华纺路。

7.85　FLW-99 硅烷防水堵漏材料

（1）产品简介

一种无色透明液体。与基材作用时，释放出乙醇并与基材结合转化为有机硅树脂聚合物，最终渗透到基材的毛细孔表面形成一层憎水的硅树脂膜，从而阻止水分和有害物离子渗透到基材内部，达到防水保护的目的，并提高建材的强度。

根据施工环境确定施工方法，喷涂、滚涂、浸泡均可。当温度低于 5℃或在大风天气，切勿使用本产品。如接触到皮肤或眼睛上，立即用水清洗 15min，并且脱下受污染的衣服，鞋子及时就医。

（2）产品特点

1）极佳的渗透度：含有独特的硅烷小分子，能迅速渗透基材内部的毛细孔壁上，化学反应速度适中，从而拥有极佳的渗透深度。对表面处理过其他防水材料的憎水面，也能穿过该憎水面渗透到基材内部进行防水处理。

2）刚柔的防水层：硅烷防水剂与基材的中水分和空气反应生成二氧化硅；同时硅烷小分子聚合形成网状交联结构的硅酮高分子特殊基团（类似硅胶体），特殊基团及生成的二氧化硅与基材共同有机结合，形成坚固、刚柔的防水层。

3）优异的抗开裂能力：硅烷防水剂与基材反应形成的硅酮高分子，是一种胶状物质，有着优异的弹性和拉伸强度，能够防止开裂且能够弥补 0.2mm 的裂缝。

4）独特的透气性能：处理后的基材形成了远低于水的表面张力，并产生毛细逆气压现象，形成单向透气防止水分浸入的特殊防水层。

5）防水基材的表面不留任何涂层膜：涂刷基材后，不改变基材摩擦系数，有助于提高基材强度，保持原有外观。

（3）适用范围

建筑楼宇：屋面、卫生间、内外墙面（PK 砖面、瓷砖面、石材面）等。混凝土结构：道桥结构及路面、码头、机场、停车场（库）等。

园林建筑：庭院的木（竹）建筑、栈道和栅栏、木（竹）制的地板和墙板观赏游泳池及人造景观等。各类石材：天然石材、砖瓦、混凝土砌块砖、彩色路面砖、石膏板保温材料、木（竹）材料等。

各类水池：蓄水池、泡菜池、卤水池、污水池、排水沟等。

（4）主要性能指标（表 7.85-1）

表 7.85-1

序号	项目	标准规定	检测结果
1	外观	无沉淀、无漂浮物、呈均匀状态	符合标准规定
2	pH	规定值 ±1	5.2
3	固含量（%）	≥ 5	6
4	稳定性	无分层、无漂油、无明显沉淀	符合标准规定
5	吸水率比（%）	≤ 20	18
6	渗透性/标准状态	≤ 2/无水迹无变色	0/无水迹、无变色

（5）包装与规格

包装：1L、2.5L、5L、20L、25L 的容器。

运输、贮存：在0～25℃的环境中，保质期为2年，禁止与酸、碱、胺或其他化合物一起贮存。

生产单位：南通睿睿防水新技术开发有限公司、上海睿睿防水材料有限公司，联系人：王继飞（13962768558），地址：江苏省南通市海安市李堡工业园区、上海市青浦区华纺路。

7.86 FLW-CCCW 水泥基渗透结晶型防水材料

（1）产品简介

以波特兰水泥作基料，添加多种助剂混配而成的淡灰色粉状防水涂料，水泥基渗透结晶型防水涂料无毒、无味、无害。具有独特的自我修复和多次抗渗能力，防水作用持久，并且黏性强、耐酸、耐碱，有广泛的实用性（光、毛、干、湿基面均可施工），施工方便，一次涂刮就可完成防水施工。

（2）产品执行标准（表7.86-1）

《水泥基渗透结晶型防水材料》GB 18445－2012。

表7.86-1

序号	项目		标准规定	检验结果	单项评定
1	外观		均匀、无结块	均匀、无结块	合格
2	含水率（%）		≤1.5	0.4	合格
3	细度（0.63mm筛余）（%）		≤5	0.53	合格
4	氯离子含量（%）		≤0.01	0.018	合格
5	抗折强度（28d）（MPa）		≥2.8	6.3	合格
6	抗压强度（28d）（MPa）		≥15.0	18	合格
7	湿基面粘结强度（28d）（MPa）		≥1.0	1.1	合格
8	施工性	加水搅拌后	乱涂无障碍	乱涂无障碍	合格
		20min	乱涂无障碍	乱涂无障碍	合格
9	砂浆抗渗性能	带涂层砂浆的抗渗压力（28d）（MPa）	报告实测值	0.8	合格
		抗渗压力比（带涂层）(28d)（%）	≥250	267	合格
		去除涂层砂浆的抗渗压力（28d）（MPa）	报告实测值	0.6	合格
		抗渗压力比（去除涂层）(28d)（%）	≥175	200	合格
10	混凝土抗渗性能	带涂层混凝土的抗渗压力（28d）（MPa）	报告实测值	1.1	合格
		抗渗压力比（带涂层）(28d)（%）	≥250	275	合格
		去除涂层混凝土的抗渗压力（28d）（MPa）	报告实测值	0.7	合格
		抗渗压力比（去除涂层）(28d)（%）	≥175	175	合格
		带涂层混凝土的第二次抗渗压力（56d）（MPa）	≥0.8	0.8	合格

（3）产品特点

1）水泥基渗透结晶型防水系统能长期耐受强水压。

2）晶体渗透深度卓越。

3）具有自我修复能力。

4）涂层不影响混凝土的呼吸，使混凝土结构能保持干爽、不潮。

5）耐温、耐湿、耐紫外线、耐辐射、耐氧化、耐碳化。

6）无毒、无公害。

7）可以在潮湿的混凝土表面施工，也可以拌入混凝土或水泥砂浆中与结构的施工同步。

8）处理过的混凝土结构，其表面可以接受油漆、环氧树脂、水泥砂浆、石灰膏、砂浆等材料的涂层。

9）施工成本较低，施工方法简单。

（4）适用范围

1）地铁（车站、隧洞）、地下连续墙、铁路隧道、电缆隧道、高速公路、地下涵洞、地下混凝土或钢筋混凝土管道、工业与民用建筑地下室、地下车库、人防工程、屋面、浴厕间、污水处理厂、污水池、水库、消防水池、饮用水池、水族馆、游泳池、水坝、船闸、港口码头、电梯井、检查井、屋顶花园、屋顶广场等新建工程的防水施工。

2）结构开裂（微裂）、渗水点、孔洞的堵漏施工及混凝土设施的弊病维修。

3）混凝土结构及水泥砂浆等防腐。

（5）包装与规格

包装：采用密封塑料桶或复合袋包装，每桶（袋）净重 5kg、25kg。

运输、贮存：必须贮存在干燥通风的环境中，严防受潮，如发现结块不宜使用。存放在阴凉干燥处，保质期为 12 个月。

生产单位：南通睿睿防水新技术开发有限公司，上海睿睿防水材料有限公司，联系人：王继飞（13962768558），地址：江苏省南通市海安市李堡工业园区，上海市青浦区华纺路

7.87 FLW 聚氨酯灌浆料

（1）产品简介

以多氰酸酯和多羟基聚醚进行聚合化学反应生成的高分子化学注浆堵漏材料，对建筑物结构的渗漏有立即止漏的效果。规格：5kg、10kg、20kg、40kg、50kg。

（2）产品特点

1）遇水后会立即进行聚合反应，分散乳化或发泡膨胀，并与砂石泥土固结成弹性固结体，迅速堵塞裂缝。

2）可控制诱导时间，产品遇水后的固结时间可控制在几十秒至数分钟。

3）膨胀性大，韧性佳，无收缩，与基材附着力强，且对水质的适应性较强。

4）可灌性好，即使在低温下仍可注浆使用。

5）单液注浆，施工简便，清洗容易。

（3）适用范围

地铁、隧道、涵箱、土方塌陷、水库、港湾工程、顶板、裂缝、施工缝、伸缩缝、地下室发丝状裂缝等止漏工程。

（4）产品执行标准

《聚氨酯灌浆材料》JC/T 2041。

生产单位：南通睿睿防水新技术开发有限公司、上海睿睿防水材料有限公司，联系人：王继飞（13962768558），地址：江苏省南通市海安市李堡工业园区、上海市青浦区华纺路

7.88 聚合物水泥防水涂料

（1）产品简介

以改性聚丙烯酸酯乳液和多种添加剂组成的有机液料，再以高铝高铁水泥及多种添加剂组成的无机粉料，经加工制成的双组分水性防水涂料。

（2）产品特点

水性涂料，无毒无害，无污染，属环保型涂料。涂膜具有较高抗拉强度，耐水、耐候性好。可在潮

湿基层上施工并粘结牢固。冷施工，操作方便，基层含水率不受限制，可缩短工期。

（3）适用范围

本产品根据性能和使用部位不同分为Ⅰ型、Ⅱ型和Ⅲ型三种型号。Ⅰ型产品突出丙烯酸酯聚合物乳液为主的性能，形成的涂膜延伸率高（200%以上），耐候性好，主要用于非长期浸水环境；Ⅱ型、Ⅲ型产品突出高铝高铁水泥为主的性能，形成的涂膜强度高（1.8MPa 以上）、耐水性好，主要用于长期浸水环境下的防水工程。适用于屋面、厕浴间及外墙的防水、防渗和防潮工程，地下工程以及隧道、洞库等涂膜防水及路桥、水池、水利工程涂膜防水工程。

（4）主要性能指标（表 7.88-1）

符号《聚合物水泥防水涂料》GB/T 23445－2009 的规定。

表 7.88-1

主要项目		技术指标		
		Ⅰ型	Ⅱ型	Ⅲ型
固含量（%）	≥	70	70	70
抗拉强度（MPa）	≥	1.2	1.8	1.8
断裂伸长率（%）	≥	200	80	30
低温柔性（ϕ10mm 棒，5℃）		−10℃		
不透水性（0.3MPa，30min）		不透水	不透水	不透水
潮湿基面粘结强度（MPa）	≥	0.5	0.7	1.0

（5）包装与规格

包装：工程装粉料组分先用塑料袋包装，然后再装入专用密封编织袋中；液料组分采用密封塑料桶包装。家装粉料组分和液料组分包装在一个密封塑料桶内，规格有 5kg、10kg、20kg。

贮存：本产品液料须存放于 5℃以上的阴凉处，粉料须存放在干燥处。产品保质期≥6 个月。

生产单位：南通睿睿防水新技术开发有限公司、上海睿睿防水材料有限公司，联系人：王继飞（13962768558），地址：江苏省南通市海安市李堡工业园区、上海市青浦区华纺路。

7.89 SBS 弹性体改性沥青防水卷材

（1）产品简介

以性能优良的玻纤毡或聚酯毡为胎体，采用热塑弹性体（如苯乙烯-丁二烯嵌段聚物 SBS）改性沥青为浸渍材料（单位面积质量小于或等于 100g/m^2 的玻纤毡不须浸渍），表面撒以细砂、矿物粒料、PE 膜、金属箔等为防粘隔离饰布，制成的一类优质型防水卷材。

最大的优越性是解决了传统纸胎油毡的耐老化性。较纸胎油毡具有使用寿命长、抗张拉力大、延伸率高、低温柔性好、粘结性良好、施工方便等特点。

（2）主要性能指标

1）卷重、面积及厚度（表 7.89-1）

表 7.89-1

规格（公称厚度）（mm）	2		3			4					
上表面积材料	PE	S	PE	S	M	PE	S	M	PE	S	M

续表

面积（m²/卷）	公称面积	15		10			10			7.5		
	偏差	±0.15		±0.10			±0.10			±0.10		
最低卷重（kg/卷）		33.0	37.5	32.0	35.0	40.0	42.0	45.0	50.0	31.5	33.0	37.5
厚度（mm）	平均值≥	2.0		3.0		3.2	4.0		4.2	4.0		4.2
	最小单位	1.7		2.7		2.9	3.7		3.9	3.7		3.9

2）主要性能指标（表 7.89-2）

符合《弹性体改性沥青防水卷材》GB 18242－2008 的规定。

表 7.89-2

序号	胎基		PY		G	
	型号		Ⅰ	Ⅱ	Ⅰ	Ⅱ
1	可溶物含量（g）	3mm	≥2100			
		4mm	≥2900			
		5mm	≥3500			
2	不透水性	压力（MPa）	≥0.3		≥0.2	≥0.3
		保持时间（min）	≥30			
3	耐热度（℃）		90	105	90	105
			无滑动，流淌，滴落			
4	拉力（N/50mm）		≥450	≥800	≥350	≥500
5	最大拉力时延伸率（%）		≥30	≥40		
6	低温柔度（℃）		−20	−25	−20	−25
			无裂纹			
7	人工气候外观加速老化	外观	无滑动，流淌，滴落			
		拉力保持率（%）	≥80			
		低温柔度（℃）	−15	−20	−15	−20
			无裂纹			

（3）施工要点

1）对缝、洞、沟、墙、管、角这些形状复杂，应力集中，容易造成渗漏的节点部位先要进行增强层的施工处理。

2）防水工程应严格遵照现行国家标准《屋面工程质量验收规范》GB 50207 以及其他现行工程技术标准进行施工，以确保达到设计要求的防水层耐用年限。

（4）适用范围

工业与民用建筑的屋面、地下室、卫生间等的防水防潮，以及桥梁、停车场、游泳池、隧道、蓄水池等建筑物的防水，尤其适用于严寒地区和结构变形频繁的建筑物防水。

（5）规格与贮存

规格：不同类型、规格的产品应分别存放，不应混杂。避免日晒雨淋，应在干燥通风的环境下立放单层贮存，温度不应高于 50℃。

贮存：在正常贮存条件下，保质期为1年。

生产单位：南通睿睿防水新技术开发有限公司、上海睿睿防水材料有限公司，联系人：王继飞（13962768558），地址：江苏省南通市海安市李堡工业园区、上海市青浦区华纺路。

生产单位：安徽东方佳信建材科技有限公司，联系人：张金根（13906255668，0563-6088088），地址：安徽省宣城广德市新杭开发区永兴路西北。

7.90 彩色丙烯酸多功能防水胶

（1）产品简介

一种高弹性彩色高分子防水涂料，以防水专用的自交联纯丙乳液为基础原料，配以一定量的改性剂、活性剂、助剂及颜色填料等科学加工而成。

（2）主要性能指标（表7.90-1）

符合《聚合物乳液建筑防水涂料》JC/T 864的规定。

表7.90-1

序号	项目		技术指标	
			Ⅰ类	Ⅱ类
1	拉伸强度（MPa）		≥1.0	≥1.5
2	断裂延伸率（%）		≥300	≥300
3	低温柔性（绕ϕ10mm棒）		−10	−20
			无裂纹	
4	不透水性（0.3MPa，0.5h）		不透水	
5	固含量（%）		≥65	
6	干燥时间（h）	表干时间	≤4	
		实干时间	≤8	
7	老化处理后的拉伸强度保持率（%）	加热处理	≥80	
		紫外线处理	≥80	
		碱处理	≥60	
		酸处理	≥40	
8	老化处理后的断裂延伸率（%）	加热处理	≥200	
		紫外线处理	≥200	
		碱处理	≥200	
		酸处理	≥200	
9	加热伸缩率（%）	伸长	≤1.0	
		缩短	≤1.0	

（3）产品特点

1）整体成膜性好，涂膜固化后形成一层连续、均匀、完整的橡胶状弹性体，因而成膜的防水层无搭头接点，对异形部位或节点的施工更为适宜。

2）具有优良的延伸率及较好的拉伸强度。

3）单组分水乳型并可制成彩色涂层。

4）施工方便，刮、涂、刷均可；对基层湿度要求不严，冷施工，对施工人员健康无伤害，使用安全；对禁止用明火及开关复杂的场合均可施工。

5）绿色环保，无毒无味，使用方便安全。

（4）适用范围

各种屋面、地下室、工程基础、池槽、卫生间、阳台等防水工程，涂层表面可以再批刮砂灰、双飞粉或粘贴其他装饰材料，以及各种旧屋面修补。

（5）包装与贮存

包装：1kg、5kg、10kg、20kg、25kg 塑料桶。

贮存、运输：本产品应密封保存在阴凉处，保持期为 1 年，使用前应搅拌均匀。本产品属水溶性绿色环保涂料，按非危险品规定运输。

生产单位：南通睿睿防水新技术开发有限公司、上海睿睿防水材料有限公司，联系人：王继飞（13962768558），地址：江苏省南通市海安市李堡工业园区、上海市青浦区华纺路。

7.91　FLW-堵漏宝

（1）产品简介

高效、防潮、抗渗、堵漏绿色环保型材料，该材料分为速凝型（主要用于抗渗堵漏）和缓凝型（主要用于防潮、抗渗）两种，均为单组分灰色粉料。

（2）产品特点

无毒无味、不燃，可用于饮用水工程。迎、背水面均可施工，施工方便。可带水施工、防潮、抗渗、快速堵漏。堵漏凝固时间任选，防水粘贴一次完成，粘结力强，抗渗抗压。与基体结合成整体，不老化，耐水性好。

（3）适用范围

地下建筑物、墙面、沟道、水池、卫生间等的防水、防渗堵漏。

（4）主要性能指标（表 7.91-1）

符合《无机防水堵漏材料》GB 23440－2009 的规定。

表 7.91-1

<table>
<tr><th>序号</th><th colspan="3">项目</th><th>标准规定</th><th>检验结果</th><th>单项评定</th></tr>
<tr><td>1</td><td colspan="3">外观</td><td>色泽均匀、无杂质、无结块的粉末</td><td>符合标准规定</td><td>合格</td></tr>
<tr><td rowspan="2">2</td><td rowspan="2">凝结时间</td><td colspan="2">初凝（min）</td><td>≤5</td><td>1.0</td><td rowspan="2">合格</td></tr>
<tr><td colspan="2">终凝（h）</td><td>≤10</td><td>3.7</td></tr>
<tr><td rowspan="2">3</td><td rowspan="2">抗渗压力（MPa）</td><td>涂层</td><td>7d</td><td>—</td><td>—</td><td rowspan="2">合格</td></tr>
<tr><td>试件</td><td>7d</td><td>≥1.5</td><td>3.8</td></tr>
<tr><td>4</td><td>粘结强度（MPa）</td><td colspan="2">7d</td><td>≥0.6</td><td>2.2</td><td>合格</td></tr>
</table>

（5）规格与贮存

规格：本产品采用双层塑料袋包装，规格为 1kg 和 5kg，外加纸箱包装，每箱净重 24kg 和 25kg。

运输、贮存：材料易受潮，应密封存放在干燥处。保质期为 1 年。

生产单位：南通睿睿防水新技术开发有限公司、上海睿睿防水材料有限公司，联系人：王继飞（13962768558），地址：江苏省南通市海安市李堡工业园区、上海市青浦区华纺路。

7.92 水不沾防水堵漏材料

（1）产品简介

以高分子聚合物为主体的新型水性绿色防水材料，能在基体表面形成一层稳定的防水透气膜，具有良好的防水、防潮、抗渗、抗老化、抗污染和耐候性等功效。

（2）产品特点

1）本品是稍呈碱性的透明溶液，无毒无味，待涂刷面干燥后碱性消失。

2）施工表面必须干燥、清洁、无污垢、无油渍。

3）涂刷后应自然干燥，24h 内防止雨淋及冲洗。

4）涂刷本品后，涂刷面如有少量白色物质释出，属于饱和残留物正常现象，轻轻擦去即可。

5）不宜适用在容易吸附的面砖上。

（3）适用范围

可直接喷刷在建筑物内外墙、地下室、隧道、水渠、游泳池等处的防水防霉处理，也可用本品配制成防水砂浆，使用于屋面、卫生间、水塔、水箱、游泳池等处。

（4）主要性能指标（表 7.92-1）

符合《建筑表面用有机硅防水剂》JC/T 902－2002 的规定。

表 7.92-1

项目		指标
理化指标	密度（kg/L）	1.02～1.05
	pH	12～14
喷涂防水剂的砂浆、混凝土性能	抗压强度增长值 1%	≥36
	耐酸性（pH 4～7 酸液中）（d）	≥14
	耐碱性（pH 4～7 碱中）（d）	≥14
	耐酸性（≤2%$MgSO_4$溶液中）（d）	≥14
	混凝土（抗渗等级）	S8
	砂浆（0.3MPa 不渗漏）（min）	60
	（−40℃±2℃冻 1h）80℃融释 1h 循环 50 次	质量不受影响

（5）规格与贮存

规格：本品分装于 0.5kg（塑料瓶）、1kg、2.5kg，20～50kg（塑料桶）。

贮存、运输：本品应密封存放于阴凉、干燥处。本品属非危险品，按一般运输即可，室内密封存放，保质期 3 年。

生产单位：南通睿睿防水新技术开发有限公司、上海睿睿防水材料有限公司，联系人：王继飞（13962768558），地址：江苏省南通市海安市李堡工业园区、上海市青浦区华纺路。

7.93 水性防腐防锈漆

（1）产品简介

采用水性丙烯酸防锈功能乳液、纳米功能材料、防锈颜料、缓蚀剂及助剂制备，不含有机溶剂，不添加汞、铅等重金属含量高的防腐颜料。规格：0.5kg、1kg、2.5kg、10kg，20～50kg。

（2）产品特点

1）良好的防腐蚀能力，满足整个涂层的防护要求。

2）以水为分散介质，施工过程及涂料成膜过程均无有毒有害物质产生，符合环保要求。

3）附着力佳，耐化学性能优越。

4）配套性能良好，涂膜与金属底材附着牢固，能增强上层涂膜的附着力。

（3）适用范围

适用于环境苛刻、防腐性能要求较高的各种大型钢结构、机械设备、石油罐外及铸铁件等防锈打底；除与水性漆配套外，还可与各种溶剂型防腐涂料和其他金属基层用漆配套使用。

（4）产品执行标准

符合《水性丙烯酸树脂涂料》HG/T 4758 的规定。

生产单位：南通睿睿防水新技术开发有限公司、上海睿睿防水材料有限公司，联系人：王继飞（13962768558），地址：江苏省南通市海安市李堡工业园区、上海市青浦区华纺路。

7.94 通用型 K11 防水材料

（1）产品简介

一种聚合物水泥基改性防水涂料，由优质的水泥细砂及高分子改性聚合物组成，极大改善了防水层的粘合力、保水性、柔韧性，同时增强了防水层的耐磨性、耐久性，且具有独特的渗透性，无毒、无味、无污染，施工安全简单。

（2）主要性能指标（表 7.94-1）

符合《聚合物水泥防水砂浆》JC/T 984－2011 的规定。

表 7.94-1

序号	项目		指标
1	凝结时间	初凝（min）	≥45
		终凝（h）	≤22
2	抗渗压力（MPa）	28d	≥1.5
3	粘结强度（MPa）	28d	≥1.6

（3）适用范围

混凝土结构、水泥抹底（不含石灰和砖墙等底材）；结构稳定的地下室、地下隧道、水坝、排水管道、室内厨房、卫生间、游泳池等；用于水池、鱼池和粮仓等；迎水面、背水面防水工程。

（4）规格与贮存

规格：5kg、10kg、20kg 塑料桶。

运输、贮存：本品应密封保存在阴凉处。保质期 1 年。

（5）施工工艺

底材必须坚实、平整、清洁、无灰尘、无油污、无松动等。预先充分弄湿底材，保持湿润，但不能有积水。先将液料倒入容器中，然后将粉料逐渐加入容器中，充分搅拌均匀至无粉团的浆状。再用毛刷、刮板或滚筒将浆料均匀涂于潮湿的底材上，防止漏涂和砂眼，待第一层干透后再涂第二层。施工过程中对浆料保持间断性搅拌，防止沉淀，已拌好的浆料应在 20～40min 内用完。

施工完毕 24h 内禁止踩踏，待完全干固后才能做其他覆盖层。

生产单位：南通睿睿防水新技术开发有限公司、上海睿睿防水材料有限公司，联系人：王继飞（13962768558），地址：江苏省南通市海安市李堡工业园区、上海市青浦区华纺路。

7.95 一刷灵

（1）产品简介

一刷灵（又名一刷不漏、漏天敌）——丙烯酸酯透明防水涂料，以丙烯酸酯共聚物为基料的高分子水乳型冷施工防水材料，能与各种复杂结构的屋面、墙面等相结合，形成连续无缝致密、高弹、柔软的橡胶膜，施工简单，涂刷、喷、滚均可。使用后具有无色透明、反光散热、无毒无污染、耐老化、附着力强等优异性能，使用寿命达到15年。

（2）主要性能指标（表7.95-1）

表7.95-1

序号	项目	指标
1	外观	乳白色黏稠液体
2	固含量（%）	35.0±1.0
3	表干时间（h）	≤2
4	0.1MPa保持1h，加网	不透水
5	抗拉强度（23℃，拉速250mm/min）（MPa）	0.5
6	断裂伸长率（23℃，拉速250mm/min）（%）	500
7	低温柔性（−10℃，ϕ10mm棒，弯曲180°）	无裂纹
8	耐热性［(80±2)℃，2h］	无鼓泡，起皱现象

（3）适用范围

工业、民用建筑的屋面、外墙、檐沟以及彩钢棚顶的防水。浴室、厨房、卫生间、地下室的地面及下水道周边的防水。

（4）规格与贮存

规格：0.5kg、1kg、1.5kg塑料瓶包装；5kg、10kg、20kg、50kg塑料桶包装。

贮存：本产品应密闭贮存于干燥阴凉处，冬季严防冰冻。保质期1年。

（5）施工工艺

1）屋面防水：施工面需保持清洁、干燥、平整，无浮灰，无杂质。高低不平极其粗糙的屋面或裂缝、板缝之间应先用水泥砂浆掺和本品进行填补找平，然后进行防水施工。施工时间可根据工程特点和要求，分为二布五胶、一布三胶或三层胶。

施工程序（二布五胶为例）：边刷底胶边贴布（无纺布或玻纤布均可）→（实干）刷胶→（实干）边刷底胶边贴布→（实干）刷胶。防水专用基布的粘贴要平整、密实，搭接处8cm以上，上下层接缝要错开，无褶皱起泡，刷涂时要做到薄、匀、透，以既可刷开又不流淌为佳。防水涂料参考用量：0.8～1.5kg/m^2。

2）墙面防水、防吐碱：水泥砂浆或嵌缝腻子修补裂缝、洞眼，再用本品调和水泥涂于基层上2～3次即可。

3）卫生间防水：用本品调和水泥涂于基层上2～3遍，或用一布三胶法进行施工。如卫生间贴好瓷砖应先把砖缝用切割机切成3～5mm深的缝沟，然后用本品调和水泥涂刮2～3次补平即可。

4）使用注意事项：气温低于0℃及雨天不宜施工，施工前注意天气变化，严防施工后未干前被雨水冲掉造成损失。

生产单位：南通睿睿防水新技术开发有限公司、上海睿睿防水材料有限公司，联系人：王继飞

（13962768558），地址：江苏省南通市海安市李堡工业园区、上海市青浦区华纺路。

7.96 冷施工型单组分非固化防水涂料

（1）产品简介

一种新型非固化防水涂料，不需加热即可直接进行刮涂。产品成型后不固化，具有良好的蠕变性、粘结性、延伸性及自愈性，能够适应建筑基层的开裂、振动、位移，维持防水层性能，且材料不含溶剂及其他有毒物质，是操作性强、适用面广的优质防水材料。

（2）产品特点

1）单组分材料，施工方便、安全，无须加热，无须设备，操作要求低。

2）同等质量下，本产品具有更大体积，在实际施工中可涂刷更大的作业面。

3）可在潮湿基面施工，且具有良好的耐酸碱、耐热、耐老化性能。

4）粘结性能优异，可与基面达到100%满粘，有效防止窜水；同时能够粘结各种卷材，适用面广。

5）蠕变性能、粘结性能赋予了材料良好的自愈性，能够自行修复部分外物穿刺、撕裂等对防水层的破坏。

（3）理论耗量

涂膜厚度为1mm时，材料耗量为1kg/m^2。

（4）适用范围

建筑物平屋面、彩钢屋面、天沟、雨棚及不规则的屋面防水工程。地下建筑防水工程，如地下室混凝土底板、顶板等。各种平面防水维修工程。建筑物其他防水工程，如卫生间、厨房、游泳池、施工缝、伸缩缝、穿墙管、落水口等。

（5）注意事项

1）本产品包装开启后未用完，应立即密封开启口。

2）产品应密封储存在阴凉、干燥处、防潮、防高温、防火。

（6）包装与贮存

产品包装为15L铁桶。贮存保质期为6个月。

生产单位：江阴正邦化学品有限公司，联系人：冯永（13806165356），地址：江苏省江阴市长泾镇工业园区。

7.97 JG360-混凝土结构补强型环氧树脂灌浆材料

（1）产品简介

可在干燥或潮湿的基面及结构内施工，可作防水、堵漏、补强材料和防腐材料使用，有优异的粘结强度，有良好的渗透性。产品规格为20kg/组。

（2）产品特点

可在干燥或潮湿的基面及结构内施工，优异的粘结强度，良好的渗透性。

（3）适用范围

建筑物防水抗渗；缺陷混凝土的补强堵漏；建筑物表面的修补；地基基础补强加固；混凝土路面补修，隧道、地下室漏水、楼面裂缝、厨房、厕所的防水补强。每组28kg。

生产单位：云南欣城防水科技有限公司，联系人：李再参（13529276516）。

7.98 JG360-速凝型水不漏堵漏材料

（1）产品简介

高效、防潮、抗渗、堵漏材料，也是极好的粘结材料。该材料分别为速凝型（主要用于抗渗堵漏）

和缓凝型（主要用于防潮、抗渗）两种，均为单组分灰色粉料。产品规格为25kg/箱。

（2）产品特点

无毒无害，不燃，可用于饮水工程。迎、背水面均可施工，抗渗堵漏瞬间止水。堵漏凝固时间任选，防水、粘贴均可。与基体结合成整体，不老化、耐水性好。

（3）适用范围

地下建筑物、墙面、沟道、水池、卫生间等的防水、防渗堵漏。

（4）产品执行标准

《无机防水堵漏材料》GB 23440。

生产单位：云南欣城防水科技有限公司，联系人：李再参（13529276516）。

7.99　FG360-自粘聚合物改性沥青防水卷材

（1）产品简介

以聚酯毡为胎基，以SBS、SBR、增黏石油树脂等聚合物改性沥青为本体基料，以聚乙烯膜（PE）、细砂（S）或硅油防黏隔离膜为面隔离材料制成。

（2）产品特点

1）无须粘结剂，施工方便快捷。

2）具有橡胶的弹性，延伸率极佳，很好地适应基层的变形和开裂。

3）与基层粘结力强，粘结力大于其剪切力（黏合面外断裂）。

4）具有自愈性，可抗穿刺或硬物嵌入。

5）具有良好的耐酸碱、耐化学腐蚀性能。

（3）适用范围

地下室顶板和屋面。

（4）产品执行标准

《自粘聚合物改性沥青防水卷材》GB 23441。

（5）规格

面积：$10m^2$、$15m^2$、$20m^2$。幅宽：$1.0m^2$。厚度：2.0mm、3.0mm、4.0mm。生产单位：云南欣城防水科技有限公司，联系人：李再参（13529276516）。

7.100　筑涂佳“钢倍佳”金属屋面防水涂料

（1）产品简介

以优质纯丙烯酸乳液为基料，添加优质辅料精加工而成的高品质防水涂料，不含任何有机溶剂，无毒、无害、不燃、无腐蚀，品质稳定。

具有优良的隔热和防水效果，反照功能显著，能反射掉85%的太阳光能和热能，高达95%的发射率，能迅速散发掉屋面聚集的热量，并拥有较低传导系数，可有效阻断热能传导。一般可以降低屋面表面温度28℃，有效节省空调费用20%以上，即使在高达42℃的高温环境下，涂料层也是冰凉的触感。涂料表面涂层默认为白色，也可配制成多种色彩，使得建设方的选择更加多样。

（2）产品特点

1）无缝一体防水层：优良的粘结性可实现涂料与各种基面的粘结牢固。特别是与沥青、金属屋面的长时间粘结测试中，不起皮、不剥落体现了其可靠的性能。

2）长久耐候性：在−50～90℃的极端环境下可广泛使用，且防水结膜层在屋面上可抵御高低温转换中产生的热胀冷缩，保证涂料本身良好的弹性。

3）优秀的耐疲劳性、抗拉伸强度、抗撕裂：不但能有效适应基面变形和开裂，且可在金属屋面、结构应力较大的部位长时间抵御震颤、收缩及沉降。

4）屋面外露保障：选用优质乳液，经过3000h盐雾测试，具有优异的抗酸碱侵蚀、耐老化性能，相当于自然老化30年。

5）结膜层配合高韧性聚酯布施工完成后，韧性好、强度高。在后期维修保养中，可不做额外保护层即可行走。

6）采用纯丙烯酸乳液生产，抗紫外线，外露使用最高长达30年，可提供5～10年质保多种方案。

（3）适用范围

1）所有新建和翻修的金属屋面防水，特别适用于金属屋面各结构的搭接缝、女儿墙、伸缩缝、管口四周等结构应力较大部位。

2）各类型卷材屋面渗漏翻修，如铺设有TPO、PVC、EPDM、沥青卷材等基面的防水。

3）适应极端环境下早晚温差过大的地区，如中国东北冬季极端低温及中国南方夏季极端高温的金属屋面防水。

4）可应用于屋面上的各类结构，如混凝土、玻璃、FRP/PVC、不锈钢、铝合金、光滑/磨砂瓷砖的釉面等基材。

（4）产品执行标准

《金属屋面丙烯酸高弹防水涂料》JG/T 375。

生产单位：深圳市筑涂佳建材科技有限公司，联系人：赖冬青（13823678403）。

7.101 欧名朗水性渗透结晶型无机防水材料

（1）产品简介

产品以水为载体，快速渗入漏水缝隙。形成一种耐酸碱，耐腐蚀，和水泥融为一体的高柔韧性防水结晶体，填充有渗漏的缝隙，从而达到彻底堵漏治渗的目的，只需在漏水处一喷即可轻松止漏。操作方便，施工简单，效果显著并安全环保，是当前国内市场上堵漏防渗产品的优质选择。

（2）适用范围

针对卫生间、厨房、阳台、水池、楼顶、地下室、隧道等工程的漏水点使用。对于墙体的潮湿、发霉、泛碱、防水、渗漏等均有明显效果。

（3）防水原理

1）混凝土表面喷涂欧名朗防水材料后，水会带着材料渗透到混凝土内部。

2）材料和水泥里面的钙离子发生反应，形成柔韧性的结晶体。

3）结晶体会自动堵塞水泥与沙子之间的缝隙和孔洞，把水泥和沙子完全粘连到一起，使整个混凝土结构达到全防水。

4）活性结晶体在没有水时会休眠，混凝土一旦开裂有水的侵入，活性结晶体会自动激活，再次结晶自动修补裂缝。

（4）产品特点

该材料属水基渗透结晶型防水材料，优点是结构层中有水时还可以继续反应，直到“吸干”水分为止，其防水机理是与混凝土中游离的钙产生化学反应，生成稳定的枝蔓状晶体，使混凝土结构本身具有持久的防水功能和更好的密实度及抗压强度，并为混凝土提供良好的透气性。混凝土常年接触雨水、盐类、钙和化学制剂等，会缓慢腐蚀老化，甚至导致结构失效。渗透结晶防水材料能使混凝土不受这些因素的影响，长久性保护混凝土。渗透深度可达 50～500mm 以上，同时还能有效阻止酸性物质、油渍和机油对混凝土的侵蚀。

（5）施工工艺

1）无缝无滴水湿渗处理方法：如果有白灰或涂料的要先铲掉，喷水润湿，直接雾状喷涂 3 遍，每遍 10～20min，隔天观察如果还有渗漏再喷。

2）毛细裂缝的处理方法：表面干燥需要先用水润湿后，然后喷涂 3 遍材料（每次间隔 10～20min）。在材料未干之前刷一层薄薄的水泥浆水。

3）大裂缝的处理方法：

① 沿裂开出一道宽约 3cm、深约 3cm 的内宽外窄的梯形槽。

② 干燥面用水润湿后喷两遍材料。

③ 把材料按 1∶100 的比例兑水，用来拌水泥和沙（水泥和沙的比例为 1∶3）填平沟槽，压出光滑面。

④ 再喷两遍材料。

4）严重漏水处理方法：

① 清除混凝土表面杂物，已经松软和分层的地方必须铲除，凿成 5cm 深、5cm 宽的沟槽，再进行抽水、排水，用堵漏宝快干水泥止住漏水点。

② 喷材料 3 遍。

③ 把材料按 1∶100 的比例兑水，用来拌水泥和沙（水泥和沙的比例为 1∶3）填平沟槽，压出光滑面。

④ 再喷涂材料 3 遍，每遍间隔 10～20min。

备注：一定注意要对症处理，严格按照此上标准步骤操作。

（6）施工案例

1）2016 年北京地铁 13 号线地铁隧道漏水施工，2019 年对施工部位做了抽芯实验，83cm 柱体放大 8600 倍后，整体布满柔韧性的结晶体，滴水不渗，完全符合研发设计标准。

2）2017 年河南自来水公司蓄水池工程，施工后滴水不漏，池内水完全符合国家饮用水标准。

3）2019 年深圳地铁 10 号线防水工程施工，地下 20 多米隧道工程到处渗水，施工后滴水不漏。

生产单位：深圳市欧名朗实业发展有限公司，联系人：崔顺成（13903116913）。

7.102　双组分喷涂聚脲弹性体防水防护材料

（1）产品简介

聚脲弹性体是一种高性能多功能材料，是由异氰酸酯组分和氨醚或醇醚类组分通过快速固化形成防水防护膜。

（2）产品特点

不含催化剂，快速固化，配合专用底涂料，可在任意曲面、斜面及垂直面上现场喷涂成型，不流挂；100%固含量，不含挥发性有机物，施工过程中实现 VOCS 零排放；涂层具有良好的热稳定性和低温适应性，可在−45～120℃下长期使用；对基层附着力强，对混凝土、钢材、木材、玻璃钢及防水卷材等基材附着力可达到 2.5～12MPa；涂层全无缝覆盖，彻底解决防水层“窜水”的弊病；抗冲耐磨性能好，伸长率高，耐老化及优异的防腐蚀性能等；施工方便、快速，效率高。

（3）适用范围

污水处理设施、体育设施、工业及民用建筑屋面、外墙、地下室、游泳池、水库大坝、输水管道、地铁、隧道、化工设备与管道、海洋工程、煤矿、军用防护设施等。

（4）主要性能指标（表 7.102-1）

符合《喷涂聚脲防水涂料》GB/T 23446 的规定。

表 7.102-1

固含量：＞98%	凝胶时间：3～120s	拉伸强度：10～40MPa
断裂伸长率：20%～600%	撕裂强度：＞50N/mm	邵氏硬度：60A～75D
闪点：95℃	不透水性：0.4MPa/2h	附着力：2.5～12MPa
混合比（体积比）：1∶1	颜色可根据需求调制	密度：0.95～1.20g/cm³
适用温度：−45～120℃	耐候性：紫外线加速老化可达 10000h	

（5）规格与代号（表 7.102-2）

表 7.102-2

LC-1450	双组分手工聚脲	A＝20kg，B＝20kg	LC-1188	食品级聚脲	A＝220kg，B＝200kg
LC-1452	单组分手工聚脲	20kg	LC-1198	天门冬氨酸酯聚脲	A＝20kg，B＝20kg
LC-1108	普通聚脲	A＝220kg，B＝210kg	LC-1203	阻燃聚脲	A＝220kg，B＝200kg
LC-1118	纯聚脲	A＝220kg，B＝200kg	LC-1202	耐酸聚脲	A＝220kg，B＝210kg
LC-1128	Ⅱ型聚脲	A＝220kg，B＝210kg	LC-1201	导静电聚脲	A＝220kg，B＝200kg
LC-1138	刚性聚脲	A＝220kg，B＝200kg	LC-201R	有溶剂底漆	A＝5kg，B＝15kg
LC-1148	重防腐聚脲	A＝220kg，B＝200kg	LC-301R	有溶剂防腐面漆	A＝5kg，B＝15kg
LC-1158	耐磨聚脲	A＝220kg，B＝200kg	LC-201	无溶剂底漆	A＝5kg，B＝15kg
LC-1168	柔性聚脲	A＝220kg，B＝200kg	LC-202	中涂	A＝3kg，B＝20kg
LC-1178	音响料聚脲	A220kg，B200kg	LC-301	柔性洁净级无溶剂面漆	A5kg，B15kg

生产单位：

1）山东联创建筑节能科技有限公司，联系人：朱仲波（13853339643/0533-3080258/4000770103）；

2）山东智通路桥材料有限公司，联系人：王贵强（13508952587）；

3）山东赛力达橡塑科技有限公司，联系人：耿虎（13706439718）。

7.103　HS-FC 潮盾防潮树脂涂料防水堵漏材料

（1）产品简介

潮盾防潮树脂涂料是利用纯天然环氧大豆油（ESO）和高密度无溶剂绝缘树脂进行共混改性，最终形成的高分子树脂共聚物，能适应高温、高湿的气候，解决易生白蚁及霉菌问题。环氧大豆油（ESO）是一种资源丰富、绿色天然、无毒无味、环境友好的材料，可赋予产品良好的热稳定性、光稳定性、耐腐蚀性等性能。

双组分化学反应型涂料在成膜过程中才能形成致密的，不能透过水汽分子的微观结构。潮盾防潮树脂涂料配方中添加的无机鳞片在内部形成多层鱼鳞状搭接构造，涂膜在刮涂作用力下，无机鳞片在内部形成多层鱼鳞状搭接构造，反应成膜后可以形成多道 Z 形阻水汽层，较普通树脂涂料更具阻水性。

（2）产品执行标准

《环氧树脂防水涂料》JC/T 2217－2014。

（3）产品规格、代号、商标

产品规格：6kg/组、12kg/组。产品代号：HS-FC。商标：HS-FC、潮盾。

（4）产品特点

1）低 VOC，环保型涂料。

2）涂膜能在室温条件下固化，涂膜成膜后具有连续致密交联分子结构，能有效阻隔水汽分子透过。

3）涂膜与硅酸盐水泥基材和其他各种建筑基材具有良好的附着力。

4）背水面防水技术，从室内即可完成外墙的防水维修。

（5）适用范围

1）墙面和地面防水防潮。

2）飘窗和外窗周围防潮、防渗漏。

3）墙体背水面渗漏维修。

生产单位：海南红杉科创实业有限公司，联系人：王棋（13907554452/13907625375/0898-66196300），地址：海南省海口市美兰区海甸三东路 16 号松雷大厦主楼 7 楼 706 室。

7.104　HS-DFG 纳米堵缝膏防水堵漏材料

（1）产品简介

HS-DFG 纳米堵缝膏是红杉科创绿建技术研发中心研发的一种新型纳米防水密封材料，由无机纳米材料和水性高分子共聚树脂等通过多道特殊工艺配制而成，能够针对性解决建筑围护结构及表面抹灰层或装饰材料开裂导致的屋面、内外墙渗漏，装配式建筑拼接缝防水密封及出现的渗漏问题。

（2）产品执行标准

《丙烯酸酯建筑密封胶》JC/T 484－2006。

（3）产品规格、代号

产品规格：10kg/桶、20kg/桶。产品代号：HS-DFG。

（4）产品特点

1）产品水性无味、绿色环保。

2）施工性好，干燥成膜后具有超强弹性，耐老化性强。

3）可与硅酸盐、金属、玻璃、PVC 等各种不同材质实现牢固粘结。

（5）适用范围

1）装配式建筑拼接缝的嵌缝密封。

2）屋面、内外墙等建筑围护结构开裂防水维修。

3）雨棚等构造物连接处密封堵缝。

生产单位：海南红杉科创实业有限公司，联系人：王棋（13907554452/13907625375/0898-66196300），地址：海南省海口市美兰区海甸三东路 16 号松雷大厦主楼 7 楼 706 室。

7.105　PENECRETEMORTAR 澎内传渗透结晶型防水修补材料（PNC302）

（1）产品简介

PENECRETEMORTAR 澎内传渗透结晶型防水修补材料（PNC302）是一种水泥基渗透结晶型的修补和密封砂浆，由硅酸盐水泥、特别选制的石英砂及多种活性化学物质配制而成。

（2）产品执行标准

《无机防水堵漏材料》GB 23440－2009。

（3）产品规格、代号

规格：25kg/桶。代号：PNC302。

（4）产品特点

1）施工方便，在混凝土结构的迎水面或背水面施工均可。

2）可承受高静水压力。

3）可自修复不大于 0.4mm 的裂缝。

4）可塑性好，粘结力强，可在潮湿基面施工。

5）抗冻融，耐磨损，非易燃。

6）无毒，可用于饮用水工程。

7）不含聚合物，不含挥发性有机物。

（5）适用范围

填充修补混凝土结构的裂缝、冷缝、对拉螺栓孔、蜂窝麻面、孔洞以及受损剥落等缺陷部位。

生产单位：PenetronInternationalLtd.（澎内传国际有限公司），中国总代理：北京澎内传国际建材有限公司，联系人：高剑秋（13801021123）。

7.106 PENEPLUG 澎内传渗透结晶型防水堵漏材料（PNC602）

（1）产品简介

PENEPLUG 澎内传渗透结晶型防水堵漏材料（PNC602）是一种快速凝固的水泥基渗透结晶型堵漏材料，用于在水压下对恶性渗漏部位的快速封堵和修补。

（2）产品执行标准

《无机防水堵漏材料》GB 23440－2009。

（3）产品规格、代号

规格：25kg/桶。代号：PNC602。

（4）产品特点

1）施工方便，在结构的迎水面或背水面施工均可。

2）可承受高静水压力。

3）可快速凝固，封堵渗漏。

4）无毒，可用于饮用水工程。

5）无机材料，不含挥发性有机物。

（5）适用范围

快速封堵混凝土、砌体、砖石等结构上的渗漏部位。

生产单位：PenetronInternationalLtd.（澎内传国际有限公司），中国总代理：北京澎内传国际建材有限公司，联系人：高剑秋（13801021123）。

7.107 PENETRON 澎内传水泥基渗透结晶型防水涂料（PNC401）

（1）产品简介

PENETRON 澎内传渗透结晶型防水涂料（PNC401）是由硅酸盐水泥、特别选制的石英砂、多种活性化学物质配制而成的粉状材料。产品与水拌和后应用于混凝土表面，其活性化学物质以水为载体渗透到混凝土内部，催化水泥水化的副产物与水发生化学反应生成不溶于水的结晶体，填充和封堵所有的细微裂缝、毛细管道、孔洞和空隙，为混凝土提供有效和持久的防水保护。

（2）产品执行标准

《水泥基渗透结晶型防水材料》GB 18445-2012。

（3）产品规格、代号

规格：25kg/桶。代号：PNC401。

（4）产品特点

1）无机材料，使用寿命长，防水性能不衰减。

2）可自修复宽度不大于0.4mm的收缩裂缝。

3）施工方便，在混凝土结构的迎水面或背水面施工均可。

4）无须找平层和保护层。

5）可抵抗腐蚀性土壤、冻融、海水、碳酸盐、氯化物、硫酸盐和硝酸盐等化学物质的侵蚀。

6）产品无毒、不含挥发性有机物。

（5）适用范围

新建或维修的混凝土结构：地下室挡土墙、石油化工工程、混凝土板（地板/屋顶/阳台等）、隧道和地铁系统、海洋工程、码头、挡水结构、重点保护的地下工程、游泳池、水箱、污水处理厂、垃圾发电厂、溢洪道、水利工程、桥梁和道路等。

生产单位：PenetronInternationalLtd.（澎内传国际有限公司），中国总代理：北京澎内传国际建材有限公司，联系人：高剑秋（13801021123）。

7.108　PENETRONINJECT 澎内传渗透结晶灌浆材料（PNC901）

（1）产品简介

PENETRONINJECT 澎内传渗透结晶灌浆材料（PNC901）是一种高效的双组分水泥基渗透结晶型注浆材料，可填充和密封深层的混凝土结构的裂缝、孔洞和空隙。由于注浆料的黏度很低且颗粒极细，可以渗入到混凝土或岩石的细微裂缝中产生结晶体将其封闭，即使在水中也能形成整体的、不溶性的、坚硬的水泥基填充体，并增强混凝土结构或岩石修复区域的稳定性和强度，恢复其原有防水性能。此外，该产品也可用于对预埋钢筋和锚件的防腐保护。

（2）产品执行标准

《水泥基灌浆材料》JC/T 986-2018。

（3）产品规格、代号

规格：A组分（粉末）：25kg/桶，B组分（液体）：2L/桶。代号：PNC901。

（4）产品特点

1）提高混凝土的强度和耐久性。

2）渗透性能优异，可在潮湿区域使用。

3）无机材料，不含挥发性有机物。

4）无毒。

（5）适用范围

混凝土基础、地下室挡土墙、挡水结构、施工缝、停车场、隧道和地铁系统、桥梁、水库、溢洪道、污水处理厂等。

生产单位：PenetronInternationalLtd.（澎内传国际有限公司），中国总代理：北京澎内传国际建材有限公司，联系人：高剑秋（13801021123）。

7.109　PENETRONADMIX 澎内传水泥基渗透结晶型防水剂（PNC803）

（1）产品简介

PENETRONADMIX 澎内传水泥基渗透结晶型防水剂（PNC803）是由纯硅酸盐水泥和多种活性化学物质组成的粉状材料。在混凝土搅拌过程中添加本产品，其活性成分催化水泥水化的副产物与水发生反应，生成不溶于水的结晶体，从而填充和封堵所有的细微裂缝、毛细管道、孔洞和空隙，防止水分和其他液体从任何方向渗入，为混凝土提供有效和持久的防水保护。

（2）产品执行标准

《水泥基渗透结晶型防水材料》GB 18445－2012。

（3）产品规格、代号

规格：25kg/桶。代号：PNC803。

（4）产品特点

1）无机材料，使用寿命长，防水性能不衰减。

2）可承受高静水压力。

3）可自修复宽度不大于 0.4mm 的裂缝。

4）无毒、不含挥发性有机物。

5）增加混凝土密实度，从而提高混凝土的抗冻融和化学物质侵蚀能力。

（5）适用范围

基础、地下室、停车场、隧道和地铁系统、二级安全壳结构、桥梁、水库、游泳池、污水及自来水处理厂、预制构件等混凝土结构。

生产单位：PenetronInternationalLtd.（澎内传国际有限公司），中国总代理：北京澎内传国际建材有限公司，联系人：高剑秋（13801021123）。

7.110　自粘聚合物改性沥青防水卷材

（1）产品简介

自粘聚合物改性沥青防水卷材是以自粘聚合物改性沥青为基料的自粘防水卷材，由自粘聚合物改性沥青胶料、隔离材料 PE 及 PET 聚酯膜面组成的柔性冷施工性防水卷材。

（2）产品执行标准

《自粘聚合物改性沥青防水卷材》GB 23441－2009。

（3）产品规格、代号（表 7.110-1）

表 7.110-1

胎基	厚度（mm）	面积（m^2）	上表材料
聚酯胎基（PY 类）	2、3、4	10、15	聚乙烯膜（PE）、细砂（S）、无膜双面自粘（D）

（4）产品特点

1）优异的自粘性能

特殊配方的自粘聚合物改性沥青胶料在常温下具有超强黏性，可与干净、干燥的水泥基面实施满粘，有效避免空鼓与窜水。与后续浇筑的混凝土粘为一体，长期浸泡下也依然密不可分。

2）独特的自愈功能

能自行愈合较小的穿刺破损，对钉穿透或细微裂纹具有愈合的能力，有效保证了卷材防水的整体性。

3）良好的延伸性

对基层伸缩或开裂变形适应性强，在一定程度上可减少因基层的变形及裂缝而引起的漏水现象。良好的耐高温及低温柔韧性能适应不同地区不同气候的要求，适用范围广。

4）适用范围

工业民用建筑的屋面、地下室的防水、防渗、防潮；地铁、隧道、水利等各种防水工程和管道及易变形部位、木结构、金属结构的防水、防腐、防渗；不宜明火施工的油库、化工厂、纺结构、粮仓等防水工程。

生产单位：云南昆明雨霸建筑防水材料有限公司，联系人：田安富（13888492826，0871-67359269），销售地址：昆明市昌宏路东聚五金机电建材城西区 14 幢 10 号，工厂地址：云南省昆明市晋宁区工业园区二街片区。

7.111　SBS 改性沥青防水卷材

（1）产品简介

SBS 改性沥青防水卷材是以 SBS 改性沥青为浸渍覆盖层，以长纤聚酯胎（PY）为胎基，以 PE 膜、细砂等为覆面材料。

（2）产品执行标准

《弹性体改性沥青防水卷材》GB 18242−2008。

（3）产品规格、代号（表 7.111-1）

表 7.111-1

胎基	厚度（mm）	面积（m^2）	上表材料
聚酯胎基（PY 类）	3、4	10	聚乙烯膜（PE）、细砂（S）

（4）产品特点

延伸性、耐候性、柔韧性良好。粘结力强。可塑性大，强度高，适应性强，能抗冲击和耐磨损。优异的耐高、低温性，冷热地区均可用。可形成高强度防水层，抵抗水压力能力强。高强度胎基，耐腐蚀、耐霉变、耐疲劳。施工方便，热熔法施工，搭接缝严密可靠。

（5）适用范围

工业民用建筑的屋面、地下室的防水、防渗、防潮；地铁、隧道、水利等各种防水工程和管道及易变形部位、木结构、金属结构的防水、防腐、防渗；不宜明火施工的油库、化工厂、纺结构、粮仓等防水工程。

生产单位：云南昆明雨霸建筑防水材料有限公司，联系人：田安富（13888492826，0871-67359269），销售地址：昆明市昌宏路东聚五金机电建材城西区 14 幢 10 号，工厂地址：云南省昆明市晋宁区工业园区二街片区。

7.112　丁基橡胶防水卷材

（1）产品简介

丁基橡胶防水卷材以特殊定制的进口强力交叉膜/或增强铝箔膜为表层基材，一面涂覆丁基自粘胶，隔离层采用聚乙烯硅油膜制成的新型高分子防水卷材。

（2）产品执行标准

1）《湿铺防水卷材》GB/T 35467－2017。

2）《带自粘层的防水卷材》GB/T 23260－2009。

（3）产品规格、代号

厚度：1.5mm、2.0mm。

（4）产品特点

1）延伸率高，适应各种基层变形。

2）强力高分子交叉膜，抗穿刺力强，撕裂强度高，性能优异。

3）自粘胶层使用丁基橡胶，耐老化性能好，自愈性强，永不固化。

4）独特的持续抗撕裂性，柔性好，耐高低温性能好。

（5）适用范围

地下室防水，混凝土屋面、钢结构屋面等外露防水或维修工程。

生产单位：安徽德淳新材料科技有限公司，联系人：闫金香。

7.113 喷涂速凝橡胶沥青防水涂料

（1）产品简介

喷涂速凝橡胶沥青防水涂料是一种将道路沥青通过特殊工艺，采用乳化技术使之溶解于水成为一种超细、悬浮的乳状液体，再与合成高分子聚合物同相复配组成 A 组分，以特种破乳剂作为 B 组分；将 A、B 两个组分分别单管路径喷出，在喷出口交叉混合，在 5～10s 内瞬间反应固化形成高弹性、高附着力的一层永久防水、防渗、防腐的厚质涂层，橡胶沥青乳液 A 组分与破乳剂 B 组分通过专用喷涂设备的两个喷嘴喷出，雾化混合，在基面上瞬间破乳析水，凝聚成膜，实干后形成连续无缝、整体致密的橡胶沥青防水层。

（2）产品执行标准

1）《喷涂速凝橡胶沥青防水涂料》T/CECS 10416－2024。

2）《喷涂速凝橡胶沥青防水涂料》Q/DC 001－2018。

（3）产品规格、代号

产品规格：Ⅰ型、Ⅱ型。

（4）产品特点

1）超高弹性：涂膜断裂伸长率可达 1000%以上，适合于伸缩缝及变形缝部位，能够有效解决各种构筑物因应力变形、膨胀开裂、穿刺或连接不牢等造成的渗漏、锈蚀等问题；有效应对结构变形，保证防水效果。

2）整体防水：涂膜可完美包覆基层，实现涂层的无缝连接，从而达到卷材难以实现的不窜水、不剥离的要求，对于异型结构或形状复杂的基层施工更加简便可靠。

3）自密自愈：高弹性和高伸长率造就了涂膜的自愈功能，对一般性的穿刺可以自行修补，不会出现渗漏现象。

4）耐化学性优异、耐温性好：涂膜具有优异的耐化学腐蚀性，耐酸、碱、盐和氯，耐高温和耐低温性能优异。

5）施工方式灵活多样：除主要采用喷涂施工方式外，也可采用刷涂、刮涂等涂装方式，满足对落水口、阴阳角、施工缝、结构裂缝等防水作业的特殊要求。

（5）适用范围

地下防水，混凝土屋面、钢结构屋面等外露防水或维修工程。

生产单位：安徽德淳新材料科技有限公司，联系人：闫金香。

7.114 DC-P 聚酯复合高分子防水卷材

（1）产品简介

DC-P 聚酯复合高分子防水卷材是以热塑性弹性体（TPO）为主材，卷材上下表面采用针刺无纺布进行复合，施工采用专用粘结剂，卷材质轻柔软，与胶凝材料粘结后形成紧密的防水层。

（2）产品执行标准

1）《高分子防水材料　第 1 部分：片材》GB/T 18173.1－2012。

2）《热塑性聚烯烃（TPO）防水卷材》GB 27789－2011。

（3）产品特点

1）拉伸强度大，延伸率高，热处理尺寸变化小，使用寿命长。

2）耐根系渗透性好，耐老化，耐化学腐蚀性强。

3）抗穿孔性和耐冲击性好。

4）抗拉性能卓越，断裂伸长率高。

5）施工和维修方便，宽幅宽搭接少、牢固可靠，成本低廉。

（4）适用范围

地下防水，混凝土屋面、钢结构屋面、饮用水池等防水或维修工程。

生产单位：安徽德淳新材料科技有限公司，联系人：闫金香。

7.115 M-004 防水隔热反射涂料

（1）产品介绍

采用进口的隔热反射原料和高分子聚合物乳液经过自交联化学反应精制而成。涂料成膜后，隔热反射效率高，涂层具有耐水、耐候、耐污等特点。能有效降低屋面表面温度，适用于各类防水节能建筑工程中，是集防水、隔热、反射为一体的新型材料。

（2）产品执行标准

《建筑外表面用热反射隔热涂料》JC/T 1040－2007。

（3）产品特点

1）降温明显：隔热防晒降温效果好，高温暴晒后涂层表面依然保持不烫手，降温效果可达 15℃以上，节能率达到 58%以上。

2）防水性能强：涂层坚韧、耐水，能有效起到防水防渗的效果。

3）耐候性好：涂层具有抗紫外线性，耐候性能优异，有效使用寿命可达 10 年以上。

4）防腐蚀性能强：涂层耐酸、耐碱、耐酸雨等，可经受各种恶劣气候考验。

5）随着力强：涂层成膜后，可避免出现裂纹、剥落、掉皮、粉化等现象，并可在涂层上晾晒粮食。

6）水性环保、自洁性好：本品是水性环保产品，涂层具有疏水性，抗粘污，耐擦洗。

（4）产品施工工艺

1）施工准备：检查基材情况，修补基面的孔洞、凹陷、空鼓和裂缝等，铲除基面油污、杂物和浮尘，保持基面干燥整洁。

2）底涂施工：将涂料：水以 1：0.2 左右比例混合搅拌，经过充分搅拌后进行底涂施工。

3）面涂施工：根据项目实际情况或样板要求，可以选择刷涂、喷涂或辊涂施工，至少要涂刷 2 遍。

（5）注意事项

现场施工温度应控制在 5～45℃。

（6）适用范围

建筑外墙、屋面、钢结构、化工储罐、仓库等需要防水隔热的项目工程。

生产单位：江门万兴佳化工有限公司，联系人：梁起冠（13822259336）。

7.116　多彩橡胶外露防水隔热三合一多功能涂料

（1）产品简介

以天然橡胶乳液为基料，通过和聚醚进行接枝反应，加入中空隔热材料后在进口助剂的促进下精制而成的新一代屋面外露专用防水隔热涂料。产品既有橡胶的耐候性，又有防水的密封性，还有隔热反射的显著性，特别适合应用在暴露式屋面使用。

（2）产品特点

1）成膜后可不需要做保护层，可以直接在屋面暴露使用，可以抗紫外线。

2）成膜后弹性极强，抗拉裂性极好，适用范围广，可耐高温 120℃，耐低温−20℃。

3）成膜后隔热效果极好，金属屋面表温可降 20～35℃，水泥基面表温可降 10～20℃。

4）天然橡胶单组分水性产品，耐候性好，耐环保性好，具有极佳的施工性能。

（3）产品施工工艺

1）施工准备：检查基材情况，修补基面的孔洞、凹陷、空鼓和裂缝等，铲除基面油污、杂物和浮尘，保持基面干净整洁。

2）基面处理：基面先涂刷一至两遍吉美帮固砂宝基面增强剂，作为基层增强处理剂使用，可以有效避免防水层出现起皮、空鼓、分层的现象。

3）涂料施工：根据项目实际情况或样板要求，可以选择刷涂、喷涂或辊涂施工，至少要均匀涂刷 2 遍，建议采用“卷涂一体”或“一布三涂”施工工艺，效果会更好。

（4）注意事项

1）存放时应保证通风、干燥、防止阳光直接照射，贮存及施工温度应在 5～40℃，避免在雨天或灰尘较大的环境下进行施工。

2）在暴晒情况下施工，易出现鱼眼、气泡，建议避开暴晒天气施工。若施工中出现少量鱼眼、气泡，及时修补不会影响防水质量。

3）非易燃易爆材料，可按一般货物运输。运输中应防晒、防冻、防止雨淋、挤压、碰撞，保持包装完好无损。

（5）适用范围

混凝土屋面、金属屋面、琉璃瓦屋面、木结构屋面等防水项目工程。

生产单位：江门万兴佳化工有限公司，联系人：梁起冠（13822259336），地址：广东省鹤山市龙口镇兴龙工业区江门富景 B 栋。

7.117　JG360-混凝土结构补强型环氧树脂灌浆材料

（1）产品简介

产品可以在潮湿基面或者水中施工，固化后不收缩、不老化，具有一定的弹性，修补混凝土裂缝后能够适应结构的变形，渗漏复发率低，是目前比较可靠的新型堵漏材料。

（2）产品执行标准

企业标准。

（3）产品规格、代号

28kg/组。

（4）产品特点

1）黏度低、流动性好，渗透性强。

2）可在潮湿或者带水环境条件下施工。

3）固化后具有 3%～8%的延伸率，有效适应结构的收缩变形。

4）强度高，后期收缩小，渗漏复发率低。

5）具有抗老化及耐酸碱性能。

（5）适用范围

建筑物防水抗渗；缺陷混凝土的补强堵漏；建筑物表面的修补；地基基础补强加固；混凝土路面补修，隧道、地下室漏水、楼面裂缝、厨房、厕所的防水补强。

生产单位：云南欣城防水科技有限公司，联系人：李再参（13529276516）。

7.118 点牌热塑性聚烯烃（TPO）防水卷材

（1）产品简介

点牌热塑性聚烯烃（TPO）防水卷材即热塑性聚烯烃类防水卷材，是采用先进的聚合技术将乙丙橡胶与聚丙烯结合在一起的热塑性聚烯烃（TPO），以合成树脂为基料，加入抗氧剂、防老剂、软化剂制成的新型防水卷材，它既具有塑料防水卷材的高强焊接性能，又具有三元乙丙橡胶防水卷材的长期耐候性。防水效果突出，耐老化性能突出，因此是一款更具人性化、高品位的新型合成材料。

（2）产品执行标准

《热塑性聚烯烃（TPO）防水卷材》GB 27789－2011。

（3）产品规格、代号

产品规格：1.2mm、1.5mm、1.6mm。

（4）产品特点

1）具有优良的耐候能力、低温柔度和可焊接特性。与传统的塑料不同，在常温显示出橡胶高弹性，在高温下又能像塑料一样成型。

2）具有良好的加工性能和力学性能，并且具有高强焊接性能。

3）卷材自身致密的分子结构，使得卷材具有纯物理阻根特性。

4）具有抗老化、拉伸强度高、伸长率大、潮湿屋面可施工、外露无须保护层、施工方便、无污染等综合特点。

（5）适用范围

1）适用于饮用水水库、卫生间、地下室、隧道、粮库、地铁、水库等防水防渗工程。

2）适用于建筑外露或非外露式屋面防水层及易变形的建筑地下防水。

3）特别适用于轻型薄壳结构的屋面防水工程，配合合理的层次设计和合格施工质量，既达到减轻屋面重量，又有极佳的节能效果，还能做到防水防结露，是大型工业厂房、公用建筑等屋面的首选防水材料。

生产单位：北京圣洁防水材料有限公司，联系人：杜昕（18601119715）。

7.119　点牌聚氨酯防水涂料

（1）产品简介

点牌聚氨酯防水涂料是由异氰酸酯、聚醚等经加成聚合反应而成的含异氰酸酯基的预聚体，配以催化剂、无水助剂、无水填充剂、溶剂等，经混合等工序加工制成的单组分聚氨酯防水涂料。该类涂料为反应固化型（湿气固化）涂料，具有强度高、延伸率大、耐水性能好等特点，对基层变形的适应能力强。聚氨酯防水涂料是一种液态施工的单组分环保型防水涂料，是以进口聚氨酯预聚体为基本成分，配以无焦油和沥青等添加剂。与空气中的湿气接触后固化，在基层表面形成一层坚固的无接缝整体防膜。

（2）产品执行标准

《聚氨酯防水涂料》GB/T 19250－2013。

（3）产品规格、代号

产品规格：20kg/桶。

（4）产品特点

1）单一组，即开即用，施工方便。

2）产品具有高强度、高延伸率、高固含量、粘结力强。

3）自然流平，延伸性好，能克服基层开裂带来的渗漏。

4）涂膜具有良好的耐水性、耐腐蚀性和耐菌性。

5）一次可厚涂且涂膜密实、无针孔、无气泡。

6）常温施工，操作简便，无毒无害，耐候性、耐老化性能优异。

7）对基层含水率要求不苛刻，可在较潮湿的基层上施工，同样受空气的影响也较小。

8）粘结力强，与符合要求的各种基层有非常好的粘结力且无须基层处理剂，成膜后可以耐水长期浸泡。

（5）适用范围

1）建筑设备与管道绝热结构的防潮、隔气保护层。

2）埋地管道表面防腐、防潮、防水密封层。

3）保冷工程用粘结剂及隔汽层。

4）体育设施弹性地面的铺设。

5）屋面、地下室、隧道、水池、卫生间、地面等建筑工程的防漏、抗渗、防腐。

生产单位：北京圣洁防水材料有限公司，联系人：杜昕（18601119715）。

7.120　点牌非固化橡胶沥青防水涂料

（1）产品简介

圣洁点牌非固化橡胶沥青防水涂料由胶粉、改性沥青和特种添加剂制成的弹性胶状体，与空气长期接触不固化的防水涂料。该产品具有防水性、非固化性、黏合性和环保性。

（2）产品执行标准

《非固化橡胶沥青防水涂料》JC/T 2428－2017。

（3）产品规格、代号

产品规格：20kg/桶。

（4）产品特点

1）圣洁（SJ）非固化橡胶沥青防水涂料（粘结料）在施工过程中，涂料稳定性好，不分离，能形成连续、无接缝的防水层，并具有自修复和自愈性能，能有效地阻止水在防水层与结构混凝土间流窜。

2）当结构出现变形或开裂时，本产品依然会牢固粘结在结构体上，不滑移不脱落。在立墙结构有粉尘的情况下，与 GFZ 点牌高分子聚乙烯丙纶防水卷材复合使用粘结牢固，附着力极强。

3）能够大大缩短防水施工工期，对基层的要求极为宽松，潮湿基层也可施工。

4）适用于水泥混凝土结构层、木板、塑料、钢材等基层。

5）施工简单，既可刮抹施工，又可以喷涂施工。对环境温度要求低，零度以下也可施工，不受温度影响，且粘结性能和防水性能十分稳定。

6）具有耐酸、耐碱、耐盐性能，耐腐蚀性能强，无毒无味无污染，符合国家规定。

7）具有与空气接触长期不固化的特点，通过几年的实践证明，防水涂层不凝固。该涂料能够在压力作用下渗透到泥土缝隙中，确保防水性。

（5）适用范围

构筑物的地下室防水、屋面防水、地铁隧道、水利坝渠、桥梁等的外防水层，也可用于变形缝、后浇带，变形沉降较大的部位防水。

生产单位：北京圣洁防水材料有限公司，联系人：杜昕（18601119715）。

7.121　点牌喷涂速凝橡胶沥青防水涂料

（1）产品简介

该产品以高分子改性材料、阴离子乳化沥青为主要组分，加入助剂制成 A 组分与破乳剂组分，喷涂固化后生成的一种具有高延伸性的防水涂料。B 组分为促凝剂，是由金属盐类等电解质配制成相应浓度的水溶液。为了保证该组分的分子稳定性，通常以颗粒状出现。

（2）产品执行标准

《SJ 喷涂速凝橡胶沥青防水涂料》Q/MYSJF0001－2016。

（3）产品规格、代号

产品规格：120kg/桶、50kg/桶。

（4）产品特点

1）施工简单、快捷：可以在潮湿基面上施工，灵活简便。可以满足各种异型结构对防水作业的特殊要求，中间可以用网格布做加强处理。

2）成膜速度快：该产品由多种组合通过互穿网络技术和纳米技术复合而成，利用促凝催化原理使产品迅速初凝，成膜速度快，初凝固化时间仅为 3～5s。同时避免普通涂料易流淌的弊病。

3）一次成膜：可以做到喷涂膜厚度 1～2mm 内一次成膜，无须多次施工。

4）完美包覆：涂层可完美包覆基底，实现涂层同基底之间的无缝连接，从而达到卷材难以实现的不窜水、不剥离特性。

5）超高弹性：产品成型后具有较高的弹性和抗穿孔性能，断裂延伸率 1000%～1800%，复原率达 90%以上，并具有优异的自愈功能，因此能够有效解决各种构筑物因应力变形、锈蚀等问题。

6）耐热耐寒性：具有优良的耐热稳定性和抗低温性能，应用环境温度一般为−40～120℃。

7）卓越的附着性：可以依附在混凝土、钢铁、木材、金属等多种材料表面。

8）安全环保：此产品为水性，无毒、无味、无污染新型节能环保材料。

（5）适用范围

建筑防水、车库顶板、车库底板、立墙内防水、屋面防水、地铁、隧道、管廊等防水工程。该材料在侧立面喷涂时不流挂，可适应各种结构的基层。尤其适用于异型结构基础较多、顶面侧立面的工程。

生产单位：北京圣洁防水材料有限公司，联系人：杜昕（18601119715）。

7.122　点牌水泥基渗透结晶型防水涂料

（1）产品简介

点牌水泥基渗透结晶防水涂料由普通硅酸盐水泥、石英砂和带有活性功能基因的化学物质组成。现场搅拌，调配成可以涂刷或喷涂的浆料。这种涂料不仅自身能形成一个有效的防水涂层，涂层中含有的活性化学物质通过水可向混凝土内部渗透，并引发混凝土中未水化的颗粒发生水化反应，形成凝胶体和不溶性结晶体。凝胶体和结晶体的生长可填塞和挤密混凝土中的毛细通道及裂隙，减少毛细孔体积，使渗透系数大大下降，从而提高了混凝土的抗渗水强度，有很好的抗渗、防水功能。

（2）产品执行标准

《水泥基渗透结晶型防水材料》GB 18445－2012。

（3）产品规格、代号

产品规格：20kg/桶。

（4）产品特点

1）可在潮湿的基层上施工，对基层要求较宽松。

2）封闭混凝土毛细通道，增加密实度，建立微细裂缝自愈体系。

3）提高混凝土、砂浆表面强度，防水防渗效果好。

4）无毒、无味、无危害，是绿色环保产品。

5）施工方便。

（5）适用范围

地下室、屋面、水池、厨卫间等防水工程。

生产单位：北京圣洁防水材料有限公司，联系人：杜昕（18601119715）。

7.123　硅烷改性聚醚水固化灌浆胶（阳离子丁基液体橡胶）

（1）产品简介

单组分材料，固含量达到95%以上，耐严寒、抗酸碱、抗盐分，遇水能快速固化，起到修复橡胶止水带的作用，延伸性可达300%，与基层粘结效果好。该材料环保无毒，性能稳定，采用进口原材料配比加工，适用地铁、高铁、高速公路、市政、综合管廊等地下工程带水堵漏施工。

（2）产品执行标准

《建筑密封胶分级和要求》GB/T 22083－2008。

（3）产品规格、代号

代码：KT-CSS-9019。包装为单组分，13kg。

（4）产品特点

水中可以固化，水中粘结、固化体有8%的延伸率、抗压强度C80，无溶剂、黏度大。

（5）适用范围

交通类隧道、地铁隧道、车站、水电站、地下综合管廊、地下车库等地下工程施工缝、变形缝、沉降缝、伸缩缝堵漏。

生产单位：南京康泰建筑灌浆科技有限公司，联系人：陈森森（13905105067）。

7.124　特种早凝早强水泥基灌浆材料

（1）产品简介

高抗分散性，优良的施工性，适应性强，不泌水、不产生浮浆，凝结时间略延长，安全环保性好，低水料比，高流动性，高渗透性，高粘结力，高强度，无泌水、无收缩，注浆凝固后结石率≥99%，后期强度不回落，耐久性与混凝土同步，固化时间可以调整，快速凝固，浆液渗透性好，与原混凝土基面的粘结强度高，固化后无收缩，水泥基灌浆材料，耐久性与水泥基本一致，微膨胀（2%的膨胀系数）自流平，自密实，强度高，固化后强度达到C30～C50，超细，可以灌注到0.8～1.0mm的缝隙和裂缝中去，粘结强度高，与围岩粘结效果好。

此材料与水泥性能基本相同，耐久性与水泥基本一致。

（2）产品执行标准

1）《水泥基灌浆材料应用技术规范》GB/T 50448 2015。

2）《水泥基灌浆材料》JC/T 986-2018。

（3）产品规格、代号

包装为25kg桶装。

（4）产品特点

带水堵漏和加固，结构背后空腔回填。

（5）适用范围

交通类隧道、地铁隧道、车站、水电站、地下综合管廊、地下车库等地下工程结构壁后空腔堵漏，严寒地区建筑结构壁后、围岩裂隙带水堵漏和加固，结构背后空腔回填。

生产单位：南京康泰建筑灌浆科技有限公司，联系人：陈森森（13905105067）。

7.125 耐潮湿低黏度改性环氧灌缝结构胶

（1）产品简介

耐潮湿低黏度改性环氧灌缝结构胶防水堵漏材料，适合交通类隧道、地铁隧道、车站、水电站、地下综合管廊、地下车库等交通类地下工程主体现浇结构和拼装结构盾构管片的施工缝、不规则裂缝、结构混凝土不密实、拼接缝等堵漏和加固。

（2）产品执行标准

1）《工程结构加固材料安全性鉴定技术规范》GB 50728-2011。

2）《混凝土裂缝用环氧树脂灌浆材料》JC/T 1041-2007。

（3）产品规格

包装为双组分，A组分20kg，B组分为5kg。

（4）产品特点

水中可以固化，水中粘结，固化体有3%、8%、25%的延伸率，抗压强度C60，无溶剂，黏度小，可以灌注到0.1mm的裂缝。

（5）适用范围

交通类地下工程主体现浇结构和拼装结构盾构管片的施工缝、不规则裂缝、结构混凝土不密实、拼接缝等堵漏和加固。

生产单位：南京康泰建筑灌浆科技有限公司，联系人：陈森森（13905105067）。

7.126 JG360-反应粘结型聚合物水泥防水材料

（1）产品简介

JG360-反应粘结型聚合物水泥防水材料是由高分子丙烯酸乳液和水泥基粉剂，现场按配比搅拌而成。

（2）执行标准

《聚合物水泥防水涂料》GB/T 23445－2009。

（3）产品规格

双组分产品：A 组分 20kg/桶；B 组分 20kg/袋。施工配比为 A：B＝1：1。

（4）产品特点

耐热性好，240℃无滑动，低温柔度可达–40℃，出色的耐紫外线老化性能，可长期暴露使用；粘结性能好；优异的防火、防腐性能。

（5）适用范围

老旧屋面维修，地下室、室内厨卫间、墙体外立面、天台等隐蔽和外露防水工程。

生产单位：云南欣城防水科技有限公司，联系人：刘冠麟（13888890007）。

7.127 JG360-聚氨酯灌浆材料

（1）产品简介

JG360-聚氨酯堵漏剂是由复合聚醚多元醇与多元异氰酸酯反应生成的一种高分子化学灌浆材料。该材料遇水后，迅速进行聚合反应，分散乳化或发泡膨胀，从而达到防水堵漏的目的，是新一代防水堵漏材料。

（2）执行标准

企业标准。

（3）产品规格

10kg/桶。

（4）产品特点

1）疏水性强：发泡后化学稳定性高。

2）膨胀率高：膨胀率高，固化后弹性好。

3）渗透性强：黏度低，具有较大的渗透半径和凝固体积比。

4）强力粘结：与混凝土等材料粘结力强。

5）安全环保：涂层耐酸、碱和有机溶剂，耐化学腐蚀性好。

（5）适用范围

房屋建筑、隧道、地铁、大坝、桥梁等各种建筑物地下室、卫生间、伸缩缝、施工缝、后浇带等部位的渗水或漏水。

生产单位：云南欣城防水科技有限公司，联系人：刘冠麟（13888890007）。

7.128 JG360-丙烯酸盐灌浆材料

（1）产品简介

JG360-丙烯酸盐灌浆堵漏材料是一种由过量的金属氧化物、氢氧化物和丙烯酸反应生成的丙烯酸盐混合物的水溶液，加入各种所需的组分生成的一种低黏度灌浆材料。

（2）执行标准

《丙烯酸盐灌浆材料》JC/T 2037－2010。

（3）产品规格

双组分产品：A 组分 20kg/桶；B 组分 20kg/桶。施工配比为 1：1。

（4）产品特点

本产品为非燃非爆品，无毒、不含游离丙烯酰胺，固结物具有很好的耐化学性能，可以耐石油、矿物油、植物油和动物油。产品表面张力低、黏度低、灌浆性好、凝胶时间短、抗渗性优异、施工性能良好。

（5）适用范围

地下室地底板、侧墙、屋面堵漏维修及地下混凝土或砖石建筑等部位。

生产单位：云南欣城防水科技有限公司，联系人：刘冠麟（13888890007）。

7.129 点牌聚乙烯丙纶防水卷材

（1）产品简介

点牌聚乙烯丙纶防水卷材是采用线性低密度聚乙烯、高强丙纶无纺布、抗老化剂等高分子原料（原生原料）经物理和化学变化，由自动化生产线一次性复合加工制成。卷材中间层是防水层和防老化层，上下两面是增强粘结层，与其相配套的自行研制的点牌胶结料相粘结，牢固，可靠，无翘边，无空鼓，形成的聚乙烯丙纶-聚合物水泥复合防水体系。

（2）产品执行标准

《高分子防水材料　第1部分：片材》GB 18173.1－2012。

（3）产品规格

产品规格：0.7mm、0.8mm、0.9mm、1.0mm、1.2mm和1.5mm。

（4）产品特点

1）绿色环保产品，冷粘结，人身安全有保障。

2）采用原生原料生产的卷材，使用寿命长，与结构同等寿命。

3）可在潮湿的基层上做防水施工，雨季可施工。

4）该卷材柔韧性好，可直角施工。

5）与墙体有亲和性，粘结牢固，无空鼓。

6）本体系绝缘性能好，2000V高压不导电，在管廊中使用，安全性强。

7）适用于冬期施工；可选用非固化橡胶沥青防水涂料粘结。

8）种植屋面、种植地面耐根穿刺性能好；无毒害，有利于植物生长。

（5）适用范围

地下管廊防水、公共、民用建筑以及大型场馆的地下防水、厨卫间防水、屋面防水、水利大坝等防水工程以及地铁、隧道防水工程。

生产单位：北京圣洁防水材料有限公司，联系人：杜昕（18601119715）。

7.130 DZH无机盐注浆材料

（1）产品简介

广泛应用于建筑工程、矿山工程、地铁工程、隧道工程、水利工程、地质灾害防护等方面的防水、堵漏、加固。对于大型应急渗漏的处理效果尤为显著。

（2）产品执行标准（表7.130-1）

表7.130-1

序号	项目	技术指标	
		Ⅰ型	Ⅱ型
1	外观	液体组分为不含颗粒的均质液体	
		粉体组分为不含凝结块的松散	

续表

序号	项目	技术指标	
2	凝胶时间 s	报告实测值	
3	有效固水量（%）	100	200
4	不透水性（MPa）	0.3	0.6
5	固砂体抗压强度（MPa）	≥0.4	≥1.0
6	断裂伸长率（%）	≥100	≥50
7	耐碱性	饱和氢氧化钠溶液泡 168h，表面无粉化，裂纹	
8	耐酸性	1%盐酸溶液泡 168h，表面无粉化，裂纹	
9	遇水膨胀率（%）	≥20	≥10

（3）产品规格

产品规格：25kg/桶、50kg/桶。

（4）产品特点

1）双组分、无毒、无害、绿色环保。

2）适应性强、应用面广，可用于各类工程细微裂缝的堵漏维修和大通道裂缝、大面积、大水量的防水、堵漏、加固维修等。

3）施工简单、操作方便、工期短，一年四季室内外均可施工。

4）吸水率强、固水量大、适用面广，注浆料能够吸收固化自身体积 2 倍以上的动态水，可广泛应用于混凝土结构、砖石结构、砂土结构等方面的防水堵漏、加固。

5）弹性大、固结力强、后期强度高、防水堵漏效果好，注浆料能够进入渗透到缝隙、裂缝、构造松散处和砂土内，与水反应固结成高强度，高弹性的连续防水层。

6）固化凝胶时间可以在几秒钟到数小时之间任意调整，可满足各类工程对注浆时间的要求。

7）耐久性好，具有永久防水性。注浆料为无机活性材料，耐酸碱、不易老化、不腐蚀钢筋、结合牢度好。

（5）适用范围

各类工业、民用建筑地下工程的防水堵漏。各类工程的地基基础防水、抗渗、加固、软弱地层、破碎岩层等处理。地铁、隧道、地下管廊、水库、大坝、矿井，坑道的防水堵漏、防渗加固。地质灾害工程、构造带滑坡体的加固防护处理。污水处理厂、自来水厂、蓄水池，游泳池的防水堵漏、防渗加固。

生产单位：京德益邦（北京）新材料科技有限公司，联系人：韩锋（19920010883）。

7.131 DZH 丙烯酸盐Ⅱ型注浆材料

（1）产品简介

一种以丙烯酸盐为主的灌浆树脂，无毒无害，绿色环保，可用于饮用水工程，在美国和欧洲允许这类产品直接用于地下工程而不需要申请化学灌浆应用批准证书。它的低表面张力、低黏度通常小于 10mPa·s，拥有非常好的可注性。具有凝胶时间短、可以准确控制凝胶时间和非常好的施工性能。具有高固结力和极高的抗渗性。渗透系数可达 0～10m/s，固结物具有很好的耐久性，可以耐石油、矿物油、植物油、动物油、强酸、强碱和 100℃以上的高温。

（2）产品执行标准（表 7.131-1）

《丙烯酸盐灌浆材料》JC/T 2037。

表 7.131-1

序号	项目	技术要求
1	外观	不含颗粒均质体液体
2	密度（g/m^3）	生产厂控制 ±0.05
3	黏度（mPa·s）	≤10
4	pH	6.0～9.0
5	凝胶时间（s）	实测值
6	渗透系数（cm/s）	1.0×10^{-6}～1.0×10^{-7}
7	固砂体抗压强度（kPa）	≥200
8	抗挤出破坏比降	≥300
9	遇水膨胀率（%）	≥30

（3）产品规格

产品规格：双组分，20kg/桶、40kg/桶。

（4）产品特点

1）水性液体、无毒无害、绿色环保，不会对人体造成伤害。

2）丙烯酸盐黏度极低，渗透性好，能够确保浆液渗透到宽度为 0.1mm 的缝隙中。

3）固化时间可调，快速固化的只需 10～60s，慢速固化的可以大于 10min。

4）凝胶体具有较高的弹性，延伸率可达 200%，有效解决了结构的伸缩问题。

5）应用广泛，适应性强，操作方便，工期短，一年四季均可施工，能在潮湿或干燥环境下直接施工。

6）与混凝土面具有极佳的粘结性能，粘结强度大于自身凝胶体的强度，即使凝胶体本身遭到破坏，粘结面仍保持完好。

7）对酸、碱具有良好的耐化学性，不受生物侵害的影响。

（5）适用范围

1）永久性承受水压的建筑结构，如大坝、水库等防渗帷幕注浆。

2）控制水渗透和凝固疏松的土壤防水加固。

3）隧道的防水、抗渗堵漏或隧道衬套的密封。

4）地下建筑物地下室、厨房、厕浴间等防水、抗渗、堵漏。

5）封闭混凝土和岩石结构的裂缝防水、抗渗、加固堵漏。

6）隧道开挖过程中，对土体中水的控制。

生产单位：京德益邦（北京）新材料科技有限公司，联系人：韩锋（19920010883）。

7.132 DZH 金刚屋顶防水涂料

（1）产品简介

DZH 金刚屋顶防水涂料是专门为屋面、游泳池等需要高耐磨、耐晒、耐长期水泡设计的一款新型防水涂料，采用特种乳化聚合物添加多种特种耐老化，耐水助剂反应而成，采用科学的生产工艺精制而成的一种高硬度且高韧性的屋面防水涂料。

（2）产品规格

产品规格：25kg/桶。

（3）产品特点

1）优异的耐磨性能，耐踩踏，适用于上人屋面。

2）环保水性涂料，无毒无害，无任何施工及环境安全隐患。

3）优异的韧性和耐疲劳性，能适应金属屋面的伸缩变形。

4）优异的耐老化及抗外线性能，延长基材使用年限。

5）耐水性能强悍，浸水不软化，不起鼓。

6）单组分开桶即用，施工简单方便。

7）与基层粘结强度高，是普通防水涂料的 2～3 倍。

（4）适用范围

1）混凝土屋面、金属屋面、砖墙面、外墙等位置整体防水。

2）游泳池、卫生间、阳台、蓄水池等。

3）FRP 采光板、卡普隆板外露面。

4）PVC 卷材、SBS/APP、EPDM、TPO 等基材外露面。

5）钢化玻璃、幕墙外露面。

生产单位：京德益邦（北京）新材料科技有限公司，联系人：韩锋（19920010883）。

7.133　科洛渗透型结晶型无机防水剂（DPS）

（1）产品简介

科洛渗透型结晶型无机防水剂（DPS）简称：科洛永凝液 DPS。科洛永凝液 DPS 是一种水性含专有催化剂和活性化学物质的防水材料，能迅速有效地与混凝土结构层中的氢氧化钙、铝化钙、硅酸钙等发生反应，形成惰性晶体嵌入混凝土的毛细孔中，达到密闭微细裂缝的目的，从而增强混凝土表层的密实度和抗压强度。这种反应分成两个阶段：第一个阶段，会在孔隙及毛细孔隙里产生一种硅石凝胶膜，当硅石凝胶膜中的水分蒸发后，会固化成一种晶体状的结构。第二阶段，固化形成的晶体将嵌入到混凝土的毛细孔和微小缝隙中，提高混凝土的致密性，同时也为混凝土提供良好的透气性能。在混凝土干燥状态下结晶物质是休眠的，遇水时结晶物再次膨胀，并再次结晶填充混凝土毛细孔以阻挡水分渗入。

科洛永凝液 DPS 是当今新型的绿色环保材料，不含甲醛，不含重金属，具有无毒、无味、不可燃、不挥发的特点，是一种透明的水溶液化合物。能自动渗入混凝土表层 20～30mmn，使填料与混凝土基质在固化剂作用下发生硅化而牢固结成一体。其形成硅氧键的网链结构类似天然晶体，即使在超过 1000℃的热力下，依然抗热且不会龟裂，并且其涂膜具有像人体皮肤一样既不渗水又能排汗的透气功能，使基质保持干爽。同时，无机矿物涂层的这种特殊结构，使其在大自然“热胀冷缩”往复循环运动中，能像岩石一样，长期保持涂膜表面的清洁，以阻止霉斑和苔藓的生长。

科洛永凝液 DPS 作为混凝土优良的保护剂，在很大程度上减缓了混凝土碳化（中性化）和碱-骨料反应的速度，永久阻止侵蚀性介质腐蚀。永凝液 DPS 之所以对混凝土有如此大的保护作用，基于永凝液 DPS 中含有的专有催化剂和活性化学物质，永凝液 DPS 溶液中的活性化学物质被激活后在催化剂的促进下与混凝土中的碱性物质发生反应后，形成嵌入混凝土毛细孔隙的硅凝胶，密闭混凝土中的微细孔隙，与混凝土形成一个整体。硅晶体是一种非常稳定的化学结构形态，它难以与任何化学物质再起反应，从而保护钢筋，不被锈蚀。

（2）产品执行标准

《水性渗透型无机防水剂》JC/T 1018－2020。

（3）产品规格

规格：20kg/桶、1t/桶。

（4）产品特点

1）抑制混凝土早期强度引起的开裂，抗风化、抗碳化、抗氯离子侵蚀。

2）修复细小裂缝（目前实践证明有个别案例修复到 0.7mm 的裂缝）。

3）耐酸碱腐蚀，可提高抗渗等级、抗压强度、混凝土碱性。

4）无机不老化、不脱层，遇水被激活，周而复始，往复循环。

（5）适用范围

1）工业与民用建筑的地下设施、屋面、外墙、卫浴间及厨房等防水工程。

2）市政工程中城市综合管廊、自来水及污水处理等防水工程。

3）水利水电工程中堤坝和地下建筑设施等防水工程。

4）军工、核电及煤矿、盐湖等工程。

5）公路、铁路、桥梁、码头、地铁及水下隧道等防水工程。

生产单位：科洛结构自防水技术（深圳）有限公司，联系人：杨飞（13922896181）。

7.134 锢水剂（无机纳米凝胶灌浆材料）

（1）产品简介

无机纳米凝胶灌浆材料简称“锢水剂”，是一款创新型环保具有绿色环保无机灌浆材料。主要优点如下：

1）注浆饱满，可提高注浆质量，适应变形，减少或控制复漏返修，节省高昂的复漏返修费用。

2）环保无毒，对作业人员身体健康无害，同时保护环境。

3）自行修复及与工程同寿命：锢水剂具有独特的长期自行修复能力。受外部扰动、破坏或干湿交替时均可以实现反复自我修复，恢复防水功能。

（2）产品执行标准

《锢水环保止漏胶》Q/HNWCS 01－2024。

（3）适用范围

适用于地铁、铁路（含高铁）、公路、市政、建筑、隧道、涵洞、水利、地下综合管廊、人防工程等所有混凝土结构渗漏注浆止漏，还可用于环保要求高的混凝土结构，以及盾构管片、后浇带、变形缝等振动和变形较大的结构。

生产单位：湖南五彩石防水防腐工程技术有限责任公司，联系人：廖翔鹏（18684917669）。

7.135 水泥基灌浆材料

（1）产品简介

由水泥、骨料、外加剂和矿物掺合料等材料按比例计量混合而成，在使用地点按规定比例加水或配套组分拌合，用于螺栓锚固、结构加固、预应力孔道等的灌浆材料。

（2）产品执行标准

1）《水泥基灌浆材料》JC/T 986－2018。

2）《工程结构加固材料安全性鉴定技术规范》GB 50728－2011。

3）《钢筋连接用套筒灌浆料》JG/T 408－2019。

4）《桥梁支座灌浆材料》JT/T 1130－2017。

（3）产品规格

物理状态：粉料，包装形式：50kg/袋、25kg/袋（牛皮纸袋）。

（4）产品特点

1）绿色环保，有效利用固废材料，满足绿色建材要求。

2）高强度、高流态、不泌水、微膨胀、充盈度好、密实度高。

3）凝结时间、强度可调节，满足可施工时间，可实现超早强、早高强。

4）耐久性能好，抗渗性能、抗冲击性能优异。

5）可低、负温施工，满足复杂施工环境条件。

（5）适用范围

水泥基灌浆材料广泛应用于设备基础安装与地脚螺栓锚固、混凝土结构改造与加固、工程修补和抢修领域，拓展应用于铁路桥梁支座灌浆、预应力工程孔道灌浆、装配式建筑套筒灌浆等领域，再拓展应用于陆上风电工程塔筒基础法兰锚栓连接、海上风电工程塔筒单桩或导管架基础连接、核电工程耐热灌浆、极地工程负温灌浆、冲击打击防护工程等领域。

生产单位：新亚（河南）新材料科技有限公司，联系人：卢晓琳（18737182068）。

7.136 水泥基渗透结晶型防水剂

（1）产品简介

水泥基渗透结晶型防水剂是一种用于水泥混凝土的刚性防水材料。其与水作用后，材料中含有的活性化学物质以水为载体在混凝土中渗透，与水泥水化产物生成不溶于水的针状结晶体，填塞毛细孔道和微细缝隙，从而提高混凝土的致密性与防水性，且该产品中的活性物质在无水状态下休眠，有水状态下可继续发生渗透结晶反应，不断修复混凝土内部缺陷。

（2）产品执行标准

1）《水泥基渗透结晶型防水材料》GB 18445－2012。

2）《水泥基渗透结晶型防水材料应用技术标准》T/ASC 21－2021。

（3）产品规格

外观：均匀、无结块粉料状。包装形式：25kg/袋。

（4）产品特点

1）最大限度提高水泥混凝土本身致密性。通过活性物质催化结晶，充分填堵水泥混凝土内部本身的毛细孔等缺陷，最大限度提高混凝土的抗渗性，使浇筑与防水一次完成。

2）具有优异的自愈功能，对混凝土微裂缝有自动修复功能，有水时自动修复功能被重新激活，降低混凝土自身的收缩和开裂。

3）具有良好的减水性能和增强功能，可充分改善混凝土的和易性并使混凝土的强度提高20%～30%。

4）可在混凝土拌合过程中直接添加，减少新拌混凝土的坍落度损失，改善混凝土的可泵送性。

5）绿色环保，无毒，可用于饮用水工程。

6）阻止有害化学侵蚀性介质（如氯离子、碳酸盐、氯化物、硫酸盐和硝酸盐等化学物质）的腐蚀，提高混凝土的耐久性，降低有害离子渗透和碳化反应。

（5）适用范围

广泛用于隧道、大坝、水库、发电站、核电站、冷却塔、地下铁道、立交桥、桥梁、地下连续墙、机场跑道、桩头桩基、废水处理池、蓄水池、工业与民用建筑地下室、屋面、厕浴间的防水施工，混凝土结构的修复、保护及翻新工程以及混凝土建筑设施等所有混凝土结构弊病的维修堵漏。

生产单位：新亚（河南）新材料科技有限公司，联系人：杨智超（15236609901/15738516181）。

7.137 堵漏灵材料

（1）产品简介

堵漏灵材料是以水泥为主要组分，掺入添加剂经一定工艺加工制成的用于防水、抗渗、堵漏用粉状无机材料。产品根据凝结时间和用途分为缓凝型（Ⅰ型）和速凝型（Ⅱ型）。缓凝型（Ⅰ型）即堵漏灵（抗渗 1 号）：主要用于潮湿基层上的防水抗渗；速凝型（Ⅱ型）即堵漏灵（水不漏）主要用于渗漏或涌水基体上的防水堵漏。

（2）产品执行标准

《无机防水堵漏材料》GB 23440－2009。

（3）产品规格、代号

1）产品规格

外观：色泽均匀、无杂质、无结块粉末状。包装形式：5kg/包。

2）产品代号

产品名称：堵漏灵；规格型号：抗渗 1 号（Ⅰ型）；

产品名称：堵漏灵；规格型号：水不漏（Ⅱ型）。

（4）产品特点

1）水不漏（Ⅱ型）可快速堵漏，4～6min 可堵住一定压力渗漏，可大面防水止渗。

2）微膨胀、抗渗性能好。净浆试体水养 3d 后在 1.5MPa 水压下不漏水。

3）抗腐蚀性能强，耐久性能好。

4）安全环保，对人体无危害。

5）与混凝土、砂浆、砖、石等基体粘结力强，不脱落、可带水作业，进行止水、堵漏。

6）操作简单，现场施工仅需加水拌和即可使用。

（5）适用范围

适用于各类地下工程、蓄水输水系统、污水处理系统、卫生间的防水堵漏工程；适用于各种混凝土、砂浆、砖石等结构出现渗漏时进行紧急带水堵漏修补。

生产单位：新亚（河南）新材料科技有限公司，联系人：卢晓琳（18737182068）。

7.138 硅烷浸渍涂层材料

（1）产品简介

硅烷浸渍涂层为钢筋混凝土建筑的长期耐久性和正常安全使用提供有力保障，同时对建筑材料本身的功效和力学性能不产生任何副作用；喷涂过硅烷浸渍剂的钢筋混凝土建筑，外观不会发生改变，如同穿上了一件防水透气的隐形防弹衣，能持久有效地抑制各种有害环境因素引起的腐蚀破坏。因此，持久、高效防水是提高混凝土结构耐久性的重要措施。

（2）产品执行标准

1）《铁路混凝土结构耐久性修补及防护》TB/T 3228－2010。

2）《水运工程结构耐久性设计标准》JTS 153－2015。

3）《桥梁混凝土表面防护用硅烷膏体材料》JT/T 991－2015。

4）《水运工程结构防腐蚀施工规范》JTS/T 209－2020。

（3）产品规格

硅烷浸渍剂 T99：外观为透明液体（可调色）；包装形式：20kg/桶；

硅烷膏体浸渍剂 T80：外观为白色膏体状；包装形式：18kg/桶。

（4）产品特点

1）水性产品，环保性好。

2）优异的渗透性，不影响混凝土基材的透气性。

3）良好的触变性，应用时有效提高材料利用率。

4）高耐碱性，提高抗冻融除盐冰的耐久性。

5）粘结力强，不脱落、可带水作业，并迅速止水、堵漏。

6）操作简单，现场施工仅需加水拌和即可使用。

（5）适用范围

硅烷浸渍涂层产品既可以用于新建混凝土结构防护，也可用于旧混凝土建筑的加固维修，例如海港码头、跨海大桥、跨江大桥、水利工程大坝、城市高架桥、高等级公路桥梁、铁路桥梁、隧道、机场道面、清水混凝土建筑、热电、核电厂、污水处理厂等，尤其适用于受到海水腐蚀、盐雾腐蚀、融雪剂腐蚀和冻融破坏的各种混凝土结构保护。

生产单位：新亚（河南）新材料科技有限公司，联系人：卢晓琳（18737182068）。

7.139　混凝土裂缝结构补强型环氧树脂灌浆材料

（1）产品简介

本品具有较高抗压强度、抗拉强度，同时具有较高的干、湿混凝土粘结强度，可用于各种混凝土结构裂缝灌浆补强和水电大坝基础与帷幕加固。该材料具有高渗透功能的化学灌浆材料，具有局部的亲水性和整体的排水性，对各种地下建筑和隧道的止水补强具有独特优势。产品具有独特的高渗透功能和优良的力学性能，对大坝低渗性含泥软基的原位加固处理替代传统的开挖回填方式，可节省大量投资和缩短工期。

（2）产品执行标准

《混凝土裂缝用环氧树脂灌浆材料》JC/T 1041－2007。

（3）产品规格、代号

产品规格：12kg/组。

产品名称：高渗透改性环氧树脂灌浆材料，型号：HP-2A。

（4）产品特点

本品具有黏度低、强度高的特性，且具有优异的粘结性能，可以根据施工要求调整黏度、凝胶固化时间等，满足施工要求。

（5）适用范围

适用于土木建筑工程裂缝修补、水利工程防渗堵漏、补强加固等领域。

生产单位：友亚（河南）新材料有限公司，联系人：夏鹏（18737182068）。

7.140　带水堵漏环氧树脂灌浆材料

（1）产品简介

该产品为改性环氧树脂粘合剂，采用针孔法对结构深层注浆，向裂缝（隙）中填满该产品，把水挤出结构裂缝和空隙，恢复衬砌混凝土的密实度和结构整体性。

（2）产品执行标准

1）《工程结构加固材料安全性鉴定技术规范》GB 50728－2011。

2）《混凝土裂缝用环氧树脂灌浆材料》JC/T 1041－2007。

（3）产品规格、代号

产品规格：12kg/组。

产品名称：改性环氧树脂胶黏剂，型号：快速堵漏型（水中固）。

（4）产品特点

该产品具有优异的力学性能，能有效在水中快速固化，而且固结体强度高、与潮湿混凝土粘结性能良好、收缩率低，同时兼顾了堵漏和加固的作用，可以使有裂缝的衬砌混凝土恢复整体结构，防止因振动扰动变形再次出现渗漏。

（5）适用范围

适用于地铁、隧道、水利、民用等工程中出现的裂缝渗水、漏水等，可以快速堵住涌水，堵漏效果较佳，在渗漏水治理方面具有广阔的应用前景。

生产单位：友亚（河南）新材料有限公司，联系人：夏鹏（18737182068）。

7.141　环氧树脂防水涂料

（1）产品简介

环氧树脂防水涂料是以环氧树脂为主要组分，与固化剂反应后生成的具有防水功能的双组分反应型涂料，涂料沿混凝土表面的毛细孔、微孔隙和微裂纹自外而内渗入混凝土内一定深度，具有充填和封闭孔隙的性能。

（2）产品执行标准

《环氧树脂防水涂料》JC/T 2217－2014。

（3）产品规格，代号

产品规格：12kg/组。

产品名称：高渗透改性环氧防水防腐涂料，型号：HP-1。

产品名称：高渗透改性环氧防水防腐涂料，型号：HP-2。

（4）产品特点

对混凝土渗透能力强，可渗入混凝土内部 1～2mm，形成的固结层既具有防水功能，又提高了混凝土表层的抗剥离性能。该涂料表干和实干时间短，短时间内可涂刷多遍，增加厚度，缩短工期。涂层柔韧性好，尤其在零下低温环境，也不会出现开裂、起皮、脱落、在外力冲击的情况下，也不会开裂、脱落。优良的耐酸碱盐腐蚀性能，浸泡一段时间，涂层不会出现开裂、起皮、脱落等现象。

（5）适用范围

本材料适用于各种非外露的混凝土基础建筑结构表面。

生产单位：友亚（河南）新材料有限公司，联系人：董连成（18737182068）。

7.142　硅烷改性聚醚防水涂料

（1）产品简介

硅烷改性聚醚防水涂料是以硅烷改性聚合物为基础聚合物，添加改性纳米填料、除水剂、特殊交联剂、抗老化剂等多种助剂，经充分混合的高分子防水材料。制备过程不添加溶剂，固体含量在99%以上，无刺激性气味，绿色环保。

使用时，通过与空气中的水汽反应，固化后形成以 Si—O—Si 为骨架的三维空间网络结构，既具备有机硅涂料良好的耐候性，又具备聚氨酯防水涂料良好的粘结性和力学性能。产品为单组分，无须计量直接使用，更为便捷；相对于聚氨酯防水涂料，耐候性更好；固化过程中不会产生 CO_2，在高温高湿环境中或者厚涂也能做到成膜致密无气泡，完整无缺陷，保证防水效果。在低温环境（−10℃）下也可施工并固化；成膜后即使在−40℃甚至−50℃的环境下低温弯折性依然无衰减。

（2）产品执行标准（表 7.142-1）

表 7.142-1

检验项目		性能指标
固体含量（%）		≥98
表干时间（h）		≤4
实干时间（h）		≤8
抗下垂性	外观	无褶皱
	下垂长度（mm）	≤1.0
拉伸性能	拉伸强度（MPa）	≥1.0
	断裂伸长率（%）	≥400
低温弯折性（℃）		−40℃无裂纹
不透水性		0.3MPa，120min，不透水
加热伸缩率（%）		−2.0～+1.0
粘结强度（MPa）		≥0.6
热处理（80℃，14d）	拉伸强度保持率（%）	80-150
	断裂伸长率（%）	350
	低温弯折性（℃）	− 40℃无裂纹
碱处理［0.1%NaOH 溶液＋饱和 $Ca(OH)_2$ 溶液，7d］	拉伸强度保持率（%）	70-150
	断裂伸长率（%）	400
	低温弯折性（℃）	−40℃无裂纹
盐处理（3%NaCl 溶液，7d）	拉伸强度保持率（%）	70～150
	断裂伸长率（%）	400
	低温弯折性（℃）	−40℃无裂纹
耐水性（23℃，14d）	外观	无裂纹、分层、发黏、起泡和破碎
吸水率（23℃，14d）（%）		≤4

（3）产品规格、代号、商标

1）产品规格

类型：单组分。

物理状态：黏稠体。

颜色：黑色、白色、灰色（可调色）。

密度：1.50～1.60kg/L。

包装形式：塑料桶。

包装规格：20kg/桶。

2）产品代号

产品名称：硅烷改性聚醚防水涂料 MS 单组分。

（4）产品特点

1）绿色环保。不添加溶剂，无游离异氰酸酯，在通风不畅区域可安全使用，对人体和环境无污染。

2）冷施工，一次涂布可达一道设计厚度（1.5～2.0mm），固化中不会有二氧化碳释放，避免了施工中的鼓泡现象，且成膜性能好。

3）−10℃仍可以正常施工，−40℃低温下仍然具有柔韧性。

4）施工简单。使用前无须精确混合复配，开桶即用、操作简单、施工效率更高。

5）出色的粘结性能和防水性能。施工时无须底涂即可直接在很多基材表面施工，对混凝土、水泥块、玻璃、瓷砖、木材等都具有良好的粘结性。

6）吸水率小于或等于 4.0%，具有优异的防水效果。

（5）适用范围

硅烷改性聚合物防水涂料应用广泛，适用于非暴露工程，特别适用于通风性差的区域。

1）建筑物各种平斜屋面、天台等不规则屋面的防水工程。

2）地下建筑防水工程，如地下室混凝土底板、护土墙、隧道、井坑等。

3）卫生间、阳台、厨房、水闸地面、施工缝、伸缩缝、穿墙管、落水口等各种部位防水。

生产单位：友亚（河南）新材料科技有限公司，联系人：陈淼（18737182068）。

7.143 气凝胶隔热反射防水涂料

（1）产品简介

气凝胶隔热反射防水涂料是一种新型涂料。它是由高分子改性聚合物乳液和热反射隔热好的材料组成。能对太阳红外光区和紫外光区进行高反射，太阳的热量在物体表面不会累积升温，又能自动进行热量辐射散热降温。

（2）产品执行标准

《气凝胶绝热厚型涂料系统》T/CECS 10126−2021。

（3）产品规格、代号

产品规格：20kg/桶。

产品名称：气凝胶隔热反射反水涂料型号：外墙型（底涂漆、中涂漆、面涂漆）。

（4）产品特点

1）突破性地将作为成膜物质的合成树脂乳液和具有反射隔热功能的填料组合成一种具有反射隔热功能的复合型产品。

2）具备非常优异的太阳光反射性能，在可见光、紫外线、红外线光波范围内，近乎全波段反射。有效避免太阳光热量在涂层表面聚集，高效防晒隔热，降低室内温度。

3）超强粘结，高粘结强度能稳固粘结施工基面，不起皮、不脱落。

4）耐水耐碱性能优，能经受到雨水冲刷，有较强的抗污性且耐擦洗。

5）耐人工老化性好，保光保色。

6）水性体系，无毒无污染，完全环保。

（5）适用范围

水泥屋顶/屋面、彩钢瓦/铁皮房、建筑外墙防水隔热、阳台飘窗隔热。

生产单位：友亚（河南）新材料有限公司，联系人：郭晓强（18737182068）。

7.144　硅烷改性聚醚（MS）密封胶

（1）产品简介

硅烷改性聚醚（MS）密封胶是硅烷改性聚合物为基础聚合物，添加增塑剂、改性纳米填料、特殊交联剂、其他功能性助剂等，经充分混合后制得的高性能材料。

MS 密封胶是一种单组分中性固化的产品。不含甲醛，不含异氰酸酯，具有无溶剂、无毒无味、低 VOC 释放等突出的环保特性，对环境和人体友好；具有良好的施工性、粘结性、耐久性及耐候性，柔韧性好、环保无污染、可涂饰性等特点，对水泥、混凝土、石材、玻璃、陶瓷、铝材等建材具有良好的粘结能力，在建筑装饰上有着广泛的应用。

（2）产品执行标准

1）《硅酮和改性硅酮建筑密封胶》GB/T 14683－2017。

2）《道桥嵌缝用密封胶》JC/T 976－2005。

（3）产品规格、代号

1）产品规格

类型：单组分。

物理状态：均匀细腻膏状物。

颜色：黑色、白色、灰色。

包装形式：塑料桶（净含量 300mL）或复合软膜（净含量 590mL）。

2）产品代号

产品名称：硅烷改性聚醚（MS）密封胶；规格型号：20LM；代号：MS-Ⅰ-F-20LM。

产品名称：硅烷改性聚醚（MS）密封胶；规格型号：20HM；代号：MS-Ⅰ-F-20HM。

产品名称：硅烷改性聚醚（MS）密封胶；规格型号：20HM-R；代号：MS-Ⅰ-F-20HM-R。

产品名称：硅烷改性聚醚（MS）密封胶；规格型号：25LM；代号：MS-Ⅰ-F-20LM。

产品名称：硅烷改性聚醚（MS）密封胶；规格型号：25HM；代号：MS-Ⅰ-F-25HM。

产品名称：硅烷改性聚醚（MS）密封胶；规格型号：25HM-R；代号：MS-Ⅰ-F-25HM-R。

产品名称：硅烷改性聚醚（MS）密封胶；规格型号：35LM；代号：MS-Ⅰ-F-35LM。

产品名称：硅烷改性聚醚（MS）密封胶；规格型号：35HM；代号：MS-Ⅰ-F-35HM。

产品名称：硅烷改性聚醚（MS）密封胶；规格型号：50LM；代号：MS-Ⅰ-F-50LM。

产品名称：硅烷改性聚醚（MS）密封胶；规格型号：50HM；代号：MS-Ⅰ-F-50HM。

（4）产品特点

1）健康环保

不含甲醛和异氰酸酯，无溶剂、无毒、无味，VOC 释放远远低于国家标准。

2）无污染

传统的硅酮密封胶会析出硅油，使其附着污染物质，尤其是用于石材、混凝土等多孔性材质时，会对周围环境产生难以去除的污染，是造成建筑物外立面污染的主要来源之一，大大降低建筑物的美观度和形象价值，而 MS 密封胶则从机理上克服了此类缺陷，不会产生同样的污染。

3）粘结性好

与各种材料（如金属、木材、橡胶、陶瓷、玻璃等）具有较好的粘附性能，并能在不平整表面上进行粘结。

4）耐候性

MS 胶的分子构造决定了其不俗的耐候性，长期暴露在户外依然可以保持良好的弹性，胶体本身不会产生气泡和龟裂，粘结强度持久如一，具备良好的触变性和挤出性，适应室外、室内、潮湿、低温等多种作业环境。

5）涂饰性

传统的硅酮密封胶无法使用涂料涂饰，往往需要通过对胶体的调色来保持与外墙涂料的颜色一致，其生产过程费时费事，不仅颜色难以保证完全相同，同时成本也难以控制。MS 密封胶可以直接在胶体表面进行涂饰作业，不与绝大多数涂料相容，避克了困扰的同时，又完美实现外墙颜色的统一，从而保持建筑主体的美观。此外，MS 密封胶对涂料表面不产生污染，涂料还可以延长密封胶的使用年限，更降低了整体成本。

6）应力缓和

建筑基材会随着时间的推移而发生收缩，导致接缝会有慢慢扩大的倾向，普通密封胶粘结面上会承受较大的力学作用发生密封胶破裂及粘结面破损等问题。MS 密封胶同时兼具应力和弹性，即使长期处于拉伸状态，在应力缓和的作用下，可最大限度地消除建筑基材收缩带来的影响。

7）良好的操作性

单组分，操作方便，在 4～40℃范围内具有良好的挤出性，用胶枪挤出即可施工。

（5）适用范围

1）装配式混凝土建筑外墙填缝密封。

2）各种建筑材料的粘结，如玻璃、铝材、混凝土等的粘结。

3）建筑领域中其他粘结和密封用途，例如道桥嵌缝、预制混凝土箱涵接口、城市综合管廊填缝等。

生产单位：友亚（河南）新材料有限公司，联系人：陈淼（15903679916）。

7.145 单组分聚氨酯密封胶

（1）产品简介

单组分聚氨酯密封胶是一种反应型高分子材料，主要由聚氨酯预聚体、增塑剂、粘结促进剂、催化剂、填料等多种成分组成。产品采用特殊结构的 NCO 基团的预聚体为基础树脂，分子中含有强极性和化学活泼性的异氰酸酯基团（—NCO）和氨基甲酸酯基团（—NHCOO—），与含有活泼氢的材料都有优良的化学粘合力。而聚氨酯与被粘合材料之间产生的氢键作用使分子内力增强，会使粘合更加牢固。产品为反应型密封胶，通过空气中的湿气固化，形成高强度高断裂伸长率的弹性体。

（2）产品执行标准

1）《聚氨酯建筑密封胶》JC/T 482-2022。

2）《道桥嵌缝用密封胶》JC/T 976-2005。

（3）产品规格、代号

1）产品规格

类型：单组分。

物理状态：均匀细腻膏状物。

包装形式：塑料桶（净含量 300mL）或复合软膜（净含量 590mL）。

2）产品代号

产品名称：单组分聚氨酯密封胶；规格型号：PU-20HM；代号：PU-Ⅰ-20HM。

产品名称：单组分聚氨酯密封胶；规格型号：PU-20LM；代号：PU-Ⅰ-20LM。

产品名称：单组分聚氨酯密封胶；规格型号：PU-25HM；代号：PU-Ⅰ-25HM。

产品名称：单组分聚氨酯密封胶；规格型号：PU-25LM；代号：PU-Ⅰ-25LM。

产品名称：单组分聚氨酯密封胶；规格型号：PU-35HM；代号：PU-Ⅰ-35HM。

产品名称：单组分聚氨酯密封胶；规格型号：PU-35LM；代号：PU-Ⅰ-35LM。

产品名称：单组分聚氨酯密封胶；规格型号：PU-50HM；代号：PU-Ⅰ-50HM。

产品名称：单组分聚氨酯密封胶；规格型号：PU-50LM；代号：PU-Ⅰ-50LM。

（4）产品特点

1）耐化学腐蚀性：对于一般的化学物质具有较好的耐腐蚀性。

2）粘结强度高：能够牢固地粘结多种材料，如玻璃、陶瓷、金属、塑料、木材等。

3）弹性好：聚氨酯密封胶具有优良的复原性和弹性，可用于动态接缝，能够有效缓冲振动和冲击。

4）耐磨性高：具有较高的耐磨性能，能够在长期使用过程中保持稳定的性能。

5）拉伸强度高：固化后的聚氨酯密封胶具有较高的拉伸强度，能够承受较大的拉力而不易断裂。

6）耐寒性好：在低温条件下仍能保持较好的柔性，不易脆化，适用于寒冷地区的使用。

7）施工方便：单组分湿气固化，无须加热或混合其他物质。

（5）适用范围

用于门窗、玻璃等的填充密封，以及高速公路、桥梁、飞机跑道、广场、停车场等的嵌缝密封。此外，还可用于地下室、游泳池、储水池、水坝、隧洞、地铁等工程中的防水密封。

生产单位：友亚（河南）新材料有限公司，联系人：陈森（15903679916）。

7.146 STWD159 无溶剂混凝土结构加固堵漏注浆胶

（1）产品简介

STWD159 无溶剂混凝土结构加固堵漏注浆胶采用特殊结构树脂，经复合配制研发生产。该产品密度高、强度高、黏度低、流动性好。施工对温度、湿度不敏感。加固注胶后致密坚韧，在金属基层、混凝土基层和其他任何材料表面附着力很强；抗冲击、耐磨、耐酸、耐碱、耐盐雾及对多种介质具有温度的防腐蚀性能。能承受较大重量荷载，且耐老化、抗疲劳、耐海水浸泡，在预期寿命内性能稳定；可在水中施工、水中固化。应用注浆后可对混凝土结构力学性能起到很好的增强、加固及保护防水堵漏作用。

（2）产品应用范围

混凝土隧道层间加固、桥梁加固、大型码头加固、城市立交桥加固、工业基础设施加固、城市高层建筑加固、建筑基础工程领域加固注浆等。适用于承受强力的结构件粘结、防渗、堵漏和民用建筑加固防水等工程。

（3）产品规格、包装及保质期

1）产品规格

外观：无色。

黏度：混合黏度 25℃为 170mPa · s。

固含量≥99%。

2）产品包装及保质期

包装：A 料 4kg/桶、B 料 12kg/桶。

储存环境温度：5～35℃。

产品保质期：12个月（未开封）。

确保产品包装密封完好。

在阴凉、通风的环境下储存，避免阳光的直射。

（4）施工应用指导

1）混凝土的平地面、裂缝、下陷渗漏时，应沿裂缝两侧45°打斜孔，打孔深度一定要穿过裂缝。

2）混凝土结构立面加固增强堵渗，需要在加固注浆之前先安装模板后注浆。

3）混凝土结构楼层板加固增强，同样需要在加固注浆之前安装好模板后再注浆。

4）混凝土结构立面和楼层板注浆加固24h之后即可拆掉模板。

生产单位：顺缔新材料（上海）有限公司，联系人：肖国亮（13166254009）。

7.147 免砸砖渗透结晶自愈型无机防水剂

（1）产品简介

免砸砖渗透结晶自愈型无机防水剂，是一种用于厨卫浴渗漏非开挖修缮治理的特种防水堵漏材料，针对在用建筑室内厨卫浴渗漏水工程，在不整体拆除块材装饰层的前提下，防水剂通过自然渗透或压力注浆的方式进入装饰层下的结构层内，反应生成不溶于水的结晶固体，堵塞毛细孔毛细缝渗漏水通道，使建筑结构体再次成为密实的整体，从而起到长久的防水堵漏效果；在地下结构层内干燥或水分较少的工程，使用YG-1防水剂“厨卫浴不砸砖防水剂”或YG-2防水剂“厨卫浴免砸砖防水剂”，在地下结构层内富水时，使用YG-3防水剂“渗透结晶无机注浆料”。免砸砖渗透结晶自愈型无机防水剂系列产品性状近似，均为无毒、无味、健康、环保的无机物质，不会对室内造成环境污染。

（2）产品执行标准

《水性渗透型无机防水剂》JC/T 1018−2020。

（3）产品规格

1）厨卫浴不砸砖防水剂

产品规格：6kg/组、50kg/组。

2）厨卫浴免砸砖防水剂

产品规格：6kg/组、50kg/组。

3）渗透结晶无机注浆料

产品规格：20kg/组、50kg/组。

（4）产品特点

1）适用于厨卫浴渗漏非开挖修缮治理，封堵渗漏水通道，密实结构层，防水效果更持久。

2）水性渗透型无机防水剂，产品的组成成分及反应后的生成物，均为无毒无味健康环保的无机物质，不对室内造成环境污染。

3）防水剂内添加了高效清洗剂成分，施工过后的墙地面不仅没有任何损伤，反而更加清新亮丽。

4）缩短了修缮施工时间，降低了施工期间的扰民噪声，减少了垃圾环境污染，节约了施工成本。

（5）适用范围

铺过墙地砖后出现渗漏水的室内工程，如：家庭阳台、厨房、卫浴间，酒店后厨，单位茶水间、公共卫生间、公共澡堂浴室，商业洗浴中心等频繁用水场所。

生产单位：河南阳光防水科技有限公司，联系人：王文立（15538086111）。

7.148　抑渗特防水堵漏材料

（1）产品简介

YST-81 抑渗特水泥基渗透结晶型防水涂料（以下简称 YST-81）：以硅酸盐水泥、石英砂为主要成分，掺入一定量活性化学物质制成的粉状材料，经与水拌合后调配成可刷涂或喷涂在混凝土表面的浆料；亦可采用干撒压入未完全凝固的水泥混凝土表面。

YST-82 抑渗特修补砂浆（以下简称 YST-82）：纤维增强的聚合物改性水泥基砂浆，用于混凝土缺陷裂缝、孔洞和蜂窝麻面等的修补。

YST-84 抑渗特快速堵漏水泥（以下简称 YST-84）：以水泥为主要成分，掺入添加剂制成的用于防水、防渗、堵漏用的粉状无机材料。

（2）产品执行标准

YST-81 执行标准：《水泥基渗透结晶型防水材料》GB 18445－2012。

YST-82 执行标准：《修补砂浆》JC/T 2381－2016。

YST-84 执行标准：《无机防水堵漏材料》GB 23440－2009。

（3）产品规格

YST-81：20kg 袋装、5kg 袋装。

YST-82：20kg 袋装、5kg 袋装。

YST-84：1kg 袋装。

（4）产品特点

可提高混凝土密实性，长期耐受高水压，提高混凝土抗渗、抗冻等耐久性能；使用寿命长，防水性能不衰减；可自动修复混凝土内部微裂缝；迎水面、背水面具有相同的防水效果；可用于直接接触饮用水的结构；可在潮湿基面上施工，施工便捷，无须找平层和保护层。

（5）适用范围

混凝土结构缺陷、微裂缝、渗水点、孔洞堵漏等防水修缮工程。

生产单位：抑渗特（上海）材料科技有限公司，联系人：丁保俊（13934228136）。

7.149　可立特防水堵漏材料

（1）产品简介

可立特系列产品是一种灰色粉末状无机防水材料，材料以清华大学发明专利（专利号：ZL201110245647.7）为技术核心，分为水泥基渗透结晶型防水涂料 L-17 型、水泥基渗透结晶型防水剂 L-21 型、速凝型水不漏 L-11 和水泥基灌浆材料 DL-202。材料适用于自修复混凝土结构自防水工程，针对混凝土不同部位和不同的防水需求。

（2）产品执行标准

《水泥基渗透结晶型防水材料》GB 18445－2012。

（3）产品规格、代号

可立特 L-17 水泥基渗透结晶型防水涂料 25kg/桶。

可立特 L-21 水泥基渗透结晶型防水剂 20kg/桶。

可立特 L-11 速凝型水不漏 25kg/桶。

可立特 DL202 水泥基浆灌浆材料 25kg/袋。

（4）产品特点

可立特系列产品材料中的活性物质，在水的作用下，通过载体向混凝土内部扩散、迁移，同时催化混凝土中未水化的胶凝材料深度水化，生成硅酸钙和硫铝酸钙等不溶于水的物质，从而堵塞混凝土的毛细孔道，使混凝土更加致密防水。

可立特系列产品具有自修复性、永久性防水、施工简单、防水低碳等优势。

（5）适用范围

工业与民用建筑地下和屋面防水工程；人防、隧道、地铁、管廊、桥面等防水工程；污水处理厂、消防水池、饮用水池等蓄水类防水工程；石油化工和煤化工防渗工程；混凝土渗漏修复等防水修缮工程。

生产单位：北京可立特科技发展有限公司，联系人：刘靖（18911993388）。

7.150 九鼎宏泰系列产品

Ⅰ B500 高强结晶型修补胶泥材料简介

（1）产品简介

高强结晶型修补胶泥材料是一种结晶混凝土防水产品，可阻止水的渗透，实现永久性修复混凝土中的裂缝、孔洞和施工缝，还可用于混凝土表面缺陷、损坏或退化的防水修复。当应用于混凝土时，产品会与水及未水化的水泥颗粒发生化学反应，生成不能溶解的结晶体，填充到混凝土中的细微孔洞、裂缝当中，并阻断水分和污染物的渗入通道，确保混凝土的防水性能。

（2）产品执行标准

《无机防水堵漏材料》GB 23440－2009。

（3）产品规格

包装规格：25kg/桶。

（4）产品特点

1）抗裂性好，材料采用先进的收缩控制添加剂，防止混凝土收缩开裂。

2）耐久性好，在混凝土使用寿命期间进入的水分将生成结晶，确保混凝土永久防水。

3）强度高，最终强度可达 45MPa。

4）自修复性能好，结晶防水科技，形成的结晶体具有自修复能力。

（5）适用范围

混凝土裂缝、施工缝渗漏、混凝土构筑物剥落、蜂窝等缺陷修复。

Ⅱ B-519 高粘高强抗渗砂浆材料简介

（1）产品简介

B-519 高粘高强抗渗砂浆是一种双组分水泥基复合材料，主要由高强度水泥、特制丙烯酸乳液、矿物、掺合料、抗裂纤维、水泥超塑化剂、骨料等组成，用于混凝土结构维护、修补、加固。

（2）产品执行标准

《聚合物水泥防水砂浆》JC/T 984。

（3）产品规格

包装规格：25kg/桶。

（4）产品特点

1）粘结力强：粘结强度大于 2.5MPa。采用的改性无机胶凝材料与基层为同质材料，相容性好。施工时，在外力作用下，浆体嵌入基层毛细孔隙中，高效润湿基层界面，提高浆体材料与基层的咬合粘结力，防水砂浆中添加的特制丙烯酸乳液柔性高，可吸收基层微变形产生的应力，保证了微观下与作用面的粘结力。

2）收缩率低：通过科学合理的骨料级配及特种添加剂的补充作用，使得防水砂浆层体积稳定性好，收缩率低，避免开裂、空鼓、脱落，保证防水层的完整性和持久性。

3）高强抗渗：迎水面和背水面均具备防水抗渗功效，可适应不同应用场景的需要。耐高温，耐紫外线，抗冻，抗老化，整体寿命与混凝土同步。

（5）适用范围

混凝土裂缝、施工缝渗漏修复、背水面渗漏维修、混凝土构筑物抗渗加固。

III　B520 防结露涂料

（1）产品简介

B-520 水性防结露涂料是由气凝胶、空心微珠等改性过的特殊材料与防水乳液相结合的一款功能性涂料。干燥后，特殊珠粒无缝覆盖构造物表面形成具有隔热、保温、防结露等功能的涂层。当潮湿的空气遇到更冷或者更热的表面，达到结露临界点，就会产生冷凝水或水滴。

B-520 水性防结露涂料通过增加表面面积和更接近空气温度的表面，使冷凝水产生更加困难，当达到结露临界点时，B-520 水性防结露涂料会吸收产生的冷凝水，阻止水滴落下。涂料具有网格状的表面，毛细孔的内部结构可以使吸收的潮气迅速向空气中释放。可以增加 20～30 倍的挥发面积。

（2）产品规格

包装规格：20kg/桶。

（3）产品特点

1）防结露效果持久：隔热防结露层和调湿防霉层双层防护，既调控温差又吸湿调湿，消除结露，效果持久。

2）出色的吸水性：智能调节地下室湿气，解决各种防结露难题。

3）工序简单、工期短：产品施工方式简单，可刷涂、滚涂、喷涂，施工效率高，工期短，不影响使用。

4）绿色环保、安全健康：防水防潮防结露系统产品均为绿色环保材料，无毒无污染，不影响健康。

（4）适用范围

住宅、地下室、车库、储藏室、洞库、机房、档案馆等有调湿防结露需求的空间。

IV　B-700 纳米固水止漏胶

（1）产品简介

B-700 纳米固水止漏胶属于硅烷改性聚醚灌浆料，是针对混凝土工程渗漏水注浆止漏而研发出来的一种环保注浆材料。

（2）产品执行标准

《硅烷改性聚醚灌浆材料》T/CECS 10301－2023。

（3）产品规格

包装规格：13kg/桶。

（4）产品特点

1）多重性能，不含溶剂，固含量接近 100%，结构致密，耐水、耐腐蚀、耐热、耐寒、不透水性强。

2）稳定性好，水中固化不发泡，基本不膨胀也不收缩。

3）易粘结，干燥和潮湿基面均可粘结，可较好地适应结构缝隙变形和振动。

（5）适用范围

混凝土构筑物灌浆堵漏。

Ⅴ　B-960 高粘结抗扰动填缝胶

（1）产品简介

B-960 高粘结抗扰动填缝胶是以液态聚硫橡胶为主要基料，在常温下能够自硫化交联的双组分密封胶。对金属及混凝土等材质具有良好的粘结性，可在连续伸缩、振动或温度变化下保持良好的气密性和防水性，且耐油、耐溶剂、耐久性俱佳。

（2）产品执行标准

《聚硫建筑密封胶》JC 483－2006。

（3）产品规格

包装规格：25kg/桶。

（4）产品特点

1）密封防水，防水密封性能好，并有一定强度，能够阻止水分自外向内渗入。

2）超高弹性，材料可随基层面板的伸缩而伸缩，拉伸量满足接缝处变形要求。

3）粘结力强，混凝土遇冷收缩或遇热膨胀时，仍能与之牢固粘结，且粘结处遇水后不开裂。

（5）适用范围

伸缩缝防水维修、金属玻璃幕墙混凝土接缝密封。

Ⅵ　B-990“将军甲”厨卫免砸砖修复剂

（1）产品简介

B-990“将军甲”厨卫免砸砖修复剂是一种绿色环保新型免砸砖涂料，结合了天然材料和高分子材料的优点，具有优异的防水性能，能够有效阻止水分渗透，阻隔水分对装饰材料和墙体结构的侵蚀。

（2）产品规格

包装规格：750kg/桶。

（3）产品特点

1）出色的防水性能：其化学结构独特，具有卓越的防水性能。与其他防水材料相比，其可以形成更密集、持久的防水层，有效阻止水分渗透，大大提高瓷砖的使用寿命。

2）高耐磨性和耐候性：涂层硬度高，耐磨性优越，即使在高流量或重物磨损的环境下也能保持性能稳定。此外，其良好的耐候性使其在极端气候条件下，如高温、低温和紫外线照射下都能保持稳定性。

3）高弹性：该材料具有良好的弹性，在瓷砖表面涂抹后，它能够承受一定的形变或移动而不会破裂，非常适合容易出现微小裂纹或移动的地方使用。

4）透明性：涂层透明，不会改变瓷砖的原色或图案，以此保留了瓷砖的美观性。

5）环保：材料本身对人体无害，对环境友好，满足业主对装修辅材环保的要求，不含有害物质，不会对环境造成污染。

6）施工方便：涂层的施工过程简单，无须专业人员即可完成，大大降低了施工成本和时间。

（4）适用范围

厨卫防水施工、室内地面防水施工。

Ⅶ　G-300 液体卷材

（1）产品简介

G-300 彩立涂（液体卷材）是以专用的自交联纯丙乳液为基础原料，配以一定量的改性剂、活性剂、助剂及颜料加工而成。涂膜坚韧富有弹性，粘结力强，与基层构成一个刚柔结合完整的防水体系，以适应结构变形，达到长期防水、抗渗的作用。

（2）产品执行标准

《聚合物乳液建筑防水涂料》JC/T 864-2008。

（3）产品规格

包装规格：20kg/桶。

（4）产品特点

1）优异的弹性：具有良好的延伸性、耐水性及抗裂性。

2）潮湿基面可施工，具有一定的透气性。

3）耐老化性耐紫外线，不变黄。

4）超强粘结力，适合砖石、混凝土、玻璃、木材、金属等多种基面。

5）颜色可定制。

（5）适用范围

金属屋面和混凝土屋面防水修缮。

VIII B-730 丙烯酸盐灌浆材料

（1）产品简介

B730 丙烯酸盐灌浆材料是一种以丙烯酸盐类单体为主剂，在一定的引发剂与促进剂作用下形成的一种高弹性凝胶体。

（2）产品执行标准

《丙烯酸盐灌浆材料》JC/T 2037-2010。

（3）产品规格

包装规格：20kg/桶。

（4）产品特点

1）黏度极低，渗透性好，能确保浆液渗透到宽度为 0.1mm 的缝隙中。

2）固化时间可调，快速固化的只需 30s～2min，慢速固化的可以大于 10min。

3）凝胶体具有较高的弹性，延伸率可达 200%，有效解决了结构的伸缩问题。

4）无须与水持续接触，添加的膨胀组分遇水膨胀率大于 100%，解决了凝胶体干湿循环的问题。

5）与混凝土的粘结性能，粘结强度大于自身凝胶体的强度，即使胶体本身遭到破坏，粘结面仍保持完好。

（5）适用范围

混凝土构筑物注浆堵漏、背水面再造防水层。

IX ZH 丙烯酸聚合物水泥防水涂料

（1）产品简介

ZH LEAC 丙烯酸聚合物水泥防水材料是由高分子丙烯酸水泥改性专用乳液和水泥基粉剂共同构成的产品，涵盖了三项复合技术，即无机材料和有机材料的复合，化学网状结构和物理网状结构双网互穿、双网合一的复合。防水涂料和防水卷材的优势复合。它的施工方式是涂料方式，成型后是卷材结构。ZH LEAC 既有满粘不串水、无搭接、异形面封闭可靠的涂料优势，又有拉力大、抗裂性好、施工效率高的卷材优势。

（2）产品执行标准

《聚合物水泥防水涂料》GB/T 23445-2009。

（3）产品规格

包装规格：20kg/桶。

（4）产品特点

1）水性环保产品，无毒无害，可用于饮用水工程。

2）涂层耐水、耐碱能力强，涂膜可长期在水中裸露浸泡使用。

3）弹性好，抵抗基体开裂能力强，更适用于动态防水。

4）冷施工，防水层无接缝，适合异形基面施工。可有效封闭穿墙管根及基面嵌入物，可在潮湿基面施工。

5）粘结性强，可在任何被粘结性差及变形较大的软物质上实施防水、防潮、防腐施工。

6）耐候性好，耐冻融能力强，有很好的抗紫外线老化的能力。本产品可在屋面长期曝露使用，防水性能可靠，使用寿命长。

（5）适用范围

屋面再造防水层、屋面局部修复。

X　G-100 外墙纯丙防水涂料

（1）产品简介

G-100 外墙纯丙防水涂料是由丙烯酸酯共聚而成的纯丙乳液，粒径小，成膜后透明度高，具有优异的耐黄变与耐水性能。可设计应用于外墙处理，粘结强度高，对瓷砖、混凝土等基材有优异的附着能力，能够赋予基面优异的耐候与耐水性能。此外，还具有良好的断裂伸长率，可抵御基面产生的细小裂纹，延长使用寿命。

（2）产品规格

包装规格：20kg/桶。

（3）产品特点

1）透明防水性：无色、透明、涂覆后不会破坏原墙面装饰效果。

2）多重性能：耐热、耐紫外线、耐臭氧、耐酸碱。

3）成膜性好：涂膜具有较好的成膜性，柔软、坚韧能抵抗基层变形开裂。

4）微孔透气性：成膜具微孔透气性，而不透水，适合潮湿气候的热蒸发，不鼓动。

5）粘结性能好：与水泥、瓷砖、彩钢板、木材等建材粘结性能优良。

（4）适用范围

建筑物外墙修缮。

XI　B-777 水下抗分散水泥基灌浆材料

（1）产品简介

B-777 水下抗分散水泥基灌浆材料为水下抗分散无机注浆材料，利用持续高压动力，将流变水泥稀浆或流聚水泥稀浆，灌注到混凝土结构背部的存水空隙中进行填充，固结结构使结构背后没有存水通道和空间并加固结构。

（2）产品执行标准

《丙烯酸盐灌浆材料》JCT 2037－2010。

（3）产品规格

包装规格：25kg/袋。

（4）产品特点

1）抗分散性好：抗水中分散性，在水中施工时抑制水泥与骨料分离。

2）应用范围广：低水灰比，大流动性，可填充各种裂缝、空隙。

3）稳定性好：无收缩，微膨胀，凝固后确保填充密实，无约束自密实硬化。

（5）适用范围

混凝土构筑物加固抗渗，基础工程塌陷灌浆。

XII　B-560 无机防水堵漏材料

（1）产品简介

B-560 无机防水堵漏材料为单组分灰色粉料，是一款高效防水、防潮、防渗、堵漏的理想产品。产品为速凝型，主要用于防水、堵漏。

（2）产品执行标准

《无机防水堵漏材料》GB 23440-2009。

（3）产品规格

包装规格：25kg/袋。

（4）产品特点

1）粘结力强，可与多种基面牢固粘结。

2）瞬间止水，可带水压作业。

3）施工方便，加水搅拌即可使用，防水、补强、粘结一次完成。

（5）适用范围

节点防水密封，混凝土裂缝带水压临时止水。

XIII　B980“将军甲”屋面修复专用涂料

（1）产品简介

B980“将军甲”屋面修复专用聚脲是一种无溶剂、无污染、高反应型防水涂料，具备防腐、防水、耐磨等优良特性，能够形成连续严密、整体、无任何搭接的一体防水涂层，有效阻绝窜水，起到十分完美的防水效果。

（2）产品规格

包装规格：25kg/袋。

（3）产品特点

1）涂层无接缝，施工简单，可以很方便地处理转角、阴阳角、管道根部等细部节点位置以及任意曲面、斜面。

2）附着力强，且对基础有很强的加固作用。

3）施工简单、方便、快捷。

4）耐候耐紫外线耐老化性能优异，可以直接外露，不需要保护垫层，不给建筑物带来增重风险；户外使用寿命可达 15 年以上。

5）具有很高的强度及很好的韧性和耐磨性、耐温性，可以随意上人行走，可耐受 −40～100℃。

（4）适用范围

适用于混凝土屋面、别墅露台、金属屋面等防水层修复与再造。

XIV　B-970“将军甲”外墙专用修复剂

（1）产品简介

B-970“将军甲”外墙专用修复剂是一种绿色环保新型涂料，结合了天然材料和高分子材料的优点，具有优异的防水性能，能够有效阻止水分渗透，阻隔水分对装饰材料和墙体结构的侵蚀。

（2）产品规格

包装规格：750kg/桶。

（3）产品特点

1）出色的防水性能：其化学结构独特，具有卓越的防水性能。与其他防水材料相比，其可以形成更密集、持久的防水层，有效阻止水分渗透，大大提高瓷砖的使用寿命。

2）高耐磨性和耐候性：涂层硬度高，耐磨性优越，即使在高流量或重物磨损的环境下也能保持性能稳定。此外，其良好的耐候性，使其在极端气候条件下，如高温、低温和紫外线照射下都能保持稳定性。

3）高弹性：该材料具有良好的弹性，在瓷砖表面涂抹后，它能够承受一定的形变或移动而不会破裂，非常适合容易出现微小裂纹或移动的地方使用。

4）透明性：涂层透明，不会改变瓷砖的原色或图案，以此保留了瓷砖的美观性。

5）环保：材料本身对人体无害，对环境友好，满足业主对装修辅材环保的要求，不含有害物质，不会对环境造成污染。

6）施工方便：涂层的施工过程简单，无须专业人员即可完成，大大降低了施工成本和时间。

（4）适用范围

外墙防水施工。

XV　BG-N 丁基橡胶耐候型自粘防水卷材

（1）产品简介

BG-N 丁基橡胶耐候膜自粘防水卷材是以氟碳耐候 TPO 为覆面材料，以丁基橡胶为粘结材料，并覆以隔离材料而组成的本体自粘防水卷材，可采用自粘或湿铺法施工。

（2）产品规格

包装规格：20m/卷。

（3）产品特点

1）超长耐久性：可长期暴露使用，耐久年限可达 25 年以上，符合最新国家关于提高建筑使用年限要求。

2）粘结性能好：可与混凝土、金属、塑料、瓷砖、玻璃等各种基面快速粘结，初黏性好，可直接干粘施工，粘结效果可达微观满粘，消除窜水层，即使局部防水层被破坏也不影响整个防水系统，后期维护成本低。

3）宽幅耐温性：高温 100℃，不滑移，低温−40℃不脆裂。

4）低温施工：−20℃环境下，卷材仍保持黏性，无须动火加热，保证防水层质量。

5）综合成本低：施工工序少，可省略保护层等工序，节省相应的直接成本，大幅度缩短工期，降低管理费用等综合成本。

6）如有改造或其他破坏易于维修。

7）降低荷载，屋面色彩美观。

（4）适用范围

屋面防水施工。

XVI　G-620 将军贴丁基胶带

（1）产品简介

以氟碳耐候膜、铝箔膜或丽新布等材料为覆面膜，以丁基橡胶为粘结材料，并覆以隔离材料而制成的可以与各种基层紧密粘结的粘结密封材料。

（2）产品执行标准

《丁基橡胶防水密封胶粘带》JC/T 942−2022。

（3）产品规格

包装规格：20m/卷。

（4）产品特点

实用性强，可根据工程特点选用不同宽度和类型的胶带。施工方便、小巧灵活、节省材料、针对性强。应用范围非常广泛，家装、防水工程维修、大面积防水施工节点等。

（5）适用范围

金属屋面防水施工，节点部位施工。

生产单位：辽宁九鼎宏泰防水科技有限公司，联系人：高岩（13940386188）。

7.151　承华胶业系列产品

（1）CH-4F 潮湿型改性环氧灌缝胶

由改性环氧和改性固化剂、助剂，以 A、B 两个组分组成，它具有较低黏度，可灌性好，固化速度较快，能在 0℃以上固化，可用于干燥，潮湿裂缝灌注以及混凝土体表面整体提高粘结强度的界面基液涂刷等施工工艺，它具有较好的综合力学强度，固化体系无有机溶剂释放，反应放热平稳，不易爆聚等。

适用范围：

1）新旧混凝土铺设粘结做底层界面胶涂刷。

2）旧混凝土表面铺设沥青混凝土时，做底层界面胶涂刷。

3）干燥或潮湿细小裂缝修复灌注粘结。

4）低强度等级混凝土疏松返砂、开裂表面涂刷补强。

（2）CH-8 柔性潮湿型灌注改性环氧胶

适用范围：

1）振动蠕变频繁裂缝灌浆治理修复。

2）楼顶屋面取代卷材防止二次开裂漏水涂装工程。

3）地下车库设施、楼房室内外迎、背水面返潮、返碱、防水涂层涂装保护。

4）大坝、基础设施表面防止开裂涂装基液界面剂。

（3）CH-30 改性环氧双组份柔性涂料

本涂料由改性环氧、长链增韧剂、助剂、改性复合型固化剂等原材料组成，它具有以下特点：

1）有较高的综合粘结强度，有较好的柔韧性、伸长变形率、抗冲击性及耐黄变性能。

2）可在潮湿、干燥基面施工，对混凝土有较好的粘结力。

3）可用于道路裂缝修复、室内外、地下工程、混凝土砌表面防水防潮保护涂层，地下、室外停车场、电梯井地面、墙面涂层保护等。

4）屋面、基础设施、防水卷材经大气老化防止脱胶粘结，金属薄板与混凝土粘结，铝合金、不锈钢、彩钢瓦等薄型材料扣板搭接、拼接有极好的粘结效果。

5）体系中不含有机溶剂，无挥发物，固化后无收缩。

6）体系中不含国家明令禁止的苯、甲苯、二甲苯、甲醛、乙二胺等有毒有害物。

（4）CH-4B 柔弹性环氧密封胶

CH-4B 柔弹性环氧密封胶由改性环氧树脂、增韧剂，助剂、固化剂以及填料组成的双组分产品，其主要特点如下：

1）具有较好的柔韧性，有一定的弹性，体系可达 100%～200%的伸长率，适用于有较大振动和变形缝、伸缩缝的密封，不会随裂缝变形开裂，粘结耐老化性能好。

2）疏水性好，与潮湿界面基材表面有较好的粘附力，有较好的调胶性和施工性，胶液混合后不易流挂，触变性好。

3）A、B 组分按 1∶1 质量比配合，使用方便，易于施工，胶液的混合搅拌轻松。

4）固含量高，不会出现固化后胶体收缩导致与基材粘附力下降的现象。

5）气味小，安全环保，无任何 VOC，封闭条件下施工不会对人员造成刺激和伤害。

6）保持了环氧体系耐久耐老化的特点，避免了聚氨酯类材料粘结性能差，时间长后产生收缩失效的情况。

（5）CH-3A 潮湿型改性环氧封缝胶（胶泥）

由改性环氧、助剂、特殊固化剂组成，具有优良的综合粘结施工性能，力学强度高，可在 2℃以上带水、潮湿环境和不带水条件下施工操作，适用于各种楼层、基础、桥梁、水工、地下工程设施、隧道、道路路面新旧混凝土，在潮湿带水条件下的粘结施工等工程。

本胶混合后有较好的触变性、调胶性和施工性，可在潮湿或带水环境条件下施工，也可在无水环境条件下施工，适用于水工带水潮湿混凝土砌体表面修复粘结、裂缝封闭，道路路面新旧混凝土介面的粘结以及其他混凝土潮湿修复等工程的应用。

（6）CH-3D 潮湿型环氧修补砂浆

CH -3D 潮湿型环氧修补砂浆是由改性环氧树脂、助剂、特殊固化剂组成的双组分产品，其主要的特点如下：混合后有较好的触变性、调胶性和施工性。可在潮湿或干燥表面环境条件下施工。在立面、仰面劈挂厚度 8cm 以内不流挂，可一次成型。综合力学强度高，抗冲磨耐水综合性能好。不含挥发性的溶剂，固化体系基本无收缩。抗老化及耐酸碱性能好。

适用于水利工程中的泄洪槽、洞的抗冲耐磨，港口大坝、桥梁、隧道、地下基础设施的表面尺寸修复和混凝土砌体基面防水保护。Ⅰ型略有流动性，用于平面混凝土砌体的缺陷修复粘结。Ⅱ型无流动性，用于立面、仰面混凝土的缺陷修复粘结。

（7）CH-1A 碳纤维浸渍胶

CH-1A 碳纤维浸渍胶是以环氧树脂为基料研制开发的包括 A、B 两个组分的产品，符合现行国家标准《混凝土结构加固设计规范》GB 50367、《建筑结构加固工程施工质量验收规范》GB 50550、《工程结构加固材料安全性鉴定技术规范》GB 50728 等相关规范关于 A 级胶的要求。用于碳纤维以及玻璃纤维、芳纶等材料对混凝土梁、柱、板等的浸渍粘结加固以及防腐。

（8）CH-2A 灌注式粘钢胶

CH-2A 灌注式粘钢型结构胶是以环氧树脂为基料研制开发的产品，有较优良综合粘结性能。能在常温和较低温度下固化，主要用于混凝土构件外部粘钢加固补强。CH-2A 是纯液体，黏度低，用于机械压力式灌注粘贴钢板。

（9）CH-2E 拼接式风电塔桥梁环氧结构胶

CH-2E 是以环氧树脂为基料研制开发的双组分产品，具有优良的综合粘结性能，胶液不流挂，可在

2℃以上温度固化，主要用于混凝土结构风电塔掉块修复、筒体拼装、桥箱梁的拼装粘结和加固。该产品适用于2℃以上环境使用，温度低于2℃时需采取升温措施。

（10）CH-3B 植筋胶

CH-3B 植筋胶由环氧、助剂、固化剂组成，具有优良的综合粘结性能，综合力学强度高，可在 2℃以上条件下操作，适用于各种楼层、基础、桥梁、地下工程等设施的结构植筋，手涂式粘钢、找平、封边等用途以及金属与金属、金属与非金属粘结。本产品混合后不易流淌，用于植筋、手涂式粘钢、找平、封边等多种用途。

（11）CH-4A 微细缝灌缝胶

该胶由环氧、固化剂、助剂等组成，它具有黏度低、渗透力强、无有机溶剂，固化产物基本无收缩、粘结强度高、放热低等特点。适用于各类建筑物、混凝土结构、道路路面裂缝的修补、灌浆、粘结等工程。该材料可在小于 1mm 裂缝处于不潮湿带水环境条件下的灌注工程施工。

（12）瓷砖面透明胶

瓷砖面透明胶（钢化膜）是由改性环氧树脂、助剂、特殊固化剂组成的双组分产品，其主要的特点如下：

1）不含有机溶剂、安定、不易燃、环保、无不良气体释放。

2）透明无色、耐黄变、有较高的耐热性和耐水性，可在 70℃以内长期使用。

3）与金属、玻璃、瓷砖、石材、塑料等均有很好的粘结效果。

4）施工简便，基层处理干净后直接涂刷至表面，涂层无收缩，缺陷，表面光洁度好，防滑耐磨，耐腐蚀，耐水。

5）本胶适用于室内，不长期接触太阳紫外光长期照射环境场所。

该材料适用于卫生间、阳台、室内游泳池、长流水溪、喷泉池等长期在水中浸泡的表面为陶瓷锦砖、瓷砖、石材、水泥、金属等材料上直接涂刷。

生产单位：四川承华胶业有限责任公司，联系人：陈广旭（13708252496），王晓芳（18981402595）。

7.152　光跃节能系列产品

（1）真空密封防水涂料材料简介

该材料具有封闭混凝土渗漏水通道的功能，防腐防水效果好，同时还具有抗冻融、抗冲磨、抗开裂、抗穿刺等功能，材料粘结力高、力学性能优异、耐久性能优异，而且施工简便、造价低，综合性能高，满足气密性检测的功能要求。

高渗透环氧防水涂料在混凝土结构表面涂刷后即渗入→充填→固化，形成一个高密实度的渗入固结层。由于环氧固化后的固结体强度远高于混凝土自身的强度，所以该固结层的强度亦比原混凝土强度提高三分之一以上，因而称之为渗入固结增强层密封层。

该材料适用于新建高铁、地铁、高速公路、水利水电、污水处理、港口码头、民用建筑、文物保护及既有建筑结构渗漏修复等领域。

（2）真空密封防水涂料材料简介

该材料为水分散体系，安全、环保的同时具有突出的流动性和渗透能力。借助于注浆工艺，能够渗透到深层微裂缝中，形成有效填充，满足气密性检测的功能要求。通过在渗水、漏水部位原位交联反应形成网络结构，形成高柔韧性、吸水膨胀的防水堵漏效果。因其具备良好的形状适应性，所以在抗收缩、开裂等方面体现出突出的优势。另外，该材料防水有效期长、抗老化性和耐腐蚀性能好，适用于公路工程建设中隧道、桥梁等的防水，也可以用于建筑物地下室、屋顶等防水工程的建设和修补。该材料体系可依据施工现场的具体需求灵活调整材料的强度、固化时间等关键参数，以获得满意的防水效果。

该注浆材料在固化后，具有高弹性、高强度、形变恢复快的特性；在固化前，产品的前驱体是完全液体状态与水的黏度相差无几，具有细小裂缝的深度渗透能力。这一优势使得该材料不仅能应用在地下建筑工程中作为防水层使用还可以在结构渗漏修复方面作为堵水材料使用，同时可作为家装工程中洗手间的细小裂缝堵漏材料使用。

该材料适用于工业与民用建筑、公路、隧道、水利工程等建设领域防渗、防潮及既有建筑结构渗漏修复工程。

生产单位：江苏光跃节能科技有限责任公司，联系人：杨树东（13911365763）。

8　住房和城乡建设部《城市轨道交通工程创新技术指南》（防水部分摘要）（2019 年 4 月）

住房和城乡建设部办公厅关于印发城市轨道交通工程创新技术指南的通知

各省、自治区住房和城乡建设厅，直辖市住房和城乡建设（管）委，新疆生产建设兵团住房和城乡建设局，山东省交通运输厅，上海市交通委员会：

为发挥创新引领作用，我部编制了《城市轨道交通工程创新技术指南》（电子版可登录我部门户网站下载，下载路径为：首页-工程质量安全监管-政策发布），现印发给你们，请结合实际做好推广应用工作。

住房和城乡建设部办公厅

2019 年 4 月 28 日

城市轨道交通工程创新技术指南

（摘录防水部分）

4　防水

4.1　高分子卷材预铺反粘防水技术

4.2　聚乙烯丙纶防水卷材复合防水技术

4.3　喷涂速凝橡胶沥青防水涂料施工技术

4.4　混凝土抗裂防渗技术

4.5　高性能防水防腐材料渗漏水治理技术

4.6　变形缝渗漏水治理技术

4.7　GIS + BIM 在防水工程质量管理中的应用技术

4.8　焊接型高分子预铺防水卷材施工技术

4 防水

4.1 高分子卷材预铺反粘防水技术

4.1.1 技术产生背景

明挖及矿山法的地下车站、区间的外包柔性防水层采用改性沥青防水卷材和 EVA 等卷材时，不能做到与结构混凝土满粘结，当柔性防水层受到破坏时，外来水会在柔性防水层和结构层之间发生串流，加之结构混凝土自身的致密性可能存在的缺陷以及结构不均匀沉降造成裂缝等因素，串流的地下水会导致地铁车站和区间隧道存在渗漏水问题，特别是在地下水丰富的地区，上述问题更为严重，不但影响地下铁道工程的正常运营，而且降低混凝土结构的寿命。因此，如何使外防内贴的柔性防水层与混凝土结构满粘结，最大限度减少或杜绝地铁车站和区间隧道的渗漏水情况，成为亟待解决的问题。

4.1.2 技术内容

地下工程高分子卷材预铺反粘防水技术包括材料设计和施工应用两个部分：

（1）材料设计：预铺高分子自粘胶膜防水卷材，是在一定厚度的高密度聚乙烯板上涂覆非沥青类高分子胶粘层和表面耐候层复合制成。高密度聚乙烯板既防水又提供较高强度；高分子粘胶层提供与浇筑混凝土的粘结性，并承受结构开裂影响；表面耐候层既保证施工过程中的适当外露，又提供不粘的表面供施工人员行走，保证后道工序顺利进行，见图 4.1-1 和图 4.1-2。

（2）施工应用：采用预铺反粘法施工防水层时，卷材的胶粘层朝向结构层，在其上直接浇筑结构混凝土，混凝土浇筑时水泥浆与预铺卷材的胶层整体作用、相互勾锁、形成粘结。混凝土硬化后，即与预铺卷材形成完整连续的满粘结，即使防水层出现破损，外部水也被锁定在破损处，有效防止窜水，并减小渗漏水的可能性，见图 4.1-3。

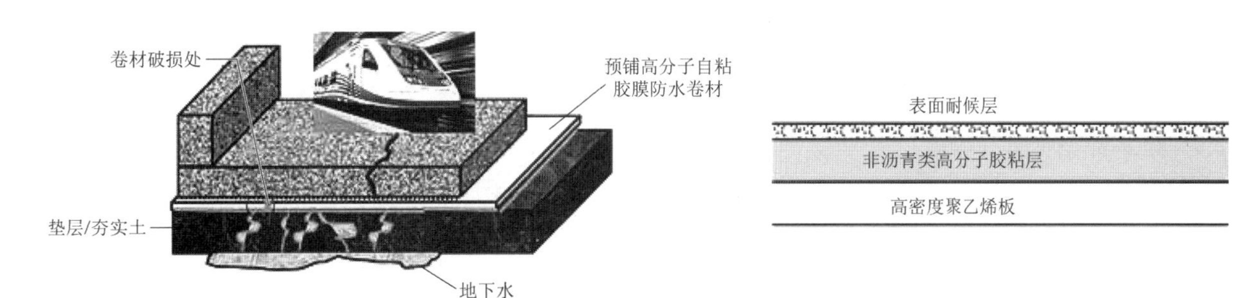

图 4.1-1　预铺高分子自粘胶膜防水卷材构造　　图 4.1-2　高分子卷材预铺反粘防水构造

图 4.1-3　地下工程高分子卷材预铺反粘实际效果

4.1.3 主要技术性能和技术特点

（1）该技术摆脱了传统防水材料（如改性沥青防水卷材和EVA防水板等）的施工方法，而是采用预铺反粘施工工艺，在底板垫层和围护结构表面预铺卷材，无须明火热熔加热，利用其高分子胶粘层与现浇结构混凝土的相互作用达到满粘结效果，有效杜绝了地下水在防水层和结构混凝土之间的串流现象，从而保证了地下防水工程质量，也大幅降低了发生渗漏水的维修费用。

（2）在地下铁道工程中，因改性沥青防水卷材和EVA防水板等传统防水材料不能与结构混凝土满粘结，地下水在防水层和结构之间串流，导致车站和隧道区间长期存在渗漏水问题，严重影响正常运营和结构寿命，采用该技术，有效避免了传统材料本身及其施工工艺的缺陷。高分子预铺卷材除本身具有较高的物理性能外，其施工简便、工期短、综合成本降低，具有很强的适用性。

（3）采用地下工程高分子卷材预铺反粘防水技术无须特殊保护层，防水材料表面的耐候层即可起到保护层的作用，可直接在预铺卷材上绑扎钢筋、浇筑结构混凝土，施工难度小，质量易保证，施工进度快，加之与浇筑的结构混凝土形成满粘结，降低了结构发生渗漏水的风险。

4.1.4 适用范围及应用条件

适用于城市轨道交通地下工程采用明挖、矿山法施工“外防内贴”的各类结构，也可用于类似的工业与民用建筑地下工程、铁路/公路隧道工程、市政地下管廊工程等。

防水层基面应无明流水，对基面平整度要求不高。

4.1.5 已应用情况

北京地铁15号线奥林匹克公园站和六道口站-北沙滩站区间隧道，北京地铁16号线永丰站-西北旺-马连洼-肖家河的车站和区间隧道、北安河站及车辆段；北京地铁房山线北延线樊羊路站、四环路站、丰益桥南站；南京地铁3号线南京站、浦珠路站、鸡鸣寺站、大行宫站；青岛地铁海泊桥-小村庄-北岭-水清沟-开封路-胜利桥的车站和区间隧道；杭州地铁2号线文华路站、5号线候潮路站、6号线海洋公园站；宁波地铁3号线中兴大桥站等。

4.2 聚乙烯丙纶防水卷材复合防水技术

4.2.1 技术背景

明挖及矿山法的地下车站、区间的外包柔性防水层采用塑料类防水卷材时，不能做到与结构混凝土满粘结，当柔性防水层受到破坏时，外来水会在柔性防水层和结构层之间发生串流，加之结构混凝土自身的致密性可能存在的缺陷以及结构不均匀沉降造成裂缝等因素，串流的地下水会导致地铁车站和区间隧道存在渗漏水问题，特别是在地下水丰富的地区，上述问题更为严重，不但影响地下铁道工程的正常运营，而且降低混凝土结构的寿命。聚乙烯丙纶高分子防水卷材，具有抗拉强度高，附着力强，抗渗性能好，耐老化，使用寿命长等特点，研制一种低造价的防水粘结料使之与混凝土结构完美结合，起到复合防水的作用，成为需要解决的问题。

4.2.2 技术内容

（1）产品结构

聚乙烯丙纶防水卷材是采用线性低密度聚乙烯、高强丙纶无纺布、抗老化剂等高分子原料，由自动化生产线一次性复合加工制成。该防水卷材中间层是防水层，上下两面是粘结层。

该防水卷材采用特殊研制的防水粘结料粘结在基层表面，形成复合防水层。防水层粘结牢固、可靠、无翘边、无空鼓，形成聚乙烯丙纶-聚合物防水粘结料复合防水体系。

（2）产品的执行标准

聚乙烯丙纶防水卷材符合国家标准《高分子防水材料 第1部分：片材》GB 18173.1－2012和《高分子增强复合防水片材》GB/T 26518－2011的规定；聚合物防水粘结料符合现行行业标准《聚乙烯丙纶防水卷材用聚合物水泥粘结料》JC/T 2377－2016的规定。

（3）工艺流程

见图4.2-1。

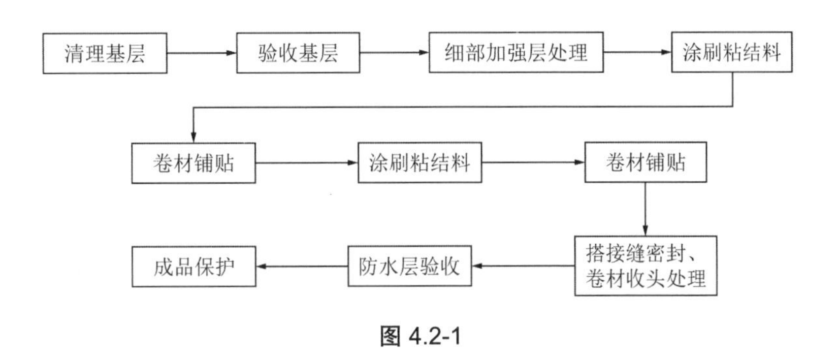

图4.2-1

（4）施工工艺

1）铺设防水卷材加强层：首先在基层阴阳角处、电梯坑、后浇带、穿墙（板）管根等易渗漏的薄弱部位铺设卷材加强层。加强层卷材紧贴阴、阳角满粘铺贴，不得出现空鼓、翘边现象。加强层铺设完毕后再铺设大面防水卷材。

2）防水层施工

① 弹线定位：按照卷材的宽度，在基层表面用粉线弹出基准线；

② 涂刮聚合物防水粘结料：将聚合物防水粘结料用刮板均匀刮涂在基层表面，厚度不小于1.3mm。聚合物防水粘结料应涂布均匀，不露底，不堆积；

③ 铺贴卷材：卷材与基层用粘结料满粘，卷材之间的搭接宽度为100mm，相邻两幅卷材的短边搭接缝应错开不少于500mm，采用双层铺设时，上下两层卷材长、短边搭接缝应错开500mm，接缝搭接应粘结牢固，防止翘边和开裂，所有搭接缝均采用聚合物防水粘结料密封。

4.2.3 技术特点

聚乙烯丙纶防水卷材与聚合物防水粘结料复合防水体系，卷材与防水粘结料牢固结合，利于解决各类异型基层和复杂环境条件下的工程防水问题，造价较低。

（1）该体系属绿色环保产品，无毒无味、无污染、无明火作业、冷粘结、湿作业。

（2）防水卷材每平方米约400g，自重轻，立面施工方便，不脱落；亲和性好，粘结牢固，无空鼓，用配套粘结料粘结就能达到牢固、不脱落的效果。

（3）可在潮湿的基层上做防水施工，基层上无明水即可施工，对工期十分有利。特别在夏季连雨天，显示了聚乙烯丙纶防水体系的优越性和可靠性。

（4）防水卷材采用粘结料满粘施工，卷材两面复合的丙纶长丝无纺布上有无数个均匀小孔洞，与基层粘结力强、亲和性好，卷材与基底粘结牢固，不窜水。

（5）聚乙烯丙纶防水卷材柔韧性好，随意弯折。阴阳角施工时，易于铺贴，附着力好，不翘边，不空鼓。

（6）本体系绝缘性能好，2000V高压不导电，在工程中使用，安全性强。

（7）冬期施工时，可选用非固化橡胶沥青防水涂料粘结，耐低温性能优异。

（8）耐根穿刺性能好，物理阻根，无毒害，有利于植物生长。

4.2.4 适用范围及应用条件

该防水体系适用于轨道交通车站、区间等各种地下结构工程防水，也可用于其他结构的外防外贴的防水层施工。

基面不得有明水，如果非常干燥，需在基面表层喷水保温。

4.2.5 已应用情况

该技术已应用于江苏省的城市轨道交通地下车站主体结构。

4.3 喷涂速凝橡胶沥青防水涂料施工技术

4.3.1 技术产生背景

地铁明挖车站采用悬壁嵌岩桩（吊脚桩）支护时，在基坑上部设置围护桩，并设有锚索支护，基坑下部采用喷射混凝土挂网支护的形式。首先，侧墙防水层由“外防内贴法”转变为“外防外贴法”，常规外防水一般需要采用两类不同的防水材料，而防水的原则是同一车站材料尽量单一，避免不同防水材料的搭接过渡成为防水的薄弱环节；其二，涂料是后贴法施工的首选，与基面粘结性强，无搭接缝防水整体性好，但常规涂料耐刺破能力较差，对于交叉施工的现场，容易被损坏。要解决上述问题，需要一种能与混凝土粘结良好、并能预铺反粘与后浇筑混凝土粘贴密实、耐刺破能力较强、有一定自愈性能，并且具备和其他防水材料良好的相容性、施工简单可靠、节能环保的材料和工艺。

4.3.2 技术内容

（1）喷涂速凝橡胶沥青防水涂料材料特性

以超细悬浮阴离子微乳型改性乳化沥青和合成高分子聚合物与特种固化物反应生成的高弹性防水、防腐材料。其主要的防水机理是改性沥青中的多种高分子聚合物材料在超细沥青分子表面形成包裹膜，并由这些被高分子聚合物包裹后的分子形成连续网络，而且相贯穿交联，使改性沥青呈现高聚物性能，涂层干燥成膜后保持了橡胶类材料的高弹性、低温柔性、耐老化性，并具有抗穿刺力强、无搭接、不窜水、耐高温、抗冻、抗化学腐蚀、抗裂、冷施工、自熄阻燃、无毒无异味、无环境污染等优点；同时，这些高分子聚合物形成的胶膜，分子与分子之间的间隙宽度小，阻止自然界中的水分子的透过，从而达到防水防渗漏的效果。

（2）施工应用

1）采用喷涂速凝橡胶沥青防水材料作为防水层时，采用直喷工艺，就能在结构基面上形成整体无缝涂膜防水层。防水材料为双组分涂料，防水涂料主剂A组分为棕褐色黏稠状液体，固化剂B组分为无色透明液体，其采用专用喷枪喷涂，两组分在空中交汇、混合并落地析水成膜，成为完整的橡胶质防水层；

2）基坑下部有桩护段，与底板预铺高分子防水卷材搭接过渡简单粘结密实；如采用二次支模先铺防水层时，能与后浇筑混凝土粘贴密实；

3）上部放坡开挖部分侧墙防水可与顶板同期施作，速度快，避免二次施工增加成品保护；

4）涂层厚度2.0～2.5mm一次喷涂成型，表干几分钟即可上人；工期短，耐候能力强。

4.3.3 主要技术性能和技术特点

（1）物理性能优异

1）延伸性：防水涂膜断裂伸长率平均值可达1000%以上，复原率达90%以上，特别适用于地铁车站伸缩缝部位，能有效解决各种结构物因应力变形、膨胀开裂、穿刺、或连接不牢等造成的渗漏、锈蚀等问题；

2）抗机械穿刺：防水涂膜其特有的憎水沥青成分与具有记忆功能的立体网状结构高回弹性高分子材料配合，造就了涂膜涂层的自愈功能，对地铁车站前期施工及后期使用发生的穿刺可以自行修补，不会出现渗漏现象；

3）粘结性：防水涂膜对地铁车站混凝土结构粘结力达到了0.7MPa，实现地铁车站防水层整体无缝、皮肤式防水层，不剥离、不脱落，对结构起到良好的保护作用；

4）耐候性能：涂膜抗老化能力强，加速老化测试实验达到了8000h，提高了防水层的使用年限，降低防水产品使用成本，提高产品的性价比。

（2）施工工艺性能

1）节能环保：防水涂料从原材料的采购、生产、仓储、运输、销售、施工和使用等过程之中，均不含挥发性有机物，无毒无味，无废料，无废气排放，无污染；同时在整个施工过程之中，无须加热，无明火，常温施工，大大加强施工的安全性和可靠性；

2）完整包覆：涂膜可完整包覆结构基面，实现涂层同基底间的无缝粘结，从而实现不窜水、不剥离特性。液态储存、常温喷涂，触变性好，施工更加简便；

3）施工效率高：采用专用喷涂设备，常温喷涂施工，喷涂后4s即可成膜，可踩踏，一次喷涂可达设计厚度，节约劳动力，并可大幅缩短工期，降低施工成本；

4）基面要求低：可以在潮湿的基质表面施工，对基质的表面处理也更简单，使得喷涂速凝橡胶沥青防水涂料可以在任何无明水的作业基面进行施工。

4.3.4 适用范围及应用条件

适用于轨道交通地下工程外包防水层，尤其适用于吊脚桩型围护结构形式及下部是围护桩上部是土钉或放坡的需要进行“外防内贴法”“外防外贴法”转换的地下结构外包防水层，也可用于其他地下结构工程外防水。

基面须平整，施工界面应无明水，外防内贴法施工可先施工0.5mmHDPE再喷涂涂层。

4.3.5 已应用情况

天津地铁6号线文化中心站，长沙地铁4号线汉王陵公园站，青岛地铁1号线海泊桥站等，厦门地铁1号线厦门北站、天水路站、园博苑区间等，厦门地铁2号线金融中心站、林金竖井区间、高林站等，均取得了良好的防水效果。

4.4 混凝土抗裂防渗技术

4.4.1 技术产生背景

轨道交通工程的车站、区间等结构大多处于地下水位以下，防水问题日益突出，目前的防水原则是以结构自防水为主，外包防水层为辅，混凝土的早期开裂是造成结构渗漏水的重要因素之一。混凝土的早期裂缝包括：混凝土的收缩应力、温度应力、不均匀沉降等因素引起裂缝；配筋间距大或不均匀引起混凝土结构开裂；混凝土原材料质量差、配合比设计不佳导致的混凝土开裂；施工引起的裂缝（欠振、过振、浇筑不连续、拆模过早、养护条件差）等。因此，提高结构混凝土抗裂性能是控制渗漏水的关键。

4.4.2 技术内容

（1）基于多场耦合机制的地下车站主体结构混凝土抗裂性评估与设计

基于“水化-温度-湿度-约束”多场耦合机制的抗裂性评估理论与方法，结合城市轨道交通工程主体结构形式，对不同结构部位混凝土的温度、应力发展历程及开裂风险进行模拟分析，并与实际工程监测结果进行对比，验证理论计算结果的可靠性；在此基础上，系统研究混凝土自身材料性能（强度等级、绝热温升、自身体积变形）、施工工艺（浇筑季节、入模温度、振捣方法、模板类型、拆模时间）等因素对开裂风险的定量影响，明晰混凝土抗裂性能的主要影响因素及影响趋势，提出混凝土抗裂性能控制指标及施工控制指标。

（2）基于温度场与膨胀历程双重调控的地下车站结构混凝土制备

针对轨道交通地下工程主体结构混凝土力学性能、抗裂性能及耐久性能的需求，利用水化热调控材料的温升抑制效应、钙类膨胀材料的补偿收缩及补钙效应，实现地下车站主体结构混凝土温升和收缩性能的双重调控；进而在现有混凝土配合比设计方法基础上，考虑轨道交通工程地下车站主体结构形式与所处环境类别，提出温度场与膨胀历程双重调控的高抗裂混凝土配合比设计方法。

基于提出的混凝土配合比设计方法，进行地下车站主体结构高抗裂混凝土配合比的设计及制备，制备出满足力学、变形及耐久性能的高抗裂混凝土，通过室内和室外实体构件试验，掺加水化热调控材料和钙类膨胀剂，既降低构件混凝土温升值（降低约 4℃），同时增大混凝土温升阶段和温降阶段的膨胀变形（温升阶段增加约 200με 的膨胀变形，温降阶段补偿约 100με 的收缩变形），降低混凝土温降阶段的单位温降收缩变形。

（3）地下车站结构混凝土抗裂防渗施工保障

依据混凝土抗裂性设计方法及制备技术研究，提出抗裂性能控制指标；针对实际工程混凝土性能需求，提出原材料品质控制指标以及混凝土配合比设计及生产与运输控制原则，制备出满足工程需求的高抗裂混凝土；针对实体工程具体结构形式提出合理的构造与施工措施，在不同施工季节与混凝土入模温度下，控制结构混凝土分段长度及其浇筑与振捣过程，优化钢筋构造、保温、保湿养护工艺；配合施工过程，采用收缩开裂监测系统，通过预埋传感器，监测混凝土自浇筑起的温度、变形的发展历程；最终形成集设计、材料、施工、监测于一体的施工保障技术方案。

4.4.3 主要技术性能和技术特点

（1）建立基于“水化-温度-湿度-约束”多场耦合机制的抗裂性评估模型与方法，实现地下车站主体结构混凝土开裂风险影响因素的定量评估，提出具体抗裂性能控制指标。

（2）研发水泥水化热调控材料，提出基于温度场与膨胀历程双重调控的地下车站主体结构高抗裂混凝土配合比设计方法，制备满足工程性能需求的高抗裂混凝土，实现不同结构部位混凝土尤其是较厚侧墙结构混凝土温升和温降收缩的双重调控。

（3）集设计、材料、施工、监测于一体的地下车站主体结构混凝土抗裂防渗施工保障技术，不同结构部位、不同浇筑季节的有针对性的混凝土防开裂渗漏控制方案，确保主体结构混凝土无贯穿性收缩裂缝出现。

4.4.4 适用范围及应用条件

适用于城市轨道交通地下车站主体结构现浇抗渗混凝土施工，轨道交通的其他地下结构（如区间、竖井、附属结构等）可参考。

宜选择合适的环境温度进行混凝土浇筑施工，夏季不宜在最高温度期间施工。

4.4.5 已应用情况

通过前期理论与试验研究，该技术已应用于江苏省城市轨道交通地下车站主体结构。

4.5 高性能防水防腐材料渗漏水治理技术

4.5.1 技术产生背景

全国已投入使用的轨道交通地下车站、区间等结构存在渗漏水病害的很多，已不同程度地影响到隧道的结构安全，地下结构出现的病害，如裂缝、脱空、掉块等现象，多与隧道存在渗漏水的因素有关。目前常规的堵漏方法，一般采用壁内和壁后注浆、防水混凝土贴壁衬砌、水泥砂浆（挂网）抹面等方法，包括引流排水、填缝堵洞等，但耐久性较差，渗漏水情况难以从根本上解决，效果持续短，维护成本高，因此，研制一种高效防水防腐材料治理隧道渗漏水和混凝土缺陷，成为亟须解决的问题。

4.5.2 技术内容

（1）将高性能水泥基材料与隧道混凝土粘贴为一体，其中吸附扩散进入水泥石界面的活性物质，以其特有的性状和结构促进离子的迁移和交换，引发和催化水泥石进一步的水化反应，在水泥石基面表层处再次生成 C-S-H 凝胶，从而进一步填充、阻断水泥浆体中的空隙，使水泥石中的孔径变小，空隙率降低，结构致密，其强度和抗渗性明显增强。当混凝土基层因内应力或外力产生微小裂隙时，一旦有水存在，活性物质即显现其活性，催化新生凝胶反应，沿裂隙生成 C-S-H 结晶，从而堵塞微小裂缝，实现“自我修复”，恢复其抗渗性能，有效达到防止渗漏的目的，见图 4.5-1。

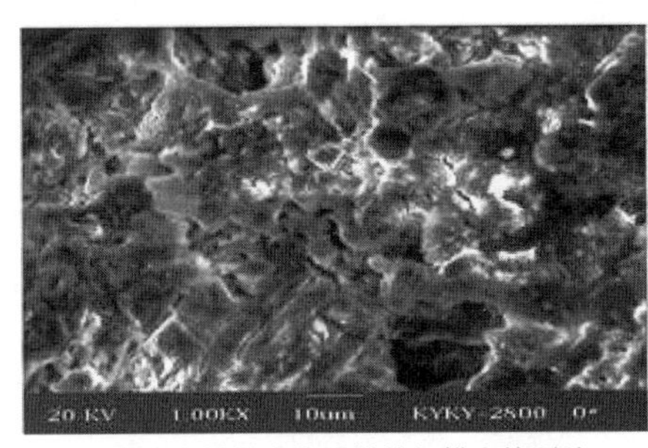

防腐防水材料净浆试样的扫描电镜照片

砂浆试样的扫描电镜照片

图 4.5-1 防水材料与砂浆扫描电镜示意图

（2）适用于上述材料的喷涂施工设备。

4.5.3 主要技术性能和技术特点

（1）材料特点

抗渗压力高，耐腐蚀系数达到 K9，防腐性能优异，可在 pH 值 2～12 的环境下长期安全使用；透气性好，稳定性高，在 −40～160℃的环境下仍保持其优异性能，能够提高混凝土强度和耐久性；具有自我修复能力，使混凝土中小于 0.4mm 微裂纹遇水自行愈合；绿色环保无污染，经济性优越。

（2）工程技术特点

1）施工操作简便、养护时间短，大幅度提高施工效率；

2）投入设备较少、便携小巧；

3）施工周期短，可控性高，安全、可靠；

4）针对性好，对周边地貌、建筑物、环境等几乎无影响及干扰；

5）安全措施投入小、成本较低。

（3）技术性能

配备先进、便携的施工设备（wagner960，graco833 等），采用简易、便于操作的工艺流程，全方位治理隧道点状渗漏、线状渗漏、面状渗漏、衬砌背后空洞所产生的渗漏水病害。

4.5.4 适用范围及应用条件

适用于地下铁道车站或区间渗漏水治理、混凝土表面缺陷修复等，也可用于其他地下工程渗漏水治理。

基层表面应无明流水，应清除松散的表面混凝土掉皮、掉块等缺陷，孔洞和裂缝应填补。

4.5.5 已应用情况

本技术在天津地铁 2 号线咸阳路站及隧道渗漏水处理中应用，效果良好。

4.6 变形缝渗漏水治理技术

4.6.1 技术产生背景

在轨道交通地下结构完成至试运营期间，首先地层的不均匀沉降、回填土荷载的作用、地下水上浮力的作用等情况，变形缝处的变形或错位有可能较大，造成防水层破坏，导致渗漏水；其次，变形缝处为防水的薄弱环节，施工过程中的缺陷也可能导致渗漏水情况的出现。变形缝处的渗漏水对地铁的运营会造成严重的安全隐患，并影响结构的耐久性，列车运行对车站结构和隧道会有一定的振动扰动和荷载扰动，变形缝处于动态中，常规堵漏方法无法有效解决渗漏水的问题。因此，如何修复施工中各种因素造成的试运行期间变形缝渗漏水缺陷，研究更适合试运营期间抗振动扰动的技术方法，成为工程亟待解决的问题。

4.6.2 技术内容

（1）工艺原理

刚柔相济、综合整治，采用水泥灌浆和化学灌浆对二衬和初期支护结构之间的空腔进行回填，使空腔水变成裂隙水，把承压水变成无压力水，再对变形缝进行化学灌浆达到修复缺陷的目的，同时利用非固化橡胶沥青和改性环氧结构胶的性能恢复变形缝止水带的防水功能，达到原设计的防水等级标准，用综合的方法来修复地铁车站和隧道的变形缝渗漏水缺陷，见图 4.6-1 和图 4.6-2。

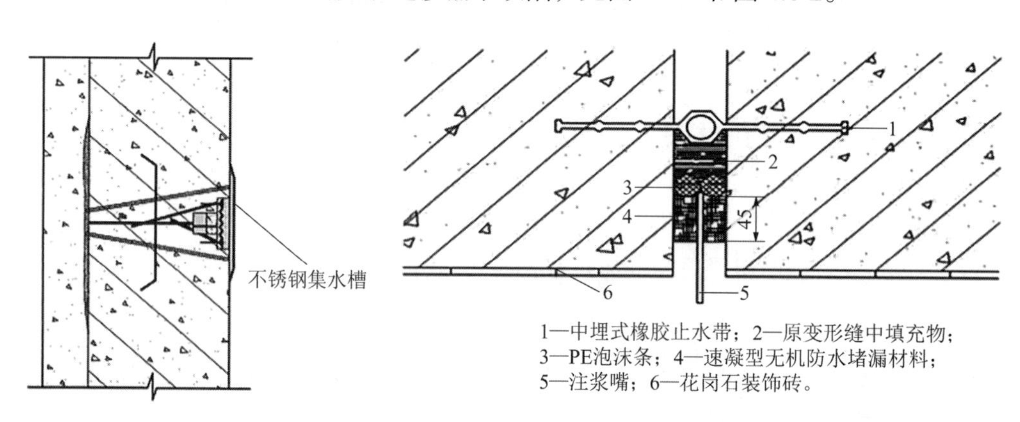

图 4.6-1 变形缝渗漏水治理示意图

图 4.6-2 变形缝中埋注浆管堵漏方案示意图

（2）施工工艺

1）钻透变形缝的二衬结构层，采用低压、慢灌、快速固化、间歇性控制灌浆的工法，使用螺杆灌浆泵灌入牙膏状混合型水泥基浆液，把存水的空腔、孔隙充填密实；

2）对变形缝结构内，进行针孔法化学灌浆，达到修复止水带渗水缺陷的目的。扩宽变形缝 1～2cm，深度 15～20cm，清理干净。现场具备电加热施工的条件时，用双快水泥配合抽管工法封闭成无管空腔，采用专用导热油型注浆泵向无管空腔内灌注加热到液化状态的非固化橡胶沥青，确保变形缝在变形情况下的密封不渗漏。现场不具备电加热施工的条件时，可采用改性常温填塞型橡胶非固化材料施工工艺，再用双快水泥封闭；

3）安装可伸缩变形缝的 W 钢带，W 钢带内外填塞聚硫密封胶，变形缝表面安装不锈钢接水盒，起到多重防水堵漏的作用。

4.6.3 主要技术性能和技术特点

（1）本技术对二衬结构后面进行了回填灌浆，把空腔水变成了裂隙水，把承压水变成了无压力水，堵住了结构变形缝渗漏的源头。通过对材料的组合使用，修复了变形缝内止水带的功能，采用变形量大的灌浆型或填塞型非固化橡胶沥青，配合使用 W 钢带、密封胶，确保变形缝在试运营期间能适应振动扰动和荷载扰动，符合设计单位最初对结构的设计理念和要求，从而整治变形缝渗漏水的缺陷。

（2）地铁车站、区间隧道、出入口通道、高铁隧道的变形缝变形量大，并且不断受试运营期间列车通过时的振动扰动和荷载扰动影响，普通堵漏方法很难整治渗漏水，而采用此技术对变形缝渗漏水缺陷进行整治，具有很强的针对性和适用性。

（3）混合型水泥基浆液特点：水中胶凝不散开、无收缩、微膨胀、自流平、自密实、高强度、高粘结性能等。特种灌浆型非固化橡胶沥青材料的粘结性能和抗变形性能优异，可以抗变形 300%～400%，此材料在常温下是膏状，永不固化，有自愈合功能，在加热到 160℃的时候开始液化变成半液体流质状态，流动度和可灌性增加。改性环氧结构胶，耐潮湿可在水中固化，固化后有 3%～8%的延伸率。

4.6.4 适用范围及应用条件

适用于地铁车站、区间隧道变形缝渗漏水缺陷治理，也可用于其他地下工程的变形缝渗漏水缺陷的治理。

变形缝处混凝土存在缺陷的应先进行缺陷修复后再进行变形缝堵漏施工。

4.6.5 已应用情况

该技术已应用于武汉地铁机场线长青车站、武汉地铁 3 号线王家墩中心换乘站、青岛地铁 2 号线东韩车站和麦岛车站、北京地铁宋家庄车站等结构的试运行期间变形缝渗漏水缺陷治理。同时，京港高铁石武段孝感北站、吉图珲高铁珲春北站、湖北汉孝城际高铁武汉机场站、合福高铁旌德车站、深茂高铁新台隧道、京沈高铁朝阳隧道、湖北武汉天河机场 3 期航站楼地下综合管廊等工程也有广泛应用。

4.7 GIS + BIM 在防水工程质量管理中的应用技术

4.7.1 技术产生背景

城市轨道交通地下防水工程，由于其所处的环境条件复杂，施工材料多样、施工工艺复杂、接口节点多等原因，防水质量一直是施工中的薄弱环节，各种质量缺陷时有发生，渗漏水给后期运营维护造成很大影响。而随着 BIM 技术、GIS 技术等信息化技术手段的发展，对设备、材料、设施和工艺进行全生命周期精细化管理、协同不同专业之间的工艺衔接、信息数据在不同阶段的无缝传递及数据共享、大数据分析和预测等成为可能，研究基于 BIM + GIS 的轨道交通地下防水工程质量控制系统，以提高地下防水工程的质量。

4.7.2 技术内容

（1）通过分析轨道交通防水工程施工过程薄弱环节，抓重点关键部位，将设计方案与工程施工现场实际情况结合，对成品进行保护，施工过程资料留存，避免工点防水施工过程中质量问题的发生，达到对轨道交通防水工程施工质量有效控制。

利用 GIS 数据可对各站点、区间工程地理位置分布，进行直观、可视化展示，方便了解各工程周边地形地貌，及不同类型防水卷材在不同地理位置的分布情况，见图 4.7-1。

（2）利用 GIS 技术对防水工程施工质量、隐患等进行空间定位，在 BIM 模型上即可直观标识出质量隐患点，实现模型与防水工程施工质量问题的绑定，形成防水工程质量地理图表，见图 4.7-2。

图 4.7-1　GIS + BIM 平台界面

图 4.7-2　防水工程质量地理图表

（3）利用虚拟现实、BIM 技术和多媒体等技术实现三维可视化培训和技术交底，通过模拟仿真施工过程，直观形象地指导施工人员认识、熟悉施工工艺标准、流程、技术要求、协作方式、质量隐患和工程完成后的成果等。

（4）根据材料进场情况建立进场台账及验收台账，同时将材料的进场及验收情况与 BIM 模型中的各流水段施工部位相关联，对材料质量进行跟踪管理；对首件验收、分部分项工程验收、隐蔽工程验收等各施工步序进行记录：对防水施工各阶段的资料进行数字化管理，并与 BIM 模型关联。

（5）利用三维激光扫描技术进行施工现场结构扫描，获得的防水工程施工结构点云数据。及时发现超欠挖、渗漏水情况、断面收敛情况、裂缝部位、平整度、砌衬厚度等施工质量问题，使得施工质量有据可查，促进各工序质量控制工作精准到位。

（6）通过对施工过程中质量问题与 BIM 模型相关联，将发生部位、处理方法以及处理结果进行闭环追踪管理，全过程监督，见图 4.7-3。

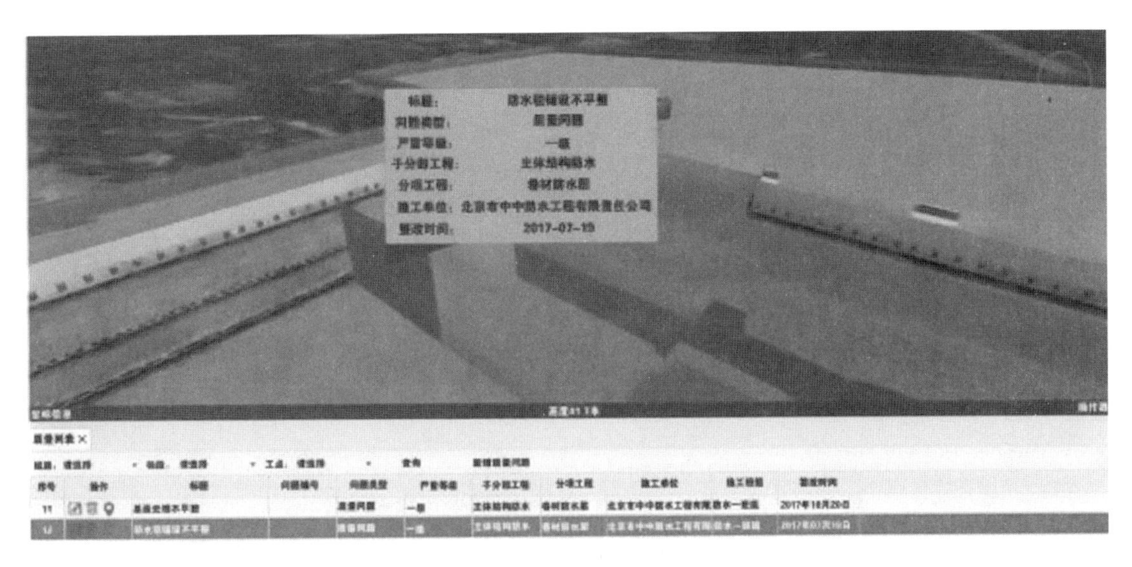

图 4.7-3　质量问题空间定位

4.7.3　主要技术性能和技术特点

（1）将 BIM 和 GIS 技术应用到轨道交通防水工程的质量控制，一方面将施工现场质量信息准确、高效地体现到防水工程施工 BIM 模型上，达到可视化控制施工质量效果；另一方面，也提升了轨道交通防水工程施工的精细化，增强了项目之间质量信息的沟通、交流，进一步减少了质量问题的发生，强化了施工质量，也提高了项目的管理能力。

（2）系统囊括了防水施工的各阶段质量控制，从技术交底、材料的进场验收到施工进度管理、质量问题追踪以及资料管理，全方位地把控防水施工过程中质量问题。

4.7.4　适用范围及应用条件

适用于城市轨道交通明挖法施工地下工程外包防水层和细部防水施工质量的控制与管理。

现场应配备相应的计算机设备、系统软件和专业操作人员。

4.7.5　已应用情况

已应用于北京地铁 7 号线东延环球影城站。形成了针对高分子自粘防水卷材施工的可视化培训教材，对关键节点进行可视化技术交底，隐蔽工程三维激光扫描，应用效果良好。

4.8　焊接型高分子预铺防水卷材施工技术

4.8.1　技术产生背景

近年来，地铁车站土建工程不断向深、大发展，车站深基坑一般在 20m，甚至 30m 以上，长度超过 200m，基坑周边环境的复杂程度越来越高，对于防水工程的质量要求越来越严格，同时对工程进度的要求也逐渐提高。在施工过程中，采用双层 SBS 改性沥青防水卷材的做法受基层条件、降水排水效果等因素，较大程度影响了施工进度及最终使用效果；而采用 HDPE 预铺防水卷材的做法，其硬度高，弯曲模量大与基层服贴性不佳，粘结搭接区域存在薄弱环节等缺陷。研制可与结构混凝土满粘、基面服贴性好、搭接及细部节点处理可靠、环境适应性强、可预铺法施工的新型防水产品及其施工技术是确保车站防水工程质量的关键。

4.8.2　技术内容

（1）材料设计

1）预铺反粘施工工艺，应用了具有三层结构的预铺型热塑性聚烯烃（TPO）防水卷材，具有与基层服贴性好，接缝焊接牢固可靠等特点，抗窜水性能优异，有利于保证防水工程质量，见图 4.8-1；

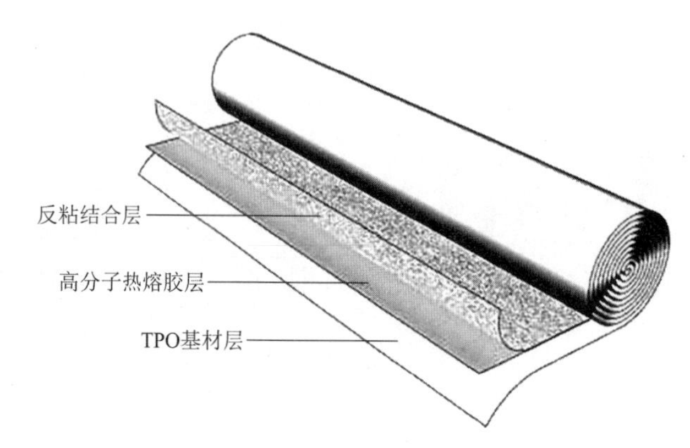

图 4.8-1　预铺型 TPO 防水卷材示意图

2）新型高分子防水卷材是以热塑性聚烯烃片材作为主体材料，由自粘胶、表面防（减）粘保护层（除卷材搭接区域）、隔离材料（需要时）构成的，与后浇混凝土粘结，采用预铺法施工，搭接边采用热空气焊接，无须附加层，也可不作保护层的防水卷材；

3）热塑性聚烯烃片材是以质量含量 50%以上的乙烯、丙烯等α烯烃热塑性弹性体聚合物为主要成分制成的既具有橡胶特性，又具有塑料可焊性的片材。

（2）施工中配套的带防粘保护功能的搭接胶带、封口胶等辅助材料，使用热空气焊接设备、控温电热胶铲等施工工具，形成卷材搭接全焊接密封，保证主体防水材料和高分子热熔压敏胶层的连续完整，见图 4.8-2。

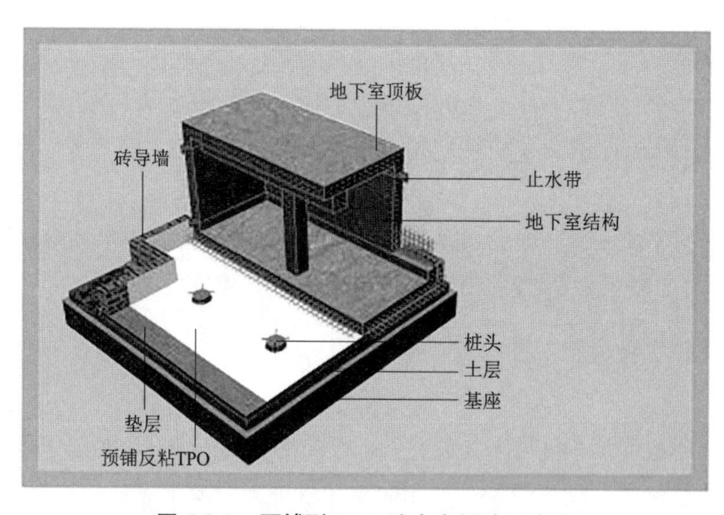

图 4.8-2　预铺型 TPO 防水卷材地下应用

4.8.3　主要技术性能和技术特点

（1）通过对均质型热塑性聚烯烃防水卷材产品进行增韧优化处理，在保持产品拉伸强度的基础上，提高产品延伸率，降低产品硬度，降低产品吸水率，提升耐化学性能，更好地满足地下工程对于复杂基层的需求。

（2）对于渗漏隐患风险最高的搭接区域和阴阳角、变截面过渡区的细部节点部位，均采用热风焊接施工工艺，焊接区域强度超过片材本体强度，确保高分子片材主体层形成连续完整的防水层。搭接区域剥离强度超过 4N/mm，且浸水后几乎不衰减，明显优于粘结搭接剥离强度 1.2N/mm 的要求。

（3）采用焊接搭接施工时，不可避免地出现卷材局部区域片材裸露无法与后浇混凝土形成反粘，采用配套带反粘功能的搭接胶带及封口胶等辅助材料实现了高分子热熔压敏胶层的连续完整，形成一道抗窜水的防水层，见图 4.8-3。

图 4.8-3　自动及手工热空气焊接施工

（4）高分子自粘胶膜表面保护层具有良好的耐踩踏、耐污染性能，现场卷材铺设完毕后可直接上人进行后续施工，无须增设保护层，高效可靠。

4.8.4　适用范围及应用条件

适用于城市轨道交通车站的深基坑、大面积、细部节点多、变截面多的地下防水工程。基面应无明水，对基面平整度有一定的要求。

4.8.5　已应用情况

北京地铁 15 号线大屯路东站在对现场基坑条件充分调研的基础上，采用热塑性聚烯烃（TPO）片材作为高分子自粘胶膜防水卷材的主体材料，实现与基层贴合更紧密，搭接边采用热风焊接更可靠，实现了复杂基坑底板高分子防水卷材服贴性、搭接及细部节点防水可靠性的突破，建立了焊接型预铺高分子防水卷材产品、配套材料及焊接施工工艺的系统施工技术，具有显著的经济效益和社会效益。